新文京開發出版股份有限公司

新世紀・新視野・新文京 — 精選教科書・考試用書・專業參考書

New Wun Ching Developmental Publishing Co., Ltd.

New Age · New Choice · The Best Selected Educational Publications — NEW WCDP

張簡復中—— 編著

第三版

3rd EDITION

供應鏈管理

Supply Chain Management

掃描下載
個案分享&歷屆試題

　　供應鏈管理 SCM(Supply Chain Management)這一名詞最早出現於 80 年代，開始是由諮詢顧問行業所提出，後來人們對它不斷地投入巨大的關注。在 80 年代初，學術界試圖繪出一個 SCM 的概念框架。學者們對 SCM 進行了大量的研究和廣泛的回顧，寫出了許多論著。他們將 SCM 視為普通的學術理論，去研究它的基本原理，並推斷 SCM 在將來一定會是一個挑戰。

　　長期以來，更多對於供應鏈管理的關注還只是從學術研究角度的引導，是從普通層面而非在引導業務實踐上進行。這就有必要從構建理論、開發標準化的工具方法方面來使 SCM 的實踐更為成功。

　　本書共分十八章，於第三版中，主要增加個案分享，加入符合時勢動態的個案，並於附錄中加入高考航運考試的出題導向重點，本書是作者集歷年於公職補習班及大學任教經驗之集結，相信透過本書，對於在學大學生及準備國家考試之考生，必有一定之幫助。本書亦可供自學者使用，相信透過本書定能讓讀者對供應鏈有更進一步的認識。

　　本書的完成首先要感謝新文京開發出版股份有限公司給我這難得的機會，得以將自己對供應鏈的想法與心得集結成書，以及先前在台糖公司物流儲運處長官給予的教育與實務訓練，更感謝妻子家伶的支持，幫我教育及照顧兒子品邦，讓我可於白天上班、教課，晚上及週末在補習班及大學教完課後，利用深夜每日逐步完成此書。

　　本書內容雖經作者多方思慮、取捨，但難免會有疏漏之處，敬祈採用本書的前輩及讀者們，多加包涵，並能提供您的寶貴意見；最後，對多年來我們的恩師、學校及公司長官們的鼓勵與指導，致以最誠摯的謝意。

張簡復中 敬致

編著者簡介
ABOUT THE AUTHOR

張簡復中

學 歷

- 國立高雄科技大學財務金融研究所博士候選人
- 國立高雄大學法律學研究所碩士
- 國立屏東大學不動產經營研究所碩士
- 育達商業科技大學資訊管理研究所碩士
- 國立高雄大學財經法律系學士

現 職

- 學盧公職補習班物流與供應鏈管理學兼任講師
- 三民公職補習班行政學兼任講師
- 鼎文公職補習班管理學兼任講師
- 全錄公職補習班經濟學兼任講師

經 歷

- 台灣糖業股份有限公司物流儲運處專任管理師
- 台灣塑膠股份有限公司教育訓練兼任講師
- 國立高雄第一科技大學行銷與流通管理系兼任講師
- 國立高雄海洋科技大學運籌管理系兼任講師
- 國立屏東商業技術學院資訊管理系兼任講師
- 國立屏東商業技術學院商業自動化管理系兼任講師
- 義守大學企業管理系兼任講師、應用英文系兼任講師
- 實踐大學資訊管理系兼任講師
- 興國管理學院資訊管理系兼任講師
- 正修科技大學資訊管理系兼任講師
- 嘉南藥理科技大學資訊管理系兼任講師
- 崑山科技大學資訊管理系兼任講師
- 樹德科技大學運籌管理系兼任講師
- 育達商業技術學院資訊管理系兼任講師
- 美和技術學院企業管理系兼任講師
- 輔英科技大學外文系兼任講師
- 高鳳數位學院物流管理系兼任講師
- 大仁科技大學資訊管理系兼任教師
- 高苑科技大學企業管理系兼任教師
- 和春技術學院企業管理系兼任講師
- 文化大學教育推廣中心兼任講師
- 志光公職補習班運籌管理學兼任講師
- 建志補習班商業概論兼任講師
- 三信家商物流管理科兼任教師
- 高英工商資料處理科兼任教師
- 復華中學電子商務科專任教師
- 立志中學資料處理科專任教師

Chapter 05　協同商務、預測與補貨　　117

Chapter 06　供應鏈的協調管理　　139

Chapter 07　供應鏈的採購與委外管理　　155

Chapter 08　供應鏈中的存貨管理　　179

Chapter 12　供應鏈中的物流管理　　305

Chapter 13　供應鏈中的設計鏈管理　　341

Chapter 14　供應鏈中的配送管理　　371

掃描下載 103~108 年歷屆試題

供應鏈管理的意義

第一節　供應鏈和供應鏈管理的概念

一、供應鏈及供應鏈管理的定義

供應鏈管理 SCM(Supply Chain Management)這一名詞最早出現於 80 年代，由諮詢顧問行業所提出，後來人們對它不斷地投入巨大的關注。有學者對 SCM 進行了大量的研究和廣泛的回顧，寫出了許多論著。他們將 SCM 視為普通的學術理論，去研究它的基本原理，並推斷 SCM 在將來一定會成為主流思想。

長期以來，對於供應鏈管理的關注還只是學術研究角度的探討，是從一般層面而非在業務的實踐著手。因此有必要從構建理論、開發標準化的工具方法等方面來使 SCM 的落實更為成功。在 80 年代初，學術界試圖繪出一個 SCM 的概念框架。關於供應鏈管理的定義有多種不同的表述。尹文斯的定義是：「供應鏈管理是透過前面的資訊流和回饋的物流及資訊流，將供應商、製造商、配銷商、零售商，直到最終用戶連成一個整體的管理模式」。而菲利浦認為：「供應鏈管理不是供應商管理的別稱，而是一種新的管理體制策略，它把不同企業整合起來以增加整個供應鏈的效率，注重企業之間的合作。」供應鏈世界論壇為 1993 年成立的一個國際性非營利組織和學術研究機構，它定期舉辦研討會議，對供應鏈管理進行了研究和探討，以進一步完善供應鏈的理論和實踐，其所下的定義為：「供應鏈管理是從提供產品、服務和資訊來替用戶和股東提升價值的，從原物料供應商一直到最終用戶的關鍵業務過程的整合管理。」

美國供應鏈協會對供應鏈的概念提供了最權威性的解釋：「供應鏈，目前國際上廣泛使用的一個名詞，它囊括了生產與交付最終產品和服務，從供應商的供應商到客戶的客戶。供應鏈管理包括管理供應與需求，原物料、備品備件的採購、製造與裝配，物件的存放及庫存查詢，訂單的輸入與管理，管道配銷及最終交付用戶。」

上述各類定義的文字雖然不同，但基本概念都是一致的，都強調整合的管理概念和方法，結合供應鏈上的各個環節，實現整體供應鏈最高的效率。可見，供應鏈管理是指對整個供應鏈系統進行計畫、協調、執行、控制和優化的各種活動和過程，供應鏈管理的內容是提供產品、服務和資訊，為用戶和股東創造經濟效益，是一個從原物料供應商到最終用戶的主要業務過程的整合管理，其目標是要將客戶所需的正確的產品(Right Product)在正確的時間(Right Time)、按照正確的數量(Right Quantity)、正確的品質(Right Quality)和正確的狀態(right Status)，以正確的價格(Right Price)送到正確的地點(Right Place)，並控制在最低成本的限度內。

　　有關供應鏈和供應鏈管理廣義的概念圖如圖 1-1 所示。它描述了一個簡單的供應鏈網路結構、資訊流和產品流，企業內部主要供應鏈業務流程、流程上各環節的功能，以及整個供應鏈上企業每一個的環節。

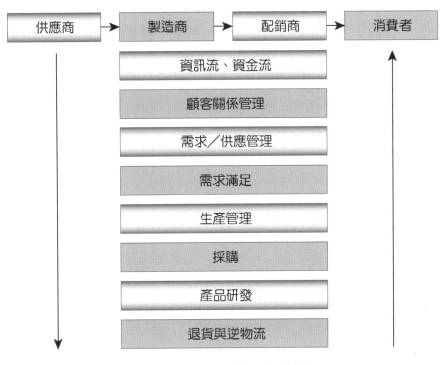

圖 1-1　供應鏈管理概念圖

二、供應鏈管理與物流管理的比較

　　直至最近，大多數業界人士、諮詢顧問和學者，才對 SCM 和物流管理的理解有不同的認知。一直以來，人們常常把供應鏈和物流、供應鏈管理系統和物流管理混為一談。美國物流管理協會 CLM(The Council of Logistics Management)於 1986 年分別為二者提出了不同的定義：供應鏈是企業外部的物流，包括了客戶和供應商。而物流的定義則是：指著供應鏈的力向「從原料端到顧客端」。這個定義乍看之下仍然讓人感到迷惘，或許由於事實上物流既是企業內部的一個功能環節，同時也是一個廣義的概念，它所涉及的是供應鏈上物流和資訊流的管理。有點類似於將市場行銷作為一個概念，以及將市場行銷作為一種功能範圍之間的混淆。

　　以上對 SCM 的解釋可以使我們重新整理其概念：即從供應鏈上的物流整合提升為供應鏈關鍵業務流程的整合和管理。基於這種供應鏈與物流之間明顯的區

別，CLM 在 1998 年 10 月宣布了對物流定義的修改，此次明確地聲明物流管理僅僅是 SCM 的一部分。其修正的定義如下：「物流是供應鏈過程的一部分，是以滿足客戶需求為目的，以高效和經濟的手段來組織產品、服務以及相關資訊從原料產地至消費地之間流動、存儲計劃和執行和控制的過程。

　　由上述的定義中，可以使我們了解到，物流不僅被納入了企業間互動、協調運作關係的管理範疇，而且要求企業以更廣泛的角度與範疇來考慮自身的物流運作。即不僅要考慮自己的客戶，而且要考慮自己的供應商；不僅要考慮到客戶的客戶，而且要考慮到供應商的供應商；更要致力於降低某項物流作業的成本，而且要考慮讓供應鏈運作的總成本控制在最低。總之，該定義反映出因供應鏈管理思想的出現，美國物流界對物流認識更加深入，強調「物流是供應鏈的一部分」；並從「逆物流」角度進一步拓展了物流的內涵與延展性。至此，我們能夠清楚地了解二者的關係：物流是供應鏈中的一部分，是供應鏈流程中實物的流向，物流管理是為供應鏈流程管理服務，物流的效率效果、品質和速度將直接影響供應鏈運作的流暢性。

第二節　供應鏈管理的內涵與類型

一、供應鏈管理的內涵

　　供應鏈管理是新型管理的理念，是從供應商、供應商的供應商、企業自身、配銷商、到客戶，以及最終客戶之間的關係，是合作、協調、資訊共用、全程優化、利益均霑、風險分擔的營利夥伴關係。從 20 世紀的 80 年代末到現在，供應鏈管理的內容產生了很大變化，這個變化首先是理念和關注點的變化，供應鏈管理突破了傳統狹窄的視野，從客戶的需求轉而開始關注到通路商、銷售商和供應商；而傳統管理方法的視野主要集中在自己的企業、部門，對與其聯繫的其他企業關注不夠。供應鏈管理是對整個供應鏈系統進行計畫、協調、操作、控制和優化的各種活動和過程。新型供應鏈管理與傳統企業資訊化管理之間的差異如表 1-1 所示。

表 1-1　新型供應鏈管理與傳統企業資訊化管理的差異

	傳統供應鏈管理	新型供應鏈管理
管理理念	企業內部的業務過程管理	跨越整個供應鏈業務的整合管理
關注點	強調的是其效能，如何使用電腦系統操作來替代人工作業，如何節約成本等議題	著重業務流程變革、敏捷性、協調性和互聯性，供應鏈成員的業務如何更加緊密地連接、如何提高回應客戶的速度，在供應鏈上優化資源的配置和使用
管理物件	企業內部業務流程和各部門間的協調	供應鏈上所有企業作為一個整體，上下游企業業務的整合與協同
管理方法	強調的是局部、個體，邊界顯著，且清晰，主要關心企業本體、部門本身，而將整個環節的整體效益和效率放在較次要地位	強調全局、整體，邊界模糊，從提高整個鏈條的整體效益來看問題，所著重的是整體大於部分的和。產生之因在於經濟全球化以及企業經營範圍、貿易範圍的空前擴大
生產方式	強調大規模生產	大量客製化為客戶量身訂作產品或服務
管理功能	針對事務處理的管理	在事務處理的基礎上增加了智慧、優化和決策等功能，在儘量降低成本的要求下，引導供應和需求達到更加完美的平衡與優化
驅動方式	「推」式，以 MRP-II／ERP 的計畫驅動成品的生產，以配市場和客戶	「拉式」，從市場和客戶的需求這個源頭，去拉動產品的生產來滿足這些需求
職能部門	從傳統的、狹隘的職能劃分出發，是一種被動反應的工作模式	跨越多個業務流程、跨職能部門進行劃分，圍繞橫跨從企業到主要客戶和供應商的業務流程，全方位地進行協調運作以及有效的溝通
計畫制訂	在各單獨的部門內進行業務計畫，業務運作計畫與生產計畫之間缺乏聯繫，計畫是立基於無限資源的基礎上制訂	把企業計畫流程擴展到企業之外，供應鏈規劃 SCP、一體化的協同規劃、預測與補貨(CPFR)，更頻繁和更精細的各層次、各個階段的營運計畫是基於資源約束的基礎上所制訂

表 1-1　新型供應鏈管理與傳統企業資訊化管理的差異（續）

	傳統供應鏈管理	新型供應鏈管理
計畫執行	基於單獨部門的計畫執行，較少考慮與其他部門的相互影響，缺少連貫性，通常是被動的反應	整合的執行跨部門間協同規劃，更強的可預測性、即時的可視性（橫跨整個供應鏈、靈活性供應和來源的選擇）和主動回應性，以及快速將新產品推向市場
資訊流	不連貫的資訊流，缺乏橫跨企業的標準，可視性有限，造成供應鏈上計畫的效率低下	貫穿整個供應鏈上的資訊流，資訊的標準化和共用性使供應鏈效率得以提高
資源利用	資源在企業內部實現調度規劃，有效利用	資源在整個供應鏈上實現最佳調配、協調利用
顧客服務水準	被動式客戶服務，與前置生產、其他前置作業的相互溝通少	前瞻性的客戶關係管理，實現客戶細分和一對一的行銷，將客戶分類特徵和客戶服務水準相匹配，有效地進行庫存和生產可用性查詢，提高對客戶的承諾能力
效益	只追求局部效益的傳統管理方法，由於整體效益不能提高，所以局部效益也難以大幅度的持續性提高	整個鏈上的業務流程更加緊密和協調，減少了中間環節的實用，提高了對顧客的回應速度，增加了顧客的滿意程度，整體效益提高，最終也使局部效益提高

　　由上表可知，供應鏈是一個為客戶生產產品和提供服務的過程，一個完整的供應鏈既可以存在於一個單獨的企業中，例如：3M 公司在該企業中建立了 30 多個單獨的供應鏈運作系統；也可以橫跨多個企業，直到最終的消費者。可以想像，當供應鏈上的成員不斷增加時，該供應鏈的管理也變得非常複雜。供應鏈中的每個環節都能利用上下游間的相關資訊的協調進行管理，實現產品從起點開始就以盡可能快的速度、最少的成本和更為完美的供需平衡，流向客戶的最終目標。

　　供應鏈管理其有多種類型，按其管理的可見或範圍分類，有以下四種類型：
1. 企業內部供應鏈管理。
2. 企業外部上下流供應鏈管理。
3. 產業供應鏈或動態聯盟供應鏈管理。
4. 全球網路供應鏈管理。

二、企業內部供應鏈管理

　　企業內部供應鏈管理實現了企業內部各部門間的業務和資訊整合,形成一條內部整合的供應鏈。最初,企業資訊化管理是從各個單獨的業務單位開始,相對於整個企業而言,是一些資訊化的孤島。為了使企業的經營運作更為有效,需要將這些孤島整合起來,形成業務流程和資訊連貫的資訊化管理,製造資源規劃／企業資源規劃(MRP／ERP)較能解決這一類問題。它透過企業內部網路的連線和統一的資料庫,將企業內部的業務,如訂單、採購、庫存、生產、銷售、財務和人力資源等單元連接起來,並將制度體系的建立、組織結構的改造、業務流程的調整以及績效考核的標準…等都納入到一條業務鏈內進行管理,有效的實現了企業業務經營過程的自動化事務處理,和內部流程的貫通性與資訊共用性。

　　為了更有效地調配好企業手中有限的資源,滿足市場和客戶多變的需求,在這些事務性處理的基礎上又加入了更高層次的供應鏈管理,如需求管理、供給管理、需求滿足、配銷計畫、運輸計畫、先進規劃與排程系統 APS(Advanced Planning and Scheduling)系統、供應鏈規劃系統 SCP(Supply Chain Planning)和供應鏈決策系統 SCS(Supply Chain Strategist)…等,並輔以資料倉儲與資料探勘、商業智慧…等技術進行支援,真正實現了由市場需求來提升企業的整個業務鏈條,在優勢的決策指導下制訂出基於企業資源和能力約束的經營和作業計畫,並緊隨市場的變化不斷地重整計畫,滿足動態市場和客戶的多變需求。這種企業內部的供應鏈管理如圖 1-2 所示。

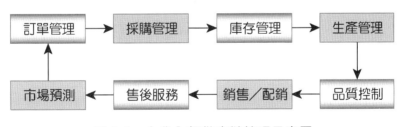

圖 1-2　企業內部供應鏈管理示意圖

　　這種供應鏈管理著重企業內部資源的調配,實現各種業務和資訊的高度整合、共用、控制、管理和協調營運,供應鏈管理系統基於事件的整合技術緊密連接在一起,規劃出在物料和企業能力範圍內的企業計畫,例如:需求計畫、供給計畫、採購計畫、庫存計畫、物料和能力計畫、生產作業計畫和排序／排程、配銷計畫、運輸計畫、訂單履行計畫和服務計畫、供應鏈分析,以及供應鏈規劃的執行與控制。它解決了企業內部業務流程中無效的環節和影響業務流程運行的因

素，減少企業的庫存量，有效地整合企業內部供應鏈流程的主要計畫和業務決策。這種管理的核心是內部整合化供應鏈管理的效率問題，主要的目的是在優化資源、能力的基礎上，以最低的成本和最快的速度生產多品項產品或提供多種服務，迅速滿足用戶的需求，提高企業反應能力和效率。

三、企業外部上下游供應鏈管理

「供」與「需」在供應鏈管理中既是一對矛盾又統一的共同體。每一個企業在社會和市場的大環境中並非孤立的，因此「廣義的」供應商，是上游業務提供者，為它的「供」方；而「廣義的」客戶，則是下游業務的需求者，是其「需」方。每一個企業都有其上游和下游供應鏈，結合在一起就是完整的企業外部上下游供應鏈。因此，一個企業同時要與其上游和下游供應鏈上的成員進行業務往來，下游的需求拉動了它的業務；而它的業務又拉動了上游的業務。

企業在與供應鏈上與其直接的上游企業打交道時，可以借助於供應鏈管理中的供應商關係管理系統 SRM(Supplier Relationship Management)來獲得所需，由上游提供的產品和服務，並利用所得到的「供」與自己的能力和資源相配合，在企業內部供應鏈管理系統的控制下高效率和高效益地進行產出；在供應鏈上直接與下游企業打交道時，則可以借助於供應鏈管理中的客戶關係管理系統 CRM(Customer Relationship Management)來更妥善地瞭解下游客戶的「需」，並在企業內部供應鏈的管理下，快速回應和配合其需求，為之提供產品和服務。這種企業上下游之間的供應鏈管理如圖 1-3 所示：

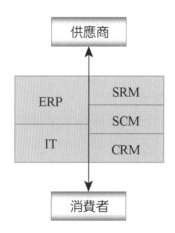

圖 1-3　企業上下游之間的供應鏈管理示意圖

　　在企業下游供應鏈上，必須以「使客戶滿意為策略中心點，透過資訊整合和共用，及時掌握客戶的需求及其變化，透過共同運作充分利用自己手中的資源，甚至整合其他資源，以最大能力為客戶實現優質和及時的服務，從而擴大客戶族群和市場，提高銷售額來增加利潤。

　　在企業上游供應鏈上，必須以「雙贏」的經營理念為原則，與廣義的供應商結合成長期、穩固和互惠互利的共贏夥伴關係，以最低成本和在最短時間內獲得策略性的資源，並將供應商的技術、知識與創新能力整合入自己的業務流程中，與供應商共用資訊、共同運作來使它們快速和高效地回應自己的需求，從而節約成本、縮短產品投入市場的時間、增強產品和服務創新能力以及自己回應市場和客戶的能力，贏得市場，實現獲利。

四、產業供應鏈或動態聯盟供應鏈管理

　　企業內部的供應鏈管理整合了企業內部各個業務部門資訊化的孤島，實現了內部業務流程的連貫性和連續性整合，使企業各部門、各環節能夠更妥善地共用資訊和有限的資源。雖然單一企業實現了資訊化，但對於整個產業、市場或整個社會來說，它仍然是一個資訊化的孤島，急需進一步將這些孤島進行連接，將其整合為產業供應鏈或動態聯盟供應鏈。這種供應鏈管理是將企業內部供應鏈管理概念由上游供應鏈和下游供應鏈雙向延伸擴展，自產品生命線的「原點」開始，止於「終點」的消費者客戶。同時，先進網路技術和資訊技術的發展，特別是隨著網際網路和電子商務技術的發展，為企業實現這種供應鏈運作提供了支援和技術基礎，使得眾多的企業可以從全局和整體的角度考慮產品的競爭力，促使資源從企業內部的管理規劃擴展到企業外部的產業或動態聯盟供應鏈上的調配和規劃。

　　在這種供應鏈上，每一個企業都是供應鏈上的一個節點，而每一個節點，都體現了「供」和「需」的關係，因此，這種供需關係貫穿了整個供應鏈。在 21 世紀，市場競爭不再體現在單個企業之間的競爭，而是變成這種供應鏈與供應鏈之間的競爭，因此，每一個企業都必須將自己完全融入供應鏈中，一旦某個企業的業務失誤和流程的延遲都會影響到整個供應鏈的運作。這種業務關聯緊密、環環相扣的供應鏈使鏈上的成員能夠在一個統一的供應鏈管理體系下實現共同經營和協調運作，一同實現對外部市場的競爭，以各自的優勢一起滿足客戶的需求。一個典型的產業供應鏈或動態聯盟供應鏈管理如圖 1-4 所示：

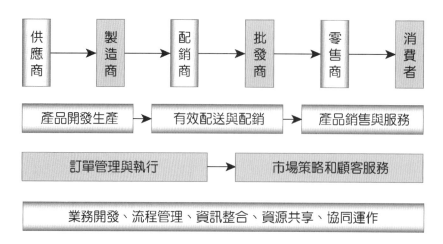

圖 1-4　產業供應鏈或動態聯盟供應鏈管理示意圖

　　在產業供應鏈上，存在著市場、原料、零件、加工、製造、配銷、配送、運輸、倉儲、流通加工和零售等環節。當然，產業供應鏈與動態聯盟供應鏈也有些差別。產業供應鏈是貫穿整個行業，從業務源頭一直到終端客戶市場的全部流程範圍，其結構較為穩固，有明確的上下游供應鏈劃分；而動態聯盟供應鏈則較為虛擬，常常不具備產業供應鏈那種穩固的結構，它是一種「市場機會驅動型」的靈活的組織，從組成到消失完全取決於市場機會的存在與否。它的優點是避免重複投資，可在短時間內形成較強的競爭能力，實現對市場需求的敏捷回應。其缺點是供應鏈運行的最優目標和效率難以清晰地定義，運作過程蘊含著較高的風險。

五、全球網路供應鏈管理

　　隨著世界經濟全球化和一體化的發展，資源的獲取和使用更趨向在全球之間做調配，據統計，從 20 世紀 80 年代起超過半數的美國公司在海外進行投資，而且在海外開展業務的公司和投資額急劇地增加。同時，各企業之間、合作夥伴之間、甚至是競爭對手之間的業務交流也越來越多，從本土迅速發展到海外，使得業務流程越來越複雜。因此，企業需要將自己最主要的力量放在最擅長的事情上，其他不專精的業務則採取外部策略。這意味著企業與上下游業務夥伴之間的交往越來越頻繁，形成了一種全球範圍共同式的供應鏈運作模式。

　　促進供應鏈全球化的其他原因是資訊技術的全球化，和網際網路、電子商務技術的蓬勃發展，它們為全球供應鏈提供了資訊和業務整合的基礎。在這種供應鏈中，企業的形態和邊界將產生根本的改變，全球資源隨著市場的需求可以動態組合，以回應不斷變化的客戶需求。全球供應鏈包括：全球範圍內的產品開發、

採購進貨、貨物運送、加工／製造、配銷／配送、產品銷售／服務、資訊收集和共用，以及全球範圍內的資金流動等。全球網路供應鏈如圖 1-5 所示：

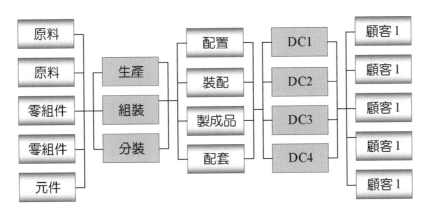

圖 1-5　全球網路供應鏈示意圖

這種供應鏈的運作需要準確的預測、有效的決策、高度的配合、精確的計畫、有效的執行和可衡量的績效標準，供應鏈網路資訊交流層次的溝通與協調，將採取交互的、透明的、無物件方式，生產的組織和實現超越了空間和時間的概念和限制，能夠以網路資訊為依歸，在更廣闊的範圍內選擇合作夥伴，採用靈活有效的管理組合模式，從而更加方便、有效地實現多種企業的資源優勢互補。這種供應鏈，以及產業供應鏈或動態聯盟供應鏈的管理都需要借助供應鏈管理系統的配合和工具，例如：供應鏈規劃 SCP(Supply Chain Planning)、預測和補充 CPFR(Collaborative Planning, Forecasting and Replenishment)、物流資訊系統 LIS(Logistics Information System)、供應鏈決策系統 SCS(Supply Chain Strategist，)以及 CRM、SRM、電子商務…等，並與企業內部供應鏈的管理系統和工具相配合，徹底除去企業間的藩籬，實現供應鏈上的資源根據市場和客戶的需求，有效地進行優化配置，快速回應市場需求，提高客戶服務水準和降低總體交易成本，並且尋求兩個目標之間的動態平衡。

六、供應鏈管理的效益

供應鏈管理作為一種新型的管理理念、模式和一套實際的管理系統工具，已被越來越多的企業所認識、接受和採用，學術研究界投入了更多的精力致力於對它的研究，企業也正朝這方面前進。世界著名的雜誌（財富）(Fortune)，已將供應鏈管理能力列為企業一種重要的策略競爭資源。在全球經濟一體化的今天，從供應鏈管理的角度來衡量企業，乃至整個供應鏈的經營活動，形成這方面的核心

能力，對廣大企業提高競爭力將是十分重要的。透過實施供應鏈管理後，整個供應鏈上的企業可以在開發新產品，使產品或服務進入新市場、開發新配銷管道、提高售後服務水準和客戶滿意程度、降低庫存、物流成本及單位製造成本、提高效益和效率等方面都將獲得滿意效果。

1997 年，PRTM(Pittiglio Rabin Todd &Mcgrath)公司對 6 個行業的 165 個企業進行了一項關於整合供應鏈管理的調查報告，其中化工業佔 25%、計算機電子設備行業佔 25%、通訊業佔 16%、服務業佔 15%、工業製造業佔 13%、半導體產業佔 6%。該報告顯示，透過實施供應鏈管理，企業可以獲得以下多方面的效益：

1. 總供應鏈管理成本（佔收入的百分比）降低 10%以上。
2. 中型企業的準時交貨率提高 15%。
3. 訂單滿足提前期縮短 25%~35%。
4. 中型企業的增值生產率提高 10%以上。
5. 績優企業資產營運績效提高 15%~20%。
6. 中型企業的庫存降低 3%，績優企業的庫存降低 15%。
7. 績優企業在現金周轉週期上具有比一般企業少 40~65 天的優勢。

🤲 第三節　供應鏈管理的形成與發展階段

供應鏈隨著商品經濟的出現就開始萌芽，但供應鏈管理的概念和應用卻只有幾十年的歷史。在過去這短短的幾十年間，無論是供應鏈管理的理念還是供應鏈管理的應用技術都有了十足的拓展。它的形成與發展主要經歷了 4 個階段，下面就分別介紹這 4 個主要的發展階段：

1. 供應鏈管理的萌芽階段。
2. 供應鏈管理的初級階段。
3. 供應鏈管理的形成階段。
4. 供應鏈管理的成熟和全面發展階段。

第一階段：供應鏈管理的萌芽階段

供應鏈管理的第一階段大致是從 20 世紀 60～70 年代。在這一階段，供應鏈管理還只處於萌芽狀態，供應鏈在這個時期還只能稱之為業務鏈，而鏈上每個成

員的管理理念基本上都是「為了生產而管理」，企業之間的競爭是產品在數量上和品質上的競爭，企業間的業務合作是以「本位主義」為核心，即使在企業內部，其組織結構也是以各自為政的職能化或者區域性的框架為特徵。此時，供應鏈上各成員之間的合作關係極為鬆散。這種「為生產而管理」的導向使供應鏈成員之間時常存在利益衝突，阻礙了供應鏈運作和管理的形成。

當時，雖然業務鏈上的部分企業已採用了 MRP／MRP-II 來管理自己的業務，但這些管理也只是企業內部各部門分別在相互隔離的環境下制訂和執行計畫，資料的完整性差，甚至連企業內部資訊都缺乏統一性和整合性，更談不上在業務鏈上形成標準化和資料流程，這種業務鏈在某種意義上無法形成一種供應鏈的運作。在理論研究界，供應鏈管理也只是停留在開始探索和嘗試的階段，因而無法對供應鏈管理提出較完善的管理理念和概念。

第二階段：供應鏈管理的初級階段

第二階段大致是從 20 世紀 80 年代初到 20 世紀 90 年代初，在這一階段，供應鏈管理處於初級階段。在學界的不斷探索下，供應鏈管理的理念已有基本的雛型，並開始指導企業進行初步的執行，同時在學術研究上獲得較快的發展。

實際上，供應鏈管理 SCM 這一名詞最早出現於 20 世紀 90 年代，最初是由諮詢顧問業提出的，後來逐漸引起人們的關注。在此階段，企業的競爭重點已轉向了追求生產效率。企業的組織結構和內部部門劃分也發生了轉變，大多數企業開始進行企業組織機構的精簡和改革，並開始從分散式的部門化和職能化轉變為集中的計畫式以及更著重業務流程的變革。企業已開始認識到最大的機會存在於企業之外，例如：應該為市場生產什麼產品？從哪裡獲得原料？在哪裡進行加工生產？透過什麼樣的管道銷售？等等。Stevens 在 1989 年提出了供應鏈管理的概念，包括在企業內部整合和在企業外部整合的整合思想，標識著供應鏈管理的萌芽階段已然成熟。

供應鏈管理的實踐始於供應鏈上末端的零售行業，由於微觀市場的確定更加需要技術性的支援，為了解決使產品能夠最有效地利用有限的空間分配而獲得更多的銷售利潤等問題，零售行業中的零售商需要更進一步與供應商共用銷售和市場資料，利用前端銷售點(POS)系統的消費和行銷紀錄資料與供應商共同確定微觀市場的需求以及定位，並根據分析結果來確定庫存量的多少和安排供應商的生產與送貨，以符合實際的購買需求情況。當時，典型的供應鏈策略和模型有兩種，即有效消費者回應供應鏈 ECR 和快速回應供應鏈 QR。

　　資訊技術的發展和大量應用也為供應鏈管理的初步形成奠定了基礎。在這期間，部分企業將資訊技術和電腦應用引入了企業管理的範疇，擁有好的管理工具，特別是在 20 世紀 80 年代末，MW-II 的推廣、回運和 JIT 模式和系統的引入和應用，逐漸使企業內部達到資訊整合，為供應鏈上下游之間的業務提供所需的業務處理資訊。同時，企業間的業務聯繫方式也隨著資訊技術的發展而不斷改善，使上下游業務鏈在市場競爭的驅使下逐漸向供應鏈運作方式演變，這些都使得供應鏈管理的概念在企業管理理念不斷變化過程中逐步形成。但在初期，傳統的供應鏈運作多侷限於企業內部，即使擴展到了外部，也由於供應鏈中的各個企業經營重點仍是注重企業的獨立運作，時常忽略與外部供應鏈企業成員的聯繫，因此，在供應鏈上仍然存在著許多企業間的目標衝突，無法從整個供應鏈的角度出發，實現供應鏈的整體競爭優勢，從而導致供應鏈管理的績效不彰，尚無法實現整體供應鏈的運作和從供應鏈向價值鏈的根本突破。

第三階段：供應鏈管理的形成階段

　　第三階段大致是從 20 世紀 90 年代初到 20 世紀末。這一階段是供應鏈管理的形成階段，特別是從 20 世紀 90 年代中期開始，供應鏈管理無論是在理論上還是實踐應用上都有突飛猛進的發展。在 20 世紀 90 年代初，學術界試圖勾勒出一個供應鏈管理 SCM 的架構，花費了大量的精力去研究它的基本原理，並推斷供應鏈管理對整個社會將必然是一個巨大的挑戰。進入 20 世紀 90 年代後，工業化的普及使得製造生產率提高，全面品質管制 TQC 的實施和貫徹也使得產品的品質有了大幅度的提升，生產率和產品品質不再成為競爭中的絕對優勢，製造加工過程本身的技術對提高整個產品競爭力的影響開始變小。在新的經濟一體化的競爭環境下，企業開始將競爭重點轉向市場和消費者，更加注重在全球範圍內利用一切能夠為己所用的資源，為了進一步發掘降低產品成本和滿足客戶的需求，企業紛紛將目光從管理企業內部生產過程轉向產品全生命週期中的供應環節和整個供應鏈系統，漸漸認識到客戶與產品之間的關聯是供應鏈上增加競爭能力和獲利能力的一種有效方法。許多企業發現在供應鏈的銷售端有著與生產製造和供應端同樣多的機會，可以減少成本和提高效率，因此，供應鏈管理逐漸受到高度的重視。

　　同時，從 20 世紀 90 年代開始，企業資源規劃系統迅速傳播和廣泛應用，使企業的資訊和業務都達到高度的整合，企業流程再造 BPR 使企業領導者逐漸了解：把企業組織結構與主管人員業務目標，和績效激勵機制結合起來，可獲得最佳效益。這些變革背後的主要推動因素，跨部門團隊的共同運作都推動著供應鏈

管理朝向更加一體化的方向發展，並不斷從直線性供應鏈管理向網路供應鏈管理轉變。技術的進步以及計算處理成本的降低，加快了全企業範圍的業務處理。

接著，財務管理被引入了供應鏈管理的範圍，推薦使用的是 ABC 成本法 (Activity-Based Costs)和產品及服務之交付的淨交貨成本法。研究顯示，產品在全生命週期中供應環節的費用，例如：儲存和運輸費用在總成本中所佔的比例越來越大；而對一個國家來說，供應系統增加值佔國民生產總值的 10%以上，所涉及的勞動力也佔總數的 10%以上。另外，隨著全球經濟一體化和資訊技術的發展，企業之間的合作正日益緊密，它們之間跨地區甚至跨國合作製造的趨勢日益增加。

隨後，先進規劃與排程系統 APS 系統、客戶關係管理系統 CRM、物流資訊系統 LIS、知識管理 KM、資料倉儲 DW、資料探勘 DM、供應鏈決策 SCS…等管理方法的競相問世，使得企業在內部管理上從計畫、執行到優化和決策，都從 ERP 的基礎上更上一層樓，在有限的資源基礎上合理、有效、及時地開展業務；在企業外部的供應鏈上，也採用客戶關係管理的理念和技術，以市場和客戶的滿意度為企業經營的中心，共同發掘和分享知識與價值，將企業的資源緊密地與客戶的需求相匹配，並快速回應和滿足這些需求。特別是在 20 世紀 90 年代末，強調建立合作夥伴關係和協調供應鏈運作的理論，以及網際網路和電子商務及其相關技術的出現和發展，更為供應鏈管理提供了指導和支援，使供應鏈管理又再一次發生了重大的變化。

D.Thomas 和 P.Griffi 率先提出協調供應鏈(Coordinated Supply Chain)的理論，即透過對買賣雙方、產銷雙方、庫存與銷售的相互關係，主張供應鏈上各合作成員之間一致「協調對外」，以便對客戶快速因應需求，使各成員保持競爭優勢，獲取更大利潤。該理論強調企業應儘量和少數的供應商、配銷商及第三方物流合作，對合作夥伴的選擇則是分步驟的、綜合考慮多種因素的綜合評價過程，以保證合作的成效。這樣可大大地降低交易成本，使生產真正針對市場需求，同時還可提高客戶滿意度。特別是在供應商關係管理 SRM 問世後，企業可以利用它開展與上游供應商之間的業務，實現「雙贏」的局面。而 Internet 和電子商務的發展和應用則改變了企業間業務交流和資訊流通的方式，真正拆除了企業之間的業務圍籬，為供應鏈協調運作提供了強有力的支援。Internet 的跨時空性使供應鏈網路超越了地域和國界，而電子商務、特別是 B2B 的電子商務縮短了企業間的距離，使供應鏈成員間的業務往來更為頻繁，流程銜接更為緊密，回應速度更加迅速。這種電子化的供應鏈管理正在實現從供應鏈向價值鏈的轉變和突破。預計未來數年中，B2B 將繼續為傳統供應鏈管理領域帶來前所未有的巨大衝擊。

隨著管理技術和資訊技術日臻成熟，供應鏈業務運作也不斷地發展和成熟，利潤的來源已經轉移到企業與外部交易成本的節約，庫存的控制和內部物流的管理上。為了進一步發掘降低產品成本和滿足客戶需求的潛力，各行各業的龍頭企業均開始意識到，如果要提高效益，應將需求預測、供應鏈規劃和生產調度應視為一個整合的業務流程。因此，越來越多的跨部門、供應鏈成員間開始相互協調，制訂相關的最佳銷售和營運計畫方案。與供應鏈規劃一樣，供應鏈執行決策也逐漸朝跨部門的方向發展。

第四階段：供應鏈管理的成熟和全面發展階段

21 世紀初期將是供應鏈管理發展的第四階段。進入 21 世紀後，基於 Internet 的供應鏈系統在已開發國家已得到了廣泛的應用，電子商務的出現和發展是經濟全球化與網路技術創新的結果，它徹底地改變了供應鏈上原有的物流、資訊流、資金流的對話模式和實現手段，能夠充分利用資源、提高效率、降低成本、提高服務品質。Internet 和電子商務重新改寫了全球商務的狀況，消費者把以前夢寐以求的功能當成現在理所當然應該提供的服務而對供應商提出要求，這將帶動上游企業採用專門的技術來解決這些新的需求，來滿足消費者。許多企業開始把它們的努力集中在供應鏈成員之間的協調、特別是與下游成員業務間的協調上，例如：供應商管理庫存(VMI)、合作與預測及供給(CFAR)、協同規劃與預測及補給(CPFR)、配銷商整合(DI)，以及第三方物流 3PL、第四方物流 4PL 等模式，同時供應商關係管理 SRM、產品生命週期管理 PLM、供應鏈規劃 SCP 和供應鏈執行 SCE 等系統的應用使供應鏈上成員間的業務銜接更加緊密，整個供應鏈的運作更加協同化，企業正是透過與供應商和消費者間的這種共同運作，準確地了解要從供應商那得到什麼，以及要提供給消費者什麼？

該階段供應鏈管理的核心任務可歸納為：
1. 供應鏈共同運作的系統化管理。
2. 生產兩端的資源優化管理。
3. 不確定性需求的資訊共享管理。
4. 快速的決策管理。

供應鏈成功運作的關鍵因素包括：即時的可視性（橫跨整個供應鏈）、高度的靈活性（供應和資源的選擇）、敏捷的回應性（針對客戶需求多變和訂貨／交貨週期縮短）和新品上市的及時性（根據市場潮流和新型設計）。

　　這一時期的供應鏈管理,在計畫和決策上特別強調即時的可視性和正向的可預見性,以及供應鏈流程管理和事件管理的能力。供應鏈上的可視性和可預見性能夠合理地確定供應鏈中的業務的優先順序,優化定位所需的資源,對管理方式提供應對策略,考慮可能的資源替代並評估風險,估算將為下游價值鏈所造成的影響,以使整個供應鏈都取得最理想的目標效益。

　　而供應鏈流程管理和事件管理的能力將使整個供應鏈提升對流程和事件的監控及管理能力,它們在正向的預見性和洞察力的指導下,及時發現意外情況,儘可能地降低計畫外情形所造成的不良影響,或是提高利用該事件所創造的機會。同時,利用事件監控管理和對意外事件的處理能力,快速回應,迅速調整並加以補救。

　　目前供應鏈管理尚處於起步階段,雖然少數大型企業已經實施了供應鏈管理,但真正帶動起整個產業的供應鏈,實現整條供應鏈的共同運作,還需要經過一段較長的時期和漸進的過程。可喜的是企業在企業資訊化管理的普及方面,例如:ERP、CRM、網路通訊、電子商務……等方面已奠定良好的基礎,在經營理念上也逐漸在向規範化、國際化和現代化轉變,這些都為企業和產業的供應鏈管理建立了良好的基礎,相信在不久的將來,供應鏈管理將生根萌芽、開花結果,為企業和產業的提升做出應有的貢獻。

 第四節　供應鏈管理的框架結構

　　供應鏈管理跨越了企業間的圍籬,建立了一種跨企業的合作,它涵蓋了從供應商的供應商到客戶的客戶的全部過程,包括外包和外購、製造配銷、庫存管理、運輸、倉儲和客戶服務等。隨著整個供應鏈上涉及的資源和環節的增加,供應鏈的管理變得越來越複雜,因此,供應鏈管理框架結構就成為供應鏈管理中首先要解決的問題,而資訊技術則是管理和監控供應鏈上所有環節銜接的要素。

　　全球供應鏈論壇在美國召開的會議中提供了供應鏈管理的一個概念上的框架,該框架更側重於與供應鏈相關聯的特性、成功設計和管理供應鏈所需進行的流程。該供應鏈框架包括了三個部分:供應鏈網路結構、供應鏈業務流程和供應鏈管理組件,如圖 1-6 所示:

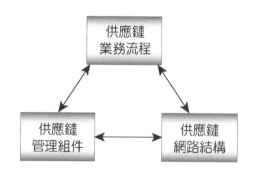

圖 1-6　供應鏈管理的框架

一、供應鏈網路結構

供應鏈網路結構有以下三個重點：

（一）供應鏈網路結構及其關聯性

一個從原物料供應商一直到終端客戶的供應鏈由許多企業組成，需要進行何種程度的管理則要依據若干個因素而定，例如：產品的複雜程度、有多少可用的供應商以及原物料的有效利用情況；範圍的考慮包括供應鏈的長度和每一層供應商和客戶的數量。很少有企業只參加一個供應鏈，對大多數生產製造商來說，供應鏈像一顆連根拔起的樹，而非一條直線通道或一條鏈，樹的枝幹和根是擴展的客戶與供應商網路。在這個網路上所面臨的問題是，有多少這樣的枝幹和根需要去管理。

一般來說，一個企業的網路結構有三個主要的方面，要確定一個網路的結構，就需確定供應鏈上有哪些組成部分，即有哪些成員參加，這些組成部分的類型會影響整個網路的複雜性。如果無法確定這一因素，則整合和管理與整個供應鏈上所有成員相連的業務過程將無法得到預期的目標。同時還需要確定哪些成員是供應鏈成功運行的關鍵因素，以便對資源進行合理地分派和管理。供應鏈的成員包括所有直接或間接透過其供應商或客戶相互作用和影響的企業組織，從原物料供應端一直到商品消費最終用戶。然而，為了使一個非常複雜的供應網路易於管理，需要適當地去區別主要成員和支援成員。

供應鏈上不同點的相關程度是不同的，其重要性也有差別。夥伴關係的層次需要選擇合適的供應鏈連接和管理，但非所有連接都必須達到緊密協調，有些可以是鬆散的連接，其整合的緊密程度和協調的強度取決於連接的重要程度和企業的能力狀況。但在確定以前，必須要對供應鏈網路結構的配置有清楚的認識和了解。

（二）供應鏈網路中成員的區別和確定

供應鏈成員包括主要成員和支援成員，它們的確定要根據 Davenport 在全球供應鏈論壇所提供的定義來確定和區分。依據 Davenport 的定義，供應鏈的主要成員是所有獨立的企業或策略業務單位，它們在供應鏈中重要的增值活動，在業務過程中為消費者和市場創造一個有具體價值的結果；而支援成員是指只為供應鏈上主要成員提供資源：服務、知識、公共能源和資產等的企業。例如：為生產者提供出租卡車業務的公司、為零售商提供貸款的銀行、提供倉庫空間的倉儲業、或是提供市場設備、提供文宣資料印刷的公司，以及提供臨時秘書助手的企業…等。這些支援成員支持了供應鏈上的主要成員。同一個企業既能從事主要的業務活動，也能進行支持的業務活動；同樣，亦能針對一個業務過程實行主要活動，而對另一個業務過程從事支援的活動。典型的例子是從供應商購買某些關鍵生產設備的 OEM，原廠設備委託製造或稱委託代工企業，在開發新產品時，設備供應商的角色是確保有生產新產品合適的設備。設備供應商是一個 OEM 生產開發業務過程的主要成員；然而，一旦設備按照要求準備就緒，開始生產之後，設備供應商就轉而成為支援成員，不再是生產過程的主要成員，因為提供設備不會對產出過程產生增值的狀況，儘管設備本身對產品製造時會有增值的作用。

值得注意的是，Davenport 對供應鏈上成員的區分定義不是十分明確，界線也不明顯，但是它對供應鏈成員的管理提供了一個合理的簡化，確立了供應鏈業務流程上關鍵成員和支援成員的基本特徵。該定義還可以用來對供應鏈的資源供應端和產品消耗端進行定義，定義是這樣描述的：在供應鏈源端的前端不存在主要的供應商，對源端成員來說所有供應商是獨立的支援成員；而消費端不再有進一步的增值，只是消費產品和或服務，如圖 1-7 所示。

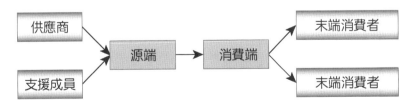

圖 1-7　供應鏈上的支援成員

（三）供應鏈網路範圍的確定

在分析和管理供應鏈時，網路的結構範圍是基本的要素。供應鏈的結構主要分為水平結構和垂直結構。水平結構取決於橫跨供應鏈層次的數目，供應鏈可能

很長，有很多層，也可能很短，只有幾層。以散裝水泥供應鏈流程為例，其網路結構相對較短，原物料從地面上取出，與其他材料組合一起製成水泥產品，經過短途運輸就可用於建造建築物。垂直結構取決於在每一層次內成員的數目，例如：一個企業可以有一個前端狹窄的垂直結構——只有少數供應商，或有一個寬廣的末端垂直結構——有較多的客戶。多成員供應鏈網路的結構如圖 1-8 所示。

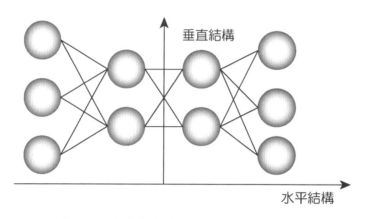

圖 1-8　多成員供應鏈網路的結構示意圖

　　一個完整的供應鏈網路結構是由這些不同的結構變數組合而成，例如：有些供應鏈可能是由一個垂直層次少而水平層次多的供應端網路結構；或者由一個水平層次少而垂直層次多的用戶端網路結構所組成的。另一個需要注意的因素是，增加或減少供應商和客戶的數量將會影響供應鏈的結構。例如：某些企業從眾多的供應商轉變為單一供應商時，供應鏈也將變窄；而物流業務外包、生產製造、市場和產品開發等業務的變化也有可能會改變供應鏈的結構。如果一個供應鏈網路在始端上有太多的供應商和在末端上有太多的客戶，將會使供應鏈的資源過度短缺。研究顯示，在垂直層次上具有多個直接供應商和客戶的企業，只能對第二層次上為數不多的供應商和客戶進行有效的管理，而面對太多的供應商或客戶就鞭長莫及了。在這種情況下，某些企業常常採取將小型客戶轉交給配銷商的措施，將這些小型客戶從企業直接關聯的業務範圍移轉到供應鏈更遠的末端去。

二、供應鏈業務流程

　　成功的供應鏈管理需要一個從單獨部門管理到將所有活動整合為一個關鍵供應鏈過程的轉變。就一般傳統來看，供應鏈的上游和下游是相互分離的實體企業，在資訊整合程度差時，相互接收的資訊往往是過期且無效的，例如：採購部門在處理採購訂單時必須能夠及時滿足客戶的需求，或是透過配銷商和零售商去

滿足這些需求，而採購訂單則是週期性地交給供應商，由於缺少即時資訊，供應商對於其銷售情況和消耗情況不具有預測性。

　　一個整合的供應鏈需要連續不斷的資訊流，並能夠精確、及時和快速地處理鏈上的資訊，來控制多變的客戶需求、生產過程和供應商績效，隨時就客戶的變化回應他們的需求，並幫助企業產生最好的產品流。全球供應鏈論壇提供了關鍵供應鏈過程的定義為：「客戶關係管理、需求／供給管理、訂單執行、生產過程管理、採購和供應商關係管理、產品研發、退貨與逆向物流」。圖 1-1 顯示了這些過程，下面將分別討論這 7 個過程。

（一）客戶關係和客戶服務管理過程

　　整合供應鏈管理的第一步是定義關鍵的客戶或客戶族群，此一組織目標是企業經營使命的核心和關鍵，產品開發和服務協議都是建立在這些關鍵客戶族群之上。它是一種以客戶為中心的管理思想和經營理念，旨在改善企業與客戶之間的關係，在市場、銷售、服務與技術支援等與客戶相關的領域內，透過提供更快速和周到的服務，以吸引和擁有更多的客戶，並透過對行銷業務流程的全面管理來降低產品的銷售成本，並藉由完善的客戶服務和深入的客戶分析來滿足客戶的需求，保證實現客戶的價值。

（二）需求／供給管理過程

　　需求／供給管理過程是客戶的需求與企業的供應能力間的平衡的過程一個好的需求／供給管理系統採用「售出點」(Point-opsale)和關鍵客戶資料來減少供應鏈上的不確定性，並為這個供應鏈提供有效的資訊流和產品流。到目前為止，客戶需求是可變性的最大因素，它是從不規則的訂單中所產生，因此，接收訂單時需要進行多資源和多路徑的選擇。由於客戶訂單的可變性，市場需求和產品計畫應該使企業在廣泛的基礎上進行共同運作，以實現最後的平衡。在現有的供應鏈管理中，需求／供給管理是非常重要的一個環節。

（三）客戶訂單履行過程

　　客戶訂單履行過程實際上是一個根據市場和客戶需求，利用自己手中和供應鏈上其他成員能整合的最大資源和供給能力，來按時、按質和按量地滿足客戶訂單需求的過程。該過程將企業各相關部門的計畫整合在一起，並與供應鏈上有關成員企業的業務緊密相連結成夥伴關係，一起在儘量減少總交貨成本的情況下滿足客戶需求，將貨物送交到客戶手中。

（四）生產流程管理過程

　　在企業傳統以管理的生產和為配銷管道提供產品，多半是採用「推」式的驅動方式，特別是在以存貨生產的製造過程中出現。產品是由 M 型計畫推動進行生產，常常會出現生產不符合市場和客戶需求的產品，造成不必要的庫存，而過多的庫存又導致成本增加。有了 SCM，產品生產是由基於客戶需求的計畫而展開。生產製造過程必須能靈活地回應市場變化。這種靈活性能夠快速地執行所有的變化以適應大量的客製化要求。在供應鏈管理模式下，企業的生產計畫人員可與客戶的計畫人員一起在線上共同作業，為客戶提供策略性的需求滿足，縮短生產製造流程時間和改進生產過程的柔性，意味著改善了客戶的影響時間。

（五）採購和供應商關係管理過程

　　這一過程實現了策略管理與供應商的關係，且獲得策略性的資源，並與供應商一同支援製造過程和新產品開發。該流程將供應商在不同的層級上進行分類，例如：他們對企業的貢獻和重要性程度等。長期的夥伴關係被發展成一種小的、核心的供應商團體，從傳統的招標和購買系統轉變為使關鍵供應商在產品設計週期的早期就參與作業，在設計工程和採購過程中實現共同的運作，能顯著地縮短產品開發週期，並儘快上市。這種與供應商的長期穩固關係是一種利益均霑的、雙贏的夥伴關係，如果企業需要在全球範圍內擴展業務，則資源也需要在全球範圍內進行管理。

（六）產品開發管理過程

　　如果新產品是企業活力的源泉，則產品開發就是企業新產品的活力源泉。為了縮短產品投入市場的時間，必須將客戶和供應商的相關業務流程全部整合到產品開發過程中。由於產品生命週期的不斷縮短，企業為了保持其競爭力，必須不斷開發出新產品、並成功地在縮短設計時間的前提下將產品推向市場。產品開發和商品化過程需要採用客戶關係管理和供應商管理技術，協同地確定客戶的需求，選擇最合適的供應商和物料，將產品開發、生產製造流程與市場結合，為市場和客戶提供最好的產品。

（七）退貨和逆向物流管理過程

　　管理退貨和逆向物流作為一個業務過程，同樣提供了取得持續競爭優勢的機會。逆向物流是由多種原因造成的，在許多國家，這可能是一個環境問題；也有的是由於產品外包裝的回收；但最普遍的是退貨過程。有效的退貨流程管理能夠

使企業改善市場形象進而獲取市場機會，更能妥善地改善與客戶之間的關係，提高資產的利用率，降低成本。以施樂公司為例，退貨被分成 4 個部分進行管理，即設備、零組件、替換物和其有競爭性的折價物。「從退貨到再銷售可用性」是衡量這種資產從有用狀態到退貨所需的週期時間。

三、供應鏈管理組件

供應鏈的管理組件可分為兩組。第一組是實體上的和技術上的管理組件，它包含了企業中最顯著的和最易改變的、切實的和可測量的元件，其中包括：計畫和控制方法、工作流／活動架構、組織架構、通訊和資訊流設施架構，以及產品流設施架構；第二組是管理上和行為上的元件，包括：管理方法、權利和領導層架構、風險和報酬框架。管理上的和行為上的元件定義了一個組織的行為和影響，並指導和實施實體的和技術的元件。如果這第二組元件之間不能結合起來推動和加強組織的行為對供應鏈目標和運行的支援，則供應鏈就可能不具有競爭力和無法獲得更多的利潤。如果在實體的和技術的組別中有一個或多個元件產生變化，相應地在另一組中的元件就可能需要調整。成功的供應鏈管理基礎是建立在每一個供應鏈元件的相互的依賴和理解。上述這兩組組件如圖 1-9 所示。

圖 1-9　供應鏈的管理組件示意圖

計畫和控制是驅動一個供應鏈達到期望目標的關鍵，上下游間聯合計畫的緊密程度在成功實現供應鏈管理中產生重大作用；工作流結構表述了企業如何完成它的任務和活動，跨越供應鏈的流程整合層次意味著企業的組織結構；同理，組

織結構也被引用到單一的企業和供應鏈中；產品流結構是跨越整個供應鏈上的採購、製造和配銷的網路結構；是從原物料、零組件、半成品、製成品、包裝完好的商品，一直到客戶手中的用品之整個過程；資訊流是整個供應鏈上各個環節的雙向資訊流動，資訊流直接影響了產品流的順暢程度和速度，因此，資訊更新的頻率對供應鏈經營具有很強的影響。

　　管理方法包括了企業的管理方法和技術。通常，將十個由上至下的組織結構與一個由下到上的組織結構相互整合是非常困難的工程，供應鏈上的成員各自日常管理所包含的內容也各不相同。因此，在供應鏈業務整合過程中，這也是需要考慮的相關因素；權利領導層結構會影響整個供應鏈的運行型態，一個強權領導的企業會驅動整個鏈的方向。根據大多數的供應鏈研究報告顯示，到目前為止，在供應鏈運作的企業中只有 1～2 個強權的領導。強權會影響到其他成員的承諾水準，推動其他成員參與、經營與鼓勵，並能創造機會；供應鏈上風險的分擔和報酬的期望，都將影響供應鏈上成員彼此之間的長期承諾；供應鏈上各成員間企業文化相容性的重要程度也不容低估，應將企業文化與員工的態度相互協調，重視員工的價值，並把他們凝聚在企業的管理中。

 **第五節　供應鏈的類型**

一、推式供應鏈

　　推式供應鏈(Push Supply Chain)的運作是以產品為中心，以生產製造商為驅動源點，這種傳統的推式供應鏈管理是以生產為中心，力圖提高生產率、降低單一產品成本來獲得利潤。通常，生產企業根據自己的 MW-II／ERP 計畫以安排自供應商處購買原物料，生產出產品，並將產品透過各種管道，如配銷商、批發商、零售商一直推至用戶端。在這種供應鏈上生產者對整個供應鏈有著主導的作用，是供應鏈上的核心或關鍵成員，而其他環節如流通領域的企業則處於被動的地位，這種供應鏈的運作和實施相對較為容易。然而，由於生產者在供應鏈上遠離客戶，對客戶的需求遠不如流通領域的零售商和配銷商清楚，這種供應鏈中，企業之間的整合度較低，反應速度慢，由於缺乏對客戶需求的了解，生產出的產品和促使供應鏈運作的方向，往往無法相互配合，亦無法滿足客戶需求。

同時，由於無法掌握供應鏈下游，特別是末端的客戶需求，一旦下游有微小的需求變化，反映到上游時，這種變化將被逐步放大，這種效應稱為長鞭效應(bullwhip effect)。為了對付這種長鞭效應，回應下游，特別是最終客戶的變化，在供應鏈的每個節點上，都必須採取提高安全庫存量的辦法，需要儲備較多的庫存來應付需求變動，因此，整個供應鏈上的庫存量較高，回應客戶需求變化較慢。傳統的供應鏈管理幾乎都屬於推式的供應鏈，如圖 1-10 所示。

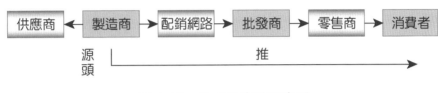

圖 1-10　推式供應鏈示意圖

二、拉式供應鏈

20 世紀 90 年代初，工業化的普及使生產率和產品品質不再成為生產企業的絕對競爭優勢，為了更有效地進行市場競爭，企業紛紛把滿足客戶需求作為經營的核心，因此，供應鏈的營運規則也從推式轉變為以客戶需求為原動力的「拉」式運作。拉式供應鏈(Pull Supply Chain)管理的理念是以顧客為中心，透過對市場和客戶的實際需求，以及對其需求的預測來提升產品的生產和服務。因此，這種供應鏈的運作方式和管理被稱為「拉」式的供應鏈管理。這種運作和管理需要整個供應鏈能夠更快地追蹤、甚至是超前於客戶和市場的需求，來提高整個供應鏈上的產品和資金流通的效率，減少流通過程中不必要的浪費，降低成本，提高市場的競爭力，特別對於下游的流通和零售行業，更是要求供應鏈上的成員間有更強的資訊共用、協同、回應和適應能力。例如：目前發達國家採用協同規劃、預測和補貨(CPFR)策略和系統，來實現對供應鏈下游成員需求拉動的快速回應，使資訊獲取更即時，資訊整合和共用程度更高，資料交換更迅速，緩衝庫存量及整個供應鏈上的庫存總量更低，獲利能力更強等等。拉式供應鏈雖然整體績效表現出色，但對供應鏈上企業的管理和資訊化程度要求較高，對整個供應鏈的整合和協同運作的技術和基礎設施要求也較高。

以電腦公司為例，其對電腦市場的預測和電腦的訂單是企業一切業務活動的拉動點，生產裝配、採購等計畫安排和運作都是以此為依據和基礎進行，這種典型的面向訂單的生產運作可以明顯地減少庫存積壓和零組件的庫存量，並根據用戶的需求實現客製化的生產和服務，滿足客戶的個性化和特殊配置需求，並加快資金周轉。然而，這種供應鏈的運作和實施相對較難。其結構原理如圖 1-11 所示。

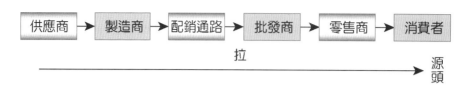

圖 1-11　拉式供應鏈示意圖

　　在一個企業內部對某些業務流程來說，有時是推式和拉式兩者共存，例如：Dell 電腦公司的 PC 生產線，既有推式運作又有拉式運作，其 PC 裝配的起點就是推和拉的分界線，在裝配之前的所有流程都是推式流程，而裝配和其後的所有流程是拉式流程，完全取決於客戶訂單。這種推、拉共存的運作對制訂有關供應鏈設計的戰略決策非常有用。例如：供應鏈管理中延遲生產(Postponement)策略，透過對產品設計流程的改善，使推和拉的邊界儘可能後延，有效地解決大規模生產與大規模客製化之間的矛盾，在充分利用規模經濟的同時，實現大量客製化(Mass customization)生產。

三、直線型供應鏈和網狀型供應鏈

（一）直線型供應鏈

　　直線型供應鏈是最簡單的供應鏈結構，即每一個節點成員只與一個上游成員和一個下游成員相連接，如此連接而成的供應鏈是一個直線型的供應鏈。它在企業外部供應鏈、產業鏈和全球網路供應鏈中較少出現，較常見的是在企業內部和動態企業聯盟中，如圖 1-12、1-13 所示：

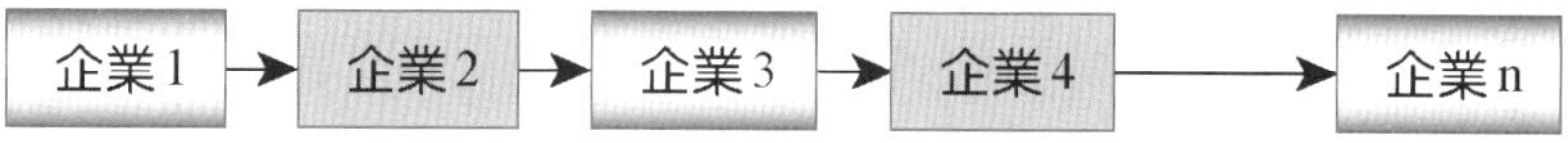

企業1 → 企業2 → 企業3 → 企業4 → 企業n

圖 1-12　直線型供應鏈示意圖

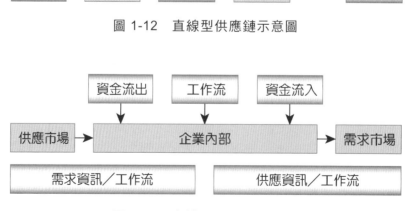

圖 1-13　直線型供應鏈示意圖

　　動態企業聯盟供應鏈的直線型結構常常由於市場的某種需求機會而產生的，臨時滿足這些需求的企業動態組織聯盟，在需求得到滿足消失後，這種供應鏈也就不復存在，而隨著新的需求機會出現將產生新的動態企業聯盟。

（二）網狀型供應鏈

　　網狀型供應鏈多存在於產業供應鏈和全球網路供應鏈中，這種結構中的每一個節點成員至少與一個上游成員和一個下游成員相連接，這樣連接而成的供應鏈是一個網狀型的供應鏈，每一個環節上都有至少一個或多個供應鏈成員，如果在某一環節上只有一個成員，則該成員一定是這個供應鏈上的核心成員，它對這個供應鏈會產生重要的作用。這兩種情況如圖 1-14、1-15 所示：

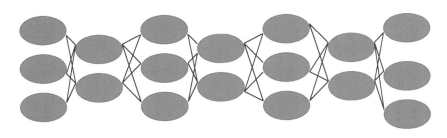

圖 1-14　網狀型供應鏈示意圖(一)

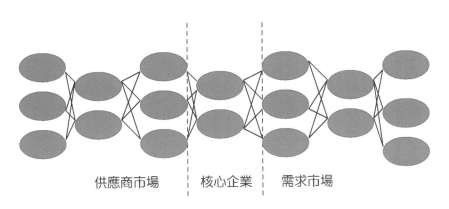

供應商市場　　核心企業　　需求市場

圖 1-15　網狀型供應鏈示意圖(二)

四、有效客戶回應供應鏈 ECR

（一）有效客戶響應供應鏈的產生

　　根據前面的討論，傳統供應鏈管理以生產為中心，力圖儘量提高生產率，降低單件產品成本獲取利潤。而現代供應鏈管理是以客戶為中心，透過對客戶的實際需求和對客戶未來需求的預測來提升產品的生產和服務。基於這種思路，產生

了多種供應鏈管理的策略。有效客戶回應 ECR 是(Efficient Consumer Response)的英文縮寫，是 20 世紀的 80 年代末、90 年代初美國食品雜貨行業為提高競爭能力和快速回應採用的一種有效的策略。而同一個時期裡，歐洲食品雜貨行業為了解決類似的問題，也採用了 ECR 策略。它是一種完全以客戶的需求和滿意度為導向的管理方法。當時，一些大的零售商開始應用供應鏈整合系統，但當時的庫存管理系統只是透過核算庫存數量以及加快庫存補給來提高銷售效率,供應鏈整合系統的應用逐漸加強和鞏固了零售商對供應商的控制地位。隨著科技的進步，產品條碼的出現和產品品質規範的確定，使管理的核心內容發生了很大的變化，合理有效地控制庫存、加快商品的更新過程、選擇銷路更好的商品進貨和為消費者提供更多的選擇成了管理的主要任務；因此，ECR 為了滿足企業這種管理需求應運而生。

（二）有效客戶回應供應鏈的運作方式

最初起源於美國，當時美國的食品流通業和零售業為了貼近市場和消費者的需求、快速地做出反應來提高競爭力，就創造並採用 ECR 策略，它是以使供應商和銷售商為消除供應鏈上各環節中不必要的成本和費用、替客戶帶來更大的效益，而進行密切合作的一種策略，並在英國的零售業中引起廣大的的迴響。ECR在美國的應用也很廣泛，當時，美國的供應商具有支配性的地位，而零售商則是分散的、小規模的，處於從屬地位，它們透過與品牌供應商的資料交流與合作來縮短市場反應時間，降低銷售成本，產生更大的利潤空間。但零售商的最終任務並不僅侷限在到訂貨為止，為了進一步開拓市場，零售商需要將詳細的資訊與供應商共用，這就要求雙方超越傳統意義上的各自為政、相對獨立的關係，不再是零售商掌握大量的銷售資料、供應商掌握單純意義上的市場佔有率資料，而是兩者的統一。只有這樣，供應商才能對消費者的需求做出快速的反應，同時促進零售商的市場銷售。

這種零售商與供應商共用客戶銷售資訊資料的系統，以市場客戶為基礎，提高流通效率，其目的在於透過減少流通過程中不必要的浪費，降低銷售成本，提高商品市場的適應能力。這些共用的資料對提高產品的品牌和改善產品的品質都有很大的幫助。ECR 的應用體現在以分析消費者的需求為基礎，為了增加顧客的利益而按計畫生產，提高產品的多樣性，生產與市場相適應的產品，降低整個供應鏈上的個別成本和轉換成本，提高供應效率。實際上，原物料供應商、生產商、批發商和零售商之間就商品供應過程而形成了一種合作策略，它的前提是廣泛應用資訊技術，特點是超越了單個的企業範圍，以顧客的消費為龍頭，以商品

從製造者到消費者的全部過程為物件，建立一種使產品和資金流通效率大大提高、實現快速回應市場的新型系統。

（三）有效客戶回應供應鏈為企業帶來的效益

採用 ECR 策略後，為企業帶來巨大的效益，據歐洲供應鏈管理系統的報告，製造商應用 ECR 之後，預期銷售增加了 5.3%，製造費用減少了 2.3%，銷售費用減少了 1.1%，倉儲費用減少了 1.3%，總盈利增加了 5.4%。批發商和零售商的效益也有了類似的增加，銷售額增加了 3.4%，倉儲費用減少了 5.9%，倉儲存貨量減少了 13.1%，平均每平方英尺銷售額增加了 5.7%。由於在流通環節中縮減了不必要的成本，預測零售和批發之間的價格差異也隨之降低，這些節約的成本最終體現在消費者身上，為他們帶來了利益，與此同時企業也在激烈的競爭中佔據了有利的地位。對客戶、零售商和供應商來說，除了上述有形的效益外，ECR 還為條碼的應用帶來了許多難以量化的無形效益。因此，有效客戶反應系統成了食品行業配銷領域的有效管理工具，一個針對食品行業中食品零售商 ECR 應用的研究顯示：透過採用 ECR 供應鏈管理，能夠更有效地管理庫存和交付產品，這種供應鏈管理模式具有節省 3 億美元的潛力。

五、快速回應供應鏈 QR

（一）快速回應供應鏈的產生和運作方式

快速回應系統 QR(Quick Response)是美國紡織與服裝行業在 20 世紀 80 年代發展起來的一種供應鏈管理策略。為了提高產品的競爭能力，美國的紡織與服裝業開始採用 QR 策略。1982 年，一份對該行業的研究顯示，服裝在供應鏈上所需的時間為 66 個星期，這樣長的時間不僅成本昂貴，而且造成巨大的浪費，也無法精確預測實際需求量。因此，要減少供應鏈上因產品過多或過少而引起的損失，必須縮短產品在供應鏈上的時間。QR 是貿易夥伴的共同策略，採用 QR 策略的貿易夥伴透過共用 POS 資訊預測未來需求，可以做出快速回應。當時，美國許多企業開發和使用 QR 系統來處理成品的流通，這些系統通常被認為屬於庫存控制系統，也常和廣泛應用於生產中的物料管理系統聯繫在一起。但是，這些系統大多被做供應鏈計畫的範疇。

（二）快速回應供應鏈的實例

QR 的應用雖然起源於服裝紡織業，但現已擴展到許多消費性行業，特別是在零售業中。國際自動識別製造商協會(AIM)是一個由條碼設備、軟體和其他類

型自動識別設備製造商組成的組織，每年都會舉辦一次會議，由企業從事 QR 的主要業務人員參加和介紹 QR 的應用。塔吉特商店是 QR 的應用和在零售業進行推廣的一個典範，它在全美有 500 多家大型商店，每年保持大約有 15% 的數量增長。塔吉特商店經營服裝、家庭用品、電器、衛生、美容用品，以及日常消費品。它是一個折扣店，與沃爾瑪、凱爾瑪、西斯爾等商店進行業務競爭。塔吉特商店經營的全部商品都備有條碼，並且在日常業務中採集所有交易中的 POS 資料。每天的業務資料於當晚透過衛星通訊傳到總部，並與採用 QR 體系的重要供應商一同共用商品每日的銷售資料和庫存資料。它不允許完全自動補貨，但向供應商保證每週一次的訂貨。由於供應商了解到整個企業的庫存目標、現有存貨和實際銷售資料，就很容易把握它的訂貨數量，並利用這些資訊制訂自己的生產和配銷計畫。每週一次的訂貨單下達之後，供應商將貨物在一週內運送到塔吉特商店的 6 個配送中心內。

一旦貨物到達配送中心，塔吉特的管理部門再考慮下一週的銷售情況，然後向每個商店進行配送，因此，商店將每週接收到每個品類補充進貨。在這個系統中，塔吉特的首要目的不是減少商店的總庫存，相反，塔吉特的經營理念是使消費者喜歡並希望商店的商品種類是「齊全和豐富」的，即客戶想要的每種商品都能在商店中找到且隨手可得。因此，商店的所有存貨都應該陳列出來，而不是放在客戶看不見的庫房中。現貨供應的保證率指標被定得相當高，塔吉特希望得到 95% 現有率，在這裡，「現有」意味著「設計最大庫存量的至少 45% 是在貨架上」。利用這個保證，傳統的缺貨百分比設計為零。為了支持這個保證，塔吉特依靠 QR 方法，推廣補充送貨的「合適度」策略。補充供應體系的目標是，補充的每個品類儘可能百分之百地接近貨架設計容量，而不產生多餘存貨，否則，需要額外的儲存場地。這部分後備庫存是沒必要的，不如直接創造效益，且頻繁搬運貨物進出存儲場所，既增加費用又不易保管。

塔吉特發現其 QR 系統幫助它取得了顯著的成效，成為企業成功的重要因素之一。它的重要供應商也從訂貨的穩定性和實現庫存資料共用所帶來的訂貨可預見性上獲得了效益。由於頻繁的補貨，配送中心的過期訂貨量較低；同時因為預測期縮短，安全庫存量也相應較低。當然，這些會帶來較高的運輸成本，增加資料系統費用。透過配送中心的庫存成本節約和系統帶來的補充訂貨的「合適度」提高，省下的商店的貨物處理費用，可以補償那些增加的成本。此外，系統運轉所需的銷售資料對有效的商品經營極為有用，與供應商的密切聯繫使得價格下降並實現了其他採購費用的節約。總之，塔吉特致力於 QR 系統，並積極地將 QR 系統推廣到更多的供應商，以實現在所有銷量大的品類上百分之百地快速反應。

同時，在 QR 應用中，貿易雙方採用 EDI，利用 Internet 來提高資訊流動的速度，並重組自己的業務活動以減少提前期和成本。在快速反應系統的應用中，零售商和製造商緊密協調零售庫存的分佈與管理。這樣的系統一般包括下面幾個重要的部分：

· 零售商透過條碼商品的掃描，從 POS 系統得到即時準確的銷售資料；策略、技術與實務。
· 經由 EDI 或 Internet 傳送，製造商每週或每日共用 SKU 的銷售與庫存資料。
· 針對預定的庫存目標水準，製造商受委託進行自動補充供應活動。

（三）QR 與 ECR 的比較

ECR 策略與 QR 策略既有相同之處，又有不同之處。不同之處是：ECR 的目標是使供應商和零售商為消除系統中不必要的成本費用，給客戶帶來更大效益而進行密切的合作；而 QR 的主要目標是對客戶的需求做出快速反應。這是因食品雜貨業與紡織服裝業經營產品的特點不同所致。雜貨業經營的產品多數是一些功能型產品，除了生鮮食品以外，每一種產品的壽命相對較長，預測因訂購數量過多或過少的損失相對較小；而紡織服裝業經營的產品多屬於創新型產品，每一種產品的壽命相對較短，預測訂貨數量過多或過少造成的損失相對較大。但二者也有兩個共同的特點：一是它們都以貿易夥伴間的密切合作為前提；二是它們都需要資訊共用和共同的技術支援。研究和實驗證明，在補貨中實施 ECR，可以將補貨週期減少 75%，而 QR 經過 10 多年來的應用，在紡織服裝也每年可為客戶節約 13 億美元。

六、垂直整合供應鏈

在過去許多年裡，企業為了更好地實現對內部的管理與控制，一直採取「垂直整合」(Vertical Integration)的供應鏈管理模式。即企業除了擁有具競爭優勢的核心企業和業務外，還具有自己的原物料、半成品或零組件供應，配銷網路，甚至運輸企業，形成了整體業務一條龍的運作。企業推行「垂直整合」的目的，是為了加強核心企業對原物料供應、產品製造、配銷和銷售全過程的控制，使企業能夠實現產、供、銷的自給自足，減少外來因素的影響，在市場競爭中掌握主導權。在市場環境相對穩定的條件下，「垂直整合」的管理模式發揮了一定的作用。這種理念在第二次世界大戰後發揮相當積極的作用，美國式管理以大批量生產和大規模行銷為代表，傾向於垂直整合經營，即擁有自己的原料產地、自己的加工生產基地和成套的配送體系。在 20 世紀的 60 年代，企業處於相對穩定的市場環

境中，這時的「垂直整合」模式是有效的。例如：福特汽車公司在匹茲堡有自己的鐵礦，在五大湖的冶煉廠把鐵煉成鋼，再在自己的汽車生產線上製造出汽車。

　　20 世紀 90 年代以來，隨著科技和資訊技術的迅速發展、經濟全球化市場的形成，世界競爭日益激烈、消費者的人性化需求不斷提高，「垂直整合」模式產生各種缺陷。它使企業投資負擔加重，需要承擔喪失市場機制的風險，使企業無法將主要精力放在最擅長的業務上，而必須在不同業務領域裡直接與不同的對手進行競爭，削弱了企業的競爭優勢。這種垂直整合的管理方式實際上是「大而全」、「小而全」的翻版，它分散了企業過多的時間、精力和資源去從事許多非核心業務的經營，而無法在關鍵性業務上發揮出核心作用。以美國汽車行業為例，福特汽車公司由於有龐大冗員的結構，越來越無法與日本汽車生產企業靈活多變的經營體制抗衡；另外一個例子是有關汽車零組件的生產，讓我們來看一組資料：克萊斯勒公司只為自己生產 30% 的零組件，福特公司為 50%，而通用汽車公司則是垂直整合管理的典型，為自己的公司生產 70% 的零組件，這種運作方法使通用汽車公司不得不經受著多方面競爭的壓力，由於生產汽車零組件而耗去的勞動費用高於其他兩個公司，每生產一個動力系統，它比福特公司多付出 440 美元，比克萊斯勒公司多 600 美元，這在市場競爭中會處於劣勢。正如通用汽車公司傳奇人物艾爾弗雷德．斯隆所說的：「我們正在享受規模過大造成的惰性之苦」。

七、水平整合供應鏈

　　到了 20 世紀末，特別是進入 21 世紀，資源在全球之間進行調配，形成了全球經濟和市場整合，各企業、合作夥伴之間，甚至是競爭對手之間的業務交流越來越多，也越來越複雜，因此，企業需要將自己最強的力量放在最擅長的地方，其他的業務外包出去，外包的業務越多，也就意味著企業與上下游業務夥伴之間的交集越多。在這種市場環境下，垂直整合管理模式逐漸無法滿足市場的需求。企業除了把大量的資金、精力與時間投入到不擅長的非核心領域，在每一個垂直型的市場中都與其他企業進行競爭之外，一旦在某一環節中出現問題，將會導致整個企業受到波及。因此，垂直整合管理模式已經很難在當今市場競爭環境下獲得所期望的利潤。迫使企業面對迅速變化且無法預測的市場而不得不採取許多先進的製造技術與管理方法，企業的管理理念也隨之產生重大的變革，開始從多年來一直奉行的垂直整合轉向了「水平整合」(Horizontal Integration) 的管理方式。

　　水平整合管理方式的核心思想是發揮企業核心競爭力，即企業只需注重自己的核心業務，充分發揮核心競爭優勢，將非核心業務交由其他企業完成，實施業務外包，以取得最大的競爭優勢。而供應鏈管理正是在向水平整合管理方式轉變的同時，也形成了從供應商到製造商再到批發／零售商，直至客戶間貫穿所有企業的「鏈」。在這種供應鏈的管理過程中，首先在整個行業中建立一個環環相扣的供應鏈，把這些企業的分散計畫納入整個供應鏈的計畫中，使多個企業能在一個整體的供應鏈管理下進行和諧的經營和運作，實現資源和資訊共用，從而大大增強該供應鏈在市場環境中的整體優勢。

　　水平整合的管理方式可使整個供應鏈及時獲得最終消費市場的需求資訊；縮小生產供給與需求市場的距離，縮短生產與流通的週期，快速實現資本迴圈和價值鏈增值；實現最小個別成本、轉換成本和流動成本；實現快速回應和有效客戶回應，及時生產、交付、配送、交貨，到達最終消費者；最大限度地減少上下游企業的庫存和資金佔用，實現整體供應鏈的市場運作優勢，形成一種互助合作式的供應鏈運作模式。但這也對企業和這個供應鏈管理提出了新的要求，其資訊化管理水準也必須更上一層樓，必須運用供應鏈的管理軟體和透過電子商務，將上下游企業之間的業務鏈結在一起，共同經營，更好地利用其他資源，實現資源最大化的整合和最有效的利用。

八、敏捷供應鏈

　　敏捷供應鏈是伴隨著動態企業聯盟和敏捷競爭概念的出現而產生的。動態企業聯盟是企業為了快速回應當時或根據預測即將產生的市場機制，而聯合其他有利益共同體的企業組織。敏捷競爭是 21 世紀國際競爭的重要形式之一，是企業在無法持續預測、快速變化的競爭環境中生存、發展並擴大競爭優勢的一種新的經營管理和生產組織的模式。它的核心內容包括：新產品的創新開發和對市場變化的快速回應；樹立雙贏的競爭價值觀；充分發揮每個員工的積極性和創造性；企業組織和生產過程的快速重組；企業範圍的資訊共用和應用整合；企業資訊系統的調整和重建。

　　敏捷供應鏈是支援動態聯盟優化運行的重要技術，與一般供應鏈的區別在於，它可以根據動態聯盟的形成與解體而組成和解散，快速地完成組織體系和資訊系統的調整和重建。它需要透過供應鏈管理來促進企業間的聯合，進而提高企業的敏捷性，以適應動態聯盟的需要。敏捷供應鏈可用來支援動態企業聯盟的實現，可以迅速結盟，並實現聯盟後的優化運行和平穩解體；整合企業間的業務流

程和管理資訊系統。在敏捷供應鏈中，結盟企業能根據敏捷化和動態聯盟的要求方便地進行組織、管理和生產計畫的調整。如何保證聯盟企業間資訊系統之間的資訊暢通，是敏捷供應鏈管理系統需要解決的重點問題，另一個要解決的重要問題同時也是敏捷供應鏈管理系統的核心研究內容，是供應鏈上企業的多種不同的資訊系統整合問題，如何使這些不同的系統緊密連接和整合，支援聯盟成員之間的共同工作，是當前亟待解決的關鍵問題。

　　敏捷供應鏈的實施，可促進企業間的合作和企業生產模式的轉變，有助於提高大型企業集團的綜合管理水準和經濟效益，快速掌握市場商機、有效整合社會資源，透過資訊共用和企業協作，幫助企業快速掌握供應商和銷售管道的情況，合理規劃異地儲存的最佳效益、安排進貨的批次、時間，以及運輸等問題，抓住市場瞬息萬變的機會，進一步為市場提供產品和服務。

 沃爾瑪的供應鏈創新之路
物流供應鏈的推手—科學城物流

習題 Exercise

一、 何謂供應鏈？何謂供應鏈管理？

二、 供應鏈管理與物流管理之間的關係為何？

三、 傳統的供應鏈管理與新型的供應鏈管理之間的異同點為何？

四、 請說明企業內部供應鏈管理流程？

五、 請說明企業外部上下游供應鏈管理？

六、 何謂產業供應鏈？何謂動態聯盟供應鏈管理？

七、 請說明全球網路供應鏈管理？

八、 請說明供應鏈管理的框架結構？

九、 請說明供應鏈業務流程？

十、 何謂有效客戶回應供應鏈 ECR？

參考文獻　　　　　　　　　　　　　　　　　References

一、中文部分

1. 徐作聖(1999)，國家創新系統與競爭力，聯經出版事業公司。

2. 唐校慶(1998)，網路觀點的虛擬化組織模式建構之研究-以電子資訊業為例，台灣大學商學所博士論文。

3. 莊振家(1993)，企業資訊的未來架構，網路通訊， 1 月，pp.19-24。

4. 陳明德(1997)，建構虛擬企業：程序在造和電子商務研討會，台大慶齡工業研究中心，台北。

5. 黃靜蕙(1997)，國內高科技資訊產品流通供應鏈整合能力分析模式之個案，台大博士論文結合電子商務與供應鏈管理之實務應用研究。

6. 謝清佳、吳琮璠(1998)，資訊管理理論與實務，智勝文化事業。

7. 張光旭，陳惠良(2000)，電子化企業與供應鏈管理關聯性之研究，第一屆電子化企業經營管理理論計實務研討會論文集，pp.6-12。

8. 詹智強、羅偉碩(1999)，快速回應在物流供應鏈管理策略中的探討，中興大學商業自動化研討會論文集，pp.59-78。

9. 蘇雄義(1999)，供應鏈管理國內外發展，資訊與電腦，8 月，pp.55-58。

10. Malecki , M. H. (1999)，IBM Global Services, Consulting Group ，產業電子化運籌管理研習營講義(1)，行政院產業自動化及電子化推動小組，經濟部技術處。

二、英文部分

1. Alavi, M. and Carlson, P.(1992), "A review of MIS Research and Disciplinary Development", Journal Of Management Information System, Spring, Vol.8, No.4, pp.45-62

2. Chopra, S. and Meindl, P. (2001), "Supply chain management：strategy, planning, and operation", Upper Saddle River, NJ：Prentice Hall

3. Collins, T. (1999), "Striking it big together", Supply Management, Vol.4, Iss.18, Sept. 9, pp.28-30

4. Davidow, W. H. and Malone, M. S. (1995), "The Virtual corporation", Boston：Harvard Business School Publishing

5. Eisenhardt, K. M. (1989), "Building Theories form case Study Reasearch", Academy of management Review, Vol.14 , No.4 , pp.532-550

6. Ellram,L.M. (1991), "Supply Chain Management", Internatoinal Journal of Physical Distribution and Logistics Management ,Vol.21, Iss.1, pp.13-33, pp.57-58

7. Kalakota R. and Whinston A. (1999), "e-Business Roadmap for Success", Wesley Long man

8. Lummus, R. R., and Robert, J. V. (1999), "Managing the demand chain through managing the information flow：capturing moments of information", Production and Inventory Management Journal, Vol. 40, No. 1, pp.441-443

9. Levy, D. L.(1997), "Lean Production supply chain", Sloan management Review, Vol.38, Iss.2, pp.94-102

10. Lucas, H. C. Jr. and Baroudi, J. (1994), "The Role of Information Technology in Organization Design", Journal Of Management Information System, Vol.10, No.4, pp.9-23

11. Porter, M. E. and Fuller, M. B. (1986), "Coalitions and Global strategy", Competition in Global Industries, Vol.1, No.10, pp.315-343

12. Sheridan, H. J. (1999), "Managing the chain", Industry Week, Vol.248, Iss.16, Sep 6, pp.50-55

13. Stevens, G. (1989), "Integrating the Supply Chain", Internatoinal Journal of Physical Distribution and Materials Management ,Vol.19, No.8, pp.3-8

企業資源規劃

 **第一節** 企業資源規劃的定義

ERP 企業資源規劃(Enterprise Resource Planning)是以物料控制為基礎，以資源計劃、生產計劃、物資需求計劃為導向、包括銷售、計劃、採購、庫存、生產、成本和財務管理等，為企業提供一個全方位的管理模式。ERP 是 MRP (Manufacturing Resource Planning)系統的延伸，MRP 著重於生產資源規劃，而 ERP 則把製造資源擴展到企業資源，並運用 IT 讓企業整體更加效率化。

ERP 系統的主要功能是整合企業整體作業流程及資源，提供即時而正確的資訊，以縮短反應市場需求時間。從組織內部的構面來看，ERP 系統涵括了組織的運作、管理、溝通、檔案處理，以及決策等企業數個相當關鍵的流程，完整的 ERP 軟體根據企業日常運作的幾項重要作業，而有財會、生管、配銷、供應鍊管理等幾項主要模組，各模組可以整合運作，也可以獨立作業。

近年來 ERP 系統在國內外得到了廣泛應用。隨著資訊技術、先進製造技術的不斷發展，企業對於 ERP 的需求日益增加，進一步促進了 ERP 技術向新一代 ERP 的發展。推動 ERP 發展有多種因素：全球化市場的發展與多企業合作經營生產方式的出現使得 ERP 將支援異地企業營運、異種語言操作和異種貨幣交易；企業過程重組及互助合作方式的變化使得 ERP 支援基於全球範圍的可重構過程的供應鏈及供應網路結構；製造商需要應對新生產與經營方式的靈活性與敏捷性，使得 ERP 也越來越靈活地適應多種生產製造方式的管理模式等等。

今日的 ERP 系統，不但可以使導入的企業擁有全球運籌的能力，減低企業在各方面的成本支出，更在這場世紀的經營佈局中，為企業主提供即時精準的決策資訊，還能讓企業的「產業供應鏈」更形完整，與上下游廠商合作更為緊密。最重要的是，導入 ERP 的流程更是企業檢視自身體質，進而實行企業再造的最好方式。由此看來，ERP 不僅只是一項 IT 的產品，更是結合了商管知識與眾多企業經營經驗的整合式商業系統，充分展現了人類運用資訊科技產生的強大力量，更揭櫫了未來商業可能的發展與運作模式。

這樣以資訊科技為骨幹構成的即時(Real-time)回應系統，將可大幅縮短時空的距離，讓企業主做出立即的決策，發揮經營管理的極致。因為未來的企業環境，將是一個以知識與資訊為基礎的數位化、虛擬化及網路化的組織，而即時性亦將成為商業活動及企業成功的關鍵因素。新世代的企業是即時式企業，必須隨時掌握企業內、外部資訊，立即而持續地改變企業運作的內涵。ERP 是由 MRP（物

料需求規劃）、MRP II 演變而來，可以說 ERP 是 MRP 及 MRP II 的延伸版本。以往的 MRP 系統主要著眼於「製造資源規劃」，由「經濟訂購量」、「安全存量」、「物料清單」(BOM)、「工作計劃」等功能組成。

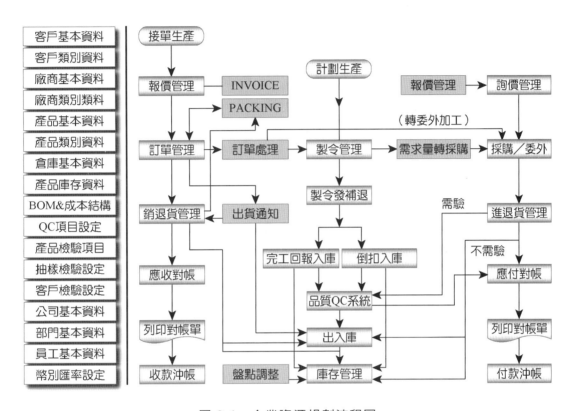

圖 2-1　企業資源規劃流程圖

ERP 是延伸原有的 MRP 範圍，涵蓋企業所有活動的整合性系統，通常包含有：

一、財務會計系統

財務會計系統是一套提供給全球跨國企業客戶的實用解決方案。由客戶管理到服務自動化，以至財務及物流鏈管理，財務會計系統都能兼顧各項需求，提供全面、合適及靈活的解決方案。

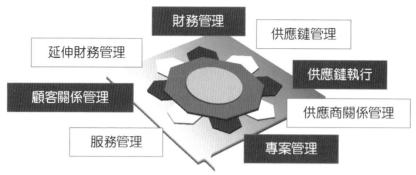

圖 2-2　財務會計系統的功能

　　財務會計系統為市場提供一套以功能齊備、靈活多變見稱的綜合財務會計系統應用方案，財務會計系統最初以會計系統開啟成功之道，一直以來都致力保持這優勢，提供領導市場的一流企業總帳目系統。財務會計系統的運作，大大提高了財務系統的靈活性、減低總成本擁有權及實施時間，隨時可因應客戶要求而更改系統的規模。更為重要的是財務會計系統具備處理多種貨幣及管理多間公司的功能，有助鞏固企業在國際市場的地位。現時全球超過 2,000,000 家企業正在使用財務會計系統系統。

　　隨著電子商務的誕生盛行，國際營運模式在各國間逐漸發酵，各國企業為能賺取高額利潤，有效降低成本，紛紛到海外設立據點，以為全球競爭作一佈局。對於擁有多公司、多事業部或多地點之用戶，可能有部分之會計交易會作分散式之處理，又有部分之會計交易需要作集中式之處理，而總部又需要隨時掌控各單位之現況並作財會報告之彙整，在過去各單位之財會部門各自使用獨立系統的時候，總部往往很難對各單位作即時且有效之掌控，需要花費許多額外的時間進行資料之彙整。

　　在此情形下，企業進行財務營收控管時，即面臨到需支出國外貨幣以向國外供應商進貨，相對的，也常收到來自於國外客戶的訂單金額，需藉由財務會計系統來解決此問題。

　　財務會計系統可處理多公司、多部門及多專案之最完整豐富的財務管理系統，無論是總帳會計、銀行帳號往來、應收付帳、應收付票、固定資產、媒體申報、零用金及人事薪資等，皆一應俱全，符合企業對財務管理方面的期待，讓企業能輕鬆掌握所有財務狀況。

其應用的範圍為：

（一）基礎應用

1. 多公司／部門／專案帳目管理。
2. 多國幣別／匯率管理入帳。
3. 各種語言環境。
4. 會計帳務、稅制地區化。
5. Drill Down 層層深入分析。
6. 公司／部門／業務員密碼層級權限控管。
7. 單據審核功能。
8. 可進行即時資料整合。
9. 智慧化的部門分攤比率，將費用科目依比率自動分攤。

（二）進階應用

1. 會計總帳
　　(1) 提供明細之過帳失敗原因查詢。
　　(2) 可指定回溯日期，製作沖轉科目之回溯明細帳報表。

2. 銀行票據
　　(1) 使用者可自行設定每月一個或一個以上之付款日及其所對應之債務產生
　　　　期間，系統自動對應並記錄應付款項之付款日。
　　(2) 收款時，可逐筆選擇應收款項沖帳，亦可由系統自動作分配沖帳。
　　(3) 應收票據可作換票及退票處理，退票時可沖回應收帳款。

3. 固定資產
　　(1) 對於財產取得後陸續增加之附加設備，可記錄並歸屬於主財產一併管理。
　　(2) 系統記錄詳細之改良及重估歷史資料，以供參考。

（三）財務會計系統的特性

1. 全面及富靈活性的會計功能。
2. 單一定點查詢。
3. 低投資高回報。
4. 為透明度及可靠度高的管理報表系統。
5. 可配合其他業務應用程式。

（四）財務會計系統的功能

1. 多功能的總帳。
2. 總帳管理。
3. 應付帳款。
4. 應收帳款。
5. 現金管理。
6. 貸款管理。
7. 資產管理。
8. 合約管理。

（五）財務會計系統的細部功能

1. 自建會計圖表切合個別企業架構需要。
2. 精密的付帳流程支援電子款項轉帳。
3. 結合客戶的銀行電子帳單，自動協調帳戶。
4. 預付分配計算及入帳。
5. 可提供無可比擬的探勘功能以了解交易及分析數據。

（六）財務會計系統的特色及效益

1. 未過帳傳票即可檢視報表：

   在系統中之所有報表皆可以選擇以「所有傳票」或「過帳傳票」來製作各種報表，傳票資料不須等過帳後才能查看，如：試算表、損益表、總分類帳等報表。

2. 多公司、多幣別帳務管理：

   系統可設定多個公司如母、子公司，每個公司之帳務幣別及帳務皆獨立處理，亦可透過傳票拋轉功能，將各公司之傳票資料作連結並合併作帳。

3. 結轉傳票自動登錄：

   應收／應付憑單、收／付款單、應收／應付票據及銀行往來作業存／提款單皆可透過結轉傳票功能，自動登錄傳票不須再另行輸入，並可選擇是否合併成一張傳票。

4. 票據轉帳自動登錄：

   於應收憑單或收款單，如收款種類為票據則會自動登錄至應收票據中，如收款種類為銀行存款則會自動產生銀行存款單，不須人工重覆輸入。

5. 帳款多幣別：

應收／應付帳款可依客戶、廠商不同及幣別不同分開沖銷、對帳列印，在傳票加入幣別、匯率、原金額欄位，可以原幣別沖銷並可列出報表，在報表輸出時增加一匯率欄位重新計算所有匯率並列出報表。

6. 成本會計：

包含直接材料、直接人工、製造費用之計算，並列出材料進耗存明細表、在製品進耗存明細表、製成品進銷存明細表、單位成本表、標準成本表、直接材料耗用明細表、銷貨成本表、多階成本表等相關報表。

7. 應收應付帳款：

如為同一客戶或廠商之應收、應付帳款可互相沖銷，應收憑單與發票為多對多關係，並可控制立帳前是否檢查發票金額應與憑單金額相等。

8. 應付票據轉出：

將票據資料轉出至支票套印模組列印支票，可設立多家銀行支票套印模式。

9. 應收票據託收：

票據可轉成磁片給銀行託收，於銀行兌現時，再以磁片轉回應收票據作兌現。

10. 應付票據兌現：

可加入預計／實際兌現日欄位，並可轉成磁片交銀行，於兌現時再由磁片輸入兌現。

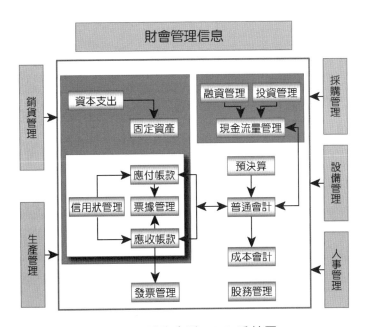

圖 2-3　財務會計 ERP 系統圖

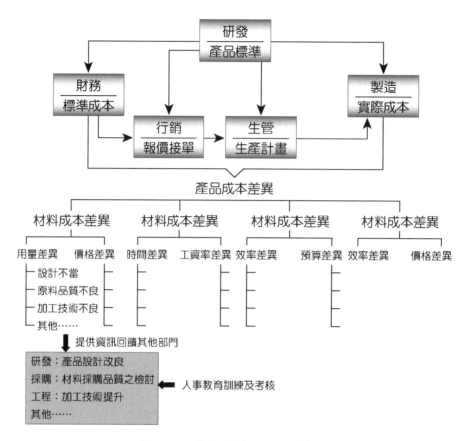

圖 2-4　成本會計 ERP 系統圖

二、成本會計系統

　　依照企業的日常事務流程，業務接到訂單後，由生管依訂單的內容、交期及產品標準等轉為排程進度，再依據產品標準計算用料、設備、人力，延伸各部門的工作：採購購料、機器分配、人事派遣、外包委外到製造記錄實際生產情形，包含：耗料、投入時間…等，待完工入庫後出貨給客戶。財務則負責成本要素，包含：材料、人工、製造費用…、等委外加工的帳務處理，並計算總投入成本及單位成本。

　　前述事務流程的每項工作，必須透過單據留下記錄，成本會計人員再依據這些單據的數據記錄成本，並透過 ERP 系統作成本資料彙集及快速運算，將成本歸屬到製令、產品到訂單。因此，各前端部門的單據資料必須詳實、正確、即時，成本計算的結果才會合理、正確且具參考價值。

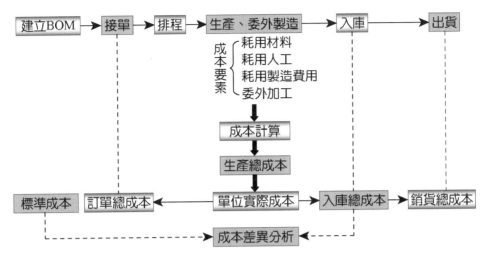

圖 2-5　成本機能與製造機能之間的關係

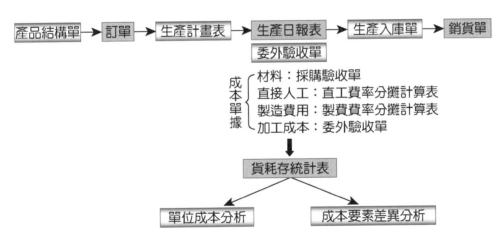

圖 2-6　成本單據與製造單據之間的關係

　　成本金額既可透過 ERP 系統計算產生，那身為成本會計人員又該扮演何種角色呢？筆者認為除了驗證成本資訊正確性外，最重要的是依成本資訊做差異分析，找出差異的項目及原因，回饋給各部門的管理者做工作改善，並協助人事部門做教育訓練及績效考核之依據。

　　以圖 2-7 的架構為例，標準成本與實際成本較會產生成本四差異要素，包含：材料、人工、製造費用、委外驗收……等；再將材料成本差異區分為用量及價格差異，用量差異原因再細分為設計不當、原料品質不良、加工技術不良……等。成本會計人員應將這些分析結果提供各部門，例如：研發部門作為產品設計改良、採購部門作材料採購品質之檢討、工程部門作加工技術提升，人事部門則協助提升各部門人員的改良能力並考核改良績效。

　　資訊在瞬息萬變的競爭環境中是非常寶貴的,企業的成本會計人員若能善用 ERP 所產生的資訊並依前架構有系統地分析成本差異的項目及原因,假以時日不但能提升自己的管理能力,也能協助所服務的企業增加利潤、降低成本,這才可說是發揮 ERP 的最大效益。

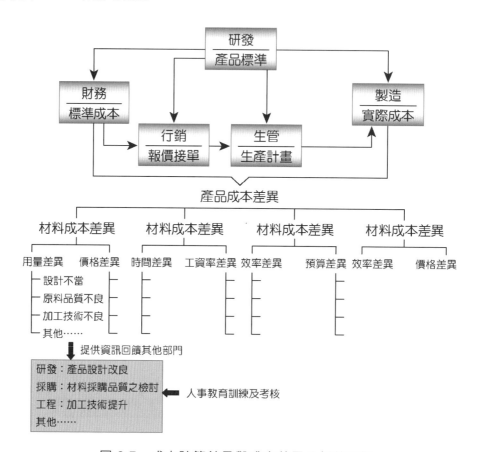

圖 2-7　成本計算結果與成本差異分析的關聯

三、製造配銷系統

　　MDS 製造及配銷系統,涵蓋與生管溝通的眾多部門作業範圍,包括:生產及委外管理、訂單管理、採購管理、庫存管理、BOM 管理等,各模組除處理該部門日常營運作業外,與生管排程有非常緊密的結合,快速變動的商業環境並非只與生管部門有關,製造及配銷各部門必須與生管保持密切的互動,才能整體快速反應,提高客戶滿意度,MDS 系統與 APS 系統的緊密整合,發揮我們製造資源的最高效率。

MDS 的特色及效益：

1. BOM 同時存在多版本，一訂單中某成品可依不同 BOM 版本同時受訂，該成品同一時間可依不同 BOM 版本生產，BOM 無階層限制，並將加工順序納入 BOM，進而定義工序間關係，供排程運用。

2. 提供打樣單作業，以既有產品為基礎加注加工說明，可決定是否收費並納入物料需求計算，提供信用額度控管，可設定各往來餘額影響信用額度比例，並提供五種控管方式。

3. 物料需求依排程之各製程上線日計算材料進料日，降低庫存積壓，預設優先耗用舊料邏輯（可再調整），該品項庫存消耗完畢後，可鎖定不再採購。

4. 具備多種庫存及製令分配調整參數，供我們靈活運用分配庫存，獨立的費用性採購流程，管理直接認列費用的採購，減低流程、單據人為判斷時間及錯誤。

5. 驗收不需外掛品管模組即已內含 MIL-STD-105E 標準，使用者僅需輸入合格量自動判訂允收／驗退，並可做資料採擷，各品項可先預設各供應商供應比例，幫助我們與各供應商維持良好往來關係。

四、生產管理系統

隨著資訊化社會的腳步，IT 技術的發展極為快速，因此在多媒體領域上，以半導體產業而言，需要更先進的 LSI 設計專業知識；此外，在資訊系統的領域上，因應網際網路時代，全方位系統的建構更迫切所需。例如：台灣富士通本著不斷地追求最尖端 IT 技術的精神，將不斷地在「系統 LSI 解決方案」、「事務管理系統解決方案」、「網路解決方案」及「製造系統解決方案」等領域上，不斷地為開拓新事業而挑戰。

台灣富士通的生產管理系統的功能分別為：

1. **系統整合解決方案**：事務管理系統解決方案、製造系統解決方案、網路解決方案。

2. **系統 LSI 解決方案**：軟硬體設計、系統檢證、CAD 工具、LSI 韌體驅動。

3. **製造技術諮詢服務**：為了使客戶在市場競爭上脫穎而出，可活用為此發展的必要先進專業技術，提出兼顧到資訊系統及運用形態的解決方案。

    (1) 改善生產力：為了提升生產力，將進行製造能力的診斷及評估，提出縮減 TAT 所需之改善方案

    (2) 設備管理：藉由對設備的線上運用情況及設備運轉方法進行調查，提出可使設備穩定且有效率地運轉的解決方案。

(3) 品管解析：為提高良率，以穩定地生產高品質的產品，將提出有效運用工程管理(SPC)及產能解析(YMS)手法之解決方案。

(4) 資料探勘：藉由靈活運用「資料採礦(data mining)」技術，提出並開發出一套能由龐大的資料群組，找出對品質穩定性造成較大影響的資料，大幅提升了品管解析的效率。

4. **系統規劃諮詢服務**：在商業環境劇變、資訊技術快速發展的環境中，其以豐富的經驗，協助客戶規劃並擬出下一代資訊系統的方案。

5. **系統整合**：建立可提高其競爭力、生產力及降低成本的 CIM 系統。並運用最尖端的系統架構技術，建構符合自身需求的系統。

6. **套裝軟體**：提升工程設備管理、製造資訊管理及品質解析等效率之高品質、高使用性的套裝軟體，可有彈性地支援半導體製造、印刷基板、電子零件、機密設備、設備組裝等各種製程。

五、物料管理系統

物料管理系統包含下列幾個重點，其分列如下：

（一）物料基本資料

1. 依據不同物料選擇保管單位、物料管理者、物料核判者，決定領物料申請作業的審核流程。

2. 填入採購批量，決定物料增加作業中某物料的建議採購量。

3. 選擇物料圖片，則領物料申請時申請者可於申請明細中，觀看該物料的型態。

（二）物料申請作業

1. 在進行物料申請作業時，可進行新增明細，若庫存已低於 0，則無法點選申請。

2. 申請單尚未有單位主管或物料管理者審核，則申請者可再對該申請單進行修改動作。

3. 結案時，必須填入正確的申請數量。

（三）物料申請審核作業

1. 審核者可決定是否核准或退回。

2. 送出後，系統自動判斷是否仍有下一關審核者，若有，則下一關審核者的畫面會跳出待審核資料訊息，若無，則表示該申請單已審核完畢，申請者可進行結案動作。

（四）物料過帳作業

1. 畫面上會呈現已審核完成但未結案的申請單資料，物料管理者可於此追蹤尚未結案的資料。
2. 若結案完成，則物料管理者必須進行過帳動作，此動作會啟動扣除庫存的功能。

（五）物料盤點作業

1. 自動帶入低於安全庫存量的物料，可供物料管理者進行採購動作。
2. 新增加的物料明細，自動帶入前一次的採購單價及自動計算建議採購量。
3. 儲存成功後，會啟動庫存增加的功能。

（六）物料增加作業

儲存盤點量後，會啟動修改庫存量的動作。

（七）物料庫存異動查詢

依據該物料編號，詳盡列出所有增加、減少、盤點的明細。

（八）物料複合查詢

依據物料型態、日期型態、使用者，可查詢出所有領用物料的申請明細或增加的明細。

六、倉儲管理系統

在倉儲管理系統可透過有效率的倉儲處理程序，節省企業在業務處理所花的時間和金錢。

無效率的倉儲實務會耗費營收利潤，不正確的存貨資料、緩慢的訂單處理程序、不正確的訂單和不滿意的客戶，都將為無效率倉儲管理系統帶來的高成本結果。

「倉儲管理系統」(Warehouse Management Systems)可將倉儲管理作業與其他業務完全整合。這表示企業的銷售、採購和倉儲部門可同時共用和處理資訊，也表示企業能良好控制倉儲內物料的移動和儲存，充分展現貨品的接收和出貨效率，最佳化使用倉儲空間，並知道貨品的正確儲存地點。

其主要效益分別為：

（一）可加快訂單處理程序可減少倉儲成本，並改善客戶服務

　　為了維持公司最低的配送成本，及最大的客戶滿意度，加快訂單處理程序是很重要的。「倉儲管理系統」的存貨處理程序功能，可以最佳化企業的倉儲效率。

　　直接上架和選取貨物的處理程序允許快速處理和出貨。當我們要選取商品時，倉儲管理系統會引導我們到正確的位置。當我們要將所收到的貨品上架時，倉儲管理系統會引導我們到合適的箱子。倉儲管理系統可節省企業寶貴的時間，因為倉儲管理系統的控制和引導，已增強選取貨品的正確性並將上架處理流程標準化。

　　這表示新員工或臨時雇員自第一天工作起就可上手，因為當他們需要選取貨物或將商品上架時，此程序會引導他們到倉儲的正確區域和箱子。一旦將不必要的商品儲存在倉儲中，會減緩訂單處理程序，因此倉儲管理系統將建議越庫作業的選項。這項功能使我們可以在必要時加速訂單的處理流程，使客戶更滿意。我們也可使用預先定義的篩選器，快速找到正在尋找的商品。

　　倉儲管理系統具有高度使用彈性，使我們能將程式功能與持續變更中的倉儲管理需求連結。當我們每天依訂單調度出貨時可以有很多選擇：例如，我們可將目的地比較特別的訂單合而為一張出貨單。Microsoft WMS 可使掌握出貨狀況，提供選取貨物上架的機會，允許分批出貨，確保出貨的完整，讓我們可以滿足客戶各式各樣的出貨需求。

（二）提供透明和正確的存貨資料以簡化倉儲作業

　　要讓倉儲管理系統提昇效率且有用，不僅要面對維護庫存資料正確性的挑戰，更要讓流通在公司的訊息透明化。公司的所有部門為了達到此目的，必須存取相同而正確的庫存資料。透明和正確的庫存資料將允許企業的業務、採購和倉儲部門員工使用相同資訊，以確保更高的客戶滿意度，更有效率的訂單處理程序並保持最小的倉儲管理成本。

　　業務人員使用倉儲管理系統時，可提供客戶有關可使用存貨的正確資訊。倉儲人員可快速並容易找到商品。採購人員可存取即時又正確的資料，可為公司維持最佳庫存水準並最小庫存成本。

　　倉儲管理系統會自動導引人員進行的倉儲處理流程，使存貨資料正確又可靠。所有倉儲員工都清楚存貨及其擺放位置。倉儲管理系統也可追蹤每個箱子內的商品數量。週期盤點讓企業以有效率的方法計算實際庫存，不會影響倉儲作業。

倉儲管理系統內含自動化資料擷取系統(ADCS)，可為管理存貨提供正確又有效率的方法。ADCS 使用的 RF 技術，可收集和使用正確又即時的存貨資料。此程式可記錄數量、位置、序號、箱號和區域號碼，如果想找出特定商品，此程式將找出商品的正確位置。此方法可避免得到不正確的資料，例如將選取的貨品送到錯誤位置而無法追蹤商品。

（三）可使倉儲佈置和空間使用最佳化

要讓倉儲空間的使用最佳化，最重要的是使用有效率的倉儲管理系統。倉儲管理系統提供設計倉儲佈置的彈性，以符合企業的要求。

使用「倉儲管理系統」中的「選取貨品」和「上架」工作表，是企業處理倉儲業務最佳化的兩大利器。倉儲管理系統使我們可設定倉儲中的區域和箱子，並分配它們的層級順序。用以確保倉庫中某些區域或箱子會先被選取出貨，並且依照預先設定的順序上架，這一切都是由程式運作，使得較高層級順序的商品可以先被選取。

「倉儲管理系統」為了有效率管理倉儲空間，可依實際需求決定每個箱子是固定或流動的。固定箱子只會保留給特別指定的商品使用，但流動箱子中可裝任何商品。

貨品可被指定在某個倉儲類別，並設定儲存方法，以確保貨品可以在適當的環境下放置倉儲中。例如，可使用零下 20° C 的倉儲類別來儲存需要冷凍的貨品，以及 5° C 的倉儲類別來儲存需要冷藏的貨品。

倉儲管理系統中的裝箱補貨功能，可確保商品被提取時，永遠位於最佳下架位置。此程式在出貨時會以低階層箱子的貨品來替代高階層箱子的貨品，因此可大幅增加倉儲效率。位於前方的貨品區域永遠會被補齊，避免無效率的選取貨品路徑而浪費時間。可完全控制倉儲處理程序，將倉儲設置及空間使用最佳化，並將倉儲管理成本降至最低。

倉儲管理系統是有效率且具成本效益的系統。可減少前置作業時間，並增加接收和配送處理程序的整體效率和正確性以服務客戶。而且因為倉儲管理系統已完全與 Microsoft Dynamics NAV 整合，不用擔心整合問題。企業的財務、製造 ／ 配送、採購和銷售訂單資訊都整合在相同的解決方案中，使企業可以坐享完整正確的資訊在企業內傳達使用。

七、人力資源系統

　　有願景的領導者，才能創造出一級的經營團隊，並將公司帶領到業界的頂端。透過電腦 e 化的管理，提昇公司人員的素質，並帶來未來發展的藍圖，則是企業主對人力資源管理系統的期待。在導入顧問配合下，初期企業先行導入 HRM 系統（人事、薪資、考勤、保險），處理相關人力資源事務性的工作，以達到資料正確且快速的儲存、隨時可讀取最新的人力資訊，並轉化成管理報表給高階主管參考的基礎目標。

　　中期導入 HRD 的系統（績效考核與教育訓練），使公司的教育訓練更有計畫及系統化；績效考核方面除了可以透過流程引擎自行設定多種維度作線上考核外，也可以輕易設定各種目標值(KPI)作為參考達成績效比率。經過了這整個階段的導入，已經將 HR 人員的工作從 70%事務處理工作降低成 30%，因此可以有更多的時間加強人力資源應用的層面。最後導入的職能管理系統，則是由職能模式的建立多維度職能評鑑，做出職位遞補圖及接班人計劃，另外以能力落差進行可評核的 TTQS 教育訓練，也可以職能別行為問句及人才庫建立等達到有效的招募作業。

　　成功導入整個 e-HR 系統最關鍵的因素應該就是企業主支持，在一開始，表示達成 HR 的 e 化是該階段主要的任務，所有主管必須全力參與和支持，所以有了最高層主管的支持，整個過程自然順暢。系統訪談過程中，當遇到任何和公司目前紙上流程不符合的地方，就快速的召開內部會議討論，因為 e 化的另一個目標，就是修正公司現有不符合 e 化的繁瑣作業流程，進行簡化，更在每個月的部務會議中，由該專案 PM 跟各部主管報告目前進度，並且進行 e 化的溝通，讓各部務主管都能瞭解 e 化的過程，以利上線時各部主管都能支持目前流程及作業方式。系統交付後，人資單位針對各單位使用者，進行的教育訓練，也在公司網站中公告該 e 化系統的操作方式，主要都是要讓各單位使用者可以更瞭解該系統，更熟悉該系統的操作方式，才不會去排斥系統。

　　強大的人力資源管理，對人員基本資料、就職狀態、工作經歷、教育資料、健康狀況、保險資料、家庭狀況、人事異動及薪資異動的狀況進行全面管理，並可即時查詢。其功能可列如下：

圖 2-8　人力資源系統的架構

（一）績效考核管理

管理人員每月、每季、每年的績效考核狀況，並允許人事經理針對實際狀況，自定義不同的考核專案。在此基礎上，對考核結果形成一系列報表，進行分析，作為日後員工晉升、薪資調整、員工培訓等依據。員工培訓管理，可按時間管理公司年度、季度培訓計畫，並對培訓日期、目的、內容、效果等各項進行全方位管理。

（二）考勤管理

實現刷卡資料匯入系統，產生考勤資料，自動判斷人員請假及加班等資訊，並自動計算薪資。請假單審核時，部門經理可即時查詢人員年出勤狀況、月出勤狀況、年已請假狀況，若人員請假天數超過可請假天數時，系統將自動出現提示。

（三）多種薪資計算

薪資計算方式提供人員就職、調職、留職停薪、複職、離職或不足月薪資的計算。並可自定義投保薪資、福利費、請假扣款及加班費計算之薪資計算方法。

（四）計件及計時管理

其與生產管理系統整合，支援從生管的多次加工單、入庫單將計件及計時的資料批次轉至人薪系統產生人員計時及計件資料。

（五）薪資發放管理

系統提供現金發放、銀行發放或現金／銀行結合發放的薪資發放方式，我們可根據需要選擇相應的薪資發放方式進行工資發放。

八、專案管理系統

　　Project Plus 的特色在於內建成本、時程、資源等，衡量專案品質所需的 6 大類報表，系統並提供兼顧成本與品質的實值分析與專案健診等實用模組。

　　dotProject 是開放源碼中下載次數最高的專案管理軟體，經過修改程式碼後，成為商用版的專案管理資訊系統(PMIS)：Project Plus。企業中的專案經理之所以需要專案管理資訊系統，主要是為了收集與監視專案的生命週期，從規畫、啟動、執行、追蹤、稽核到結案，以及結案後的經驗學習(Lessons-learned)等，而 Project Plus 都有對應的功能。一般企業專案管理系統包括伺服器端與用戶端，Project Plus 可以匯入微軟的 Project 檔案，當成取代 Project Server 的產品。

　　Project Plus 由開放源碼的 dotProject 所改寫 80% 程式碼而來，系統以 PHP 程式所撰寫。用戶只需要付訂閱費，或選擇百加資通的技術服務與教育訓練等，協助企業導入自行 Project Plus 系統，其特點為：

（一）獨特的工作結構分解表放大功能

　　專案經理在總覽所有專案時，也希望藉著工具自動化的輔助，減少人工分類與歸納等作業。Project Plus 不僅將專案的進行狀態，以各種性質分門別類，例如執行中、計畫中、進行中、暫停、完成、已結案等，更顯示在個別頁籤上，分類別同樣提供未定義的類型，用於與專案有關的行政事務管理。

　　在這些不同性質的專案中，Project Plus 工作區的表格會顯示開始日期與完成日期，並區分為預計與實際執行的時間區間，表格後段則附上負責人與優先順序，以及整件專案是處於規畫還是已在執行等狀態。至於專案經理常用的甘特圖，則在最後一個功能頁籤上。Project Plus 的甘特圖與同級產品沒什麼重大差別，也是以樹狀目錄方式展開，方便專案經理檢視主活動或子活動，以減少不停地捲動螢幕畫面的時間。

　　系統顯示甘特圖時，比較貼心的功能是讓使用者決定時間區間，以免甘特圖在呈現工作結構分解表(WBS)時，過於龐大與複雜。如果專案經理還是想看到專案完整的工作結構分解表時，Project Plus 亦內建放大功能，方便專案經理查看專案活動的 4 種邏輯關係。當專案負責人需要將規畫完成的工作結構表歸檔，以便後續知識管理用時，系統可以很快地產生 PDF 版的工作結構分解表。

（二）從任務表產生視覺化報表或連結甘特圖

　　雖然工作結構分解表只是將專案工作解析成為可控制的任務單元，以及排除與專案無關的工作，但專案經理仍須管理專案活動。點選 Project Plus 的任務，

可以查看所有專案活動的狀態。表格欄位還會以不同顏色，區分準時執行、已開始、逾時結束、完成等任務別。而任務欄位也顯示預計的工期與實際執行工期等資訊。

如果專案經理沒有時間仔細檢視任務表格上的文字，Project Plus 在每個專案任務表格下提供報表按鈕，快速產生各種視覺化報表。報表按鈕旁還有甘特圖的按鈕，讓專案經理連結到甘特圖，了解任務逾時的原因，分析出前後任務的關聯性，降低專案延宕的衝擊。

Project Plus 在專案任務表格前端，設計了任務日誌的欄位，專案成員用來回報任務狀態的細節。對專案經理而言，任務日誌提供日期與目標的資訊，像是預計的工期與成本等，以及專案成員回報的問題或進度。

（三）實用的 6 大專案報表與實獲值管理模組

當專案啟動(Kick-off)後，短時間便會累積大量的資料，形成沉重的負擔。這時候分門別類的視覺化報表，比大量的文字敘述更能協助負責人管理專案資訊。Project Plus 提供 6 大類報表，像是專案概觀、專案進度、專案人力、專案績效、專案成本與其他專案資訊等。這樣的分類方式，是為了因應實際的管理需要。一般專案管理有所謂的限制條件，分別是時間、成本、資源，這些限制條件決定專案品質，Project Plus 則可以讓專案經理在 6 大類的報表中，了解並分析專案的整體品質現況。

一般來說，企業是否如期進行，衝擊最大的是莫過於企業的財務，所以專案經理需要時時關注專案中關鍵的財務資訊。在專案管理知識體系(PMBOK)中，這項重要的專案成本績效指標就是實獲值管理(Earned Value Management，EVM)，而在 Project Plus 中則提供規畫值(PV)、實獲值(EV)與實際成本(AC)等實獲值管理所需的細部指標。還可以選擇以指標值呈現專案績效，或以時間區間呈現各種指標值。無論以時間區間值或指標值，系統都同時呈現曲線圖與統計表，顯示資訊相當完整。

（四）風險管理模組符合專案管理規範

由於專案管理知識體系新版的專案管理系統加重了專案風險的分析，Project Plus 也跟進，從而具備了風險管理模組。雖然專案成員可以在這個模組上，將風險區分為人為、資源、環境、未定義等因素，並給予發生的機會值（百分比），但只提供被動的記錄而已。Project Plus 還包括討論區與文件管理中心。討論區會以專案別自動分類，而在專案文件與檔案中心區，可上傳文件包括檔案、圖片、應用程式與範本等，此外，系統也內計建專案行事曆，記錄專案會議等資訊。

九、品質管理系統

　　以下，就以構建物流中心 ISO 9002 之品質管理系統 IDEFO 模式之整體架構來說明品質管理系統的運作模式，如圖 2-9 所示，本模式可分為三個層級，在編碼上，最上層為 A0 層，代表模式一般性的觀點，經分解後其方格編號為 A1、A2、A3、A4，為物流中心品質管理系統建立的四大過程階段，此一層級可在分解成 A11~A14、A21~A24、A31~A35、A41~A45，可表達本模式四大過程階段內的各活動。本模式的目的為協助業者建立 ISO 9002 品質管理系統，以達到指引的效果，有關 A0 的 IDEFO 展開方格如圖所示，其各方格敘述如下：

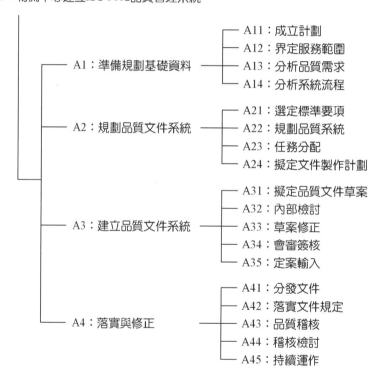

圖 2-9　物流中心建立 ISO 9002 品質管理系統架構圖

（一）準備規劃基礎資料(A1)

　　A1 的展開方格可再細分為 A11、A12、A13、A14 等四個活動，物流中心要建立 ISO 9002 品質管理系統，首先必須由決策者了解 ISO 9002 品質管理系統功能，確保其推行決心後，由決策者下達指示，成立推動小組推動。而後，推動小組需收集有關 ISO 9002 品質管理系統之相關資料，根據公司的現況，透過集會

討論與運用計劃管理的手法來完成計劃書，其內容包含計劃目標內容、參與人員名單、任務、時機，計劃日程表與編列預算等，可作為往後各階段工作的管理依據，而推動小組需連同決策者與各部門主管，藉由集會討論的方式，來界訂公司所要提供給顧客的服務範圍，針對顧客的品質需求與決策者的經營方針與法令等相關限制決定出公司的品質政策與目標，以建立公司品質目標共識。此外應配合 ISO 9002 標準之各項條款要求與品質政策與目標之達成，建立查核表後進行品質系統的分析，此時需參考公司內部資料以及藉由現場作業勘查與晤談之紀錄來探討公司品質管理系統的現況，分析整理完成系統分析報告，其內容包括系統的作業現況說明與問題整理（公司現有的文件、制度與 ISO 9002 十九項條文做一對照，列出需要修訂、增補的地方），可作為建立 ISO 9002 品質管理系統的主要參考資料

（二）規劃品質文件系統(A2)

規劃品質文件系統可細分為 A21、A22、A23、A24 等四項活動來進行，ISO 9002 所描述的十九個要項可區分為管理性及操作性兩類。推動小組在運用時，管理性條款可全加以選用，而在操作性條款方面，推動小組需根據物流中心作業之內容來選定所適用的 ISO 9002 操作性條款。根據前述系統分析的結果，推動小組應針對品質目標與 ISO 9002 各標準要項要求之達成做全盤性的檢討，進行規劃品質系統的工作，規劃的重點在於釐清各項作業之職責、分工以及所適用的 ISO 9002 標準要項。推動小組需結合各部門主管，運用集會討論的方式來探討品保手冊標準要項之負責部門及相關部門，並參照系統分析報告的內容決定出公司所必須製作的品質文件有哪些？而後加以指定各品質文件之製作負責人員以及進度時程，擬定品質文件製作計劃，此階段所完成的品質文件製作計劃，可作為品質文件製作與執行的依據。

（三）建立品質文件系統(A3)

建立品質文件系統可細分為 A31、A32、A33、A34、A35 等五項活動進行，本階段步驟主要由各品質文件製作負責人根據文件製作計畫內容來擬定品質文件草案，各文件製作負責人應召集各相關部門人員，根據所擬定的品質文件草案，就其文件之內容進行討論，看看有無窒礙難行或不合理的之處，檢討完後並提出修正建議案，並依建議案修正品質文件草案內容。當品質文件修正完之後，應先知會其他部門，讓它們簽名確認，以避免將來執行時其他部門不合作的現象，最後會審後之品質文件，交由文書人員打字輸入電腦存檔。

（四）落實與修正(A4)

　　落實與修正可細分為 A41、A42、A43、A44、A45 等五項活動來進行，完成的品質文件由推動小組分發至相關單位，由相關作業人員依此品質文件內容規定來作業，管理階層需定期的指派符合資格的稽核人員進行品質系統之稽核的工作，稽核的重點包括員工是否落實規定以及文件是否編製不良，對於稽核的缺失，應責成單位負責人儘速改進，並追究其原因，若是文件編制不良（系統問題），則應檢討文件內容，重新加以修正，若是員工未落實文件規定（執行問題），亦應追究其原因，當一切作業程序都符合品質管理系統要求，必須持續運作與落實，持續進行 P-D-C-A 來改善公司的品質管理制度，如此，此 ISO 9002 品質管理系統方能達到強化品質系統與經營體質的目標。

第二節　ERP 與傳統資訊系統的異同

一、最佳化的企業資源規劃

　　ERP 提供的資訊可使企業資源獲得良好的規劃，以先進的最佳化方法論及演算法進行大量的資料運算，藉此提供企業最佳的資源分配方式。

二、資訊整合

　　ERP 必須即時的整合各流程的資訊，資料元素必須同時供不同的企業流程使用，藉由主從式資料庫機制，在區域網路或網際網路中傳遞、交換及分享資訊。

三、以財務會計為中心

　　此為企業資源規劃的最後一個要點也是相當重要的。在 ERP 系統中的各項「企業資源」必須即時的反應在會計系統中，也就是說各項「企業資源」均以金錢為單位，呈現於會計系統中。

 第三節　為何要推動 ERP

一、全面實施 ERP 對中小企業的負面影響

（一）財務的衝擊

傳統 ERP 系統的架構龐大，除軟體成本不斐外，在導入過程中，在公司內部需要成立跨部門的工作小組，在公司外部需要藉助企管顧問的協助，因此建置成本往往不是小而美的中小企業可以負擔。

（二）制度的衝擊

由於 ERP 系統包含全面性且巨細靡遺的制度化，容易引發兩個問題。

1. 一次全面性的制度化，企業內部必須進行整體的「企業再造工程」來因應，這樣一次全面性的聚合，「企業再造工程」對企業而言實在是相當大的壓力。
2. ERP 系統巨細靡遺的制度化對中小企業而言可能太過繁複，因為中小企業的作業應該「完整」但需要維持「精簡」及「彈性」。分工太細的制度可能不符合中小企業的需求，卻又增加了 ERP 系統的建置成本。

（三）提出不正確的軟體需求

中小企業對電腦化的經驗並不豐富，要求中小企業同時提出 ERP 系統流程的所有需求，可能產生許多錯誤或不合適的描述，錯誤的軟體需求將導致閒置的軟體系統，造成投資浪費，或增加日後修改軟體的成本。

二、ERP 的概念及優點

ERP 將「企業 e 化」分成數個階段導入，可減輕預算及制度化的壓力，增加「需求描述」的正確性，其重點分別為：

（一）可掌握的預算

企業可根據第一階段「企業 e 化」的成效，決定如何實施第二階段的「企業 E 化」，編制第二階段所需預算及導入的時間。

（二）漸進式的制度化

分階段實施「企業 e 化」，允許企業以較和緩的方式進行「企業再造工程」，減低企業內部對制度化的不安及衝擊。

（三）需求的浮現

　　經過第一階段「企業 e 化」的刺激，已經 E 化的部門將漸漸浮現更進階的系統需求，尚未 E 化的部門也可慢慢產生部門的基礎 E 化需求。新的需求可納入第二階段「企業 E 化」或另進行小型工程，整合至 ERP 系統中。

第四節　如何實施 ERP

　　在實施 ERP 之前，必須做到下列的幾個重點，其分別為：

一、慎選軟體公司

(一) 軟體公司必須了解並建構 ERP 系統的精神及要素。
(二) 軟體公司必須能引發使用者產生正確的需求。
(三) 軟體公司必須具備系統整合能力，並能預留日後擴充的彈性。

二、由關鍵流程著手

　　先導入最關鍵、最急迫、最需求、最明顯的作業，這時期的「企業 e 化」工作將為企業建構 ERP 系統的骨架，屬於 ERP 系統的基礎建設，事實上，其關鍵作業的需求較為明顯，各部門與軟體公司容易形成共識，達到 e 化成效。

　　經過這個階段，軟體公司與企業已建立合作默契，加上企業本身對「企業 e 化」有更深的體驗，後續的階段方可陸續實現 ERP 的精神及要素。

 全方位・客製化整合冷鏈物流服務
—好食在・桃園冷鏈物流中心
紅十字會的決策支援系統的設計

習題 Exercise

一、 何謂企業資源規劃？

二、 企業資源規劃流程為何？請詳細說明。

三、 何謂財務會計系統？請詳細說明。

四、 何謂成本會計系統？請詳細說明。

五、 何謂製造配銷系統？請詳細說明。

六、 何謂生產管理系統？請詳細說明。

七、 何謂物料管理系統？請詳細說明。

八、 何謂倉儲管理系統？請詳細說明。

九、 何謂人力資源系統？請詳細說明。

十、 何謂專案管理系統？請詳細說明。

十一、何謂品質管理系統？請詳細說明。

十二、ERP 與傳統資訊系統的異同？

十三、為何要推動 ERP？

十四、ERP 的優點為何？

十五、如何實施 ERP？

參考文獻

一、中文部分

1. 王文英，陳聖心，ERP 導入與會計人員角色關係之探討－以巨集碁電腦為例，會計研究月刊，第 177 期，民國九十七年八月

2. 果芸，對 ERP 應有的認識，資訊與電腦，228，民國九十七年七月

3. 林震岩，資訊系統目標與組織目標配合之研究，Chiao Ta Management Review，民國九十七年十二月

4. 林嘉祥，製造業如何導入 ERP，資訊與電腦，228，民國九十七年七月

5. 林漢威，ERP 系統軟體供應廠商，能力雜誌，526，民國九十七年十二月

6. 房佳緯，企業導入 ERP 系統之個案研究，國立交通大學資訊管理所未出版之碩士論文，民國九十七年六月

7. 周樹林，我國 ERP 市場現況與展望，資訊與電腦，228，民國九十七年七月

8. 范婉君，統計學，臺灣西書出版社，民國九十七年

9. 吳琮璠，謝清佳，資訊管理：理論與實務，民國九十七年，頁 221.22-26,24-1 .24-25

10. 柯榮順，對 ERP 系統開展作業之建議，會計研究月刊，第 169 期，民國九十七年十二月

11. 柯榮順，會計、成本在 ERP 作業中的角色，會計研究月刊，第 172 期，民國九十七年三月

12. 陳瑋玲，資訊科技運用對供應煉流程影響之研究，臺北商專學報，民國九十七年

13. 陳禎惠，ERP 的新觀念、新發展與新作法，能力雜誌，530，民國九十七年四月

14. 陳勝一，高科技業 ERP 應用及案例，資訊與電腦，228，民國九十七年七月

15. 陳曉蘋，企業導入 ERP 成效之探討與其影響因素分析，國立臺灣大學會計學研究所碩士論文，民國九十七年六月

二、英文部分

1. Applegate, L. M. , "Coporate Information System Mangement",1999.

2. Brown, E., "The Best Software Business Bill Gates Does not have", Fortune,Dec 1997,pp.242-250.

3. Barkeley, H. H., "The Element of An ERP Blueprint", Manufacturing Systems,Nov. 1999,pp.104.

4. Brian,M.,"Implement Integration" ,Manufacturing Systems,Sep.1986.

5. Cameron,B., "Is ERP in Trouble", Computerworld,Mar.1999,pp.62.

6. Cundiff, Kelly., "Realizing the Promise of ERP and E-Commerce Through Credit", Financing and Collections Automation,Business Credit,Jun. 2000,pp.26-28.

7. Cameron P., "UP Measuring", CMA Management,Mar. 2000,pp.26-27 .

8. Davenport T.H. and Short J.E., "The New Industrial Engineering：Information Technology and Business Process Redesign", Sloan Mangement Review,pp.11-27.

9. Hammer, M., "UP the ERP Revolution", Infoworld,Feb.8 1999,pp.186.

10. Holt, S., "ERP Vendors Help Users Keep Score", Infoworld,Nov.2 1998，pp.12.

 **MEMO**

供應鏈理論基礎與模型

 **第一節　概　論**

　　ERP 雖然為企業帶來了可觀的收益，但它在企業資訊化管理的發展過程中也不斷顯露出諸多缺陷，在無法滿足新經濟形式的情況下企業經營運作不斷出現管理需求。其主要原因之一就是它的理論模型過於簡單，並且忽略了許多重要的因素，不能如實地反映企業的運行情況，例如：它是建立在無限資源的基礎之上，沒有考慮企業和社會的資源限制。它的運算模型是建立在一些不符合實際情況的假設之上⋯等等；此外，還缺少建模、運算，特別是最佳化和決策的理論基礎以及運算工具，僅限於事務處理的工作。供應鏈管理則吸收和應用了大量的跨學科理論基礎、模型和運算工具。

　　本章介紹了供應鏈管理與企業資源規劃的區別，以及供應鏈管理的主要理論基礎、模型和工具，並詳細地介紹了數學規劃中的線性規劃、整數規劃、混合整數規劃、供貨和非線性規劃、限制理論、決策分析模型、最佳化模型、解析模型、仿其模型，以及其他一些常用的演算法；同時，還討論了由供應鏈協會推出的典型供應鏈參考模型 SCOR——供應鏈運作參考模型。

 **第二節　供應鏈管理與 ERP 的區別**

一、ERP

　　什麼是 ERP？它和傳統的 MRP（物料需求計畫）、MRP-II（製造資源規畫）有何不同？也許詢問每一個軟體系統提供的廠商和使用者，所得的答案可能都不盡相同。有的軟體廠商堅稱他們的套裝軟體是 ERP，有的使用者認為他們現在使用的就是 ERP，但是到底怎樣才算是 ERP 的系統？以推動 MRP、MRP-II 著名的美國生產及存貨管理協會(APICS)近年又改稱為「資源管理的教育協會」在其 1995 第八版的辭典裡給「企業資源規畫系統(ERP)」一辭所作的解釋如下：「一個會計導向的資訊系統用來確認和規畫為了接受、製造、運送和結算客戶訂單所需的整個企業的資源。一個 ERP 系統和典型的 MRP II 系統的差異在技術上的需求，例如：圖形使用者介面(GUI)、關聯式資料庫、使用第四代語言、在開發上使用電腦補助的軟體、主從(client／server)架構，和開放式系統(open system)的便利等。」可將上述定義歸納為下列幾個重點：

1. ERP 系統是以會計為導向的系統。
2. ERP 系統以滿足客戶的需求為目的。
3. ERP 系統是對企業的所有資源作規畫。在這方面它是和典型的 MRP-II 是相同。
4. ERP 系統使用許多 90 年代已經逐漸成熟的資訊科技。

　　ERP 一辭是由 Gartner Group 於 90 年代初首先提出的。該機構認為 ERP 在功能上超過 MRPII，除了 APICS 的解釋所包括的資訊科技以外，它還使用人工智慧具有模擬的能力，應用在專案管理、內部各功能的整合、品質管理、外部與客戶供應商的整合，可視需要製作各式報告等。

　　自從從 20 世紀 60 年代起，製造業開始了管理資訊的應用，從 MRP、MRP-II 一直到 ERP，逐步地實現了對採購、庫存、生產、財務和人力資源等業務的管理，使企業實現了業務流程和事物處理的自動化。在 20 世紀 80~90 年代，ERP 曾代表企業管理資訊化經歷了極為輝煌的時期。雖然 ERP 為企業的內部和垂直整合管理創造了不可磨滅的功績，但在 21 世紀經濟全球化蓬勃發展的今天，在供應鏈和水平整合方面，無論是管理範圍、技術、基礎和功能部分都顯得力不從心，已無能力處理許多的業務，出現了諸多缺陷，具體表現在以下各方面：

（一）ERP 在管理範圍上無法滿足當前的需求

　　首先 ERP 是企業內部的處理系統，只能對企業內部的資源進行管理；然而，單靠企業內部管理過程的改善和自動化所獲得效益已變得越來越有限。20 世紀 90 年代後期，隨著經濟全球化和市場競爭加劇；形成了產品客製化生產和交貨期不斷縮短的新趨勢，企業面對的經營環境日益複雜多變，一些領先企業開始將管理的焦點轉移到超越企業外的供應鏈管理和上下游的協同業務上，以適應環境的變化。而 ERP 在管理範圍和功能上都不具備協調多個企業間資源的觀念和能力，或只能用人工的方法來完成工廠間動態的資源均衡和設施分配，因此，ERP 無力承擔企業之間的整合和協同處理。

　　其次，ERP 難以對複雜和多變的市場需求做出快速回應，同時，由於需求與供給都在不斷地變化，系統做出快速思考和回應決策的要求也應運而生，企業對客戶的要求須做出確切的承諾，但 ERP 缺少對客戶實際需求的預測，也缺少將客戶實際需求與自己的資源供給相匹配的功能，結果將是承諾難以兌現。

　　最後，ERP 缺少最佳化和決策支援能力，無法實現業務最佳化和科學決策，因為迎是基於無限物料和能力的理論，透過缺料和能力分析，由人決定如何採取行動，因此它只能告訴你如何去執行；然而 SCM 可以幫助我們決定如何執行才能做出改善計劃？例如：對於如何基於利潤考慮最佳化的總價值？如何確定最佳化生產排程，以最小化工序，進行設備整合和設置？供應商和客戶的位置變化將如何影響運輸成本？增加或取消一個配送中心或接駁式轉運將如何影響運輸成本？如何基於最低的運輸成本來決定將多餘的維修組件進行最佳的重新配置……等，ERP 無法解答，必須讓位給 SCM 來處理。

（二）ERP 在業務處理上無法滿足當前的需求

　　在業務處理上，計畫的不完善和不準確是主要缺陷之一。由於其計畫管理的模型仍然是 MRP-II，編制計畫的方法依然沿用 MRP、MPS，以及早期最簡單的邏輯，按產品 BOM 和技術流程逐級推演方法來計算物料的需求、追加訂單……等，計畫的主要前提假設是：

1. 前置時間是已知的固定值
2. 在平穩的生產條件下
3. 企業具有無限的物料和能力
4. 固定的技術等

　　MRP 和 MPS 在生產較為穩定、訂單前置時間長於累計前置時間和工序比較簡單的情況下，還算可用；但對前置時間較短，特別是客製化生產的訂單和有複雜工序的生產環境裡則力有不逮，例如：汽車整裝中的混流排程、半導體生產中的工序排程，尤其是在企業資源常常出現瓶頸的情況下，失誤就更明顯增大；然而，當今的趨勢是客戶要求的前置時間越來越短，產能負荷極不穩定，特別是對於「客製化服務」的前導下，會越來越多客製化的訂單；因此，企業常常為這種計畫的準確性不足而頭疼，希望運用更好的工具來制訂計畫；此外，缺少最佳化和決策支援、業務夥伴關係管理、上下游業務協同管理和物流管理等功能，無法實現供應鏈上企業間的協同運作，以及更有效地利用企業外部的資源。在表 2-1 列出了 ERP 與 SCM 計畫能力的主要不同之處：

表 2-1　ERP 與 SCM 計畫能力的主要差異

	ERP	SCM
物料和能力計劃	按順序進行	併發進行
計畫時段	分散	連續
組織計畫	僅是針對某一功能的計畫	綜合、完整的計畫
變化的傳送	單向	雙向
對顧客的分派	無法	可以
報價期限	靜態	動態
考慮限制的類型	無限制	有限制
生產的前置時間	固定	彈性
模擬能力	低	高
計畫的能見度	局部	全面
可預見性	無	有
重排計畫	速度慢、費時，更新困難	速度快、省時，更新容易
評定規劃成本	無法	可以

資料來源：美國 AMR 研究中心

（三）ERP 在理論方法上無法滿足當前的需求

ERP 的理論模型過於簡和老舊，它的計畫模型和前置時間的計算方法等都無法模擬今日複雜多變的業務過程，例如：計畫模型非基於限制理論，產品前置時間的計算只是最簡單的線性公式 $T = A + BX$；一般來說，每一種物品的每一次的採購前置時間都有可能不同，甚至有很大的差異，因此僅用一個簡單公式計算是不可能準確的。它還缺少常見用於最佳化和決策的多種數學解析方法、模型和演算法；因此，無法對企業或供應鏈中發生的問題進行有效的模擬，以滿足今天這種複雜多變的經營環境。

（四）ERP 在技術支援上無法滿足當前的需求

ERP 在制訂計畫時運算速度較慢，通常需要較長的時間，在重排計畫時更是如此，這常常使得計畫人員叫苦連天，例如：某工廠有關 ERP 計畫的淨運算時間常常需要 5~6 個小時，為了不耽誤生產進度，只能在下班後或晚上進行；然而，這樣的速度很難滿足快速的市場需求變化，必將延誤市場機制。造成這種狀況的原因是 ERP 採用了在主伺服器內的計算技術，而 SCM 採用的則是常駐於記憶體結構的操作，它執行相同的運算要比 ERP 好快數百倍；同時，在 ERP 某些事務

的處理上，採用批次處理的方式，亦即在一個批次處理模式裡進行判定和處理，需經過一段時間間隔之後，將一批任務集中起來才能處理，顯然不能達到即時處理業務的要求。

此外，ERP 系統仍舊採用的是一種串列的、按順序進行的處理方式，無法實現對平行業務的並行處理能力；在視覺化方面也未能提供較佳的支援，同時也缺少類似 GIS、GPS 等資訊技術對物流業務的支援…等等；因此，人們為了應對這些棘手的、無法解決的問題，需要採用更加先進和全面的解決方案，即供應鏈管理系統 SCM。

二、SCM 系統的優越性

由前述可知，SCM 正是為了適應這種新的環境需求，滿足企業能夠實現供應鏈和水平整合運作的要求而出現，它能夠解決許多 ERP 所無法解答的問題，幫助企業參與新環境的競爭，其優越性敘述如下：

首先，它是基於限制理論，因而做出的均衡系統，更加符合實際需求並切實可行。

第二，它採用多種數學解析的最佳化演算法，對不同的目標可以透過不同的規則來實現，因而其有更堅因的理論基礎及更科學的指導方法。

第三，它採用脫離主伺服器常駐記憶體運行的電腦技術，具有更快的運算速度和回應能力。除了能做出準確可行的計畫和完成部分事物處理外，更主要的是能夠提供最佳化和決策支援，有效地利用和整合外部資源，與上下游的企業建立合作夥伴關係，實現資訊共用和業務整合，達到協同運作。SCM 的能力涵蓋了供應鏈計畫過程的全部關鍵工作，如供應鏈的需求、供給和履行計畫，生產計畫和排程，運輸與裝載計畫、配送計畫、多供需點的複雜網路的配銷計畫、服務場所、組件和人員配置計畫，以及用於生產或運輸作業進度的排程、排序和排程等。這種計畫模型可以做得夠詳細，涵蓋了長、短週期，可以實現倒排、順排和中間排，其精細程度可從年、月、周一直到天、小時，甚至到分。在進行長期規劃時，它的模型可以根據總體資源和產品種類進行長達數年的預測。

最後，更重要的是，SCM 在最佳化和決策過程中考慮到包括了客戶和供應商在內的整個供應鏈，在資源限制前提下的最佳化與決策技術的支援下，實現了對多目標進行決策。透過檢查對需求和訂單的承諾能力技術以及擴展的生產可用性檢查等手段，包括供應商和服務商在內的資源進行最佳化調配，實現了資源均衡利用和最佳化。同時，SCM 計畫範圍也擴展到企業之外，與供應鏈上業務夥

伴共用資訊，共同協調制訂兼顧各方利益的聯合計畫，實現供應鏈協同，並即時地了解夥伴們的業務變化情況，及時進行重排計畫，保持高度的靈活性和預見性，以快速回應生產需求。

此外，第四代常駐記憶體運行的技術支援 SCM 進行快速運算和快速決策，快速捕捉和把握市場商機，攻先一步佔市場；視覺化的 GUI 技術支援先進的供應鏈導航功能，為企業提供可視的圖形化用戶介面，將實際的供應鏈網路結構、供需關係和連接路線等實況盡顯眼前，使管理人員能更容易地做出決策，達成盈利目標。

 ## 第三節　供應鏈管理的理論基礎和數學模型

供應鏈管理之所以在計畫、最佳化和決策等方面優於 ERP，主要原因之一是它採用多種理論、運算模型和演算法，去類比和求解一些複雜的問題，實現計畫的反覆運算或對可選方案進行評估和優選，直至得到可行的或基本上可獲利的計畫或進度表。它的許多理論和模型都是建立在基於限制條件的運籌學作業研究以及其他相關學科基礎理論之上，例如：線性規劃與非線性規劃、決策論、模擬、人工智慧和方法論等。

第二次世界大戰爆發後，由於戰爭中有限資源的分配關係到戰爭勝負的關鍵，人們開始利用運籌學作業研究來解決戰爭中的問題。鑒於運籌學作業研究的方法在二次大戰中取得巨大的成效，人們又將其注意力集中到用於解決生產問題上，因此，運籌作業研究開始被用於解決生產與庫存控制問題，引發了採用一種更加合理的方法去控制生產與庫存的趨勢，並在預測、庫存控制與數學規劃方面取得了一定的成果。隨後，人們又用它來解決更多的問題。但是，基於運籌學作業研究開發出來的運算模型和方法需要經過大量和繁瑣的計算過程，此為計算人員帶來了很大的困擾，直到電腦技術廣泛地應用、這些計算題可以由電腦來完成後，運籌學作業研究才真正被廣泛地用於企業的生產經營運作中，許多模型還編制成模組元件被嵌入了供應鏈管理軟體系統之中，以方便企業的運用。

一、運籌學作業研究中的數學規劃理論

1982 年，以美國與德國為首的西方已開發國家成功地完成多國能源系統協作專案，該專案為西方國家制訂能源政策、緩解由於石油價格暴漲所產生的能源危機，有不可磨滅的貢獻。它的評估基礎是建立在運籌學作業研究的規劃理論之上，並採用了多週期的線性規劃模型。

在供應鏈管理中常用的數學規劃理論和模型有：線性規劃 LP(Linear Programming)、非線性規劃 NLP(Non Linear Programming)、0-1 規劃 (0-1 Programming)、整數規劃 IP(Integer Programming)和混合整數規劃 MIP(Mixed Integer Programming)等。目前，它們早已被編制成商品化的模型，整合到供應鏈軟體系統之中。供應鏈管理中的規劃模型由於不同的管理層次、不同的結構和不同的求解問題，需要與之相互配合的運算模型。至於策略性決策問題，由於涉及的範圍廣且變數多，模型通常很大，而且需要大量的資料；而經營性的問題則因關注的是供應鏈上的常規業務處理，相對來說考慮的範圍和變數都會少一些，相對應的模型也小一些，且模型更具針對性。

在供應鏈管理過程中，線性規劃常常被用在解決生產管理和經營活動所產生的一些問題上，即如何合理地利用有限的人力、物力、財力等資源，以便得到最好的經濟效益。它是透過一組線性變數和一組線性限制條件來對上述問題進行求解，如果變數或限制條件是非線性的，則需要採用非線性規劃模型來解決。非線性規劃解決的最典型問題是動態最佳化，如動態最佳化定價問題等。而在供應鏈網路結構的設計和最佳化中，常常採用整數規劃或混合整數規劃來描述和求解問題，很多研究人員都應用了整數規劃和混合整數規劃建立供應鏈模型。傑弗隆(A. Geffrion)等是最早利用混合整數規劃建立物流業務中的配送系統模型的人；阿恩茨恩(B.C. Arntzen)等人率先利用混合整數規劃建立了全面的全球網路供應鏈模型，其中包括供應商、客戶、運輸方式、售價、成本、返購率、產品本地化目標、出口關稅和退稅問題以及人員調配等因素。

二、限制理論

以色列物理學家 Goldratt 博士是限制理論(TOC, Theory of Constraints)的創始人，TOC 最初的應用是生產最佳化，它是由最佳化生產技術(OPT, Optimal Production Technique)演變而來。最初，這種技術和理論來源於一種根據能力瓶頸來安排計畫的哲理，後來被 Goldratt 博士發展成為最佳化生產技術和限制理論。他還將此技術編制了電腦軟體產品，並在美國推廣使用。先後有許多著名的大企業，例如：通用汽車公司等都採用了這種產品，以提高企業的整體生產能力。

限制理論的思想可以用「鼓－緩衝器－繩子」的形象化來做表達，它認為在一條業務鏈中，鼓的瓶頸節點的節拍決定了整個鏈條的節拍。就像 MRP 提供倒推算法使得物料需求規劃大大地被簡化，以運用透過由「鼓」、「緩衝器」和「繩子」所組成的 DBR 系統思想，以使得複雜棘手的進度排程變得容易可行。

限制理論認為，一個企業的限制是由「鼓的瓶頸節點」來識別的，由於資源限制是企業的瓶頸問題，因此，它控制著企業同步生產的節奏鼓的節拍，進而控制了企業的有效產出。為了維持企業內部生產、產品與市場需求的同步，必須控制生產和產品與市場匹配的節拍，這就需要在限制資源上進行改革，設置「緩衝器」加以緩解，平衡作業、消除瓶頸。「繩子」則對資源傳遞發生作用，它按照「拉式」的倒排方式控制著企業限制資源流入業務鏈，其控制過程有如看板管理的「拉式」原則；所以，「繩子」引發的是傳遞作用，以驅動業務鏈的其他部分按照「鼓」的節拍進行同步運作。

此外，供應鏈管理系統採用了多種交叉學科，如數學、管理學、資訊學、經濟學和仿生學等學科中的理論和模型作為其理論基礎和運行模型，這些理論和模型對供應鏈運作中的最佳化、決策、計畫和排程等業務提供了有效的支援。除了前面介紹的數學規劃理論和限制理論外，還有決策理論、仿真理論、人工智慧與方法論、模糊理論、自學習自適應理論、預測與統計學理論以及運籌學作業研究中的諸多理論…等等。

三、供應鏈管理中的常用模型和常用演算法

（一）供應鏈管理中的模型

上述這些基礎理論能夠對供應鏈上發生的事件、未來將要發生的事件進行建模和模擬、分析和求解，處理確定性的問題和不確定性的問題，幫助企業管理人員對供應鏈流程和業務進行最佳化，對將要進行的活動做出決策，用來指導供應鏈或企業的戰略發展和業務處理。目前，為了方便人們使用它們，這些理論和求解方法已被電腦程式化，以模組元件的形式嵌入供應鏈管理系統軟體中，供管理人員將實際面臨的問題轉換為電腦模型，進行運算求解。

對於供應鏈中發生的不同問題，需要採用與之相應的模型來解決，在一個通用的供應鏈管理軟體系統中，也有多種模型可供管理人員選用。

常見的供應練管理模型有 5 種：

1. 決策分析模型

它提供了一種解決不確定性連續決策問題的有效工具，被廣泛用於對風險和不確定性的分析和管理。

2. 最佳化模型

它常被用來解決最大利潤、最小成本和最大投資報酬率等問題，被廣泛應用於結構化運作問題。最佳化模型常常可以嵌入一些交互系統，允許資料隨意輸入和更新，從而得到一組不同的結果。

3. 解析模型

解析模型得不到最佳解答，但在一系列固定參數輸入的條件下，例如：排隊模型中不同類型的排隊系統的顧客平均等待時間，可進行績效統計。這些系統也常用於交互環境中，為管理人員提供不同的輸入資料來觀察績效結果的變化。

4. 仿真模型

仿真模型已成為一個很大的領域。在供應鏈的物理設施建立之前，它常被用來對結構的設計和生產營運狀況的檢查等進行模擬；但是，由於描述分析只討論一些給定的選擇結果，而不是所有可能的選擇結果；因此，其結果不一定是最佳化。

5. 知識模型

知識模型試圖透過模仿專家解決問題的工作程式來求解問題。知識模型的發展說明人類專家技能並不神秘，相當多簡單的電腦程式常常能為專家的工作提供有益的幫助。

（二）供應鏈管理中常用的演算法

為了解決供應鏈作業中一些複雜的問題，例如：生產與交貨提前／延後調度問題、成本最佳化問題、靜態／動態排程問題…等，都需要利用供應鏈管理系統的工具對它們進行求解，這就涉及到要利用一些演算法來完成運算任務。

在供應鏈管理系統中，常用的演算法有：準確演算法、啟發式演算法和遺傳演算法。在採用準確演算法時，一般能夠找出最佳解決方案，而該最佳方案即是成本最低的方案；用啟發式演算法可以自動形成不同的方案，往往可以找出較好的解決方案，但不一定是最佳的解決方案，並且需要對方案進一步判斷。在交貨

期限制的提前／延後調度問題中，一般是應用散發式演算法，但隨著問題規模的擴大，啟發式演算法求得的解往往品質不高；針對動態排程問題，特別是工廠排程調度問題。遺傳演算法則是一種更有效的解決方法，應用遺傳演算法的基本環節包括編碼、構造初始染色體、設計適應值標度方法、選定遺傳運算元、確定遺傳演算法結構和選擇遺傳演算法參數等過程；此外，為了提高求解的準確度、精確度和速度，還常常採用一些方法來加速和改善運算過程，例如：分支定界法、Bender 分解法、Largrange 鬆弛法…等；有時，在精確解較難獲得的情況下，也常常採用類似方法。

 **第四節　數學規劃理論在供應鏈管理中的應用**

　　數學規劃最常見的定義是：「數學規劃問題是尋找能使一個目標達到最大或最小、並能滿足一組限制條件的一組限制變數值。」根據不同形式的限制目標和限制條件，出現了多種形式的數學規劃問題。常見的有：線性規劃 LP (Lineal Programming)、0-1 規劃(0-lProgramming)、整數規劃 IP(Integer Programming)、混合整數規劃 MIP(Mixed-integer Programming) 和非線性規劃 (Non-linear Programming)；其中，最常用的是線性規劃和非線性規劃，同時，這幾個模型工具早已商品化，目前已被整合到供應鏈管理軟體產品之中。

一、線性規劃

　　線性規劃(LP)是運籌學作業研究的一個重要分支。自從 1947 年丹捷格(G.B. Dantziz)提出了一般線性規劃問題的求解方法之後，線性規劃在理論上趨向成熟，並被日益廣泛與深入地應用於實際中。在利用電腦來處理有成千上萬個決策變數和限制條件的線性規劃問題後，線性規劃的適用領域更為廣泛。從解決技術問題的最佳化設計到工業、農業、商業、交通運輸業、軍事、經濟計畫和管理決策等領域都可以發揮作用。它已是現代科學管理的重要手段之一，進而應用電腦處理目標規劃問題，使目標規劃在實際應用中的範圍比線性規劃更廣泛，更為管理者所重視。

　　從 20 世紀 80 年代中期，線性規劃開始成為供應鏈管理的基礎。起初，為了縮短 MRP 計畫運行的時間，人們開始對生產計畫的模型進行改善，開發了一種快速的模擬技術，這種方法將生產計畫置於獨立於主機上、以常駐記憶體方式進

行運算，只用很短的時間就完成了原來要用 20 多個小時才能運算完的製造業生產計畫排程。雖然當時的嘗試還沒有將限制條件考慮進去，但它作為一種新計畫與排程方法的開端，已讓人們看到了曙光；而後，一些運籌學作業研究專家進行了新一輪的研究，將線性規劃等最佳化方法進一步運用，在新一代高速電腦的支援下，開發出更快速的程式來產生最佳化計畫，使基於線性規劃的計畫方法達到了實用程度。

在供應鏈管理過程中，經常會遇到同一類問題，即如何合理地利用有限的人力、物力、財力等資源，獲得到最好的經濟效果。一般來講，建立線性規劃的模型必須滿足以下條件：

1. 要求解問題的目標函數能用數值指標來反映，且為線性函數。

2. 存在著多種方案。

3. 要求達到的目標是在一定限制條件下實現的，這些限制條件可用線性等式或不等式來描述。

由此可知，該計畫問題可從以上問題可以看出，這屬於最佳化問題。它的特徵如下所示：

1. 一組決策變數表示某一方案；這組決策變數的值就代表一個具體方案，一般這些變數取值不可為負數。

2. 存在一定的限制條件，這些限制條件可以用一組線性等式或線性不等式來表示。

3. 有一個要求達到的目標，它可用決策變數的線性函數或稱為目標函數來表示。

它符合線性規劃的條件，因此是一個線性規劃問題。

二、整數規劃

在前面討論的線性規劃問題中，最佳化解可能是分數或小數，但對於某些具體問題，常要求最佳化解答必須是整數，稱為整數解，例如：所求解是機器的台數、飛機的架數、完成工作的人數或裝貨的車數…等，分數或小數的解答就不符合要求。為了滿足整數解的要求，似乎只要把已得到的帶有分數或小數的解「四捨五入取整數」就可以了。但這方法常常是不可行的，因為化整後不見得是可行解；或雖是可行解，但不一定是最佳化解。因此，對求最佳化整數解的問題，有必要另行研究，我們稱這樣的問題為整數規劃(Integer Pro-gramming)，簡稱 IP。

　　整數規劃是最近 20 年來發展出來的規劃論中的一個分支，整數規劃中如果所有的變數都限制為整數，就稱為純整數規劃(Pure Integer Programming)或稱為全整數規劃(All Integer Programming)；如果僅一部分變數限制為整數，則稱為混合整數規劃(Mixed Integer Programming)。整數規劃的標準形式與線性規劃很相似，只不過要求決策變數為整數，但整數規劃的求解要比線性規劃困難，要花費更多的時間。

　　在求整數規劃的解時，為了加快運算速度，常採用分支定界解法，如果可行性解的組合是有解的，最容易想到的方法就是窮舉變數的所有可行的整數組合，然後，比較它們的目標函數值以定出最佳化解。對於小型的問題，變數很少，可行的整數組合數也很小時，這個方法是可行的，也是有效的。整數規劃常被用於供應鏈結構的設計與最佳化。

三、混合整數模型

　　混合整數規劃模型是一種在供應鏈設計及重組過程中被經常採用的定量模型。混合整數規劃 MIP(Mixed Integer Programming)包含了整數、0-1 和線性 3 種類型的決策變數，它的形式與線性規劃問題一致。在早期的研究中，由於受計算能力的限制，分解演算法的研究和應用十分廣泛，即將大規模的混合整數規劃模型在疊代(iteration)求解的過程中分解成易於求解的小規模問題。在供應鏈管理中，人們常常用本德分解方法和 Primail 目標分解方法來進行求解，MIP 通常被用來解決網路設計模型，如配銷網路、生產與配銷綜合網路等問題的設計和最佳化。

四、0-1 規劃

　　0-1 規劃是整數規劃的一種特殊情形，它的變數取值僅限 0 或 1。這裡的 1 代表「是」或「有」；而 0 則代表「否」或「無」，它們是對立的、排斥的。它的型式與線性規劃問題相似，只是所有的決策變數都被限制為 0 或 1。在供應鏈管理中，常被用來解決指派問題，如是否要為某項任務指派一個設備？載貨問題，例如：一批貨物是否要轉運？決定購買哪種股票？是否對某項工程進行投標？如何對哪個市場進行投資？這是一個相互排斥的計畫，對於每一個決策目標，只能選擇一種結果。

五、非線性規劃

　　在科學管理和其他領域中，很多實際問題可以歸結為線性規劃問題，其目標函數和限制條件都是引數的一次函數；但是，另外還有一些問題，其目標函數和

限制條件很難用線性函數表達。如果目標函數或限制條件中包含非線性函數，就稱這種規劃問題為非線性規劃 NLP(Non-linear Programming)問題。由於很多實際問題要求進一步精確化以及電腦的發展，使 NLP 由理論迅速發展為有效的實用工具，目前，它已成為供應鏈管理中的一種重要方法。

　　一般說來，解非線性規劃問題要比解線性規劃問題困難得多。而且，也不像線性規劃那樣有通用的求解方法，非線性規劃目前還沒有適用於各種問題的一般演算法，各個方法都有自己特定的適用範圍。這是需要人們更深入地進行研究的一個領域。

　　在供應鏈管理中，非線性規劃常被用來解決一些動態問題，如動態訂價問題，往往可以找出最佳的定價值；或解決營業額最大化問題，制訂出最大營業額的計畫……等等。

第五節　限制理論在供應鏈管理中的應用

一、限制的制約性

　　SCM 與 ERP 的主要區別之一就是 SCM 是基於資源限制理論建構的，它所有的最佳化、決策、計畫和執行活動都是在考慮企業和供應鏈資源限制的基礎上進行。在企業和供應鏈的運行過程中，必然會有限制存在，例如：原物料的短缺、場所的限制、設備的制約、資金的緊縮、人員的缺乏、技術的延誤、市場的壁壘和知識的匱乏…等等。這些都是企業和供應鏈實際存在的問題，它們嚴重地制約了企業和供應鏈的高效運轉，是任何人都無法漠視的，必須加以解決。之所以說 ERP 存有缺陷、不能滿足當今的需求，主要原因之一就是忽視了限制這個問題。

　　限制理論是從資源限制的角度切入，採取一系列的方法和手段來平衡及緩和資源的限制，將庫存物料、生產能力等實際制約因素綜合考量，所得到的生產計畫更加精確且更貼近實際情況。作為 SCM 計畫核心部分的先進計畫系統計劃(Advanced Planning Scheduling)就是建立在限制理論之上，能使企業在資源許可的條件下把規劃與排程推進到整個工序及現場作業管理。以下，接著來介紹限制理論和最佳化生產技術。

二、最佳化生產技術和限制理論

20 世紀 70 年代末，以色列物理學家 Eli Goldratt 博士提出最佳生產技術 OPT(Optimized Production Technology)，進入 20 世紀 80 年代後，他又在此基礎上逐步發展出限制理論 TOC(Theory of Constraint)，由於 OPT 的原理和演算法較為侷限，因此沒能像 MW 那樣流行起來。OPT 最初被稱做最佳生產時間表 (Optimized Production Timetable)，直到 20 世紀 80 年代才改稱最佳生產技術。

OPT 是指實際生產能力小於或等於生產負荷的資源。這一類資源限制了整個企業產品生產的數量，而其餘的資源則為非瓶頸資源，要判別一個資源是否為瓶頸資源，應從該資源的實際生產能力與它的生產負荷或對其他的需求量來檢查；這裡所說的需求量不一定是市場的需求量，有可能是為了保證生產時，其他相關資源對該資源的需求量。

OPT 有幾項基本原則，這些原則在限制理論中獲得應用，其分別為：
1. 重要的是平衡物流，不是平衡生產能力。
2. 非瓶頸資源的利用率是由系統的其他限制條件決定，而不是由其本身能力決定。
3. 「讓一項資源充分運轉起來」與「使該項資源帶來效益」並非同一個涵。
4. 瓶頸資源損失一小時相當於整個系統損失一小時，而且是無法補救的。
5. 設法在非瓶頸資源上節約時間以提高生產率是一種幻想，非瓶頸資源不應有滿負荷的工作。
6. 產量和庫存量是由瓶頸資源決定；為保證瓶頸資源負荷飽滿，在瓶頸工序和總裝配線前應有供緩衝使用的儲備物料，在瓶頸工序前可用拉式作業，於其後用推式作業。
7. 傳送批量可以不等於加工批量，甚至多數情況也不應相等。
8. 批量是根據實際情況動態而變化，並非固定不變，加工批量應當是一個變數。
9. 只有同時考慮到系統所有的限制條件後才能決定加工計畫進度的優先順序，前置時間只是排進度的結果。

Goldratt 根據這些原理和原則開發了 OPT 軟體，且將之應用於製造企業的有限能力排程、工廠控制和決策支援。同時，TOC 理論還應用於航空、醫院和其他非製造業領域。

TOC 是在 OPT 基礎上發展起來的，它致力於能力和現場作業的管理，把重點放在瓶頸工序上，保證瓶頸工序不發生停工待料，提高瓶頸工作中心的利用率，從而得到最大的有效產出。TOC 認為，企業的限制是多方面的，它包括市

場、物料、能力、流程、資金、管理制度和員工行為等；其中，市場、物料和能力是主要的瓶頸限制；因此，如果一項限制決定了生產的速率，就必須解決該限制，才能在短時間內以更流暢的生產節奏顯著地提高企業的產銷率。

TOC 透過一個 DBR 系統來實現對限制進行控制，該系統由「鼓緩衝器繩」所組成。「鼓」是一個企業的限制（瓶頸節點），它控制著企業同步生產的節奏鼓的節拍，例如：在一條裝配線上，鼓是瓶頸工序，為了消除瓶頸對生產率的影響，需要在瓶頸工序前設置「緩衝器」來緩解，使制約作用的瓶頸資源得到充分利用；所有需要控制的工序由一條傳遞資訊的「繩子」連接起來，按照統一的節拍（鼓點）進行同步運作。

對此，Goldratt 舉了一個例子比喻，認為企業各工序就像行進排列中的隊伍，隊伍中最慢速者的速度決定了整個隊伍的速度，前面的人相當於前工序，後面的人相當於後工序，人與人之間的距離相當於在製品庫存量。如果前序行進過快，就會拉大它們之間的距離，亦即會增加前工序的在製品庫存水準；如果走慢了或跌倒，後面的隊伍就受到影響要停下；因此，前面的人應該與後面的人拉開一些距離，亦即瓶頸工序前設置比較大的在製品庫存以緩衝；再者，後面的人要緊緊跟隨前面的人，亦即瓶頸工序後面不設在製品庫存點；所以，只要跟上前面的人就不會影響總體行進速度。為了提高總體行進速度，就要讓前面的人能跑得快一點，如果讓前面的人跑得更快，就會讓前面的人與後面的人跟不上，也就是說，最佳化非瓶頸工序會有適得其反的作用；所以，為了防止前面隊伍的冒進和後面隊伍的落後，隊伍中每個人的腿都要用不同間隔的繩索連起來，隊伍的步伐要由前面的人的速度確定。

三、TOC 的發展

TOC 首先是作為一種製造管理理念出現，解決製造業生產過程中的瓶頸問題，後來幾經改進，發展出以「產銷率、庫存、運行費用」為基礎的指標系統，逐漸形成為一種增加產銷率，而不是減少成本的管理理論和工具。20 世紀 90 年代初，TOC 又發展成為用邏輯化、系統化來解決問題的「思維流程」TP(Thinking Process)；因此，如同 MRP 在管理理念和軟體兩方面發展一樣，TOC 既是產銷率的管理理念，又是一系列的思維工具。TOC 的簡要形成過程如圖 3-1 所示。

圖 3-1　TOC 簡要發展過程

　　以限制理論為基礎、進而發展而成的思維流程 TP 可用來思考和回答在任何改進過程中都必須要面對和回答的三個問題：

1. 改進什麼？(What to change？)
2. 改成什麼樣子？(To what to change to？)
3. 如何使改進得以實現？(How to cause the change？)

　　上述的第一個問題是「找出系統中存在哪些限制」。限制並非限制於一個具體的資源實體，我們首先需要了解和掌握系統的現狀，然後，從中找出需要改進的限制。第二個問題是將現狀「改成什麼樣子」的問題，我們已經清楚地知道「現狀」的弊端，接下來需要做的是：首先找出克服當前限制的突破點，確保解決方案可以用來突破當前限制企業的主要衝突，而所產生的結果不會是亂上添亂；然後需要「試著」描述「未來的狀況」，確定當前所面對不如人意的狀況，以及確實能夠用這個突破法來將它轉變成令人滿意的結果，並且在實施這些改進措施中儘量避免和消除那些意想不到的負面影響，一旦清晰地描繪出「未來的狀況」，也就知道了應該改進成什麼樣的結果。

　　第三個問題是轉變的過程。首先，需要哪些與轉變直接相關的人在「思維過程」引導下，制訂轉變實施所需的行動方案。然後，要把那些受轉變影響最大者的意見考慮進去，確定阻礙企業推進這一改進過程的因素，並找出解決的方法。這樣，就可以得到實施計畫與方案改進方法。最後，根據方案保證實施順利進行，完成改進。

四、TOC 的改進與績效評估

　　TOC 有一套思考的方法和持續改善的程式，稱為五大核心步驟，其分別為：

1. 找出系統的限制瓶頸。
2. 尋找突破這些限制的辦法。
3. 使企業其他所有的活動服從於第 2 步驟中提出的各種措施。
4. 打破瓶頸，具體實施第 2 步驟中提出的措施，使找出的限制環節不再是企業的限制。
5. 回到步驟 1，再找下一個限制，別讓惰性成為限制，持續不斷地改善。

　　對 TOC 的整體績效評估，共有下列三項指標：

1. 有效產出：整個系統透過銷售所獲得現金的速度是否增加？
2. 庫存：整個系統投資在採購的金額是否下降？
3. 運行費：為了把存貨轉變為有效產出所支出的費用是否下降？

　　任何改善的措施都必須能反映到上述三項指標，才有助於達到企業改進目標。20 世紀 60 年代，中國著名數學家華羅庚教授宣導的最佳統籌法與 DBR 的概念有異曲同工之妙。統籌法透過使用直觀的網路圖來描述一個錯綜複雜的工程項目與各個環節之間的關係，從而使得複雜的問題變得簡單明瞭。在統籌法分析中，有一個重要的概念是專案的關鍵路線和瓶頸路線，一個專案的完成是由瓶頸和關鍵路線的進度決定，所以為了加快總進度，首先要找出專案中的瓶頸和關鍵路線。如果解決了這兩個問題，其他問題就會迎刃而解。可以看出，這種解決問題的方法與 OTC 有著極大的相似之處。

 **第六節　供應鏈管理的參考模型**

一、供應鏈模型體系結構重要性

　　供應鏈模型的體系結構是為指導和幫助企業對 SCM 系統的設計、實施和運行而提供的結構化、多功能模型和方法的集合。隨著企業業務範圍擴展和網路技術的發展，企業已開始從內部的 ERP 管理轉向全面性的供應鏈管理，以此來提高企業整體業務性能和競爭實力，對於當前複雜多變的客戶需求，企業迫切需要能有效檢查和評價其供應鏈業務的先進方法，需要能辨別它在供應鏈業務過程中有哪些環節缺乏競爭力？哪些客戶的要求不能及時得到滿足？以確定改進目標並快速實施改進計畫；然而，長期以來，由於缺乏一種評價供應鏈性能的標準方法，企業不能應用公共的評估工具去改善其業務性能，也由於缺乏描述供應鏈過程的通用方法，管理過程中沒有一種較實用的方法論體系，使企業在選擇應用軟體時也顯得很困難，甚至造成不少浪費；因此，研究和開發供應鏈管理模型和體系結構是開發和推廣供應鏈管理的當務之急。

　　供應鏈的參考模型對供應鏈的設計、實施和運行具有重要的指導意義。一個以過程為基礎的供應鏈體系結構模型不僅能識別企業在不同的業務過程中需要的和產生的資訊，而且還能描述過程的功能、動態性、必需的資源和企業組織間的相互關係，可幫助企業有效地評價業務過程，並把其性能與其他企業進行比較，發現競爭優勢。它既涵蓋了企業的整體業務過程，也能區分它們的內外關係，為企業提供了它們所需要、足夠具體的透明作業，成為評價作業選項和應變能力的基礎。模型類比運行所提出的解決方案可論證其可行性，並指出應改善的地方，如週轉時間、庫存量、資源的可生產性和其他性能要求。這種模型還可用於

供應鏈活動的控制和監管。供應鏈體系結構也支援企業的業務過程重組，幫助企業決定正確的業務作業。下面介紹的 SCOR 的體系結構，迄今已成為一個國際公認的標準，並為企業供應鏈結構的構建有著良好的指導作用。

二、供應鏈協會和供應鏈作業參考模型 SCOR

在供應鏈管理的發展過程中，供應鏈協會(Supply Chain Center, SCC)一直扮演著一個重要的角色，它對供應鏈管理的應用有著規範、指導和推動作用。1996 年初，為了幫助企業更好地實施有效的供應鏈，實現從職能管理為主到以流程管理為重心的轉變，由兩個諮詢公司 PRTM 和 AMR 領軍，Bayer, Compaq, Computer, Lockheed, Martin 和 Texas Instruments⋯等 69 個企業，以及一些研究機構共同參與，成立了供應鏈協會。SCC 是一個全球性的、由會員組成的非營利組織，它的目標是開發和維護一個用於各行業最佳供應鏈的分析工具，以幫助企業溝通供應鏈的研究成果，建立供應鏈的基本規範並影響下一代的 SCM 軟體系統，為所有的企業和組織提供供應鏈改善業務的支援。目前 SCC 有 700 多個成員單位，包括大學、諮詢機構和政府部門，全球著名的製造、配銷、零售企業，重要的 ERP、SCM 軟體供應商⋯等，它是供應鏈管理領域中廣泛的行業組織。SCC 還與美國市場與庫存管理協會 VICS 和美國國家標準局(ANSI)有著密切的聯繫。由於 SCC 的權威性和重要作用，使得其新成員人數持續在增加當中。

1996 年底，SCC 發佈了供應鏈作業參考模型 SCOR，它是一個跨行業的供應鏈標準參考模型和診斷工具，提供了全面最佳化各種規模和複雜程度的供應鏈所必須的準確方法。SCOR 對核心商業流程採用共同的工業術語和方法，因而也適用於那些專門行業。SCOR 使企業間能夠準確地交流供應鏈問題，客觀地評測其性能，確定性能改進的目標，並影響今後供應鏈管理軟體的開發。參考模型通常包含一整套流程定義、測量指標和比較基準，以幫助企業開發流程改進的策略。

三、SCOR 的組成

SCOR 模型主要由如下四個部分組成：

1. 供應鏈管理流程的一般定義。

SCOR 模型作為一個綱領，透過一系列流程步驟引導人們去了解和識別一個組織的業務流程，把握業務流程的現狀，進而實現對未來的期望，它使人們有規則可依循。

2. 作為這些流程的性能基準指標。

要對供應鏈專案實現成功的識別、評估、分析和最佳化，必須遵循一套科學的方法。SCOR 模型替業務流程提供了一個標準的關係框架，透過量化同類企業的運行性能，建立最佳性能基準。

3. 供應鏈「最佳化」的描述。

它為人們提供了一種最佳的分析方法，評測業務流程性能的標準尺度，以及產生最佳性能的實踐標準，並描述獲得最佳性能的管理實行。

4. 選擇供應鏈軟體產品的資訊。

它為軟體特性和功能訂出了界定標準，描述獲得最佳性能的管理措施和軟體解決方案。SCOR 模型如圖 3-2 所示：

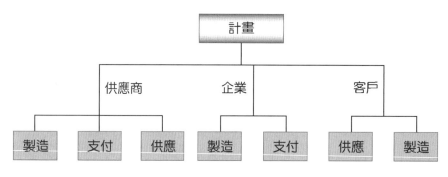

圖 3-2　SCOR 模型

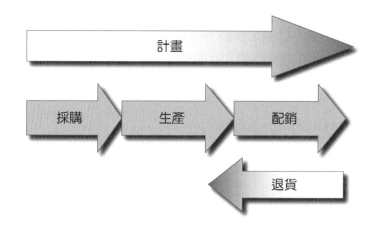

圖 3-3　SCOR 的基本流程

　　SCOR 模型按流程定義可分為四個層次，每一層都可用於分析企業供應鏈的運作。在第四層以下還可以有第五、第六層等更詳細的、屬於各企業所特有的流程描述層次，但這些層次中的流程定義不包括在 SCOR 模型中。

　　第一層確定了供應鏈運作參考模型的範圍和內容，描述了五個基本流程：計畫(Plan)、採購(Source)、生產(Make)、運送 (Deliver)和退貨(Return)，並明確定義這些流程的類型，是企業確立其供應鏈競爭性能和目標的基礎。企業透過對第一層 SCOR 模型的分析，可根據供應鏈運作性能指標做出基本的決策。然而，企業不可能在所有性能指標上都達到最佳化，因此，合理地選擇對企業成功最為重要的指標來評測其供應鏈性能極為重要。

　　第二層是配置層，大約由 24 個核心流程類型組成，它們有可能成為供應鏈組成的過程內容。企業透過它們獨特的供應鏈業務過程配置，可以選擇這些核心業務過程構建其實際或理想的供應鏈，實施它的供應鏈運作策略，例如：透過配置這些流程類型，企業可以構建一個以訂單配置為主的業務過程。

第三層是流程元素層，這一層次定義了企業成功取得競爭優勢的能力，它們包括：定義和分解流程元素，規定每一個流程元素需要哪些資訊輸入，並期望哪些資訊輸出，對流程性能進行評測：最佳化和為達到最佳性能所需軟體系統的能力、系統工具…等。

　　第四層是實施層，可以對流程元素進一步解析。該層定義了獲得競爭優勢的實踐，對已配置的特定供應鏈進行運用，為了適應業務變化的環境，對實施方案不斷進行調整。這一層隨企業的具體情況而異，因此，SCOR 並沒有具體的定義。

四、SCOR 的功能

　　SCOR 為供應鏈改革提供了一個整合的、戶發式的方法模型，它的主要功能為：

1. 提供一組識別和定義供應鏈業務流程的快速建模工具。
2. 提供一組評價供應鏈的工具。
3. 發佈供應鏈的最佳化和指標，作為供應鏈改造的目標。
4. SCOR 模型提供評價企業外部供應鏈性能的手段。
5. 實現最佳化的軟體工具。

　　雖然 SCOR 並不涉及具體 SCM 的演算法模型，但它建立了 SCM 系統的整體框架和過程的細節。SCOR 還能幫助業務進行流程再造 BPR 和建立基準，用行業中先進企業的管理效能，即最佳化作為典型和參照標準，並用最佳化分析方

法指導 SCOR 實施。利用 SCOR 還可以度量 SCM 軟體的性能和應用企業的實施效果，這比當時缺少評價標準的 MRP／ERP 有著重大的進步。

應用 SCOR，企業可建立標準的過程描述，並能有效地評價其供應鏈過程。利用這種評價標準和最佳化資料，可實踐他們的活動，並進行定量分析以提高某一過程可能帶來的潛在利益，把適用的軟體產品與標準的供應鏈過程進行匹配，從而可權衡該產品是否滿足要求；然而，SCOR 不是一個軟體指南，只是業務流程指南，但它可作為供應鏈管理軟體發展商的參考。在許多情況下，改變管理流程即可使企業獲得最佳業績而不需要開發軟體，因為 SCOR 本身就是一種先進的管理改進的方法論。

目前，國外許多企業已經開始重視、研究和應用 SCOR。大多數企業都是從 SCOR 模型的第二層開始構建他們的供應鏈，這樣常常會暴露出原有流程的效率低下之處，進而有必要對現有的供應鏈進行重組。典型的做法是減少供應商、工廠和配送中心的數量，有時公司也可以取消供應鏈中的一些環節。一旦供應鏈重組工作完成，就可以開始進行性能指標的評測和爭取最佳業績的工作。

  無招勝有招—無印良品的戰略分析

 沃爾瑪在南美的本土化策略

習 題

一、 何謂 ERP？其與 SCM 之間的異同點為何？

二、 SCM 系統的優越性有哪些？

三、 供應鏈管理中常用的數學規劃理論和模型有哪些？

四、 何謂限制理論？其內容為何？

五、 供應鏈管理中的常用模型和常用演算法有哪些？其內容為何？

六、 數學規劃理論在供應鏈管理中的應用模型有哪些？其內容為何？

參考文獻　　　　　　　　　　　　　　References

一、中文部分

1. 王立善，在全球運籌環境下，台灣電子廠商購買 ERP 電腦軟體系統決策之研究，國立台灣大學國際企業研究所碩士論文。

2. 王怡翎(1998)，ERP 是企業 21 世紀的通行證，管理雜誌，第 289 期，28-34 頁。

3. 王逸夫(2000)，企業導入 ERP 對組織經營績效的影響－以組織學習與知識創造為觀點的實證研究，國立成功大學企業管理學研究所碩士論文。

4. 司徒達賢(2001)，策略管理新論－觀念架構與分析方法，台北智勝文化。

5. 吳思華(1998)，產業政策與企業策略，台北，中國經濟企業研究所。

6. 周樹林(1999)，我國 ERP 市場現況，資訊與電腦 P.43-51。

7. 廖建順(1995)，我國汽車業經營策略之研究－策略矩陣分析法應用，國立政治大學企業管理研究所碩士論文。

8. 蕭健宇(2000)，企業導入 ERP 系統對組織循環的影響－以本土廠商為例，國立東華大學企業管理研究所碩士論文。

二、英文部分

1. Ansoff, H.J. (1995), "corporate Strategy", New York ： McGraw-Hill Press.

2. Bingi, P. (1999), Maneesh K.Sharma, and Jayanth K. Godla, "Critical Issues Affecting an ERP Implementation, Information Systems Management", P.7-14.

3. Bylinsky, G. (1999), "The Challengers Move in on ERP", Fortune, Nov, P.306.

4. Glucek, W.F. (2006), "Business Policy ： Strategy Formulation and Management Action", 2nd ed., New York ：McGraw-Hill.

5. Hart, B.H. (2006), "Strategy", New York ：Praeger.

6. Harvey, Don(2002), "Strategic Management", Bell and Howell Company Press.

7. Laughlin,S. P. (1999), "An ERP Game Plan, Journal of Business Strategy", Jan/Feb. P. 32-37.

Chapter

04

● 供應鏈中的夥伴關係管理

 **第一節　供應鏈成員之間的夥伴關係**

一、供應鏈夥伴的形成

　　20 世紀 90 年代以後，進入了供應鏈的夥伴關係時期，供應鏈企業間合作關係逐漸成為供應鏈運作的核心問題。由於市場變化加快，垂直整合經營反應遲緩，使得市場的風險、投資風險、行業經營風險都不斷增大，從而要求企業逐漸由垂直整合經營轉向水平整合經營，採取快速回應市場變化的競爭戰略。這些都促使企業間夥伴關係確立，特別是在 20 世紀 90 年代後期，由於市場全球化的發展，經營難度和經營風險越來越大，企業間不得不進行更緊密的合作。於是，供應鏈成員間的關係就進入了戰略聯盟關係時期，組成「雙贏」的戰略聯盟。

　　在垂直整合經營中，一方面，企業大多把重點放在內部的財務、會計、人事、管理資訊、設備維修等工作上，許多管理人員往往花費過多時間、精力和資源去從事輔助性的工作，結果關鍵性的業務無法發揮出核心作用，這不僅使企業失去了競爭特色，而且增加了企業的成本。另一方面，垂直整合管理模式必須在不同業務領域裡直接與不同的競爭對手進行競爭，即使是世界最強大的企業，也不可能擁有所有業務活動所需的資源和能力，如從 20 世紀 80 年代末起，IBM 就不再進行縱向發展，而是與其他企業建立廣泛的合作關係。此外，如果市場和行業不景氣，採用垂直整合模式的企業不僅會在最終用戶市場上遭受損失，而且會在各個縱向發展的市場上遭受損失。因此，各種市場壓力促使企業開始從垂直整合的經營模式轉向「水平離散結構」模式，這也是一種必然趨勢。但這種轉變卻不是單向的，因為即便是水平結構，也會出現各種各樣的問題，通常企業會沿著這種大趨勢呈螺旋形發展，最終邁向供應鏈成員間繁密合作的水平整合模式。事實上，由於在水平離散結構階段為後來的發展掃除種種障礙，對過時的體系結構進行了清除和改進，從而使新一輪的水平整合結構得到了改善和發展。

　　供應鏈夥伴關係的發展是以「合作－集成－共用－共贏」的原則和目標為核心的，它把供應鏈成員相互的需求、資源、能力、技術和知識等集成在一起，彼此之間建立長期的、穩定的業務聯盟夥伴關係，共同開發市場、抵禦風險，為最終客戶提供他們所需的產品與服務。為了適應越來越劇烈的市場競爭，企業需要更高層次的合作與集成，於是產生了基於戰略夥伴關係的合作模型，例如：業務外包(Out Sourcing)、OEM 生產、第三方物流 3PL、第四方物流 4PL、供應商管理庫存 VMI、協同計畫、預測和供給 CPFR、零售商－供應商夥伴關係 RSP 和分銷商…整合 DI 以及 JIT……等，這些將在後面進行論述。

二、影響夥伴關係聯盟的主要因素

在新的競爭環境下，供應鏈合作關係研究強調了成員間直接的、長期的合作，強調共有的計畫和共同解決問題的努力，強調相互之間的信任與合作。而要打造長期的夥伴關係，就要求每一個成員在獲得益處的同時必須對業務聯盟有所貢獻，提供為他人和供應鏈改善生產力的能力。目前，差異化的競爭優勢不再只是針對產品、銷售技巧或內部效率，逐漸地也來自於能否提高與其他企業共同創造但不提高生產力關係的能力。這也就是夥伴關係一詞特有與傳統的企業合作關係模式截然不同的內容。然而，究竟是什麼因素造就了成功的夥伴關係呢？經過人們長期研究發現，影響夥伴關係主要的因素有三個：貢獻、親密與願景，它們都是促使夥伴關係成功不可或缺的因素。

（一）貢獻

貢獻(Impact)一詞用以描述夥伴間能夠創造具體有效的成果，而它是最根本的因素。首先，從歷史進程看，一但組織能超越傳統的交易關係結構時，就能明顯而具體地提高生產力，這是傳統的買賣關係所望塵莫及的。成功的夥伴關係可以提高生產力和附加價值，改善獲利能力，因而貢獻可以說是每一個成功夥伴關係「存在的理由」。貢獻可能來自於供應商與客戶間科技能力的整合，專業服務公司則是將其諮詢能力與客戶結合而創造新價值；而在零售業，貢獻則來自於系統（如資訊、資源和業務流程等）的整合，因而貢獻可以依產業不同而呈現出不同的形式。其次，貢獻來自於從未使用過的巨大的生產力寶庫，藉著重新思考彼此合作的形態、重新設計組織界限，就能賦予合作夥伴更佳的生產力，夥伴關係打開了這個源源不絕的寶庫，這在傳統的買賣關係中是完全不可能的。例如，在傳統的買賣關係中，供應商不時被競爭者取而代之，這種關係通常充滿變化且不堪一擊，相反的，夥伴關係提供了一種真正持久的競爭優勢。

夥伴關係與傳統買賣關係不同，純粹是適應貢獻極大化而誕生和存在的。例如：作為買賣關係，日東公司透過銷售汽車給惠而浦公司，對惠而浦提供了某種程度的貢獻；然而作為設計夥伴，它讓惠而浦新產品上市的時間比原先的設計流程縮短了數月之久，為之提供了更高層次的貢獻，更加被惠而浦所重視。所以簡單地說，夥伴關係是實現貢獻最大化的利器。

（二）親密

親密(Intimacy)一詞用來描述業務夥伴關係間的緊密程度。貢獻不會憑空而得，在以交易或銷售為基礎的環境下，想要改變供應商與客戶間的貢獻基本上是

行不通的。貢獻需要一個培育夥伴關係生生不息的環境，激勵它們彼此才進行變革，以維繫長期而深層次的合作方式。成功的夥伴關係超越了交易關係而達到相當高的緊密程度，這種緊密的結合在以往的買賣模式中是難以建立的。由此，我們說：親密超越了交易關係，親密是極致的表現，為第二大因素。

當合作雙方都願意就提高生產力的目標來重新思考與改變現有關係時，它們開發了一個新的生產力資源。夥伴關係則歸功於彼此間的高度信任，甚至可以超越對自己公司內部同仁的信賴。一些夥伴團隊樹立了積極而且可達成的目標，並一致合力支援該目標，因此，能夠獲得輝煌的成功；而有些企業則因為能與夥伴共用價值理念，所以，才能建立長久有益的關係。

例如：IBM 的供應商人員可以佩帶 IBM 的員工徽章並常駐 IBM 辦公，而且可以取得專利權以外的所有工程設計資料；IBM 主要供應商的銷售人員也會參與它內部機要的採購與產品設計會議，希望藉此影響 IBM 的需求，同時也敦促自己提高符合這些需求的能力。又如家樂福可以對雀巢公開自己的商業機密：每天的銷售資料。正如 NEC 公司的高斯先生所說：「如果沒有親密關係的存在，就無法為夥伴企業帶來貢獻。身為夥伴，我不再是個局外人，而是內部關係人；在達到這層親密性之前，我無法有所貢獻。」可見，親密使得夥伴關係的高度貢獻成為可能。

來自美國波士頓的波士公司的例子也向我們展示了這種親密夥伴的成功。波士公司與夥伴間的關係已經超越一般交易的形式，進入一種對彼此都更有利也更持久的形式。在它的第二代 JIT 專案實施中，採購與物流經理狄克森希望在對客戶的經營系統中能給予供應商更多的授權。這意味著供應商必須集銷售、採購與企劃人員的多重角色於一身，而在實務上，供應商組成一個 9 人的「進駐小組」，全天候地在波士公司現場工作。他們得到全權授權，同時兼任供應商與客戶的代表。對波士公司而言，從供應商那裡得到了現場的服務和快速反應，減少了人力和降低了成本；供應商則不斷地得到來自客戶的直接回饋，並累積了產品研製的經驗，有助於設計和生產出符合波士公司需求的新產品。

同時，供應商也得到應得的利益，他們可以接近波士公司的系統與人員，參加設計工程會議，除了極端機密外，幾乎可以瀏覽所有的資料。這種「自家人」的地位給予他們巨大的機會，能與客戶共同成長並影響他們對產品的需求。實際上，他們提出的意見也確實為波士公司所採用。他們可以自己決定何時需要提供哪些產品或服務，多少數量，然後自己下訂單並完成之。這些成員與波士的員工一樣，被列入公司內部的聯絡簿中並且佩帶正式的員工徽章，享受夥伴關係所帶

來的競爭優勢。狄克森指出:「在這一點上幾乎沒有人可以取代他們。他們出現在工程會議中,甚至比我們的人還更了解我們的需求。我們仍然會將新的工作開放投標,他們也必須繼續努力改善與降低成本,但是還有誰能像他們一樣,這麼了解我們的需求呢?」這種與供應商深深締結的方法成功了,波士公司這種超越交易界線,透過完全授權給供應商的做法,就是企業夥伴關係中親密的具體表現。

(三) 願景

　　願景(Vision)是夥伴關係的導航系統,它顯示出夥伴關係所要達到的目標和為實現這些目標提供的導向。夥伴關係對於供應商與客戶雙方都有著強烈且深遠的影響,因此絕對需要有一個清晰的指導方向,並對所追求的目標有明確的願景。在非常親密的夥伴關係中,願景可以徹底轉變夥伴雙方的組織,引導出一個在普通環境下絕對無法達成的潛在機會。當英特爾公司(Intel)的設計能力與應用材料公司(Applied MateriaIs)的製造技術相結合時,就開發出了震撼全球的晶月。另一方面,較緩和的夥伴關係願景只是透過合作直接促使組織改進效率,並增進雙方利益。願景是誘人的目標,它可以激勵夥伴雙方尋求互相合作,並展現了合作的成效會遠大於獨立完成的結果。因此,成功的夥伴關係必須有願景,以便對夥伴關係所要達到的目標與如何達到該目標提供一個導向。

　　在成功的夥伴關係中,總有一個願景引導和幫助他們為合作的貢獻設定期望值、衡量評估成效,更能不斷激勵夥伴們創造更大的貢獻,並讓價值發揮到極致。願景是一種對於夥伴獲得成就的共用理念,也是維繫所有成功夥伴關係的基石。惠普全球行銷與銷售副總經理戴茲就認為,共用的願景是所有成功夥伴關係的起點與基礎。願景之所以重要,是因為它是「為什麼要建立夥伴關係?」的答案。在願景中明確描述出了潛在的價值,藉此為夥伴關係提供指引方向,也為這個過程中的風險與花費提供合理化的引導。

　　願景必然會出現在成功的夥伴關係中,它是維繫夥伴關係和實現共用信念的關鍵,在夥伴關係被確認後,就必須創造與維繫一個共同的願景,它作為夥伴關係的目標和合作發展的指導,在創造與管理夥伴關係的艱巨過程中提供導向與激勵,對夥伴關係進行評估,並維持其不斷改進,共同朝著目的前進。又,例如:紐西蘭的一個番茄醬生產商為了開發出果實大而籽少的番茄,參與了對番茄種植研究的管理。它與為它供貨的番茄栽培者確定了合作關係,為契約栽培商提供了種苗以便確保將來可產出更好的果實。由於這些契約栽培者多是一些個體的和小型的番茄種植者,生產商為了提高他們的生產力,又進一步與一些設備供應商、

化肥和其他農業化學品供應商進行談判和簽訂契約去幫助那些種植商。種植商們受到了鼓舞，踴躍地使用契約折扣價去購買農業機械和農化產品。結果在優質的種苗、農化產品和機械化的幫助下，種植商的番茄結出了碩果，同時幾方都得到了意想不到的收益。可見，透過夥伴關係，一方為另一方創造貢獻的能力，使對方在從這種夥伴關係中獲得競爭優勢的同時，自己也會得到應有的回報，所以，夥伴關係為所有的參與者都帶來了同樣的競爭優勢，實現共贏的局面。

 **第二節　動態聯盟供應鏈和業務外包**

一、動態聯盟供應鏈

（一）動態企業聯盟的概念

動態企業聯盟又稱虛擬企業聯盟，一般來說，動態企業聯盟是由一些相互獨立的企業，例如：供應商、製造商、分銷商和客戶…等企業，由市場機會所驅動，透過資訊技術相連接的、臨時結成的供應鏈聯盟，動態企業聯盟從組成到解散完全取決於市場機會的存在與消失。這些企業在設計、供應、製造、分銷等領域裡分別為該聯盟貢獻出自己的核心能力，以實現利益共用和風險分擔，它們除了具有一般企業的特徵外，還具有基於公共網路環境的全球化夥伴關係與企業合作特徵，面向經營過程最佳的組織特徵，可重建、重用與規模可變的敏捷特徵。動態企業聯盟能以最快速度完成聯盟的組織與建立，把企業內外部資源和優勢集結在一起，抓住機遇、響應市場，贏得勝利。

參加動態聯盟過程的各夥伴企業的組織、資源等內部特徵都可由各企業自己來決定，而其外部特徵則需要達到動態聯盟的要求。為參與動態聯盟，各夥伴企業需準備好自己的資源、過程、組織和資訊，以供動態聯盟的核心企業選擇、調用、重組而進入動態聯盟。動態聯盟透過網際網路對這些夥伴企業的資源、過程和組織進行控制，它所涉及的是多個企業之間的合作、協調、控制及約束關係。一個企業可以同時以不同的角色加入多個動態聯盟，貢獻自己的資源和能力，動態聯盟與企業之間的關係如圖 4-1 所示：

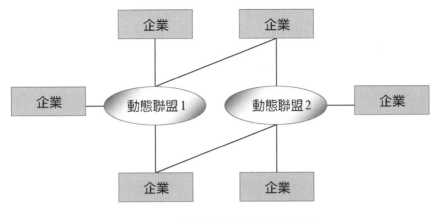

圖 4-1　動態聯盟與企業間關係

（二）動態企業聯盟的特性

動態企業聯盟的結構和性質，它具有以下 6 個特性：

1. 構成的動態性

動態聯盟是一個為實現市場機遇而組成的臨時組織，不同於利益關係穩固的供應鏈，後者具有相對穩定的關係和利益，一經組建不輕易隨某項任務的結束而解散；而前者是以項目為基礎的，項目一旦完成，則因失去其存在的基礎而解體。

2. 結構的可重組性

動態聯盟的成員可以根據需要進入或退出一個聯盟，也可以同時成為多個聯盟的成員。聯盟中的每個成員就像一個複雜產品中的每個可置換、相互相容的零件可以配置成不同的產品一樣，可以靈活地重組出各種不同的虛擬組織。

3. 資源的互補性

動態聯盟的各個成員為聯盟貢獻出各自的資源和能力，共同構成實現市場機遇所需的所有資源，形成為優勢資源互補的結合體，產生強大的購買源優勢和競爭優勢。

4. 快速應變性

動態聯盟能夠快速地聚集，實現市場機遇所需的購買源來適應市場機遇快速應變性，不僅適應可以預見的市場的快速變化，還可以適應未來不可預知的市場環境。

5. 對資訊技術的依賴性

　　動態聯盟的形成基礎是網路環境，其成員透過資訊網路聯繫在一起，沒有資訊技術的支援，各成員便不能進行及時的溝通與交流。

6. 地理位置的分佈性

　　為實現某個市場機遇而組成聯盟的企業，往往擁有為實現該機遇所需的資源和能力，這些成員可能分散於不同的地區，甚至不同的國家，在地理位置上呈現出明顯的分散式特點。

　　同時，動態企業聯盟還有三大優點和兩個缺點，其優點如下：

1. 靈活性

　　虛擬企業是一個市場機會驅動型的組織，隨著市場機會的存在而建立，並伴隨著機會的消失而解體的。

2. 敏捷性

　　虛擬企業是基於掛心能力的企業外部資源整合，可以避免重複投資，可在短時間內形成較強的競爭能力，實現對市場需求的敏捷回應。

3. 能夠實現成本分擔，大大降低產品成本。

　　虛擬企業彼此之間由於使用共通平台，因而得以分擔共同的成本，以增加彼此之間的競爭力及經營效率。

　　在動態聯盟的缺陷方面，如下所述：

1. 虛擬企業運作過程蘊含高風險

　　由於市場機會的不確定性和夥伴關係的不穩定性，存在較高的總體市場風險和合作風險。它的「動態性」也可能導致企業本身核心技術的外洩和核心能力的喪失，即技術人知識產權風險將大大增加。另一個風險是由於資訊不對稱，或某些企業不講道德、誠信缺損，以及供應鏈聯盟的臨時性和短時效益有關係，會使動態企業聯盟出現諸如：虛報資訊、惡意欺騙、欺詐…等現象。

2. 管理的複雜性導致協作成本的增加

動態企業聯盟的暫時利益屬性，使其運行的最終目標和效率在實際中實行通常難以清晰地定義，從而在運作管理方面出現一些問題，並直接導致協作成本的增加。

二、業務外包

（一）業務外包的定義

業務外包，是供應鏈管理的一個重要部分。業務外包就是將企業的資源集中在核心競爭力上，以獲取最大的投資回報，而將那些不屬於核心的或企業不擅長的業務外包出去，和用他人的資源，包括：利用他人的技術、知識、時間和資金三個方面的資源。業務外包可以充分利用他方資源，獲得更大的競爭優勢。

隨著科技的快速發展，大規模定製方式正逐漸取代大規模生產方式，資訊、知識和創新的能力正逐漸轉變為關鍵的資源，企業能否真正獲利在於企業是否實現了資源的最佳化組合。一個不具創新力的企業，其資源組合是有限的，所以，越來越多的企業開始採取借用外來資源方式，與其他專業公司合作，來提高企業的資源利用和競爭力。傳統企業的運作方式往往是將資金投入、設備建造、產品產銷等經管的全過程，例如：從投資、基礎建設、製造，裝配、驗收、包裝、運輸和銷售等業務全部由自己來完成。常常導致專案完工的時候，出現經營面臨種種困難，企業債務居高不下，產品延期交貨…等一系列問題。而業務外包可以與其他企業開展協作，縮短產品生產和服務週期，在最短的時間內推出最新最好的產品服務以降低自己的經營風險，從而獲得競爭優勢。網際網路和電子商務的出現為業務外包提供了更好的業務交流和溝通的手段，供應鏈管理也將它作為一種供應鏈業務活動的新內容而為其提供了更為有效的管理手段。

（二）業務外包的必要性

業務外包可以充分利用他人的智力資源，使那些知識財富為己所用，高效率地組合好知識資源來提高自己的競爭實力。目前常見的做法是聘請專家，或由諮詢公司的顧問為企業解決策略上的問題來提升企業的競爭力。例如：保險公司近年來透過聘用國際知名的專家來幫忙他們進行新的保險產品開發，後來，許多高級顧問也都加入了保險公司的行列，成為公司高層管理人員，這也是對知識的借用。

　　其次，由於產品的生命週期越來越短；市場競爭的第一要素是時間，所以，供應鏈上的企業分工合作、並行運作，以及協同預測、協同供應、協同研發能夠以最短的時間推出新產品和服務，共同穫利。提高企業的研發和創新能力，這是對時間的借用。

　　再者，業務外包更重要的一點是利用他人的資金。傳統的經管模式是「小而全」、「大而全」，企業為之投入全部的資金和精力，為此企業常常會陷入流動資金不足、舉債經營的困境，拖延了項目的完工。由於專案的週期過長，常常是專案設備維護和技術升級都沒有保障，而業務外包可以幫助企業規避這種風險，這是對資金的借用，例如：思科公司從 1992 年開始，就將大部分生產交給合作廠商，自己主要進行最後的組裝與調試，思科與合作廠商共同建立並維護了一條網的供應鏈，以保持公司內部及業務合作夥伴之間資訊交流的順暢，進一步增強合作效率；又如聯邦快遞公司和 Intel 公司建立了良好的夥伴關係，並負責 Intel 部分的物流配送作業，最後發現交貨期明顯縮短，運送失誤的情形也大幅減少。

（三）業務外包的兩種典型形式

1. OEM 生產模式

　　OEM 原廠委製品(Original Equipment Manufacure)其中文含義為「原始設備製造商」，OEM 也代表發包方或委託方。所謂 OEM 生產模式，主要是指擁有自主品牌的企業利用自己掌握的「關鍵核心技術」，負責產品的設計開發、市場行銷等專業業務，且把具體的生產加工業務委託給其他的 EMS(Electronlics Manufacturing Services)「電子製造服務商」，也代表承包商、受託企業來承擔。一般，OEM 生產模式常被稱為委託加工、專業代工、委託生產和貼牌生產……等，按照這種模式所生產的產品常被稱為 OEM 產品；如今，由於客戶的需求日新月異，產品生命週期不斷縮短，全球市場面臨更加激烈的競爭，為了加快商品上市、搶佔市場佔有率。同時儘可能降低生產成本，許多行業的 OEM 廠商擴大了業務外包的比例與 EMS 供應商締結更加緊密的戰略合作。OEM 廠商致力於產品研發、市場行銷與售後服務，而 EMS 供應商所提供的專業代工服務具有更強的獨立性、創造性和更大的規模經濟效益，不僅能夠為 OEM 廠商提供生產製造的代工服務，而且有能力為 OEM 廠商賣某種零組件的技術革新，甚至完成產品的全部技術更新，特別是在電子資訊產業中，大到網路伺服器、個人電腦、筆記型電腦，到印表機、顯示器、掃描器、鍵盤、音響……等，大部分都是 OEM 產品。

　　對於 OEM 廠商而言，透過利用 EMS 提供的全方位製造服務，如此一來，可以節省設備投資成本、往來運送及零件庫存成本，從而加快資金周轉。這對於 EMS 承包商而言，一方面，由於同時為許多顧客採購通用零組件，使自己與零組件供應商之間建立起長期、良好的合作關係，在零件的獲取與缺貨的調度方面處於有利地位，而且能夠利用規模經濟效應，大大降低採購成本和生產成本；另一方面，由於應用供應鏈管理等現代化管理手段，能夠即時獲取企業內各部門的資料進行分析及決策，從而幫助 OEM 廠商提高生產競爭力、降低營運管理成本；因此，OEM 生產模式使 OEM 廠商和 EMS 供應商達到了「雙贏」，例如：全球最大的 EMS 供應商美國旭電公司(Selectron)的技術副總裁 BerKon 先生曾說過：「我們考慮得最多的是經濟的生產規模，在產品零組件的技術發展趨勢上，我們掌握的資訊比 OEM 廠商還要多。因此，在生產中我們比 OEM 廠商更懂得如何降低成本、這是他們下得不依賴 EMS 供應商的重要原因，而我們則透過增加承攬外包業務來增加公司的利潤。」

　　近年來許多跨國公司紛紛將自己的製造、組裝甚至測試業務都外包給 EMS，例如：Cisco、Sony Ericsson、Motorola、Nokia……等，使得 EMS 市場每年以 20%~25%快速成長。2014 年 EMS 供應商代工產值佔全球電子產品總製造成本的比例達到 86%；目前，OEM 廠商選擇合作夥伴的策略已發生了明顯變化，以前，它們多是與當地的 EMS 合作，只有 24%的 OEM 廠商與提供全球服務代的 EMS 進行合作，但自 2014 年起，OEM 開始要求與其合作的 EMS 必須具備全球製造和發貨配送的能力，2014 年後全球性製造和服務方面的業務外包比例提高到 92%。

2. 物流業務外包

　　物流業務外包主要的目的是透過將物流業務轉交由專業公司來仗，以管理水準、改進物流作業和開發先進的物流技術，這是一種與世界級的專家共同工作、共同分享、共同獲利的 4PL 運行方式。

第三節　供應商管理庫存

一、供應商管理庫存的概念

（一）供應商管理庫存

供應商管理庫存 VMI(Venldor Manlagement Inventory)，係由供應商來為客戶管理庫存，為它們制訂庫存策略和補貨計畫，根據客戶的銷售資訊和庫存水準為客戶進行補貨的一種庫存管理策略和管理模式。它是供應鏈上成員間達成緊密業務夥伴關係後的一種結果，它是一種有效的供應鏈管理最佳化方法，也是供應鏈上企業聯盟的一種庫存管理策略。

一直以來，供應鏈上各成員的庫存都是各自為政的，供應商、生產商、批發商和零售商都有自己的庫存，自行控制且維護各自的庫存水準，制訂庫存策略和補貨計畫，由供應商按照計畫為自己送貨。在 VMI 運作中，這種傳統的運作關係被轉變了，由供應商代替客戶去管理客戶的庫存，決定何時購買，買多少…等。

其與傳統業務模式的比較如下：

1. 傳統的模式

當一個分銷商的庫存水準低於安上庫存量時，它需要向生產商發出採購訂單，經銷商自己再控制庫存策略、計畫補貨時間和數量等業務，由生產商為其供貨。一旦貨物送達經銷商，該貨物所有權就由分銷商擁有，此時，只需要按照契約向生產商支付貨款。

2. VMI 模式

生產商從分銷商處接收電子資料，這些資料代表了分銷商銷售和庫存的真實資訊，例如：POS 和庫存水準的資訊…等。然後，生產商透過處理和分析這些資訊得知分銷商倉庫裡每一種貨物的庫存情況和市場需求，就可以根據它們為分銷商制訂和維護庫存計畫。訂單是由生產商產生的，而不是由分銷商完成的。當貨物送到分銷商處後，生產商仍保持對庫存的所有權，直到貨物被賣出之後，才得到分銷商支付的貨款。因此，這些庫存應算做生產商的寄存庫存，如圖 4-2 所示：

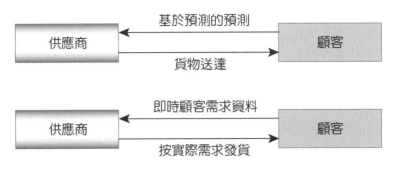

圖 4-2　兩種供貨模式的比較

由此可見，VMI 是一種在客戶和供應商之間的庫存合作的方法，在雙方簽立的協議下，由供應商來管理庫存。制訂庫存策略和計畫，對庫存進行維護和補充。這些庫存在被客戶售出之前，所有權仍歸供應商，一旦售出，客戶需要向供應商支付貨款，為了建立一種持續改進的運行環境，這一協議需要不斷監督和修正。

（二）VMI 產生的原因

長期以來，由於供應鏈上的企業無法確切地掌握下游客戶的需求與供應的匹配狀態，在每一個環節上都不得不設置一定量庫存，以滿足用戶需求。造成庫存過多的主要原因有以下五種：

1. 預測不準確

供應鏈上成員各自作預測，彼此互不相干，所根據的資料僅限於下游客戶的直接訂單，導致長鞭效應，對未來的掌握度極差，不得不配備較高的庫存。

2. 需求不明確

只知道客戶買了多少，不知道客戶賣了多少，無法掌握客戶真正的消耗和需求。由於供應不穩，對上游供應商的產能和庫存無法掌握，導致自己的庫存增加。

3. 協調性差

供應鏈上成員三間無法實現互通有無。這種業務的不協調造成了許多不確定性因素，往往是各自持有自己的高額庫存，無法採用共擔風險的策略。

4. 資料處理的複雜性

各成員間無法直接交換資料，太多的資料需要重新輸入，流程的不連續性需要進行流程間的轉換，即使成員間能夠交換資料，但無法共用流程，造成從原材料－供應商－成品消費者的供應鏈業務流程無法連貫。

5. 缺乏互信

供應鏈成員間缺乏相互的了解與信任，導致某些成員的庫存極高。

其中，客戶需求是最大的變異來源，且變異越大、庫存就越高。然而，如果不配備這樣的高庫存。就無法快速有效地回應下游客戶的需求，因此，這種傳統的庫存管理模式直接導致供應鏈的成本增加或回應速度緩慢。VMI 庫存管理模式則有效地克服了這種缺陷，突破了傳統的條塊切割的庫存管理模式和封閉的需求滿足模式，將庫存向供應鏈開放，充分發揮供應鏈的集成化管理思想和業務聯盟策略，由普通的供應商被動地供貨，轉變為由關係緊密的合作夥伴來主動地提供服務。以高度的資訊和業務集成，協同的互動運作和先進的資訊技術來消除防範需求變異產生的庫存增加，並減少客戶的缺貨率，使雙方都能以最低的最佳成本運行。

二、VMI 的運行原則和優越性

（一）VMI 的運行原則

VMI 的運行需要遵循一定的原則，下面列出 6 條主要的原則：

1. 合作夥伴原則

採用這種庫存管理模式，必須以緊密的業務夥伴關係為前提，供應商和客戶都要有聯盟的合作精神，方能保持愉快的合作。

2. 互惠原則

VMI 策略最主要的目的是減少庫存和成本。為了實現共同降低成本，以達到雙贏，雙方必須在協同的運作方式下，透過業務的集成和資訊共用，使雙方的成本都得到減少。

3. 目標一致性原則

VMI 策略需要供應商和客戶共同參與運作，也需要雙方都明白共同的目標、扮演的角色和各自的責任，在做好自己工作的同時去協助對方完成任務，共同完成目標。

4. 相互信任原則

VMI 策略是建立在供應商與客戶間高度信任的基礎之上，如果雙方不能完全信任，就無法共用資訊和協同運作，特別是需要向對方公開許多關鍵的業務資料，共用需求變化的透明性；因此，雙方必須相互間高度信任、精誠合作、攜手共進、實現共贏。

5. 資訊共用原則

　　VMI 的運作是以供應商共用客戶的銷售和庫存資訊為基礎的，如果供應商得不到這些有用的資料，就無法為客戶管理庫存，更談不上為它們進行補貨。因此，雙方都必須具有較高的資訊管理能力和較強的資訊系統，並使這些系統實現緊密結合，確保雙方都能及時得到對方的資訊。

6. 持續改進原則

　　為了更好、更有效地進行 VMI 運作，使庫存業務不斷地改善，需要雙方對 VMI 協議、策略、流程、資訊系統和管理方式等不斷地進行最佳化和改善，永遠保證供需雙方能共用利益並消除浪費。

（二）採用 VMI 策略的優勢

　　經過一段時間的時間驗證，VMI 產生了顯著的成果，其分述如下：

1. 它不僅可以降低供應鏈的庫存水準和成本，而且可以大大地滿足用戶服務需求、改善資金流；目前，越來越多的企業對 VMI 產生極大的關注，一項對台灣大型企業在供應鏈管理方面的調查顯示，有超過 75%的企業對 VMI 表示了極大的興趣，已經有部分採用了這種策略，另一些開始採用或正在考慮採用。事實上，對 VMI 的興趣已經遍及全球。根據 KPMG 諮詢公司的報導，歐洲、美國和亞太區部對 VMI 抱有極強的興趣。

2. 作為 VMI 的應用結果，供應商藉助資訊共用和業務連接，能夠更有效地計劃和補貨，最佳化庫存量改善補貨流程，為客戶管好庫存，使雙方都能更快速地反應市場變化，滿足消費者的需求，提高客戶滿意度、實現雙方獲益。在 VMI 系統對資訊進行處理、分析和制訂庫存業務的同時，也漸漸推動倉庫和其他環節實現自動化；反過來說，這些自動化作用又可以幫助企業處理各種棘手的問題，如季節性問題、新產品發佈、連續補貨的精確性等。

　　實驗證明，在 VMI 中，供應商需要依據協議的範圍決定每一種產品的合理庫存量，維持這些庫存量的策略。在初始階段，供應商的建議必須得到顧戶的確認和同意，但經過一段時間的實踐後，最終目標是消除客戶在具體訂單上對供應商的限制，放手讓供應商來處理。自沃爾瑪與寶僑開始建立採購－庫存夥伴關係以來，顯著地改善了寶僑對沃爾瑪的發貨情況，並增加了庫存的周轉率。隨後，其他零售商也開始仿效，到 1992 年為止已發展了超過 200 個 VMI 夥伴，這些 VMI 計畫總體上都是成功的銷售額也都上升了 20%~50%，庫存周轉率提高了 30%，客戶的庫存周轉率提高了 3 倍，在庫存減少的同時服務水準得到了改善。

三、資訊管理技術在 VMI 中的重要性

　　供應鏈系統是一個龐大的網路結構，被供應方在另一層次上也是其客戶的供應商，由於供應鏈關係的複雜性，供需之間資訊傳送和交流的準確性與及時性就變得十分重要。而且，供應鏈的多層次性可能會使需求資訊扭曲。資訊的扭曲會導致過量庫存和生產能力閒置，形成過高的生產和運輸成本，增加客戶的不滿意程度。此外，在傳統供應結構中，由於供應商、生產商、批發商和零售商之間缺乏資訊交流，製造商一般根據對訂單的預測來制訂生產計畫，造成對市場反應遲鈍、產品生產過剩、庫存過量和資金佔用增加等狀況，因此，需要有資訊和管理技術的支援，以實現資訊交流與共用，這在 VMI 運作中有著極為重要的作用，VIT 的支援技術主要包括：庫存業務處理系統、EDI、Internet、電子商務技術、ID 代碼／條碼、掃描與識別技術…等。

　　其中，庫存業務處理系統是 VMI 的核心部分，能幫助供需雙方完成庫存策略和計畫的制訂、庫存水準的維護和補充、資料的處理與分析、產生建議性訂單與正式訂單、完成連續補貨與發貨計畫等工作，為了及時回應需方「降低庫存」的要求，供方可以利用該系統主動提高向客戶交貨的頻率，從過去單純地執行需方的採購訂單變為主動為客戶補充庫存的方式，加快雙方回應供應鏈需求的速度、降低庫存。

　　EDI／Internet 與電子商務技術是實現 VMI 的重要支援部分。VMI 系統要透過 EDI／Internet 與電子商務技術來實現雙方的業務費用交流和資訊共用。共用雙方或業務相關的多方，必須具有統一的資料傳輸和交換標準，按照這一公認的標準，形成結構化的事務處理或資訊資料格式，完成從電腦到電腦的資料傳輸。特別是近年來 Internet 和電子商務的迅速發展，為 VMI 以及其他供應鏈運作模式提供了前所未有的支援，使業務交易各方能夠快速、正確、廣泛和低成本地實現資訊共用，為緊密的業務連接和處理奠定基礎。

　　利用 ID 代碼、條碼與識別技術能夠有效地管理庫存。首先雙方需要給所有物品賦與一個代碼，根據行業標準和國際慣例保證代碼的統一性和唯一性，例如：條碼與 RFID 標籤。它是 ID 代碼的一種通用的表示符號，並將物品的條碼存入各自的產品資料庫，然後，要能夠對物品的條碼進行識別，也就是對物品的識別條碼技術解決了資料輸入與採集的「瓶頸」問題，可以方便地實現自動識別。為供應商管理客戶庫存提供了有力支援，條碼技術亦是實現庫存管理電子化的重要工具，可以顯著地提高庫存管理的效率，並使供應商對產品庫存的控制一直延伸到零售商的 POS 系統，實現雙方業務資訊的整合和共用，有效地支援 VMI 管理系統的實施。

四、基於 CPFR 的供應鏈合作夥伴關係

在圖 4-3 中，可以看到一個基於 CPFR 的供應鏈合作夥伴關係，它的關係結構分為三個層次。第一層是戰略決策層，其主要職責是供需雙方指導層的關係管理，包括合作構架的建立、合作聯盟目標與戰略的制訂、企業文化的融通、跨全業務過程的建立、資訊的共用，業務過程與資訊流的整合…等；第二層是運作層，其主要職責是 CPFR 的具體實施和運作，包括制訂聯合業務計畫、建立單一的和共用的需求預測，以共同承擔風險、平衡合作企業的能力和 CPFR 績效評估；第三層為內部管理層，其主要職責是負責企業內部的運作和管理，在零售環節中，主要包括商品或分類管理、庫存管理、高店運作和後勤…等。在供應環節中，主要包括庫存服務、市場行銷、製造、銷售和經銷…等。

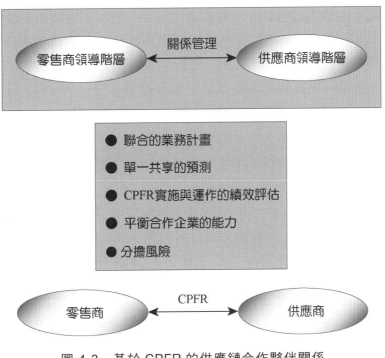

圖 4-3　基於 CPFR 的供應鏈合作夥伴關係

CPFR 從 1996 年開始，一直都在不斷的探索研究和發展，但是，目前只有接近 10%的企業採用，而且都是一些大型企業，由於已具有增加銷售、合理化的組織結構、加強合作夥伴關係、改進業務流程、改善資產回報績效…等優勢，目前越來越多的企業和研究機構對 CPFR 寄予厚望與關注。2001 年國際商業組織開始採用它。同年，它以「協同運輸」的功能和模式被引入運輸行業；2002 年，全球性的 CPFR 協會成立，目前，VICS 正在努力建構 CPFR 的流程模型和技術框架，鼓勵企業利用 Internet 來開展協同商務。

 **第四節　零售商－供應商夥伴關係與經銷商整合**

一、零售商－供應商夥伴關係

零售商－供應商夥伴關係 RSP(Retailer-Supplier Partnership)是供應鏈下游流通零售業中的一種特殊的合作夥伴關係，雖然 VMI 和 CPFR 最初的應用多起源於零售業，但它們不僅只是被應用在零售業，例如：沃爾沃導航專案，就是在生產製造環節中的應用；因此，它們不僅被侷限於零售商－供應商夥伴關係中，而是供應鏈上合作夥伴間更廣泛的供需夥伴關係。

在零售行業中，零售商為了更快、更好、更廉價的進行補貨，與其供應商建立策略聯盟是十分普遍的情況，在零售商的補貨過程中，零售商對供應商需求的變化遠大於零售商所看到的需求的變化，供應商也比零售商更了解自身的生產能力和提前期對履行訂單的影響；因此，當市場需求變化的速度急劇和客戶滿意度變得越來越重要時，供應商和零售商要更加順應這些變化，此時，就需要建立夥伴關係以共同為市場和顧客提供服務。

RSP 的焦點主要集中在採購補給上，透過加強雙方的票務協同來改進這一過程。傳統採購補給把重點放在如何進行商業交易的活動上，特別是價格上，透過讓供應商平頭競爭，從中選擇最低的價格；同時，由合作關係的鬆散性和資訊的非共用性，造成供需雙方都缺乏相互了解，導致採購過程中的不確定性、回應客戶需求的能力遲鈍，以及缺乏靈活地應付需求變化的能力與對品質和交貨期的承諾能力；與傳統的運作相比，在基於 RSP 的供應鍵環節中，高度強調了夥伴關係和業務協同的理念，在共用庫存、銷售和需求等方面的資訊基礎上，雙方也都即時的調整自己的策略和計畫，在保證服務的基礎上降低庫存。

在整個供應鍵的供應網路中，存在很多不確定的因素，例如：採購提前期、供應商的生產能力和交付能力…等，如果不能夠及時了解這些情況，必將影響整個供應鏈的供需關係，導致不能按時滿足客戶的需求；同時，資訊的共用和即時協同能使雙方及時溝通，以快速地發現和解決問題。如今，網際網路和電子商務技術的快速發展，為企業的資訊共用和協同運作提供強有力的支援。RSP 模式可從以下 7 個層面，有效地解決零售行業傳統補給業務的不足之處，展現自己特有的功能：

1. 戰略的協同

零售商與供應商根據共同的利益和目標,在快速補充的方針下結成緊密的業務聯盟,共同確定戰略目標,劃分職責和任務雙方。再根據各自的資源、技術和能力向對方做出承諾和授權,保證業務高效率、正常運轉。

2. 資訊共用

雙方在協議的範圍內公開自己的業務資料,使對方能夠充分、及時地了解自己的需求或供給情況,實現對供給業務和供應鏈上不確定因素的可預見性,提高補給的準確度和速度,消除不必要的共誤和錯誤。

3. 合作預測

零售商把自己的 POS 和庫存水準…等資料,中長期的期望值和所預期的顧客服務水準等資訊傳達給供應商。供應商再根據自己的能力將所能做的承諾反應給零售商,雙方在一個透明、清晰和統一的環境中共同進行預測,以制訂策略和計畫。

4. 計畫協同

零售商根據預測結果制訂補給計畫,將自己近期的採購計畫定期傳給供應商,供應商可以根據該採購計畫來編制自己的生產計畫和安排補貨,並將相關內容傳達給零售商,對供貨做出承諾。如此一來,在雙方的協同下,便能夠正確、快速地制訂計畫,並能及時履行和加速交貨過程。

5. 執行協同

零售商可以透過網際網路對供應商下達採購訂單,供應商將訂單的履行情況及時回饋給零售商,使其能夠清楚地掌握訂單的完成進程,並根據需求及時做出調整,這一協同過程需要雙方實現業務流程的集成,它同時還為最佳化 RSP 流程提供了一個好機會,以消除多餘的環節和人員,並能使用先進的資訊技術實現自動化作業。

6. 產品設計協同

供應商在進行新產品研製時,為了滿足客戶的真實需求和消費品味,可以時時從零售商那裡獲得第一手資訊。並與零售商一起對客戶開展調查,來指導設計方向;同時在與零售商開展促銷、市場研究等活動的同時,可為新產品的面市制訂策略和進行市場調查。

7. 業務改進協同

　　雙方在根據合作協議不斷運作的同時，需要根據達成一致的標準共同對運行績效進行評估，這些標準包括：財務指標的準確性、庫存的準確性、裝貨與運行的準確性、提前期，以及供應率…等，以保證補給業務持續改進。

二、經銷商整合

　　多年以來，管理專家們一直建議製造商要與其經銷商組成夥伴關係，這是由於經銷商擁有關於客戶需求的大量資訊與最終用戶有著直接和良好的關係，可以充分發揮它們的價值，同時製造商也需要為它們提供必要的支持，才能共同獲得成功。目前，客戶的要求越來越高，訂單的交貨也會越來越緊急，經銷商需要越來越多的專業知識才能為客戶提供更佳的服務。對於這些挑戰，即便一個強大和有效的經銷商網路也無法保證隨時都能應對，例如：庫存無法滿足一個突發的訂單，或者經銷商並不具備一些特殊技能滿足客戶的特殊技術需求…等，這都可能會失去訂單和客戶；過去，普遍的對策是透過增加庫存和人員來解決這些問題；今天，現代資訊系統為企業提供了另一種解決方法，即經銷商整合。

　　經銷商整合(Distributor Intergration, DI)也是供應鏈下游流通領域中的一種合作夥伴策略和供應鏈運行模式。它是透過利用先進的資訊技術和管理技術對經銷商進行整合，使它們彼此之間能夠互通交流專業知識和共用存貨，例如：在庫存方面，採用集中庫存的策略，透過建立一個涵蓋整個經銷網路的集中庫存，實現集成不更低和服務水準提高，同時，採用轉運調撥的策略來緩解緊急訂單，以避免缺貨風險…等情況；在客戶服務方面，透過將有關需求引導到最適合解決問題的經銷商那裡，讓那些分銷商中最有經驗的人員來回答客戶的特定問題，同時製造商也必須為分銷商提供必要的技能培訓和配伴、以滿足客戶的特殊技術服務要求。

　　在 DI 模式中，製造商和被集成的所有經銷商之間都要達成夥伴關係確定合作協議，分銷商之間都要達成夥伴關係確定合作協議，分銷商之間可以共用庫存空間和技能，例如：經銷商的技能和庫存空間可以被其他分銷商所共享，亦能互相查看庫存，分銷商們有契約性的義務在一定條件下轉運調撥零組件並支付一致同意的報酬，同時，可常採用建立應急中心倉庫來分散和舒緩對經銷商的庫存壓力。

　　如圖 4-4 所示，這樣的集中倉庫與運轉調撥策略可降低每一個經銷商的成本和整個系統所需庫存的總成本，同時還透過加強培訓和技能共用的策略，對維護和諮詢等技能和知識也實現共用和調撥，以減少了這部分的成本，並提高服務水

準；所以，DI 透過合併、共用和調撥不同地點的庫存、技能和知識解決了庫存與服務上的空間風險。

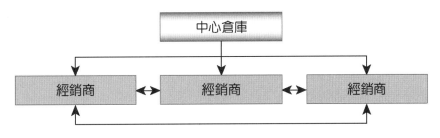

圖 4-4　集中倉庫與運轉調撥策略

 個 案分享 　從餐飲食材物流到生鮮宅配－
海鮮的冷鏈加工處理

供應鏈成員之間的夥伴關係

習 題

一、何謂供應鏈的伙伴關係？

二、影響夥伴關係聯盟的主要因素有哪些？

三、何謂動態聯盟供應鏈？其特性有哪些？

四、何謂業務外包？其類型有哪些？

五、何謂 VMI？現代 VMI 與傳統 VMI 有何不同？

六、何謂 CFFR？其類型有哪些？

七、何謂 RSP？其特性有哪些？

八、何謂 DI？其內容為何？

參考文獻　　References

一、中文部分

1. 丁惠民(2002)，供應鏈管理解決方案的功能類別與主要應用元件剖析，電子化企業：經理人報告，第 31 期，頁 47-55。

2. 王正忠(2003)，署立醫療院所導入供應鏈管理關鍵成功因素之研究—以中區聯盟醫療院所為例，國立中正大學資訊管理系碩士論文。

3. 王凱、吳心恬、王存國(1997)，跨組織資訊系統建置採用之影響因素探討，1997 年企業管理國際研討會論文集，頁 373-382。

4. 李美文(2002)，解析 SCM 解決方案的市場現況與未來發展趨勢，電子化企業：經理人報告，第 31 期，頁 40-46。

5. 李保成(1996)，台灣地區企業採用網際網路之決策因素研究，國立中央大學資訊管理研究所未出版碩士論文。

6. 何雍慶(1990)，實用行銷管理，台北：華泰書局。

7. 林文仲(2000)，我國人造纖維紡織業導入供應鏈管理關鍵成功因素之研究，國立台北科技大學商業自動化與管理研究所未出版碩士論文。

8. 林立千、張雅富(2001)，供應鏈管理之資訊系統架構探討，物流技術與戰略，第 21，頁 66-72。

9. 林東清(2002)，資訊管理 e 化企業的核心競爭能力，台北：智勝文化。

10. 林得水(2002)，台灣飼料業導入供應鏈管理關鍵成功因素之研究，私立逢甲大學工業工程研究所碩士論文。

11. 袁國榮(1997)，以供應鏈管理模式分析產業競爭優勢-以紡織業為例，國立交通大學科技管理研究所未出版碩士論文。

12. 徐健評(2000)，企業導入供應鍊管理系統之研究，國立台灣大學國際企業研究所碩士論文。

13. 郭錦川(2002)，企業推動供應鏈管理的策略思考—專訪 ARC 遠擎管理顧問公司郭浩明顧問，電子化企業：經理人報告，第 31 期，頁 56-63。

14. 曾煥釗(2003)，供應鏈管理的 Q & A，http://www.answer.com.tw

15. 經濟部商業司(2002)，圖書業 XML 標準文件，http://www.ec.org.tw

16. 劉欽宏(1991)，影響企業採用新科技關鍵因素之研究，國立政治大學企業管理研究所未出版碩士論文。

17. 謝育倫(2001)，企業導入供應鏈管理軟體系統之研究—以台灣筆記型電腦製造廠為例，國立交通大學工業工程與管理系碩士論文。

18. 魏志強(2002)，圖書出版業 e 面貌，http://www.ec.org.tw

19. 藍仁昌(1999)，SCM 點燃電子商務新動力，資訊與電腦，第 229 期，頁 73-78。

20. 蘇雄義譯(2003)，David Simchi-Levi, Philip Kaminsky, Edith Simchi-Levi 著，供應鏈之設計與管理，台北：麥格羅・希爾。(原文著出版年：2000 年)。

二、英文部分

1. G. Premkumar, K. Ramamurthy, and S. Nilakanta (1994), "Implementation of Electronic Data Interchange", Journal of Management Information System, 11(2), pp.157-186.

2. H. Gatignon, and T. S. Robertson, (1998), "Technology Diffusion：An Empirical Test of Competitive Effects", Journal of Marketing, 53, pp.35-49.

3. Iacovou, L. Charalambos, Benbasat, Izak, Dexter, S. Albert (1995), "Electronic data interchange and small organizations：Adoption and impact of technology", MIS Quarterly, 19(4), pp. 465-485.

4. J. F. Rockart (1979), "Chief Executives Define Their Own Data Needs", Harvard Business Review, 65(8), 81-93.

5. J. F. Rockart (1982), "The Changing Role of The Information Systems Executive：A Critical Success Factors Perspective", Sloan Management Review, 24, pp. 3-13.

6. James Y. L. Thong (1999), "An Integrated Model of Information Systems Adoption in Small Business", Journal of Management Information Systems, 15(4), pp. 187-214.

7. King, R. William, Teo, S. H. Thompson (1996), "Key dimensions of facilitators and inhibitors for the strategic use of information technology", Journal of Management

Information Systems, 12(4), pp. 35-53.

8. L. H. Harrington (1997), "Supply Chain Integration From The Inside", Transportation & Distribution, 38(3), pp. 35-38.

9. Lee Pender (2001), "The 5 Keys to Supply Chain Success", http：//www.cio.com.au

10. Suprateek Sarker (2000), "Toward A Methodology For Managing Information Systems Implementation： A Social Constructivist Perspective", Informing Science, 3(4), pp. 195-205.

11. W. Ossadnik, O. Lange (1999), "AHP-Based Evaluation of AHP-Software", European Journal of Operational Research, 118(12), pp. 578-588.

協同商務、預測與補貨

第一節　前　言

　　製造商所生產的產品是從原料的投入，歷經工廠的加工製造後，再經過供應商（經銷商、進口商）供應配送至各地的零售通路商，再由零售通路商販賣給一般消費者，由此形成一個完整的供應鏈體系。其中，零售通路商是供應鏈體系當中直接面對消費者的角色，因此最了解市場上消費者的計畫與需求；而對於產品製程當中，上游的原料、生產現況、產量、產品式樣、船期、報關、運輸、庫存等資訊，應該是供應商掌握最多，但供應商與零售通路商兩者基於所處的角色立場不同，對於風險與成本的考量關鍵亦不同，因此導致以往供應商與零售商對於市場的需求都是各自計畫、生產、補貨，雙方之間並沒有以協同合作的精神來互通資訊。然而，面對整體經營環境的改變，競爭強敵環伺，若通路商與供應商兩者皆執著於傳統的自我規劃經營方式，將面臨嚴峻的挑戰，因為在供應鏈之中，上下游成員間所產生微不足道的利潤差距，往往是造成經管環境中競爭激烈的成敗關鍵。

　　在一個典型的供應鏈系統當中，多數問題的產生是源自於供應鏈裡的成員所預測的市場目標不同而導致的缺乏效益，常見的情況包括庫存增加或商品缺貨的不經濟狀況，以及增加營運成本或失去營業商機等不利情形。為避免傳統供應鏈中因各自為政所產生的不經濟，近代所發展的供應鏈策略趨勢具有新的突破性，作法上強調透過供應商與零售商雙方的協同合作，在雙方有效的承諾之下進行計畫、預測、補貨等整合式的流程作業，並且藉由流程當中雙方資訊的即時分享，讓供應商與零售商之間的供應鏈體系具有更為緊密的結合關係，發揮多元性的效益。於本章當中，第一部份將探討協同商務的定義，第二部份將說明 CPFR 的作業模式，協同商務與 CPFR 模式的理論、運作架構及實施步驟以及其效益，最後將針對國內外導入 CPFR 的個案提出說明。

第二節　協同商務

　　早期企業界及學術界所推廣的企業資源規劃(ERP)與企業流程再造(BPR)是常見的兩項流程整合活動，其重點皆是強調企業內部資訊流的有效整合，但是相形之下此兩項活動對於企業外部整合的工作卻較為忽略，使得企業各部門之間或是企業與企業之間的合作關係未能展現更高的整合效益。

現代的企業面臨全球化的劇烈競爭之下，所要求的效能不再僅是來自於企業內部的部分資源整合以及成本降低而已，因為在需求端的部分，現代及未來的消費者對企業的回應要求將更為快速，同時在產業環境變遷的部分，基於技術與資訊的快速流動也使得產品生命週期快速縮短，而面對來自於產業競爭與需求變化快速的催迫之下，企業必須尋求新的科技及技術來回應消費者的要求，必須著重於產品的服務品質及產品品質的調整，單一作戰的模式效果將受到局限，因此催化了供應鏈當中上下游的成員之間整合架構的形成，廠商們想進而掌控或拉長產品的生命週期，使每一項產品的開發利潤能夠達到最高。然而採行這樣的改善方案，除了供應鏈當中合作的各方必須檢視並且調整內部資源整合與改善的工作之外，在外部方面，每一個角色與上下游廠商之間的合作關係，必須能夠形成一致性的工作步調是相當重要的，基於這樣的需求因而產生協同商務的機制。

一、協同商務的定義

協同商務的一般定義，Nolan 在 2001 年針對協同商務所提出的定義是「由虛擬的組織間互動所構成，其組織包括二個或更多的團體，著重於知識的交換和彼此的企業流程互相連結，使價值創造能更有效的進行」。

黃貝玲(2001)提出「不論是企業內部的部門與部門間，企業與企業間（供應商、合作夥伴、配銷商、服務提供者、客戶…等）商務往來之任何形式的協同（設計研發、規劃預測、採購生產、行銷業務…等）都可以被稱為協同商務。企業電子化協同作業，就是利用一些軟體系統，將企業的應用軟體、套裝軟體及傳統資訊系統等，在企業之間整合起來。」

目前國內由財團法人中衛發展中心積極推展協同商務的專案，該中心對協同商務的定義為「針對產業上、中、下游合作體系垂直、水平進行跨產業、跨企業及跨地理位置之價值機能活動，包含研發、採購、製造、行銷、配送、服務…等的流程程序整合，稱為協同商務。」

此外 Ganner Group，在 1999 年對協同商務提出的定義為：一個可以達成員工、合作夥伴及顧客在整個交易社群或市場的動態合作之模型。在協同商務的模式下，企業可以利用網際網路的力量整合供應鏈並達成資訊共用，使得企業獲得更大的利潤。

由上述定義可歸納出，協同商務是強調供應鏈當中，各個成員之間的合作機制，目的是想藉由這樣的活動將企業由內至外的所有資源的運轉效用達到最高，像是專業知識和系統或時間的分隔所產生的問題皆能夠透過協同得到最佳的解

決，而且廠商們能夠降低因為空間所造成的資訊扭曲，以及後續所導致的供應鏈運作不順暢之成本。常見的協同商務之相關活動，例如：ERP、SCM、CRM…等。

二、協同計畫、預測與補給

全球經濟一體化的加速，資訊技術的發展，市場競爭的日益激烈和市場需求的快速多緩都給企業帶來了難得的機遇和嚴峻的挑戰，企業在面對全球市場巨大商機的同時也面臨著交貨期需要不斷縮短、成本需要不斷降低，而品質和服務需要不斷提高的巨大壓力，這就要求企業應具備對不斷變化的市場需求做出科學預測和快速反應的能力、速過與供應鏈上票務夥伴進一步聯盟與合作。整合資源、共用資訊、以更加緊密的協同方式進行運作。因此，人們在對供應鏈運作進一步最佳化的過程中，在 VMI 的基礎上創建了協同計畫、預測與補給的管理模式，透過基於 Web 的聯合預測計畫改進 VMI 和連續補貨的標準，使供應鏈夥伴能夠利用 Internet 來共用預測。檢測主要的變化、交換知識和協調解決分歧，最終雙方取得一個共同的預測和補貨計畫來增加供應鏈的回應速度，降低成本，提高服務水準。

協同計畫、預測與補給 CPFR(Collaborative Planning, Forcasting and Replenishment)是一種面向供應鏈的新型合作夥伴的策略和管理模式，它應用一系列模型技術和處理手段，協同過程跨越了企業和整個供應鏈，提供了涵蓋整個供應鏈的合作過程，它透過共同管理業務過程和共用商業資訊來改善供需雙方的夥伴關係，提高預測的準確度，改進計畫和補貨的過程和品質，最終達到提高供應鏈效率、減少庫存和提高消費者滿意程度的目的。它既是一個概念，也是一個軟體系統，即整個概念和模式是透過一套軟體系統的運行來實現的。

三、促成施行商務發展的原因

協同商務所強調的是企業間資訊的分享與整合，因此供應鏈當中的成員要促成協同商務發展，基本上成員間必須要有共同的目標才行。由於供應鏈中的上下游成員位居價值活動的不同位置，故彼此的經營優勢截然不同，所面臨市場的壓力與短期經營目標也不同，因此如何使合作的廠商之間能夠獲得明確的共同目標，這將是協同商務發展成功與否的關鍵。

協同商務發展的另一先決要件是內部整合。根據國內學者林逾先在 2003 年的研究指出，協同商務的進行需經過以下三個階段的整合：第一階段為企業內部的整合。第二階段為企業外部交易層次的整合，屬於往企業外部交易夥伴方向進行的平行整合。第三階段為企業外部關係層次的整合，主要是整合策略夥伴之間

高附加價值資訊的流通。而本章所言之協同商務著重於企業外部關係的整合，因此，企業內部的整合工作將成為供應鏈內合作廠商執行協同商務的先決要件。

產業供應鏈發展協同商務雖然蔚為一種潮流，然而探究促成當今協同商務發展的原因有下列幾項：

（一）資訊科技的發達

電腦及通訊技術日新月異，使得廠商間的溝通成本大幅減少，以及速度與品質快速提升。使得不同的企業協同合作更順利，效率也提升。

（二）市場全球化與產品專業分工化，使產品複雜度的增加

產業受全球的潮流化影響，造成知識的快速成長及市場範圍的擴張，這使得企業必須與更多的專業廠商分工來創造優勢。當知識成長將生產推向更專業、更集中的廠商時，若是產品所需的子系統與零組件複雜時，供應鏈成員彼此間的相互依賴度也會不斷提高，連帶使得跨廠商或部門協同合作需求日益增加。

（三）需求客製化的趨勢

企業為了要將產品客製化以符合特定區隔的客戶需求，更需要整個生產網路的供應鏈高度投入，例如：在價值鏈的生產端當中，若企業仍舊只從上游的供應商處購買標準化的零件進行，恐將不能滿足現行消費市場的特殊需求，因此，上下游之間零組件供應廠商與生產製造者的合夥關係將成為達到產品客製化的好方法之一。

四、協同商務的分類

論及協同商務的分類，在一般供應鏈成員間的協同商務模式當中，依照各成員的市場影響力、商業特性、資訊運用方式，以及成員間的依賴度等條件的狀況可區分為三種類型，包括集中式協同商務、分散式協同商務、伴隨式協同商務等三類。

（一）集中式協同商務

此種協同商務的模式是先找出該產業中具有領導地位的成員，然後其他成員依據領導者的目標方向來建立（分派）個別的目標，建立其分層生產機制。供應鏈當中的各成員們，透過協同商務的架構以及具有領導地位的成員的協調之下，進而鎖定特定目的且達成各自的任務。最知名的案例是在汽車產業當中獲得國際市場肯定的日本豐田汽車公司，當時為達到整體供應鏈體系的有效生產，其所建立的零組件供應中心就是最佳協同商務的典範。

（二）分散式協同商務

分散式協同商務所採取的模式與前項所敘述的集中式協同商務完全相反。在分散式協同商務的架構之下，產業供應鏈之間的成員是以平等原則，為了追求共同目的的需求而發展出協同商務。例如寶僑公司與沃爾瑪公司之間的合作關係即屬於此種協同商務模式。

（三）伴隨式協同商務

伴隨式協同商務的運作模式是介於集中式協同商務及分散式協同商務之間的概念，基於組織形態的差異，功能上伴隨式協同商務可以是前兩種協同商務供應鏈之間，基於企業發展的目的需求而再結合的一種協同商務，例如：航空業的聯盟或是觀光產業間業者的合作。

五、協同商務產生優勢的原因

前述的定義與案例當中，讀者可以了解到，協同商務的主要功能不僅在提供企業間的一個作業平台，更重要的是，它的角色所提供的是一個合作形態的共用平台，在此一平台上，供應鏈的成員可以彼此進行資訊交流、分享、甚至協商，這是一般電子市集無法提供的功能。因為協同商務的合作機制，使得供應鏈從事各種價值活動的成員們之間的接觸更廣、更深，因此我們更需了解使協同商務產生優勢的因素為何，以確保其協同機制可以發揮並長期發展。歸結後可得到下述四項必要因素：

（一）資產專屬化

基於供應鏈當中上下游廠商的密切合作，資產專屬化的形態主要是因為特定形態或規格的廠房、設備、流程及人員的投資，而這些投資是為了與特定的客戶或供應商合作而客製化的採購或建置。此種專屬性的資產投資會使得成員之間的關係從依賴變成依存，合作關係必須更為緊密，因此對於在建立協同商務的合作上是正面的影響。

（二）知識分享的慣性

這裡所指的知識是供應商與客戶之間透過有系統、有目的的方式交換其有價值及專屬性的資訊，例如：市場情資、生產流程、品質、物流配送、設計及安全等領域的即時知識。企業體透過協同商務平台所形成的知識分享慣性，將促進供應鏈內部的所有合作成員進行更快速、更有效率的學習。

（三）信任感的建立

　　信任是決定供應鏈內部成員執行協同商務能否成功的最重要因素。協同合作的成員之間若沒有取得相互之間的信任感，則供應商與客戶之間將會浪費許多寶貴的時間進行談判、監督，並且需要履行一些僵化繁瑣的合約內容，然而上下游廠商處在這樣的交易關係當中，長久下來將使交易成本變得非常高，彼此的合作默契亦難以有所進展。此外，供應鏈當中的夥伴關係如果缺乏信任感，則彼此之間就不會有機會進一步協調合作，更談不上投資專屬資產及分享專業知識的意願。

（四）關係的緊密度

　　除前述三項重要因素之外，還有一項決定協同商務是否能產生優勢的因素與合作夥伴之間關係的緊密程度。企業間協同商務合作關係的緊密與否，是雙方或多方在長期合作的歷程中，經協調、討論、修正而逐漸建立的。由於商業環境快速變化，動態管理的機制相形重要，協同商務的發展亦逐漸朝向應用動態調控的機制，以對供應鏈成員間的關係保持適當的緊密度。

六、協同商務對現代供應鍊的影響與效益

　　Cohen 及 Roussel 兩位學者在 2005 年的研究當中提到，協同商務的推行將改變過去供應商與零售商乃至整體供應鏈成員的思維以及作為。具體而言，協同商務對於現代供應鏈內部活動的影響將包括下述幾點：

（一）企業專注焦點的轉移

　　供應鏈當中的企業們將會專注於彼此間的合作關係，並且以達成顧客長期滿意為終極目標，而不再只是一味地追求降低內部成本。此外，上下游企業夥伴間將更密切地檢視彼此間合作模式的保全政策，而嶄新的技術將能夠使合作企業之間進行深入的保全規定以及電子稽核的作業系統。

　　雖然在供應鏈體系當中，企業與多位顧客和供應商的合作關係將成為良好的典範，但是企業必須針對一群合作者當中挑選出關鍵性的重要夥伴，以利後續進行更深入的合作規劃和預測，而彼此間的合作關係將日漸專注於供應鏈前端，亦即提早從供應鏈價值活動的上游部分進行規劃，而且著重於強調協同、預測與補貨模式。

（二）系統平台的改變

　　企業之間最常用的系統平台合作工具將是分散式的資料結構，此種形態的資料結構能夠更讓企業即時回應，規劃並執行資料。由此一合作模式當中顯示，不同系統之間的實際整合將成為具體可行的事實，因為它所產生的效益能夠讓企業從一個中央系統監督「所有生產資源及物流資產的管控歷程」。實際的作法上，企業將以外部主機負責的網路式結構為基礎，進而建構所須應用的系統，此一系統的功能除了能把例行業務自動化之外，更能夠放眼未來，預測意外事件發生的或然率，並且自動提報必要的修正回應或訊息，而且此一共用系統的平台軟體之應用得以延伸到供應商與配銷商的多重層級。

（三）植入協同商務系統平台的利益

　　供應鏈當中各個階段價值活動的廠商實行協同商務時，企業與上游的物料供應商的合作將傾向繼續以交易模式為主，但是與下游的服務供應商之間的合作關係將比較注重策略以及規劃的部分。透過協同商務所產生的改善效益，將使得顧客、物料供應商，以及服務供應商三者之間產生下述幾項的利益：

1. 對顧客而言，所產生的利益包括減少存貨、增加營收、降低訂單管理成本、增加毛利、預測準確性更高、促銷預算分配得更好等。
2. 對物料供應商而言，所產生的利益包括減少存貨、降低倉儲成本、降低物料取得成本、減少缺貨情況等。
3. 對服務供應商而言，所產生的利益包括降低運送成本、更快且更可靠的交貨、降低資金成本、降低折讓、降低固定成本等。

 **第三節　協同計畫、預測與補貨**

　　CPFR 英文全名為 Collaborative Planning Forecasting and Replenishment，其中文為協同計畫、預測與補貨。在供應鏈的系統當中，若是由顧客端所發出的需求，其資訊經過零售商、供應商到製造商等環節的傳遞，由於上下游廠商對於該需求的觀點不同，因此各類型廠商所推導出來的預測結果將會有相當大的差異。一般而言，經銷商所下的訂單會比零售商下的訂單規模還要大，而製造工廠所下的訂單也會比供應商所下的訂單規模還要大，這種愈往供應鏈上游需求變異性就愈大的現象稱之為長鞭現象。長鞭現象是造成價值活動當中各個階段廠商需求不穩定最大的原因之一，為解決此一問題，零售通路業者遂發展出不同的解決方案，而這些方案經歷後續的演變促使 CPFR 的活動產生。

一、CPFR 的起源

　　協同計畫、預測、補貨最早的起源可回溯至寶僑公司與沃爾瑪在 1987 年所共同推行的「供應商存貨管理」的概念，此一理念是將零售通路商沃爾瑪的存貨直接交由供應商 P&G 來管理，如此一來，供應商可以隨時掌握存貨的情況，降低存貨與缺貨的成本；後續於 1994 年開始，兩家公司在供應商的連續補貨過程當中，加入了零售通路商的銷售預測系統；到了 1995~1996 年，系統進一步發展，變成在補貨的過程中，由供應商與零售商合作，一同對銷售做預測，稱之為「協同預測及補貨」。

　　1995 年 9 月，由沃爾瑪和其供應商、軟體公司，以及顧問公司，共同成立了零售業供應鏈工作小組，此一小組的任務是針對零售業供應鏈問題發展出解決的方法論。隨後，在 1998 年的美國 WCS 協會的策略會議中，正式提出協同規劃、預測與補貨(CPFR)的概念，流程當中是由供應商與零售商共同擬定「協同商務協定」，買賣雙方共同進行規劃、預測、補貨，以改進整個供應鏈的效率。而 CPFR 主要是強調零售商與供應商透過彼此之間的合作關係，共同建立一個供應鏈的預測方式與例外狀況的處理機制，雙方透過協同合作流程的概念，以提升供應鏈流程的處理效率，同時上下游廠商能夠藉由供應鏈成員之間彼此的資訊分享提高供應鏈的整體績效。

　　自從 CPFR 的操作指南問世以後，至少已經有 60 家大型的國際化公司，包括沃爾瑪、Kmartd…等公司，紛紛導入相關的示範計畫，並且逐一證明對於企業及產業的運作皆具有明顯的效益。在這些成功案例的鼓勵之下，已有許多零售商大規模引用 CPFR 做為與大型供應商的合作的標準方式，並成為 B2B 電子商務中供應鏈合作商務規範。

　　由此可知，CPFR 所帶給產業供應鏈的效益匪淺，其主張零售商與供應商之間應該建立一致且有效率的需求預測與規劃流程，強調業者間相關資訊的密切分享，建立彼此間風險共擔的營運方式，交易流程的緊密整合，以及例外狀況的處理機制等種種營運活動的協調合作。

二、CPFR 之買賣方之間的關係

　　CPFR 的活動模式當中包括三項關鍵活動，其分別為：銷售預測(salesforecast)、訂單預測(order forecast)與訂單產生(order generation)，然而訂單是否形成，最終皆是取決於買賣雙方高階管理者的決定。然而，通常合作夥伴在進行協同作業後，交由雙方中的其中一方做最後主導決定，至於由哪一方來主

導，則將根據雙方的能力、資源、體制的夥伴關係與資訊系統等面向來決定，如此一來，CPFR 之流程將可能會產生如表 5-1 所列的 A、B、C、D 四種情境。

表 5-1　CPFR 的四種情境

情境	銷售預測	訂單預測	訂單產生
A	Buyer	Buyer	Buyer
B	Buyer	Seller	Seller
C	Buyer	Buyer	Seller
D	Seller	Seller	Seller

資料來源：VICS 網站

在情境 A 當中，從買賣雙方的關係當中可以看出來由於買方議價權力較大，因此形成單方面較強勢主導的局面，從銷售預測、訂單預測到訂單產生等三項關鍵活動，將形成皆由買方統籌管理的交易關係。

在 B、C、D 三種情境之下，買方開始將某些部分的統籌權利交由賣方處置，此類型的運作想法形成了不同程度的供應商管理存貨。

在情境 B 當中，買賣雙方議價權力各有所長，當中由買方提供預測需求，由賣方統籌預測與訂單產生的分工交易關係。相同情況，情境 C 則強調由買方負責所有的預測，而由賣方負責訂單產生的部分。情境 D 強調由預測到訂單產生，全部交由賣方統籌管理的局面。

CPFR 最初的使命非常近似於在它之前出現的 ECR、QR、CFAR 和 VMI 所做的努力。它的雛形是協作、預測與補給 CPFR 方式，1995 年由零售業巨頭 Wal-Mart 及其供應商 Warner Lambert 等 5 家公司聯合成立的零售供應鏈工作組 (Retail Supply and Demand Chain Working Group)開始自作研究和探索，旨在改善零售商和供應商的夥伴關係，以達到改善預測準確度，並降低成本和減少庫存，發揮出供應鏈的全部效率的目的。

根據美國商業部資料顯示，1997 年美國零售商品供應鏈中的庫存約為 10,000 億美元。如果透過全面成功地實施 CFAR，可以減少這些庫存中的 15%~25%；CPFR 就是在 CFA 和 VMI 最佳實踐基礎上進一步改進而成，並改善了它們中的一些缺陷，例如：缺少計畫指導的功能，沒有一個適合所有貿易夥伴的業務過程，缺乏系統集成等方面的缺陷。CPFR 系統則能使企業在線上與供應鏈中的其他業務夥伴交互地共用產品、庫存和訂單等資訊，與它們一同來改進預測和訂單處理，它具有較強的開放性，但仍然具有安全的資訊交流，能夠靈活地適用於各種行業，可擴展供應鏈的所有過程以使支持範圍廣泛的需求…等。

　　一些全球著名的公司，例如：沃爾瑪、朗訊科技、莎拉麗等已經開始著手致力於 CPFR 的開拓，這些努力顯示動態資訊共用能夠在預測過程中實現協同，顯著地改善預測準確度，降低成本和庫存總量，提高供應鏈的可見性和需求的預知性，在實施 CPFR 後，Warner Lambert 公司零售商品滿足率從 87%增加到 98%；新增銷售收支 800 萬美元。在 CPFR 取得初步成功後，建立了由 30 多個單位參加的 CPFR 理事會，與自發的工商業標準協會 VICS(The Voluntary Interindustry Commerce Standards Assoication)理事會一起致力於 CPFR 的研究、標準制訂、軟體發展和推廣應用工作。

三、CPFR 的作業程序

　　CPFR 在操作面上，是一個供應鏈內部上下游廠商合作的應用實務機制，透過此一機制的運作，將定義合作成員之間的協同作業程序、資訊分享，以及建置情境標準，這樣一系列的作為，將使得供應鏈當中的合作成員能透過反覆實行緊密的商務協調與互動，將彼此間的運作同步化，合作默契逐漸養成，使得零售通路商能透過此機制降低其庫存、減低缺貨率，進而有效降低生產及運輸配送的成本；而供應商則藉由此機制能更精確掌握實際的需求情報與資訊，在充分規劃的時程下，能針對即時反應的需求進行產品之補貨規劃，如此便能降低訂單週期與減少非必要性的庫存成本。

　　CPFR 也可以被視為一個協同作業程序，其程序主要可劃分為三個階段以及九個步驟（如圖 5-1）所示。

　　在每個階段之間的運作屬於層級式架構，而每個階段內包含數個執行步驟，此一作業程序是 CPFR 執行時之指導原則。以下將針對各個階段的活動進一步的說明：

（一）第一階段：協同規劃

　　協同商務的第一階段包含兩個步驟。雖然名義上僅是兩個步驟，但卻是在實務上最難落實的部分，因為所著重的工作內容是負責流程初始化的建立。第一個步驟是擬定合作雙方之間的相關協議，而第二個步驟是合作雙方如何發展聯合事業計畫。以下將針對此兩項步驟逐一說明：

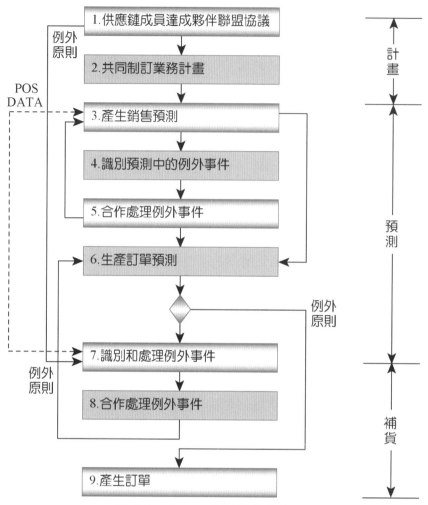

圖 5-1　CPFR 三階段九大步驟

步驟 1：擬定雙方的協議

　　在供應鏈價值活動當中，產業廠商們分別扮演上下游相互支援的角色，而合作夥伴之間事先透過擬定買賣雙方的執行原則與相關規定，以建立協同合作關係的基礎，並且具體而詳盡的訂定雙方或多方之間的「協同合作方案」，以利後續進行合作的事宜。這個方案的內容包含雙方所預期的共同目標，以及達成目標所需要的能力、人力資源及系統建置狀況。更重要的是，在此一步驟當中應明確定義協同合作的要點、承擔角色，以及流程中的服務與訂購承諾等要項。此外，制訂雙方資料共享項目的授權機制，並設立保密約定，日後雙方將依照此「協同合作方案」，展開協同合作關係。

步驟 2：發展聯合事業計畫

　　合作夥伴之間建立雙方同意的補貨策略，針對雙方經營策略與營運計畫進行通盤性的檢視與溝通，進而了解彼此階段性的營運目標及策略，並且追求共識的達成，以共同研擬具體且可操作的合作計畫。實務層面上，合作雙方必須明確規範要協同合作的產品項目、規劃協同合作產品類別，以及進一步的產品促銷計畫，並且建立產品資料分類管理共同制度，包括最小訂購量、前置時間、訂購間隔等操作細節。夥伴之間若想要建立彼此間緊密的合作關係，唯有運用雙方分享資訊所建立的「協同合作商業計畫」方可以提升預測品質，強化供應鏈合作夥伴間的溝通與協調性。

（二）第二階段：協同預測

　　協同商務的第二階段包含六個步驟是步驟最多的階段，其中包括產品銷售及其他預測活動，同時也是 CPFR 最核心的部分。接續第一階段的步驟序號，步驟三是建立銷售預測，步驟四是進行銷售預測的異常辨識，步驟五是協同處理銷售預測異常項目，步驟六是訂單預測，步驟七是訂單預測的異常辨識，步驟八則是協同處理訂單預測異常項目。

步驟 3：建立銷售預測

　　在此步驟當中，將利用由消費需求端所蒐集的重要資料來支援建立產品的銷售預測，所產生的資料可以用來支援上一階段所產生的共同營運計畫。消費需求端資料的來源可以是零售商的銷售點資料、物流中心缺貨、退貨的資料，或是供應商生產需求的資料等。一般而言，銷售預測的數據通常是由買方或賣方先行產生，然後再與另一方進行溝通協調，最終的協調結果才成為雙方產生訂單預測的共同依據。一般廠商所進行的銷售預測作業當中會納入許多雙方相關資訊，例如：協同合作商業計畫、促銷活動行事曆、銷售點資料、促銷活動成果資訊……等。此外，為了保持與市場資訊的有效接軌，增強生產與供給的彈性與靈敏度，雙方仍然需要注意偶發事件或關鍵事件的資料搜集。

步驟 4：銷售預測的異常辨識

　　在此一步驟當中，是合作雙方協同商務的合作平台當中，透過雙方詳細的檢視與鑑別，設法找出哪些產品項目不符合原先銷售預測之限制條件，以解決平台運作的效率問題。因為原先所設立的限制條件是由買方與賣方比照訂單預測及供貨能力來共同擬定，藉由實際操作、篩檢與彙整的作業，最後將產生一份預測數據變異較大的產品異常狀況清單。

在協同合作的方案當中，合作雙方應該制定一套認定銷售預測異常狀況條件，例如：變異數的可容忍範圍、誤差可容忍的區間，以及發生頻次的可容許數目，以便用來控制預測結果所產生的異常狀況。實務上，發掘銷售預測異常狀況的方式以及所著重的關鍵項目，是可以依照合作雙方所認定的銷售條件而訂定的，常見的項目是庫存量過高的情況，例如在實際銷售量預測執行時，發現零售商的庫存量與銷售預測值之間差異太大的情況，即為異常狀況。

步驟 5：協同處理銷售預測異常項目

協同商務合作夥伴們將經由共同平台交換共享資料、傳送電子郵件、電話或會議討論等方式進行溝通，以解決銷售預測上的異常項目或例外品項，然後調整銷售預測。在多次協同解決銷售預測異常項目後，可望增進雙方對最後承諾訂單的信心，以多方得利的目標取向執行任何一項生產或輸配送作業。

步驟 6：訂單預測

在訂單預測的步驟當中，將結合步驟三所產生的銷售預測、行銷成果資訊、庫存策略、出貨歷史資料及目前產能限制等資訊，以產生訂單預測來支持銷售需求及步驟二所擬定的協同合作商業計畫。

步驟 7：訂單預測的異常辨識

此一步驟的執行與確認銷售預測異常狀況的作法相當類似。在發掘訂單預測結果所產生的異常狀況之前，必須要透過雙方事先協商出所認定的異常狀況條件才能執行。常見的訂單異常條件設定包括：製造商對零售商庫存的服務率和訂單達成率的變異範圍。

步驟 8：協同處理訂單預測異常項目

此一步驟亦類似於協同解決銷售預測異常項目的作法。實務操作面上，合作雙方是透過分享資料、電子郵件、電話交談、會議等方式，探究訂單預測中的異常項目，然後提出訂單預測變更。

（三）第三階段：協同補貨

協同商務所建立的平台系統活動當中，第三階段的作業將是在沒有例外狀況和差異發生時進行的活動，即為第九步驟訂單產生。

步驟 9：訂單產生－轉換訂單預測為訂單

　　協同合作的雙方歷經前述的八個步驟之後，在沒有其他異常狀況需要進一步處理的前提之下，雙方在最後將訂單預測結果轉成承諾訂單，至於要由買方或賣方來產生訂單，則取決於能力、系統及人力適合執行此步驟的一方。不論最終決定是由誰來產生訂單，重點在於這份承諾訂單的訂貨必須符合雙方的預測以及共同目標。

四、CPFR 與傳統預測供應的區別

　　根據研 VICS 的資料，在傳統企業的運行模式中，供需雙方各自收集自己的資料，來做各自的預測和計畫，在這些業務過程中基本上是互不相干的；在 CPFR 模式中，供需雙方首先要確定合作協議、共用商業資訊，以此進行預測和制訂計畫，為了確保預測的可靠性和精確性，還要對例外事件進行識別、判斷和處理，最後建立對訂單的預測和產生最後的訂單。這些業務過程都是由供需雙方共同參與、協同進行的，以提高預測的準確性。供應鏈的效率和回應速度能夠減少庫存、提高戶滿意度，同時也改善業務夥伴之間的合作關係。它將供應鏈運作建立在整個鏈條的價值基礎之上，亦即，將供應鏈提升為價值鏈的運作。

　　運用 CPFR 的指導性原則有 3 項：
1. 具有面向價值鏈的業務聯盟夥伴協議框架結構和以客戶為中心的運作過程。
2. 合作夥伴要共同負責建立一個單一的、共用的客戶，消費者需求預測系統、這個系統驅動了整個價值鏈計畫和業務活動。
3. 合作夥伴均承諾共用預測並在消除供應過程約束上共同分擔風險。

五、CPFR 運作的新模式

　　2004 年 5 月間，美國的 VICS 協會針對 CPFR 在企業界的實務運作已運行了 6 年的時間進行檢討，並且進一步的，加入有效消費者回應組織(ECR)的意見與建議，經由全球商務提倡協會(GCI)的認可，並稍微修正總體需求後，發表出新的 CPFR 模式，將 CPFR 之理念以圓形循環模式呈現。在新的模式當中，合作夥伴的買賣雙方經由協同合作共同滿足中央的終端消費者，將原先三階段九個執行步驟中加入例外與異常管理及績效評估，而轉變成為四階段八任務模型，並且把整個模式的焦點放在顧客滿意度之提升。

　　在新式的 CPFR 的循環架構當中，總共可以劃分成四大作業階段以及八項任務，而其中每一階段皆各有兩項主要任務：

第一階段：策略與規劃

新式 CPFR 模型的第一階段所著重的亦是合作夥伴之間協同關係的基礎建立，並且進一步確定協同產品組合、種類或範疇，以及專案當中相關人力資源的協調與配置，並發展出此階段的具體活動計畫。主要任務有：

1. 訂定協同規劃協定：合作雙方所制定的協同規劃協定內容一般包括設定目標程序，定義協同合作的範圍與角色，責任歸屬劃分，後續並依照合作默契的養成逐步擴大規劃程序。

2. 建立協同商業計畫：可行的協同商業計畫，依此作為在規劃期間如何執行供給與需求的具體依據，所規劃的項目通常可以包括商品促銷計畫、庫存政策等子計畫。

第二階段：需求與供應管理

第二階段著重於供應鏈上下游廠商之間需求與供應的協調與管理，在實務操作面上，主要的作法是以終端消費者需求作為規劃的依據參數，再後續推估出原料供應商、製造商與零售通路商的供給與需求情況。主要任務有：

1. 協同銷售預測：由終端銷售情形來預測消費需求。

2. 協同訂單預測：依據銷售預測、商品庫存情況、運送須準備時間與其他因素，決定產品訂單預測。

第三階段：計畫執行

在第三階段計畫執行的操作方面，主要的作業事項是如何進行配置訂單的活動，所常見的規劃項目包括商品準備、裝載、運送、接收、理貨、儲存，並記錄銷售交易與付款情形等等事宜。此一階段的主要任務如下述：

1. 產生訂單的工作：根據所預測的具體參考數據，由供應鏈當中的買方或者是賣方透過自製或手動方式產生訂單，並將訂單預測轉變為具體的組織需求。

2. 訂單實現與補貨執行：消費者產生購買行為後的動作，包括生產、運輸、配送、儲存等活動的執行。

3. 異常事件管理：評估規劃與執行後超出指定標準值的情況，並告知協同參與者，以作為計畫調整與變更依據，並提出解決流程。

4. 協同效益評估：以關鍵績效評量指標來評斷目標是否達成，並找出趨勢與相關策略。

　　1998 年舊式的 CPFR 模式裡，所提出製造商與零售商協同合作任務的架構當中，與 2004 年修正後提出的 CPFR 架構內涵具有某些程度的差異性。2004 年修正後的架構當中將例外與異常事件管理放在分析階段，藉此以增加整體評估與考量的參數依據，並且增加績效評量指標在流程當中，使整體 CPFR 流程能夠具體有效的評量出計畫執行績效的優劣，而且修正後的 CPFR 模型更容易被協同參與者了解並且進一步使用。

六、CPFR 之執行效益

　　產業供應鏈的廠商執行 CPFR 的主要目的，是為了使零售通路商透過此機制以降低其庫存以及減低缺貨率，並且減少前述兩種缺失所帶來的市場不利狀況。作法上是使供應商透過此一協同合作機制以更精確掌握並且預測顧客需求，並且針對需求變化的狀況進行產品之補貨規劃，以降低訂單週期與非必要性庫存的數量。因為 CPFR 在實施階段關係到買賣雙方各自所訂之預期目標不同，對於其具體效益之衡量必須參酌很多因素相當不容易，故為了彰顯並確實了解 CPFR 之必要性及重要性，就必須先建立執行 CPFR 的效益評估機制。以下將詳述 CPFR 衡量效益機制之關鍵績效評量指標方式，並就美國 VICS 協會的評估調查結果，簡述企業界推行 CPFR 之整體效益。

（一）效益之評估方式

　　事實上每家企業預備要導入 CPFR 模式時，在一些現實的條件上必須事先衡量以及考慮許多事務，尤其是如何才能得知 CPFR 確實對該企業有幫助？如何尋求有效的衡量工具？以及要怎麼做才能把導入 CPFR 的效益顯現出來？一般而言，CPFR 的運作模式是以企業的關鍵績效評量指標來做為 CPFR 各項執行指標的檢驗與衡量方式。例如，某家企業在執行 CPFR 專案時，所重視的是存貨水準相關數據上的改善，那麼此一企業將會藉由存貨週轉率、庫存成本等具體指標來進行績效衡量；另者，如果某家企業所重視的是對終端客戶的服務品質及水準，則此家企業就可以藉由訂單前置時間、訂單達交率等指標來判定是否得以提升服務水準，同時亦可以使用市場問卷調查的方式交互檢測直接消費者收受購買貨品的滿意度是否提升。因此，經由妥善選擇的關鍵績效指標之資料蒐集，以及後續透過正確的統計分析計算，企業體將可以得知並掌握導入 CPFR 的具體效益，所以在應用 CPFR 之時，必須仔細斟酌關鍵績效指標的挑選，藉此才能對症下藥，針對企業本身注重的環節與流程加以評估，最後才能使企業所關心的終極目標得到明確的監督並且持續改善。

（二）執行 CPFR 模式產生的效益

根據林振城於 2004 的研究中顯示，在產業供應鏈體系當中推行 CPFR 協同合作模式時，該體系的上、中、下游廠商可獲得的效益包括下述：

1. 就製造業／供應商的角度而言，所獲得的具體效益可包括：

(1) 降低庫存量以及所造成的存貨成本。

(2) 縮短補貨時間。

(3) 更有效地利用生產。

(4) 更精確地掌握市場需求。

2. 就流通業／零售商的角度而言，所獲得的具體效益可包括：

(1) 降低缺貨以及缺貨所產生的消費者不滿足現象。

(2) 降低庫存。

(3) 更有效地促銷活動。

(4) 提供更好的客戶服務。

3. 就消費者的角度而言，所獲得的具體效益可包括：

(1) 正確的產品線上供給。

(2) 正確的地點。

(3) 正確的時間。

(4) 消費者滿意度及忠誠度。

另一位學者施仁和於 2000 年的研究當中，指出產業廠商在供應鏈的價值活動當中導入 CPFR 的效益包括：

1. 基於協同合作平台的實體建立，買賣雙方經由共同制定預測計畫以及共同參與預測的歷程進行合作，因此雙方也必須共同擔負風險，並且可以採用相同的關鍵指標來評估雙方的績效。

2. 根據共同預測計畫的進度，零售商及製造商之間承諾訂單的管控作業，製造商庫存量因此能夠有效減少，而且零售商在顧客端的服務水準能夠提高，雖然製造商出貨數量與零售商的存貨數量皆不如傳統契約方式固定，但是此一協商合作所擬出的訂單使雙方皆能被滿足，同時亦不失信於顧客，產生多方受益的局面。例如：協同合作的資訊系統平台應用於交易夥伴關係，將可以大幅減少通訊作業成本，投資報酬率相對提高。

　　施仁和提出執行 CPFR 可以使產業內的供應鏈效率獲得有效提升、生產力得到改善，庫存量有效降低，可運用的營運資金流量提高，最後進而使投資報酬率提高。美國 VICS 協會後續針對推行 CPFR 的專案廠商進行評估與調查，結果報告當中指出，每個參與此專案計畫的企業或廠商在各項重要指標皆有大幅度的改善，無論是在存貨成本、運輸成本與物流成本方面皆有具體的數據下降比率，其中在預測準確度上有 10%~40% 的改善，庫存下降率改善 10%~15%，在服務品質改善方面提升了 0.5%~2%，產品的取得率提升 1%~4%，最重要的是在銷售績效方面具體成長了 2%~25% 的比率，企業績效改善的成果相當卓著。

　　West Marine 公司，是 2006 年 VICS 協會舉辦之協同商務獎項的獲獎得主，該公司於導入 CPFR 專案後，在訂單預測方面訂單準時運送率由 10% 增加至 80%，績效相當驚人，而商店供貨率由原本的 91% 提升至 97% 的比率，在多重績效指標改善的情況之下，最重要的訂單數量平均增加了 75% 的比率，可稱之為 CPFR 執行公司的最佳典範之一。

 **面對阿里的壓力－**
亞馬遜選擇做物流，能否扳回一局？

沃爾沃公司的 VIMI 導航

習 題　　　　　　　　　　　　　　　　　　　　　　Exercise

一、 協同管理與長鞭效應之間的關連性為何？供應鏈當中的廠商之間如果缺乏協同機制會有何影響？試舉出具體的影響因素。

二、 供應鏈價值活動中的上下游廠商執行協同商務所帶來的效益有哪些？

三、 請嘗試分辨出舊式與新型 CPFR 有哪些操作面上的差異點？並且說明新型 CPFR 可以在實務上改進哪些舊式模式的缺點？

四、 供應鏈當中參共協同機制的成員該如何建立起彼此間的互信模式？考慮的因素有哪些？

五、 CPFR 的效益之評估為何重要？效益才評估方式應如何進行？

參考文獻　References

1. Cohen，S.and J. RousSel(2005)，供應鏈策略管理五大修煉，美商麥格羅‧希爾出版。

2. 王立志(1999)，系統化運籌與供應鏈管理，台中，滄海書局。

3. 吳慧玲(1999)，台灣零售業應用協同規劃預測補貨模式之可行性研究－以烘焙業與百貨量販業為例，淡江大學碩士論文。

4. 林逾先(2003)，台灣電子資訊業協同商務設計教材，教育部科技顧問室製商管理示範教學資源中心之建構與人才培育。

5. 邱坤朋(2005)，協同計畫、預測、補貨(CPFR)導入建材業之可行性及實施策略，國立東華大學碩士論文。

6. 施仁和(2000)，台灣百貨量販業供應鏈管理參考模式之研究，北科大商業自動管理研究所碩士論文。

7. 美國 VICS 協會(Voluntary Interindustry Commnerce Standards)網站：http://www.vics.org。

8. 楊政威(2005)，消費性產品多通路之 CPFR 模型研究，明志科大工管所。

9. 廖嘉偉，前導性協同預測架構與實施系統之研究，東海大學碩士論文。

MEMO

● 供應鏈的協調管理

　　供應鏈的協調管理，重點在於探討在供應鏈中供需雙方資訊透明度的不同、資訊不對稱的環境下，協調供需雙方的交易契約，例如：訂購批量、再訂購點與補償點。

　　供應鏈是由提供原物料、零件、服務的供應商與零售商所組成的網路，其中買賣雙方之交易契約為促成供應鏈成功運作的重要因素之一，在本章會談到設置成本、存貨持有成本、運輸成本與訂單短缺成本，提出供應鏈中資訊不對稱下的隨機存貨模型，探討資訊不對稱對交易契約模型與其造成的衝擊。同時，本章分別以供應商與買方為主議方，提出交易契約模型，並建立模式、求解程序與範例。其圖形如下：

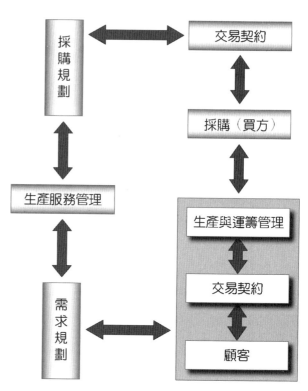

圖 6-1　供應鏈中的協調管理

第一節　交易契約活動

　　供應鏈起始於產品的製造，隨著零售商、製造商開發、批發商供應的產品，供應鏈終止於對消費者的銷售。供應鏈管理是對供應鏈中的資訊流、物流、商流和資金流進行設計、規劃和控制，進而增強競爭實力、提高供應鏈中各成員的效率和效益，惟供應鏈中的供應商、製造商、批發商乃至零售商，多分屬不同經營者，仍需藉雙方皆可接受的交易契約，進行供需活動，進而建立互信。

　　供應商管理存貨是不同於近代存貨管理方式，供應商先將產品交付給下游廠商，由供應商負擔存貨成本，待下游廠商賣出後，供應商再跟下游廠商索取費用。委託存貨可即時掌控零售商銷售資料和庫存量，可以更快速的反應市場變化和消費者需求，在供應商與買方資訊不對稱情形下，雙方亦可藉此存貨制度以降低成本。

　　成功的供應鏈已證明是具高度競爭力的經營模式,惟供應體系上下游廠商間因為自身利益或經營主體不同而無法將雙方資訊完全透明,致呈現資訊不對稱狀態。「資訊不對稱程度」指供需雙方對彼此有關成本資訊等的掌控程度,若掌握對方所有的成本資訊,則稱為「資訊對稱」;反之,則為「資訊不對稱」。資訊對稱即為中央式系統,暗示系統中可有一個決策者主導系統的交易契約,分散式系統則表示系統中無唯一的決策者,各成員間以自我觀點來進行交易契約,供應商與買方之間必須透過協商,才能獲得折衷的交易契約。

　　在面對供應體系中,供應商與買方的資訊有時會有所保留,稱為「資訊不對稱」,在本章中主要在於探討供應體系中不同資訊透明程度對交易契約可能造成的差異,以及供應鏈系統,包含製造商、供應商、零售商、消費者,但聚焦在供應商與零售商的交易,將供應商與零售商視為兩個自主性代理人。消費者反應市場狀況給買方,買方再與供應商建立交易契約,反應買方潛在的供貨能力;同時,供應商再傳達給買方其交易情況給製造商,製造商再評估供應商所提供的交易狀況及存貨狀況,進行產品製造,彼此之間藉此關係來平衡供應鏈的供需狀況。

　　因此,我們以供應商及買方為主議方,來探討委託存貨存在的差異性,並引用資訊不對稱環境下供應鏈的隨機存貨模型,利用委託存貨來降低資訊不對稱對供應雙方所造成的衝擊,以找出雙方能接受的交易契約,包含訂購批量、再訂購點及補償費。

 **第二節　供應鏈協調管理的模型**

　　本節在於探討供應鏈不對稱資訊環境下的協調機制與系統特性。

一、供應鏈的協調機制

　　在供應鏈的協調機制中,常見的為「一個配銷系統的協調機制」,由單一供應商與多個零售所組成的二階段配銷系統,其為一個零售商需求已知的配銷系統,該配銷系統著重於單一產品的配銷,係由供應商提供產品給零售商,零售商再將產品轉賣給消費者。在供應商提供產品給零售商時,雙方需要確定產品售價、數量;因此,雙方的協調制就此因應而生;同時,再以「利潤」的觀點出發,目的在於協調供應雙方的批發價格、數量和補貨區間,在協調完成後,因消費者需求與零售商之間存在函數關係,因此,消費者需求會因為零售商與供應商協調的價格而有所影響。

　　這個協調機制為「確定式模式演算法」，用於討論一零售商求已知，且為零售價反函數的二階式配銷系統。這一中央式解法，已融入折扣因子，其包含數量折扣、訂購次數折扣，在找出一方可接受的批發價格與補貨區間後，另一方再據此找出自身的價格與補貨區間，最後再利用「競賽理論」來驗證雙方的結果，以找出最佳解法。此法可應用分散式系統，在考慮分散式系統中供需雙方的條件，以找出一協商後的批發價，進而求出數量與補貨區間。其參數定義與補貨策略分列如表 6-1 及 6-2。

表 6-1　參數定義

符號性質	符號	定義
參數	P_i	向第 i 個零售商索取的零售價格
參數	K_0	下游供應商每次向上游供應商下單的固定成本
參數	K_i^s	第 i 個零售商每次向供應商下單的固定成本
參數	K_i^r	第 i 個零售商向第 i 個供應商下單的固定成本
參數	K_i	$K_i = K_i^s + K_i^r$
參數	h_0	供應商每年度的單位存貨持有成本
參數	$\overline{h}_i$	第 i 個零售商每年度的單位存貨持有成本
參數	h_i	$\overline{h}_i - h_0$，第 i 個零售商每期的持有成本
參數	C_0	供應商下單的單位成本
參數	P_i	由供應商到第 i 個零售商的單位運輸成本
隨機變數	$di(P)_i$	第 i 個零售商每個年度對市場提供的需求，為 $-P_i$ 的遞減函數
隨機變數	m_i	$1, ..., N$ 的整數
分配	$\Psi(d_i)$	每個年度供應商管理第個零售商的帳目管理費用，為一非遞增且為凹形函數，且 $\Psi(0) = 0$
分配	$P_i(d_i)$	為需求的反函數
決策變數	T_i	第 i 個零售商的補貨區間
決策變數	w	第 i 個零售商給付給供應商的平均批發價格

表 6-2　補貨策略

二冪策略		整數策略	
策略	定義	符號	定義
T_i	第 i 個零售商的補貨區間	T_i	第 i 個零售商的補貨區間
T_b	給定的時間週期	To	供應商的補貨區間
m_i	$1, ..., N$ 的整數	等式	$\dfrac{T_0}{T_1}$ 或 $\dfrac{T_1}{T_0}$ 需為一整數
等式	$T_i = 2^{mi} T_b \{m = -\infty, ..., -1, 0, 1, ...\}$		

　　分散式系統的解法為考量彼此達到平衡，引入「特許權費」的觀念。特許權費為彌補供應商將產品以「邊際價格」賣給零售商所造成的損失，這種協調機制應用於確定目標為追求系統利潤。

（一）目標函數

$$\Pi(d,T) = \sum_{i=1}^{N} \{p_i(d_i) - c_0 - c_i)d_i - \Psi(d_i) - \frac{k_i}{T_i} - \frac{1}{2}h_0 d_i \max\{T_0, T_i\} - \frac{1}{2}$$
$$h_i d_i T_i\} - \frac{k_0}{T_0}$$
$$= \sum_{i=1}^{N} Gi(d_i, T_I, T_0) - \frac{k_0}{T_0} \quad\text{..............................(6-1)}$$

$$Gi(d_i, T_i, T_o) = (p_i(d_i) - c_0 - c_i) - \Psi(d_i) - \frac{k_i}{T_i} - \frac{1}{2}h_0 d_i \max\{T_0, T_i\} - \frac{1}{2}h_i d_i T_i$$
$$\text{..(6-2)}$$

（二）供應商利潤

$$-\frac{k_0}{T_0} + \sum_{i=1}^{N} \frac{1}{2}h_0 d_i^* (A - \min\{A, T_i^*\} - \max\{T_0, T_i^*\} + T_i^*) \quad\text{................(6-3)}$$

（三）零售商利潤

$$p_i(d_i)d_i - (c_0 + c_i + \frac{\Psi(d_i)}{d_i} + \frac{1}{2}h_0 \min\{A, T_i\})d_i - \frac{1}{2}\overline{h}_i d_i T_i - \frac{k_i^s + k_i^r}{T_i} \quad\text{.........(6-4)}$$

（四）批發價格

$$w = \frac{k_i^s}{T_i d_i} + c_0 + \frac{\Psi(d_i)}{d_i} + \frac{1}{2} h_0 \min\{A, T_i\} \quad\cdots\cdots\cdots\cdots\cdots\cdots\cdots\cdots\cdots(6\text{-}5)$$

（五）每一零售商的平均利潤

$$(p_i(d_i) - C_0 - C_i)d_i - \Psi(d_i) - \frac{1}{2} h_0 d_i \max\{T_0^*, T_i\} - \frac{1}{2} h_i d_i T_i - \frac{k_i}{T_i})$$
$$= G_i(d_i, T_i, T_0^*) \quad\cdots\cdots\cdots\cdots\cdots\cdots\cdots\cdots\cdots\cdots\cdots\cdots\cdots\cdots\cdots(6\text{-}6)$$

$$-\frac{k_0}{T_0} + \sum_{i=1}^{N} \frac{1}{2} h_0 h_i^* (A - \min\{A, T_i^*\} + T_i^*) \quad\cdots\cdots\cdots\cdots\cdots\cdots(6\text{-}7)$$

$$p_i(d_i)d_i - (c_0 + C_i + \frac{\Psi(d_i)}{d_i} + \frac{1}{2} h_0 \min\{A, T_i\})d_i - \frac{1}{2} h_i d_i T_i - \frac{k_i^s + k_i^r}{T_i} \quad\cdots\cdots(6\text{-}8)$$

　　這種模型的目的在於了解補貨區間 T_i，假設 $T_i^*, T_1^*, ..., T_N^*$ 與 $(d_i^*, ..., d_N^*)$ 是唯一最佳解，必須先定義系統、供應商與零售商的成本函數，再參考(6-1)、(6-2)、(6-4)式，雙方再利用協調機制，以供應商來向每一零售商索取固定費用 (K_i^S)、單位成本 $c_0 + \frac{\psi(d_i)}{d_i} + \frac{1}{2} h_0 A$ 及單位的折扣 $(\frac{1}{2} h_0 \min\{A, T_i\})$，以決定批發價格來得到(6-5)式。

　　藉由這種協調的方法找出零售商願意和供應商購買商品的批發價格，(6-2)式可改寫成(6-6)式，再令 $(T_0^*, T_0^*, ..., T_N^*)$ 與 $((d_1^*, ..., d_N))$ 為此式的唯一解，再求出供應商的利潤函數(6-7)與零售商利潤函數(6-8)，再利用補貨策略並結合批發價來找出補貨區間，最後以賽局理論的方式來決定雙方結果。

二、隨機存貨系統的特性

　　隨機存貨系統中「訂購批量／再訂購點」模式與經濟訂購批量的成本項可分三個部分，其分別為：訂購成本、存貨持有成本及訂單短缺成本，亦可將存貨持有成本及訂單短缺成本視為存貨成本。相對的，在於提到如何決定訂購批量與再訂購點，以了解訂購批量是由相關的存貨持有成本及訂單短缺成本所決定；因

此，訂購批量與訂購成本並無直接的關係。同時，最佳訂購點不受訂購批量的影響，即訂購批量實際上是訂購成本、存貨持有成本與訂單短缺成本間的取捨，其可導出訂購批量及再訂購點的公式：

（一）訂購批量

$$Q_j = \sqrt{\frac{2\lambda k(h+p)}{hp}} \quad , \lambda \text{為求到達率}$$

（二）再訂購點

$$r_j = \lambda L - \frac{h}{h+p}Q_i \quad , L \text{為產品運送的前置時間}$$

三、供應鏈中資訊不對稱下的協商

多夥伴式的供應鏈型態與傳統中央式的存貨管理觀點不同，其主要有兩個原因：(一)誘因衝突；(二)資訊不對稱。在供應鏈的研究中，有許多研究提到供應商利用刺激的方式來影響買方的訂購行為，例如：數量折扣。在這些刺激訂單的方法中，有一個非常重要的假設，就是供應商必須完全掌握買方的成本結構，但是這種假設可能與現實不符；後來，Corbett(2000)放寬假設條件，指出一不對稱資訊環境下的最佳數量折扣方式，並與資訊完全串連的情況下做比較；再來，以Zheng(1992)的(Q,r)模式為基礎，以主議方的角度分別就買方與供應商對立的角度，分析在資訊不對稱的情況下，對於雙方交易契約造成的影響與在此情形下，最適的存貨管理數量。

在資訊不對稱的情況，可分為供應商的設置成本與買方的訂單短缺成本，其分別為：(一)買方為主議方，其對供應商的供應能力無法得知；(二)供應商為主議方，對買方訂單需求數量無法得知。解決資訊不對稱，即是在這兩種情況下找出雙方的供給能力與需求量，以達成交易契約的訂定。

在買方為主議方的模型中，資訊不對稱的資訊為供應商的供應能力，其交易契約產生過程可以下列方程式表示：

（一）供應商目標函式

$$\min_k \frac{\lambda k}{Q(\hat{k})} - P(\hat{k}) \quad \text{...(6-9)}$$

（二）買方的相容限制式

$$P(k) = -\frac{\lambda k}{Q(k)^2} \dot{Q}(k), \forall k \in [k, \overline{k}] \quad\text{...(6-10)}$$

（三）賣方的相容限制式

$$c_s^{\min} \ge c_s(Q(k), r(k)) - P(k), \forall k \in [\overline{k}, \underline{k}] \quad\text{..................................(6-11)}$$

（四）買方的模型

$$\min_{Q(.), r(.), p(.)} E_{Rk}[P(k) + C_b(Q(k), r(k))] \quad\text{.................................(6-12)}$$

（五）最佳化條件

$$(Q(k + \frac{F_k(k)}{f_k(k)}), r(Q(k + \frac{F_k(k)}{F_k(k)})), P(k))$$

　　若買方與消費者交易時不允許缺單的情形發生，則買方可採取存貨政策，此時，買方為降低存貨成本，以便與供應商做溝通，建議供應商採用委託存貨方式，並藉由「補償費」來彌補供應商，以改善供應商、買方與消費者之間的交易關係。

　　傳統多階式存貨管理領域裡，假設供應鏈中有一個中央決策者存在，則能擁有完整個的資訊足以擬定出一個整體且最佳的存貨策略；至今仍有許多研究正在逐漸放寬這個假設，且無中央決策者的多夥伴式供應鏈型態與有中央決策者的差別，在於供應鏈中每個成員間容易產生衝突產目標存在，因為供應鏈的成員可能會隱藏一些重要資訊，例如：成本結構、需求函數…等，以於無法擁有整個供應鏈的完整資訊；一般而言，考慮誘因衝突或資訊不對稱時，可經由適當的刺激來促使其他成員選擇「聯合的最佳存貨策略」。

　　由此可知，供應鏈成員如何在資訊不對稱之下合作、協調與溝通交易契約，是未來發展的目標。在競爭激烈的環境下，資訊不對稱所造成管理決策上的困難，如何協調、誘導供應鏈成員間相互合作，是供應鏈管理中相當重要的議題，例如：存貨數量、成本的控制…等。

第三節　協調管理的數學模式

一、供應鏈中資訊不對稱情形下的交易契約

供應鏈中，由於供需雙方資訊的透明程度不一，造成上下供應鏈的資訊不對稱，也間接產生許多存貨供給及需求的預測問題，間接影響到上下游廠商的製造與生產。因此，如何解決供應鏈廠商的資訊不對稱，將供需雙方的交易契約、設置成本、存貨持有成本、運輸成本與訂單短缺成本，引用 Corbett(2001)所提出的供應鏈中資訊不對稱下的隨機存貨模型，來探討資訊不對稱的情況下，對交易契約模型可能產生的衝擊。

若以買方為主議方，提出調整的交易契約模型，研究結果顯示在資訊不對稱的分散系統中，以系統的觀點出發所選擇的交易契約與系統成員觀點出發所選擇的交易契約不同，在加入運輸成本後亦會造成交易契約的變動。

其後，我們要探討供應鏈中的供應商與買方間的夥伴關係，係以二階的供應鏈模式針對單一供應商與買方的交易模式做探討；若以買方為主議方，則利用委託存貨政策來降低資訊不對稱對供應雙方造成的衝擊，找出雙方能接受的交易契約，包含訂購批量、再訂購點與補償費……等。

二、交易契約的數學模式

Corbett(2001)提出的供應鏈在不對稱資訊下，以隨機存貨系統為基礎，站在買方的角度來探討，在委託存貨且資訊不對稱的衝擊下，來建立雙方的交易契約。同時，Zhena(1992)在中央式系統下的隨機存貨系統模型，找出雙方交易契約，交易契約內容含訂購批量、再訂購點及補償費。

（一）供應商與買方的一般類型

造成資訊不對稱的原因有很多，有部分是因為供應鏈成員某些利益衝突因素所引起，成員之間為了能夠爭取優勢，而不願據實告知自身的成本資訊，以使交易工作有更大的談判空間。因此，針對資訊不對稱的問題，應分析當買方對供應商設置成本為未知時，買方該如何誘導供應商真正的成本？使供應商在交易時不以自我為中心，且能考量對方的立場，期使供應鏈之間的交易關係更和諧。

交易契約假設主議方無法確實掌控對方的成本資訊，僅以過去交易資料的基礎來假設對方某成本資訊為一特定分配；主議方可根據此分配求得一交易內容的

通式，其為：$(Q(.), r(.), P(.))$，其分別代表訂購批量、再訂購點及補償費用；同時，在這種模式中的訂購批量及再訂購點分別定義為安全存貨與週期存貨。

這個交易契約提供給對方，對方再依據此交易內容格式產生一組交易清單，以做為雙方的交易契約。在交易契約中的「補償費」由主議方負責，目的在於酬謝對方也同意此交易清單的內容。

在其所形成的模型中，其成本項含設置成本、訂單短缺成本、存貨持有成本與運輸成本。其基本假設如下：

1. 滿足需求下，求成本最小化。
2. 假設主議方所提供的交易內容格式，且具有唯一性為最佳解。
3. 為單一供應商與單一買方對單一種類產品的交易。
4. 雙方交易契約一次決定，無多次協商。
5. 訂購前置時間內的需求是隨機的，未被滿足的需求可以後補。
6. 係因委託存貨，故運輸成本由供應商來負擔。
7. 買方對於供應商的單位設置成本有一已知的分配，供應商對於買方的訂單短缺成本有一已知的分配。
8. 每次下單即產生一次設置成本，在兩次下單的間隔時間內可能產生存貨持有一與訂單短缺成本。
9. 存貨位置為再訂購點與數量和的均勻分配。
10. 前置時間內的需求為均勻分配。

在存貨成本與訂單短缺成本及時間點(t)的時候，其存貨位置為(y)；在前置時間(L)內，買方面對下游顧客的需求，存貨位置會成為一個非遞增函數的形勢下降；若需求量小於現有存貨時，則可能產生存貨成本；反之，則產生訂單短缺成本，二者的總合即為存貨位置(y)的存缺貨成本。

當消費者的需求愈來愈多的時候，存貨位置逐漸降低到某一程度時，訂購批量將使存貨位置回升，這是因為前置時間內的需求分配，所以用期望值來表示成本。

當現有存貨大於前置時間的需求時，其存貨成本為：$(A): G_h^+(y) = E_\psi[h(y-z)]$；當現有存貨小於前置時間的需求時，其訂單短缺成本$(B): G_p^-(y) = E_\psi[p(z-y)]$。

假設前置時間內的需求為$(\underline{z}, \bar{z})$均勻分配，因此：

$$G_h^+(y) = E_\psi[h(y-z)] = h[E_\psi(y) - E_\psi(z)] = hy - h(\frac{\bar{z}-z}{2})$$

$$G_p^-(y) = E_\psi[p(z-y)] = p[E_\psi(z) - E_\psi(y)] = p(\frac{\bar{z}-z}{2}) - py$$

$$G(y) = G_h^+(y) + G_p^-(y) = y(h-p) + (p-h)(\frac{\bar{z}-z}{2})$$

（二）買方為主議方的交易契約

　　為了發展買方為主議方的交易契約，可能不先採取委託存貨，因為當供應商與買方交易時，若買方訂單短缺成本很大時，表示消費者與買方的關係很緊張，因此，買方此時必須採取存貨策略，因為買方不願負擔過多的存貨成本，會建議供應商採取委託存貨，並運用「補償費」來彌補供應商。

表 6-3　模式符號類別及定義

符號種類	符號	定義
參數	L	供應商送貨給買方的前置時間
參數	λ	買方面對的需求到達率
參數	h	週期時間內單位產品的單位存貨持有成本
參數	k	供應商真實的單位設置成本
參數	$\underline{k}, \bar{k}$	單位設置成本的上下界限
參數	p	週期時間內賣方真實的訂單短缺成本
參數	$\underline{p}, \bar{p}$	單位訂單短缺成本的上下界限
參數	C_s^{max}, C_b^{max}	供應商與買方分別可忍受的最大成本
參數	T	單位產品的運輸成本
隨機變數	k	供應商宣稱的單位設置成本
隨機變數	y	現有存貨位置
隨機變數	z	在前置時間內，消費者對買方的需求
隨機變數	$G_h^+(y), G_p^-(y)$	存貨位置為 y 時，個別的存貨成本與訂單短缺成本
隨機變數	$G(y) = G_h^+(y), G_p^-(y)$	開始存貨位置 y，累積時間到 $t+L$ 時的期望存貨成本

表 6-3　模式符號類別及定義（續）

符號種類	符號	定義
機率分配	$\psi(.)$	前置期間，需求遵循分配
決策變數	Q	訂購批量
符號種類	符號	定義
機率分配	$f(.),F(.)$	主議方假設對方的不對稱資訊遵循此分配，為分配的機率密度函數與累積機率密度函數
決策變數	r	再訂購點
決策變數	P	週期時間內的補償費
決策變數	C,C_x,C_b	系統、供應商、買方的成本函數

　　分散式系統中的供應商與買方的成本架構會因為有無委託存貨而有所差異。在無委託存貨下，供應商負責設置成本 $\dfrac{\lambda k}{Q}$，買方負責存缺成本，因為供應商僅負擔設置成本，不負擔存貨持有成本及訂單短缺成本，所以，供應商會以自己最有利之最大生產數量生產，並以此生產量交給買方，如此會造成買方存貨成本負擔。

　　在資訊不對稱且有委託存貨下，因買方無法確實得知供應商的設置成本，所以買方會以「補償」方式，誘導供應商據實告知設置成本。供應商除負擔成本外，另需負擔存貨持有成本，買方則負擔訂單短缺成本，因此，在委託存貨制度下，由供應商負擔存貨成本，可抑止供應商一味以自身利益為優先考量，生產對自己有利的數量。

表 6-4　中央式與分散式系統有無委託存貨成本之比較

	中央式系統	分散式系統（無委託）	分散式系統（有委託）
供應商	N／A	$C_s(Q,r)=\dfrac{\lambda k}{Q}+TQ$	$C_s^c(Q,r)=\dfrac{\lambda k+\int_r^{r+Q}G_h^+(y)dy}{Q}+TQ$
買方	N／A	$C_b(Q,r)=\dfrac{\int_r^{r+Q}G(y)dy}{Q}$	$C_s^c(Q,r)=\dfrac{\lambda k+\int_r^{r+Q}G_h^-(y)dy}{Q}$
總成本		$C_s^c(Q,r)=\dfrac{\lambda k+\int_r^{r+Q}G(y)dy}{Q}+TQ$	

（一）在買方為主議方，雙方的交易契約形成的步驟為：

1. 買方整理歷史交易資料，擬出供應商的設置成本應遵循一分配$(f(k))$。

2. 買方提供一交易內容$(Q(.), r(.), P(.))$給供應商。

3. 供應商選擇一特定契約$(Q(\hat{k}), r(\hat{k}), P(\hat{k}))$，其中$\hat{k}$為供應商的設置成本。

4. 在決定交易契約後，買方週期時間內成本為：$C_b(Q(\hat{k}), r(\hat{k}) + P(\hat{k}))$，

   供應商週期時間內成本為：$C_b(Q(\hat{k}), r(\hat{k}) - P(\hat{k}))$

表 6-5　買方為主議方的交易契約模型

買方原始模型	
目標函式	$\displaystyle \min_{Q(.), r(.) P(.)} E_{F_k}[P(k) + C_b(Q(k), r(k))]$
限制式	IC：$\dot{P}(k) = -\dfrac{\lambda k}{Q(k)^2} \dot{Q}(k), \forall k \in [\underline{k}, \bar{k}]$
	PC：$C_s^{\max} \geq C_s(Q(k), r(k)) - P(k), \forall k \in [\underline{k}, \bar{k}]$
供應商考量運輸成本模型	
目標函式	$\displaystyle \min_{Q(.), r(.) P(.)} E_{F_k}[P(k) + C_b(Q(k), r(k))]$
限制式	IC：$\dot{P}(k) = (-\dfrac{\lambda k}{Q(k)^2} + T)\dot{Q}(k), \forall k \in [\underline{k}, \bar{k}]$
	PC：$C_s^{\max} \geq C_s(Q(k), r(k)) - P(k), \forall k \in [\underline{k}, \bar{k}]$

（二）買方為主議方的交易內容，其數學模型推導步驟為：

1. 買方對於供應商的設置成本有一已知的分配。

2. 令供應商的目標函式一階微分為零，求出一補償函式，並令其為買方誘因限制式(incentive compatibility constraint, C)，此限制式為求供應商成本最小化，牽制供應商宣告的設置成本，以期供應商的設置成本得以與真實成本較為接近。

3. 結合買方目標函式與誘因限制式、買方自身限制式(participation constraint, PC)，此限制式是要求供應商的成本必須小於供應商能忍受的成本上限，以使供應商能接受此交易契約。

4. 求得以買方為主議方的交易內容：$(Q(k), r(k), P(k))$。

5. 供應商根據交易內容通式$(Q(.), r(.), P(.))$，以尋找設置成本$(\hat{k})$、交易契約$(Q(k), r(k), P(k))$與供應商成本(C_s)、買方成本(C_b)。

將買方最佳化的問題及交易內容整理如表 6-6：

表 6-6　買方為主議方的最佳化交易清單模型

買方為主議方最佳化的模型
$$\min_{Q(.),r(.)P(.)} E_{F_k}[P(k)+C_b(Q(k),r(k))]$$ $$s.t$$ $$\dot{P}(k)=(-\frac{\lambda k}{Q(k)^2}+T)\dot{Q}(k)$$ $$C_s^{\max} \geq C_s(Q(k),r(k))-P(k), \forall k \in [\underline{k},\overline{k}] \; for \; all$$
雙方交易契約內容
$$Q(k)=Q*(k+\frac{F_k(k)}{f_k(k)})=\sqrt{\frac{2\lambda(k+\frac{F_k(k)}{f_k(k)})(h+p)}{hp}}$$ $$r(k)=r(Q(k))=\lambda L-\frac{h}{h+p}Q(k+\frac{F_k(k)}{f_k(k)})$$

在加入運輸成本之後，訂購批量及再訂購點與原始模式相同，但補償費會變動。買方在提供交易內容通式給供應商後，供應商會藉此決定雙方的交易契約，待雙方擬定交易契約後，即可求得雙方的成本。

在上述的模型裡，我們並不考慮委託存貨，但是可以透過數值設計來將問題轉成有委託存貨形式，此時，若買方與消費者交易時不允許有缺單發生，買方將會採取存貨政策；同時，買方為了降低存貨成本以便於供應商溝通，建議供應商採用委託存貨方式，更藉由補償費來改善供應商、買方與消費者之間的交易關係，但補償費並非要由買方負擔。

 座總倉是管理供應鏈庫存的鑰匙

4PL 案例

習 題

一、供應商管理存貨(VMI)的定義為何？

二、試述供應商管理庫存系統使用前後做比較？

三、何謂「資訊不對稱」？

四、何謂「供應鍊的協調機制」？

五、供應鍊中，資訊不對稱時，其協商模式為？

六、供應鍊中，資訊不對稱時，其交易契約的數學模式有哪些？

參考文獻　References

一、中文部分

1. 邱俊智(2001)，「有限產能下之投料模式建構與應用之研究—以半導體測試為例」，中原大學工業工程研究所碩士論文。

2. 吳佳穎(2001)，「台灣資訊電子產業研究發展活動與公司經營績效之研究」，國立交通大學科技管理研究所博士論文。

3. 許素菁(2003)，「資訊不對稱供應鍊環境下供應商與買方解決交易衝突之模型」，中原大學工業工程研究所碩士論文。

二、英文部分

1. Corbett C. J.(2001), Stochastic Inventory System in A supply Chain with Asymmetric Information： Cycle Stock, Safety Stocks, and Consignment Stock, Operations Research, 49(4) P.487-500

2. Kamien, M.I., and Schwartz, N.L.(1998), Dynamic Optimization. North-Holland, New York.

3. Simchi-Levi 著，蘇雄義譯，《供應鍊之設計與管理》，McGraw-Hill.

4. Swamiinathan, J.M. (2005), Tool Capacity Planning for Semiconductor Fabrication Facilities under Demand Uncertainty, European Journal of Operational Research, 120, P.545-558

供應鏈的採購與委外管理

本章以自製與外購決策架構、採購模式、供應商管理、委外管理、供應鏈聯盟五項主題,對採購管理議題進行探討。

本章第一節自製／外購決策架構說明企業體對於公司零件採行自製或外購決策的依據、判別條件為何?自製與委外採購對企業而言,各有哪些優缺點?第二節採購模式依基本採購、採購對象、採購時期、採購場所分類,介紹四種主要採購方式:並介紹採購成本內容、降低採購成本方法與採購流程;第三節供應商管理,提出學者們對於企業選擇供應商的評估指標、評選辦法為何?第四節委外管理,說明企業委外的利益與風險、企業委外的形態與委外管理的關鍵成功因素;最後一節供應鏈聯盟,說明企業進行供應鏈聯盟的動機、供應鏈合作過程與其潛在的優點。

 **第一節 自製與外購決策架構**

本節將提出數個自製／委外決策模式,作為企業決策參考。企業該如何決定何時採用外購的優勢來增加競爭力呢?面對同一種產品或服務,為何有些公司選擇自製有些卻選擇外購?若企業選擇自製產品,哪幾項生產流程應該委外以求得整體利益最大化,這些問題存在已久,但至今並沒有人能精確地提供解答。專家們典型的建議都是:專注在企業自身的核心競爭力上。然而,何謂核心競爭力?企業又該如何知道哪些是自己的核心競爭力?哪些又不是呢?

1990 年管理學家布羅哈得與哈默在《哈佛商業評論》中對核心競爭力的定義:「簡單地說,是指企業組織中的累積性知識,尤其是如何協調不同生產技能與整合多種技術的知識,藉此創造超越其他競爭對手的獨特能力,此種能力是獨一無二的,任何其他組織皆無法複製與學習。」根據其定義,企業可檢視自己與其他競爭者不同的獨特之處,找出核心競爭力之所在,專注地將它發揮到淋漓盡致,最大化公司的利潤。

以下介紹各學者從不同觀點對自製／外購決策模式的探討,提供企業決策之理論依據:

一、Loh 與 Venktralnanl(1992)

從組織資源所有權的角度來探討,並從兩個構面來加以描述人力資源的內部化程度與實體資源的內部化程度,如圖 7-1:

圖 7-1　委外與自製決策模式

資料來源：Loh 與 Venktralnan

　　人力資源內部化的概念是指企業內部是否有具備專業知識的人才，實體資源內部化是指企業是否具備生產所需相關設備等，當企業有人才又有設備可以生產時，通常應選擇自製策略；反之，無人才又無設備時，應該選擇委外製造；當然，這是極端的情況，一般企業面臨的狀況通常是介於兩者之間；此時，就得依賴管理者來評估企業環境究竟是較偏向自製策略的背景，或者是委外策略較為合適。

二、Fine 與 Whitney(1995)

　　從產品特性與企業委外原因兩個構面來探討，可列表 7-1：

表 7-1　自製／外購決策模式

企業委外原因			
產品特性	依賴供應商的知識及產能	僅依賴供應商的產能	不依賴供應商的知識及產能
模組化產品	委外有風險	委外是一個機會	委外有降低成本的機會
整體性產品	委外有非常大的風險	可選擇委外，也可不選擇委外	維持自製決策

　　在產品特性分類上，可將產品區分為模組化產品(modular product)與整體性產品(integral product)兩類。模組化產品指的是組合不同零組件所生產出的產品，不同組合的零組件創造出差異化的產品。個人電腦就是最典型的例子，每個費者都可依個人喜好與需求組裝一套最適合自己的電腦，例如：記憶體要用256MB 或 512MB？硬碟要用 60GB 還是 80GB？螢幕要用最基本的 CRT 或液晶螢幕？使用 Windows XP 或 Windows2000 作業系統等等。汽車是另一個類似案例，例如：音響與座椅等級、是否加裝天窗可以自由挑選，甚或車門要四門或兩

門都可自行決定，只是大部分的車體結構無法改變太多。由上述可知，模組化產品具有下列幾項特性：

1. 零組件是互相獨立的個體：記憶體、硬碟、螢幕、作業系統是個別獨立不互相影響的。
2. 任一零組件可隨意升級或任意替換：例如：將記憶體由原本的 256MB 升級到 512MB 它並不會影響整體系統操作。
3. 使用標準化的介面：使各零組件不互相衝突。
4. 顧客需求決定最終產品結構。

　　相對於模組化產品，整體性產品指的是由各種彼此緊密相關，互相影響之零組件組合而成的產品，零組件缺一不可，也無法任意更換替代，飛機、船舶、火頭，甚至於太空梭…等，都是日常生活裡能看到的整合性產品。以飛機製造為例，從設計藍圖拍板定案那一刻開始，所有駕駛艙、機身、機翼、液壓系統至飛行引擎等零組件的結構與尺寸，就不能隨意變更，否則牽一髮即動全身。試想僅將飛行引擎更換成小型飛機使用的類型而不改變原來的大機型結構，飛機還能飛得起來嗎？任意將機翼改短，機身是否還能保持平衡？諸如此類的問題，其答案都是顯而易見的：欲修改或變更整體性產品的部分結構，皆須經過通盤考量後才能作決定。整理其特徵如下：

1. 並非由現成獨立之零組件所組成。
2. 為系統性產物，由細節至總體全盤考量設計的產品。
3. 產品效益是由系統效能來衡量的。

　　當然，一般存在的產品多介於模組性產品與整體性產品之間。

　　接下來將討論由 Fine 及 Whitney 所發展出來的構面：企業委外原因，其將委外原因區分成兩大類：

1. 企業對產能的依賴：指企業本身已具有製造發展零組件所需的專業知識與技術，可能因策略考量抑或內部產能缺乏，而須借助外部產能供給。
2. 企業對知識的依賴：企業並無製造發展零組件所須的專業知識與技術，所以應藉由外部專業彌補內部不足。

　　當然除上述兩點企業對產能或知識的依賴外，仍然存在著企業對產能與知識都不依賴或者都依賴的另外兩種情況。

McFarlan 與 Nolan(2005)對於資訊科技的委外進行探討，提出資訊資源管理的策略方格。策略方格共包含兩構面：

1. 現有資訊系統相依程度。
2. 為資訊資源管理的重要程度；由此發展出四個委外策略形態：
   (1) 工廠型。
   (2) 支援型。
   (3) 策略型。
   (4) 轉換型：主要根據「資訊資源管理的重要程度」決定企業自製／委外決策，重要程度高，企業應自行製造不宜委外；重要程度低，則企業應使用委外策略。

除上述三種決策模式外，當公司面對許多功能且每個功能背後都有一個成本結構時，那些具有成本遞增結構的功能通常都應選擇委外而非自行製造。如此，公司不需放棄所有的營運功能，僅揚棄對公司營運其有負面影響的功能，讓公司繼續保有成本競爭優勢。

Venkatesan(1992)也以產品結構的角度提出自製／委外決策的探討，他將原物料或零組件分成策略性與非策略性兩大類，並分別提供相關的自製或委外的決策程序。藉由決策程序找出核心零組件或產品所在，協助企業專注於核心事務上。

 **第二節　採購模式**

一、採購方法

採購方法一般而言，可以從(1)基本採購方式；(2)採購對象；(3)採購時期及(4)採購場所等四個方面來分類（鍾明鴻，2007）。以下謹就上述四項分類進行說明：

（一）基本採購方式

企業因其產業特性、規模大小、生產形態等不同而有所差異。企業基本採購方式分為兩大類：一般採購和投標採購。一般採購又可以分為門市採購、特別指名採購、估價交涉採購及公正協議採購等四種，投標採購分為一般競爭投標及指名競爭投標二種（許世明，2000）。

1. 門市採購

此方式適用於少量的標準規格產品購入時，例如：從位於各工廠附近之商店、批發商、超市、百貨公司等。

2. 特別指名採購

此方式是事先按採購選定基準，來決定採購簽約對象，再決定向其買進；此時，一般並不將指名對象限於一家，而會依採購量的多寡指名數家廠商。

3. 估價交涉採購

是讓數家指名之業者提出詳細的估價單，再比較檢討這些估價單，採用適合自己公司者。使用於高額物品之購入、需要高度技術之物品、複雜規格之物品……等。

4. 公正協議採購

在事前，明訂要以公平協議作為投標條件來進行投標。投標後的結果，可能會有價格之折扣、數量分批、交貨期、交貨方法等契約條件的變更。此外，並不一定要與第一位得標者簽約，是在參加投標者的與會之下進行公正協議，再與依協議定出者簽約。

5. 一般競爭投標

依自由競爭來選擇對象，使用於不論從何處購入，在品質、交貨期、服務方面都相差不多的情況。基於競爭原理，有低價格、公平契約……等優點，但相反地，在強烈需求之下，則有確保需求量困難，或重視價格面而輕視品質的可能，如政府中信局的採購模式。

6. 指名競爭投標

在投標前，按照企業選定之條件，來選定投標資格者進行指名的投標方法。

（二）依採購對象區分

根據採購對象之不同，可以分為系列採購、相互採購、簡易採購、連帶採購及共同採購等五種（許世明，2000）。

1. 系列採購

優先從與自己公司在資本關係、技術關係、人事關係及銀行關係等，為相同系列之業者購入物品者。

2. 相互採購

為確保營業額，或是基於資金運作上的考慮，與對方進行貨款相抵，而從自己公司產品之銷售對象購入物品。

3. 簡易採購

適用於少量之價格安定購入品或購入單價小的品項。與一般的採購手續不同，是經由簡化的事務手續來進行採購、交貨、驗收、發出貨款支付。

4. 連帶採購

採購業者無法以自己的能力來調度購入物品時，採購公司就藉由進行資金援助、人才派遣、保證等來協助調度，或是採購公司代替採購業者來採購的方法。

5. 共同採購

總公司、企業集團、同業者之工會等，共同購入共通使用之物品的方法；利用共同購買，可以享受比較便宜的價格。

此外，從不同的購買時期，可以區分為市況或投機採購、先行契約採購、使用額採購、定時採購、隨時採購及預定採購等六種採購方式。

根據採購場所之不同，又可以區分為集中採購及分散採購等二種採購方法。

二、採購成本

與採購相關的成本至少包括訂購成本、價格成本、持有成本與缺貨成本等四類(Ansaria and Heckel，1987)。

（一）訂購成本

主要包括採購時所必須支付的固定成本，此成本包括通訊成本、填發請購單成本、檢驗費用以及所須使用的機具、手續費、佣金、保險費與關稅等，這些花費與購買的物料數量並沒有直接的關係，但卻是不可避免的費用。

（二）價格成本

在採購時所必須支付的變動成本稱之為價格成本，即為物料成本。價格成本與購買的物料數量有直接的關係。一般而言，採購的數量愈多，可能取得的價格折扣愈大，若在採購時沒有取得折扣的優惠待遇，通常變動成本與單價成正比。

（三）持有成本

　　主要包括資金成本、儲存成本及風險成本。所謂的資金成本，係指購買物料時，所需資金的利息支出，及為儲存物料而衍生之一切固定投資，例如：土地、建築物等之利息成本。而儲存成本則包括儲存該物料而發生之固定投資的保險費、折舊費用及設備維護保管費。至於風險成本，一般係指避免物料遭竊而導致重大損失的保險費用，及物料儲存過久而發生的耗損，或該物料直接曝露於遭竊風險下的可能損失。

（四）缺貨成本

　　缺貨成本包括缺乏物料，造成裝配線停頓，所引起的各種損失，以及缺乏產品供應，無法滿足顧客需求所造成的成本。生產停頓的損失包括人工浪費與機器閒置，還有交貨延遲等。對顧客的缺貨，除了立即對公司造成利潤損失之外，而且也會影響公司的商譽。

三、採購成本降低的方法

　　根據統計全美 Fonnune200 公司所使用的成本降低方法（全球採購管理協會，2001），最有效的方法約有十種，這十種手法的執行成效因企業而異，因此，此之間並無優先順序可言，以下謹將這十種降低採購成本的方法做簡單的介紹（許世明，2000）：

（一）價值分析(value analysis ,VA)

　　係針對機能加以研究分析，以最低的成本，確實達成必要的機能。價值的公式如下：

$$V = \frac{F}{C}$$

　　其中 K 為價值(value)，F 為機能(Fnction)，C 為成本(Cost)。所謂的機能，對員工而言，機能是他們應當完成的任務；對企業而言，機能就是它所提供的效益。企業與員工，如能從機能分析的角度著手，當能解決對立的局面。

（二）價值工程(value engineering ,VE)

　　針對產品或服務的功能加以研究，以最低的生命週期成本，透過剔除、簡化、變更、替代等方法，來達成降低成本的目的。價值分析是使用於新產品工程設計

階段；價值工程則是針對現有產品的功能／成本，做系統化的研究與分析，但現今價值分析與價值工程已多被視為同一概念使用，一般簡稱為 $\frac{VA}{VE}$。

（三）談判(negotiation)

談判是買賣雙方為了各自目標，達成彼此認同的協議過程，這也是採購人員應具備的最基本能力。談判並不只限於價格方面，也適用於某些特定需求。使用談判的方式，通常所能期望達到價格降低的幅度約 3~5%。若希望能達成更大的降幅，則需要運用價格／成本分析，價值分析與價值工程等方法。

（四）目標成本法(target costing)

大多數美國公司以及歐洲公司，都是以成本加上利潤率來制定產品的價格。但這種定價受成本驅動的舊思考模式，不是一個很理想的定價模式。管理學大師 Drucker 在『企業的五大致命過失』(Five deadly businesssins)一文中提到，企業的第三個致命過失即是定價受成本的驅動。

（五）早期供應商參與(early supplier involvement , ESI)

這是在產品設計初期，選擇讓其有夥伴關係的供應商參與新產品開發小組。經由早期供應商參與的方式，新產品開發小組對供應商提出性能規格的要求，借助供應商的專業知識來達到降低成本的目的。

（六）槓桿採購(leveraging purchasing)

依各事業單位，或不同部門的需求量，集中擴大採購，以增加議價空間。可以避免各自採購，造成組織內不同事業單位，向同一個供應商採購相同的零件，浪費採購的成本。

（七）價格與成本分析(cost and price analysis)

這是專業採購的基本工具，了解成本結構的基本要素，對採購者是非常重要的，如果採購不了解所買物品的成本結構，就不能知道所購買物品的價格是否合理，同時也因此喪失了許多降低採購成本的機會。

（八）聯合採購(consortium purchasing)

主要發生於非營利事業的採購，例如：醫院、學校…等，經由統合各不同採購組織的需求量，以獲得較好的數量折扣價格。這也被應用於一般商業活動之中,因應而起的新興行業有第三者採購,專門替那些採購量不大的企業單位服務。

（九）為便利採購而設計(design for purchase ,DFP)

自製與外購的策略，在產品的設計階段，利用協力廠的標準製程與技術，以及使用工業標準零件，方便原物料取得的便利性，如此一來，不僅大大減少了自製所需的技術支援，同時也降低了生產所需的成本。

（十）標準化(standardization)

實施規格的標準化，為不同的產品項目、工具，零組件使用共通的設計／規格，或降低訂製項目的數目，以規模經濟量，達到降低製造成本的目的。但這只是標準化的其中一環，組織應擴大標準的範圍至作業程序及製程上，以獲得更大的效益。

四、採購程序

欲執行採購作業程序之前，舉凡物料採購計畫、物料來源情報、採購之適當時機及其他相關影響因素均要事先考慮。傅和彥(1999)認為，一般企業之採購程序包括下列主要的步驟：

1. 採購計畫員開出請購單交給採購部門。
2. 決定購買些什麼物料以及購買多少數量。
3. 研究市場狀況，並找出有利的購買時機。
4. 決定物料供應來源以進行採購事項。
5. 以詢價、報價、比價決定有利價格，並選取協力廠商。
6. 與協力廠商進行採購合約並開立訂購單。
7. 監督協力廠商準時交貨。
8. 核對並完成採購交易行為，根據驗收單或品質數量檢驗報告，核對協力廠商交貨狀況，並對不良品設法加以處理。

一般之物料細部的採購作業程序如下（趙家炯，2002）：

（一）請購

一般物料由用料單位開出請購單，若屬於存量管制的物料則由倉管單位提出請購，但均須經物料主管單位簽核。工程案須附施工說明書，包括工程規範及材料明細表、圖……等。

（二）採購登錄

採購單位查核請購單是否依照程序經由主管核准，若無問題，經分類登錄後，分發採購承辦人員辦理。請購單在辦理之前，先查詢是否為預算內或資本支出之項目。

（三）詢價（招標）

採購承辦人員應就物料之品名、規格、數量、品質要求、交貨日期……等，通知相關廠商報價。詢價的方式，得以電話、傳頁、信函等為之。大宗物料採購及本地製造工程之發包，依實際需要得以公開招標方式辦理。

（四）報價（投標）

視實際情形，明定報價截止日期，通知廠商按時報價。廠商報價的方式，亦可分為口頭、書面二種方式，投標廠商應將標單密封，於規定期限內送交承辦人員。

（五）比價（議價）

依參與報價廠商的價格加以比較，然後擇定最適者訂約，並依據事先擬訂的底價或預算與各參與報價廠商競價情況，議定合理的訂購價格。

（六）核准

將比價及議價之結果，呈送權責主管審核，若核准則採購之；若未核准則退回請購單位。

（七）採購

國內採購件直接訂購之；國外採購件則執行進口作業。

（八）訂購（發包）

經核准後之採購案，由採購部門正式向廠商訂購；若金額較大，交貨期較長，且有實際需要者，則由採購部門與供應商簽立訂購合約或製造工程合約，合約應經雙方簽認及蓋章，正本各執一份。

（九）交貨

承售廠商應將物料自行送達買方指定地點。訂購（簽約）後須不定時跟催，藉以確保賣方能如期交貨；尤其是交期長、金額高的採購案，必須時常確認製作進度，必要時可對供應商施加壓力，使其能按時或提早交貨。

（十）驗收

一般物料由料務單位負責驗收；特殊機具及零組件則由使用單位、品保部門會同驗收，工程案則由使用單位、採購部門及承包商會同驗收。

（十一）付款與結案

有簽立合約者，由採購部門依合約規定，檢具相關文件及憑證，向財務部門申請付款。其他均按議定之付款方式向財務單位申請付款結案。

第三節　供應商管理

一、供應商選擇

隨著全球化的市場競爭趨勢，傳統的企業與供應商的交易模式面臨嚴重的挑戰，企業在選擇供應商的時候往往已擺脫區域上的限制，進而把外包訂單的選擇空間推展到全世界有能力承接的供應商，也就是說上游供應商的競爭對手已從原本國內的廠商增加到全世界的廠商，例如：Toyota 即將汽車視聽音響設備統一委託同一供應商製造，以供應全球車廠組裝使用。但也就是因為供應商的選擇數目大幅增加，使得企業在做選擇時也從較單純的決策模式改變為複雜多變化的決策模式；因此，如何利用有限的資訊，有效的評估與分析眾多供應商的接單表現，是現今供應鏈管理中一個重要的議題。

表 7-2　供應商整體與專業能力所包含的要素

供應商的能力	包含要素
整體能力	產品交期的歷史紀錄、財務狀況、管理制度合理化、研發能力、員工參與風氣、與其子供應商的合作關係、品質能力、成本競爭優勢、服務程度水準、製造彈性能力。
專業能力	供應商增加運輸的頻率、供應商可接受運輸成本提高的程度、供應商配合生產計畫而進行適量與適時的生產、供應商配合發展全面品質管制、供應商配合發展全面生產維修、供應商參與產品設計的程度、供應商在發生工程變更時所提出的應變、供應商共同參與價值分析計畫的程度。

　　在許多供應商選擇的相關研究中都有提到，如何設計選擇供應商的評估指標是一個成功的關鍵。而企業在評估供應商時基本上可以從供應商的整體能力與專業能力這兩方面做為指標設計的依據基礎（邱美玲，1994）。表 7-2 將這兩種能力各自所包含的要素歸納如下：

　　針對供應商的整體能力與專業能力中所包含的要素，可以發現企業在評估供應商時，不僅要考慮外包訂單的歷史達交表現；更必須將供應商在製造能力、企業風氣以及管理制度等較難以量化的因素，一併做為評估指標的設計依據，如此才可建立長期合作的雙贏局面。基於這樣的原因，供應商評估指標的設計就具有一定的複雜性與多元性。表 7-3 是一般企業在選擇供應商時的 23 項評估指標。

表 7-3　選擇供應商的 23 項評估指標

重要性排序	評估指標	重要性排序	評估指標
1	品質	13	管理組織架構
2	交期表現與達交率	14	管理控制程序
3	歷史績效表現	15	修護的服務
4	品質與客服政策	16	服務的態度
5	生產設備與產能	17	過去合作的印象
6	價格	18	產品封裝的能力
7	生產技術與能力	19	勞資關係
8	財務狀況	20	地理位置
9	客服處理程序	21	歷史營業額
10	溝通的系統	22	員工訓練程度
11	業界的聲譽	23	協商能力
12	與業界的關係		

資料來源：Nydick and Hill(1992)

　　雖然從表 7-3 中可以看出供應商的品質、交期表現與達交率以及歷史績效表現這三項指標，是一般企業在選擇供應商時重視程度最高的考量因素，但是，隨著產業特性的不同，這三項指標的重要性排序可能會有所不同。所以指標重要性的排序設計並非固定不變，而須隨著產品類型、企業策略、市場區隔等不同因素的影響，將指標重要性的排序，設計為能夠讓企業選擇出最適合的供應商。

　　而 Stevenson(2007)將供應商的評估指標簡化為八個大項目，其內容用表 7-4 做一個說明。從這些評估指標中，可以看出供應商的生產品質與達交水準都是重

要性排序很高的評估指標。此外，供應商的企業體質必須納入考量的因素之一。也就是說，供應商的組織架構、管理制度與財務狀況等內部的運作情況，也必須做為企業在選擇供應商時的評估指標，因為這些內部的運作因素與供應商的生產品質與達交水準有著密不可分的關係。

表 7-4 選擇供應商的八大項評估指標

評估指標	細項說明
生產時間與達交水準	供應商需要多長的生產時間？
	供應商提供哪些保證準時交貨的程序？
	供應商提供哪些交貨間的矯正程序？
品質與品質保證	供應商提供哪些品質管制與品質保證程序？
	供應商提供哪些品質保證的矯正措施？
	供應商提供哪些進料管理程序？
彈性	供應商在處理品質、交期變更時有哪些彈性？
地點	供應商的地理位置是否對企業有利？
價格	供應商所提供的價格合理嗎？
	供應商願意做價格協議嗎？
	供應商願意共同合作致力於成本的降低嗎？
產品或服務變更	產品或服務一有變更，供應商的回應能力為何？
聲譽與財務穩定	供應商的聲譽為何？
	供應商財務穩定性如何？
其他	供應商與其他供應商的關係為何？

二、供應商評選辦法

　　一般企業在選擇供應商時，也可能使用數量模型。有些管理計畫工具，較受到專家學者的青睞與推廣。

第四節　委外管理

　　本節所討論之委外(Outsourcing)乃指企業將非核心競爭力之功能委由外部專業業者提供，以補企業之不足。與第二節之採購，取得企業所需原物料之活動，略有不同，所牽涉的層面更廣，考慮的因素更多。本節一開始將定義委外的類型，

而後說明委外的利益與風險,最後介紹研究機構調查所得之企業十大委外原因和委外成功因素。

一、供應商評選辦法

依據許世明(2000)對於供應商評選辦法有:

1. **線性規劃法(linear programming)**:在一定成本水準下,尋找品質分數最大的供應商。

2. **考核項目比較法(categorical approach)**:列出所有考核項目,根據各供應商在各項目之表現,給予定性的評價,例如:優、良、劣。

3. **成本比率法(cost ratio approach)**:總採購成本與採購金額比率最低的供應商。

4. **矩陣點數法(matrix model)**:不同績效因素,給予不同權數以尋找點數和最大的供應商。

5. **決策樹法(decision tree)**:分析各供應商可能的表現及該績效表現的機率,再決定最恰當人選。

6. **蒙地卡羅模擬法(Monte Carlo simulation)**:作法與矩陣點數法相同,只是所有績效因素的權數,觀察變化後的結果,再決定適當的供應商。

7. **分析層級程序法(analytical hierarchy process)**:此法利用層級結構幫助人員尋找合適的供應商,最上一層為目標,其次為選擇標準,最低層為方案或供應商候選人,其中選擇標準可以因果關係區分好幾層,最後選出分數最高的候選案。

8. **多目標價值技術(MAUT)**:建立一嶄新且完整的供應商選擇模式與架構,以作為決策者評選供應商的主要依據,進而評選出一最適合的合作夥伴。

二、委外的定義與類型

傳統的製造商都將大部分生產作業流程攬在身上,從最初的市場需求預測到物料購入,而後生產製造至成品配銷,幾乎整條供應鏈上流程都要由內部部門細細思量、規劃與執行,使得公司體系龐大,彈性不足,效率不彰。從 1990 年代開始,「委外」逐漸成為製造商注目的焦點。企業考慮將原本自行生產製造績效不彰與成本消耗過大的功能委由外部提供者來提供產品或服務,以降低企業營運成本。早期從事委外行為者多為大型公司,從 2000 年後,營業額在 1,000 萬至

1,500 萬間的中小型企業體，也開始以委外作為降低企業成本與提升競爭優勢的手段，外包比率較 1999 年成長 25%。

　　在委外的定義上，Labbs(1993)將其定義為：「以合約方式將企業運作所需要但並非核心的能力，交由外面服務者來負責提供，以維持企業營運。」在 1995 年，Minoli(1995)將其意義擴大為：「外面的組織若能將組織本身之工作做得更有效率而且更便宜，則此工作應由外面的組織來做；假若組織本身能將此工作做得更好，則此工作應該保持自製。」

　　在委外的類型方面，學者根據不同分類依據，將委外劃分成若干類型，見表 7-5。因目前多以資訊委外為研究主題，因此在分類依據上多以資訊委外的特性來做劃分。如階段性分類依據，就是依照資訊委外導入的時程來做區隔，分為規劃分析階段與設計建置階段，規劃分析階段即為企業欲導入資訊系統時所做的衡量評估，如導入系統的目的、欲解決的問題、時程安排規劃、預期成效等；設計建置階段即根據企業需求選擇、設計適合的資訊系統並實際導入使用之。

表 7-5　資訊委外類型整理

分類依據	階段性	委外金額	作業性質	關係	委外目的	委外內容的深度	專案屬性
委外類型	規劃分析階段 設計建置階段	內製 選擇性委外 整體委外	作業型 重點型 轉移型 創新型	市場關係 中間關係 合夥關係	保守型委外 分析型委外 創新型委外	部份委外服務 全面性委外	階段性委外 專案型委外 整體型委外

三、委外的利益與風險

　　IBM 個人電腦委外製造是大家耳熟能詳的案例，從中也不禁令人思考，委外究竟是否都是不好的？它到底有哪些風險又能獲得什麼樣的好處呢？一般歸納委外的兩大風險(Wood et a.,1995)如下：

（一）喪失競爭優勢

　　將重要零組件製作委外給供應商，猶如將生殺大權交由別人決定！當供應商願安分擔任商品提供者時，企業仍能保持優勢地位；但是，當供應商想坐大，不願再提供所需關鍵零組件時，企業優勢很快就會被取代；此外，當零組件委外，設計製造等流程都要參酌供應商的想法，則無法將企業新的想法與創新改善方案貫徹實現。

（二）買賣雙方目標不一致

企業委外目的通常就是要增加彈性，透過外部生產力的調整，分擔市場風險。然而，供應商都希望企業能做長期訂單承諾，此與企業的目標不一致。此外，供應商焦點常放在如何降低成本，對企業產品設計所要求的彈性與品質要求，容易產生衝突。

難道委外全然只是風險？當然不是，否則就不會有那麼多企業從事委外活動。以下列舉數項委外的優點：

1. 增加彈性

面對瞬息萬變的顧客需求，尋求較佳的回應能力；利用供應商的專業技術縮短產品設計時間，加快研發週期；獲得新技術與創新的機會。

2. 降低成本

透過供應商的規模經濟效果，降低零組件或產品的價格。

3. 風險共擔

需求的不確定性轉移至供應商，供應商透過訂單的來源不同，降低不確定性造成的衝擊。

4. 減少投資

將資本投資轉移到供應商上，減少企業本身資產設備的投資成本。

5. 聚焦於核心競爭力上

將非關鍵性零組件或流程委外，將焦點與資源投注在企業核心競爭力之上。

四、委外的原因

根據委外研究機構(outsourcing institute ,OI)在 2013 年對 1000 家已從事委外行為的企業進行的研究調查顯示，企業委外的前十大主要原因為：

(一) 使公司焦點集中於核心能力的發展。

(二) 減少與控制營運成本。

(三) 釋放內部資源於其他目標上。

(四) 取得世界級的資產。

(五) 內部資源不足。

（六）增加流程再造的利器。

（七）縮短上市時間。

（八）分攤風險。

（九）接近需求的產能。

（十）功能管理困難或失控。

「使公司焦點集中於核心能力的發展」的原因首佔第一位(55%)，與第一節中提到專家給予企業自製／外購決策時的建議相互呼應，說明企業真實採納專家學者們的意見，為致力於提升公司的專長，將非關鍵性的作業與活動外包予外部專業產品／服務提供者，以提升企業的競爭力。而一般公司極為重視的成本面，「減少與控制營運成本」(54%)緊接在後，佔了第二位，接下來是「釋放內部資源於其他目標上」(38%)、「取得世界級的資產」(36%)與「內部資源不足」(25%)等，這些都是委外可為企業克服的問題與帶來的好處。

就先前所提到的，現在不只大企業從事委外行為，中小企業委外的比例也是逐年提高。截至目前為止，企業最常將公司哪些功能活動外包出去呢？

根據 OI 於 2013 年所提供的調查顯示，前十大委外活動分類分別為：資訊技術、經營管理、配送和運籌管理、財務、人力資源、製造、服務中心、銷售和行銷、設備和資產管理、運輸。「資訊技術」首佔鰲頭，佔 55%，表示大部分企業都會尋求專業協助來建置企業內、外部的資訊架構，也因此大部分的委外研究都著重在資訊委外的探討。第二至五名為企業輔助性功能，「經營管理」(47%)，「配送和運籌管理」(22%)、「財務」(20%)、「人力資源(19%)，而製造商最核心的「製造」功能則屈居第六位(18%)，由此可見對於自身的核心能力，企業體通常堅守崗位，選擇自行製造而不委外。

五、成功的委外因素

根據 OI 的調查顯示(2014)，前十大成功的委外因素分別為：

（一）清楚地了解公司目標與目的。

（二）具備策略願景與計畫。

（三）選擇對的供應夥伴。

（四）對關係的持續管理。

（五）適當契約的簽訂。

（六）對受到影響的個體開放溝通管道。

（七）主管的協助與參與。

(八) 對員工的關注。

(九) 近期的財務追蹤。

(十) 尋求外在專業協助。

　　由前幾項排名可看出，規劃階段的願景、目標、目的與計畫的制訂影響顯著，清楚且明確的定義委外實行的意涵，奠定了成功的基礎。此外，供應商選擇與夥伴關係管理也同等重要。

 **第五節　供應鏈聯盟**

一、供應鏈聯盟動機

　　廠商為了彌補自身資源不足，追求更多利益等動機，與其夥伴進行供應鏈的聯盟，學者提出了聯盟的四個動機（梁炳球譯，2000）。第一，結盟的公司想形成寡占，降低競爭程度，聯合謀取高額利潤。第二，由於某些計畫的規模太大，風險太高，非單一企業所能負擔，所以尋求其他企業一起承擔風險。第三，某家廠商具有研發商品的能力，另一家企業具有銷售能力，其資源將可互補。第四，透過聯盟合作，以利進入海外市場。

　　楊宇光(1994)認為聯盟的動機，首先，透過聯盟可以共同分擔研發費用。其次是在產品生命週期日益縮短、市場條件變化快速的環境中分擔風險。其三，產品須依靠各類專業技術的配合，集中整合各類科技資源。其四，加強在當地的競爭地位並緩和競爭所帶來的兩敗俱傷。其五，經由與東道國企業聯盟，能迅速有效的進入東道國市場。其六，外國投資的先進技術，能提升東道國的開發與技術能力。

　　其他聯盟的動機也可能是：第一，加速產品生命週期和創新開發速度。第二，降低成本的財務考量。第三，提升和維持產業競爭地位。

　　Porter(1996)則認為，動機是為：第一，聯合行銷、生產和組裝，建立經濟規模。第二，以共同開發和相互授權來分攤風險，第三，順利進入該國市場。第四，藉技術和管理主導遊戲規則，維持產業競爭地位。此外，根據鄭美芳(2002)所做的整理，根據內外部因素考量，供應鏈聯盟的動機如表 7-6：

表 7-6　供應鏈聯盟動機

內部考量	分擔費用、分散風險
	提升利潤、降低風險、降低交易成本
	整合資源
	品質、技術的互補與提升
	互相學習彼此的經驗
	穩定生產運作
	加速研發創新
	建立產業標準
	聯合行銷、生產和組裝
外部考量	因應全球化市場的衝擊
	建立和維持市場優勢地位
	減低市場進入障礙
	增加資訊交流
	增加聯盟對外的談判力
	取得控制標準化的先發能力
	發展的區域移動
	降低競爭程度

資料來源：鄭美芳(2002)

二、供應鏈合作過程

　　供應鏈聯盟經由共同努力取得利益的過程，以供應鏈中的廠商相互合作為圭臬，是基於相互容忍，雙方表示各自的真誠，才能將盈餘適當地分享給各成員。在供應鏈合作的過程中，必須經由以下六歷程而完成（鄭美芳，2002）：

（一）雙方志願的結合

　　企業主或管理階層雙方自願的結合(voluntary associations)，以共享利益和價值，同時建立制度，以確保合作。透過合作的方式與強度，界定合作範圍及原則，彰顯合作來推動聯盟中的統一指揮與全面運行。

（二）相容性分析

　　雙方發展目標的互補、資源的互補、組織管理和文化上的相容性，都是在聯盟前必須考慮的，聯盟雙方成員在市場進入策略、規模不對稱和產品複雜度高的

情況下，會選擇採互補資源類型的聯盟，以互補求得廠商間的互利，在合作期間，建立長久的關係。聯盟會隨時間以動態的演進加入其他變化，所以在開始對盟友的選擇評估，可以減少日後目標相歧。針對志願合作結合的部分，建立契約柔性的束縛力量，使雙方的組織能夠結合與聯繫，利用賦予某組織或個人的權利，控制結合的持續。

（三）產生從屬關係

供應鏈聯盟在結合時開始推動合作及訂立契約後，由於各企業體質在資本、技術、生產與管理上都尚未趨於一同，聯盟會藉主導權的掌握，以企業的企圖心和人員的資質，指揮產銷過程中的關鍵活動。所以進行互動行為時，勢必產生從屬的關係。尤其是握有獨特優勢，有充沛資源可投入，有優異穩定獲利的企業，更容易獲取另一方的高度配合意願，也就形成主從關係。

（四）產生集體意識

當聯盟建立後，會建立一套有觀念系統的意識形態，以產生集體意識，免於產生脫序的狀態。此意識形態就是聯盟為企業共同體將一個個企業變成同一體，經過信任的維繫，可以建立彼此的良好關係，這種變遷將能有效的達成彼此合作。

（五）簡化流程制度

善用科技媒介來接觸與溝通、學習，並利用軟體以快速流通、分享資訊和簡化建檔資料。在資訊溝通的價廉時代，能充分利用資訊傳達之便，使核心企業將各個協力廠間相互傳輸花費的時間、距離減至最低，取代舊有文書系統式的傳遞方式，節省人力與物力。

（六）合作範圍及時間階段的區分

聯盟合作在時間上有其階段性，當完成特定的合作階段時，為使聯盟任務能劃下完整的據點，期待下次合作的可能性，維持日後雙方的商譽及競爭，或當聯盟成員面臨歇業、受到財務、經營權變動，無法繼續聯盟的進行，都必須明定終止事由，執行終止權限的人員與後續權利義務，務必對雙方技術資料、智慧財產權及商業機密作確實的保護。聯盟在建構前，應詳加規範日後合作終止時，雙方須遵循的方向，初步推動協議必須將分工區域明確劃分，以免日後聯盟終止時有所爭議。

三、供應鍊合作的潛在優點

　　聯盟相互合作潛在的優點，是表面上不易察覺的，必須經過精算和長時間累計才能發現，包括了：

(一) 降低在尋求新供應商時的交易成本。

(二) 減少投入大量的人力、物力來監督龐大數量的供應商，在各個技術、品質、製造流程的確保。

(三) 減少傳統形式買賣關係中，核心企業必須增加庫存以因應突發供貨的產生，供應商同樣必須增加庫存以免臨時增加或預估訂單量不足，而這些都足以造成成本的閒置。

(四) 形成聯盟時，雙方充分信任，彼此能減低資料外洩的競爭壓力，可以放心的提供支援、授權技術輕易的獲得，以及因信任所獲得的生產資訊內容，這些潛在的問題都可透過供應鏈即時資訊而避免。

(五) 不因純粹傳統形式買賣的性質畫地自限，相互配合的期間和確定性將可作最適化的安排，所訂定的長期規劃可以順利推行。

 個案分享 港口物流與城市物流的整合

供應鏈服務──臺北港立和國際物流中心

IBM 供應鏈業務轉型委外

習　題

一、　列舉幾項採購所欲達成的企業目標。

二、　產品特性與企業委外的關係為何？

三、　企業基本採購方式分為哪些類型？有哪些降低採購成本的方法？

四、　說明選擇供應商的評估指標。一般而言，如何選擇供應商？

五、　委外的利益與風險有哪些？

六、　試述供應鏈聯盟合作的過程。

參考文獻 References

一、中文部分

1. .Simchi-Levi（著），蘇雄義（譯）等 (2003) ,供應鏈之設計與管理二版，美商麥格羅希爾出版，高立圖書經銷。

2. 邱 美玲 (1994) ,製造業供應商的選擇與評估，國立工業技術學院碩士論文。

3. 張保隆、陳文賢、蔣明晃、姜齊、盧昆宏、王瑞琛 (2000)，《生產管理》，台北華泰文化。

4. 梁炳球譯 (2001)，策略聯盟新戰略，台北聯經。

5. 許世明(2000)，台灣製造業採購管理之研究，台灣科技大學碩士論文。

6. 許世洲(2003)，IC 設計公司的外包產能規劃，國立交通大學碩士論文。

7. 傅和彥 (1999)，採購管理，台北前程企管公司。

8. 楊宇光譯(1994)，國際關係的政治經濟分析，台北桂冠圖書公司。

9. 鄭美芳(2002)，供應鏈聯盟的合作與衝突以赴大陸聯盟設廠的台灣汽機車和零配件為例，南華大學亞洲太平洋研究所碩士論文。

10. 鍾明鴻編譯(1997)，《採購與庫存管理實務》，台北超越企管顧問股份有限公司。

二、英文部分

1. Labbs,J.,(1993), Successful Outsourcing Depends on Critical Factors, Personnel Journal, Oct., pp.51-60.

2. Maya R.(1999), Strategic the Right Match , Nation Business, Vol.84, No.5，pp.18-20.

3. McFarlan, E. W. and Nolan, R. L.(1995), How to Manage an IT Outsourcing Alliances, Sloan Management Review, Winter, pp. 427-451.

4. Minoli, E.W.(1995), Analyzing outsourcing, McGraw-Hill, New York.

5. Outsourcing Institute(OI),(2003). It's no longer about saving money, The Fifth Annual Outsourcing

三、網站部分

1. http://taiwan.cnet.com/enterprise/technology

2. http://www.eglobalpurchase.com

Chapter 08

供應鏈中的存貨管理

 **第一節　契　約**

　　為了要讓向供應商訂購的數量準時的送達，買方和供應商通常會簽訂供應合約，這些合約註明了買方和供應商之間可能發生爭議的議題，不管買方是製造商向原物料供應商購買原料？或是零售商向製造商購買商品？

　　在供應合約中，買方和供應商通常會規範以下條款：
1. 價格和數量折扣。
2. 最小與最大訂購量。
3. 運輸前置時間。
4. 產品或原料品質。
5. 退貨政策。

　　供應契約是一項很有力的工具，除了可以確保產品的充足供應與需求之外，也可以運用來產生許多更佳的效果，例如：可以達到風險分擔、利益共享的效果，並增加供應鏈中各成員的利潤。

　　買回契約係指賣方同意以雙方約定之價格向買方買回未出售的商品。買回契約是有效的，因為契約條款將使製造商分擔零售商某部分的風險，因而激勵零售商增加訂購量，如果零售商可以說服製造商降低批發價，則零售商將會有增加訂購量的動機，同時，如果製造商無法售出更多數量的產品，將會造成製造商利潤的降低，這也可以用營收分享契約來克服，在營收分享契約下，買方讓賣方分享其部分的營收，作為獲得批發價折扣的回報。

　　數量彈性契約是指供應商對未超出某一數量的退回產品，提供全額的退款。其和買回契約不同的是，數量彈性契約提供某一數量內退貨的全額退款，而買回契約則提供所有退貨的部分退款。

　　銷售回扣契約提供零售商一個直接動機，去提高銷售量。當超出某一特定數量時，每賣出一單位產品均可得到定額的回扣。

　　有效的供應契約提供供應鏈夥伴足夠的誘因，以全面性最佳化取代傳統策略。但是全面性最佳化執行時的困難在於要求將決策權交給理性的決策者；而供應契約藉由允許購買商與供應商共同承擔風險和分享可能的收益，來幫助企業達到全面性最佳化，且不需要一個理性的決策者。

　　此外，從執行面來看，全面性最佳化最主要的障礙在於沒有提供一個供應鏈成員間利潤分配的機制，而另外提供讓整體供應鏈增加利潤的最好或最佳行動方案的資訊，即是供應契約，可以將這些利潤分配給供應鏈的成員。

　　更重要的是，有效供應契約分配給各供應鏈成員的利潤，將會大於該成員脫離全面性最佳化策略所獲得的利潤，也就是對買方或賣方而言，都沒有動機不配合全面性最佳化方案的行動。

　　在契約的型式方面，可以分列如表 8-1：

表 8-1　契約的型式

契約性質	契約對象	主要內容
技術合作	研究單位／技術公司	研究單位／技術公司合作開發新的技術
採購合約	上游廠商／原料供應商	與上游廠商／原料供應商之間的往來
長期借款	銀行	與銀行之間的資金借貸

　　由表 8-1 可以看出一般契約的類型包含：技術合作契約、採購合約與長期借款合約，以及契約的重要性。

第二節　存貨管理

一、存貨政策

　　影響存貨政策的主要因素包括：

(一) 最重要的是顧客需求，它可能預先得知或具隨機性。

(二) 補貨前置時間，可於訂貨時得知，但也可能是不確定的。

(三) 倉庫中不同產品儲存的數目。

(四) 規劃期間的長度。

(五) 成本包含訂購成本及存貨持有成本。

(六) 要求的服務水準。

　　同時，要能有效管理存貨、零售商必須決定何時訂購及訂購多少？可將之區分成兩種政策，其分列如下：

1. **持續補貨政策**：每天檢視存貨水準並作成是否訂購及訂購多少的決定？
2. **週期補貨政策**：每隔一定期間檢視存貨水準再制定出一適合的訂購量。

二、經濟批量模式

經濟批量模式(Economic lot size model)於 1915 年由 Ford W. Harris 提出，其為一簡單的模型，說明訂購成本及存貨持有成本間的互抵效果，試圖探討對單一商品有穩定需求的一間倉庫。此倉庫對供應商下訂單，同時，也假設供應商有無限的產品數量，這個模式作了以下的假設：

(一) 需求是固定的，日需求量為 D 數量。
(二) 每次訂購量的數量保持固定，以 Q 表示，亦即每次倉庫訂一次貨，為 Q 個數量。
(三) 固定設置成本為 K，於每次倉庫訂貨時發生。
(四) 存貨持有成本為 h，由每天所持有的每單位存貨產生。
(五) 前置時間，從下訂單到收到貨品間的時間為 0。
(六) 期初存貨為 0。
(七) 計畫期間為長期。

存貨的目標是找出最適訂購政策，在零庫存情況下，找到每年最小的訂講成本和存貨持有成本。

這是一個非常簡化的存貨系統，因為長期固定需求的假設是不切實際的。自供應商補貨很可能要花費數天，且固定訂購量的要求是很有限制的。但令人驚訝地，由此模式的探討、洞悉，將幫助我們去發展對更複雜實際系統有效的存貨政策。

以上所描述模式的最佳政策中很容易看得出來，訂購的貨品應該精確的在存貨量降為「0」時送到倉庫，這稱為零存貨訂購特性可藉由存貨量不為 0 時，訂購及收到貨品的政策來觀察、探討，很明顯地，一個較節省成本的政策，是等到存貨為 0 時再訂購，如此來即可節省持有成本。

為了發現經濟批量模式的最適訂購政策，我們將存貨水準視為時間的函數，也就是所謂鋸齒形存貨形態。我們將二個連續補貨之間的時間稱之為一個週期時間，因此長度 T 週期的總成本為：

$$K + \frac{hTQ}{2}$$

　　因為固定設置成本於每次訂購時都必須支付,持有成本即為每一單位產品單位期間的持有成本 h、平均存貨水準及週期長度 T 的乘積因為在長度正的週期中,存貨水準從 Q 變成 0,且需求以每一單位時間耗用 D 單位的比率維持固定,則 $Q = TD$。因此我們可以將上述的總成本以 T 來除 $\dfrac{Q}{D}$ 來計算出單位時間每一單位的平均總成本,亦即:

$$\frac{KD}{Q} = \frac{hQ}{2}$$

　　我們可以使用簡單的微分,以導出 $Q*$,可得最小成本的最適訂購量公式:

$$Q* = \sqrt{\frac{2KD}{h}}$$

　　此一數量稱為經濟訂購量

　　這簡單模式提供兩個重要觀點:

1. 最佳政策是達到每一單位時間存貨持有成本和每一單位時間設置成本間的均衡。每一單位時間的設置成本成本 $\dfrac{KD}{Q}$,而且每一單位時間的持有成本等於 $\dfrac{hQ}{2}$,也就是:

$$\frac{KD}{Q} = \frac{hQ}{2} \text{ 及 } Q* = \sqrt{\frac{2KD}{h}}$$

2. 總成本對於訂購量較不敏感,也就是訂購量的改變,相對地對於每年的設置成本及存貨持有成本有較小的影響,為說明此一議題,用以考量一位決策者訂購一數量 Q,其為最適訂購量 Q 的倍數 b;因此,當 $b=1$,隱含著決策者訂購數為經濟訂購量,假如 $b=1.2(b=0.8)$,決策者訂購了多少最適訂購量,在表 8-2 內示倍數 b 改變對整體系統成本的影響,例如:假使決策者訂購多餘最適訂購量 $20\%(b=1.2)$,則總成本相對於最適總成本的增加不超過 1.6%。

表 8-2 訂購量敏感度分析

b	0.5	0.8	0.9	1	1.1	1.2	1.5	2
增加的成本	25%	2.5%	0.5%	0%	0.4%	1.6%	8%	25%

三、風險分擔在存貨管理上的效果

風險共擔提出：假如我們把不定點的需求彙總起來，需求變異性將會降低，因為當我們把不同地點的需求彙總時，來自某一位顧客的高需求將更可能被另一位顧客的低需求彌補掉。

風險共擔的三個重要觀點：

1. 集中存貨減少了配銷系統中的安全存貨和平均存貨。
2. 變異係數愈高，從集中式配銷系統中所獲得的利益愈大。
3. 來自風險共擔的利益，端賴一市場區域和另一市場區域需求的相關性。

四、存貨管理在實務上的應用

（一）雙櫃制

一種固定的訂單系統，其庫存分開放在二個櫃子或料架上，當一個櫃子或料架上的存貨用完時就發出補充的訂單。在補充的期間就使用第二個櫃子或料架的存貨直到補充的訂單到貨；第二個櫃子或料架的存貨係考慮到補充訂單所需前置時間的用量再加上安全存量。當收到補充訂單時先將第二個櫃子補充回復到原有的水準，多出來的部分則放在第一個櫃子或料架上。在實務上，有時並不會真正將存貨分成二類，並放在二處。

（二）供應商管理存貨

供應商管理存貨是目前企業提升供應鏈效率的主要議題之一，供應商可直接管理下游廠商手中的存貨，亦即供應商不須完全依賴下游所下的訂單，而是透過下游的銷售資料及供應商現在的存貨水準，自行安排物料運送、建立生產排程，並決定手上有多少存貨？以及要運送多少？所以 VMI 所展現的是供應商及其下游廠商之間的一種合作關係，下游廠商提供庫存資訊及市場銷售資料，加上供應商有權決定的存貨數量，以避免「長鞭效應」的發生。

國內針對晶圓代工業及汽車產業使用 VMI 的情況，比較其應用上之差異可得知，由於產業特性不同，供應商資格考量重點與規劃庫存方法上均有顯著差異，在供應商資格考量上，電子業較注重供應商的管理能力與經驗，以及過去合

作時間長短。在傳流產業上,則較重視供應商是否具備特定 know-how 或技術能力;另一方面,在規劃庫存方法上,電子業在取得下游廠商提供之市場資訊後,加上過去經驗合併計算得到存貨數據;傳統產業則僅針對消耗量及未來需求進行規劃。由此可見,不同產業在應用 VMI 上會以不同的觀點進行管理。

第三節　需求預測

企業為使生產管理達到準確,必須透過有效的需求預測來進行。在這單元中,討論到有關需求的種類、需求預測期間的決定、預測的依據及預測方法、預測結果的可靠性,以說明企業如何進行預測。

一、需求的種類與預測型態

預測的資料來源可由公司內部及外部取得,內部資料由企業內基層、中層、高層員工及過往的生產紀錄、財務報表而得;外部資料種類如:經濟成長率、物價指數、相關產業報告、產業工會資料、市場狀況、供應商和客戶意見調查……等來源,例如:全球 TFT-LCD 面板供需預測,可利用產業報告、市場動態、供應商及過去歷史資料做為參考依據,並利用預測技術取得。

生產與需求預測息息相關,生產決策會視需求預測結果而決定,一般而言,需求大致可分為固定需求趨勢、平均需求、週期性需求及不穩定需求四種。由於產業特性之不同,企業會依本身所屬產業特性來決定需求測方式,諸如:旅遊業的需求年以週期性為主,當消費者有較長假期時,會選擇出國旅遊;製造業如 TFT-LCD 產業,由於需求根據市場決定,當預知市場有大量需求或接獲大批訂單時,再安排生產計畫。

依時間構面區分預測期間可分為三種不同形態:

(一) 短期預測

對未來一年內的生產活動進行評估與規劃,依實際生產行動做較具體且數量化的決策,通常由作業階層管理者負責。

(二) 中期預測

考慮時間通常由 1 年至 8 年不等,其所考量的範圍也較為廣泛,包括:經濟因素、季節性影響,其決策通常由中層、基層管理者決定。

（三）長期預測

指對公司內在目標，包含生產活動和產品及外在環境因素反應做全盤考量，預估未來五年後趨勢。長期預測是公司未來發展主軸的依據，所以，其大多由公司高層主管來做最後的預測。

每個企業在進行預測時一定會包含短、中、長期三種型態，如何做到有效的預測，是值得探討的議題，在需求預測型態上，可列如表 8-3 所示：

表 8-3　需求預測型態

	時間	決策者	預測活動
短期	一年內	基層管理者	實際生產活動
中期	一到五年	中層、基層管理者	經濟面、市場面
長期	五年以上	高層管理者	公司目標、外在環境

二、預測方法

在預測過程中，不同的預測方法會有不同的結果，如何有效運用預測工具來做準確的預測，為業界面對實際的問題。學術界也有許多有關預測之書籍發行，在本節中介紹一些常見的預測方法：

我們可將預測歸納成三大類：

（一）意見判斷法

1. 德爾菲法

綜合不同專家的意見進行預測，其過程為：針對不同地區的專家，分別採用問卷進行意見詢問調查，透過整理歸納後擬定新的問題，再分別寄給每位專家，此時，這些專家們可以改變原來的意見或維持相同的意見，重複此過程直到所有人的意見一致為止。在德爾菲法中，分別徵詢專家意見的目的是為了避免個人喜好及決策過程被其他人所影響。

2. 市場研究法

對一項新產品而言，市場預測及市場調查是最常見及有效的預測方法，市場測試最常見的方法莫過於聚集顧客焦點團體，透過試用及當面訪談，並利用統計方法來推斷新產品在市場上的反應程度；同時，市場調查主要係透過問卷、電話訪問等方式來蒐集資料，其目的在於評斷產品在市場上受歡迎的程度。

（二）時間數列法

時間數列法是一種量化的方法，其利用過去資料對未來進行預測，其常見方法如下：

1. 移動平均法

利用過去數個時間點需求的平均值來做為下一期間的預測值，其關鍵在於時間數量的選擇，讓資料的不規則性降到最低。

2. 指數平滑法

其類似於移動平均法，其係將過去預測值和最佳時間點需求值加權平均後得到一個新值，其與移動平均法不同的是，移動平均法是給過去所有時間點需求值相同的權重，但是，指數平滑法則是給最近時間點需求值較大的權重。

3. 季節指數法

假如過去歷史資料表現出明顯的季節性趨勢，則可利用中心移動平均法來求出每一季節的中移動平均值，然後再求出每一期間的個別季節指數；最後將每一期間的個別季節指數取平均值；但是，由於計算上之誤差，若計算出的平均季節指數的和不等於季節數目時，則季節指數必項經由調整，使其總和與季節數相等。

（三）因果關係法

根據其他非預測資料進行預測，例如下一季的預測值可能是通貨膨脹、國民生產毛額、失業率、氣候…等以外資訊的函數。

三、預測的可靠性

無論是哪一種預測？都有它不準確的地方，預測結果推行信度與效度分析有助於可靠度確認。總體而言，預測有三項準則：

（一）預測永遠是錯的。

（二）預測時間愈長，預測結果愈不準確。

（三）彙總性預測較為精確。

雖然預測不一定是準確的，但有執行預測總比沒有執行來得好。

 **第四節　長鞭效應**

在產業供應鏈中，資訊的通過程度與快速回應可掌握整個供應鏈的產能規劃存貨水準、需求預測及運送狀況，並可使供應鏈更有效率。所謂供應鏈，係指由供應商與下游客戶所組成，下游客戶亦可能成為再下層客戶的供應商，形成一連串鏈狀關係、環環相扣的結果，使得每一成員都有舉足輕重的關鍵地位，在本章將探討 「當供應鏈下游顧客需求有變異時，所造成的長鞭效應如何影響其上、中游供應商」以及「資訊在供應鏈中的重要性」。

一、長鞭效應

在整體供應鏈管理中，由於供應鏈間的供應廠商關係密切，在產品生命週期不長的情況下，為了針對終端顧客要求的快速回應，以至於造成各層供應廠商庫存的擠壓及需求擴大，使得製造過多的成品零件及物料的缺貨損失，供應鏈末端需求變動導致長鞭效應。長鞭效應形成的原因有四：

（一）產品價格變動

當產品價格下降時，下游零售商會有購買囤積行為，導致需求量大增，但並非實際發生之需求現象。

（二）批次訂購

若採取持續補貨政策，亦即採批量訂購方式，當存貨水準下降到再訂購點時，持續補貨政策會將存貨提高到訂購上限；此時，供應商會發現高度變異的訂單，而且批量無法有效反映出正確的需求狀況。

（三）需求預測

供應鏈裡，每家廠商所使用的需求預測方法都不盡相同，而且均以其下游需求者資訊為預測基礎，其資料正確性有待商榷，導致所造成的誤差更為劇烈。

（四）發生缺貨情形

隨著前置時間拉長，會導致安全庫存、再訂購量及訂購量上限的變化，而可能產生缺貨的現象。

二、降低長鞭效應的方法

　　供應鏈體系存在著所謂「長鞭效應」，愈接近需求的前端，其反應時間就愈快、需求預測的準確度就愈高；反之，愈到後端，反應需求的速度較前端慢，需求的預測就愈不準確，因為愈近後端，受到的限制因素及累積統計波動就愈大；因此，必須消弭或減少整條供應鏈上的統計波動，以使整條供應鏈如同自家工廠般運作。其必備的條件如下：

（一）降低產品價格更動性

　　在上節中提到產品價格變動會導致長鞭效應，若下游零售商採取「每日最低價」策略，提供產品一致的價格，則可消除因產品價格變動造成的需求變異性。

（二）降低不確定性

　　資訊的傳遞速度和及時回應會降低供應鏈中的不確定性。實務上企業界曾用一些資訊系統，例如：POS、電子資料交換等方式將需求資料及時回傳給供應商的系統。7-11 將各店銷售狀況透過 POS 系統回傳給供應倉庫，以有效掌握需求狀況，並藉由每日兩次配送滿足顧客需求。EDI 利用電腦系統，傳送標準格式文件，以節省書面文件往來及各自文件建檔時間。被合併前康柏電腦的產品需求預測、物料準備、生產排程，是藉由 EDI 轉換，每週與供應商交換一次資訊；康柏電腦總部透過 EDI，週日發出訊息給供應商，供應商應於週二回覆給總部，康柏電腦總部再依供應商的回覆，決定訂單發放，如此一來，不僅減少了回應時間的落差，供應商亦可即時回覆，並根據康柏提供的資訊及早準備生產；另外，CPFR 系統是透過協作規劃、預測，提升賣方管理存貨及補貨效果的網路資訊系統，其供應鏈成員可藉由協同合作降低預測之差異性，進而消弭長鞭效應。

（三）減少前置時間

　　前置時間包含訂單及資訊的前置時間。訂單前置時間如製造及配送所需時，供應商可透過配銷中心或倉庫作業將貨物集結後再做有效率的配送，降低前置時間；資訊的前置時間則為處理訂單之時間，可透過資訊系統來降低。

　　以下關鍵因素可克服長鞭效應：
1. 直接接觸最終消費者的需求，藉此掌握最正確的需求預測。
2. 整條需求鏈透明化，透過需求鏈協同作業使其能見度達到最高，才能在需求發生時，快速反應至上游的供應網，讓供應網能依需求變動反應，並在最短的時間內滿足需求。

3. 以供應協同作業增加資源供給的能見度，以最快的速度依供給狀況選擇最佳供應方式，來滿足各種需求的變動。

4. 平衡需求鏈及供應鏈，使其供需相符，以減少不必要的庫存，並做好供需間的資源分配，避免在供需關係中，造成資源重覆配置的浪費。

　　在供應鏈中或多或少存在著長鞭效應，隨著產業特性及公司策略的不同，對於因應此效應亦各有不同方式，但其最終目的皆為降低需求的不確定性，進而減少成本上的損失。

　　本章已討論有關進行存貨管理時牽涉到的相關議題。在供應契約部分，舉出幾個常用契約，提及買方和供應店面之間可能發生的爭議，並以最佳行動方案作為執行利潤分配且風險共擔的決策；存貨管理中除了談到基本的存貨觀念之外，還有風險共擔在存貨管理上如何應用？最後提出實務上的應用概念。需求預測在供應鏈中扮演重要角色，企業利用資訊系統進行有效的預測做為實務上的行動方案。

　　企業不論在進行存貨管理或需求預測都會面臨到使用資訊系統的問題，同時，亦可以資訊及電子化管理為主題，來說明企業如何有效應用，進而增加整個供應鏈中的營運績效。

 **服飾業物流**──速度與效率比成本還重要

燦坤 3C

習 題　　　　　　　　　　　　　　　　　　Exercise

一、在供應合約中，買方和供應商通常會規範哪些條款？

二、影響存貨政策的主要因素有哪些？

三、何謂經濟批量模式？

四、風險共擔有哪三個重要觀點？

五、何謂長鞭效應？其形成的原因有哪些？

六、降低長鞭效應的方法有哪些？

七、長鞭效應如何影響其上、中、下游供應商，以及資訊在供應鏈中的重要性？

八、如何決定需求的預測時間？

九、產業界常見的預測方法有哪些？

十、影響存貨政策的主要因素有哪些？

參考文獻　　　　　　　　　　　　　　　References

一、中文部分

1. 張絨雲、陳百鳩、袁添男(2001)，生產系統管理，台北，商務印書館。

2. 黃庭鍾(2000)，企業因應長鞭效應才存貨政策研究―以我國主機板製造業距商為例，國立東華大學上研所碩士論文

3. 郭穎聰(1999)，供應鞭長鞭效應回應政策之研究，國立台北科技大學生產系統工程與管理研究所碩士論文。

二、英文部分

1. Abad, P.L. (1996), "Optimal pricing and lot-sizing under conditions of perishability and partial backordering", Management Science, Vol. 42, No. 8, 1093-1104.

2. Bitran, G.R., and Mondschein, S.V. (1993), "Pricing perishable products： an application to the retail industry", Working Paper #3592-93, Massachusetts Institute of Technology, Cambridge, MA.

3. Bitran, G.R., and Mondschein, S.V. (1997), "Periodic pricing of seasonal products in retailing", Management Science, Vol. 43, No. 1, 64-79.

4. Bitran, G.R., Caldentey, R.and Mondschein, S.V. (1998), "Coordinating clearance markdown sales of seasonal products in retail chains", Operations Research, Vol. 46, No. 5, 609-324.

5. Belobaba, P.P. (1987), "Airline yield management：an overview of seat inventory control", Transportation Science, Vol. 21, No. 2, 63-73.

6. Brynjolfsson, E., and Smith, M.D. (2000), "Frictionless commerce ？ A comparison of internet and conventional retailers", Management Science, Vol. 46, No. 4, 563-585.

7. Burnetas, A.N., and Smith, C.E. (2000), "Adaptive ordering and pricing for perishable products, Operations Research", Vol. 48, No. 3, 436-443.

8. Cheung, K.L. (1998), "An continuous review inventory model with a time discount", IIE Transaction, Vol 30, 747-757

9. Eliashberg, J., and Steinberg, R. (1993), "Marketing-production joint decision-making, in Handbooks in Operations Research and Management Science", Marketing Vol.

10. J. Eliashberg and G.L. Lillien (eds.), "Elsevier Science", Publishers B.V.

11. Federgruen, A., and Heching, A. (1999), "Combined pricing and inventory control under uncertainty", Operations Research, Vol. 47, No. 3, 454-475.

12. Feldman, J.M. (1990), "Fares：to raise or not to raise, Air Transportation World", Vol. 27, No. 6, 58-59.

13. Feng, Y., and Gallego, G. (1995), "Optimal starting times for end-of-season sales and optimal stopping times for promotional fares", Management Science, Vol. 41, No. 8, 1371-1391.

14. Feng, Y., and Gallego, G. (2000), "Perishable asset revenue management with Markovian time dependent demand intensities", Management Science, Vol. 46, No. 7, 941-956.

供應鏈中的電子化管理

　　隨著資訊科技的進步，企業導入電子化管理的發展十分迅速，對許多公司而言，資訊科技甚至是他們的核心競爭力之一。目前國內有愈來愈多的企業紛紛導入企業資源規劃(ERP)，便是希望藉由公司內部資訊科技基礎的建立，解決企業面臨的問題。ERP 系統企圖凝聚企業的所有功能，使內部的資源配置更具效率使企業的運作達到標準化，減少資源的浪費，進而降低成本。除此之外，也有企業開始從 ERP 進一步發展出能夠解答問題的決策資訊系統，期盼藉由該系統將蒐集到的資料加以分析，幫助企業經理人進行決策。

　　電子化管理為企業帶來了許多好處，但是引進電子化不僅是企業實施成本利益比的考量，同時也面對內部結構轉型或流程再造的重大工程。目前產學界還未發展出完整的電子化績效評估系統，大部分的企業仍然沿用過去的財務績效指標來進行考評，或是採用平衡計分卡等非量化的指標。

　　與此同時，全球網際網路的擴張，帶來了更多的機會；特別是電子商務的發展，改變了企業在採購上的管理模式。國內的電子採購與電子市集已漸具雛形，當企業紛紛加速採用新型態的電子化交易平台之時，如何維護過去和上游供應商與下游顧客之間的關係，逐漸成為企業管理實務及學界研究上的問題。

　　此外，如何善加利用網路科技，將供應鏈上的每一環連結起來，是現今企業面臨的重大考驗之一。由於各個企業所使用的系統不盡相同，若能利用新的技術與環境，進行網際網路的整合，使供應鏈上的資訊能達到充分共享，即有可能達到最佳化的目標，不但將為企業鞏固其競爭力，更會帶來難以估計的龐大效益。

　　本章在架構上，第一節概述供應鏈中之企業資源規劃系統；第二節探討電子採購與電子市集；第三節探討電子化管理績效評估；第四節討論供應鏈中之決策支援系統；第五節探討 Internet 與系統整合。

🫲 第一節　企業資源規劃系統

　　企業電子化是時勢所趨，如何利用資訊科技有效的整合各種生產作業與管理活動，來進行企業經營策略，成為企業現今在進行電子化時重要的課題。透過建立有效的電子化資訊系統，企業將能即時掌握的資訊，快速的反應顧客與市場需求，並能將區域性的供應管理模式，轉換成全球運籌的管理思維，達成上下游廠商的整合優勢。

一、企業資源規劃

Bill Gates 認為公元 2000 年後商業行為的關鍵是速度，而追求速度之下，更加凸顯出整合的重要性，缺乏有效的資源整合將無法提供敏捷且有效益的反應速度；因此，企業如何利用資訊科技來有效的整合企業的有限資源，便成為 21 世紀企業極欲追求的目標與成長的首要課題。

ERP 是企業整合的核心。ERP 系統可歸納為以下四部分（所謂的 4Ms），包括生產製造與物料(Manufacturing, Machine and Material)、成本與財務(Money)、人力資源(Manpower)及市場行銷與配送(Marketing／Sales Distriubtion)，可謂是企業整體經營運作時的基底。

企業資源規劃並不算是創新的觀念，而是由物料需求規劃、製造資源規劃演進而來的，運作規劃邏輯係建立在物料需求規劃及製造資源規劃的邏輯上，此系統假設產能無限，適用於需求穩定的市場、環境，演變過程如圖 9-1 所示。

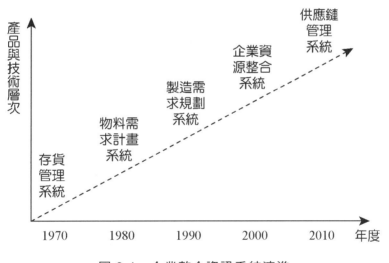

圖 9-1　企業整合資訊系統演進

資料來源：吳振聲(1999)

企業資源規劃系統藉由資訊技術的協助，將企業的經營策略與運作模式導入整個以資訊系統為主幹的企業體之中，記錄並追蹤各項資源，例如：原料、產能、勞力、資金等使用的情形，以求能夠有效地掌握各式相關資訊，協助企業決策者迅速地分析內外環境，並即時訂出因應策略。圖 9-2 為企業資源規劃系統的功能結構，我們可以從三個角度來探究企業資源規劃系統的內涵：

　　從組織運作的角度來看企業資源規劃系統整合了以往的物料需求計畫、人力資源管理、財務管理、專案管理、行銷管理⋯等所有重要的流程，同時更納入「全球運籌」的觀念來實作。

（一）從資訊技術的角度來看

　　企業資源規劃系統基本上是應用三層式主從架構，其好處是可以減輕前後端的工作負荷；一方面可以使資料庫伺服器只需要與應用程式伺服器建立單一連結，從而能專心執行其資料處理的工作；另一方面對前端工作站而言。則不需在每一部 PC 電腦中安裝存取介面軟體，只要負責使用者的介面架構。企業內部所有使用者有統一的使用介面，使企業內部溝通能力與組織運作的效率更好，並使用關聯式資料庫來管理企業的資料，以使企業各部門及企業間的資料流通使用企業內部網路、網際網路與電子資料交換技術來執行。

（二）從管理功能的角度來看

　　一般的企業資源整合規劃系統將所提供的功能模組化，例如：產業供應鏈管理模組、生產管理模組、物料管理模組、財務管理模組、人力資源管理模組、專案管理模組⋯等，各種產業可視實際營運狀況的需要選擇適當的模組。企業資源規劃系統不同於早期的企業資訊系統，如物料需求規劃、製造需求規劃、或其他資訊系統，是以功能別或部門別來劃分，它是以企業流程為導向，不受功能或部門的限制，追求企業整體的理想化，因此被認為是有助於企業流程改造的解決方案。

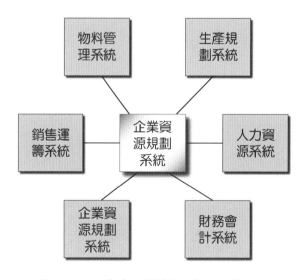

圖 9-2　企業資源規劃系統的功能構面

　　企業資源規劃是將企業的製造、行銷、人事、研發、財務及其他相關功能，用資訊技術整合成一個可跨部門、跨單位、共同分享企業資源的應用軟體。企業可以運用 ERP 技術整合供應鏈中的供應商、經銷商、顧客、製造商及其他協力廠商，讓整個供應鏈中各個廠商之間達到同步化，讓各個廠商可以相互配合知道彼此的需求，進而對於供應鏈上下游各個廠商可以進一步整合生產程序，並可以即時分析產品品質、規格、顧客滿意度、競爭力、生產力等資訊，讓企業更有競爭優勢。也有學者認為，企業資源規劃系統是財務會計導向之資訊系統（王立志，1999），主要功能是幫企業滿足顧客訂單所需之資源，並進行資源有效之整合和規劃，增加經營績效、降低成本。

　　不同產業對於企業資源規劃系統也有不同需求，可分成流線型生產、零工型生產及專案型生產。就生產三類型而言，流線型生產適用於於大量生產，此型產品種類少、製造流程大都是固定的，且存貨會較多，這類生產對企業資源規劃系統的需求就比較偏重在存貨管理的功能跟預測方面；零工型生產適用於少量多樣，且生產設備會依其功能來區分設置，生產的彈性較大，對企業資源規劃系統的需求就比較偏重在各產品所需之資源，注重系統成本追蹤功能；專案型生產則適用於產品數量少的情況，變異最大，生產需要的物料、機器、人員皆集中到生產場地，生產場地的移動所需的物料、機器、人員亦須移動，投資龐大，對企業資源規劃系統的需求就比較偏重在專案管理的能力，包括成本管理、資源管理、進度及績效之評估。

　　在企業資源規劃系統常見的模組有總體生產規劃、主生產排程、物料需求規劃、產能需求規劃及生產活動控制，這些模組的特性是一方面可以獨立運作，執行某些特殊的企業功能；另一方面不同的模組可以串聯起來，不僅可以執行原有模組的功能，更可以透過模組間的資訊交換，達成整合性的功能。目前常見的企業資源規劃系統套裝軟體有：IBM 的製造會計與生產資源控制系統、鼎新的流程導向企業資源規劃系統、甲骨文、SAP 、Bann、People Soft…等。

　　隨著 90 年代企業面臨國際化與多角化的經營環境，企業原有的資訊系統所能提供的功能已不敷企業擴展的迫切需求，因此許多整合企業資訊系統的公司，例如：SAP、Bann、Oracle 以及 People Soft 等廠商，在參考各產業／企業導入資訊系統的最佳典範後，利用成功經驗及模式或建置方法，從企業流程改造階段、業務系統模型階段、建構階段到最後的上線階段，提出一套整體企業資訊系統的導入方案，企業資源規劃系統因此而產生。目前國內採用 ERP 的企業多集中在資訊硬體業、半導體業，其次是化工業、製造業、物流業等，加上軟體供應商的強力推銷，有愈來愈多的傳統產業也試圖導入 ERP 中。就企業長期經營的觀點，

導入 ERP 是時報的潮流，但是，如何導入系統？則是許多企業經營者所面臨的挑戰，因為一套新的資訊系統的導入，往往與整個企業內部軟硬體的整合、企業組織工作流程的再造息息相關，再加上 ERP 導入需要昂貴的軟體與顧問費用，系統導入的成敗與否，對企業的競爭優勢有著關鍵性的影響。

在導入的階段及流程再造的過程中，所面臨的最大挑戰並非資訊技術，而是變革管理。過去企業發展資訊系統時，大都由資訊人員主導規劃流程運作的功能，對企業組織的作業流程並未徹底地分析、重新思考與設計活動，所以導致企業資訊系統導入的失敗。

二、企業導入 ERP 系統的評估

前面已經對 ERP 準系統有基本的介紹，接下來就企業資源規劃系統的導入評估與效益與委外與否，以及企業應該如何評估是否該導入 ERP 系統與如何導入做一介紹。

企業導入 ERP 系統的原因包括（孟憲敏，1999）：

（一）顧客的需求

國內許多高科技產業為國際大廠代工，國外企業買主為了迅速了解專業代工廠的出貨情形。因此，會要求上下游廠商也導入 ERP 系統，以爭取國外企業的訂單。

（二）同業競爭的壓力

當產業中多數的競爭業者已導入 ERP 系統，企業為避免舊有 MIS 系統不能即時反應市場與企業運作的資訊，而造成競爭力的劣勢，企業跟隨同業導入 ERP 系統。

（三）達到全球運籌管理

由於企業國際化的經營，以及供應鏈體系的日益龐大，以往舊有的 MIS 系統已無法達成跨越地域與國家的管理，因此，為了達成整體供應鏈與企業經營的即時化管理，企業導入了 ERP 系統。

（四）企業流程再造

企業在經過多年的經營之後，由於組織不斷的發展與成長，企業面臨組織僵化與人事浮濫的問題，這些造成事務流程上不必要的人力與時間的浪費，因此，企業藉由導入 ERP 系統進行組織流程的再造，以達到企業運作的效率化。

　　何種企業需要導入 ERP 系統呢？目前國內導入 ERP 系統的企業，多數為大型企業，會有這樣的情況，主要原因是導入 ERP 系統的費用相當高；另一方面，中小企業的組織架構與業務流程較為單純，原有資訊系統已可滿足現況，並無需要導入 ERP 系統。以下說明哪些企業需要導入 ERP 系統：

（一）經銷通路體系的企業

　　擁有許多經銷通路的企業，藉由 ERP 系統可以使得企業所有的分公司作業程序一致，企業就可以在最短的時間內，取得所有的銷售、財務資訊，以做出決策。

（二）BTO 生產的企業

　　BTO(Build to Order)，中文為「接訂生產」。企業可以透過 ERP 系統來了解顧客及供應商目前庫存的最新資訊，在達到安全它存量之前，ERP 系統可以通知顧客或供應商送貨。

（三）跨國性企業

　　當企業擁有許多海外公司時，使用 ERP 系統可使各公司的系統具有共通性，彙整所有海外公司的資料，提供企業做決策的考量。

　　McKinsey 顧問公司以營運成本的方式來建立評估模組，以評估 ERP 系統效益量化的結果，其步驟如下：
1. 建立基礎比較模型，以顯示導入 ERP 系統前企業所創造的效益。
2. 建立導入 ERP 系統的模型，以呈現導入 ERP 系統後的總效益。
3. 將 ERP 系統創造的價值減去基礎比較模型的價值，如果所得淨現值為正值，則表示導入 ERP 系統帶來正面的效益，值得導入。
4. 若淨現值為負，則需進行敏感度分析，其指標包括未預期的額外成本、營運結餘減少、專案管理進度落後，以了解企業的損益平衡點。
5. 重新分配各營運部門導入 ERP 系統的成本，以確定各部門能夠依照預定、預算達成部門目標。
　　由於企業本身的經營特質與競爭策略不同，因此，對於 ERP 系統的導入有著以下幾種不同的型態：

（一）全面性導入

當企業想藉由 ERP 系統的導入來調整企業的營運方式與人員編製，並達成企業流程再造的目標時，企業可將現有的系統淘汰、全面導入 ERP 系統來管理全球的事業單位。

（二）漸進式導入

漸進式導入為單一模組成功後，再導入其他模組，如此一來，可降低全面導入時的風險，並能累積導入經驗與相關資源，以節省重複性的花費。許多採分權式管理的大企業，會選擇漸進式的導入，先以子公司做實驗，成功之後再導入其他子公司。

（三）快速導入

以時間為競爭基礎的產環境，企業為了增進時效，會參考同業中其他廠商的導入模式，或由 ERP 系統供應商提供最佳管理實務，以迅速建構企業的 ERP 系統。快速導入的方式是採用部分的功能模組，而不是整個系統。有時因為產業的特性或是企業的迫切需求 ERP 系統供應商所提供的解決方案，並不完全的適用，所以企業可能就僅對未來的需求做規劃，導入財務、人事管理、物料管理，或是配銷流程等的部分模組，等到將來有別方面的需求時，再導入其他的功能配件。

三、ERP 系統對企業與供應商之間的影響

資訊科技的進步，促進企業內部資訊的流通。企業導入 ERP 的目的，便是希望能做到行銷、生產與存貨、採購三方面的整合，而這三方面的整合，也牽涉到企業在生產與存貨規劃上，與供應商之間關係的影響。企業資源規劃系統對於企業內部的人員或是整個運作流程有顯著的影響，企業在導入企業資源規劃系統時，亦須與軟體供應商保持良好的溝通與配合，才易成功。

過去供應商面對企業內部生產與存貨的規劃不得其門而入，供應商只能針對製造商的採購需求，進行供貨的動作，調整自己的存貨策略。然而，一旦製造商的存貨管理失當，供應商便必須面對製造商起伏不定的採購需求，這將對於供應商的存貨管理造成莫大問題，連帶影響整條供應鏈的績效。

在製造商方面，若未能與供應商建立良好的的關係，可能會因存貨管理衍生的採購問題而嚴重打擊雙方之間的信任關係。不論是缺貨時，製造商強烈依賴供應商，或是景氣蕭條時期，供應商依賴製造商的下單，使得製造商與供應商的關係形成對立，又由於雙方存貨管理方式的不同，導致關係兩者之間的緊張，將產生「雙輸」的局面。

　　ERP II 的衍生，便是希望能藉由協作的概念，來解決這個問題。ERPII 系統乃是將原先的 ERP 系統擴大，將 ERP 系統原先扮演的角色、範圍、功能、程序、架構及資料延伸至供應鏈，與外部連結，轉變成協作商務與供應鏈管理系統；因此，當製造商與供應商之間的資訊能夠共享，便能減少彼此的猜忌、疑慮，不僅進一步促進雙方之間的關係，更能改善雙方存貨管理的水平。當供應商所面對的不再是製造商，而是最終端的顧客時，供應商的存貨策略得以調整；當製造商不再獨自面對存貨管理問題時，與供應商相互的互動，將使得整條供應鏈的運作更具彈性，及更具競爭力。若製造商與供應商之間能夠建立夥伴關係，面對存貨管理進行規劃，就不再是過去單打獨鬥的情形。除了資訊共享外，更能彌補雙方在存貨管理技術上的不足，也使得供應商能適時針對製造商的需求即時供貨，雙方都將因此而獲利。

　　ERP 所帶來的不僅是企業的效益，更是企業與企業之間的效益。資訊科技的進步，使得製造商與供應商的關係能夠進一步結合，不論是在需求預測與顧客關係上的唇齒相依，或是存貨管理上的裙帶關係，雙方間的資訊是否共享，都將影響整條供應鏈的競爭力。如何善加利用電子化管理，為企業資源作妥善規劃，絕對是製造商與供應商必須共同面對的問題，唯有建立雙方互信互利的關係，才能真正產生協作的效益，為彼此創造雙贏。

第二節　電子採購與電子市集

　　電子市集與智慧型代理人的產生，便是希望解決製造商與供應商之間的資訊共享問題。當製造商與供應商之間的資訊能夠共享，便能減少彼此的猜忌、疑慮，不但能進一步促進雙方之間的關係，更能改善雙方於協商時可能產生的負面影響。目前電子市集的技術快速發展，金流、物流、資訊流已達到全面電子化；由於採購成本屬企業成本結構的重要一環，若能簡化原先複雜的採購流程，必將有效提升企業競爭優勢。

一、電子採購

　　過去企業組織內部總視採購部門為被動的角色，因為其不具有直接生產力；所以，將採購活動視為例行性工作。當時的企業在採購作業上通常都有詢價單、報價單及訂貨單等紙張作業程序，由於太過煩雜，且容易出錯，所以為了能充分

供應市場之所需，就會大量堆積存貨。一旦市場的需求預估錯誤，很容易造成無謂的浪費與資源的消耗。近年來，製造業面臨強大的競爭以及市場需求的劇烈變化，使得製造商開始尋求降低採購成本的可能性。而資訊科技的進步，網際網路帶動電子商務時代的來臨，企業發現利用網路互傳資訊，將大幅減輕採購作業的負擔（林佳宏，2000）。

電子商務的定義乃是藉由網路使企業的資訊能夠共享連結，並且能在網路上進行買賣交易。電子商務利用電腦及網路將購買與銷售、產品與服務等商業活動結合在一起，經由此方式可以滿足組織與消費者的需求，進而改善產品、服務與增加傳送速度服務的品質，並達成降低成本的要求。

電子商業與電子商務最主要的差別在：電子商務只是透過數位媒體做買賣交易，而電子商業不僅涵蓋了電子商務的範圍，而且還進一步地擴大到商業交易前後端的整合，如圖9-3。電子商業不僅是電子商務的延伸，甚至翻新了舊有的商業模式，做大幅度的改進，而且與顧客有更加良好的互動，使顧客的價值達到最大化（林佳宏，2000）。

B2B電子商務，為任何企業之間，透過網際網路協定網路電子化地處理或產生的商業行為，稱之為B2B電子商務。市場研究公司IDC則將B2B電子商務分為三大類：由賣方主導的電子配銷，由買方主導的電子採購，以及由第三者主導的電子市集。

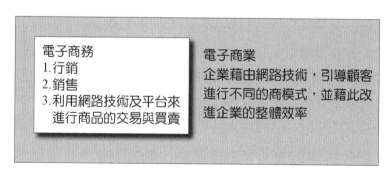

圖 9-3　電子商業與電子商務架構

然而，電子化採購所包含的要素，隨著目前實際的應用而有不同的分類如表9-1。根據企業需求條件的不同，每個電子化採購網站可能同時包含數種要素或功能。目前的電子採購網站可能具備其中以下特色：產品目錄或者是產品資料檢索、線上交易金流整合、策略聯盟夥伴的連結、社群觀念的有無、網路招標或集體採購、查詢訂貨目前狀態、目前庫存與在製品之查詢……等。

表 9-1　電子化採購的要素與分類

各項特色指標	網站內容	以台塑網電子商務為例
產品目錄與產品資料檢索	介紹產品目錄、線上產品資料檢索、技術技援、企業最新消息等，可說是目前企業架設網站中最基本的功能。	首頁內容具備的商品管理與型錄搜尋功能方便廠商進行採購與管理。
線上交易金流的整合	指的是可否以信用卡交易，在保密方面是否有經過認證	針對不同廠商給予信用額度。
策略聯盟夥伴的連結	策略夥伴的連結可以減低導入電子化採購的行銷成本。	目前與集成實業等四家企業連結。
社群觀念的有無	可匯集相同需求的廠商，社群裡的網友可自由發表言論，對該物品的建議。	目前並無設立社群討論區。
網路招標或集體採購	製造商為了減少採購成本，將一些標準化產品或是特殊專案，以網路招標的方式採購，使得在價格上可獲得極大的折扣。	透過「工程發包系統」將台塑企業最近的工程發包案件全面上網招標。
目前庫存與在製品的查詢	廠商能即時查詢貨品目前狀況、完成的進度或是送達時間等等。	開放上網查詢台塑企業內部訂單處理情形、生產進度、交運明細等等。

二、B2B 電子市集

所謂 B2B 電子市集，就是在結集買賣雙方的網際網路社群中，扮演類似產品或服務經紀人角色者稱之。並且符合以下條件：(1)單純扮演撮合交易平台；(2)不受限制的開放給買賣雙方；(3)不為任一集團的利益所支配；(4)不擁有所交易的產品與服務。

目前全球的電子市集可直接分成公開性電子市集與封閉性電子市集兩種。在公開性電子市集裡，以提供加值性服務為中心，並將市場全面開放，例如：求職網站；封閉性電子市集則嚴格篩選其成員，且不公開其網站位址，例如：論壇。

Morgan Stanley Dean Witter(2006)亦將電子交易市集按交易類型的不同，分為四種類別：

（一）買方集中管理電子市集

由大型買方所主導建立的電子市集，大多屬於封閉性的網絡形態。因為買方在資訊系統建置與軟體發展上的能力較為不足，所以買方通常會聯合電子商務軟體公司一起發展電子市集。買方希望透過電子市集的建立，可以使得整個採購程序更有效率，並且降低行政管理費用。國外的代表性業者有 IBM、Wal-mart…等，國內代表性業者有宏碁、英業達…等；此外，開放性的買方電子市集，較有名的就屬 GM、Ford、Daimler-Chrysler 所共同成立的 Covisint 電子市集，希望透過美國三大汽車的力量，能夠吸引更多的買方與賣方加入，使整個汽車零件的採購成本能夠更低、採購程序更具效率性。

（二）供應力集中管理電子市集

由產業內具有支配力的供應商所組成的電子市集，供應商通常面對的是一個非常分散的買方市場。其營收主要來自產品銷售的利潤，由於是供應商所組成的電子市集，所以缺乏中立性。較其代表性的國外業者有 Grainger、eChips、Lung Fung、Ingram Micro、Transora 國內業者則是由台塑集團主導的台塑網電子商務。

（三）市場集聚電子市集

其由第三者所成立的電子市集，其不偏買方，也不偏賣方，亦不受雙方主導，屬於具備中立性的電子市集。其透過公開的網上交易平台，同時吸引買家與供應商，搜尋彼此理想的產品，買賣雙方達成交易佣金的收取。這類的電子商店，在國外業者有：Converge、Vertical Net、e2open、Global Sources、Plastics Net、Altra、Purchase Pro，國內業者有：Converge、e2open 在台分公司。

（四）整合性電子市集

此為彙集各種不同產業電子型錄的交易市集。由於某些產業間用語意涵的不一致性，以及編碼規則的不協調，結果導致產業與產業間交易的缺乏效率，此類電子市集將可替這些產業解決此一問題，而友善的搜尋制度與使用方式就成了這類電子市集是否成功的最大關鍵。國外較著名的代表業者有 PurchasePro.com 和 Instill.com 國內目前則有台塑網在推動相關業務。

有學者將電子市集分成四種型態，分別是：加值型獨立電子市集、私有電子市集、聯盟型電子市集以及內容型電子市集；並將目前企業進行採購的產品分為策略性零組件、大眾產品、間接性物料三類，提出不同的採購策略，如表 9-2。

表 9-2　電子化採購

	間接性物料	策略性零組件	大眾產品
加值型獨立	×	×	可以透過組合契約迴避風險，使採購管理達到最佳化
私有電子市集	×	○	
聯盟型電子市集	×	○	
內容型電子市集	○	×	

資料來源：蘇雄義(2003)。

　　目前在台灣已經有好幾種不同形態的電子市集產生，解決不同形態的市場需求。企業依本身對於採購策略及需求的不同，可以採用不同的電子市集，來達到其效益的最佳化，並與供應商建立新的夥伴關係。

三、智慧型代理人

　　資訊科技的進步帶來了網際網路，使得我們得以輕易突破時空的限制，但同時也帶來了新的問題。除了企業管理與採購方式的改變之外，由於網際網路擴大了可能交易的對象與範圍，往往一件交易必須查詢及比較許多個網站，分別和許多交易對象議價。對於賣方而言，其目標是要能招徠產品的買者，並希望進一步了解消費者的偏好等資訊，以提供最好的服務來獲取最大的利潤。假設沒有時間以及資源的限制，這些都不是問題，但是在實際管理運作面對重重限制的情形下，若能有更多的工具或利器來幫忙經理人處理這些程序上繁瑣的事情，就最好能夠交代任務給自動化、智慧型的程式軟體去幫忙完成（趙國仁，1998）。

　　智慧型代理人(IntellIgentagents)與電子化契約便是基於這種理念而誕生的。智慧型代理人如同現實世界中的助理祕書，但它是一個電腦程式。它會一直在網際網路上活動，所以可以在既定的規則與授權範圍內，在沒有時間與空間的限制下，幫助其委託人進行資訊蒐集整理與過濾、線上交易、行程安排、會議協調、拍賣叫價，甚至休閒旅遊的安排……等工作。

　　智慧型代理人的技術已經廣泛地運用於電子商務中，例如：MIT 的 Ksdnsh、Anderson 顧問公司的 Bargain Finder 以及密西根大學的 Auction Bot 等；其系統均藉由代理程式的自主性、積極性與社會化能力的特性，在網際網路的環境中，執行使用者所給予的任務。此外，現今更賦予智慧型代理人學習能力與個人化特質；因此，以網際網路為基礎，藉由智慧型代理人的能力打破傳統市場時間與空間上的限制，為交易雙方提供更直接且方便的溝通管道。在同一時間內，買方可以減少在電子商務交易上的負擔，例如：採購成本，並且獲得更多的採購資訊，

進而提升企業本身的附加價值；賣方也可以提高對潛在買主的曝光率，增加銷售機會而降低交易成本（林坤正，2003），進一步了解消費者個別的需求，甚至配合類神經網路、統計、限制滿足問題、多屬性效用分析、聯合分析…等工具與方法，來幫助執行市場行銷與顧客分析等工作（趙國仁，1998）。

　　在不同的文獻中，智慧型代理人有不同的名稱，包括智慧型代理人、軟體代理人、自動代理人等，一般都稱其為智慧型代理人。智慧型代理人是一個可被分派工作的程式，和傳統軟體不同之處，在於他們是個人化、自動、需求導向、連續執行、以及可調適的；這樣的特性可順應環境變化並做適切反應，對於電子商務這類大量資訊與交易流程的環境十分有用。

　　依據上述代理人所具備之特色，可分類代理人如下：

（一）靜態及動態代理人

　　依代理人的行動能力而言，可分為靜態與動態代理人。靜態代理人固定在一部電腦中執行其特定之工作，運用傳統軟體之交換訊息方式與外界溝通；動態代理人則透過網路，游移於其他電腦執行任務，最後回到原電腦，常用於網路上之資訊搜集。

（二）介面代理人

　　介面代理人主要功能為減低介面複雜度，以提升易用性。並提供智慧型使用者介面，即時協助使用者解決操作上的問題。

（三）協商代理人

　　具備與其他代理人共同運作之能力，可各自分工完成特定工作，最後再整合結果。

（四）資訊／網路代理人

　　協助使用者過濾篩選網際網路中的資訊，僅呈現給使用者所需資訊。

（五）學習代理人

　　具有機器學習的能力，能不斷吸收學習外界導入之資訊，進而變更作業方式，並提升執行效率。

代理人中介的電子商務，有益於減少下列的問題：

（一）搜尋成本

買賣雙方的互相尋找過程中，由於代理人的中介輔助而減少花費的時間與成本。

（二）隱私權

有時候進行交易的買方或賣方不希望透露自己的身分資訊，透過代理人的中介，可以將資訊保留在代理人，而不會影響到隱私資訊的保密。

（三）不完全的資訊

有些買方或賣方會盡力去隱藏資訊，例如：賣方對於價格資訊、產品品質資訊等，會盡量隱藏不讓買方知道，而買方也會盡量隱藏消費者偏好等資訊，以避免價格歧視之下，被剝削消費者剩餘；代理人中介的電子商務中，買方的代理人可以長期在網路上廣泛地蒐集相關的資訊，而賣方的代理人也可以藉著對於使用者原型檔的記錄與分析，獲得使用者偏好的資訊。

（四）合約的風險

買賣雙方有可能因為擔心付款或交貨的問題，而無法進行交易，代理人中介的電子商務中，可以透過和信任的第三者之代理人的保證、保險、處罰等機制，克服這方面合約的風險。

（五）訂價的無效率

即使是供需雙方的價格相符合，仍有些交易可能因為錯失了機會而無法完成，例如：二手房屋的買賣等。代理人可以幫助委託人在網路上，透過長期地經營、資訊的蒐集過濾等方式，改善這個問題。

近年來，更進一步發展出智慧型多重代理人，其為一組透過溝通、協調與競爭方式來解決單一問題之系統所組成。許多研究探討多重代理人的互動機制，功能分類如下（林坤正，2003）：

（一）協調整合

代理人在有限資源的環境中，協調整合個體行為，以符合個體利益或團體目標。相依之代理人間之有效資訊連結，符合協調與調整整體資源配置與通訊功能，達成彼此合約協定。

（二）合作

代理人間之合作可視為共同目標的調整，完全以合作之方式運用於合作性問題之解決，各代理人皆無足夠能力或資源來獨立解決問題。因此，透過此一機制，將問題分解成各任務，再個別加以完成。

（三）交涉協商

分散式人工智慧研究中，交涉協商過程乃為整合多重代理人之行為。許多研究所探討之交涉協商機制為模擬人類組織之社群行為。

藉由智慧型多重代理人之特性，將提供買賣雙方資訊之自主性、移動性與彈性等特性，並降低交易成本。

資訊科技為企業帶來新的經營模式，無論是在採購與交易流程中的電子化管理，或是逐漸發展齊全的智慧型代理人所引導下之自動化交易，都使企業面臨了新的價值與挑戰。丁馥萱(2001)對於未來電子市集使供應鏈廠商間之夥伴關係演變的推測，指出專家與業者對「傳統買賣關係」的看法最為認同，也就是當企業導入電子市集時，與供應鏈上其他企業仍將維持著傳統形式的關係。此一推論正可說明目前國內產業進行供應鏈電子化活動的現象，是將既有之供應鏈關係移至電子市集上，而改以電子化的形式呈現。因此，未來企業整合資訊能力及其電子化程度將考驗其競爭力的強弱，若無法將過去建立的夥伴關係移植到電子化平台上，將會失去電子化管理的實質的功效與意義。

四、電子採購的績效評估

一般採購管理的內容，有採購方針、採購計畫、訂單合約、事務處理、調查、交貨期管理、品質管理、適當庫存管理等。採購業務不只是購入企業內各部門要求的商品或專案，也必須滿足適當品質的條件，並適時、適量且以低價格來調度（楊淑惠，2003），通常企業便是據此來規劃採購績效的評估。

然而，現今企業採用資訊科技，不論是引進電子採購或電子市集，都需要新的一套評估系統，指出企業相較於過去傳統採購方式所能獲得的利益或缺失。雖然我們在前面指出電子採購、電子市集與智慧型代理人的優點與重要性，然而其績效卻不容易衡量。

　　IBM 於 2013 年提出其電子化採購推行相關數據，例如：電子化採購花費成本為 780 億美元、涵蓋範圍 95%、電子發票涵蓋範圍 99%、相關供應商數目 150,000 家、網際網路電子目錄 6200 套等；另外，IBM 於 2014 年更針對其 2010 年至 2013 年電子化採購導入前後之部分數據做比較如表 9-3：

表 9-3　IBM 全球化採購轉型分析

	採購電子化之前(2010)	採購電子化之後(2013)
訂單處理時間	30 分鐘	3 分鐘
電子化採購成本	570	1,600 億美元
例外採購成本	2.5%	0.05%
供應商評鑑比率	1	0.01
合約週期間時間	1~2 月	10 天
合約內容	20 頁	2 頁

資料來源：IBM 公司

　　前 IBM 總經理 Lou Gertner 在他的演講中曾說過：「資訊科技的報酬在於使交易及程序更有效果及效率。」企業在選擇電子化交易平台時，應評估系統供應商提供的解決方案對於現行交易處理速度及營收是否有顯著的提升。在導入電子市集時，可據此建立績效評估指標，擬定導入計畫。例如：可配合電子市集的上線實施，擬定在電子市集上進行多元的行銷模式，做為企業競爭策略的一環；將現有行政作業流程電子化，簡化現有紙張書面的作業流程；選擇具有卓越技術能力和服務品質的系統供應商，提高電子市集和現有內部資訊系統的整合程度，以擴大整體實施績效等。

　　過去的採購方式侷限於時間與空間，然而目前市場的競爭趨勢，使得供應鏈上的每一家廠商必須連結起來，解決採購不當所造成的問題。於是，當企業導入電子化採購後，如何使供應鏈及採購程序更有效果及效率是企業必定要關注的績效指標。電子商務提供企業一個新的介面，當買賣雙方之間在電子化交易平台能夠勝任，過去傳統的夥伴關係能夠繼續維持，除了帶來資訊共享的利益之外，更能彌補雙方在採購管理技術上的不足，將供應鏈的失調，以及社會資源的閒置問題逐漸改善，如此一來，不僅是買賣雙方，供應鏈上的每一環都將因此而獲利。

🎁 第三節　電子化管理績效評估

　　電子化管理所衍生出之企業資源規劃系統(ERP)儼然成為目前企業提升經營績效之關鍵因素。在這個追求數位電子化管理的時代，強調的就是速度與創新的價值。誰能掌握先機，就能擁有較多的競爭優勢以提升經營績效。而企業電子化的實行，也使得企業在組織結構、內外部作業流程、經營策略三方面與資訊技術的結合應用上，都必須有所調整以為因應；其間牽動的企業再造工程(Enterprise Reengineering)，又給了企業提升經營效率的機會（林育賢，2002）。

　　近幾年來，在台灣有為數不少的企業花費龐大的資源並動員整個組織導入企業資源規劃(ERP)系統，期望藉由企業資源規劃系統來提升企業競爭力並且解決所面臨的問題。然而，企業如何知道本身是否有成長？是否有利潤產生？是否具有競爭力？此時，企業需要有一套績效評估的標準，但是在現今的資訊時代，大部分企業所採用的績效評估標準仍以財務會計模式為主，但一個企業若只用財務會計模式來衡量公司的電子化管理績效足夠嗎？

　　傳統的財務會計模式只是針對企業過去已發生的事情做衡量；而在資訊時代裡，一個成功的企業須具有未雨綢繆的遠見與規劃，不應該只重視短期的企業目標的達成，更該注重於創造未來的價值。若企業對於績效評估僅有一個財務構面，不足以對未來的策略規劃提供太大幫助，因此美國學者 Kaplan&Norton 提出了平衡計分卡(Balanced Score Card，BSC)的概念。平衡計分卡包含四個構面：財務、顧客、內部流程、學習與成長，強調企業最後的營運績效（利潤）不僅只來自於財務報表的資料提供給高階管理者做決策，還包括其他層面（如顧客、內部流程、學習與成長）所間接產生的影響，而這些是一般的公司應該重視卻忽略的（王清弘，2000）。

　　本節除了探討企業如何以財務面衡量引入電子化管理的實施績效之外，也會將國內學者提出的平衡計分卡架構作重點描述；除此之外，如何評估供應鏈的實施績效也是本章的另一個重點。希望藉由這些績效評估觀念的介紹，能帶給國內企業經營者另一思維。

一、企業績效

　　「績效」對於企業組織具有的重要意義有二：第一，績效代表組織對過去企業原有資源使用是否具有效能及效率；其次，績效亦具有「展望性」的影響力，除了得以更正過去錯誤的行動之外，亦能指引未來資源分配的方向。

　　企業的經營績效可以從許多方面予以評估。學者提出了不同的看法，然而經營績效的分類與衡量方式，主要可分成四個類別：

1. 經營目標：企業的營運規劃，例如：年度預算、增資、擴廠、合資、併購等目標達成的程度。
2. 生產力：廠房、設備的使用效率與效能
3. 利潤：企業資金是否有妥善運用，針對投資報酬率上的表現，由獲利成長率的計算得來。
4. 長期優勢資源：企業是否具有得以永續經營，且不斷成長的憑藉。

　　在績效評估上，其有三個構面，其分別為：

1. 財務績效：財務績效指的是企業的財務目標，例如：稅後盈餘、營業收入、銷售成長、獲利率等，亦包括財務會計報表上常見之比例分析，為傳統策略研究常用的衡量方法。
2. 事業績效：事業績效是前述財務績效，加上組織作業績效的綜合績效。組織的作業績效包含產品品質以及行銷效度等非財務性的指標，例如：市場佔有率、產品知名度等。
3. 組織效能：組織效能是組織績效定義中最廣泛的。除了包含上述兩種績效之外，還包括了達成目標過程中，各個衝突的解決，以及各利害關係人之目標是否滿足在內，例如：忠誠度、離職傾向、工作態度等。國內學者司徒達賢將績效指標分為稅前淨利率、總資產報酬率、固定資產報酬率、目標達成率等。

　　當採用多構面指標時應注意績效構面間互相衝突的問題，例如：長期成長與短期獲利性的衝突。事實上，追求長期的目標與滿足短期目標在策略面的實行往往不同，而在企業能掌控的有限資源下如何定奪，則須視經理人的智慧及其經營格局。

二、績效評估的準則與類型

　　一些研究報告指出，企業在建立供應鏈績效評量系統時通常會面對評鑑工作十分困難、評鑑與企業策略間的連結不夠清晰、功能與程序非常複雜，且通常無法調和一致、常會遭受評鑑的對象的抗拒、資訊取得困難與對於評鑑項目的定義通常缺乏共識等問題。

有鑑於此，美國管理會計公報建議企業運用的績效衡量指標可分為財務性與非財務性兩大類：

1. 財務性衡量指標：包括淨利及每股盈餘、現金流量、投資報酬率、超額利潤、市場價值與經濟所得。
2. 非財務性指標：包括市場佔有率、新產品的開發能力、生產力、員工的培訓、員工態度、社會責任等。

儘管如此，資訊時代的企業環境仍然受到季度和年度財務報表的左右。現今的財務報告流程，大多仍然沿襲傳統的交易環境而發展出來的會計模式。理想的作法應該是擴大財務會計模式平衡計分卡的概念，即是把公司的無形和智慧資產的價值包含在內，例如：品質優良的產品和服務、積極而技術精湛的員工、回應快速和穩定的內部流程、滿意而忠誠的顧客群等。其認為公司的無形和智慧資產的價值對企業的發展影響，遠比傳統實物和有形資產的影響為大。

平衡計分卡用驅動未來績效的量度，來彌補僅僅衡量過去績效的財務量度之不足。計分卡的目標和量度，是從組織的願景與策略衍生而來的，它透過四個構面：財務、顧客、企業內部流程、學習與成長來考核一個組織的績效。

三、績效評估與企業策略之銜接

一般企業導入電子化管理的失敗原因，多數是未能重新建立企業的績效評鑑系統。若沒有新的績效評鑑系統，企業內部的人員只會依循過去的目標努力，使得企業經理人很難評估導入電子化管理後的實體績效。

因此，當企業導入電子化管理的同時，除了該電子化系統必須與企業目標相結合之外，也應與績效評估系統相輔相成。當企業在重新建立績效評鑑系統時，應當思考企業的組織文化、組織結構、獎懲制度是否能與績效評鑑系統相連結，而企業的營運目標與未來的策略執行方向是否與績效評鑑有正向關係。否則企業內部人員在面對新的電子化環境時，可能無所適從。全球 ERP 供應大廠之一的 IBM 在幫企業導入 ERP 時不僅注重資訊技術，並且對於人的管理思想、模式的改變都有注意到，成功的 ERP 必須把管理經驗、行業經驗和資訊技術這三者有機的結合在一起（台灣 IBM 全球服務部，2004），其中的管理經驗便涉及到全新績效評鑑系統的建立。

當企業建立新的績效評鑑系統時，可以先從建立最高階層的關鍵績效指標著手，再建立由上而下一貫的評估指標；然後才由內而外，與供應鏈成員協商建立企業間的評估指標，確認供應鏈的最終價值與評估指標是否相符，這些都是企業的關鍵成功因素。

　　目前大多數企業引入電子化管理系統仍然以降低成本為主要目標,因使用電子化管理系統所導致的成本降低通常有三類,分別是:原物料存貨成本、在製品成本、作業成本。

　　企業若以平衡計分卡為績效衡量指標,所使用之資訊系統也必須能夠配合。首先將其企業策略化為平衡計分卡模型(BSC model),其平衡計分卡模型中包含企業所要追求的目標與所需的量度:而另一方面,藉由企業所制定的資訊架構而發展的資訊系統,例如:財務、製造、銷售、人事等資訊系統,將每個資訊系統的傳統 E-R Model 轉為以多維度模式的企業資訊模式(多維度的 E-R Model)呈現出來,然後加以比較企業資訊模式與平衡計分卡的資訊需求。若企業的資訊系統無法支援企業所建立的平衡計分卡,則利用維度資料模型(Dimension Data Model)來支援平衡計分卡企業引入資訊系統與平衡計分卡的四個構面如何作有效連結,而非過去僅僅以財務會計系統為設計基礎的傳統 ERP 系統,不致使企業陷入數字的迷惑與金錢的窠臼。

四、供應鏈績效評鑑工具

　　供應鏈績效評鑑系統建立過程是一項十分艱鉅的任務,若能事前準備,善用適當的輔助工具協助資料的收集與分析,勢將事半功倍。一個整合物流與供應鏈績效評鑑系統必須同時衡量全面性的影響與效益。

　　物流與供應鏈評鑑系統的可用量度,包括功能面之評量與全面性評量尺度。表 9-4 從顧客服務、成本管理、品質、生產力、資產管理等五個構面列舉物流功能面之績效評量尺度。

表 9-4　典型物流及供應鏈功能評量尺度

顧客服務	成本管理	品質	生產力	資產管理
供品率	總成本	損壞比例	每人出貨單位量	存貨週轉
缺貨率	單位成本	訂單輸入準確性	每人工元的單位量	存貨水準
出貨錯誤	成本佔營收比例	撿貨／出貨準確性		供貨天數
準時配交	內向運費	表單／發票準確性	目標活動	老舊存貨
待補訂單	外向運費	資訊準確性	生產力指標	淨資產報酬
週期時間	行政費	資訊供應力	設備當機	投資報酬
配交一致性	倉庫訂單處理	退款次數	訂單輸入生產力	存貨分類
顧客詢問回應時間	直接人工	退貨次數	倉庫作業員生產力	附加經價值

表 9-4　典型物流及供應鏈功能評量尺度

顧客服務	成本管理	品質	生產力	資產管理
回應準確度	實際運用與預算差異	運輸人員生產力	完整訂單	成本趨勢分析
顧客抱怨	直接產品獲利率			
業務人員抱怨	顧客區隔獲利率			
整體可靠度	存貨持有成本			
	損壞成本			
	服務失敗成本			
	待補訂單成本			

資料來源：蘇雄義(2005)

物流與供應鏈績效評鑑之全面性量度主要包含兩類：

（一）完美訂單

完美訂單乃綜合績效量度，是企業致力於追求零缺點物流績效的評量尺度，可以包含所有顧客可能用以評鑑企業物流績效的相關量度之彙總。

（二）供應鏈評量量度

供應鏈評量量度必須要能綜觀供應鏈全貌，進而提供供應鏈成員瞭解彼此的績效表現以及未來改進的方向。一般常用的評量量度有終端顧客銷售量、整體供應鏈管理成本、存貨滯留時間、增加生產彈性能力、現金回收週期、配送績效、顧客滿意度等七大指標。

近年來，有愈來愈多的台灣企業引進電子化管理，唯有透過一套良好的績效評鑑系統，來評鑑電子化管理所帶來的績效，企業才能真正了解電子化的效益。財務指標是過去多數企業唯一賴以評估企業績效表現的工具，卻使得不肖經理人有了操作上的空間，使企業只追求短期利益，忽路長期該有的表現。然而，當現代企業面對強烈競爭環境，不再選擇單打獨鬥，而走向策略聯盟，或是水平、或是垂直整合的供應鏈合作時，所需要的將是另一個績效評鑑系統。若沒有供應鏈績效評鑑系統，將很難找出供應鏈的問題點，也很難評估整條供應鏈的競爭力。這對企業來說是十分危險的。

企業間建構供應鏈評鑑系統往往是很困難的，其所須具備的成功關鍵要素，包含確認一項重要供應鏈活動、選擇正確的夥伴、促使績效評量制度納入企業重

大改革方案之下、克服革新阻力、釐清策略、創造績效評量文化、善用資訊科技、結合程序績效評量與改善、採用財務分析工具等。藉由正確的績效評估，企業不再只是單純追求利潤，而是追求利潤的本源，使企業認清自身的核心競爭力以及所創造給予顧客的附加價值，經理人力不致捨本逐末，追求短期利益，而忽視長期之下企業的永續發展。

第四節　決策支援系統

為有效選擇決策支援系統(Decision Support System, DSS)，必須先對 DSS 的三個主要組成部分輸入資料庫和參數、分析工具以及輸出工具有基本認識。在數值分析方面，所使用的分析工具(Analysical Tools)包括基於運算法則的人工智慧、模擬等。企業中的問題往往是龐大繁複的，幾乎沒有任何解決方案，假如使用者能利用數值可視技術(Data Visualization Technique)能幫助消化大量信息，可讓使用者更容易做決策。

供應鏈的運作，就生產而言，目標無非是生產成本最低、在製品最少、週期時間最短與產能利用率最高，但這些目標之間往往充斥著衝突與矛盾，且現今企業競爭愈來愈激烈，產品生命週期愈來愈短，過去單純以人工進行生產排程的決策方式已無法滿足企業在未來競爭的需求，取而代之的是結合 SCP、APS 與 CRM 等決策支援系統，從行銷規劃到同步考量供應鏈中上下游的庫存、物料、產能及運輸能力，以決定符合整體供應鏈利益最大的決策。

本節會著重於決策支援系統的基本認識，介紹供應鏈管理決策者會使用到的一些系統，以及供應鏈決策系統的選擇。

一、決策支援系統的介紹

決策(Decision)，就是選擇(Choice)，為「行動方針」(Courseofaction)的選擇；為「行動策略」(Strategy of Action)的選擇。決策有也是一種活動(Activity)，此活動是在多項不同的行動方針中選擇其中一項，決策支援系統則是以某種方式來幫助此項活動的一個系統。

決策支援系統是以電腦為基礎，透過交談方式，使用模式及資料以協助決策者解決非結構化的決策問題。也就是說，DSS 是指利用電腦系統處理企業的資訊，以支援主管人員針對「非結構化」問題制定決策與執行決策的一套體系。主

要目的在於協助決策人員制定決策與執行決策，基本哲學是要利用電腦來改進並加速使用者制定決策與執行決策的過程。其重視運用資訊系統來協助決策者提高決策效能。簡單的說，決策支援系統所強調的是提高個人與組織的效能，而不是在增進處理大量資料的效率。

　　決策支援系統在 1970 年由 Gorry 和 Scott Morton 提出，提到決策支援系統乃支援管理決策者面對非結構或半結構性決策狀況下的系統，但並未獲得迴響。1973 年有了「交談式電腦系統」的觀念產生，但也未能引起各界回應，直到 1974 年瑞典的資訊處理國際會議中，由 Scott Mortonn 所發表的「決策支援系統：實際應用中所獲得的經驗」一文內，正式提出決策支援系統此一名稱，才獲得普遍之認同與注意。

　　決策支援系統的觀念最早稱為「管理決策系統」，其主要特色是以電腦化的交談式系統(Interactive Computer-Based System)協助決策者使用資料及模式(Data and Models)來解決非結構性的問題(Unstructured Problems)，所以 DSS 的獨特乃在於 「交談式」、「資料」、「模式」及「非結構性」這幾個字所代表的觀念。DSS 具有下列各項特性：

(一) 它們是針對高階層管理者所經常面臨的比較非結構性、不明確的問題。
(二) 它們企圖將模式或分析技術的使用和傳統的資料存取功能結合起來。
(三) 它們特別注意對話的方式，使非電腦專業的人也可以很輕易使用系統。
(四) 它們強調系統的彈性和調適性，以配合未來環境或使用者決策方法的改變。

　　決策支援系統與傳統的電子資料處理系統對照比較，如表 9-5 所示。

表 9-5　決策支援系統與電子資料處理之差異

比較項目	決策支援系統	電子資料處理
使用性	主動的	被動的
使用者	線上及幕僚管理	辦公室作業者
目的達成	有力的	機械式的效率
時間	現在及未來	過去
結果	彈性	固定

資料來源：Gorry 和 Scott Morton(1970)

二、決策支援系統之架構

　　決策支援系統的目的在於擔任決策者的一個協助角色，它的功能主要是針對決策者所需的相關資料作快速整理、分析，來回應決策者的查詢，也就是決策支援系統必須能在決策者改變某項參數之後立即顯示相對應的結果以提供決策者作最好的決定。決策支援系統主要是透過人機介面來協助決策者解決問題，一般來說，決策支援系統分成三個子系統(subsystem)，或稱為模組(module)，分別是：

(一) 使用者介面子系統
(二) 資料庫管理子系統
(三) 模式庫管理子系統

　　如圖 9-6 所示：

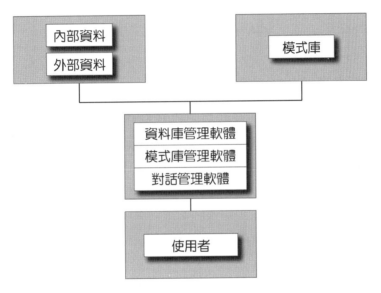

圖 9-6　決策支援系統

　　使用者介面子系統是 DSS 與使用者的直接溝通管道，使用者藉由此系統給予 DSS 要執行的命令。資料庫管理子系統包含了所有待解決問題的相關資料，並以資料庫管理系統(Data Base Management System, DBMS)軟體管理之。模式庫管理子系統是 DSS 的運算核心，包含有解決問題的相關演算法或散發式解法。隨著 DSS 的功能需求不同，所需的演算法也隨之不同。

　　為了支援決策，如何組織及編製資料、以及如何使用資料是很重要的。以下介紹最主要的三個資料管理技術：

（一）資料倉儲

　　資料倉儲(Data Warehousing)的功能除了儲存資料外，還要整合資料。最重要的是，資料倉儲藉由整合公司內部資料，並綜合各種外部資料，透過電腦的分析、模擬、比較、推論等，將作業中的資料轉換成有用的、策略性的資料，進而提供公司重要決策者一個完整的、廣泛的訊息，以支援決策的制訂，藉此提升企業競爭力，更容易掌握顧客心理，迅速做出正確決定，以因應快速變動的市場需求。因此，有人說資料倉儲是決策支援系統的核心。

（二）資料探勘

　　資料挖掘(Data Mining)就是指大量的資料進行分類、排序，以及運算、歸納出事先未知的有用知識過程。而這個過程所產出的結果，透露出特殊的資料模式，是光作排列或是摘要時所看不出來的。是一種新的且不斷循環的決策支援分析過程，它能夠從組合在一起的資料中，發現出隱藏價值的知識，以提供給企業專業人員參考。

（三）線上分析處理(OLAP)

　　透過快速、一致、交談式的介面對同一資料提供各種不同的呈現方式，供不同層面的使用者如分析師、經理及高階主管等使用，使其具備透析資料反應出來資訊的能力。簡單的說，線上分析處理 OLAP(Oon-Line Analytical Processing)能彙整資料庫的原始資料，並轉成多維度的分析模組，將原始資料加值成有意義的資訊，便於使用者做決策分析。

三、DSS 常使用的分析工具

　　因為 DSS 處理半結構或非結構情況，其包含了複雜的真實情況；最佳化或其他模式也許無法容易的表達此情況，但是模擬分析經常能夠處理此情況。其模擬步驟如下：

1. **問題的定義**：真實世界的問題被檢查及分類，並指出為什麼模擬是必要的。
2. **模擬模式的建造**：該步驟包括變數及其關係的確認和必要資料的收集。
3. **測試及驗證此模式**：該模擬模式可透過測試及驗證而得到保證。
4. **實驗設計**：一旦模式被證明是有效的，則設計一項實驗。準確性及成本是兩個重要且衝突的目標。
5. **引導實驗**：包含從亂數產生至結果簡報的議題。
6. **評價此結果**：除了統計工具外，可能使用敏感度分析來確定此結果。
7. **實施**：模擬結果的實施，使管理人員能投入此模擬過程。

決策情況通常是很複雜，以至於經由資料及模式管理所提供的支援也顯得不夠充足。所以我們需要額外的支援以代替人類的專門知識，透過提供必要的知識，用來取代人類專門知識的專家系統是最常見的技術，而此技術被認為是人工智慧的運用。

「人工智慧」就是希望由人的行為探討出、研究及設計出一些機器，這些機器可以如人一樣擁有智慧，或者具有近似於人類的智慧，來推理、運作及發揮他的智慧功能。也就是說，這些機器有人類的知識和行為，並具有學習、推理判斷的能力來解決問題、記憶知識和了解人類自然語言的能力。

DSS 系統可以幫助企業從行銷規劃到同步考量供應鏈中上下游的庫存、物料、產能及運輸能力，並可在供應鏈的運作生產目標衝突與矛盾時，可幫助整體供應鏈做最佳的決策。在下一節會談到關於供應鏈管理的 DSS 系統介紹。

四、供應鏈管理資訊決策支援系統

供應鏈管理資訊系統包含著一連串各式各樣的決策。這些決策包括了需求計畫、物流網絡設計、存貨配置、銷售與營銷區域的劃分、配送資源計畫、物料需求計畫、庫存管理、生產地點選址／設施佈置、生產計畫……等，這些決策涵蓋了從戰略決策到運作決策的大部分內容。在需求計畫方面，需求預測是提高整個供應鏈效率的關鍵，預測也成為 DSS 的一個重要領域。

 第五節　Internet 與系統整合

一、企業電子化

企業電子化是指企業藉由網路科技的運用與協助，改造既有的經營形態與作業流程，進而強化企業的體質。企業透過網站與事業夥伴進行溝通、完成線上交易、供應鏈中所有夥伴的商業資料共享，以及企業內部透過網路進行協調、分享與合作等，都是「企業電子化」的具體呈現。

Ganner Group 從企業電子化的角度，將企業電子化的主要關鍵應用分為企業資源規劃 (Enterprise Resource Management, ERP)、客戶關係管理 (Customer Relationship Managemenl, CRM)、供應鏈管理 (Supply Chain Managemenl, SCM)、電子採購 (e-ProCurement) 與電子商務 (e-Conunerce) 五大類。

在企業電子化的關鍵應用系統方面，EC 與 CRM 系統的建置比例都超過 50%，其次，ERP 系統約為 48%，最後是 ePrOcurement 與 SCM 系統。預估到 2010 年底，EC 系統的建置比例將超過 80%，CRM 系統的建置也將達 70%，而 eProcurement 與 ERP 都將超過 50%。

企業電子化對於降低成本和產品差異化的競爭優勢，都產生了強大的效果，例如：在生產過程中，如果企業和供應商之間，聯繫所需的時間愈長，企業為了預防缺貨，所須準備的存貨量就愈大，對市場需求的反應也愈慢。而企業電子化則可以有效率地串聯上下游廠商，進而降低採購成本、存貨成本、縮短產品上市時間、降低生產作業時間。藉由改進一連串價值鏈活動的執行效率，企業可以有效的降低成本。至於差異化方面，企業電子化可使企業有效地分析客戶、供應商和內部程序，藉以不斷地改進其競爭策略，建立差異化優勢。另外，企業電子化使得企業接受客戶訂製化產品的可能性大增，進而協助企業建立差異化的優勢。（陳曉屏，2002）

當經營愈來愈艱困時，公司就必須時時以降低成本為念。企業正朝向流程委外的方向努力，委外對企業電子化的意義在於他們提供了建立虛擬企業的基礎。一家公司單打獨鬥已經不再是可行的經營模式，不論是作業的複雜度、市場的解禁、技術的快速發展、以及持續成長的要求，都必須透過與所有合作夥伴的協同合作，才能具有競爭優勢。

二、協同作業在供應鏈營理

供應鏈管理可說是協同作業發展的前身。有效管理企業間的互動，促成上下游企業的緊密結合，供應鏈管理可大為提升企業間的生產合作效率。但是隨著產業垂直整合的範圍擴大，企業供應鏈上下游合作夥伴的數目增加，過去那種以「點對點」的方式來管理企業的夥伴關係的作法變得複雜且難以駕馭。

「必須分別維護與不同的合作夥伴間之不同的資訊傳遞通道」也使得維護成本一直居高不下，除了成本與管理複雜性的考量之外，線性的資訊傳遞架構，亦使得企業在欲與第二層供應商取得作業協同前，往往必須透過第一層供應商的傳遞，如此多層轉送的資訊傳遞方式不僅降低企業的反應速度，同時也增添了相關的成本與作業上的困難。協同作業希望利用整合的技術幫企業管理個別供應鏈之困擾，最後促成企業成本的降低與供應鏈效益之提升。協作化乃是目前正在發展中的未來標準，目前世界上有許多團隊正在發展當中，但何者會成為最後的正式標準，仍然尚待驗證。

 第六節　結　論

　　資訊科技改變了企業間的互動方式，也提供了新的方式讓企業得以將過去寶貴的經驗儲存起來，並善加分析利用；然而，供應鏈管理非常的複雜，企業間必須有效整合，無論是在策略目標、營運程序等，都必須包含進來，並進一步追蹤其表現與績效，以利供應鏈長期的發展。

　　目前，利用資訊科技將供應鏈的構成元素結合起來的工作仍然十分艱鉅困難；因為，在資源有限的情形之下，企業無法與所有的往來企業都進行協同作業；因此，企業經理人在關係管理上必須慎選夥伴，在採購管理方面必須與信譽良好的供應商建立可信賴的夥伴關係，最後，為了在存貨管理上降低長鞭效應的存在，企業間的資訊必須在電子化系統之間能夠有效地流通。

　　企業協作的根本在於分享；唯有企業間做到比合作更進一步的分享，分享資訊、知識、風險，甚至是利益，使彼此間能夠深入了解，才能使協作達到實質的效益，並使整體供應鏈得以永續發展。

 共同採購共同物流創造醫院新價值
——臺灣彰化基督教醫院、員林醫藥材倉儲物流中心

Acer America 服務和支援管理

習題 Exercise

一、 企業導入 ERP 系統的原因為何？哪些企業適合導入 ERP 系統？ERP 系統的導入的型態有哪些？

二、 ERP 系統對企業與供應商之間的影響為何？

三、 電子商業與電子商務最主要的差別為何？

四、 如何量化與評估 ERP 系統效益？

五、 電子交易市集按交易類型有哪些？

六、 智慧型代理人的技術如何運用於電子商務中？代理人中介的電子商務，有益於減少哪些問題？

七、 物流與供應鏈評鑑系統的可用量度有哪些？請設計供應鏈電子化績效評估的準則與類型。

八、 試述電子化採購的要素與分類。

九、 何謂決策支援系統？決策支援系統與電子資料處理之差異為何？有哪些特性？

十、 請描述決策支援系統之架構。

參考文獻　　References

1. Morgan Stanley Dean Witter(2006), http://www.morganstanley.com

2. 陳曉屏(2002)，企業電子化下協同作業發展之研究，國立政治大學商學院 經管管理碩士班碩士論文。

3. 王清弘(2000)，企業建立平衡計分卡之研究，國立政治大學資訊管理研究所碩士論文。

4. 司徒達賢(1995)，策略管理，台北：遠流出版社。

5. 王立志(1999)，系統化運籌與供應鏈管理，台中，滄海書局。

6. 吳振聲，(1999)，ERP 實施導入工程規範，我國產業生命力之新契機研討 會，工研院機械所 ITIS 主辦。

7. 林佳宏 (2000)，電子化採購之策略與風險分析，國立成功大學資訊管理研究所碩士論文。孟憲敏(1999)，自動化工程系統-ERP 專題研究，工研院機械所出版品。

8. 林育賢 (2002)，企業電子化與經營績效關係之研究以國際快遞業 DHL 洋基通運為例，淡江大學高階主管管理碩士學程碩士論文。

9. 楊淑惠 (2003)，運用資料包絡分析法於電子化採購績效評估系統之研究－以紡織成衣業為例，國立成功大學管理學院高階管理碩士在職專班 (EMBA)碩士論文。

10. 林坤正 (2003)，智慧型多重代理人建構電子市集中之自動協商機制，朝陽科技大學工業工程與管理研究所碩士論文。

11. 台灣 IBM 全球服務部(2004)，業務諮詢暨整合服務：ERP 成功導入要素分析。

 **MEMO**

📍 供應鏈的需求與供給

 第一節　預測在供應鏈中所扮演的角色

在供應鏈上，未來需求的預測為策略和規劃決策的基礎，在供應鏈中的推／推測觀點，所有推的過程是預測顧客需求來完成。對於推的過程，管理者必須規劃的是生產水準，對於拉的過程，管理者必須規劃的是產能水準以符合需求；因此，無論推或拉，供應鏈管理者的第一個工作就是要對顧客未來需求提供預測。

例如：Dell 公司預測顧客訂單進行零件的訂購，並回應顧客訂單進行組裝，Dell 必須確保訂購足夠數量的零件以滿足顧客需求，這也就是推的過程；生產經理也必須確保組裝工廠中有足夠的產能以應付組裝需求，這是拉的過程。為了滿足上述兩種決策目的，管理者需要對未來的需求作預測，供應鏈也必須進一步預測，例如：在供應 Dell 零件時，Intel 面對和其相似的需要，也就是需要決定生產量和存貨量，當供應鏈的每個階段都自行做預測，可能會使得這些預測相當困難產生，結果就會造成供需間的不平衡。當供應鏈中的每個階段生產預測達到共識，預測值便會比較精確。精確的預測結果能讓供應鏈在服務顧客上較具回應和效率。從製造者到商品零售者，供應鏈中各個領導者為改善供需平衡的能力均開始朝向協同預測的方向前進。

此時，可列出一些可供使用在需求上的決策，這些決策也可以強化供應鏈廠商間的協同預測及下列的預測：
1. 生產：排程、存貨控制、總體規劃、採購。
2. 行銷：行銷人員分派、促銷、新產品介紹。
3. 財務：工廠／設備投資、預算規劃。
4. 人事：人力規劃、僱用、解僱。

基本上，供應鏈中的決策不應該因為功能性的領域或甚至因企業而被分離，因為它們相互影響而做出最好整體的考量，例如：公司考量下一季的需求預測，並訂定共同促銷的時間，接著，促銷資訊會用正需求預測。修正後的預測對內獨立的製造業者相當重要，基於預測結果，公司會走回能需要增加性質或僱用人力的決定可能需要增加投資或僱用更多人力的決策，因為如果沒有修正以預設為基礎的製造業者，則只能仰賴促銷；由此可知，所有決策都有相互關係，其涵蓋範圍包括公司間的部門和供應鏈中的所有公司。

具有穩定需求的成熟產品通常比較容易預測，然而，對原料供應或高度變動的最終產品的預測及管理決策，是相當困難的，預測包括：「流行商品和許多高科技的產品，在這一些例子裡，良好的預測是非當重要，因為這一些商品的銷售

時程非常短暫，如果公司過度生產或生產過少，很少有機會去補償，以使得供給與需求配合，再者，對生命週期較長的產品，預測錯誤的影響就會顯得微不足道。」

在開始深入介紹預測的組成要素與預測方案前，簡單列出一些管理者必須瞭解以有效設計及管理供應鏈的預測特性。

 **第二節　預測的特性**

公司和供應鏈管理者必須察覺下列幾項供應鏈預測的特性：

（一）預測永遠會有誤差

由於預測永遠會有誤差，所以必須包含期望值和預測誤差的量測。為了瞭解預測誤差的重要性，必須對不同單位的銷售量進行預測，例如：針對不同部分的銷售人員進行預測評估，不同部門的銷售額對於不同的銷售量有著不同的預測值，因此，在實際結果上也有不同的預測，因此產生預測誤差，或稱需求不確定性，由此可知，針對不確定需求的預估值通常不幸地會因為預測而出錯，其起因於供應鏈中沒有相互關連地預估而導致各個預估值差距甚大。

（二）長期預測通常較短期預測來得不準確

相較於短期預測，長期預測有較大的標準差對平均值的比值，例如：7-11 利用這個重要的性質來改善績效，公司建立了能使訂貨在數小時內就送達的補貨程序，又例如：某家分店的店長在早上七點發出訂單，同一天點訂貨即會送達，因此在真正銷售發生前，必須預測在當天晚上 12 小時內有哪一些商品會被銷售。此短前置時間允許店長考量現行資訊，例如：天氣，可能是影響產品銷售的主因。

（三）總和預測通常比個別預測來得正確

總和預測通常有較小的標準差對平均值的比值，例如：對已知年度美國國內總產品的預測，要有少於二個百分點的誤差，這是很容易的一件事；然而，要測一個公司的年收入且誤差二個百分點，這就比較困難了；另外，對已知一個產品，要對產品做上述相同誤差程度的需求預測，就更困難了。上述三種預測主要的差異在於整合的程度，國內生產總額是許多公司的總和，而一家公司的收入是許多產品線的總合，所以，總合的程度越高。預測的正確性就越高。

　　一般來說，公司的供應鏈越長，所獲取訊息失真的可性可能就會愈大，是典型的例子就是「長鞭效應」，亦即當訂單與最終顧客的距離愈遠，訂單變動程度就會愈大；因此，一家企業的供應鏈愈長，愈有可能產生預測誤差。根據對最終顧客銷售所做的協同預測，可以幫助企業更進一步降低預測誤差。

🖐️ 第三節　預測的構成要素與預測方法

　　預測是困難的，因為它是對於未來一般人可能會傾向的需求預測，而且有一些運氣的成分在裡面，一家公司如果知道它的顧客過去的購買行為，則可反應出他們的未來購買行為，進一步來說，顧客需求受到許多因素的影響，若一家公司可以決定未來需求和這些因素之間現有的價值，則顧客需求就可以被預測，對於好的需求預測，公司必須先指出哪些因素會影響未來的需求？接著確定這一些因素與未來需求之間的關係。

　　當執行需求預測時，公司必須平衡客觀和主觀的因素，同時，也要把人為的因素加入，例如：7-11 公司提供了它們各分店店長一個與目前水準同步的決策支系統來進行預測需求，以決策系統來進行預測，並提供建議訂單；然而，店長負責的是進行最終預測並發出訂單，原因在於他們可能接觸到一些市場狀況的資訊，這些資訊可能是歷史的需求資料所沒有提供的，同時，這些市場狀況的知識也可以改善預測，例如：店長如果知道明天的天氣可能變得溼冷，店經理可能會調降對冰品銷售的預測，進而降低對冰品的訂購量。在這個例子裡，可以看到天氣對於預測的重要性，但是它常常被忽略；因此，定性的人為考量，供應鏈可以經由需求預測的改善來得到明顯的改善。

　　一家公司必須對於需求預測相關的因素具備相當的知識，其包括：
1. 過去的需求。
2. 產品的前置時間。
3. 計劃中的廣告與行銷。
4. 經濟的狀況。
5. 計畫的價格折扣。
6. 競爭者採取的行動。

　　一家公司在採取適當的預測方法時，必須了解上述的因素，例如：歷史資料顯示一家公司某一產品在每一年度各月份的銷售量與需求。

在預測方法上，可以依據下列四種型態來區分：

一、定性法

定性的預測方法是主觀的，因為它是依照個人的判斷和意見去做預測，這種方法適用的情況在於適當的歷史資料很少能夠成為市場重要情報的來源。在一新的產業中，這樣的預測方法行之數年，而且可能是必要的。

二、時間序列法

時間序列法是使用歷史資料來進行預測，這種方法是基於過去需求資料，加上未來需求的總合，所做的預測。當環境穩定且基本需求變動不大時，就適合使用這種方法來執行，為執行簡單的一種方法。

三、因果關係法

因果關係的預測方法是假設需求預測與環境中的某些特定因素具有高度相關，其係發現需求與環境因子之間的相關性，然後再藉由對環境因素可能的估計，去預測未來的需求，例如：產品的價格與需求有著相當大的相關。

四、模擬法

模擬的預測方法就是用來模仿消費者的選擇，這些選擇會引起需求，因為導出預測，使用模擬法，公司能結合時間序列與結果分析去回應一些相關的問題，例如：價格促銷會產生什麼樣的影響？競爭者的競爭對企業產生什麼影響？提高價格對銷售量的影響？

公司可能會發現要決定最適當的預測方法是困難的，事實上，許多研究指出使用多個預測方法，再使用它們預測的綜合結果做為實際預測值，所得到的效果會比任何的個別預測方法更有效。

接著，我們來談時間序列法，當未來需求期望遵循歷史資料，時間序列法就是最適當的一種方法，因為當公司企圖以歷史資料去預測需求時，目前的需求、任何過去成長趨勢，以及任何過去季節性的資訊，都將影響到公司未來的需求，再者，此種預測方法也有可能無法解釋歷史資料的功能性。對於時間序列法，我們可以把它分為系統與隨機兩個部分，其分別為：

可觀察到的需求＝系統部分＋隨機部分

系統部分由需求的期望值予以衡量，其組為的因子有：

1. 水準：去除季節性因素的目前需求。
2. 趨勢：對下一個週期在需求成長或衰退的比例。
3. 季節：在需求上可以預測的季節性變動。

　　因此，公司可以利用過去資料來預測未來的需求水準、趨勢和季節因素…等，以獲得預測的系統部分。

　　在隨機的部分，則是偏離系統部分的預測，公司比較不能預測隨機的部分，因為公司只能預測的是可能的大小和變化性，以提供預測誤差一個度量。其意指公司不能預測此成分的方向。總體而言，良好的預測方法一定有誤差，誤差的大小與需求的隨機部分可能會成比例，也可能不成比例，管理人員必須對於過去資料沒有預測誤差的預測方法質疑。在這種情況下，這種方法可以將過去隨機與系統的部分結合在一起，因此，這一種預測方法可能得到的結果可能不佳。

　　預測的目的在於過濾隨機部分，以及估計系統部分，而預測誤差是量測預測與真實預測之間的差距。

 **第四節　需求預測的方法**

　　在需求預測的方法上，常見的步驟有六，其分別為：

一、了解預測目標

　　每一個預測的目的都是為了支援基於預測所做的決策，因此，公司首先必須要清楚的確認這些決策，這些決策的例子包含製作特別產品的價格、存貨的價格、訂單的價格，所有受供應鏈決策影響的成員必須察覺決策和預測之間的關聯，例如：某家公司用來規劃一個促銷案，它將對於某產品的折價，這個資訊必須分享出來讓與滿足此需求相關的製造部門、運輸部門以及其他相關部門，以做為預測基礎，所有的成員必須對於促銷案提供共同的預測及共享行動方案，這些聯合決策的失敗原因可能是供應鏈的不同階段有過多或過少的產品所致。

二、整合供應鏈中的需求計劃與預測

　　公司必須將供應鏈上會使用到預測或影響需求的所有規劃活動聯結起來，這些活動包括產能規劃、生產規劃、促銷規劃和採購規劃…等，這些聯結必須存在

於資訊系統和人力資源系統的管理層級,因為許多功能都會受到規劃過程的結果所影響,所以,將它們整合到預測過程是很重要的;不過,在一般的情境中,銷售與行銷發展預測可以引導出行銷活動,以產出另一個不同的測來進行生產計劃;同時,製造基於過去資料來進行預測,並沒有考慮到任何的促銷方案時,可能會造成沒有足夠的產品供應零售商,而致出現拙劣的顧客服務。

由此可知,一家公司擁有跨功能的成員是很好的想法,其成員來自每個受影響的部門,並為預測需求來負責,所以,將供應鏈中不同公司的成員結合在一起工作,以創造預測是一最佳發展方案。

三、了解與確認顧客的類別

每家公司都必須辨識供應鏈服務的顧客類別,為了解與辨識顧客各種類別,顧客可以依服務需求、需求量、訂購次數、需求變化,以及季節性…等方面的相似度來做分類;一般而言,公司對不同的類別可以使用不同的預測方法,對不同的顧客類別清楚的辨識,做到正確與簡單的方式來進行預測。

四、確認影響需求預測的主要因素

公司必須辨識出影響需求預測的因素有哪些?針對這一些因素可以正確的分析發展適當的預測技術,以了解影響預測的主要因素為需求?供給?還是產品相關狀況?

在需求這一方面,公司必須確定需求是否正在成長?或在衰退?或有季節性的趨勢?這些估計值是基於需求而來;在供給方面,公司在決定所想要的預測正確性時,必須要考量有多少供應來源?若有較短前置時間的供應來源可供選擇,則具有較高正確的預測則可能不是那麼重要;再者,若只有唯一的一家供應商,而且其前置時間很長,那麼正確的預測就顯得具有相當的價值;在產品方面,公司必須知道一個被銷售產品的數個版本,以及這些產品的替代性與互補性,倘若這一個產品的需求影響其他產品需求或被其他產品所影響,要將兩個產品一起進行預測,因為公司在推出一個現有產品的改良版本時,因為新顧客將會購買改良的商品而使得現有的產品需求量下降。

由此可知,雖然根據歷史資料並不會顯示原有產品的需求會下降,但是公司在估計兩個不同版本的新舊產品的總合需求時,歷史資料仍有相當大的幫助,顯然,這兩個產品的需求應該放在一起做預測。

五、決定適當的預測技術

在選擇適當的預測技術上，公司首先必須了解與預測有關的預測範圍，這些預測範圍包括：地理區域、產品群及顧客群……等，公司必須了解每一個範圍在需求上的差異，同時，公司也必須明白每一個範圍有不同的預測和技術的運用。

在此階段，公司可以從定性、時間序列、因果分析或模擬……等不同方法來找到最適當的方法來運用。

六、建立預測的成果與誤差量測

公司應該建立清楚的績效衡量，用以評估預測的正確性和及時性，這些衡量必須與基於這一些預測所做的公司決策目標有相關，例如：使用預測資訊來對供應商發出訂單，供應商送出訂單需要多少前置時間，產品才會被銷售？

 **第五節　時間序列的預測方法**

任何的預測方法，其目的都在於為了預測需求的系統，以及估計需求隨機兩個部分。對於需求系統部分的資料，最基本的型式為水準、趨勢和季節性因素，在系統部分可能以很多種形式來呈現，其公式如下：

相乘：系統部分　＝　水準　×趨勢　×　季節性因素
相加：系統部分　＝　水準　＋趨勢　＋　季節性因素
混合：系統部分＝（水準＋趨勢）×季節性因素

系統部分的某種特定形式應用於某種預測，完全取決於需求的特性，公司可以發展出每一種形式的最適方法。

一、靜態性方法

靜態方法係假設新需求為已知時，不會去變動原先已估計的系統部分裡的水準、趨勢和季節性因素，在這種情況下，基於過去資料估計做為參數，然後使用相同資料進行所有未來預測。在需求的系統部分是混合，其公式為：

系統部分＝（水準＋趨勢）×季節性因素

同時，亦可以靜態的預測方法來做預測，其公式為：

$$F_{t+1} = [L + (t+1)T]S_{t+1}$$

L ：期間 0 的水準估計。

T ：趨勢估計。

S_t：期間 t 季節性因素的估計。

D_t：期間 t 可觀察到的真實需求。

F_t：期間 t 的需求預測。

（一）估計水準和趨勢

這個步驟的目的在於評估期間 0 的水準和趨勢，在估計水準和趨勢之前，必須將需求資料的季節因素去除，去除季節性因素的需求代表去除季節變動影響下所觀察到的需求，週期代號 P 代表每一季節性循環中的週期數。

當需求要去除季節性因素時，為了確保每一個季節給定相同的權重，取 P 個連續週期需求的平均值，由期間 $l+1$ 到 $P+1$ 的平均需求提供的第 $l+(P+1)/2$ 期間的去除季節性需求。若 P 為奇數，這種方法提供現存期間點來去除季節性需求；若 P 是偶數，這種方法提供介於 $l+(p/2)$ 期間，與 $l+1+(p/2)$ 期間中間的一個時間點去除季節性需求。

亦即，藉由 $l+1$ 到 $l+p$ 去除季節性需求與 $l+2$ 到 $l+p+1$ 期間，去除季節性需求兩者的平均值，可以得到 $l+1+(p/2)$ 去除季節性需求。在計算 t 季節性需求的過程如下：

$$P = 偶數 \overline{D}_t = [D_{t-(p/2)} + D_{t+(p/2)} + \sum_{i=t+1-(p/2)}^{t-1+(p/2)} 2D_i]/2p$$

$$P = 奇數 \overline{D}_t = \sum_{i=t-(p/2)}^{t+(p/2)} D_i / p$$

一旦需求被去除季節因素時，它一定不是以一個穩定的速率增加就是減少；因此，去除季節性因去的需求和時間 t 之間存在一個線性關係，這一個關係可定義為：

$$\overline{D}_t = L + T_t$$

同時，也要注意對原始需求資料及時間再使用線性迴歸是不適當的，因為原始需求資料是非線性的，因此，線性迴歸的結果也可能是正確的，所以，在計算線性迴歸之前必須將需求去除季節性因素。

（二）估計季節性因素

對於期間 t 去除季節性因去，真實需求 $\overline{S_t}$ 對去除季節性需求的比值，可以下列算式來表示：

$$\overline{S} = D_t / \overline{D_t}$$

若給定 r 個季節循環資料，對於一給定週期 $pt+i, 1 \leq i \leq p$，可以得到季節性因素如下：

$$S_i = [\sum_{j=o}^{r-1} \overline{S}_{jp+i}] / r$$

（三）適應性預測方法

對於適應性預測方法，在水準、趨勢和季節等因素的估計都會因為觀測到的需求值做修正，若欲建立一個基本的架構和幾種能用來進行適應性預測的方法時，架構是以當需求資料的系統組成，其包含水準、趨勢和季節性……等因素，最一般化的狀況來提供，有時，我們也可以提供混合形式的系統，然而，它很容易可以修正成其他的形式，架構也可簡化到特別狀況，例如：系統成分不包含季節性或趨勢，倘若已有一組 n 期間的歷史資料，而需求每隔週期 P 就重複性季節的循環一次，在給定每年循環一次的資料下，可以觀察到每一循環週期期數 $P = 4$。

就適應性預測方法，在期間 t 時對時間 $t+1$，可做下列的預測：

$$F_{t+1} = (L_t + lT_i)S_{t+l}$$

$L_t = $ 在週期 t 結束時水準的估計值。
$T_t = $ 在週期 t 結束時趨勢的估計值。
$S_t = $ 在週期 t 的季節性由來的估計值。
$F_t = $ 週期 t 需求的估計值。
$D_t = $ 在週期 t 觀察到實際需求。
$E_t = $ 週期 t 的預測誤差。

在適應性預測方法架構中，其包含下列四個步驟：

步驟一：計算起始值

由給定的過去資料來計算水準(L_0)、趨勢(T_0)及季節性($S_1,....,S_p$)因素…等數個起始值，完成這個步驟的方法如同靜態預測方法。

步驟二：預測

給定週期的預測值t，再利用週期 0 的水準、趨勢和季節性因素……等因素的預測值來進行第一步預測，即可進行週期 1 的預測。

步驟三：估計誤差

記錄週期的真實需求$t+1$，並計算在週期$t+1$的預測誤差E_{t+1}，亦即預測與真實需求之間的差，其表示式為：

$$E_{t+1} = F_{t+1} - D_{t+1}$$

步驟四：修正估計值

在已知預測誤差E_{t+1}下，修正水準(E_{t+1})、趨勢(T_{t+1})和季節性因素(S_{t+p+1})的估計值，此時，修正的做法是，當需求值低於預測值時，預測值會向下修正；當需求值高於預測值時，預測值會向上修正。

在期間$t+1$的修正估計值會被使用來進行期間$t+2$的預測，步驟二～四，一直重複到期間n所有過去資料都計算完成，在期間n的預測值將會被使用來對未來做預測。

以下，我們再來談談幾種適應性的預測方法，其中哪些方法最適合則取決於需求的特性和需求系統部分的組成。

1. 移動平均法

當需求假設沒有明顯的趨勢和季節性的因素時，可以使用移動平均法，其在下列的情況下可以成立：

需求的系統部分=水準

利用移動平均法可以最近 N 個期間的平均水準，當做期間 t 水準的估計值，其可導出下列：

$$L_t = (D_t + D_{t-1} + ... + D_{t-N+1})/N$$

所有對於未來期間需求的估計值，是相同且以目前水準估計值來估計，其估計值可表示如下：

$$F_{t+1} = L \text{且} F_{t+n} = L_t$$

在觀察了期間 $t+1$ 的需求之後，可以修正後得到下列的預測值：

$$L_{t+1} = (D_{t+1} + D_t + ... + D_{t-N+2})/N, F_{t+2} = L_{t+1}$$

因此，在計算新的移動平均，只需要加上最近的預測值，並拿掉先前的預測值，修正過的移動平均當成新的預測值。移動平均相當於是在預測時給定最近 N 個期間資料有相同的權重，並且忽略比這個新移動平均更舊的所有資料，當增加 N 個值時，移動平均變得較少，以反應到最近觀測的需求。

2. 簡單指數平滑法

當需求沒有明的趨勢或季節時，簡單指數平滑法是適當的方法，在此方法中可以下列的公式來運用：

需求的系統部分=水準

當水準(L_0)的初始值可以利用所有歷史資料的平均值來計算時，是因為需求已被假設沒有明顯的趨勢或季節因素，對於期間 1 到 N 的需求資料有以下的關係：

$$L_0 = \frac{1}{n}\sum_{i=1}^{n} Di$$

現在，對於所有未來期間的預測值都等於現在的水準預測值，且可以下式表示：

$$F_{t+1} = L_t \text{且} F_{t+n} = L_t$$

在觀察到期間 $t+1$ 的需求 D_{t+1} 之後，修正水準的估計值如下：

$$L_{t+1} = \alpha D_{t+1} + (1-\alpha)L_t$$

在此，$\alpha, 0 < \alpha < 1$，是對於水準的平滑指數。水準的修正值是在期間 $t+1$ 的水準觀測值 D_{t+1} 以及在期間 t 的水準估計值 L_t 的加權平均，能夠將給定期間的水準表示成現在需求和前面期間水準的函數，其可列如下式：

$$L_{t+1} = \sum_{n=0}^{t+1} \alpha(1-\alpha)^n D_{t+1-n}$$

水準的目前估計值是所有過去需求預測值的加權平均，伴隨著較接近觀測值的權重於較舊觀測值的權重，在預測值中有較大的 α 值就會愈能反應出最近觀測值的狀況。

3. 趨勢修正的指數平滑法（Holt 模式）

趨勢修正的指數平滑法適用於當需求的系統部分有水準和趨勢的特性，而沒有季節性因素時，可導出下列公式：

需求的系統部分=水準+趨勢

利用求解需求 D_{t+1} 和時間週期 t 的線性迴歸式可以得到水準和趨勢的起始值，其可如下所示：

$$D_t = at + b$$

在此情況下求取需求時間週期間的線性迴歸是適當的，因為假設需求有趨勢時，沒有季節性因素；因此，需求和時間之間的關係是線性的，同時，常數 b 為期間 $t=0$ 的需求估計值，並且是起始水準 L_0 的估計值。

常數 a 代表每週期需求的改變率，並且是趨勢 T_0 的起始估計值。對於期間 t 在給定水準 L_0 和趨勢 T_1 的估計值下，未來期間的估計值可表示如下：

$$F_{t+1} = L_t + T_t \text{ 且} F_{t+n} = L_t + nT_t$$

觀察期間 t 的需求後，修正水準和趨勢的估計值如下：

$$L_{t+1} = \alpha D_{t+1} + (1-\alpha)(L_t + T_t)$$
$$T_{t+1} = \beta(L_{t+1} - L) + (1-\beta)T_t$$

此時，$\alpha, 0 < \alpha < 1$ 是水準的平滑指數，$\beta, 0 < \beta < 1$ 是趨勢的平滑係數，在觀察上式，其分別有兩個修正值，修正估計值是觀測值與舊估計值的加權平均值。

4. 趨勢修正的指數平滑法（Winter 模式）

當需求的系統部分有水準、趨勢和季因素時，可使用本法，其關係式如下：

需求的系統部分=（水準+趨勢）×季節性因素

假設需求的重複循環期數為 p，一開始需求水準(L_0)、趨勢(T_0)和季節性因素($S_1, S_2, ..., S_p$)的起始估計值，亦可使用靜態性預測方法的程序來得到上述的起始值。

對於期間 t，給定水準(L_1)、趨勢(T_1)和季節性因素($S_1, S_2, ..., S_{t+p-1}$)的估計值，對未來期間的預測可以下式做表示：

$$F_{t+1} = L_t + T_t \;\; 且 F_{t+n} = (L_t + lT_t)S_{t+1}$$

在得到期間 $t+1$ 的需求觀測值後，修正水準、趨勢和季節性因素的估計值如下：

$$L_{t+1} = \alpha(D_{t+1}/S_{t+1}) + (1-\alpha)(L_t + T_t)$$
$$T_{t+1} = \beta(L_{t+1} - L_t) + (1-\beta)T_t$$
$$S_{t+p+1} = r(D_{t+1}/L_{t+1}) + (1-r)S_{t+1}$$

此時，$\alpha, 0 < \alpha < 1$ 是水準的平滑指數，$\beta, 0 < \beta < 1$ 是趨勢的平滑指數，另外，$r, 0 < r < 1$ 是季節性因素的平滑係數，以觀察每一個修正值來修正估計是觀測值與舊估計值的加權平均。

 **第六節　預測誤差的衡量**

　　好的預測方法能夠繪製出需求系統的部分，而非隨機的部分。預測誤差包含有價值的資訊，必須將之小心分析，管理者因為下列兩個重要因素而必須進行完整的預測誤差分析，其重點分列如下：

1. 管理者可以利用誤差分析，決定是否為目前的預測方法能夠正確的預測需求系統的部分。

　　假若一個預測方法持續有正值的誤差，管理者可確定這個預測方法是否有高估，以採取適當的矯正行動。

2. 由於偶發的情況會導致誤差，管理者要估計此預測誤差。

　　事實上，只要能夠與供應商簽定一定數量，以應付偶發的產能需求就足以應付預測上誤差所導致的錯誤。

　　所以，只要實際的誤差是在過去誤差估計內，公司通常能夠繼續使用其目前的預測方法，倘若公司察覺到誤差遠大於過去的估計值，這樣的發現可能會表現在所使用的預測方法更好；若所有的公司預測皆呈現高估或低估需求，這可能是公司必須改變預測方法的警訊。

　　如前所定義的期間 t 的誤測誤差以 E_t 表示，可成立下式：

$$E_t = F_{t\_}D_t$$

　　亦即，期間 t 誤差是期間 t 的預測值和期間 t 需求真實值兩者之間的差，所以，管理者至少要在需要利用預測值去做一些決策的前置時間前，即估計出預測誤差，例如：要預測被用來決定訂購量時，供應商的前置時間為 3 個月，管理者必須在真實需求發生前 3 個月前估計出預測誤差，在前置時間 3 個月的情況下，在 1 個月前才進行務測誤差的估計是沒有意義的。

一、預測誤差量度的指標(Mean Squared Error, MSE)

　　預測誤差量度的指標(Mean Squared Error, MSE)是平均誤差以下式做表示：

$$MSE_n = \frac{1}{n}\sum_{t=1}^{n} E_t^2$$

　　MSE 可能會與預測誤差的變異數有關：事實上，按估計，需求隨機部分的平均數為 0，變異數為 MSE。

　　定義在期間 t 的絕對誤差 A_t，即在期間 t 誤差的絕對值，可表示如下：

$$A_t = |E_t|$$

二、絕對誤差平均值(Mean Absolute Deviation, MAD)

　　定義平均絕對誤差是所有期間的絕對誤差平均值，其可表示如下：

$$MAD_n = \frac{1}{n}\sum_{t=1}^{n}A_t$$

　　MAD 可被使用來估計隨機部分的標準差，並假定隨機部分是依循常態做分配，在此情況下，隨機部分的標準差可以下式做表示：

$$\sigma = 1.25MAD$$

　　此估計需求的隨機部分的平均值為 0，需求隨機部分的標準差為 α。

三、平均絕對百分比誤差(Mean absolute percentage error, MAPE)

　　平均絕對百分比誤差是平均絕對誤差對需求的百分比，其可下式做表示：

$$MAPE_n = \frac{t=1\sum_{}^{n}|\frac{E_t}{D_t}|100}{n}$$

　　要判斷預測方法是否持續高估或低估了需求，可以使用預測誤差的總和去評估此偏態(Bias)，其可列如下：

$$bias_n = \sum_{t=1}^{n}\sum_{t=1}^{n}E_t$$

　　此時，若誤差是真的隨機且不會偏向高估或低估，則偏態會在 0 附近移動，若將所有的誤差放在圖上，則會穿過這些誤差點的最佳直線斜率應為 0。

四、追蹤指標(Tracking Signal, TS)

追蹤指標是偏態和 MAD 的比值，其可表示如下：

$$TS_t = \frac{bias_t}{MAD_t}$$

若在任何期間的 TS 值在正負 6 的範圍外時，這個訊息代表預測是偏態，且不是低估，也不是高估。在這種情況下，公司可以決定另外選擇一個新的預測方法，以追蹤指標值為一極大負值為例，可能有此結果的原因是需求有成長趨勢，而管理者正在使用的預測方法卻是移動平均水準所致，這是因為趨勢因素沒有被考慮進去，過去需求的平均值永遠會低於未來需求，同時，負值的追蹤指標也會持續偵測到這個預測方法是否會低估需求，而對管理者發出警告。

第七節　資訊科技在預測中扮演的角色

在涉及大量資料處理、預測的實施頻率，以及獲取高品質的結果，就可以感受到資訊科技的重要性。供應鏈資訊系統的預測模組，通常被稱為需求計畫模組，其為供應鏈軟體產品的核心，在預測中善用資訊科技的能力有一些優點。

商業需求計畫模組伴隨著非常先進，並具專業的預測演算規則，以這些方法得到的結果，比一般軟體更為精確，因為大部分的需求計畫應用系統，都能依據歷史資料來測試不同預測演算規則，以決定何者所採用的需求型態最適合；由此可知，取得許多預測方案是非常重要的，這是因為不同的預測演算規則，也會依實際需求型態提供不同程度的品質，此時，資訊科技可以用來為企業，甚至是產品及市場，選擇最佳的預測方法。

優良的預測系統，適用於廣大的產品類型，只要輸入任何新需求資訊，系統便能及時更新，使得公司能快速回應市場的改變，並能避免因反應延遲而增加的成本；優良的需求規劃模組不但能夠連結到顧客訂單，通常也能夠直接連結到顧客資訊，因而將最新的資料併入需求預測中。許多領域的進步就是因為資訊科技的革新，例如：協同計劃，就因為資訊科技創新，使得企業間能夠交換與併入測資訊而大有進展。

最後，正如需求規劃這個名稱的意義，這些規劃可促進需求的實現。優良的需求規劃模組已含許多工具，對於潛在價格變化對需求的衝擊，已能夠進行「假

定推測」分析。這些工具有助於分析促銷對需求的影響，也能用來決定促銷的時程和程度。

　　要注意的是，這些工具沒有一種是絕對安全可靠的。事實上，預測總是會有錯的。良好的資訊科技系統應有助於追蹤歷史預測的錯誤，並且把這些錯誤納入未來的決策流程。結構良好的預測，加上誤差的測量，能夠明顯改善決策的制定，即使有了這些複雜工具，有時候還是依靠人的直覺，這些預測技術工具的陷阱之一，就是太過依賴它們而忽略了人的因素、在運用這些預測並著重其結果的同時，也要記得它們無法評估某些未來需求比較質性的面向。

　　預測模組可從各主要供應鏈軟體公司獲得，包括 SAP 和 Oracle…等 ERP 公司，以及 i2 Technology 和 Manugistics…等最佳的供應鏈培訓業者取得有用的資訊；此外，還有許多統計分析軟體公司的程式也能用來作預測，例如：SAS、SPSS、MATLAB…等，有些以顧客關係管理系統為主的公司，產品中也包含預測單元，焦點設定在與顧客互動過程。

　　預測和資訊科技有著很深的淵源，預測模組是整個供應鏈軟體產業成長中的三大核心產品之一，典型的供應鏈資訊科技應用軟體，會有預測模組把預測資料提供給規劃模組，規劃模組會設定時程和存貨量，再交由執行系統執行；因此，預測可以說是供應鏈資訊科技的核心。

 **第八節　預測中的風險管理**

　　規劃未來的不可預知性，必須考量預測誤差的風險，因為錯誤的預測會造成存貨、設施、運輸、外包、訂購甚至資訊管理等資源的誤差分配。網路設計時的預測誤差可能會造成過多、過少或類型錯誤的設施建立；在規劃層級，計畫是依據預測來作決定，實際庫存、生產、運輸、外包和定價計畫皆有賴於精確的預測。即使在操作層級，預測也關係著實際的日常活動，由於這每一階段的初始過程即會影響其他許多過程，預測也就包含相當大的內在風險。

　　有很多原因會造成預測的誤差，其中有些更是經常發生，所以要特別注意。前置時間長就需要預測得更長遠，但會減低了預測的可信度，季節性因素也會增加預測誤差；當產品生命週期短的時候，因為預測時缺乏歷史資料，也會增加預測誤差；客戶少的公司，產品需求狀況往往不穩定，可作為依據的資料較少。預測往往比較困難；相形之下，產品需求來自許多小型顧客的公司，就比較容易作需求預測，所以，當預測是以供應鏈中間商所下的訂單為基礎，而不是根據末端

顧客的需求時，預測的準確度就會比較差，因為，當製造商的預測遠超過實際顧客需求時，會使得預測不可靠；如果不察看末端消費者的需求，公司永遠難以產生可靠的預測。

在減緩預測的風險上有兩個策略：一是提升供應鏈的回應性，另一個是利用機會整合需求。就協同供應商努力將前置時間由 8 週減到少於 3 週，增加回應性會使公司減少預測誤差，進而降低相關風險。整合需求旨在整合多重來源的需求，以避免需求不穩定所導致的問題，例如：Amazon 網路書店就是將地區需求整合到它的倉庫，所以預測誤差比其他書店來得低。

改善回應性和整合需求往往也會增加成本，加快速度可能需要作產能方面的投資，而需求的整合可能會增加運輸成本，因此，為了取得減緩風險和成本之間的平衡，就必須量身訂製一風險減緩策略，例如：處理日常用品這種能輕易由現貨市場調買而補足缺貨的產品時，就不適合花費鉅資來提升供應鏈的回應性；相對的，對生命週期短的產品，投資提高回應性就有其價值；同理，只有預測誤差高的時候，由整合需求的獲利才可能高；對預測誤差小的產品，投資於需求的整合可能較不恰當。

 **第九節　預測實務**

協同預測的建立和供應鏈夥伴協同常能獲得更精確的預測，然而，大多數預測的完成不但仍然在公司內，且是在公司的部門，這需要投入時間和努力，和供應鏈夥伴在分享資訊及產生預測建立關係。不過協同供應鏈效益常是成本的數量級數大。

資料的價值依其在供應鏈所處位置而定，縱然協同是一個熱門主題，但這並不意謂大量資料需要跨供應鏈共享，資料的價值依其在供應鏈所處位置而定，例如：零售商會發現 POS 資料對其商店的績效衡量非常有價值，然而，給配銷商的製造商並不需要所有 POS 詳細資料，因為製造商會發現從零售商處整合需求資料是非常有價值的，但零售商非常有價值的詳細資料對其叫沒有價值。為了避免各家公司協同時卻無法分類出何者有價值時被資料淹沒，應當考慮何種資料對每個供應鏈夥伴有價值，這是值得重視與探討的問題。

要確定要分辨出需求與銷售的差異。多數企業經常犯下將過去的銷售視為過去的需求這種錯誤；為取得正確的需求，對於因缺貨、競爭者行動、定價、促銷等而無法滿足需求做調整修正是必須執行的。在許多實務中，這些調整修正本質

上是屬定性的，但其對反應精確的真實性是非常關鍵，即使做起來並不客觀，但在預測上執行調整修正以趨向來自銷售的需求，將會增加預測的精確度和供應鏈的績效。

由此可知，供應鏈的需求與供給著重在下列四個面向，其分別為：

一、瞭解預測在企業和供應鏈中扮演的角色

在企業和供應鏈中，預測幾乎是每個設計和規劃決策的關鍵推動力，企業往往會預測需求，並將之用於決策考量中，然而，建立一個全部供應鏈整體的協同預測，並且將之視為決策的根據，協同預測大大提升預測的準確性，讓供應鏈的績效達到最大、最高；如果沒有採取協同的方式，供應鏈與需求之間的距離會拉得更遠，很可能會造成不良預測，使得供應鏈毫無效率、缺乏回應性。

二、分辨需求預測的組成要素

需求由系統部分與隨機部分所組成，系統部分衡量出需求的期望值，隨機部分衡量出需求偏離期望值；系統部分由水準、趨勢和季節性因素組成。水準代表目前去除季節性因素的需求，趨勢代表需求在目前成長或衰退的比率，季節性因素叫指出需求在季節上可預期的變動。

三、給定過去資料下，利用時間序列方法在供應鏈上預測需求

對於預測的時間序列方法可分為靜態性方法與適應性方法。使用靜態性方法在估計參與需求型態時都不會因為已觀察到新需求而予以更新，靜態性方法中包含迴歸；適應性方法則是每次觀察到一個新的需求，就更正估計值一次，適應性方法包括移動平均、簡單指數平滑、Holt 模式以及 Winter 模式。當需求沒有趨勢與季節性因素時，適合使用移動平均與簡單指數平滑；當需求有趨勢但沒有季節性因素時，適合用 Holt 模式；當需求同時具有趨勢和季節性因素時，適合使用 Winter 模式。

四、分析需求預測以及計預測誤差

預測誤差衡量需求的隨機部分，此度量很重要是因為其顯示出預測不正確的可能程度，以及公司可能會需要計畫的意外狀況。平均絕對偏差和平均絕對百分誤差被用來估計預測誤差；大追蹤指標和偏態被用來估計預測是否持續高估或是低估。

 **案分享** 藥品流通環境與醫藥物流的發展
第三方物流 3PL

習 題 Exercise

一、 對於和 Dell 一樣訂單生產的製造商，預測在供應鏈中所扮演的角色何？

二、 Dell 如何和供應商運用協同預測來改善供應鏈？

三、 對一家的速食店來說，預測在供應鏈中所扮演的角色為何？

四、 在對巧克力的需求而言，你期望它的系統與隨機的部分為何？

五、 若一個預測家宣稱預測過去資料不會有任何預測誤差，那麼，為何管理者會對此結果起疑？

六、 請舉例說明具有季節性需求的商品實例？

七、 若管理者使用上一個年度的銷售資料替代上一個年度的需求以進行下年度的需求預測。會產生什麼問題？

八、 靜態性與相適應性預測方法有何不同？

九、 MAD 和 MAPE 提供管理者付麼資訊？管理者可以如何使用這些資訊？

十、 偏態與追蹤指標提供管理者什麼資訊？管理者可如何使用這些資訊？

參考文獻　　　　　　　　　　　　　　　　　　　References

1. Astley, G. and Van de Ven, A. "Central Perspectives and Debates in Organization theory," Administrative Science Quarterly (28), 1983, pp.245-273.

2. Bagozzi, P., and Yi, Y. "On the Evaluation of Structural Equation Model," Journal of Academy of Marketing Science (16：1), 1988, pp.74-94.

3. Beamon, B. "Supply Chain Design and Analysis： Models and Methods," International Journal of Production Economics (55), 1998, pp.281-294.

4. Beamon, B. "Measuring Supply Chain Performance," International Journal of Operations and Production Management (19：3), 1999, pp.275-292.

5. Bentler, P. "Comparative Fix Indexes in Structural Models," Psychological Bulletin (107), 1990, pp.238-246.

6. Bollen, A. Structural Equations with Latent Variables, Wiley, New York, 1989. Brewer, P. and Speh, T. "Using the Balanced Scorecard to Measure Supply Chain Performance," Journal of Business Logistics (21：1), 2000, pp.75-93.

7. Calinescu, A., Efstathiou, J., Schim J., and Bermejo, J. "Applying and Assessing Two Methods for Measuring Complexity in Manufacturing," The Journal of the Operational Research Society (49), 1998, pp.723-733.

8. Carpano, C., Chrisman, J., and Roth, K. "International Strategy and Environment： An Assessment of the Performance Relationship," Journal of International Business Studies (25：3), 1994, pp.639-656.

9. Chin, W., Gopal, A., and Salisbury, D. "Advancing the Theory of Adaptive Structuration Theory： The Development of a Scale to Measure Faithfulness of Appropriation," Information System Research (8：4), 1997, pp.342-367.

10. Chopra, S. and Meindl, P. Supply Chain Management： Strategy, Planning, and Operation, Prentice-Hall, New Jersey, 2001.

11. Churchill, A. "A Paradigm for Developing Better Measures of Marketing Constructs," Journal of Marketing Research (16：1), 1979, pp.64-73.

12. Daugherty, P., Sabath, R. and Rogers, D. "Competitive Advantage Through Customer Responsiveness," The Logistics and Transportation Review (23：3), 1992, pp.257-271.

13. David, L., Philip, K. and Edith, L. Designing and Managing the Supply Chain：Concepts, Strategies and Case study, McGraw-Hill, New York, 2001.

14. Davis, T. "Effective Supply Chain Management," Sloan Management Review (Summer), 1993, pp.35-46.

15. Duncan, B. "Characteristics of Organizational Environmental and Perceived Environmental Uncertainty," Administrative Science Quarterly (17), 1972, pp.313-327.

16. Fawcett, S., Calantone, R. and Smith, R. "An Investigation of The Impact of Flexibility on Global Reach and Firm Perform," Journal of Business Logistics (17：2), 1996, pp.167-196.

17. Fisher, M., "What is the Right Supply Chain for Your Product," Harvard Business Review (75：2), 1997, pp.105-116.

18. Gatignon, H., Tushman, L., Smith, W., and Anderson, P. "A Structural Approach to Assessing Innovation： Construct Development of Innovation Locus, Type, and Characteristics," Management Science (48：9), 2002, pp.1103-1122.

19. Gerbing, D. and Anderson, J. "An Update Paradigm for Scale Development Incorporating Unidimensionality and Its Assessment," Journal of Marketing Research (25), 1988, pp.186-192.

20. Gerwin, D. "Manufacturing Flexibility：A Strategic Perspective," Management Science (39：4), 1993, pp.395-410.

21. Ghalayini, M., Noble, S. and Crowe, J. "An Integrated Dynamic Performance Measurement System for Improving Manufacturing Competitiveness," International Journal of Production Economics (48：3), 1997, pp.207-225.

22. Hair, F., Anderson, E., Tatham, L., and Black, C. Multivariate Data Analysis, Prentice Hall, New Jersey, 1998.

23. Harland, C. "Supply Chain Operational Performance Roles," Integrated Manufacturing Systems (8：2), 1998, pp.70-78.

24. Ho, C. "A Contingency Theoretical Model of Manufacturing Strategy," International Journal of Operations and Production Management (16：5), 1996, pp.74-98.

25. Jauch, L. and Kraft, L. "Strategic Management of Uncertainty," Academy of Management Review (11), 1986, pp.777-790.

26. Joreskog, K., and Sorbom, D. LISREL 8： User's reference guide, Scientific Software International Cop, Chicago, 1993.

供應鏈中的顧客關係管理

　　隨著科學技術的飛速發展和日益激烈的市場競爭，人們越來越強烈地感覺到客戶資源將是企業獲勝最重要的資源之一。這是因為：首先，現代企業的競爭優勢已不僅僅是產品本身，先進的服務手段已成為致勝的關鍵；其次，現代市場的競爭主要表現在對客戶的全面爭奪，是否擁有客戶取決於企業與顧客的關係狀況，它決定著顧客對企業的信任程度，而顧客對企業的信任程度則由他們在消費由企業所提供的產品和服務過程中所體驗到的滿意程度來決定，客戶滿意程度越高，企業競爭力越強，市場佔有率就越大，企業營利自然就越豐厚；最後，客戶需求還會隨著科技進步和經濟發展而變化和提高，亦是企業創新的動力和方向。為此，客戶關係管理 CRM(Customer Relationship Management)在這種市場的需要和企業營利目標的渴求下便繼 ERP 之後應運而生，本章主要是介紹客戶關係管理的基本概念，產生和發展的過程，組成和體系結構，並分節介紹了客戶關係管理的各個環節，如銷售管理與銷售自動化、市場支援與管理、交貨執行與追蹤管理、售後服務管理和呼叫中心管理…等。

第一節　客戶關係管理的基本概念

　　在企業外部的供應鏈中，企業要與上下游企業進行業務交往，在對其「廣義」的客戶，即供應鏈中的下游企業進行業務往來時，如何快速地回應他們的需求及其變化？如何與他們實現業務往來間的緊密聯繫和協同運作？如何發現和開拓新市場和新客戶？如何為客戶提供優質的產品和滿意的服務以留住原有客戶並使其成為自己的忠誠客戶，甚至是終身客戶？這些都是關係到企業生存和發展，並常常使企業頭疼的重大問題，同時也是客戶關係管理要解決的問題。只有應用好客戶關係管理，充分利用該資訊系統的理念、模式和功能，才能實現供應鏈上企業對下游業務的高效率和運作自如。

一、CRM 的基本概念

　　隨著科學技術迅速發展和市場競爭日益激烈，人們越來越明瞭客戶將是企業獲利最重要的資源之一。其因有三：第一，現代企業的競爭優勢已不僅僅是產品本身，完善的服務已成為致勝的關鍵；其次，現今市場的競爭主要表現在全面爭

奪客戶，此舉的決勝關鍵取決於企業與顧客的關係，它決定了顧客對企業的信任程度。而顧客對企業的信任程度則由其消費企業所提供的產品和服務過程中所體驗到的滿意程度來決定；最後，客戶需求還會隨著科技進步和經濟發展而變化和提高，這又是企業創新的動力和方向。為此，客戶關係管理 CRM(Customer Relationship Management)在市場需要和企業營利目標的渴求下成為企業資訊化管理行業的熱門話題和重要賣點。

二、CRM 的定義

　　目前，關於 CRM 的定義繁多，有著各式各樣的版本，這裡首先參照一些研究機構對它的定義：

1. Gartnet Group 認為：「所謂的客戶關係管理就是，為企業提供全方位的管理視角；賦予企業更完善的客戶溝通能力，將客戶的收益率最大化。」

2. Hurwib Group 認為：「CRM 的焦點是自動化並改善與銷售、市場行銷、客戶服務和支援等這些與客戶關係有關的商業流程。CRM 既是一套原則制度，也是一套軟體和技術。它的目標是縮減銷售週期和銷售成本，增加收入、尋找擴展業務所需的新市場、通路，以及提高客戶的價值、滿意度、獲利性和忠實度。」

3. IDC 認為：「客戶關係管理 CRM 首先是一種管理理念，其核心思想是將企業的客戶，包括最終客戶、分銷商和合作夥伴，作為企業最重要的資源，透過完善的客戶服務和深入的客戶分析來滿足客戶的需求，保證實現客戶的終身價值。」，「客戶關係管理是一種旨在改善企業與客戶之間關係的新型管理機制，它實施於企業的市場行銷、銷售、服務與技術支援等與客戶相關的領域。透過企業的銷售、市場和客戶服務人員提供全面、個性化的客戶資料，並強化追蹤服務、資訊分析的能力，使他們能夠建立和維護一系列客戶和生意夥伴之間其有成效的『一對一關係』，從而使企業得以提供更快捷和周到的優質服務，提高客戶滿意度、吸引和保持更多的客戶，進而增加營業額；另一方面則透過資訊共用和最佳化商業流程來有效地降低企業經營成本。」

4. 從管理科學的角度來考察，客戶關係管理源於市場行銷理論；從解決方案的角度評量，客戶關係管理是將市場行銷的科學管理理念透過資訊技術的手段整合在軟體之上，得以在全球達到大規模的普及和應用。

　　據此，歸納出如下的 CRM 的綜合定義為：「客戶關係管理(CRM)是一種以客戶為中心的管理思想和經營理念，旨在改善企業與客戶之間關係的新型管理機制，實施於企業的市場、銷售、服務與技術支援等與客戶相關的領域，目標是透

過提供更快速和周到的優質服務以吸引和保持更多的客戶,並透過對行銷業務流程的全面管理來降低產品的銷售成本;同時它又是以多種資訊技術為支援和手段的一套先進的管理軟體和技術,將最佳的商業模型與資料探勘、資料倉儲、一對一行銷電子商務、銷售自動化及其他資訊技術緊密結合在一起,為企業的銷售、客戶服務和決策支援等領域提供了一個業務自動化的解決方案。實際上,它是一種以客戶為導向的企業行銷管理之系統工程。」

在市場經濟高度發展、競爭日益加劇的今天,每一個仍然以傳統行銷理念經營的企業都會面臨下列問題:如何在龐大的人群中確定誰才最有可能成為自己的客戶?如何使他們真正成為自己的客戶?如何為現有的客戶提供其所需的服務而使其忠於自己的產品和服務而成為永遠的客戶?如何即時而有效的了解客戶對產品有什麼樣的回饋?在這樣或者那樣的困惑前,幾乎所有的企業都希望有一個簡便可行的方法和手段來解決這些問題,而 CRM 就是在這樣的大環境要求下誕生,CRM 是以每一個客戶作為一個服務個體,所以客戶行為的追蹤或分析,都是以單一客戶為單位,發現客戶的行為方式與偏好,同時確定應對策略或行銷方案。企業也必須不斷的觀察調整消費者行動的改變,並立即產生應對策略,才能掌握先機贏得客戶。

在 20 世紀 90 年代初,就有人提出了具有創意的客戶規模理論:「它認為決定一個企業成功與否的關鍵不是市場規模,而是在於客戶規模。」所謂客戶規模就是一個客戶的錢包規模,即企業在一個客戶的同類消費中所佔的規模大小,這如同一個企業營運良好與否不單單與營業額大小有關,更重要的是要看獲利狀況如何。只有佔據了客戶規模的企業才真正地得到了客戶的青睞,擁有了客戶的忠誠度,同時也佔據了市場規模。例如 AOL 花了 100 億美元,虧損 10 年,得到的財富就是擁有了 1,700 萬的用戶,這將成為進入 Internet 時代客戶資源是最寶貴的財富。

影響客戶對企業忠誠度的因素很多,但企業的客戶服務品質無疑是一個極為重要的因素。因此,如何為客戶提供滿意和優質的服務是客戶關係管理的一個重要的任務。一家著名的國際諮詢公司曾對此作過一個專題研究。研究結果顯示:當客戶首次感到服務不滿意時,有 60%會向企業投訴,其餘 40%會轉向其他提供相似產品或服務的企業;而在第二次感到不滿意時,只有 4%的客戶會選擇投訴,96%的客戶則會選擇轉而投向其他企業。對於投訴的客戶,若投訴的問題部分地得到解決,則只有 55%~70%的客戶會繼續與企業保持生意來往,如果投訴的問題得到快速而滿意的解決,那麼 95%的客戶仍然會與企業繼續保持生意來往。其次,每一位非常滿意的顧客會將其受到滿意的服務告訴至少 12 個人,其中大約有 10 個人在產生相同需求時會光顧該企業;而一位非常不滿意的顧客會

將不滿至少告訴 20 個人，這些人的反應是在產生相同需求時幾乎不再光顧被批評的企業。最後，企業若能提供優良的支援服務以使得客戶滿意，其直接效果是企業將增 6%~7%的市場佔有率；由此可見，支援服務品質對企業是極為重要的。

　　實施 CRM 是企業管理的巨大創新。在 CRM 概念形成之前的活動，例如：資料庫行銷，主要側重使一些個別的努力更加有效，而 CRM 則使整個客戶處理流程更有效率，這已不是單純的語義學問題，而是企業處理客戶關係方式的根本性的轉變。要實現這一點，企業必須深入分析和考慮其業務過程，並對其作出修改，但這對企業來說是一件不容易的事情。一般來說，人們注重的是行銷的結果，而不是它的過程，市場人員通常只做他們該做的事，因此，當客戶關係管理過程中引入先進的技術時，人們很難知道究竟該從哪裡下手；然而，任何企業在沒有首先對其內部流程進行分析和檢查之前，是不可能應用好的。要理解和把握 CRM 的應用，首先要了解有關客戶的定義和分類。

三、客戶的定義和分類

　　在 CRM 中，客戶是指任何接受或可能接受商品或服務的物件。任何接受或可能接受單位、個人供應商品或服務的個人或單位都稱為客戶。在這裡，並非一定要有商品或服務交易發生，對尚未發生交易關係，但存在交易可能的一切物件，都稱為客戶。這就是說，客戶並不等同於我們常常說的消費者。客戶又可分為外部顧客和內部顧客。

（一）外部顧客

　　是指企業外部的與企業有、或可能有商品、服務和貨幣交換的關係對象，共包括 4 種類型，如表 11-1 所示：

表 11-1　外部顧客的分類

外部顧客	特點／類型
消費顧客	產品或服務最終／可能消費者，是企業生存與發展的根本，其可分：(1)潛在顧客；(2)顧客；(3)常客。
中間顧客	他們介於企業和消費者之間，比企業更接近消費者，可以幫助企業在產品的銷售與服務；同時，也與企業發生直接的產品和貨幣之間的交換關係。其可分：(1)零售顧客；(2)批發顧客；(3)經銷顧客。
資本顧客	向企業提供金融資本並以企業購得資本增值效益的客戶，主要以銀行為主。
公司顧客	一種公眾利益代表，向企業提供其正常經營的基本資源，然後從企業的獲利中收取一定比例的客戶，例如：政府、協會等。

（二）內部顧客

在企業內部，各部門間也存在著提供產品和服務的過程，而既然有接受產品和服務的過程，依照客戶的定義來看，就表示有客戶存在。即便他們是企業內部的顧客，同樣存在 CRM 的概念。內部顧客是指企業的內部員工，分為 3 類型，如表 11-2 所示：

表 11-2　內部顧客的分類

內部顧客	特點／類型
職級顧客	由企業內部的權利程序所演變而成的顧客，其分可： 1. 任務顧客 　上下級之間，由於任務關係所形成的顧客關係，亦即上級將工作機會提供給下級，下級必須於上級指定的時間內完成，因此，上級是下級的任務顧客。 2. 條件顧客 　為了使下級完成任務，上級必提出保證條件，以創造機會去完成任務，因此，下級是上級基於條件的顧客。
職能顧客	由各部門間，藉由提供服務所構成的顧客關係，接受服務的一方即稱之。
程序顧客	在工作程序之間存在著服務或產品的提供和接受的關係，接受的一方即稱之。
流程顧客	在業務流程之間，存在著服務與產品的提供與接受之間的關係，接受的一方即稱之。

四、CRM 業務流程

CRM 業務流程定義和分析主要有以下四方面：

（一）要了解如何將潛在客戶、過客轉變為顧客

傳統上企業很少了解這個過程是如何進行的，客戶被「淹沒」於企業散發的成堆宣傳材料之中，無法分辨出客戶的性質。其中一些客戶被材料「打動」，購買了企業的產品或服務。過客往往會與企業擦肩而過，儘管他們再向前一步就是企業的顧客，企業必須去全力爭取這些最容易爭取的對象，放過他們就等於把資源白白地丟掉。同時，這種做法是針對具體產品、不同的市場區隔以及銷售通路進行思考而做出對策。因此，企業必須明白需要花多少精力、採用什麼樣的方式、用什麼樣的內容及花多少錢來讓客戶「跨過第一道門檻」。

（二）要了解如何管理中間客戶

很久以前企業就知道並非所有的客戶都是有利可圖，但卻沒有意識到，在一個通路組合中無利可圖的客戶很可能在另一個通路組合中是有利可圖的。同樣，在一個通路組合中有利可圖的客戶很可能在另一個通路組合中是無利可圖的。因此，企業需要科學化並有效地管理市場行銷通路（即它們與客戶間的業務情況與資訊）、銷售通路（即它們的銷售業績和需求）及服務支援通路。這樣，可以整合和最佳化行銷網路，從每個客戶身上得到最大利潤。

（三）要了解如何隨著時間的推移不斷地驅動客戶

客戶會隨著時間不斷變化，只要經過努力，從潛在客戶－顧客－常客－忠誠客戶的過程是能夠實現的。但大多數企業在這一轉變過程中停了下來，錯失了機會。因此，企業需要更深入地分析和考慮其客戶的分類、分佈情況，個別來自哪些範圍？這些客戶的成熟度如何？為得到這些客戶的長期行銷策略又是什麼？

（四）要了解如何滿足那些不滿意的客戶，這也最容易被人們忽視

企業要充分認識到與客戶的每一次接觸是多麼的重要，它直接關係到能增強還是降低其滿意度的問題；因此，企業需要有一個適當的業務過程，不僅要關心滿意的客戶，還要設法維護那些不滿意的客戶，使他們能回心轉意。這是策略規劃中一個微妙的變化，企業應該將與客戶的所有接觸都看作是使企業能夠長期成功的關鍵。一旦此一業務過程變得明確和流暢，企業就可以開始考慮採用何種技術來實現 CRM 的各項目標。

五、CRM 理論的起源

如果說企業管理的運動軌跡是一個圓圈，則顧客滿意度就是圓心。企業經營管理的中心由產值到顧客滿意，經過了一個漫長的歷程。CRM 能夠在 20 世紀 90 年代誕生，應該有其必然的社會背景。下面我們首先從學術理論上來追溯 CRMI 的演變過程，其次再從企業管理的角度來討論 CRM 的發展。

（一）CRM 學術理論上的演變

最初階段是理論階段，從 1910 年到 1980 年。從 20 世紀 50 年代開始，隨著行銷觀念的引入，消費者導向已成為公司經營的基本原則。於是許多企業提出了「顧客至上」的口號，讓客戶滿意，一躍而成為企業經營的原則。但在 20 世紀 80 年代之前，CRM 尚在形成自己的理論體系，僅是一種經營觀念存在於經營者的腦海之中。在該階段，它僅是一種經營思想，而不是一種經營技術，它發揮的

只是一種指導作用，不是主導作用。因此它還屬於理論範疇。另外，它只是企業經營過程中追求的目標之一，而不是一種策略體系，也就是說，它還沒有實在的內容，僅是一種追求境界。最後，它只是企業經營的一種價值觀，是對企業經營結果的一種看法，它對企業及員工產生的只是指導、約束、凝聚和激勵作用。

第二階段是策略階段。在該階段，學術界在大量地研究消費心理學的過程中發現了客戶關係的重要性，這使那些善於創新的企業很快就捕捉到它的價值，並開始將其融入到企業的經營運作中，並不斷豐富其內涵，逐漸形成了 CRM 理論體系，同時也將其反過來作為指導企業的經營策略。如 IBM 公司提出了「為員工利益、為客戶利益、為股東利益」，美國漢堡王公司提出了「任你稱心享用」，美國聯合航空公司提出了「你就是主人」等口號。

第三階段是實施階段，從 20 世紀 90 年代至今。由於受到 ERP 迅速發展和應用的影響，使企業的管理思想和環節可以由電腦系統來實現，甚至與 CRM 業務非常相似的銷售與分銷業務也已在 ERP 中得以實現。因此，人們開始開發出一系列的產品工具來使 CRM 管理更為完善，流程更加合理，效果更加顯著。該階段 CRM 不再僅是一個管理名詞和概念，更是一套人機交互系統和一種解決方案，它能幫助企業吸引潛在的客戶和留住最有價值的客戶。透過它，企業可以迅速地發現潛在客戶，並對客戶進行全面地觀察和管理，以進一步了解客戶的需求，並對客戶及其發展前景進行有效地預測，對其當前和潛在的利益進行科學的分析，進而維繫二者之間的關係，並從客戶身上獲得的最大利益。

（二）CRM 在企業管理觀念中的演變和發展

縱觀企業管理觀念的發展史，可以發現所有的企業管理觀念的變化都是為了更能使企業滿足市場發展的需求，即市場環境改變之後，企業為了在新的環境下生存和發展，必須跟隨市場的變化而變化，其變遷大體經歷了如下個階段：

1. 第一階段：產值中心論

其基本條件和環境是市場狀況為賣方市場，總趨勢是產品供不應求。當時，製造業處於鼎盛時期，企業只要生產出產品就不愁賣不出，企業的主要經營目標是如何在儘量短的時間內生產出更多的產品，一切都圍繞著產值，因此，這一階段企業管理的核心是產值管理。

2. 第二階段：銷售額中心論

由於現代化大量生產的發展，以產值為中心的管理受到了嚴重的挑戰，特別是經過了 1929～1933 年的經濟危機和大蕭條，產品的大量積壓使企業陷入了銷

售危機和破產的威脅，企業為了生存紛紛摒棄了產值中心的觀念，想方設法將生產出的大量產品銷售出去。因此，此時企業的管理實質上是以「銷售額」為中心的管理。為了提高銷售額，企業在外部強化推銷觀念，開展各種促銷活動來促進銷售指標的上升，對內則採取嚴格的品質控制來提高產品品質，以優質產品和高促銷手段來實現銷售額的增長，這就引發了一場銷售競爭運動和品質競爭運動。

3. 第三階段：利潤中心論

由於銷售競爭中的促銷活動使得銷售費用越來越高，激烈的品質競爭又使得產品的成本亦越來越高，這種成本、費用「雙高」的結果雖然使企業的銷售額不斷增長，但實際利潤不但沒有得到預想的增長，甚至還出現不斷下降的現象，這與企業追求的最終目標利潤最大化背道而馳。為此，企業又將其管理的重點由銷售額轉向了利潤的絕對值，管理的中心又從市場向企業內部轉移，管理的目標移向了以利潤為中心的成本管理，即在生產和行銷部門的各個環節上儘量削減生產成本和壓縮銷售費用，企業管理進入了利潤中心時代。

4. 第四階段：客戶中心論

由於以利潤為中心的管理一方面往往過分地強調企業利潤和外在的形象，而忽略了客戶需求帶來的價值，這種以自我為中心的結果導致了客戶的不滿和銷售下滑；另一方面，眾所周知，成本是由資源的消耗或投入組成，相對而言它是一個常量，在一定的科學技術水準限制下，不可能無限制地削減，當企業對利潤的渴求無法或很難再從削減成本中獲得，同時面臨客戶的抱怨聲，甚至棄之而去時，自然將目光轉向了客戶，更多地了解和滿足客戶的尋求，並企圖透過削減客戶的需求來維護其利潤。這就使利潤中心論退出了歷史舞台，企業開始從內部挖錢轉向爭取客戶，這時客戶的地位被提升到了前所未有的高度，企業管理由此進入了以客戶為中心的管理。

5. 第五階段：客戶滿意中心論

隨著經濟時代由工業經濟社會向知識經濟社會過度，經濟全球化和服務整合成為時代的潮流，客戶對產品和服務的滿意與否，成為企業發展的決定性因素，而在市場上需求運動的最佳狀態是滿意，客戶的滿意就是企業效益的源泉。因此，「客戶中心論」就昇華並進入更高的境界，轉變成為「客戶滿意中心論」，這是當今眾多企業經營管理的中心和基本觀念。

（三）消費者價值選擇的演變和發展

就最終消費者來講，其價值選擇的變遷也相對經歷了以下三個階段：

1. 第一階段是「理性消費時代」

這一階段的恩格爾係數較高，社會物質尚不充裕，人們的生活水準較低，產品的選擇範圍也有限，消費者的消費行為是相當理智的，不但重視價格，而且更看重品質，追求的是物美價廉和經久耐用。此時，消費者價值選擇的標準是「好」與「差」。

2. 第二階段是「感覺消費時代」

在這一階段，社會物質和財富開始豐富，恩格爾係數下降，人們的生活水準逐步提高，消費者的價值選擇不再僅僅是產品的經久耐用和物美價廉，而是開始注重產品的形象、品牌、設計和使用的方便性等，這使得消費者的選擇轉變為「喜歡」和「不喜歡」。

3. 第三階段是「感情消費時代」

隨著科技的飛速發展和社會的不斷進步，人們的生活水準大大提高，消費者越來越重視心靈上的充實和滿足，對商品的需求已跳出了價格與品質的層次，也超出了形象與品牌等的侷限，而對商品是否具有感動心靈的魅力十分感興趣，更加著重追求在商品購買與消費過程中心靈的滿足感。因此，在這一時代，消費者的價值選擇是「滿意」與「不滿意」。

客戶的滿意是一種心理狀態，也是一種主觀的態度，這種態度可以由認知和感情構成，而滿意的程度可由「客戶滿意度」來衡量。在 20 世紀 80 年代末和 90 年代中期，電腦業的鉅子 IBM 公司曾出現了一次經營史上空前的危機，這一災難性的打擊幾乎將 IBM 推向了崩潰的邊緣，讓人覺得大勢已去，市場佔有率下降了 12 個百分點，股票市值由 178 美元跌至 110 美元，年虧損額高達 80 多億美元，公司裁員 10 萬人。管理專家在對其危機進行診斷時所做出的結論是「過分強調外在形象和企業利潤，而忽略了客戶的需求」。

六、CRM 在供應鏈中的作用和地位

在企業外部下游供應鏈上，客戶關係是最為重要的供應鏈成員關係。因此，客戶關係管理也是下游供應鏈成員之間關係管理的重點。從供應鏈的管理內容我們知道，客戶是供應鏈管理的焦點，特別是當前的供應鏈是市場驅動的「拉」式供應鏈模式，有效的客戶關係管理會對整個供應鏈產生強有力的導向作用，它能

導致下游供應鏈上成員間更好地溝通和資訊傳遞，為企業內部供應鏈和上游外部供應鏈帶來更準確的需求預測和更大的市場需求，並減少需求變異，使整個供應鏈的成員都能對供應鏈有快速的回應。

　　供應鏈上的企業與自己廣義的客戶要保持實現業務往來間的緊密聯繫和協同運作，開拓新市場和新客戶，為客戶提供滿意的服務以留住原有客戶並使其成為忠誠客戶，甚至是終身客戶，因而又有人將這種企業外部的下游供應鏈稱作需求鏈。需求鏈上每一個企業與其下游企業業務連接的最好的管理系統和工具就是CRM。如果供應鏈上的每一個企業都能很好地應用 CRM 管理好下游業務，則會使整個供應鏈業務能具有更流暢的溝通和協調，更快速地推出新產品和滿足客戶的需求，以更低的供應鏈總庫存量、更短的提前期、更高的產出率，更快的回應能力和更可靠、更準確的交貨和服務能力，見圖 11-1 所示：

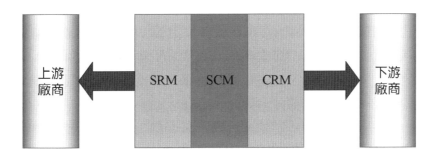

圖 11-1　CRM 在供應鏈中的地位

　　需求鏈通常是由通路夥伴、批發商、零售商、配送中心、客戶等組成的複雜網路構成，它的緊密連接和快速回應能滿足最終消費者的需求。不幸的是，許多需求鏈時常處於斷裂狀態，阻礙了需求信號在整個鏈中的自由流動，特別是位於供應鏈較上游的企業對需求資訊缺乏必要的了解，因此無法適當地為下游提供快速的服務。

　　當供應鏈上供需之間的鏈結斷裂時，也同樣會導致客戶關係的惡化。有一個著名的例子，在前幾年電子商務盛行時，在北美，耶誕節期間人人都需要購買聖誕禮物，許多人在節日前透過網路商店訂購了禮品，但由於當時網路商店接到了太多的訂單，其交付能力無法即時滿足這些客戶的需求，許多客戶直至耶誕節之後也未能得到聖誕訂購的物品。結果是導致網路商店被客戶起訴並最終破產。這充分顯示了供應鏈的「供」與「需」無法緊密的配合，需求鏈出現了斷裂；同時，也從另一個方面說明了 CRM 對供應鏈的重要性。因此，真正的 CRM 應理解為

貫穿整個客戶價值週期管理與客戶的關係，整個客戶價值週期包括市場行銷、銷售、產品交付和售後服務。

正如所說：「關鍵的一點，要理解 CRM 不僅僅涉及到如何使客戶滿意。CRM 還涉及到如何與客戶建立關係，這種關係使得他們不太可能往別處走，CRM 講的是客戶忠誠度。」乍聽之下似乎不是一件難事。但是，將這種理解轉化為業務過程就不是簡單的事了。客戶忠誠度達到這一水準需要注意兩個問題：

1. 在面對客戶的系統沒有與供應鏈系統相連結的情況下，如何向客戶做出準確和可靠的承諾？

2. 如何有效地履行對客戶做出的承諾而又不影響客戶服務的水準？

大多數 CRM 系統在執行銷售和市場行銷計畫以及追蹤事務處理過程是非常有效的，但是，對預測和制訂能獲利的計畫就無能為力了。正如 Meta Group Research 所說：「理想的情況是，獨立於通路的 CRM 交互反應／事務處理過程應拉動上游供應鏈，產生無縫的需求－客戶－訂單－貨源／生產交貨週期。」因此，在供應鏈上的企業需要一套完整的、鑲嵌在供應鏈管理中 CRM 解決方案，它們不僅要解決「市場行銷、銷售和客戶服務」的問題，而且還要確保「履行」過程是客戶週期的整體組成部分。同時，CRM 又是供應鏈管理中的重要環節，供應鏈管理的第一個步驟就是確認關鍵客戶或關鍵客戶群，這通常表現在企業的業務規劃中，同時要確定客戶的服務水準和建立服務網路與範圍團隊，執行關鍵客戶的夥伴計畫，與之簽訂產品與服務合約，而客戶關係的改善能使企業進一步與客戶溝通，並進行需求預測，確認和消除供應鏈上的需求變異原因。

 第二節　CRM 的組成部分和應用狀況

一、CRM 的技術支援

近年來，CRM 廣泛應用與普及應歸功於資訊技術的進步，特別是網際網路技術的進步，如果沒有這些核心技術進步的推動，CRM 應用實施會遇到特別大的阻力，故可說是這些先進 IT 技術是推動 CRM 應用發展的加速器。圖 11-2 顯示了 CRM 層次結構，該結構共分為 4 層，分別為：應用層、最佳化層、分析層和系統整合層。

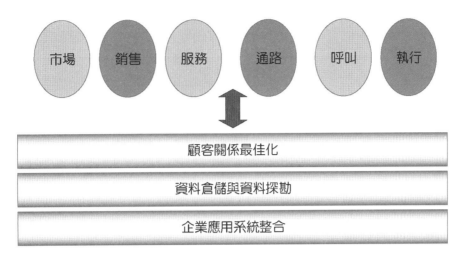

圖 11-2　CRM 的層次結構

（一）應用層的技術支援

　　該部分是企業資訊化管理的前端部分，包含了 CRM 的所有管理功能，這些功能需要先進 IT 和管理技術來支援，其主要 IT 支援技術有：電腦電話整合 CTI、電腦／工作站、Web，基於瀏覽器的個性化服務技術、網路技術、聲音影響技術、ACD／PBX 系統、ACD／呼叫分配軟體和系統、OLTP 線上交易處理技術、多種資料處理技術、基於聲音的通訊技術、無線技術、IP 電話技術、電話和聲訊自動處理技術、安全技術以及整合技術…等。

　　為了使 CRM 系統更具有通用性和開放性，更加標準化和易於與其他系統整合，CRM 軟體商大量使用通用及開放的開發平台與技術，如採用通用的標記語言 UML，用於描述商業流程的視覺化語言；支援用於執行商業流程的商業流程執行語言 BPEL；能將商業流程表示為公共物件模型(Commnon Object Model, COM」) XML 與 XSA；支援將公共物件模型轉變為網路服務 XSLT、WAP、Java、J2EE 等；企業應用整合(EAI)開發商們都採納這些語言，以及 ASP、webserVice 等。

（二）最佳化層支援技術

　　客戶關係最佳化 CRO(Customer ReIation Optimation)是 CRM 的最佳化支援部分，CRO 系統結構如圖 11-3 所示。CRO 介於資料倉儲和應用業務層之間，直接支援應用層的業務。它主要由 OLAP 技術、最佳化模擬技術、策略分析技術、介面技術、CRM 工作流程設計與管理技術、Web 與 E-mail 等技術實現對 CRM 最佳化的支援，以滿足應用業務層次和它們之間協同的功能需求，最佳化企業與客戶之間的關係。

圖 11-3　CRO 的系統架構

（三）分析層技術支援

　　分析層主要採用的技術是資料倉儲和資料探勘技術，利用資料倉儲儲存和獲取 CRM 業務所需要的各種歷史資料；利用資料探勘技術和統計分析對資料進行處理，分析客戶和市場策略，為 CRM 各項業務活動和最佳化提供有效的資料支援和分析工具。在企業資訊化管理過程中，不僅僅是 CRM 需要資料倉儲和資料探勘技術支援，其他的業務管理環節同樣需要它們。

（四）企業應用系統整合層技術支持

　　一般來說，如果企業具有多個管理資訊系統的應用，則需要對這些系統進行整合，目前多採用企業應用整合 EAI(Enterprise Application Integration)技術來實現。

　　一個完整 CRM 解決方案需要將其銷售自動化、銷售追蹤、客戶服務、市場活動等業務與其後端的業務相連接，例如：與財務、計畫、製造、採購、最佳化介面庫存、分銷、物流和人力資源…等業務連接起來，從而提供一個閉鎖的客戶互動循環系統，因此必須與 ERP、SRM、SCM、電子商務和物流管理等系統進行緊密連接。對於一個大型企業來說，只有這樣的體系結構才能夠滿足其客戶關係管理的需求。當然，對於一些中小型企業，則可以根據自己的狀況，選擇相對應的系統來構造企業級的 CRM 和企業應用系統的整合。但一定要在能夠滿足企業 CRM 功能的前提下，儘量考慮其可擴展性，以及避免功能重複和系統的重複，以節省資金和時間。CRM 整體架構、功能以及與其他相關、支援系統的連接如圖 11-4 所示：

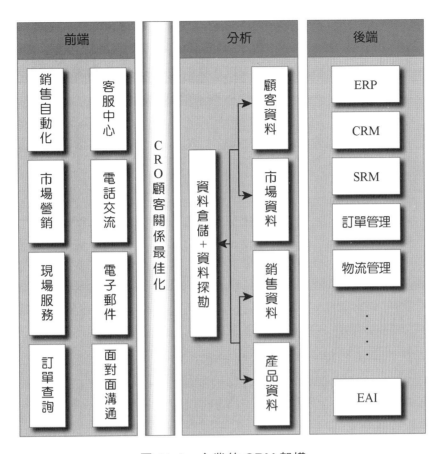

圖 11-4　企業的 CRM 架構

（五）CRM 系統的技術結構

以一個典型的四層架構企業級 CRM 技術系統為例來進行介紹，如圖 11-5 所示，它分為表示層(Presentation Tier)、Web 伺服器層(Web Server Tier)、應用伺服器層(Application Server Tier)和資料層(Data Tier)。它整合了資訊引擎技術和 Internet 技術，從軟體體系結構上保證應用系統在性能上可擴展、可規模化，在功能上具有開放性和可延縮性，是一種能夠滿足未來企業級資訊共用、業務操作的應用框架。

四層架構實現在 Internet 上，用戶端在網路通訊上使用 Web 系統 HTTP 協議。Web 系統是針對資訊的發布和檢索而設計，從根本上來講是一種無連結、無狀態的通訊協議。在商業領域的業務網路應用系統中，傳統的網路模型是 Client ／Server 結構，其核心思想是在一條通訊連結上進行請求／應答方式的業務資料交互。四層架構的目的就是要在 HTTP 協議上解決連結保持、狀態轉化和事務處理完整性等問題，同時兼有上述兩種系統的優越性。

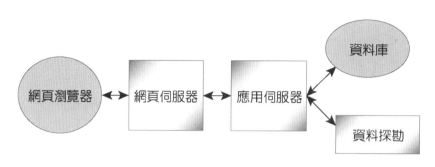

圖 11-5　CRM 四層架構

二、CRM 的主要組成和功能

　　傳統的 CRM 主要包括四部分，亦即客服中心、銷售自動化、市場行銷和售後服務；最初，CRM 是圍繞著如何吸引客戶，如何提高銷售額展開的，因此也是從銷售自動化和客服中心的業務開始的，後來，為了更能有效地支持銷售，加入了市場的支持和開拓，以及售後服務部分。

　　然而，人們隨後發現，從市場銷售的售後服務，同時伴以客服中心支援的這一條業務鏈環看上去很完美，但在實際業務運作了一段時間後，就會發現這條業務鏈環中有斷裂的部分，問題出在訂單的履行和交貨問題上。通常，市場和銷售職能在獲得了訂單後，會將眼光轉向新的目標，而售後服務則關注產品和服務在已送達客戶後、使用中出現的問題。這樣一來，在一個完整的客戶和服務的業務過程中就少了一個環節，使得業務鏈環上出現了斷裂點。其結果是引起客戶的不滿和怨聲載道：在簽約時不知何時能夠交貨、在簽訂合約後對合約的轉向狀態一無所知、到了交貨的時間還遲遲不見貨到、催貨時常常發生推諉現象……等等。這種代價往往是慘重的，會丟失原有的客戶和帶來不好的聲譽。有統計資料顯示，開發一個新客戶的成本是留住一個老客戶 5 倍；而一個老客戶的損失，只有爭取 10 個新客戶才能彌補。

　　同時，為了管理客戶業務，CRM 系統又先後增加了通路管理、最佳化支援、工作流設計與管理、事件管理和資料的獲取、整理、分析、自助服務等功能，甚至還有在 CRM 中加入了部分決策支援功能；CRM 這些功能組成部分能夠支援和完成客戶管理的所有前端業務，並透過系統整合方案和工具實現與企業管理後端系統的整合，實現與 CRM 相關的業務環節、業務部門和功能實現緊密連接和協同運作；CRM 的主要功能和結構組成如圖 11-4 所示；因此，為了彌補這一不足之處，實現客戶關係管理的全程運作，一些 CRM 系統又納入了訂單履行和交貨管理這一環節，構成一個完整的閉環系統。目前 CRM 系統普遍都具有這些主要的功能，見圖 11-6 所示：

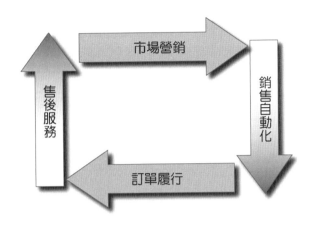

圖 11-6　完整的 CRM 閉環功能

三、CRM 目前的應用狀況、效益和未來的發展

（一）CRM 的應用狀況

隨著 CRM 解決方案的管理概念、功能和支援技術的不斷發展和成熟，它的應用已成為管理資訊化領域中繼 CRM 之後最為矚目的聚光焦點，特別是 2010 年，CRM 的應用真正形成了市場，開始步入繁榮期。據 lDC 報導，1999 年 CRM 全球收入驚人地增長了 80%，從 2010 年 9,899 億美元增加到 2013 年 4.5 兆美元，是 CRM 飛躍的一年。

之後，CRM 藉網際網路的迅速發展，與電子商務相結合，獲得了廣泛的傳播和發展。儘管在 2010 年後，世界經濟進入衰退期，全球 IT 業發展緩慢，但企業對 CRM 的需求和熱情還是有增無減，人們對 CRM 前景的展望仍抱樂觀態度，據 Hewson Group 預測，歐洲 CRM 產品的市場將保持 35%的增長，而美國 2010 年市場增長率為 78%。目前，仍有許多其他應用軟體廠商不斷湧入這一市場，例如：世界頭號軟體商微軟公司透過收購方式即將推出針對中小型企業的 CRM 解決方案，欲從此市場中分得一杯羹。

在行業應用方面，Deloitte&Touchp 諮詢公司在對全球 1000 個實施 CRM 公司的調查報告中提出了分佈資料，見表 11-3：

表 11-3　CRM 的實施狀況

行業分佈	百分比
製造業	15%
服務業	67%
流通業	8%
零售業	14%
政府機關	3%
慈善機構	3%

資料來源：Deloitte&Touchp 諮詢公司(2013)

2013 年，CRM 在全球還只是處在概念的傳播和普及階段，真正的應用起步是從 2000 年開始。然而，在短短的數年中，CRM 市場已有了跳躍式的增長，它的概念在中國大陸的企業中已是家喻戶曉、耳熟能詳，並已有許多企業開始實施和應用相關軟體來增添效益了。根據賽迪諮詢的調查(2012)顯示，到 2012 年中國大陸 CRM 軟體市場規模將達到每年 12 億新台幣；根據 IDC 中國公司的最新研究資料顯示，中國大陸 CRM 軟體市場在 2013 年獲得了 86%的爆炸性增長，從上半年的 390 萬美元增長到下半年的 680 萬美元，到 2012 年底，這一市場規模將持續攀升至 3890 萬美元。許多項調查資料還顯示，這個成長速度還會持續下去，從全球應用情況看，大型企業主要集中在銀行、保險、證券、電信…等服務行業，以及製造企業，且而中小型企業 CRM 應用範圍雖然較為廣泛，但大多都侷限在客服中心和銷售自動化方面。

CRM 在實施和應用上還存在著許多問題，一些實施了 CRM 的企業聲稱它們的專案沒有成功或沒有得到預期的效果。Forsyth 在 2013 年的調查報告中指出「許多採用 CRM 的企業認為 CRM 項目無法實現它們期望的價值」；另一個來自 Bainand Co(2007)的調查報告顯示，55%的企業已經失敗了，1/5 的 CRM 實施被認為會破壞客戶關係(BainandCo2001)。這些早期實施 CRM 沒有取得成功的原因主要有以下 4 方面：

1. 如何選擇正確的軟體系統，企業在選擇軟體時沒有明確的目標，不知道自己真正需要什麼樣的軟體、什麼樣的功能、什麼是最適合自己的，因此在選擇軟體時就邁錯了第一步，給後面的實施和應用留下了隱憂。

2. 沒有適當地對企業的業務過程作一些相應的變革，國際 CRM 論壇進行的一次調查發現，87%的受訪者認為這是 CRM 項目實施失敗的首要原因，如果業務過程本身不合理，系統再好也是與事無補。

3. 在實施過程中必須要有企業高層領導對項目的高度重視和支援，使企業樹立以客戶為中心的價值觀、正確的員工態度和行為，確定 CRM 的策略方向，消除部門間的障礙，否則 CRM 實施是無法成功的。

4. 在執行過程中，要重新定義績效指標和衡量標準，以及激勵辦法，在 Accenture 諮詢公司 2013 年的一個調查研究中顯示：由於 CRM 績效指標…等不同而導致企業銷售收入出現 28%~60%的差異；因此，企業在實施 CRM 時，應該在這四方面有足夠的重視，採取相應的對策來解決。

（二）CRM 為企業帶來的效益

隨著 CRM 在企業中越來越多的應用，已幫助許多企業獲得效益，這種效益明顯地展現在銷售額的增加上。來自 Price Waerhouse Coopers(2007)的一項研究指出：CRM 策略在銷售中產生了 8%的成長；又據國際 CRM 論壇統計，成功的 CRM 應用能使企業每年增長 6%的市場規模，提高 9%~10%的基本服務收費。企業在應用 CRM 後，普遍改善了服務品質和客戶忠誠度，加快了對客戶的回應速度和銷售週期，改進了定價和推銷活動，提高了利潤率並降低了銷售成本，為客戶提供了更加個性化的服務；同時，也避免了在無效的市場行銷活動上浪費、降低了退貨率，增強了對新市場區段的辨識和洞察力，並透過增加反覆購買的頻率，最大幅度地擴展了客戶群。因此，贏得了客戶、時間、效率、市場和效益。特別是在與客戶溝通頻繁、客戶支援要求高的行業，例如：銀行、保險、房地產、電信、家電、民航、運輸、證券、醫療保健等行業更為突出。

目前，越來越多的企業正在從單純評價軟體產品功能和特色中走出來，更加關注 CRM 的投資報酬率，企業在實現 CRM 策略的過程中將逐漸認識到，CRM 方案的成本和利潤是至關重要的，他們將努力掌握那些財務影響和經濟因素以幫助 CRM 策略的成功實現。ROI 分析的目的是 CRM 方案的成本、利潤和回報率，CRM 投資能否比其他投資產生更大的收益。

（三）CRM 的未來

全球越來越多的企業開始投入大筆資金實施 CRM 系統，據 IDC 集團 2010 年 2 月的研究報告顯示，全球 CRM 服務市場將出現 45%的年度複合式成長率，在 2013 年將達 870 億美元；而 Dataquest 公佈的預測顯示，CRM 服務市場 2012 年將增長 45%，達到 870 億美元，到 2015 年時將達 1,400 億美元。Hewson Group(2007)預測歐洲 CRM 產品的市場將保持 15%的增長，英國則預計在 2015 達到 300 億英鎊。

　　CRM 未來發展，除了在量的增長外，還會出現下列特點和趨勢：

1. 企業在實現 CRM 策略的過程中也將逐漸認識到，CRM 方案的成本和利潤是非常重要的，它們將努力掌握那些有助於 CRM 策略成功的因素。在企業對快速實現投資回報的前提下，CRM 實施的過程將進一步縮短，企業和 CRM 供應商將共同努力使軟體系統更加易於配置和實施。根據 Meta Group 的研究報告顯示，從 2001 年中期到 2002 年底，投資於「企業級 CRM」的企業較少，較多的企業還是選擇了小型的、短期的、更具實效的項目。

2. 接入平台的激增將推動 CRM 市場的成長。隨著無線和手持設備的快速發展，使企業可以選擇多種通訊方式，特別是被廣泛看好的行動通訊方式。由於銷售、市場和服務人員的移動性非常高，無線通訊技術使他們可以借助於筆記型電腦、PDA，以及其他終端設備與客戶進行快速溝通。同時，用於行銷和客戶服務的電子郵件通訊近幾年將急速增長，發展會更迅猛。

3. ASP 模式將進一步擴大 CRM 的應用。ASP（應用服務供應商）模式將成為 CRM 行業中的一種新的應用趨勢，ASP 模式的 CRM 客戶不需要配備專門的 CRM 系統和管理與維護人員，企業可以透過網際網路從第三方 ASP 獲得所需的 CRM 應用服務。ASP 供應商提供部分或全部的 CRM 軟體和支援性服務、來滿足其客戶對它們的客戶管理的需要。當前，在 CRM 市場的 ASP 應用尚處於初期階段，主要原因是符合企業實際應用的 CRM 軟體、行動方案、服務規範與服務過程等均處於發展初期，需要有一個發展和累積的過程，才能逐步成熟。此外，網際網路本身在基礎建設、安全技術、使用成本等方面還不能滿足 ASP 實際應用的需求；但是，由於 ASP 模式潛在的很多優勢，它將逐步成為 CRM 應用的一種重要的方式。

4. 隨著 CRM 軟體的成熟，將來的 CRM 軟體不再只是業務流程的自動化，分析功能將進一步成為完整 CRM 產品的組成元件。以往的 CRM 側重於業務的處理，若想更好地利用 CRM，則需要利用線上分析處理(OLAP)、資料倉儲、資料探勘、商業智慧和知識管理等技術對資料進行處理和分析，發現資料中存在的關係和規律，根據現有的資料預測未來的發展趨勢，經過資料萃取和分析可以改善定價策略、提高市場佔有率、提高客戶忠誠度和發現新的市場機會，以及利用決策技術來制訂最佳的企業策略和戰術決策，使企業真正實現獲利。

5. 個性化和一對一行銷為 CRM 增加活力。個性化和一對一行銷理念雖然並不新穎，但在感情消費時代，消費者的消費意識和消費決策完全是依賴於個人的偏好，因此，如何貼近客戶、收集高度個人化的客戶資訊對留住客戶、增加客戶和制訂行銷策略都是十分重要的。特別是在電子商務時代的網路行銷，消費者面對的是一個虛擬的購物環境，個性化和一對一的行銷手段能使他們對電子商店產生一種親切感和信任感。

6. 與其他管理和 IT 技術更多地交融和整合。在未來，CRM 將與合作夥伴關係管理、知識管理、競爭情報管理、商業智慧、電子商務等管理技術更加緊密地結合和交融，同時與其他後端應用系統實現完全整合，進一步展現多道路、多部門、多業務的整合與協同，實現資訊的同步與共用，從而提供一個封閉的客戶互動循環系統。這種整合不僅僅是低階層的資料同步，還應該包括業務流程的整合，這樣才能在各系統間維持業務規則的完整性，工作流也才能在供應鏈上順暢流動，增強企業的競爭能力。

7. CRM 系統將變得更加易於使用。雖然它的功能在不斷地增強，性能在不斷地提高，但其可操作性和交互性也會不斷地改進，朝著簡而易用的方向發展。它的介面將更加友善，自助服務和線上輔助功能也會更加完善。總之，今後的 CRM 將變得越來越易於使用，特別是微軟公司加入這一領域後，更會加快這個過程。

 第三節　CRM 的客服中心管理

一、客服中心

客服中心(Call Center)是一個能夠處理 call in／call out 電話、電子郵件、傳真、Web 以及電話回饋的綜合性客戶溝通樞紐，是一個將行銷電話中心、銷售電話中心和服務中心功能整合的綜合體。它作為一個綜合全面的客戶服務中心，利用客戶資料倉儲，為電子行銷提供個性化促銷；在接聽電話之前自動迅速調用客戶服務記錄作為參考，充分掌握客戶資訊，用統一的態度面對客戶，實現對客戶的關懷和個性化服務，提高客戶的滿意度。

人們發現，客戶的忠誠度往往和售後服務成正比，如快速回應客戶的意見、協助解決客戶的困擾，並讓客戶感受貼心的服務等等，由此客服中心負起維護客戶忠誠度的重任。客服中心還可以透過「call out」方式向客戶介紹、推薦企業和產品，以滿足客戶的多種需求。由於忠誠的客戶可以買得更多或願意購買更高價

的產品，公司將因此增加銷售額；同時，忠誠的客戶也可能以現身說法的方式免費為企業作宣傳，或引薦他的親朋和好友等周圍人員來購買或了解企業的產品，使企業增加更多的新客戶。此外，透過與客戶和潛在的客戶頻繁接觸，它還可以收集有關市場、銷售和產品等多方面的寶貴資訊，為企業的業務分析、商業智慧和決策提供資料基礎。

二、客服中心的起源和技術支援

　　客服中心在 20 世紀 90 年代初期只是作為企業內部的電話服務中心。最初，其任務只是記錄和追蹤來電，並採用不同的方式尋找各種問題的解決方案。後來，大大地超越了此一角色，完善的電話服務漸漸地登上了舞台並發展成可以為外部客戶提供支援和開拓市場的客服中心，並隨著電腦和資訊技術的不斷發展演變成今天可以架構在網際網路上的、其有多種功能的、現代化的客戶客服中心。

　　客服中心的支援技術主要有五大部分，即通訊技術、電腦技術、聲訊技術、網際網路技術和視頻技術。客服中心融合了這幾大技術領域，每個領域內出現的新技術，都會直接推動著客服中心技術的發展。新的技術如 IP、WAP、自動語言辨識 ASR(Automatic Speech Recognition)、文字轉語音 TTS(Text to Speech)和資料倉儲等出現時，很快就和客服中心融合，使客服中心的功能、性能、結構和應用不斷更新。例如：目前自動語言辨識技術、文字轉語音技術在國外已得到了一定程度的應用；這種技術實現了移動訪問 Internet 和客服中心的網站並讀取內容和資料，這種方式可以擴大具有 WWW 手機的移動用戶群，使其成為客服中心新的用戶，並方便用戶尋找各種資訊：資料倉儲資料探勘技術能對業務資料進行整理、統計和分析，橫／縱向地探勘客戶的消費偏好、重要客戶群落、影響客戶交易的因素等資訊，為決策者提供參考，做出正確的決策，改善服務，改善經營；此外，如電子郵件語音辨識、虛擬主持人、聲紋密碼辨識、語音瀏覽網際網路等技術也將加人客服中心的技術支援行列中，不斷地豐富和改善客服中心的功能和性能。

三、客服中心的組成和功能

（一）客服中心的組成結構

　　一個傳統的客服中心的結構如圖 11-7 所示，從圖中可以看到，這種傳統的結構只與電話網路相連接。在 Internet 技術迅速得到應用之後，客戶可以透過網際網路與客服中心進行溝通。改進的客服中心結構如圖 11-8 所示：

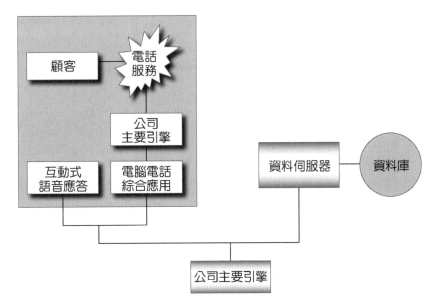

圖 11-7　傳統的客服中心組成

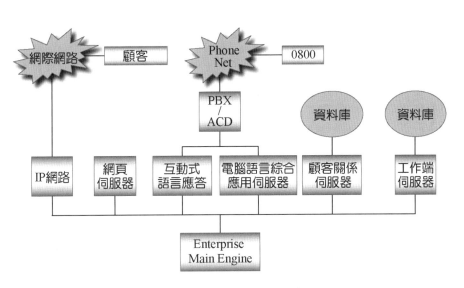

圖 11-8　改進的客服中心組成

　　一個完整的客服中心通常由智慧型網路(IN)、自動呼叫分配器(ACD)、互動式語音應答(IVR)、電腦電話綜合應用(CTI)、call in 管理(ICM)、call out 管理(OCM)、整合工作站、呼叫管理(CMS)、呼叫計費管理等組成；其中，IN、ACD、IVR、CTI 是客服中心的核心。簡單的客服中心一般由六部分組成，即：PBX、ACD、IVR、CTI，人工客服人員和系統主機，見表 11-4。雖然有些公司的整合系統只適用於自己的客服中心，但客服中心環境下的基本技術差別不大。

表 11-4　各種客服中心的功能

名稱	功能
程式控制交換機 (PBX)	為客服中提供內外的通道。對外做為與市話中繼的介面，對內做為與客服人員話動和自動回應設備的介面。
自動呼叫分配器 (ACD)	將外界的來電均勻的分配給各個客服人員。
互動式語音應答 (IVR)	用戶透過雙音頻電話來輸入資訊，其可向用戶端預先錄製好的語音。採用 IVR 技術有 80%~90%的呼叫不需要客服務人員就能完成；在 IVR 中，語音辨識技術將會發揮很大的作用，以減少語言誤解和消息失真。
電腦電話綜合應用(CTI)	CTI Server 對個客服中心進行全面管理，是客服的心臟，它與 PBX 相連，接收來自 PBX 的消息，並向 PBX 與電腦發出命令。CTI Server 能夠提供統一的程式設計介面，遮罩 PBX 與電腦間的複雜通訊協議，給不同的用戶開發應用程式帶來方便。
人工客服人員 (Agent)	客服人員利用話機及 CTI 應用程式的電腦終端，完成電話接聽的服務。
主機系統(MES)	得以用來支援客服中心的電腦主機系統。

　　智慧型網路是客服中心通訊的基礎設施，它可以根據企業的需要制訂不同的路由策略、提供 0800 免費服務、支援虛擬專用網等。智慧網還可提供自動號碼辨識(ANI)和撥號認證服務(DNIS)功能；ANI 允許客服中心的業務代表在收到語音呼叫的同時，在螢幕上看到有關呼叫者的資訊，加快呼叫處理過程；DNIS 則允許企業透過一組共用線路處理不同的免費呼叫號碼。

　　ACD 系統性能的優劣直接影響到客服中心的效率和顧客的滿意度。它成批地處理來電，並將這些來電按規定路由傳送給相應的業務代表。互動式語音應答(IVR)系統實際上是一個「自動的業務代表」，透過 IVR 系統，顧客可以利用按鍵電話或語音輸入資訊，從該系統中獲得預先錄製的數位或合成語音資訊。先進的 IVR 系統甚至已具備了語音信箱、網際網路和語音辨識的能力。

　　CTI 技術可實現電話與電腦系統資訊共用，允許根據呼叫者、呼叫原因、呼叫所處的時間段和客服中心的通話狀況等來選擇呼叫路由、互動功能和更新主機資料庫。它在客服中心中的典型應用包括有螢幕彈出功能、協調的語音和資料傳送功能、個性化的呼叫路由功能，預覽功能、預撥功能等。

（二）客服中心的功能

　　一個完整的客服中心，大致可以分為系統前端和系統後端兩大部分。前端部分一般由 ACD 交換機、IVR 系統、CTI 系統等組成。ACD 負責處理來電，並將

來電按規定路由傳送給其有類似職責或技能的各組業務代表，來電按「先進先出」的次序分配給對應專業領域的「最空閒業務代表」。IVR 系統實際上是一個「自動的業務代表」，透過 IVR，客戶可以利用按鍵電話從該系統中獲得預先錄製的數位或合成語音資訊。CTI 系統是核心部分，它全面控制電話、呼叫、分組、引導和中繼線。

後端部分由各類資料庫系統、call in／call out 管理系統和客服人員等組成，其功能分別為：call in 管理系統用於管理 call in 和話務流量，可提供訂單輸入和資訊填充……等功能，協助客服中心有效地利用昂貴的業務代表資源；call out 管理系統負責 call out 並與用戶建立聯繫，它廣泛用於市場調查分析和產品促銷等場合；資料庫系統包含客戶資訊系統，企業知識庫系統，企業產品資料庫等，負責支援業務代表為客戶提供專業的解決方案。

客服中心的應用涉及到銷售、市場和客戶服務。它幫助銷售部門考慮選擇與最有價值客戶優先聯繫，介紹產品和服務，擴大客戶和潛在的客戶族群，重複連接客戶的消費習性和涉及銷售資訊；廣泛收集市場訊息，配合企業的促銷活動和市場宣傳，擴大企業的知名度和樹立品牌形象；更即時、有效地與客戶溝通，改善客戶服務，開展客戶滿意度調查，為客戶提供相應的支援與服務等。

四、客服中心的類型、規模和流程

（一）按資料整合方式的分類

客服中心在對外提供服務時，如需用到企業已有的資料庫和資訊系統的資訊，會涉及到原有系統主機資料的整合問題。這種整合通常有三種實現途徑，見表 11-5：

表 11-5　按資料整合方式的分類

	特點
遠端資料	直接的遠端資料料擾取，這種方法適於客服務中心所用的庫與原有系統主機上的資料庫是同一個廠商的產品，且是透過區域網來進行存取。
本地資料	由本地獲得日常呼叫所需的資料，亦即需要客服中心在本地建立一個資料它，這就是需要再開發一個資料同步的程式，以準確的週期性從原有系統主機上的資料庫向本地資料庫更新資料，此方法適用於經常存取的資料庫。
專用資料	對採用專有系統的主機，需要在原有主機系統上開發一個代理程式，以連接客服中心伺服器和系統主機資料庫，對非開放平台的資料進行存取。

（二）按直接擁有系統和直接管理業務分類

根據企業是否直接擁有和管理客服中心系統和是否直接管理電話業務運作，共有 3 種類型，見表 11-6：

表 11-6　按直接擁有系統和直接管理業務分類

	特點
直接型	企業直接擁有整個客服中心系統，並由自己來運作和管理電話業務。
虛擬型	企業租用虛擬客服中心系統設備，但由自己運作和管理呼叫電話業務。
完全外包型	將電話業務外包給一個呼叫業務營運的供應商，如遇特殊問題，則會轉入外包公司和相應的人來解決。

虛擬型和外包型對中小型企業來說是一種發展趨勢，它使企業可以根據業務量靈活地配置自己的客服中心，即減輕企業的負擔，又可採用最先進的通訊技術和電腦網路技術，以及專業的電話服務和管理技術，為自己的客戶提供每週 7 天、每天 24 小時服務。而這種提供客服中心中電話業務的營運商，既面對各個網內小公司，也要面對這些小公司的廣大用戶，因此對它的電話系統性能和業務代表都要有較高要求。

（三）按規模大小分類

企業可以根據客戶多少、平均來電次數以及企業性質、業務收入……等方面的不同，選擇不同的系統。系統的大小一般用提供多少個客服人員區分，見表 11-7：

表 11-7　按規模大小分類

	特點
大型客服中心	超過 100 個人員席次，這種客服中心的配置龐大、投資高，它必須具備：大型的 PBX、ACD、IVR、CTI、來電管理系統、客服人員、終端機、資料庫、資料倉儲與探勘技術。
中型客服中心	約為 50-100 個客服人員，這種客服系統是目前市場最常見的，它的結構及投資金額都較適中，它可利用 PBX、CTI Server 和客服人員做連接，客服人員再與 Application Server 相連；客戶資料也可存在 Application Server 裡，以即時的將接入的電話的客戶資訊自動在電腦螢幕中彈出，其擴大和增加功能也比較方、成本也較低。
小型客服中心	為 50 個以下的客服人員，其主要部分為 PBX、CTI Server、Application Server，其功能和中型客服中心相同，但規模較小。

（四）客服中心的工作流程

　　當客戶撥打 0800 免費服務電話時，首先聽到由 IVR 系統依據設定程式播送的問候詞，同時進行號碼辨識與自動分配。伺服器根據辨識出的號碼調出資料庫中有關該客戶的資訊，與來電一同自動送到客服人員的終端螢幕上；如果資料庫中沒有該客戶的資料，則自動記錄當前可以獲得的資料。若沒有空閒客服人員則把來電送去排隊，或者請客戶暫時掛斷並回撥該客戶。對於重要用戶，可以優先處理。其具體步驟如下：

1. 電話進入中心交換局。
2. PBX 應答來電，接獲自動號碼證實或被叫號碼證實資訊。
3. PBX 尋找空閒的 IVR 路由，並把該呼叫轉至該線路。
4. PBX 發送初始來電資訊給 IVR，包括來電轉至的電話號碼及自動號碼查證和受話號碼證實資訊。
5. IVR 播放提示功能表資訊給來電者，以確定哪類客服人員受理比較合適。
6. IVR 檢查客服人員線路，若無空閒代表，則播放消息給來電者，告訴其在等待行列中的位置，並詢問是否願意等待？
7. 客服人員空閒時，IVR 將其轉至該接線員，等待 PBX 發來的撥號音，撥新的分機號。客服人員接聽電話後，IVR 自動掛機，處理另一通來電。
8. 利用資料庫的共用或網路通訊技術，IVR 向客服人員發送 ANI 資訊，來電到達時，客戶資訊會自動顯示。典型 call in 與 call out 作流程如圖 11-9 及 11-10 所示：

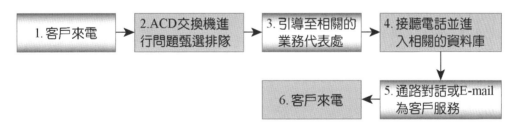

圖 11-9　典型的 call in 流程

圖 11-10　典型的 call out 流程

（五）客服中心為企業帶來的效益

客服中心為企業帶來的效益有以四點：

1. 客服中心是企業對客戶的聯繫窗口

它能提供優質服務，如果沒有客服中心，客戶遇到不同的問題必須直接尋求不同部門人員來協助解答，這樣會造成服務拖延和部門間的推諉現象。客服中心可減少客戶的抱怨，縮短服務回應時間，塑造企業良好形象。

2. 協助市場推廣銷售

透過客服中心客戶 call in 和制訂 call out 來掌握市場動向和消費趨勢，據此制訂正確的銷售策略、行銷方式和價格，廣泛宣傳和樹立產品與服務的品牌和形象，開展各種方式的促銷，以擴大市場規模和銷售額。

3. 培養客戶忠誠度

客戶的忠誠度往往和售後服務成正比，客服中心實現了快速回應客戶的意見、協助解決客戶的困擾，並讓客戶感受貼心的服務，提高他們的忠誠度；反過來，忠誠的客戶還能以現身說法為企業作宣傳，引薦他人前來購買或了解企業的產品，使企業增加更多的新客戶，這時客服中心已由原來企業的成本中心變成了企業的利潤中心。

4. 廣泛收集客戶資訊

透過客服中心可收集到有助於經營的重要資訊和建立客戶資料庫，透過與客戶的溝通，可以收集到企業競爭對手的產品價格動向，為市場、銷售和新品研發的分析與決策提供寶貴的資料。

（六）客服中心的發展

相關資料顯示未來客服中心的發展將更朝向著智慧化、虛擬化、個人化、多媒體化、網路化和移動化的方向發展。這種發展趨勢表現在下面四個方面：

1. 虛擬客服中心

這種客服中心充分利用了智慧化網路技術，通常是擁有若干客服人員、功能齊全的系統，既可以是某一跨國公司全球化的客服中心，也可以是屬於為若干中小企業同時提供服務的業務外包商。在虛擬客服中心環境下，各個中小企業的客服人員可用虛擬網路與中心相連，隨時接受客戶透過虛擬中心轉接來的 call in 資訊，這種系統具有大型資料庫或資料倉儲，為每一個「網內」的中小企業提供

用來決策和分析所需的資料。同時虛擬中心還需確保每一個企業的資訊具有保密性和安全性。

2. 智慧客服中心

利用智慧化網路技術、知識管理、專家系統和商業智慧等技術，客服中心將為客戶提供更多的支援和服務。在智慧中心中備有智慧型的知識庫和專家庫，能為客戶提供業務諮詢、故障診斷、例外事件緊急排除等服務。

3. 多媒體客服中心

由於人類接收資訊的 70%是來自視頻，面對面溝通是絕大多數人認為最可信的溝通方式，因此客服中心採用多媒體視訊是一種必然的趨勢。隨著技術的進步，人們對視訊圖像資料的傳輸需求越來越強烈，並允許顧客在與業務代表聯絡時選擇語音、IP 電話、電子郵件、傳真、IP 傳真、文字交談、視訊資訊等任何通訊方式。

4. Internet 客服中心

Internet 技術、IP 技術的發展將對客服中心發展產生較大的影響。它為客戶提供了一個從 Web 節點直接進入客服中心的途徑。使客服中心從傳統形式上的「撥叫到交談」擴展到「點擊到交談」。Internet 客服中心集合了 IP 電話、文字式對話、網頁瀏覽自助服務、呼叫回復、E-mall 和 Internet 傳真等技術和服務，使得客戶服務水準的標準化、全球化成為可能；同時，借助於無線和移動接入技術，使客戶能夠隨時隨地接入客服中心，即時獲得傳真和幫助，以及原有的資訊。

目前，在歐美國家，客服中心早已經深入到各行各業。在美國已很難找到不設客服中心的企業。客服中心將隨著通訊技術、電腦技術、視訊技術和管理理論及方法的飛快發展而日新月異。

 **第四節　CRM 的銷售管理**

在傳統的銷售環境下，銷售人員需要獨自追蹤他們的銷售路線，透過傳真、電話、信函、E-mail 與客戶進行聯絡，並將這些資訊記錄在記事本或電腦中，定期向主管匯報。由於許多交易在達成之前還需要為客戶提供不同的客戶化配置、建議書和報價等服務，需要經過多次的反覆溝通和協商，接下來是合約的商議和

談判，得到簽核後形成正式的銷售合約；同樣，這些溝通也是透過傳真、E-mail或電話記錄等方式完成的。

這種傳統的操作過程的結果是：銷售人員無法追蹤眾多複雜的銷售路線，銷售週期過長；大量重複性的工作和錯誤；資訊的零散性和不整合性還會造成資訊的丟失；資訊傳輸速度低不僅浪費了大量的時間，而且延誤了產品的提交期，甚至誤失商機；資料的不完全性和延誤又會影響新品的研發；企業會因為某位銷售人員的離去而丟失重要的客戶和銷售資訊……等等。這僅僅是在銷售環節，在市場、技術支援、特別是在客戶服務等環節，這種傳統的、不整合的、低速的業務處理都會產生不良的後果。

CRM 的銷售管理能解決上述問題。銷售管理的功能包括：銷售活動管理與自動化、銷售配置、銷售分析、銷售支援、銷售績效管理、通路與分銷管理、自動 Web 銷售、一對一個性化行銷和交叉銷售……等。

一、銷售與自動化管理

（一）銷售活動管理

銷售活動管理包括：銷售任務管理、銷售計畫管理、銷售預警等。銷售管理能幫助銷售部門有效地追蹤眾多複雜的銷售路線，用自動化的處理過程代替了原有的操作過程，這樣既縮短了銷售週期，又減少了許多錯誤和重複性的工作。銷售人員可將客戶資訊裝入一個可共用的市場客戶資料庫和「市場行銷百科全書」中，它們能為每一位銷售人員提供產品和市場競爭的資訊，以便即時掌握市場動態，獲取最大的銷售利潤，同時企業也不會由於某位銷售人員的離去而丟失重要的銷售資訊。銷售管理還為使用者提供了各種銷售途徑和工具，例如：電話銷售、行動銷售、遠端銷售、網路銷售，和直接銷售、間接銷售、代理銷售、現場銷售……等。

（二）銷售自動化

銷售自動化 SFA 支援整個銷售過程的自動化，包括：銷售建議、銷售活動計畫和安排，客戶、合約、定額、價格的管理，提供方案，記錄客戶資料和銷售過程，佣金、銷售經費控制等。SFA 與客服中心是 CRM 早期應用的重點，自 20世紀 90 年代中期後，它有了重大的發展，使銷售過程實現了自動化，並為銷售人員提供了高效率的工具。銷售活動及其自動化管理主要功能見表 11-8 所示：

表 11-8　銷售活動及其自動化管理主要功能

客戶資訊	客戶歷史記錄、重要日期資訊、愛好、接觸記錄、訂單記錄、使用狀況、再購買機會、客戶內部機構的設置等。
時間管理	日曆、計約會、活動計畫、衝突提示、事件安排、任務表。
潛在客戶	銷售線索的記錄、銷售機會的升級和分配、潛在客戶的追蹤。
事件管理	整理銷售資訊，所處階狀態和報告，可做為成功的可能性與評價、戰術、戰略的分配。
電話行銷	電話簿／報表、分配電話號碼到銷售員、記錄電話細節／安排回電、電話行銷內容草稿、電話統計和報告、自動撥號……等。
行銷管理	產品建議和報價，促銷活動中的預算、計畫、進度、會議、任務分配分析報告、合約、相關聯繫、信函、傳真、郵件。
客戶服務	服務資訊、安排、調度和重新分配，事件／報告、搜尋和追蹤、協議和交貨追蹤、收集客戶回饋意見。

（三）銷售配置

在客戶化和個性化將成為市場消費主流趨勢的今天，銷售配置工具能夠幫助銷售人員確定個性化產品或服務，透過客戶辨識、客戶差異分析，以及積極地與客戶接觸，不斷調整自己的產品和服務，針對不同客戶的需求，快速地按照其喜好要求進行產品配置、建議和報價，為他們提供不同的個性化產品或服務，從而實現客戶的終身價值。

以 Dell 電腦銷售為例，該公司允許客戶根據自己的喜好和需求來確定他們所購買電腦的硬碟、記憶體、CPU、顯示器等的配置，並提供快速報價，它還允許客戶透過 Web 在網路進行個人化配置電腦和訂購。銷售配置工具尤其適合於在 Web 上的產品配置管理，因為用戶不需要有任何安裝複雜產品的技術背景，透過賣方網站提供的銷售配置功能提供的定價和配置，可容易地將其需求與產品相匹配，達到購買目的。此外，銷售配置還能彌補供應網路的複雜性，為客戶提供統一的視窗和面貌。

二、銷售分析與銷售支援

（一）銷售分析

著名的「80／20 法則」認為 20%的客戶創造了企業 80%的利潤，因此企業要想獲得最大程度的利潤，就必須對客戶進行分析，對不同客戶採取不同的策略。傳統的資料庫行銷是靜態的，經常需要幾個月才能做出一個分析統計表格，

這會在此期間內失去重要的商機，同時由於每一部門都在與客戶打交道，交互反應的接觸點和資訊數量驚人，因此需要有工具對不同來源的資料進行合併和整理，然後動態地進行分析。

銷售分析其有預測、獲利／損失分析，對銷售過程進行計畫和執行，包括業務機會分析，通路的分析和競爭對手分析等功能，它可以幫助企業做出正確的行銷策略和戰術決策，並即時根據市場變化進行調整，直接了解客戶的需求並抓住各種商機，使企業增加其銷售額和利潤。

（二）銷售支援

銷售支援能夠幫助銷售人員更有效地展開銷售活動，他們可以從利用快捷的工具中，從「市場行銷百科全書」中搜尋所需的銷售資訊和利用一個配置引擎與後端的系統整合，並連接和利用後端系統的功能來完成他們日常的銷售活動，例如：即時地向客戶做出準確而可靠的交貨日期承諾，快速實現產品匹配和訂單獲取，實現配置化定價和交叉銷售、訂單交付的監控和追蹤、銷售過程和模式動態更新、不斷變化的銷售模型、地理位置、產品配置…等，提供有效、快速而安全的交易方式，以使銷售人員能採用最好的銷售模式開展業務。銷售支援還能幫助新雇員很快熟悉某一產品的銷售週期，指導他們把最好的銷售模式應用於整個企業的產品銷售中。此外，銷售支援功能還幫助銷售人員減少銷售策略錯誤和重複性勞動，深入了解競爭對手的情況、產品目錄、基本價格、產品包裝和產品配置規則，以完善銷售規則和完成任務。

三、分銷通路管理和銷售績效管理

（一）通路與分銷管理

分銷和通路行銷夥伴是企業下游供應鏈上的環節，相當於企業廣義的「客戶」，通路與分銷管理可以即時地為他們提供良好的服務，鼓勵他們的合作忠誠，來幫助自己完成預定的銷售任務。

通路與分銷管理包括：分銷商績效考評，信貸檢查，折扣返款處理，培訓和支持，銷售夥伴關係管理等。經過授予一定的許可權，合作夥伴可以訪問本企業的資料庫，並透過標準 Web 瀏覽器以密碼登錄的方式在資料庫裡對客戶資料和與通路活動相關的資訊進行存取和更新，以方便地獲得與銷售通路有關的資訊，並根據許可權利用各種銷售管理工具，銷售方法和銷售流程來完成分銷事務處理，如產生預定義的和自定義的報告、實現產品和價格配置等；此外，還可以實

現通路流程最佳化，讓雙方的流程更加簡捷、緊密，這對分銷運作也是很重要的，通路的最佳化能夠使雙方都改善銷售業績和降低銷售成本。

（二）銷售績效管理

銷售績效管理通常是對企業內部銷售部門、銷售人員、銷售業績和銷售費用的管理，企業如果沒有一套完善和有效的機制、績效衡量標準和即時的溝通方式，是無法刺激銷售人員的熱情使其主動去完成銷售任務。在傳統操作的環境下，管理人員常常需要花費大量的時間而陷於這些繁瑣的事務中，以至於缺少足夠的精力去制訂更好的銷售策略和對整個銷售過程績效有效的指導。

銷售績效管理則可以幫助管理人員快捷地設計和制訂一整套的績效評估、管理步驟和銷售激勵制度，系統可根據每一個銷售人員的銷售定額、完成訂單情況和訂單的付款情況等，為管理人員提供直接的銷售額完成、進度和分佈列表，了解每個銷售員和每個專案的進程狀況，並即時給予獎勵、幫助和指導。公平透明的績效衡量規則和獎勵制度、佣金的發放可以激勵銷售人員的積極性，主動完成銷售任務。此外，銷售主管還可以方便地掌握銷售的總開支、每一個銷售人員、每一個專案的開支情況，即時做出調整，更好地減少銷售費用。

四、自助 Web 銷售、一對一行銷和交叉銷售

（一）自助 Web 銷售

自助 Web 銷售能力使客戶能夠透過 Web 選擇並購買產品或服務，與銷售配置軟體一起使用時，自助 Web 銷售方案使企業具備了直接與客戶在 Web 上進行電子商業活動的強大能力。Web 方式行銷主要用在 B2B 和 B2C 市場上，以 Internet 作為主要行銷工具，Web 行銷還包括收集更多客戶資訊的大量電子郵件、反映行銷全過程的 Web 站台和用於某些目標客戶的個性化 Web 頁面。

（二）一對一行銷

一對一行銷是實現個性化行銷的手法，它透過客戶辨識、詳細地客戶差異分析、來確定個性化產品或服務，以此不斷調整自己的產品和服務，針對不同客戶提供不同的個性化產品或服務。由於一對一行銷使客戶在每一次交易中需要重複的資訊越來越少，交易效率越來越高，因此可以縮短服務週期，提高客戶的忠誠度，有效地降低企業的交易成本。

亞馬遜網路書店就是利用 CRM 在遍及全球的網上進行一對一的行銷，面對數以萬計的客戶，亞馬遜網路書店具有驚人的資料庫，與客戶建立了廣泛的一對一關係，這使得該書店的客戶保有率高達 65%。

（三）交叉銷售

　　交叉銷售是充分利用客戶資訊資源，在一個客戶購買某項產品和服務的同時，向他銷售更多相關產品與服務的一種銷售方式。例如：美國通用汽車公司可以向客戶提供購車的貸款服務；同時，通用有自己的銀行，提供貸款意味著增加業務，或者為已經購車的客戶提供外出時在指定的酒店住宿可以享受優惠等附加的銷售；又如在 Dell 的電腦銷售網站上，當消費者完成電腦的配置之後，會得到提示：如果同時購買印表機和其他相關產品，就會得到一定的折扣…等，這都屬於交叉銷售。

　　不論是平行地擴展銷售其他產品，或者是垂直地滲透到不同的客戶群，企業都可以利用交叉銷售的技巧，降低成本和擴大銷量。交互銷售工具還可以使賣方快速地確定客戶需求，並配置和提供滿足這些需求的產品和服務。提供這種銷售方式可以方便客戶實現「一站式的購買，充分得到客戶的信任，並可利用與客戶的良好關係，實現客戶的最高價值，同時企業也節省了開發新客戶所耗費的時間和費用。

 ## 第五節　CRM 的市場管理

　　CRM 的市場管理具有資料集合和處理，市場分析、市場預測、市場決策、計畫與執行、市場活動管理和競爭對手的監控與分析等功能。

一、市場預測與分析

（一）資料集合和處理

　　面對廣大的市場、客戶、行銷和服務資訊，企業想要出色地完成行銷任務，必須有一個統一的資訊資源庫來消除各類資訊之間的屏障，並具有高度商業智慧的資料分析和處理工具，以及用來支援銷售的「市場行銷百科全書」。CRM 將最佳的商業實踐與資料探勘、資料倉儲、一對一行銷、銷售自動化以及其他資訊技術緊密地結合在一起，透過充分探勘客戶和分析商業行為個性和規律，不斷尋找和拓展客戶的獲利點和獲利空間。

　　CRM 系統將客戶資料庫看做是一個資料中心，可以記錄在整個市場與銷售過程中和客戶發生的各種活動，追蹤各類活動的狀態，對資料的分析可以採用

OLAP 的方式，產生各類報告；也可以採用業務資料倉儲的處理手段，對資料做進一步的加工和資料探勘，分析各資料指標間的關聯關係。客戶資料一般包括三部分：

1. 有關客戶原始記錄的第一手資料，其中有客戶名稱和特徵描述，聯繫人／電話、銀行帳號／使用貨幣、報價／優惠條件／付款條款、稅則、付款信用⋯等記錄、銷售限額、交貨地／發票寄往地、佣金、客戶類型⋯等。
2. 統計分析資料，主要是透過調查或向資訊諮詢公司購買的第二手資料，其中包括客戶忠誠度和對企業的評價、信用情況、履行合約情況和存在的問題與其他競爭者交易情況，需求特徵和潛力等資訊。
3. 業務活動資料，主要是與客戶聯繫的活動記錄，費用開支，為客戶提供產品和服務的記錄等資訊。

（二）市場預測

市場管理為企業的銷售部門提供了多種可選擇的預測模型，銷售人員可以充分利用資訊資源庫中的資料和預測模型來對未來的市場和客戶需求、銷售額、銷售成本等指標進行預測，也可以對某項單一的銷售活動進行預測，例如：促銷活動。預測功能既可以為新產品的研製、投入市場、開拓市場等決策提供有力依據，又可為制訂銷售目標和定額提供參考，建立關聯性的資料模型用於模擬和預測，還可以進行基本市場／市場族群分析、客戶分析、產品分析、區域分析和組合分析等，並與區域內部供應鏈和協述等應用系統連接，能把相關的資訊自動傳遞到各有關部門，例如：生產、研發、採購、財務、人力資源⋯等，實現協調運轉，加強監控。預測在企業的業務活動中是非常重要的，它可以對未來業務計畫的調整產生指導作用。特別是用於對未來區域發展的分析和決策支持。

（三）市場分析

從市場的角度看，每一個客戶部是一個細分的市場，如何針對客戶提供產品和服務，把握客戶的需求並以最快的速度做出回應，留住客戶，已成為當前企業競爭的焦點。市場分析能幫助業務人員辨識和確定潛在的客戶和市場族群，例如；透過人口統計、地理區域、收入水準、以往的購買行為等資訊、更科學、更有效、更正確地制訂出產品和市場策略，同時還可提供企業為何出現盈虧的資訊，使管理者更好地監視和管理企業當前的營運。

CRM 訂有的市場分析有一個「市場行銷百科全書」，它包含銷售和市場人員所需的資料和工具，企業可透過資料分析得到可預見性的報告，將在以往業務過

程中所掌握的知識加以總結，再對業務計畫做出調整和過程進行指導。使業務流程更適應市場的要求。分析功能主要是辨識每一個具體客戶，按照共同屬性對客戶進行分類。並對已分類的客戶群體進行差異化分析，實現市場最佳定位。支持分析功能包括評估、分析和報告銷售、市場行銷以及促銷活動的有效性和收益性。透過這些功能，企業可以確定是否達到預定的業務目標。市場行銷預算的分配是否適當，是否需要改變行銷策略⋯等等。可見，市場分析的功能和工具能夠幫助企業透過獲得與客戶關係的最佳化，來達到企業利潤的最佳化。

　　事實上預測和計畫工具是企業的前端系統和後端系統之間聯繫的樞紐，可解決兩個領域不同步的問題。一個完整的 CRM 解決方案、使市場行銷部門與後方環境相聯繫，可使企業正確地預測，並可使企業履行市場行銷和銷售部門向客戶做出的承諾。

二、市場活動、計畫和決策及競爭對手管理

（一）市場活動管理

　　市場活動管理為市場主管人員提供了制訂預算、計畫、執行步驟和人員分配的工具，並在執行過程中實施、監控、回饋和快速回應，以不斷完善其市場計畫；市場人員也可以用它來安排和管理他們的日常業務處理、時間進度和預算開支，即時掌握他們在市場活動中的進程、效果和費用支出情況；同時，還可以利用它對企業投入的廣告、舉行的會議、展覽、促銷等活動進行事後追蹤、分析和評估，以總結經驗改善後續的業務活動。

（二）市場決策、計畫與執行

　　市場行銷計畫的制訂和執行，以及對市場活動有效安排和重排計畫是一項繁瑣的任務，有了 CRM 系統的支援就可以使這一過程變得簡便易行、條理清晰。它可以根據市場分析報告和客戶分析的量化結果對市場和銷售業務做出決策，辨識出獲利最大的市場需求和範圍，制訂出相應的計畫並執行之；在執行市場行銷活動時，可以根據需求與實際供給狀況與供應鏈的約束條件保持一致；並隨時追蹤需求的變化，做出修改和重排計畫。

　　它的主要功能包括建立客戶配置檔，定義市場區段並預測每個區段內的產品需求，確定最佳的需求點、價格點和價格優惠，以產生預期的收入增長，並對相關的市場行銷和促銷活動進行規劃，實現獲利的目標。這些決策的支援功能，透過針對適當的產品定義、促銷活動和最佳價格優惠，以及將它們瞄準最能獲利的客戶區段，可使企業的銷售業務大幅度地提高在市場行銷上的投入產出率。

（三）競爭對手的監控與分析

在「市場行銷百科全書」中記載競爭對手的各種資料，如其公司背景、分佈狀況、市場規模、目前發展狀況、產品結構和主要競爭產品、性能和價格、競爭優勢和弱點、主要的競爭領域和競爭策略等內容，以及記錄其他企業所提供的相近產品和可替代產品等，包括其主要用途、性能及價格等的內容。

同時，市場人員可以利用系統使這些資料保持動態性，即時地對它們進行更新。透過對競爭對手及其產品、價格、行銷策略等方面的分析，企業就能做到知己知彼，充分發揮自己的優勢，以己之長克他人之短，實現「百戰百勝」。同時，這些有關競爭對手的分析還為開發新品、制訂行銷策略和計畫，為展開行銷業務活動提供了有力的武器。

 **第六節　CRM 的訂單履行和交貨**

一、訂單履行和交貨的重要性

第一代 CRM 實現了客戶來電支援和銷售過程的自動化，它賦予了行銷人員許多前所未有的功能，能更快更多地收集有關客戶或潛在客戶的資訊，獲得更多的客戶資源和銷售機會，並能更好地開展銷售業務。但是，在簽訂合約之後，客戶往往仍需忍受合約履行不一致的購買體驗，甚至要應付無法忍受的延期交貨和失約的情況；因此，第二代 CRM 的重點已經發生了變化，發展到體驗客戶全程購買週期，真正「以客戶為中心」的解決方案。這意味著賣方在簽約後並不代表銷售任務已經完成，如何在合約履行的過程中讓客戶滿意將是維持客戶、培養其忠誠度的重要環節；因此，CRM 系統必須要對客戶關係進行全程的管理，特別是在供應鏈上企業之間的交易中需要賣方更全面的配合和滿足客戶的需求，並準時、保質、保量地履行對客戶所做出的承諾。

客戶在購買產品和服務時總會面臨各種風險，包括經濟利益、產品功能和品質，以及社會和心理方面的風險等，因此會要求賣方做出某種承諾，以儘可能降低其購買風險，獲得最好的購買效果。企業對客戶的承諾則是明確地告訴他們何時能提供什麼樣的產品和服務，其宗旨是使客戶滿意。從發現客戶，了解客戶的需求開始，客戶價值週期一路延伸到提供賣方能最好地滿足其需求的產品，確保該產品的可靠交貨，然後到承擔客戶的售後服務要求。它應該是一個封閉的迴圈

過程，橫跨市場行銷、銷售、訂單履行和服務，該週期中的每一步都增加了賣方對客戶及其需求的了解。但這個週期常被分割成獨立的步驟，破壞了這一閉合的鏈環；同時大多數 CRM 系統在兌現對客戶的承諾方面存在不足，不具備承諾和履行管理的功能，無法與後端系統和業務整合，結果是向客戶做出過度的承諾，然後又無法按時履約，或是不能做出令人滿意的履行。在多企業的需求鏈中，因為需求鏈中的各種因素不能協調訂單管理過程，可能會導致很多無法解決的問題。例如，提供統一的訂單狀態和資訊，協調統一的交貨過程，主動地監控、協調和管理來自多個供應地點的交貨過程，約束條件的能力，例如：由一個地點組織發貨對所有相關配置產品和提前期的限制…等，確定客戶配置的合法性；準確可靠地對訂單做出即時的承諾及可靠的履行過程，即時檢查庫存產品的可供性、未來產品生產的可供性，有效地管理積壓訂單，發現和處理例外情況的能力。如果僅考慮當前的可供性，而忽略了供應分配和遠期的供應能力、生產能力、倉儲和物流的限制條件等，結果導致客戶不滿，退貨率升高。

二、完成訂單和交貨需要與其他資訊系統整合

　　CRM 的訂單履行和交貨模組透過與後端 CRM、物流⋯⋯等系統整合與業務緊密地連接，可以有效地解決上述問題。例如：與訂單承諾功能整合，可以產生可承諾的報價和對客戶需求可用性檢查；能跨多個供應源對需求進行分配，這種供應透明度可確保市場和銷售業務與庫存和生產能力的實際可承諾量相協調，實現「按訂單製造」的業務模式。同時，與訂單獲取功能連接可以從網路商店、銷售／客服中心、EDI 以及其他途徑獲取訂單，成為進入訂單管理和履的過程的入口點，並能記錄多種交易形式，對其進行分析、接受、承諾、拆分和組合訂單，並對訂單的執行狀態進行追蹤，管理積壓訂單。與訂單管理連接可實現訂單分配計畫、訂單承諾和例外管理，一旦對訂單做出承諾，即對成批訂單進行安排，並隨後與倉儲和運輸管理系統…等下游履行工序進行整合，執行已做出承諾的訂單交付。與需求滿足功能連接可以在做出承諾的同時評估生產能力和物料的分配，以及供應鏈約束條件；在進行訂單產品匹配時即時發現相衝突的目標，例如：客戶目標與供應商／經銷商目標的衝突，根據半成品專案和生產能力元件的計畫可供性情況對訂單做出調整，協調來自分散式貨源的交貨等功能。

　　此外，CRM 透過與物流資訊系統(Logistics Information System)、電子採購系統(E-Procurement)、倉儲管理系統(Warehouse Management Systemms)、供應鏈執行系統 (Supply Chain Execution)、外貿管理系統 (International Trade Management Systems)⋯等應用系統整合，使前、後端業務流程更加緊密銜接，

可實現包括向多個貨源發佈訂單、對多宗訂單進行統一管理，統一財務結算和發票出期的過程。透過搜索多個經銷商的庫存，並按照客戶的優選級別，確定可能存在的、對客戶有吸引力的各種銷售機會，將庫存貨物推銷出去；如果無法找到完全符合標準的配合，則會尊重客戶選項的優先順序別，提供多種可供選擇的配合方案，以便滿足他們的優先順序；搜索範圍可以超出他們的經銷商庫存，以便為客戶提供所需的型號和配置；在現有庫存無法滿足訂單時，搜索在途貨物和其他經銷商的庫存，搜索生產訂單，重新配置生產訂單…等等。

三、訂單履行和交貨功能的效益

根據經驗顯示，採取 CRM 與後台系統檢查的訂單履行和交貨系統能夠幫助企業實現對客戶購買過程的閉環系統的全程管理，它為企業帶來了如下益處：

1. 增強對新市場的辨識和洞察力。
2. 降低退貨率，使產品能更好地滿足客戶需求。
3. 按照向客戶做出的承諾，執行訂單的交付。
4. 透過最佳履約過程降低物流費用。
5. 多源報價和履約，實現跨產品系列、跨行業有效地提供準確統一的報價和履約。
6. 跨多個供應商和服務供應商有效地管理已合併的訂單。
7. 多通路交互反應，為企業提供管理客戶訂單和客戶關係的單一視窗。

根據 Deloitte& Touche 的一項研究，「如果企業能將供應鏈後端管理系統和 CRM 功能整合在一起，可以使他們以獨特的方式對待每個客戶，則它們的獲利能力會比那些在這方面落後的企業強得多。如果知道產品庫存量增多，將會引發降價出售庫存商品的推銷或促銷活動，同樣若某種產品短缺，將會重新定價，使得客戶重新選擇能滿足他們需求的企業。這些例子充分說明將需求鏈與供給鏈結合所產生的好處。但是，CRM 和 SCM 一直被當做完全不同的活動對待，沒有哪個供應商能為企業提供橫跨整個客戶價值週期的功能，從而影響經營結果。直到現在，情況發生了轉變。」

AMR Research 也強調了 CRM 策略在這方面的價值：「我們無法避開這一點，要想成功地開展 CRM 需要整合前端和後端系統」。「透過用後端系統的資訊加強面對客戶的前端系統的功能，企業可以改善內部運作。整個運作過程的能量都被釋放出來，從而為客戶提供更完善的服務。將前端系統與後端系統相結合，可最大限度地發揮在 CRM 應用程式中投資的效率，如果其前端系統與後端系統

沒有整合，他們將無法享受到 CRM 策略所帶來的所有優勢。」(AMR Research, 2000.3)。因此，企業將 CRM 與供應鏈上的後端系統整合，可以利用 SCM 的功能和工具完成對整個客戶價值的週期管理，同時從供應鏈中獲取的資訊可以改善與客戶交互反應的品質，同樣，透過接待客戶的過程所獲得的資訊和知識也可以大大地改善供應鏈的績效。

 **第七節** CRM 的服務和支援管理

一、服務和支援管理的重要性

　　國際上一些權威的研究機構，經過深入的調查研究以後分別得出了這樣一些結論：「把客戶的滿意度提高 11%，其結果是企業的利潤增加一倍」；「如果一個企業將其客戶流失率降低 11%的話，其利潤就能增加 25%~85%」；「一個非常滿意的客戶其購買意願比一個一般滿意的客戶高出 6 倍」；「2／3 的客戶離開供應商是因為供應商對他們的關懷不夠」。行銷界還有一個著名的等式：100–1=0。其意思是，即使 100 個客戶對企業滿意，但只要有一個持反對態度，企業的美譽就立即歸零。統計報告還告訴我們：開發一個新客戶的成本是留住一個老客戶的 5 倍，而流失一個老客戶的損失，只有爭取 10 個新客戶才能彌補；因此，客戶關係管理強調了維持現有客戶的重要性，企業必須努力去達成現有客戶的重複購買率和培養他們的忠誠度；當前，市場激烈競爭的結果使得許多商品的品質區別越來越小，產品的同質化傾向越來越強，某些產品，例如：電視機、放影機⋯⋯等，從外觀到品質，已很難找出差異，更難分出高低。這種商品的同質化結果使得品質不再是客戶消費選擇的主要標準，越來越多的客戶更加看重的是商家能為其提供何種服務以及服務的品質和即時程度，例如：在美國，目前絕大多數企業都設有客服中心和 0800 免付費服務專線，採用多種方式，例如：語音、IP 電話、E-mail、傳真、文字、視頻資訊⋯等，有效地與客戶進行溝通，提供多種服務。

二、服務與支援的發展過程

　　客戶服務和支援的產生，可以追溯到企業試圖擴大其售後服務的範圍。在最初的時候，企業向客戶提供售後服務是作為對其特定產品的一種支援。原因在於這部分產品需要定期進行修理和維護，例如：家用電器、電腦產品、汽車等。這種售後服務基本上被客戶認為是產品本身的一個組成部分。如果沒有售後服務，

客戶根本就不會購買企業的產品；當時，在售後服務方面做得好的企業就能吸引更多的客戶，其銷售額也不斷地增長；而那些不注重售後服務的企業會使其客戶漸漸地流失，它們在市場和銷售上都處於不利的地位；因此，售後服務的部分成為了市場行銷中必不可少的部分，但那時這種服務觀念僅是處於一種被動的，屬於產品銷售的附庸狀態。

之後，由於對市場的爭奪變成了對客戶的爭奪，客戶服務和支援逐漸變成企業一種主動出擊方式，逐漸向客戶關懷的方向發展。由於服務的無形特性，注重客戶關懷可以明顯地增強服務的效果，為企業代來更多的利益。於是客戶關係管理不斷地從實體產品銷售領域向無形的客戶關懷和客戶滿意領域擴展。當前，客戶關懷和客戶滿意不僅僅在服務方面，它們已經貫穿了市場行銷的所有環節。這種新的觀念使客戶服務和支援能夠更有效地提升客戶的消費品質，使他們能夠放心、安全、可靠地使用購買的產品，成為滿意和忠誠的客戶。

三、服務和支援管理的功能組成

構成完整的 CRM 解決方案的最後一個環節是客戶服務和支援。一個典型 CRM 服務與支援包括：投訴與糾紛處理、保修與維護、現場服務管理、服務請求管理、服務協議及合約管理、服務活動記錄、遠端服務、產品品質追蹤、客戶回饋管理、退貨和索賠處理、客戶使用情況追蹤、客戶關懷、備品備件管理、發票／票據管理、維修人員配備管理、資訊檢查、資料收集和儲存…等。它們具體的功能見表 11-9：

表 11-9　服務和支援管理的功能

投訴與糾紛處理	透過客戶的投訴、調查和購買，來追蹤與了解客戶的滿意度，並及時發現服務的缺陷，再設法修正。
保修與維護	提供產品的保修與維修處理，並記錄客戶的維修或保修請求、執行確認及過程中所發生的服務費用和備品備件。
現場服務管理	即時為現場故障和問題提供服務、排除障礙，可利用線上搜尋為引擎，並根據現場工程師的可用性和技術情況來安排服務的內容和時間。
服務請求管理	不間斷的服務，事先了解客戶資訊以安排合適的業務代表來訪問客戶，將客戶的各種資訊存入資料庫，並隨時為客戶解決問題。

表 11-9　服務和支援管理的功能

服務協議及契約管理	對所有的契約承諾，在記錄開啟時會自動執行授權檢查，若系統發現某一專案有遺漏時，會自動執行調整，並對所有相關資料做管理。
服務活動紀錄	記錄發生過的問題及解決方案的資料庫，以便對未來的服務行為和票據處理提供依據。
遠端服務	為遠端的顧客提供完整的服務和支援，無論是契約中已承諾或客戶其他新的需求。
產品品質追蹤	對產品品質、服務品質、售後服務進行追蹤。
客戶回饋管理	用以衡量企業承諾目標實現的程度，並及時發現在為客戶服務過程中的問題，以提升服務品質。
退貨／索賠處理	對不合格的次級品進行退貨和換貨處理，並對由於產品或服務而對客戶造成的損失進行損害賠償。
客戶使用情況追蹤	對客戶使用情形進行追蹤，提供預警服務和其他有益的建議，並對以往客戶資訊做分類，以掌握客戶的需求。
備品／備件管理	對維修所需的備品／備件進行管理，在保證維護產品品質和即時性的基礎上儘可能的降低成本。
發票／票據管理	處理／維修服務過程中涉及到的所有票據。
維修人員配備管理	依據服務承諾和客戶的請求，來對現有的維修技術人員進行分派。
客戶關懷	不定期與客戶聯繫，以了解客戶使用產品的狀況、服務的滿意度，培養、建立客戶的忠誠度。
客戶訊息檢查	檢查客戶的信用狀況，以了解客戶的付款能力。
資料收集和儲存	將業務處過程中所遇到的資訊和資料存入資料庫中，以提供客戶服務及其他業務提供更多有用的資訊。

在表 11-9 裡，在服務支援功能基本上是針對事務處理上，新一代 CRM 的服務支援已經進入更高的一個層面，任何好的封閉業務過程都應包括對業務過程的設計、如何制訂業務的計畫和執行既定計畫？根據業務資料對服務業務進行分析，最後再將分析結果回饋並最佳化計畫和業務。以這種方式，企業可以明確地制訂服務目標，並努力達到這些目標。這一連串業務的過程包括：服務設計、服務計畫、服務承諾、執行服務計畫與交付過程，服務業務分析和最佳化，其分述如下：

（一）服務業務的設計

　　服務的設計必須能夠符合目標客戶的期望，雖然企業不可能完全達到客戶的理想要求，但可以做出一定的承諾。這種承諾的效能水準是企業競爭的定位策略，而利用資訊技術，特別是 CRM 系統可以使自己的效能水準提高。首先要對目標客戶進行調查，以辨識其需求特性和各業務的優先程度，如何根據目標、需求、優先順序別來設計業務流程，使服務業務更加有效。市場行銷大師曾科特勒指出：「企業必須按照先後次序規劃其產品設計和服務組合決策。

（二）服務計畫的制訂

　　根據設定的目標和服務流程對業務進行計畫編排，例如：維護資源計畫、維修行為日程安排及調度、對現場服務的安排與派遣，維修任務調配計畫、零組件／維修技師配置計畫、零組件庫存計畫等，然後確定是否已達到這些目標，是否需要重排計畫，以便更好地開展服務業務。有效地制訂和執行服務計畫，可以幫助服務部門減少平均修復時間，改善組件服務水準，提高客戶滿意度，儘量減少所需要的資源。這些資源包括組件庫存、現場服務人員、預算、設備和存放空間；此外，做好服務計畫還可以緩解需求高峰，在最高峰時期開展補充性服務，以供等待服務的客戶選擇，提高服務的可預見性。

（三）服務承諾

　　如何與簽定互惠互利的客戶服務協議？如何對簽署的協議做出解釋的承諾？如何既能超過客戶服務的期望值，又能提高獲利能力？服務取決於由誰來提供以及在何時、何地提供，明確了解這些問題就可以減少服務的可變性。因此，為了儘可能百分之百地實現對客戶所做出的承諾，必須對自己手中服務資源的可用性和有效性做到心中有數，並能根據負荷情況平衡地調配這些資源，來創造競爭差異的優勢，提供高服務品質。這就需要先進技術來支援，例如：移動接入技術和 Internet 等技術，將自己的服務網路整合起來，使客戶需求的資訊即時可靠地透過統一的資訊入口，將資訊加以處理，能即時了解服務人員完成任務的狀況，實現統一調配、監控自己的服務資源，來保證服務品質，解決需求與供給的矛盾，利用網際網路網站及 CTI 為用戶提供一部分客戶自助服務和一種標準化的服務，改善服務品質。

（四）執行服務計畫與交付過程

　　服務是不能儲存的，服務具有易失性，當服務需求穩定時，服務的易失性不會顯現出來，因為服務所需的人員、備品可在事前進行準備，但當需求波動較大時，服務就會碰到很多問題。怎樣才能在服務執行過程中主動發現客戶服務方面的潛在問題，並有效地加以解決？如何在執行過程中不斷追蹤客戶服務情況、直至任務完成、客戶滿意？其實，服務需求的波動不僅僅影響服務本身，維修服務需求的波動要牽涉到企業的人力資源、備品／備件的庫存…等。

　　CRM 服務管理的最大特點就是為客戶提供的服務制度化，在一項任務下達後，可以即時追蹤和監控執行的情況，如果客戶的服務請求在合約規定的回應時間內沒有得到回覆，系統可以自動發出警告，並將問題反映給更高一層的工作人員，以使他們的問題能夠在更短的時間內得到解決。先進的無線方案為 CRM 實現這一功能提供了支援，使服務管理人員和服務人員可以即時地交換資訊。一方面，管理人員能夠即時了解現場服務人員的服務情況和發生的問題，另一方面，現場服務人員也能即時地得到工作分配資訊和支援。有了 CRM 系統，企業就可以根據用戶的不同問題，按照計畫派遣合適的服務人員為他們服務，並即時掌握現場情況，更大幅度地發揮服務人員的作用，提高工作效率。

（五）服務業務分析和最佳化

　　在整個服務業務的流程中，CRM 能夠利用它的綜合功能對有用的業務資料進行收集、整理和分析，獲得最有價值和最寶貴的客戶、市場、銷售、產品和服務等資訊資料；然後，根據這些資料和分析的結果，對整個閉環的服務過程進行回饋，並利用最佳化工具來改進服務流程和功能，使服務業務能夠更好地實現設計、計畫、承諾、執行和最佳化過程，以此提高服務品質，得到客戶滿意，為企業實現後繼銷售。

 第八節　CRM 的實施

　　和實施 ERP 系統相似，CRM 系統的實施與應用也不單純是一個技術項目，而應以業務和管理為核心，同時更要強調整個業務過程要以客戶為中心，努力消除各種風險因素。為了成功地實施 CRM 專案，企業大致需要經歷下面若干過程和步驟。

一、根據企業現行業務狀況進行需求分析

　　首先，企業為什麼要引進 CRM 系統？往往是企業在實施 CRM 系統之前，業務上存在著許多弊病，在現行情況下，無法加以改善。如企業對市場、客戶的需求缺乏了解，不能為市場和客戶推出它們需要的產品：客戶滿意度下降，客戶流失；銷售業務混亂，效率低落，銷售額或銷售利潤不斷下降；無法即時和快速回應市場和客戶的需求，丟失訂單；客戶的資訊散佈在各個部門，如銷售部、市場部和服務部門中，無法實現整合、一致和共用…等等。為了成功地實施 CRM 企業必須在選擇解決方案和實施之前對自己的業務流程、運行狀況等做出詳細的調查和分析，找出影響客戶關係的主要問題，並對它們做出輕重緩急的排序，然後才能對症下藥，知道自己究竟需要什麼，需要哪些系統、模組或功能，它們能夠解決哪些具體的問題等，並為後續的工作和流程提供參考基礎。

　　在企業準備引入一套 CRM 系統來幫助改進它的銷售業務，經過分析，發現它的銷售業務在報價和訂單處理環節上存在許多問題，如下所述：

1. 銷售人員無法為客戶提供準確的報價，造成銷售收入減少。
2. 採樣統計說明了 5%的報價低於標準價格的 8%。
3. 銷售人員提供錯誤的發貨時間導致客戶滿意度降低或取消訂單，僅在一個季度中就有幾十個訂單由於交貨錯誤或延期而被取消。
4. 傳統訂單處理導致運送錯誤或延誤的時間。
5. 訂單處理效率低，平均需要 5 天和 480 元的人工費用來完成一個訂單的處理週期。

　　由這些問題引發的結果在財務指標上對企業造成的損失，使企業每年銷售額減少。

二、確立企業要實現的目標

　　有了分析結果，企業就能據此來確立目標。在確立目標的過程中企業必須了解建立 CRM 系統的目的是什麼？是由於市場上的競爭對手採用了有效的 CRM 管理手段？還是因為要提高企業面對網路經濟的挑戰，考慮引入 CRM 的網路銷售的形式？或是為了加強客戶服務的力量，考慮增加 CRM 的客服中心服務等。採用 CRM 管理之後，預期達到的結果是什麼？有無量化指標…等等。這些都將是企業在建立 CRM 項目前必須確定的答案，例如：將報價錯誤減少 50%，可使收入每年增加；若訂單處理成本減少 50%，可使成本減少 120 萬元。因此，首先要根據自己的實際情況制訂目標，對比行業內企業和競爭對手的成本與利潤標

準、服務標準和企業商務目標，為企業確立在未來時間要實現的目標，例如：在一年內實現銷售利潤增長的比例，然後，再定義這些目標；此時，每個目標都必須有起始和終止日期、總體成本和可計量的成本組成，並確保每個目標都是可以實現的。接下來要將已經得到企業認同的明確的遠景規劃和近期實現目標落實成正式檔，明確體現業務目標、實現週期、預期收益等內容。以作為後續工作的基準和衡量標準。

三、建立團隊，統一觀念，加強培訓

建立一個高品質的項目實施團隊是項目成功的關鍵因素之一。該團隊不僅僅是有 IT 部門的人員參建，更需要企業所有相關的業務部門都參與進去。按照角色分配項目團隊可以分為項目領導小組、項目實施小組以及技術支援小組、模組應用小組等。項目領導小組的領導一定要由企業最高層的管理人員擔當，成員則由各相關業務部門的領導組成；專案實施小組的領導成員應由關鍵業務部門的管理者組成，例如：IT、銷售、市場、服務、財務和人事等部門，而工作人員應由以上部門的業務組織組成。

團隊一經建立，其主要人員儘量由始而終地投入在該項目中，因為人員的流動會對專案實施帶來負面影響。以前，常常有這樣的例子，由於某些了解整個實施過程，參與了新系統的流程定義，熟悉系統功能並接受了各類培訓的人員離開，新接替的人員不了解原流程定義的原因和理由，需要接受一段時間的培訓才能熟悉系統和實施過程，延長了實施週期，並對目標的達成帶來了不同程度的負面影響。因此，需要保持團隊的穩定性。

同時，由於各部門的業務著眼點不同，會在目標值和衡量標準方面產生分歧，造成目標不統一；因此，在實施過程裡，團隊中各部門的人員要即時溝通和協調，統一觀念，統一目標和標準，以企業制訂的總體目標為基準，同心協力地完成和實現專案實施的既定目標。

在專案實施前和實施過程中，實施團隊、業務流程上的終端用戶，與專案有關的業務人員，甚至企業的全部員工，都需要接受不同程度的培訓和教育，特別是要對實施人員和使用系統處理業務的人員進行正規的、觀念上和系統操作方面的培訓。這方面的花費也是相當可觀的，所以在軟體系統選型時，也要考慮其是否易於掌握和使用，是否具有自助培訓功能，以便在達到培訓目標的前提下，儘量節約成本。

四、設計總體方案和制訂專案規劃

　　CRM 項目決不是將各個功能項目的成本簡單相加就可以實現它的總體目標；因此，企業必須在實施前，對其進行詳細的方案設計，例如：哪些組織結構、哪些流程、哪些環節需要改進？怎樣改進？哪些需要先做？哪些需要等前序環節完成之後再進行？每項任務需要多長時間？有哪些部門、哪些人員參與？需要投入多少預算……等等。總之，即需要對專案編制實施計畫，確保成功地完成專案並創造利潤。

　　一般而言，根據對需求的分析和所要達到的目標，它的方案設計如下：
1. 需要設計一個無須人工干預的報價和訂單處理系統。
2. 報價過程由 CRM 系統控制並給出每一項報價。
3. 透過與後端 ERP 系統整合，實現從 CRM 系統接收訂單請求並下訂單。
4. 由 CRM 系統將訂單傳給客戶並追蹤和監控訂單的執行狀態。
5. 後端 ERP 每隔 30 分鐘將產品價格及可用性資訊更新 CRM 系統。

　　完成 CRM 的設計之後，還需要對整個專案進行整體規劃，規劃將涵蓋不同的階段、行為和任務。根據專案的目標、任務階段和過程的特點，來制訂其週期、投資預算、策略、戰術、進程、業務劃分、人員參與、技術支持等的詳細說明，以及總體的衡量標準和成本考核……等指標；此外，還需制訂風險防範措施，以確保專案實施成功。

五、選擇最適合企業情況的解決方案

　　選擇 CRM 解決方案，先要根據企業對 CRM 系統的需求、目標、設計藍圖等因素來對方案，包括：軟、硬體等設施來進行評估，在整個方案的選擇中，軟體系統的選擇是最重要，也是最令企業頭痛的。市場上有許多看似相同，但存在著不同程度差異的 CRM 軟體，企業應該選擇軟體系統的重點如下：

（一）最關鍵的是實用性

　　亦即真正適合自己、滿足企業需求的才是最好的；因此，企業應該詳細地了解軟體所能解決的問題和所能提供的功能，並與自己的需求、目標和設計方案進行對比。

（二）要考慮軟體的可伸縮性、可擴展性和開放性

　　隨著市場環境不斷地變化，科學技術的不斷發展，為了保護系統的投資，企業要重視它的更新換代和升級問題，還要考察軟體產品的可持續發展性和供應商的技術支援能力，是否能提供標準化的服務…等等。

（三）軟體產品的易學、易用性和產品的直觀性

用戶介面是否好用，系統是否能提供統一和方便的接觸點，使客戶在任何時間、任何地點、任何情況下都能方便地進行溝通……等等。

（四）要考慮軟體產品是否易於客戶化

為了得到快速的投資回報，許多企業希望能夠靈活地使用 CRM 來解決他們的問題，特別是一些中小型企業更需要客戶化、模組化程度高，能快速完成實施的、靈活的 CRM 解決方案，或者需要能夠根據特殊需求實現較大變動的解決方案。因此，為了使實施成本和時間都實現最小化，產品必須有其有較強的適應性和客戶化性能。

（五）軟體系統的易整合性

一套 CRM 系統的功能構成不應當是獨立存在的，它應該與企業後端的管理資訊系統緊密連接，才能保證客戶關係管理和企業業務過程的完整性和連續性。例如，需要來自於後端系統準確的產品報價，庫存和產品有用的資訊，訂單執行情況，分銷網路上的庫存和出貨情況，計畫和運輸資訊，相關的財務資訊等；反之，其他業務同樣也需要來自 CRM 前端系統最寶貴、最直接的市場和客戶資訊，以便將這些資訊用於分析、決策和最佳化。同時還需要注意，這種整合不是僅侷限於低階的資料整合和同步，而是要實現業務流程的整合，這樣才能在各系統間維持業務過程的完整性和連續性，工作流才能在系統間暢通地流動，才能提升企業的經營管理水準，增強企業的競爭能力。

六、高層管理者的支援和企業全員的參與

與 ERP 專案相似，CRM 系統的成功實施也離不開董事會的認可和企業最高層管理者，如 CEO 或總經理的參與和支持，以及相關業務部門經理的全力投入。該項目所影響到的部門和領域的高層領導應成為項目的發起人或主要參與者，這樣一方面可以使 CRM 系統更適合於他們的業務流程和為其部門的業務服務；另一方面可以將 CRM 專案要實現的目標、實施過程中對業務過程所做的變革、隨時將發生的情況和資訊即時地傳遞給相關部門和工作人員，並予以配合。

企業最高管理者的公開參與和高度的支持，無疑是使全體員工對項目理解與支持的最大推動力，同時也是對實施團隊的最大鞭策。在實施過程中的不同階段，應由高層管理者召開專案過程會議，聽取實施團隊的匯報，對實施的各項關鍵指標進行把關，給出建議和鼓勵，並積極聽取股東和董事會成員的意見，爭取他們的支持。這對與實施的過程和成功是非常必要的。

除了相關業務部門的參與之外，CRM 專案還需要企業全體員工的了解、理解、關心和支持，使企業每一個人員都能了解項目的重要性，並對他們進行專案框架和目標的介紹，為它們提供基礎培訓，提高他們的參與積極性和熱情，希望他們提出好的建議，實現群策群力。這樣，不僅有益於 CRM 專案的實施，同時也增強了企業的凝聚力，有助於專案的快速實施成功。

七、制訂實施計畫、步驟和階段性衡量標準

企業要想獲得 CRM 的實施成功，必須在專案實施之前設定實施目標和制訂實施計畫與階段性衡量標準。如果沒有統一明確的實施目標、計畫和衡量標準，就無法對專案和系統進行對比和評估，因此也無法知道實施是否取得了成功。制訂實施計畫首先要明確專案的目標、方法和範圍，制訂實施藍圖，對專案的預算、成本進行估算，確定 TCO 和 ROI 指標，並儘可能地制訂具體的量化值。在編制實施計畫書時，要制訂階段性的子目標、實施步驟、關鍵性的里程碑，以及相應的評估和衡量標準，在每一階段中具體的實施策略和實施工作計畫，並規定該階段性的費用進行核算。結合軟體功能和業務目標，確定業務流程的改進和最佳化，確定新流程中的各項業務處理程式、完成的任務與處理步驟。

此外，要對軟體實施過程潛在的各種風險做出預測，並對風險性高低做出評價，制訂風險防範措施和應急、補救方法，儘可能將風險出現時造成的影響降到最小。對確定軟體功能不能滿足的需求，要制訂和安排其他的解決方案，如開發、或整合第三方的產品等，並提出初步的解決方案。還要制訂文件檔案標準，明確軟體實施過程各階段的文件檔案編制和格式，制訂用戶培訓計畫，培訓人員的範圍和程度等。在專案實施過程中，不可避免地會引起部分組織結構的調整，業務流程的變化，同時也會影響到人員崗位和職責的變化，在制訂實施計畫時也要予以考慮，如何將這些變化帶來的負面影響控制到最小。

八、設定 TCO 和 ROI 指標

CRM 專案正在不斷接受關於其商務價值的詳細審查，企業也漸漸地將其目光從關注系統功能轉向更為關注 CRM 項目的總擁有成本 TCO (Total Cost of Ownerships)和投資回報 ROI (Retune of Investment)這兩個指標。在實施之前，企業必須對方案進行財務分析；然後，將所有方案匯總，計算 CRM 的總體成本和利潤。目前，一些實施了 CRM 的企業仍然很難實現 ROI，其主要原因是許多企業急於獲利，在沒有制訂好正確的 TCO 和 ROI 計畫以前就草率執行，無法獲得好的實施效果。

　　TCO 是項目的總體成本，同時它也是專案實施過程中的真正預算。它包括專案中的人員、過程和技術等全部費用。要確保 CRM 專案成功，專案管理者必須掌握在實施過程中如何控制 TCO，確定成本和利潤。首先，需要定義 TCO，全面了解項目所需資金的投入，包括計畫時間內的固定費用和重複費用；之後，需要根據行業和企業的規模來評估 TCO，對 CRM 的每個領域所能提供的功能、實現的收益目標和所需的費用進行對比估算；然後，預測項目的 ROI，了解哪些投資能夠產生回報？產生多大的回報？最後估算出 CRM 專案的 ROI。

　　ROI 是一種投資報酬率，主要用來分析專案收支平衡和對財務報表的影響。要想快速實現投資回報，企業必須對專案實施總體成本和獲利，以及影響預期投資回報的因素進行分析，根據專案目標和工作計畫分配各項費用和支出，並掌握計畫支出費用的數量和時間。同時，需要進行慣例業務分析，包括成本計算、資金和折舊細目、開支和資金支出細目，以及完整的基本個案和慣例業務損益分析等，以避免費用超支。

九、功能參數配置、系統調試和上線準備

　　參數設置和協調配置是實施過程中系統實現客製化的關鍵步驟，企業根據自身的具體情況利用 CRM 軟體中預留的各種配置功能和參數進行配置，使軟體能更適用於企業的業務流程。功能和參數配置是否正確，直接關係到軟體功能的實現及系統運行的穩定性，好的配置工作可以使軟體功能得到最大限度的發揮，並與業務流程產生良好的互動。在進行系統設置和客戶化之前，要對所有類似的參數進行定義，以確保客製化配置順利進行。

　　在完成參數設置、客製化以及系統實現之後，需要對系統進行相關的測試，檢驗系統設置、參數設置等客製化過程確實無誤，最終文件檔案是否準備齊全，文件檔案內容的準確性是否達標，改進後的業務處理流程是否合理和流暢，與其他資訊系統是否實現了緊密的整合，用戶操作規程是否符合規則，等等。只有確保所有的環節和細節的測試結果都無誤之後，才能確保系統能夠安全、可靠地投入運行。

　　在系統投人運行之前，還需要為正式運行準備一個真實可靠的系統環境和完整準確的實行資料，確認能夠可靠地進行資料轉換並清除所有與系統投入運行無關的因素，為系統投入運行提供安全和可靠的保障，確保系統運行環境的完整性。在確認一切準備就緒之後，系統將進入正式運作。

十、系統投入運行和最佳化

　　系統投入運行，並不意味著企業就能立即將 CRM 系統用來管理業務和營運，還必須對系統經過若干時間的考驗之後，才真正連線使用。在測試之前，必須制訂應急計畫和應急措施以防系統在投試運行過程中出現意外事故，並能給予及時和有效的處理。同時要進行資料最後更新，保證資料和各種文件檔案的正確性、是否符合系統要求，並對試運行階段的系統狀況進行詳細的記錄。在確保系統所有環節和細節都已完全符合正式運行後，需要進行系統運行的初次評價，考察和分析系統是否能滿足新的業務處理流程，用戶操作規程是否規範，確定系統已經解決了哪些問題，尚有哪些問題無法解決，系統的優缺點…等等。在系統確信運行無誤的情況下，實現實際業務的人工管理向 CRM 系統切換、或新舊系統切換。

　　成功切換後，並不意味著實施工作完全結束，在相當長的一段時間內，企業還必須根據試運行階段分析的經過對系統的缺點進行改進，而對於系統無法解決的問題尋找更好的解決方案，發現和解決那些可能在實施過程中由於疏忽而遺漏的業務需求和功能需求，並在使用中不斷地完善系統的運行和處理業務的能力，對系統不斷進行最佳化改進。此外，隨著市場的變化，企業的發展、管理和業務流程的變化，還可能需要對系統進行相應的改進、升級或更換。在系統日常運行中，還需要對其行週期性系統運行審查和評估，如業務性能評價、系統性能評估、ROI 評估等，使之不斷完善，更符合和滿足業務處理需求，儘快實現 ROI，為企業獲得更多的利潤。

C&A、ZARA、H&M 大牌在中國都不好過，但快時尚的店卻越開越多

客戶關係管理案例

習 題

一、 討論零售通路市場的產業特性，並說明為何零售通路商需要導入 CRM 系統？

二、 試比較零售通路商原本採用的大眾行銷與後來的顧客關係行銷有何不同？

三、 零售通路商導入像 CRM 這樣的系統時應該要如何推動才會成功？

四、 零售通路商導入 CRM 的效益會有哪些？

五、 CRM 系統如何幫助零售通路商？

六、 請說明 CRM 業務流程？

七、 請說明 CRM 在企業管理觀念中的演變和發展？

八、 請說明企業應用系統整合層技術支持？

九、 請說明 CRM 的主要組成和功能？

十、 請說明客服中心的組成和功能？

參考文獻　　References

1. Zwass, V. "Electronic Commerce： Structures and Issues," International Journal of Electronic Commerce, 1, 1, 3-23 (1996).

2. 行政院主計處，中華民國行業標準分類，行政院主計處編印 (2001)。

3. 未來 CRM 市場成長主力在中小企業，
http://www.ithome.com.tw/daily/20020422/news_13.html。

4. 何怡芳，行動通信服務業導入顧客關係管理與顧客滿意研究，淡江大學管理科學學系碩士論文，(2002)。

5. 侯緯章，以顧客關係管理概念發展電子化行銷工具－以台灣工具機產業為例，朝陽科技大學工業工程與管理系碩士論文，(2002)。

6. 郭嘉欣，我國電子商務研究現況與趨勢－碩博士論文之分析，銘傳大學管理科學碩士論文，(2001)。

7. 陳文華，運用資料倉儲技術於顧客關係管理，能力雜誌，132－138 (2000)。

8. 張寶樹，顧客關係管理系統導入效益與關鍵成功因素之研究，中原大學企業管理研究所碩士論文，(2003)。

9. 蔡正仁，藉由銀行資料倉儲機制建構以顧客為中心的經營模式，顧客關係管理－深度解析第二輯，ARC 遠擎管理顧問公司，(2000)。

10. 鄭仁偉、呂志豪，關係行銷新觀念－客戶關係管理，Financial Information, 32-33 (2002).

11. 鍾慶霖，顧客關係管理系統建置之研究－以金融控股公司為例，國立臺灣大學資訊管理研究所碩士論文，2002。

 **MEMO**

Chapter
12

◉ 供應鏈中的物流管理

 第一節　物流的概念

人類社會是物質組成的社會，而物流是人類社會必不可少的一個組成部分，它是伴隨人類的存在而存在的。人類為了自身的生存和延續，必須不斷地生產和消費各種物質、產品以供自己使用，而在生產和消耗的同時都伴隨有物流的存在。對企業來說物流好比企業經營的循環消化系統，它直接影響了企業和供應鏈的營運速度和品質，改善物流運作不僅可以加快供應鏈上的實物物料和商品的流速，還可以加速資訊流和資金流。對於大多數商品和服務來說，物流仍要經由物理方式傳輸，因此機械化、自動化工具的應用，準確、即時的物流資訊和物流管理資訊化對物流過程的監控，將使物流的流動速度加快、準確率提高，有效地減少庫存，縮短生產週期。

一、物流的定義

國際上對於物流研究領域較權威的美國物流管理協會 NCPD(National Council of Physical Distribution)成立於 1963 年，後於 1985 年更名為 CLM(Council of Logistics Management)曾對物流做出的定義是：「物流是供應鏈流程的一部分，為了滿足客戶需求而對商品、服務及相關資訊，從原產地到消費地以高效率、高效益的正向和反向流動及儲存，進行的計畫、執行與控制過程」。這一過程是產品從供應者到顧客之間複雜的空間流轉過程，不但涉及到運輸倉儲，還涉及到生產、消費等諸多領域。其中，「物」的概念是指一切有經濟意義的物質實體，即指商品生產、流通、消費的物質對象，它既包括有形的物，又包括無形的物；而「流」指的是物質實體的定向移動，既包含其空間位移，又包括其時間延續。它是一種經濟活動。

物流的概念最早出現在美國，最初被稱為 Physical Distribution，譯成「實物分配」或「貨物配送」。1935 年美國銷售協會闡述了「實物分配」的概念，即：「實物分配是包含於銷售之中的物質資料和服務在從生產場所的流動過程中所伴隨的種種經濟活動」。20 世紀 60 年代初，物流的概念被引入日本，被翻譯成「物的流動」，後簡稱為日文「物流」。

20 世紀 80 年代，物流在西方國家已被稱為 Logistics，並被理解為「在連接生產和消費間對物資履行保管、運輸、裝卸、包裝、加工等功能，以及作為控制這些功能後援的資訊功能，它在物資銷售中具有橋樑作用」。台灣在 20 世紀 60 年代初從日本直接引入「物流」這一概念並沿用至今。物流概念形式的這兩條途

徑同源，兩個稱呼雖叫法不同，但實為同一概念。由於「物流」比「實物分配」在叫法上更簡潔，因而被更多人接受，成為今天流行的叫法。Logistics 的原意為「後勤」，這是二戰期間軍隊在運輸武器、彈藥和糧食等物品時使用的一個名詞，它是為維持戰爭需要的一種後勤保障系統。後來把 Logistics 一詞轉用於物資的流通中，這時，物流就不單純是考慮從生產者到消費者的貨物配送問題，而且還要考慮從供應商到生產者對原材料的採購，以及生產者本身在產品製造過程中的運輸、保管和資訊等各個方面，全面地、綜合性地提高經濟效益和效率的問題。因此，現代物流是以滿足消費者的需求為目標，把製造、運輸、銷售等市場情況綜合起來考慮的一種策略措施，這與傳統物流把它僅看做是「後勤保障系統」和「銷售活動中橋樑作用」的概念相比，在深度和廣度上又給予了進一步的定義。

在物流領域通常認為「物流」即是相關的物資從供應者向需求者的移動。涉及運輸、倉儲等各層次的活動，而前述美國物流管理協會對物流的定義則特別強調它不但涉及到運輸倉儲，還涉及到生產、消費等諸多領域，以及強調資訊及管理在物流中的作用、運輸可見性(Shipment Visibility)、庫存可見性(Inventory Visibility)和電子商務在今日物流中的應用。由此可見美國人在考慮物流時的寬廣視野及把它納入系統工程的思維。

二、物流定義的演變過程

物流的定義是隨著物流業務的發展而不斷演變的。最初，CLM 在 1985 年把物流(Logistics)定義為：「以滿足客戶需求為目的，對原料、在製品、製成品以及相關資訊從供應地到消費地，以高效率、低成本流動和儲存，進行的計畫、執行和控制過程」。到 1992 年，CLM 修訂了物流定義，將 1985 年定義中的「原材料、在製品、製成品」修改為「產品、服務」。這拓展了物流的內涵與外延，既包括生產物流，也包括服務物流。隨著供應鏈的出現，1998 年 10 月，CLM 又宣布了對物流定義的修改，該修改明確地聲明物流管理僅僅是 SCM 的一部分，對物流的最新定義變為：「物流是供應鏈流程的一部分，是為了滿足客戶需求而對商品、服務及相關資訊，從原產地到消費地以高效率、高效益的流動及儲存，進行的計畫、執行與控制過程」

此時，明確地指出物流是供應鏈流程的一部分，釐清了長期以來人們把物流和供應鏈概念混為一談的觀念。因此，我們說，物流是為供應鏈服務的，其內容包括為用戶服務、需求預測、情報資訊聯繫、材料搬運、訂單處理、選址、採購、倉庫管理、包裝、運輸、配送裝卸、逆向回收和廢料處理等業務過程。

三、物流的經濟和社會意義

（一）物流是人類社會存在和發展的前提

　　物流是人類社會特別是商品經濟社會的重要組成部分。我們日常業務中的任何一筆交易，都會伴隨著幾種基本「流」的移動，主要的有商流、資金流、資訊流和物流。其中商流是指在商品交易活動中，商品所有權在買、賣方之間轉移的過程，具體指商品交易的一系列活動。資金流主要是指資金的轉移過程，包括企業間的付款、轉帳，以及企業內部的過帳、成本累加等過程。資訊流包括了商品資訊的提供、描述，商品交易過程中的所有電子文件檔案，包括詢價單、報價單、付款通知單、轉帳通知單…等商業貿易單據，還包括交易方的支付能力、支付信譽等一切可以用電子資料表示和傳遞的資訊。在我們有了電子商務技術的今天，這三種流的處理過程都可以透過電腦和網路通訊設備來實現。而物流，為其中最為特殊的一種，是指物質實體，包括：商品或服務的流動過程，對於少數商品和服務來說，可以直接透過網路傳輸的方式進行配送，例如：各種電子出版物、資訊諮詢服務、有價資訊軟體…等。而對於大多數商品和服務來說，物流仍要經由物理方式傳輸，要經過採購、搬運、儲存、分揀、配送、包裝、運輸、裝卸、逆向回收和廢料處理等一系列過程。在該過程中，機械化、自動化和資訊管理系統的有效應用，將使物流的流動速度加快、準確率提高，同時也會加快資訊流、資金流的流速。物流涉及到資訊、運輸、儲存、配送、裝卸、包裝…等各種活動的整合。以生產過程為例，從原材料的採購開始，便要求有相應的物流活動，將所採購的原材料入庫，然後在生產中所需物料的領取、物料出庫以及生產的各個技術流程之間，也伴隨著原材料、半成品的物流過程；最後製成品也需要品質檢驗、包裝、入庫等過程，以實現生產的流動性。因此，就整個生產過程而言，實際上就是系列化了的物流活動。合理的物流，透過降低費用從而降低成本，透過最佳化庫存結構從而減少資金佔用，透過強化管理進而提高效率。因此，物流首先是生產的保障。同時，物流還在支持商務活動和方便人們生活等方面具重大的作用。因此，我們說：「沒有了物質，就沒有人類社會，而沒有了物流，也同樣沒有人類社會」。

（二）物流是第三利潤泉源

　　良好的物流管理可以大大降低企業的成本。早在 60 年代，彼得‧杜拉克就曾預言：物流領域是經濟增長的「黑暗大陸」，是「降低成本的最後邊界」，是降低資源消耗、提高勞動生產率之後的「第三利潤源泉」。在人類社會經濟發展過

程中，先是從手工業發展為工業生產，隨後進了製造業的鼎盛時期，這一過程也使人類的物質產品得到了很大程度的豐富，也使人們習慣於將挖掘利潤源泉目光放在生產領域中。試圖以更少的投入生產出更多的產品，降低資源的消耗，這即為「第一利潤源泉」。如果生產者所消耗的物質低於社會生產平均消耗水準，就能用較低的資源消耗成本來獲取與別人相同或更多的收益，從而創造了更多的利潤。但是，物質消耗的降低不可能是無限的，它有一定的極限，當人們發現在繼續挖掘「第一利潤源泉」的難度增大或收效不佳時，就把目光轉向了「第二利潤泉源」。

如果說「第一利潤泉源」是來自資源領域，則「第二利潤源泉」是來自人力領域，它是勞動消耗的降低。當時，除了物質消耗之外，最有效的獲利方式便是提高勞動效率、減少勞動耗費。同理，由於商品生產的勞動消耗，是以社會必要勞動時間來衡量的，在現有的社會生產水準和相同的勞動強度和熟練程度的前提下，如果生產者生產相同的產品所需的必要勞動時間低於社會平均消耗水準，他也能獲得比同業者更多的利潤。蒸汽機的發明之所以能夠掀起一場工業革命，正是在於其大大地提高了勞動效率。在管理學的研究中，為了提高勞動效率，從對分工制一直到成組技術等，作了大量的研究和實際考證，不僅對每一道技術流程進行最最佳化，而且，對於操作員的每一個動作都進行了深入地研究，以圖使之更簡捷、更規範。這樣，就形成了「第二利潤源泉」。但是，勞動效率的提高和勞動消耗的降低也是有一定極限的，也會受到社會科學技術水準的制約。人們為了開拓其他的利潤源泉，就將目光轉向了物流，這塊以前被人們忽視的「未被開墾的處女地」成為了「第三利潤源泉」。

根據學術界估算，物流成本佔商品總價值的 30%~50%；來自美國 20 世紀財團的一項大規模調查的資料顯示，以商品零售價格為基數統計，社會流通費用佔59%，而其中大部分是物流費用。而物流費用的減少可以大大降低來自該部分的成本。例如：日本在近 20 年內，物流業每增長 2.6 個百分點，經濟總量就增加1%。在美國，物流產業的規模已達到 9,000 億美元，幾乎是高技術產業的兩倍。由於服務費高漲，美國產品的製造成本已不足總成本的 10%，而與儲存、搬運、運輸、銷售和包裝等活動耗費的時間相比，產品的加工時間只有這些活動耗時的1／20，幾乎可以忽略。正因如此，經濟理論界把物流合理化稱做「企業腳下的金礦」，物流也因此而成為當前最重要的競爭領域。目前，台灣的儲運企業和政府主管部門，都在考慮制訂如何把台灣的傳統儲運業發展成現代物流業的策略和規劃，高雄、桃園、台中…等城市已經將物流業確定為高科技產業和金融之外的第三個支柱產業。

　　目前，台灣物流業的發展水準還比較低，現代化物流企業還很少，規模也比較小，分佈也不合理，大多集中在少數經濟發達地區，資訊管理技術水準也不高，多數還處於人工管理或半自動化管理。對於大型供應商而言，沒有全程的物流管理就無法談及建立有效的分銷網路；對於大型連鎖零售商來說，沒有全程的物流管理也就無法建立起良好的供應配送體系。從歷史上看，台灣的物流基本上是從後勤部門的儲運演化而來，物流配送業務基本上還停留在「只儲不配」的水準上，大多數物流企業只能提供原材料供給、成品的運輸、倉儲和貨代服務，無法提供深入到上下游企業間、動態聯盟企業間供應鏈全程的物流服務，更無法提供物流諮詢、策劃的服務。在車運主幹線上，台灣目前的空車返程率約在 80%左右，由於這種調配不當，每年造成的浪費就有 1,480 億新台幣左右。而現代物流則是生產、流通、消費新理念的產物，涉及的領域空前廣闊，這就決定了台灣物流業業態必須朝著多樣化的方向發展。

　　同時，由於台灣的物流業尚處於起步階段，因而又有著非常廣闊的前景和市場商機。美國的物流服務要佔整個工業產值的 25%，而台灣的比例卻不到 2%。據台灣物流與採購聯合會統計，2001 年，台灣與物流相關的年總支出達到了 126,010 億元，物流項目總成本佔到了 GDP 的 20%左右的比例。在國外，企業的物流成本一般僅佔企業總成本的 12%左右，而台灣企業的物流成本則高達 30%以上，也就是說，台灣企業的物流成本還有很大的空間可以壓縮。特別是在物流管理資訊化方面，由於物流軟體實施風險較小和效益顯著等特點，企業對物流軟體的需求有著巨大的空間，亟待業界加以大力推廣，讓資訊技術為台灣的物流業發展貢獻力量。

 **第二節　物流管理的發展過程和物流類型**

一、物流管理的發展過程

　　物流管理的發展是隨著經濟的發展和技術的進步而不斷拓展的，它主要表現為在範圍和功能上的擴展。在範圍上，從最初侷限於企業內某個單一的作業場所發展到目前囊括全球範圍；在功能上從單純的物料移動發展到全球網路供應鏈上的綜合物流服務。

（一）物流管理範圍的擴展

物流管理範圍的擴展共經歷了 5 個階段，這 5 個階段的發展如圖 12-1 所示：

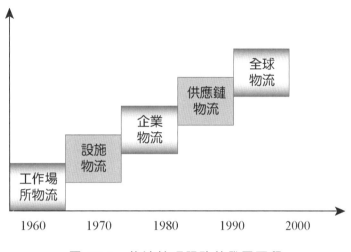

1960　1970　1980　1990　2000

圖 12-1　物流管理服務的發展歷程

1. 工作場所物流管理 WLM(Workplace Logistics Management)

工作場所物流是物料和零組件侷限在企業內部的一個工作場所中的流動，其目標是使物流在一個獨自的工作場所包括：機器間、技術中心、裝配線範圍內實現合理化的移動。它的原理和方法是由工業工程的奠基人在工廠操作的基礎上發展而成的，與之對相應的是人類工程學。當時，在企業垂直整合的經營模式下，裝卸、倉儲和運送等物流業務都是由企業內的相關部門利用自己的設施自行完成。為了更有效地管理，提高物流效率，人們在工作場所物流中開始引入了工業工程的分工制和成組技術的應用。

2. 設施物流管理 FLM(Facility Logistics Management)

設施物流是物料和零組件在一個設施之內的各個工作場所之間的流動如：工作場所之間、設施內部。設施可以是廠房、倉庫和配送中心。最初，設施物流普遍地被稱為物料處理，它源於 20 世紀 50~60 年代大規模的生產和裝配。直至 20 世紀 70 年代後期，許多企業還都保持有物料處理部門。

20 世紀 60 年代，採購、市場和客戶服務被組合在一起成為著名的 Logistic；物料處理、倉庫和運輸被組合在一起，成為著名的實物分發 Physical Distribution，甚至今天許多西方學術機構仍然沿用這樣的劃分：在偏重商業的院校，Logistics 被定義為商業後勤；而在偏重工程的院校，它被定義為物流。在這

裡，我們為了消除混淆，統稱 Logistics 為物流。在這一階段，分工制、成組技術和其他工業工程技術得到了充分地應用，人們對物流和技術流程進行了最佳化，並且在許多環節上實現了機械化，使之更簡潔、規範。但在資訊化方面還只是處於初級階段。

3. 企業物流管理 ELM(Enterprise Logistics Management)

企業物流是物料與零組件、資訊和資金在一個企業內部的設施之間（工作場所、設施之間，企業內部）的流動。在 80 年代由於管理結構的變革和資訊技術的發展，物料處理、倉庫管理等部門被綜合成一個部門，使得企業能夠真正將物流管理在一個企業內應用起來。特別是資訊技術對 ELM 的支援，例如：MW-II、JIT-Kanban 與 EDI、資料庫……等，使物流管理有了進一步的發展，在調度、存量控制和訂單處理等一系列活動中得到應用，在自動化水準上也實現了新的突破，從而推動了物流活動整合的過程。

同時，物流的作用在社會及企業中進一步得到確認。從許多管理實務中發現，在企業的製造、市場及物流的三個重要方面，提高利潤的最有效手段是降低物流成本，因此，物流整合管理成為企業保持持續發展的最有效途徑。為了降低產品成本，企業開始重視企業內物流過程中的資訊傳遞，對傳統的物料搬運進行變革，以尋求物流合理化的途徑。

4. 供應鏈物流管理 SCLM(Supply Chain Logistics Management)

供應鏈物流是物料、資訊和資金在企業之間（工作場所、設施和企業之間，供應鏈內）的流動。這裡，再一次從物理範疇內解釋供應鏈和物流之間的區別：供應鏈是一個由多個設施構成的網路（企業、工廠、倉儲中心、港口等設施）、交通工具（卡車、火車、飛機、船隻）、物流資訊系統、金融結算和交易系統連接在一起，從一個企業的供應商的供應商，一直到它的客戶的客戶的綜合系統；而物流則是在供應鏈上產品與服務移動所發生的活動和事件。套用體育上的一句行話，如果把供應鏈比做體育的話，物流則是體育比賽項目。

在 20 世紀 90 年代，資訊技術的發展和應用為物流管理提供了有力的支援，例如：ERP、CRM、SCM、GPS、GIS、射頻技術、條碼技術、通訊與網路技術和電子商務等在物流管理中的應用使其逐漸實現了資訊化和自動化，特別是在西方發達國家中，在供應鏈上下游企業間和整個供應鏈上，已實現了物流資訊的共用，物流管理人員能夠更好地追蹤和控制物流的運作情況，為企業降低物流成本和提高利潤。正如 R.B.Footlik 在《營運、包裝和配送》一文中指出：「過去我們

配送循環是由物資的流動來左右的，今天，它的推動力是資訊的傳遞。」而 D.L.Anderson 和 R.G.House 在《90 年代的物流》一文中也指出：到 2008 年將有約 2,150 億美元花費到資訊系統中，而儲存費用卻是 2,050 億美元，這種情況表現了物流策略方面的轉變，它從原來的資產密集型策略（大量的倉庫和高存量水準）向著資訊密集的控制系統轉變。

供應鏈物流實現了企業和企業之間、從電腦到電腦的資料傳輸，使企業能與所有的合作夥伴、客戶、供應商、運輸商、公共倉庫及其他成員進行快速資訊傳遞，使企業節約了大量物流費用，提高了客戶服務水準和競爭能力。

5. 全球物流管理 GLM(Globalization Logistics Management)

全球物流是物流、資訊和資金在國家或地區之間的流動。全球物流連接了國際間的供應商和客戶。20 世紀 90 年代後期，全球經濟整合的發展趨勢使企業紛紛在海外勞動力低廉的地區建立生產基地。由於從國外生產基地直接向需求國發送的商品迅速增加，也大大增加了國與國之間的商品流通量，同時國際貿易的快速增長，電子商務採購的全球化推進，使得全球物流應運而生。

在多國家、多城市之間的傳遞，不可避免要受到參與者、語言、文件檔案、貨幣、時差、文化、政治等因素的影響，全球物流管理比一個國家內的物流管理要複雜得多，物流國際化使企業的物流成本大大提高。據統計，國內產品銷售的物流費用約佔總成本的 5%~6%，而國際性產品的物流費用則佔總成本的 10%~25%。服務多樣性及服務水準的高標準，也對物流管理提出了更高的要求，因此，更急需先進的物流管理資訊系統來幫助企業對物流參與者各方的業務流程和資訊進行整合，實現資訊共用和即時監控物流過程；同時，在物流決策、物流業務分析和流程最佳化方面利用決策方法、人工智慧及專家系統等方法來降低成本、最佳化過程、提高服務水準和明確評估方法，讓物流更好地為全球網路供應鏈服務。

對於下一代物流管理的發展，學術界作了大量的研究，同時也定出了許多理論。許多物流專家認為協同物流管理、需求物流引導、建立在程式上的即時最佳化物流模型等將是下一代物流管理的發展方向。也有些學術界人士認為下一階段的物流將向虛擬物流或第四方物流發展，所有的物流活動和管理都被外包給第三方物流提供商 3PL，它們依次再由一個類似於普通的契約方式，即第四方物流營運商 4PL 來完成。

（二）物流管理功能的擴展

迄今為止，物流管理在功能上的擴展大致經過了四個階段，其分別為：

1. 企業內部物料移動管理階段

管理的目標主要是物料和零組件、半成品和製成品在企業內部的搬運和移動。在該階段，各企業基本都是垂直式整合的經營方式，擁有相應的專業部門和物流設施設備，自行從事物流業務。製造業是處於加工車間模式，需求資訊主要是從訂單中獲取，產品追蹤採用貼標籤的方式。管理方法是粗放式的，目標在於構築與生產、銷售相適應的物流設施，手段是不斷地補充硬體，隨營業規模的擴大增設物流設施，確保輸送業務。

2. 物流分配管理階段

這時的製造業已廣泛採用成組技術，對物流的需求增多、節奏加快、要求提高。倉庫從靜止封閉的儲存式模式變為動態的物流配送中心，需求資訊不光來自訂單，而主要是從配送中心的裝運情況獲取。管理方法開始轉向集約化，更注重防止生產和物流的延誤而造成經濟上的損失。當時，功能較齊全的商品化物流軟體系統尚未問世，企業只能自行開發一些局部的程式。由於物流服務業務需求增加，出現了由承運人提供的物流服務新模式，為物流成本的降低探索了一條新的途徑。

3. 綜合物流管理階段

由於企業開始採用具有競爭機制的分散式橫向組織機構，集團企業或大公司內部的物流運作已不能滿足它們發展的要求，因而出現了綜合物流。以前那種大量生產和銷售的經營體系出現了問題，隨著產品的個性化、多品種和小批量成為新的潮流，物流體系的管理業務發生了變化，逐漸向多頻度、少量化、短時化發展，內容逐漸在簡單的儲存和運輸搬運基礎上進入了配送、包裝、分揀加工等一條龍的綜合服務，物流管理也進入了集約化階段，更加注重借助於軟性設施，企業開始大量採用資訊化技術來管理物流業務。此時，EDI 等技術已日漸成熟，為綜合物流管理實現自動化和資訊化提供了有力的支援。

4. 供應鏈協作式物流管理

供應鏈協作式物流是一種新型的聯盟型或合作化的物流新體系，它更強調在商品的流通過程中企業間的合作，改變了原來各企業分散的物流管理方式，透過供應鏈物流這種合作型的體系來提高物流效率，所創造的成果也由參與企業共同

分享。在供應鏈上建立共生的物流系統，其目的是追求物流系統的整合化，實現物流服務的差別化，使上下游間的物流設施、業務和資訊銜接更加緊密，如組織好港站庫的接駁式轉運與銜接、零售商管理控制總庫存量和產品物流總量的分配等。借助於 EDI 及 Internet，比 GPS 等先進技術，物流需求資訊可直接從倉庫出貨點獲取並實現即時資訊交換，產品追蹤採用條碼掃描，資訊處理採用了商品化的軟體系統。同時，第三方物流方式開始興起。

5. 電子化的需求引導型物流管理

由於網際網路和電子商務興起，使物流管理電子化成為可能，同時先進製造模式的不斷推廣、客戶對物流服務的要求越來越苛刻，這就使物流管理為了適應新的形式，逐漸形成了「需求物流引導」的理念。這一理念是指：物流環節上的各個子系統，例如：運輸、配送、儲存、裝卸、流通加工和資訊處理……等環節應該是一個一體的整合系統，使物流系統的管理在不斷適應市場環境的同時，緊跟市場需求的變化，不斷挖掘和抓住新的機遇，靈活地協調和控制各項物流活動，使物流系統本身合理化、整合化，最終使物流符合客戶的需求。這種管理模式的實施已在西方企業中進行，但是，它需求強有力的資訊技術予以支援，而電子化物流恰好能夠滿足其要求。電子化物流可實現物流的協同規劃、預測和供應，需求資訊直接從客戶需求點獲取，採用在運輸鏈上實現組裝的方式，使庫存量實現極小化，資訊交換採用數位編碼分類技術和無線網際網路，產品追蹤利用雷射製造標識技術。這種高整合度的電子化物流能使企業達成物流流程上的需求引導，並對需求迅速回應、對物流業務的監控、協調和管理更科學，使物流流程更最佳化。然而，如果沒有網路和電子資訊技術，就不可能存在電子化物流。

二、物流的類型

由於物流涉及的領域極為廣闊，決定了物流業類態的多樣化。物流類型的劃分有多種參照的標準，例如：巨觀物流和微觀物流、國際物流和區域物流、一般物流和特殊物流、正向物流和逆向物流…等等。下面分別進行介紹。

（一）宏觀物流和微觀物流

宏觀物流又稱社會物流。是指社會在生產各個過程之間、國民經濟各部門之間以及國與國之間的實物流通。具體可分為：初級產品、中間產品和最終產品物流。隨著生產力的發展，生產專業化程度的提高，社會分工越來越細，使得商品物流在國民經濟各部門間與各企業間的交換關係越來越複雜，社會物流的規模也越來越大。宏觀物流的水準和狀況，將直接影響到國民經濟的效益和發展。這種物流的社會性很強，經常是由專業的物流業者來完成。

微觀物流又稱企業間物流。微觀物流是指消費者、生產企業所從事的實際的、具體的物流活動。在整個物流活動過程中,微觀物流僅涉及系統中的一個局部、一個環節或一個地區。具體可分為:供應物流、生產物流、銷售物流、回收物流和廢棄物物流。微觀物流的水準和狀況將直接影響到企業和各行業中的上、下游供應鏈的效益與發展。

(二)國際物流和區域物流

國際物流是指當生產和消費在兩個或兩個以上的國家或地區獨立進行的情況下,為了克服生產和消費之間的空間和時間距離,而對物資所進行的物理性移動的一項國際經濟貿易活動。因此,國際物流是不同國家或地區之間的物流,這種物流是國際貿易的一個必然組成部分,各國之間的相互貿易最終透過國際物流來實現。國際物流是現代物流系統中重要的物流領域,近十幾年有很大發展,也是一種新的物流型態。

區域物流是相對於國際物流而言的概念,指一個國家範圍之內的物流,例如:一個城市的物流,一個經濟區域的物流均屬於區域物流。

(三)一般物流和特殊物流

一般物流是指物流活動的共同點和一般性,物流活動的一個重要特點是涉及全社會的廣泛性,因此,物流系統的建立及物流活動的開展必須有普遍的適用性。特殊物流是指在遵循一般物流基礎上,帶有制約因素的特殊應用領域、特殊管理方式、特殊勞動對象、特殊機械裝備等特點的物流。

特殊物流可進一步細分如下:

1. 按「勞動對象的特殊性」劃分:有水泥物流、石油及油品物流、煤炭物流、危險品物流等。
2. 按「數量及形體不同」劃分:有多品種、少批量、多批次產品物流、超長超大產品物流等。
3. 按「服務方式」及「服務水準」不同劃分:有「門對門」物流、配送等。
4. 按「裝備」及「技術」不同劃分:有集裝箱物流、托盤物流等。
5. 按「組織方式」不同劃分:有加工物流、裝配物流等。

(四)正向物流與逆向物流

正向物流是貨物從生產到消費的實際方向上的物流,也是供應鏈上投入和產出方向上的物流,它是從原材料的開採、加工、儲存、運輸到產品的採購、生產、

加工和裝配、產品的儲存、運輸、配送、銷售和售後服務的整個過程。正向物流上貨物流動的順暢程度和速度直接影響了供應鏈的經營指標供應鏈的產出率。產出率是整條供應鏈上的原料、半成品、製成品的庫存與一個產品從進入供應鏈開始到它流出供應鏈所經過的時間之比。即：

$$產出率 = \frac{供應鏈上的庫存}{產品從供應鏈開始到離開供應鏈所經過的時間比}$$

逆向物流是與產品的生產消費物流方向相反的物流流向，包括產品的回收、替代、檢驗／分類、再加工和再分銷，以及處置／清理等環節的物流活動。逆向物流運作的好壞直接影響到企業的信譽和客戶服務水準，可以改善企業的現金流和品質評價、庫存和運輸成本。

另外，物流種類按物流市場形式劃分又可分為以下幾種：

1. 按所服務的物件類分有：電器物流、服裝物流、商品物流、日用百貨物流、醫藥保健品物流、大宗散貨、廢品回收等；
2. 按作業環境細分有：物流諮詢、物流組織、物流實施、物流基地等：
3. 按服務物件細分有：工業物流、商業物流等；
4. 按貨物形態細分有；件雜貨、散貨、罐裝貨等。

 **第三節　物流的作業流程和功能**

一、物流的三要素

物流業務是由多項具體的業務活動所組成，這些物流活動不論以何種形式存在、用何種的方式實現，都必需具備三個最基本的要素，即：承載物、載體和流向。

承載物是物流中的主體，是指物流中的「物」，即流體。由於物流的目的是實現將承載物從供應方向需求方的流動，儘管總會有一部分要儲存在倉庫中，以存貨的形式存在，但它也是以流動為前提且終究是要零流動的，也是流動過程中的一種暫時的形式，流動是永恆的，而靜止是暫時的。物流上所有「物」最終都要經過運輸等形式實現空間上的移動。因此，「物」總是處於不斷流動狀態中的流體。

　　載體是使承載物流動的設施和設備，物流載體的狀況，尤其是物流基礎設施的狀況直接決定物流的品質、效率和效益。載體可分為兩類：一類是指基礎設施，如機場、鐵路、公路、水路、港口、碼頭、車站、通路系統等基礎設施，另一類是直接承載並運送流體的設備，如飛機、車輛、船舶、裝卸搬運等設備。

　　流向是指承載物從起點到終點流動的方向，也就是物流的方向，物流的流向大致有四種類型：

1. 自然流向：是根據產銷關係所決定的商品的流向，顯示了一種客觀需要，即商品要從產地流向銷售地點。

2. 計畫流向：是根據政府部門的調撥計畫形成的商品流向，即商品從調出地流向調入地。

3. 市場流向：指根據市場供求規律由市場確定的商品流向。

4. 實際流向：是在物流過程中實際發生的流向。

　　具體而言，它可能同時存在以上幾種流向，例如：根據市場供求關係確定的商品流向是市場流向，這種流向如果反映了產銷之間的必然聯繫，是自然流向；實際發生物流時還需根據具體情況來確定運輸路線和調運方案，這才是最終確定的流向，例如：某貨物從高雄運往台北，這種流向又是實際流向。在確定物流流向時，理想的狀況是商品的自然流向與商品的實際流向一致，但生產計畫流向與市場流向都有其存在的前提，還由於載體的原因，也可能導致商品的實際流向經常偏離自然流向。

二、物流的作業流程

　　物流的作業流程根據不同的業務型態具有不同的形式，但它們有許多相似之處，下面介紹幾種典型的物流作業流程：

（一）生產領域的物流作業

　　生產領域的物流主要由三個部分組成，其物流流向圖如圖 12-2 所示。

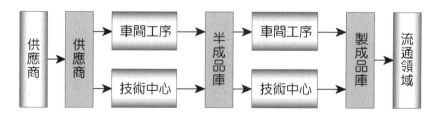

圖 12-2　生產領域的物流作業流程

1. 進貨物流

　　進貨物流是生產製造所需的原料、零組件、生產輔料、外加工件的採購與接收過程。它是生產企業向供應商訂購原料、零組件、外加件及生產輔料，並將其運達材料庫的原料供應物流。其中有買入、運送、接受、質檢、入庫和結算等過程。

2. 生產加工物流

　　當「物」被投入生產後，在各車間、各工序、各技術中心間移動，並在加工過程中改變其物質實體的存在狀態，從原材料、零組件，外加工件及生產輔料變成半成品，進入半成品庫暫存、或直接進製成品加工流程，生產出成品。其中有進出庫、加工製造、搬運、運送、質檢、成本控制等過程。

3. 出貨物流

　　經包裝送入成品倉庫儲存，製成品搬運出庫、將製成品轉移到流通環節。其中有進出庫、包裝、搬運、銷售、貨款結算等過程。這部分各自相對應的物流就組成了生產領域的物流。此外，基於生態和環境保護的意識，還有附加在採購、生產和銷售過程中的廢舊物料的回收和廢棄過程。

　　從物流功能的角度分析，生產領域的物流作業應是以運輸、儲存、裝卸搬運等和相應的資訊處理功能的體系。包裝和流通加工功能則弱化並融於生產過程中。生產企業內的物流過程往往與技術流程結合在一起，即人們常說的流水線。現代化的流水線，不僅僅是技術上的進步，對於物流合理化來說，也是一種深刻的變革。合理化廠內物流作業流程可以減少整個物流過程中的混亂和浪費，防止大量原材料、零組件在備料庫內銹蝕、老化、腐爛，半成品、殘次品供應商和部分零組件、原材料在成品庫內和車間內外、生產線兩側堆積，大量滯銷產品在其中賣不出去…等等，為企業能快速的進行生產活動奠基。

（二）流通領域的物流作業

　　流通領域內的物流包括物流體系中的所有功能，這些功能體現在下列的物流過程中。

1. 批發企業的物流過程

　　批發業介於生產和零售環節之間，透過集中採購、批量出售方法，簡化了生產與零售業間的業務轉換。傳統形態的批發企業，大多是只承擔採購和調配運輸這兩個功能，然而在現代物流中的批發環節則是整個商品物流中的主動脈和樞

紐，已發展成為集採購、倉儲、分揀、包裝、加工、配貨、運送等業務為一體的物流功能架構。批發業最根本的職能是將生產企業的產品大量購入，然後批量銷售給零售企業或直接的消費者，以化解或削弱市場供需在時間、空間上的矛盾，如圖 12-3 所示：

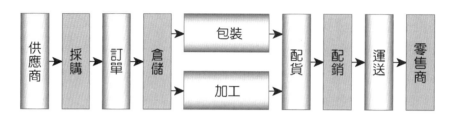

圖 12-3　流通領域的物流作業流程

2. 零售領域的物流過程

零售領域的物流過程，是從採購（商流）活動開始，並結束於銷售（商流）活動。當簽署買賣契約時，商品的所有權發生轉移，就形成了商流，但其商品實物並不一定立刻發生移動，而是根據買賣雙方的需要、方式、途徑和時間實現轉移，如圖 12-4 所示。零售領域的物流主要有 4 部分。

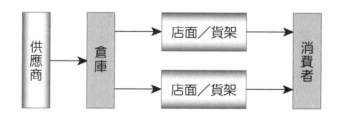

圖 12-4　零售領域的物流作業流程

(1) 進貨物流

它是採購和接收各種商品的過程。供應商根據契約條款為零售企業供貨，商品從生產企業或批發企業的儲存庫移動到零售企業的儲存庫或貨架上。該過程是以運輸為主體，包裝、裝卸、搬運等物流功能的組合，它是直接為商流服務的。

(2) 儲存和售前準備物流

它是商品的倉儲、保管、分揀、上架，以及不斷地補充的過程。當商品到達零售企業後，一部分直接送至銷售櫃組或貨架上；其餘部分為了避免短時間的脫銷風險存入倉庫。這些商品都需要儲存、保管、補充、分揀和上架等過程，從倉庫向店面或貨架的移動。如圖 12-4 中的 B 部分。

(3) 商品銷售物流

　　它是把商品直接傳遞到消費者手中的物流。它是直接的交易過程，一般有兩類形式：一是商品只是由櫃組或貨架移動到客戶手裡；二是由客戶訂貨，而由零售商將商品送達到客戶指定的場所。

(4) 逆向物流

　　為商品退貨、回收和廢棄物流。它是在前面三個過程中發生的，如在採購進貨中發現的不合格商品，需要退回貨主：對後庫和貨架上或直接銷售過程中的殘、次、過期商品，需要回收，售出商品的包裝物也需要回收等。

　　在零售領域的物流過程中，運輸、配送、儲存是主要的功能，而裝卸搬運、包裝、流通加工、資訊處理等是輔助功能。但同時，配送、包裝和流通加工……等服務性功能得到了不斷的強化，精美的包裝起著美化商品、促進銷售的作用；送貨上門、拆零銷售和恰當的分割、組合，則日益成為零售領域的售前或售後服務的主要內容。

（三）生活領域的物流功能

　　生活領域的物流也表現出不同的形態。例如：生活必需品的採購過程和商家的一系列物流服務，包含：包裝、加工、送貨，郵政系統的物流服務（郵件投遞等）和快遞公司的送貨服務。它豐富了人們的交流方式，相對縮小了生活空間；水、電的供給，給人們的生活起居提供了必須的保證；旅行過程中的承載、托運和補充的運輸等服務；生活垃圾的處理、回收、再循環利用等，淨化了環境，保障了健康。生活領域的物流最突出的是服務性，這一物流過程體現了整個社會性，是廣大最終消費者直接參與的過程。

三、物流的功能

　　物流是作為一種能力在一個企業和供應鏈上進行定位的，當物流作業被高度整合，並定位成一種核心能力時，它將對企業或整個供應鏈的競爭優勢有著奠基的作用。這種整合體現在資源的整合、業務的整合、流程的整合，以及資訊的整合……等方面。

　　物流能力是透過物流網路、倉儲等的協調，以及物流運輸和配送、包裝、資訊處理與整合等活動來實現的。只要將這些業務進行合理的劃分，透過先進的資訊管理技術來緊密地整合、有效地協同，才能真正把物流的能力體現出來。否則，只能稱之為「物」的簡單搬運。以下將對這幾部分的功能分別進行介紹。

（一）物流網路

物流網路是由固定的物流設施，例如：配送中心、碼頭、倉庫等運輸線路和資訊，組成的具有物流能力的物理結構。物流設施處於網路的節點上，節點決定著線路，而在以配送為主要營業項目的物流體系中，物流網路要以配送設施為中心，呈點狀方式向其他環節輻射，形成一個近似環狀的輻面，即配送涵蓋區域。物流設施的網路形成了一種據以進行物流作業的結構，在此之上融入資訊處理和運輸能力，以及訂貨處理、存貨保管、分揀配送和物料搬運等，就形成了物流能力。

（二）運輸

在既定設施網路和資訊能力的條件下，運輸是在空間上對存貨進行定位的活動，任何跨越空間的物質實體的流動，都可稱為運輸。在物流體系的所有動態功能中，運輸功能是核心，運輸功能所實現的是物質實體由供應地點向需求地點的移動。運輸功能的發揮，縮小了物質交流的空間，擴大了社會經濟活動的範圍，並實現在此範圍內價值的平均化、合理化。運輸是物流的核心業務之一，選擇何種運輸手段對於物流效率具有十分重要的意義，在決定運輸手段時，必須權衡運輸的要求和成本，例如：運費、運輸時間、頻度、運輸能力、貨物的安全性、時間的準確性、適用性、伸縮性、網路性和資訊…等。

（三）儲存

儲存功能是物流體系中唯一的一個靜態環節，是物流體系上的一個節點。儲存功能的發揮，首先是調節和緩解了物質實體在供應與需求之間的時間和空間上的矛盾，調整了生產和消費之間的時間差；其次是創造商品的「時間效用」，運輸和庫存是物流運動的兩個主要支柱，運輸能提高商品的空間效用，庫存則創造商品的時間效用。它的作用主要表現在兩個方面：一是完好地保證貨物的使用價值和價值，二是為將貨物配送給用戶，並在物流中心進行必要的加工活動而進行保存。隨著物流由少品種、大批量轉變為多品種、小批量或多批次、小批量，儲存功能更加重視如何才能順利地進行發貨和配送作業。但是，從另一方面看，由於儲存需要配備倉庫、設備、人員，不僅增加儲存配送過程成本，還會產生作業費用，在某種範圍內，又有人把它稱做「必不可少的邪惡」，希望把它限制到最小。儲存的形式有：配送中心型，其有發貨、配送和流通加工的功能；儲存中心型，以儲存為主；物流中心型，具有儲存、發貨、配送、流通加工…等功能。

（四）配送

配送是物流體系中由運輸衍生出的功能。配送是物流中一特殊的形式，是商流與物流的密切結合，配送幾乎包括了所有的物流功能要素。從資源配置的角度來看，配送是以現代送貨形式實現資源配置的經濟活動；從實物運送形態的角度來看，配送則是按用戶的訂貨要求，在物流節點或配送中心進行貨物配備、並以最合理的方式送交給用戶的活動。一般來說，配送是短距離的運輸，是物流體系末端的延伸功能，發生在流通與消費的交會處。配送作業主要包括進貨、搬運、儲存、盤點、訂單處理、揀貨、補貨、出貨…等作業。配送作業有關配送的內容，將在本章後面內容中進行詳細的介紹。

（五）包裝

包裝功能其實是一種動態過程，是生產過程向流通或消費領域的延伸。為使物流過程中的貨物完好地運送到用戶手中，並滿足其要求，需要對大多數商品進行包裝。包裝的功能是保護貨物免遭因冷熱、乾濕、碰撞和擠壓等損害所造成的損失，也具有美化商品，使其在商品銷售過程中會因這種包裝裝飾形式更能取悅於消費者，達到促進銷售的作用。包裝分工業包裝和商品包裝兩種。工業包裝的作用是按單位分開產品，便於運輸，並保護貨物。商品包裝的目的是便於最後的銷售，因此包裝的功能體現在保護商品、單位化、便利化和商品廣告等幾個方面。前三項屬物流功能，最後一項屬行銷功能。

（六）裝卸搬運

如果說運輸與配送功能是平面的，裝卸搬運功能則是立體的。它是隨運輸和保管而產生的必要物流活動，是對運輸、保管、包裝、流通加工等物流活動進行銜接的中間環節，也包括在保管等活動中為檢驗、維護、保養所進行的裝卸活動，如貨物的裝上卸下、移送、揀選、分類等。裝卸搬運活動是頻繁發生的，也是產品損壞的重要原因之一。對裝卸搬運的管理，主要是對裝卸搬運方式、裝卸搬運機械設備的選擇和合理配置與使用，以及裝卸搬運合理化，達到儘可能減少裝卸搬運次數，以節約物流費用，獲得較好的經濟效益。

（七）流通加工

流通加工發生在流通領域的生產過程中，是對商品進一步的輔助性加工，主要作用是直接流通和銷售服務。在流通過程中，可以彌補生產過程中加工程度的不足，更有效地滿足用戶的需求，更好地銜接生產和需求環節。它是物流活動中

的一項重要增值服務，也是現代物流發展的一個重要趨勢。它具有多樣性，例如：零組件的組合、形體上的分割或者標識的製作，例如：進口的傢俱需要進行組裝、某些進口藥品或化工產品需要分裝或包裝…等等。其具體內容有裝袋、定量化小包裝、栓牌子、貼標籤、配貨、挑選、混裝、刷標記等。流通加工功能其主要作用表現在：進行初級加工，方便用戶；提高原材料利用率；提高加工效率及設備利用率；充分發揮各種運輸手段的最高效率；改變品質，提高收益水準。

（八）資訊處理和整合

現代物流是需要依靠資訊技術來保證物流體系正常運作的。從資訊的載體及服務物件來看，可分成物流資訊和商流資訊。商流資訊主要包括進行交易的有關資訊，如貨源、物價、市場、資金、契約、付款結算等資訊。其中交易、契約等資訊，不但提供了交易的結果，也為物流提供了依據，是兩種資訊流主要的交匯處；物流資訊主要是採購、庫存、訂單、運輸、進出庫、交貨、費用等資訊。資訊系統是整個物流活動的中樞神經，其主要功能有：對上述各項業務進行預測、分析、最佳化、決策、計畫和執行處理等。具體體現為：即時了解客戶的需求、調整需求和供給的配合、縮短從接受訂貨到發貨的時間、庫存適量化、提高搬運作業效率、提高運輸效率、提高訂單處理的精確度、防止發貨、配送出現差錯、業務預警和例外處理、提供資訊諮詢…等。

物流管理資訊系統的功能必須建立在先進的資訊技術基礎之上，特別是運用通訊技術、網路技術、軟體應用技術和電子商務等技術，為現代物流管理提供基礎、支援和手段。此外，還有自動裝卸和分揀技術、自動導向／追蹤技術、自動存取技術、地理資訊系統、以及 IT 在物流作業中的應用、配送技術、條碼／射頻／語音自動辨識技術等等，使得物流作業效率大大提高，經營成本也不斷降低，真正創造「空間效用」及「時間效用」。一個典型的物流管理資訊系統如圖 12-5 所示。

為了更好地做好供應鏈物流業務過程的總體計畫，需要對每一個作業流程進行計畫，因此要有供應計畫系統 SPS(Supply Chain Planning System)、物流資料倉庫 LDW(Logistics Data Warehouse)、倉庫管理系統 WMS(Warehouse Management System)、庫存計畫系統 IPS(Inventory Planning System)和運輸計畫系統 TPS(Transportation Planning System)、物流計畫系統 LPS(Logistics Planning System)。

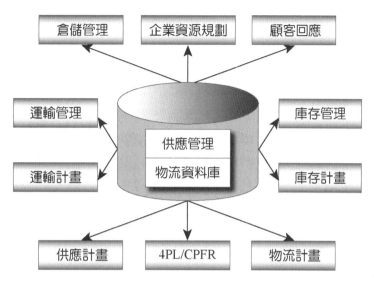

| 倉儲管理 | 企業資源規劃 | 顧客回應 |

運輸管理　　　　　　　　　　　　　　庫存管理

供應管理
物流資料庫

運輸計畫　　　　　　　　　　　　　　庫存計畫

| 供應計畫 | 4PL/CPFR | 物流計畫 |

圖 12-5　典型的物流管理資訊系統

　　4PL 和協同、計畫、預測和補貨系統 CPFR 則是為了使供應鏈上成員的物流業務能夠實現協同運作的。同理,為了有效地執行物流計畫,還需要執行好每一個作業流程的計畫,因此需要有物流執行系統 LES(Logistics Executive System)、客戶回應系統 CRS (Customer Response System)、供應管理系統 SMS(Supply Management System)、庫存管理系統 IMS(Inventory Management System)、運輸管理系統 TMS (Transportation Management System)。這些執行管理系統在一個物流資訊系統 LIS 或 LES 執行層次上和諧地工作,充分發揮它們的功效。

　　綜上所述,一個物流資訊系統是由客戶回應系統、庫存管理、供應、運輸、倉庫管理等作業流程的計畫,和執行管理系統、物流資料倉庫 LDW、物流資料探勘 LDM(Logistics Data Mining),以及協同元件等子系統組成。而 LDW 及 LDM 通常是在 LIS 的資料和開發之後才被考慮的。

（九）逆向物流

　　逆向物流是對不合格的材料和殘次品進行退貨、包裝品的回收復用、廢棄物的處理及某些強制性和其他原因形成的產品回收…等,例如:產品的有效期到期、具有法律禁止的某些危害的產品等,這些都形成了逆向物流。

第四節　現代物流新技術及其應用

　　物流技術一般是指與物流要素活動有關的所有專業技術的總稱。在現代物流系統中，為了更好地完成物流作業，一方面需要依靠物流系統的業務最佳化，另一方面則需要借助於多種物流技術的綜合，因為單一的技術是難以解決所有問題的。隨著電腦網路技術的應用與普及，物流系統又融入了許多現代 IT 技術，如地理資訊系統(GIS)、全球衛星定位系統(GPS)、自動辨識技術、電子資料交換(EDI)、條碼(Bar Code)、射頻技術(好)、電子商務技術等。下面將對這些技術進行介紹。

一、電子資料交換 EDI 技術及其應用

　　電子資料交換 EDI(Electronic Data Interchange)是 60 年代發展起來的一種電腦應用技術，商業夥伴們根據事先達成的協議和一套通用標準格式，將標準的經濟資訊，透過通訊網路傳輸，在貿易夥伴的電子電腦系統之間進行資料交換和自動處理。它改變了傳統的貿易手段和管理手段，使商務業務的操作方式、企業的行為和效率都得到了改善。傳統的 EDI 模式是今天電子商務中企業對企業 B2B 業務的雛形。

　　20 世紀 80 年代初，沃瑪、寶僑公司、通用汽車公司等一些大型集團企業就透過 EDI 方式將其供應商、集團分公司、銷售通路的業務進行連接，以實現供應鏈管理。但是，由於 EDI 通用性、靈活性和開放性較差，存在著資料交流障礙和無法適應瞬息萬變的市場，且費用昂貴，因而多年來阻礙了供應鏈的發展。但它在外貿業務、特別是海關業務中，卻得到了廣泛的應用，實現了 「無紙化貿易」。由於全球每年在製作檔案上的費用高達 3,000 億美元，所以 EDI 的出現為貿易往來節約了大量的成本。

　　構成 EDI 系統的三個要素是 EDI 軟體、硬體、通訊網路，以及資料標準化。要想實現 EDI 技術，首先，必須實現 EDI 的標準化。EDI 是為了實現資料檔的互通和自動處理，這不同於人－機對話方式的互動式處理，它是電腦之間的自動回應和處理。因此，資料與檔案的結構、格式、語法規則等方面必須有一個通用的標準化。EDI 標準主要有：基礎標準、代碼標準、報文標準、單證標準、管理標準、應用標準和通訊標準；其次，為了傳遞資料，必須有一個高效安全的資料通訊網作為其技術支撐環境。除了要求通訊網具有一般的資料傳輸和交換功能之外，它還必須其有格式校驗、確認、檔案歸檔等一系列安全保密功能：最後，必

須具有一套電腦資料處理系統，來實現對壓縮的資訊進行傳輸和轉換，實現對接收和發送的檔進行自動辨識和處理，以及包括報文處理、通訊介面等功能。

　　EDI 在供應鏈管理過程中的應用已涵蓋了許多行業，應用較普遍的有：

1. 在外貿行業中，已經實現了進出口業務中單據的 EDI 自動傳遞和無紙化貿易。
2. 在零售流通業中，利用 EDI 實現了減少商場庫存量與空架率，以加速商品資金周轉，降低成本。
3. 在金融業中，已經基本實現了電子轉帳支付，這可以減少金融企業與其客戶間交通往返的時間與現金流動風險，並縮短資金流動所需的處理時間，提高資金調度的彈性。
4. 在製造業，將 EDI 與 JIT 結合使用，可減少庫存量及生產線待料時間，降低生產成本。
5. 在運輸業配送業，它可以快速通關報檢、經濟使用運輸資源，降低運輸空間、成本與時間的浪費，建立物資配送體系，以完成產、存、運、銷整合的供應線管理。

　　傳統 EDI 方式是依靠不同行業之間的電腦系統，但由於不同行業都制訂了行業統一的模式，就像不同國家有自己的語言一樣。在行業內部資訊是用統一的模式標記以便高效和方便地共用，在傳輸時卻存在著資料交流的障礙。目前，最有效的方法是採用 XML 可擴展標識語言，它被定義為一種自然的編碼形式用來解決資訊模式不統一的問題。

二、地理資訊系統 GIS 及其應用

　　地理資訊系統(GIS, Geography Information System)是 20 世紀 60 年代開始並迅速發展起來的一門綜合學科，它是集電腦科學、地理學、測繪遙感學、環境科學、城市科學、空間科學、資訊科學和管理科學為一體的新興邊緣科學，它以地理空間資料為基礎，採用地理模型分析方法，適時地提供多種空間的和動態的地理資訊，為地理研究和地理決策提供依據。這種整合是對資料進行採集、輸入、編輯、儲存、管理、空間分析，查詢、輸出和顯示，為企業進行預測、監測、規劃管理和決策提供科學依據。它最明顯之處是透過地圖來表現資料，將空間要素和相應的屬性資訊關聯起來。

　　GIS 的基本功能是收集、管理、操作、分析和顯示空間資料，將表格型資料，無論它來自資料庫、試算表檔或直接在程式中輸入，轉換為地理圖形顯示，然後對顯示結果瀏覽、操縱和分析。其顯示範圍可以從洲際地圖到非常詳細的街區地

圖，顯示物件包括人口、銷售情況、運輸線路以及其他內容。它可以完成對分析物件的定位、確定條件、發現趨勢、確定空間模式，以及對分析物件進行類比分析……等等。

　　GIS 應用於物流分析，主要是利用其地理資料功能來使之更為完善，例如：利用分析和類比車輛路線模型、可以解決在一個起始點、多個終點的貨物運輸中如何降低物流作業費用，並保證服務品質的問題；利用分析和類比最短路徑模型來決定「點對點」運輸路線的最佳化和經濟性問題，包括決定使用多少車輛、每輛車的路線等；利用網路物流模型最佳化這個物流網路，從所運貨物的角度考慮、可以解決尋求最有效的分配貨物路徑問題，如將貨物從 N 個倉庫運往到 M 個商店，每個商店都有固定的需求量，就需要確定由哪個倉庫提貨送給那個商店，所耗的運輸代價最小；應用分配集合模型可以根據各個要素的相似點把同一層上的所有或部分要素分為幾個組，來解決確定服務範圍和銷售市場範圍等問題。如某一公司要設立 X 個分銷點，要求這些分銷點要涵蓋某一地區，而且要使每個分銷點的顧客數目大致相等：運用設施定位模型，來確定一個或多個設施的位置。例如，在物流系統中，倉庫和運輸線共同組成了物流網路，倉庫處於網路的節點上，節點決定著線路，如何根據供求的實際需要並結合經濟效益等原則，在既定區域內設立多少個倉庫，每個倉庫的位置，每個倉庫的規模，以及倉庫之間的物流關係等問題，運用上述模型能容易地得到解決。事實上，凡是涉及到地理分佈的領域都可以應用 GIS 技術。

三、全球衛星定位系統 GPS 及其應用

　　全球定位系統(GPS, Global Positioning System)是一種先進的導航技術，它是利用分佈在約 2 萬公里高空的多顆衛星對地面目標的狀況透過精確測定以進行定位、導航的系統。它主要用於船舶、飛機和其他交道工具導航，對地面目標的精確定時和精密定位，地面及空中交通管制，空間與地面災害監測等，它能提供對海、陸、空進行全方位即時三維導航與定位。它由發射裝置和接收裝置構成，發射裝置不斷向地球表面發射無線電波，接收裝置裝在移動的目標上，接收不同方位的導航衛星的定位信號，以此計算出它當前的經緯度座標，然後將其座標資訊記錄下來或發回監控中心。地面監控中心借助於 GIS 就可以將移動目標的當前位置在電子地圖上顯示出來。

　　GPS 最初是因為軍事目的而建立的。在軍事物流中，在後勤裝備的保障等方面，應用相當普遍，如美國的 GPS 系統可以全天候、連續地向無限多用戶提供

任何涵蓋區域內目標的三維速度、位置和時間資訊。美國在世界各地駐紮的大量軍隊，無論是在戰時還是在平時都對後勤補給提出很高的需求，特別是美軍在20世紀末的海灣戰爭和其他地區衝突中，以 GPS 和其他先進技術支援的軍事物資管理和裝備物流系統，為贏得現代化戰爭的勝利，做出了巨大的貢獻。對此，引起了中國的高度重視，目前中國軍事部門也在運用 GPS。

GPS 有許多用途，例如：汽車自動定位、追蹤調度和救援、河海及遠洋船隊最佳航程和航線的測定、航班的即時調度、水上監測和救援……等；用於空中交通管理、調度飛機進場與著陸，縮短機場飛機的起降時間間隔，實現起降路線靈活多變，減少飛機誤點，使更多的飛機以最佳航線和高度飛行，增加飛機起降的安全係數；對物流配送過程中運輸、倉儲、裝卸、送遞等處理環節，如運輸路線的選擇、倉庫位置的選擇、倉庫的容量設置、合理裝卸策略、運輸車輛的調度和投遞路線的選擇等進行有效地管理和決策分析，將有助於物流配送企業有效地利用現有資源，降低消耗，提高效率。

在運輸環節中的一項重要應用是追蹤處理，它是對在途貨物進行定位和追蹤，以確定某宗遞送貨物的最新狀態，以及對貨物損失或延遲遞送進行處理。20世紀 90 年代，它在物流領域得到了越來越廣泛的應用。據豐田汽車公司的統計和預測，日本車載導航系統的市場在 1995 年至 2000 年間平均每年增長 35%以上，全世界在車輛導航上的投資將平均每年增長 60.8%，因此，車輛導航將成為未來 GPS 應用的主要領域之一。GPS 以全天候、高精度、自動化、高效益等顯著特點，已經贏得廣大用戶的青睞，目前已有許多企業在開發和銷售車載導航系統。

雖然台灣 GPS 技術處於起步階段，但隨著台灣導航衛星導航系統的構成和移動通訊的迅速發展，GPS 在世界已經存在著巨大的市場潛力，GPS 會朝產業化、標準化、小型化、整合化、網路化、社會化發展，到那時 GPS 將會得到更廣泛地運用。目前世界上的鐵路、公路都在採用 GPS 對車輛進行追蹤，如鐵路系統可以透過鐵路信號系統和電腦網路對全路列車、機車、車輛、集裝箱及所運貨物進行追蹤，只要知道貨車的車種、車型、車號，就可以立即從近 10 萬公里的鐵路網上流動著的幾十萬輛貨車中找到該貨車，還能得知這輛貨車現在在何處運行或停在何處，整列列車中哪些車廂在哪一個月台需要卸車，以及所有的車載貨物發貨資訊等。鐵路部門運用這項技術可大大提高其路網及其營運的透明度，為貨主提供更高品質的服務。

　　近幾年，出現了越來越多普通消費者買得起的 GPS 接收器。隨著技術的進步，這些設備的功能越來越完善，幾乎每月都有新的功能出現，而價格卻在下跌，尺寸也越來越小了。幾年前 GPS 設備還像藝術品一樣令人望而卻步，而現在消費者可以很容易地擁有它。有些甚至能與筆記型電腦相連，可以上傳／下載 GPS 資訊，並且使用精確到街道級的地圖軟體，可以在 PC 的螢幕上即時追蹤你的位置或自動導航。

　　為了解決信號精度問題，縮小因信號量減少而產生的定位誤差，近年來又出現了一種更為精確的 GPS 系統，它運用一個單獨的校正信號，對 GPS 接收器收到的定位資料和計算結果進行再計算，使其定位更加準確。它目前已在海運中得到了較好的應用。

四、條碼與自動辨識技術及應用

　　條碼(Bar Cord)技術是在電腦的應用實踐中產生和發展起來的一種自動辨識技術。它是為實現對資訊的自動掃描而設計的，是能夠實現快速、準確而可靠地採集資料的有效手段。條碼技術的應用解決了資料輸入和資料獲取的「瓶頸」問題，為物品的標識和描述提供了有效的方法，它透過對產品、容器、位置、操作員、設備和文件檔案等的辨識，為倉儲、分揀、裝卸搬運、運輸追蹤等業務提供了技術支援。藉由自動辨識技術、POS 系統、EDI 等現代技術手段，企業可以隨時了解有關產品在供應鏈上的位置，實現自動分類儲存、自動查找、自動揀取、自動分選等作業，並對需求即時做出反應。

　　條碼技術像一條紐帶，把產品生命期中各階段發生的資訊連接在一起，可追蹤產品從生產到銷售的全過程。物流條碼是條碼中的一個重要組成部分，它不僅在國際範圍內提供了一套可靠的代碼標識體系，而且為貿易環節提供了通用語言，為 EDI 和電子商務奠定了基礎。它為我們提供了一種對物流中的物品進行標識和描述的方法，借助自動辨識、POS 系統、EDI 等技術手段，它為物流作業中的環節，如存貨管理、分揀、裝卸搬運、配送、運輸追蹤等業務提供了技術支援。因此，物流條碼標準化在推動各行業資訊化、現代化建設過程和供應鏈管理的過程中將有著不可估量的作用。物流條碼的標準體系包括碼制標準和應用標準。條碼制標準能夠標識各種資訊，如產品批號、數量、規格、生產日期、有效期、交貨地等。應用標準提供了國際共同認可的標識團體和位置的標準，並正在逐漸用於標識交貨地點和起運地點，成為 EDI 實施的關鍵。它將物流和資訊流有效地結合起來，成為連接條碼與 EDI 的紐帶。

　　日本夏普公司在發貨和入庫方面採用紙張的作業方式時，每月約有 200 個錯誤發生，往往需要幾個月來追蹤這些差異，以避免擴大其影響。採用條碼化的管理後，當貨物出／入庫時，只需把貨物上的條碼用掃描器辨讀，透過資料獲取器把資料即時地送入電腦進行統計和管理。在人員沒有增加的情況下，倉庫作業數呈二位數字增長，且庫存精度達到百分之百，發貨和進貨作業的差異率降為零，一些勞動量大的工作也壓縮了。美國沃爾瑪在全美 25 個配送中心的倉儲配送業務上採用了條碼技術，每個配送中心要為 100 多家零售店服務，日處理量約為 20 多萬個紙箱。配送中心分收貨、揀貨和發貨三個區域，在收貨區，工人用掃描器辨識運單上和貨物上的條碼，確認配合無誤才能進一步處理；在揀貨區，電腦在夜班列印出隔天需要向零售店運送紙箱的條碼標籤。白天，揀貨員拿一疊標籤在每個空箱上貼上條碼標籤，然後用掌上型掃描器識讀。根據標籤上的資訊，電腦隨即發出揀貨指令。當揀貨員完成該貨位的揀貨作業後，貨位上的指示燈顯示揀貨完畢，電腦隨即更新庫存資料。裝滿貨品的紙箱經封箱後運到自動分揀機，在全方位掃描器辨識紙箱上的條碼後，電腦指令撥叉設備把紙箱撥入相應的裝車線，以便集中裝車運往指定的零售店。

　　在台灣，條碼在許多企業的應用也已有了良好的開端。從生產線下來，匯總到一條運輸線，在送往倉庫之前，先要用掃描器辨識其條碼，登記完成生產的情況，紙箱隨即進入倉庫，運到自動分揀機。另一台掃描器識讀紙箱上的條碼，如果這種品牌的菸正要運送，則該紙箱被撥入相應的裝車線。如果需要入庫，則由第三台掃描器辨識其品牌。然後撥入相應的自動條碼托盤機，集合成整托盤後透過運輸機系統入庫儲存。條碼的功能在於提高了成品流通的效率，而且提高了庫存管理的即時性和準確性。

五、射頻技術及其應用

　　射頻技術 (Radio Frequency)的基本原理是電磁理論。射頻系統的優點是不侷限於視線範圍，其辨識距離比光學系統更遠，射頻辨識卡還其有讀寫能力，可攜帶大量資料，難以偽造，且有智慧功能。好無線擴頻技術是將無線電信號擴展到一個很寬的頻帶上，以達到高速資料傳輸和減少相互干擾的目的，它起源於二次大戰的軍事通訊，1985 年起進入商業運用。設備（主要包括無線手持／車載終端、掃描器）發揮的樞紐作用是資料獲取和系統指令的傳達，這在倉庫管理中採用極為廣泛，它還適用於物料追蹤、運載工具和貨架辨識等要求非接觸資料獲取和交換的場合。由於標籤具有可讀寫能力，對於需要頻繁改變資料內容的場合尤為適用。

設備以其獨有的靈活性、可擴展性和實施的簡單性滿足了當今製造業和物流業面臨的市場快速變換的巨大挑戰，採用無線掃描終端不但可消除排線帶來施工複雜、可靠性差、不利於調整工位等缺陷，而且可以把品質監控、生產計畫、物流配送等統一到一個無線掃描平台上。近年來，可攜式資料終端(PDT)的應用越來越普遍，它包括一個掃描器、帶有記憶體的電腦、顯示器和鍵盤，並具有可編輯功能，它不僅能把採集到的資料儲存起來，而且能隨時透過射頻通訊技術將條碼傳送到一個管理資訊系統。操作時先掃描位置標籤，貨架號碼、產品數量就都輸入到 PDT，再透過好技術把這些資料傳送到電腦管理系統，可以得到客戶產品清單、發票、運送標籤、該地所存產品代碼和數量等。特別是在供應鏈運作中，射頻技術與條碼一起使用，可以幫助企業追蹤供應鏈中特定的庫存單元，甚至能夠精確地追蹤到在供應鏈中傳遞的某一特定托盤上的一集裝箱商品。

射頻技術在軍事物流中的應用也非常重要，美國和北大西洋公約組織在波士尼亞的「聯合作戰行動中」，建成了戰爭史上投入戰場最複雜的通訊網，完善了辨識追蹤軍用物資的新型後勤系統，無論物資是在採購、運輸途中，還是在某個倉庫儲存，透過該系統，各級指揮人員都可以即時掌握資訊。該系統途中運輸部分的功能是靠貼在集裝箱和裝備上的射頻辨識標籤實現的。接收轉發裝置通常安裝在運輸線的一些檢查點上（如門柱上、橋墩旁等），以及倉庫、車站、碼頭、機場等關鍵地點。接收裝置收到好標籤資訊後，連通接收地的位置資訊，上傳至通訊衛星，再由衛星傳送給運輸調度中心，送入中心資訊資料庫中。中國大陸好的應用也已經開始，一些高速公路的收費站口使用好可實現不停車收費，中國大陸鐵路系統使用好記錄貨車車廂編號的試點已運行了一段時間，一些物流公司也正在準備將奸用於物流管理中。

六、自動分揀系統 ASS 及其應用

自動分揀系統 ASS(Automated Sort System)是第二次世界大戰後在經濟發達國家的物流作業中廣泛採用的一種自動化作業系統。當時，自動分揀系統漸漸地在西方發達國家投入使用，成為它們先進的物流中心、配送中心或流通中心所必備的設施。ASS 種類很多，主要組成部分相似，基本上由 6 部分組成：

(一) 輸入裝置，被揀商品由輸送機送入分揀系統。

(二) 貨架信號設定裝置，商品入分揀機前，先由信號設定裝置（鍵盤輸入、雷射掃描條碼等）把分揀資訊（如配送目的地、客戶戶名等）輸入電腦中。

(三) 進貨裝置，將被揀商品依次均衡地進入分揀傳送帶。

(四) 分揀裝置，是自動分揀機的主體，包括傳送裝置和分揀裝置兩部分。前者的作用是把被揀商品送到設定的分揀道口位置上，後者的作用是把被揀商品送入分揀道口；

(五) 分揀道口，是從分揀傳送帶上接納被揀商品的設施，可暫存未被取走的商品，當分揀道口滿載時，由光電管控制阻止分揀商品不再進入分揀道口。

(六) 電腦控制器，是傳遞處理和控制整個分揀系統的指揮中心。

自動分揀的實施主要靠它把分揀信號傳送到相應的分揀道口，並指示自動分揀裝置，把被揀商品送入道口。

ASS 對商品外包裝要求很高，只適於分揀底部平坦且堅固的包裝規則的商品。而袋裝商品、包裝底部柔軟且凹凸不平、包裝容易變形、易破損、超長、超薄、超重、超高、不能傾覆的商品都不能使用普通的自動分揀機來分揀。它還要求所處理的業務量要大，因為系統的開機成本和開機後的運行成本都較大，需要其有相應的業務量，保證開機後貨源不斷，使系統連續帶負荷運行以保證系統的使用效率。自動分揀系統其有數十米或數百米的機械傳輸線，有配套的機電整合控制系統、電腦網路及通訊系統等，佔地常達上萬平方坪的面積。一般自動分揀系統都建在有 3~4 層樓高的自動立體倉庫中，倉庫內需配備各種自動化的搬運設施。具有這種系統的物流中心將眾多供應商或貨主透過各種運輸工具送來的各種商品，在最短的時間內卸載，並按商品品種、貨主、儲位或發送地點進行快速準確地分類，並運送到指定地點（如貨架、加工區域、出貨月台等）。當供應商或貨主通知物流中心按配送指示發貨時，自動分揀系統在最短的時間內從龐大的高層貨架儲存系統中準確找到要出庫的商品，按所需數量出庫，按配送地點的不同運送到不同的理貨區域或配送月台集中，以便裝車配送。

以一個具有 70 個分揀道口，每小時分揀 8,000 件商品的大型 ASS 為例，若一天開機 8 小時，則可分揀 64,000 件商品，以每件商品平均重量按 30 公斤計算，合 1,920 公噸，比二列有 50 節車廂、每節載重 30 公噸的貨運列車的載重量還要多，如果每天都保持這麼大的負荷，就要求自動分揀系統使用者的商品配送業務達到這種規模。由於採用了流水線自動作業方式，ASS 不受氣候、時間、人的體力等的限制，可以連續運行，因此其分揀能力是人工分揀無法相比的。目前世界上一般的 ASS 可以連續運行 100 個小時以上，每小時可分揀出 12,000 件包裝商品，而人工則每小時只能分揀 150 件左右，並無法在這種勞動強度下連續工作 8 小時，它的分揀誤差率也大大低於人工作業。目前，ASS 在發達國家的使用很普遍。特別是在日本的連鎖商業，例如：西友、高島屋和宅急便……等，使用自動分揀機的應用更是普遍。

七、自動存取系統 AS／RS 及其應用

　　自動存取系統 AS／RS(Automated Storage & Retrieval System)是在二次世界大戰後隨著物流與資訊技術的發展，而出現的一種新型現代化倉庫管理系統。它被應用在自動化立體倉庫、自動化高架倉庫、無人／無紙作業倉庫中，完成出入庫和相關的任務。自動存取系統可按儲存物品的特性、建築類型、貨架的鋼架類型、倉庫設備類型等分類，例如：常用的按儲存物品分類的自動存取系統有：常溫自動存取系統和低溫自動存取系統，包括恒溫空調、冷藏、冷凍等自動存取系統；防爆危險品自動存取系統；無塵自動存取系統等。自動存取系統具有收發準確迅速，提高入出庫效率，機械自動化作業解放人力，減少勞動強度等優點。

　　一般來說，自動存取系統的貨架高度在 15m~44m，擁有貨位數可多達 30 萬個，可儲存 30 萬個托盤，以平均每托盤貨物重 1 公噸計算，可同時儲存 30 萬公噸貨物。自動存取系統的出入庫及庫內搬運作業全部由電腦控制的機電整合即自動化實現，只要操作員給系統以出庫揀選、入庫分揀、包裝、組配、儲存等作業指令，該系統就會調用巷道式起重堆高機、自動分揀機、自動導向車及其配套的周邊搬運設備協同動作，增加揀取出貨的效率及正確性，完全自動地完成各種作業。

　　目前在歐、美、日採用自動倉庫來儲存貨品的業者愈來愈多。目前所使用的自動倉庫也有多種型式，常見的有：單位負載式、小料件式、料盒式、塑膠箱式、水平旋轉式和垂直旋轉式等。AS／RS 的使用可以提高土地使用效率，節約勞動力，提高儲存效率，減少貨損貨差、方便盤點、及時準確地進行出入庫作業。自動存取系統在國外的應用已比較普遍，發達國家土地緊縮、勞動力昂貴，發展自動存取系統有其技術、經濟及社會合理性。但實現這種系統除了要有巨額投資外，外部條件、商務環境，如資訊的標準化與數位化、上游與下游客戶的信用程度、供應鏈的運轉效率、業務的均衡性等都是必須的前提和保證。此外，在自動化倉庫中，根據其用地條件、環境條件、使用目的、業務種類等不同，還有其他類型的電腦管理系統，如訂貨處理系統、補給型系統、工序型系統、成套自動化型系統、綜合處理型系統等，它們提供的功能使自動化倉庫不僅在配送中心或運輸中心，在製造業、商務、交通、碼頭等領域都受到廣泛重視，能提高貨物存儲和流通的自動化程度，提高管理水準。

八、自動化立體倉庫及其應用

　　自動化立體倉庫的出現是物流技術的一項創新，它是適應現代經濟發展的需要而出現的新型倉儲設施，徹底改變了倉儲行業勞動密集、效率低下的落後面

貌，大大拓展了倉庫功能，使之從單純的保管型向綜合的流通型方向發展。其主要優點有三點：

（一）節約空間

它是利用高層貨架儲存，充分利用庫房增大儲存量。據國際倉庫自動化會議資料，以庫存 11,000 托盤、月吞吐 10,000 托盤的冷凍庫為例，自動化立體倉庫與普通倉庫比較情況為：用地面積為 13%、工作人員為 21.9%、吞吐成本為 55.7%、總投資為 63.3%。立體倉庫的單位面積儲存量為普通倉庫的 4~7 倍。

（二）提高出入庫效率

自動存取收發準確迅速，機械自動化作業解放了人力，減少了勞動強度和貨損。

（三）提高倉庫管理水準

電腦系統對整個倉庫進行最佳化和管理，實現了降低庫存、縮短周轉期、節約資金，並與其他管理系統緊密整合。近年來，特別在冷凍行業，自動化立體倉庫的發展極快。

自動化立體倉庫是用高層貨架儲存貨物，以巷道堆高起重機存取貨物，並透過周圍的裝卸搬運設備，自動進行出入庫存取作業的倉庫。作為一個複雜的綜合自動化系統，自動化立體倉庫能自動、準確、迅速地對貨物進行搬運、存儲和揀取。大規模的自動化立體倉庫是一項十分複雜的系統工程，其中涉及技術、系統設計、建築、結構、機械、無線電、光學、檢測、資訊辨識、電力、電子、傳動、控制、自動化、電腦、通訊及視頻圖像處理等多種專業學科。它主要由貨架、巷道堆高起重機、周邊出入庫配套機械設施和倉儲管理控制系統等幾部分組成。貨架長度大、排列數多、巷道窄，因而密度高。巷道機上裝有各種定位的檢測器和安全裝置，保證巷道機和貨叉能高速、精確、安全地在貨架中取貨。它的關鍵技術有倉庫自動存取、運輸搬運設備自動控制、監控調度及電腦管理等環節。

自動化立體倉庫的自動定址能夠自動尋找存放／提取貨物的位置，在同一巷道內的貨位位址由貨架、貨層和左右側位置三個參數組成。當倉庫接收到上級的存取指令和存取位址後，存取設備即向指定貨位的方向運行，安裝在設備上的感測器不斷檢測位置資訊，計算判斷是否到位並完成存取作業。控制系統是自動化立體倉庫的核心部分之一，直接關係到倉庫作業的正常進行。它對堆高機、輸送機、小車、轉軌車等設備進行自動控制。例如，對堆高機多採用模組化控制方式，在電機系統和電腦系統的驅動與控制下，既能實現堆高機的高速運行，又能平穩

進行停車對位。為了安全，控制系統還採取了一系列自檢和連鎖保護措施，確保在工作人員操作錯誤時不發生事故。監控系統是自動化立體倉庫的資訊樞紐，它負責協調系統中各個部分的運行。監控系統對各種設備的運行任務、路徑和方法進行監控，按運行時間最短、作業間的合理配合等原則對作業的先後順序進行最佳化組合排隊，並將最佳化後的作業命令發送給各控制系統，指揮貨物搬運活動，並透過監視畫面直接監控各設備的運行位置、動作、狀態、貨物承載及運行故障等。倉庫電腦管理系統 WMS 是整個倉庫的指揮中心，相當於人的大腦，它指揮著倉庫中各設備的運行，擔負著與上級系統的通訊和企業資訊管理系統部分任務。它除了肩負著控制和指揮倉庫的運作之外，還要完成倉庫的作業操作管理和帳務處理，以及整個倉庫生產活動中的資料處理，並與其他應用系統（如財務、人事管理等）交換業務資訊。

　　目前，立體倉庫自動控制方式有集中控制、分離式控制和分散式控制 3 種。分散式控制是目前國際發展的主要方向，大型立體倉庫通常採用三級電腦分散式控制系統；三級控制系統是由管理級、中間控制級和直接控制級組成的。管理級對倉庫進行線上和離線管理，中間控制級對通訊、流程進行控制，並進行即時圖像顯示，直接控制級是由 PLC（可編程式控制器）組成的控制系統對各設備進行單機自動操作。三級控制系統的協調運作使倉庫作業實現高度自動化。自動化立體倉庫在中國已有了一些應用，已在海爾集團的倉儲業務中已大顯身手，為海爾遍及全國的物流業務提供了有效的保證。

九、電子商務及其應用

　　隨著 Internet 和網路技術的發展，打破了傳統物流的經營模式，也為物流的發展創造了良好的契機，完全消除了地域的限制，實現了由傳統經濟向虛擬經濟模式的轉變。電子商務的發展對商品物流配送的要求提高，將推動物流配送上一個新的階段。目前電子商務的發展很快，對傳統的流通業是一場深刻的革命，但目前電子商務物流大大落後於電子商務網站和貿易的發展，已成為制約電子商務發展的一個瓶頸，這就要求物流配送體系能夠適應電子商務所其有的範圍廣、選擇強、速度快、成本低的優勢，提供相配套的物流服務。今後電子商務的發展將成為中國物流配送水準升級的重要推動力。

 FedEx 如何「玩轉」快遞
雀巢與家樂福的供應商管理庫存策略

習 題

 Exercise

一、 物流的定義為何？其演進過程為何？

二、 請說明何謂物流三要素？

三、 請說明物流的作業流程為何？

四、 請說明物流的功能為何？

五、 請說明物流新的技術有哪些？其應用面為何？

參考文獻　　　　　　　　　　　　　　　　　　　　　References

一、中文部分

1. 丁執宇，知識經濟時代清潔生產新趨勢—綠色供應鏈管理，永續發展產業雙月刊，第七期，21-32(2003)。

2. 王嘉興、張嘉恆、蘇純繒、古東源，逆向供應鏈之最適存貨水準，中國工業工程學會九十二年度年會論文集，2003。

3. 王瀅琇，國際間針對 WEEE 所採取之行動，經濟部綠色電子資訊季刊，第五期，7-12，2002。

4. 王瀅琇，廢電機電子設備回收再利用相關制度探討，經濟部綠色電子資訊季刊　第五期，4-6，2002。

5. 行政院環境保護署，http://w3.epa.gov.tw/epalaw/index.htm。

6. 呂博裕編譯，供應鏈管理概論，高立圖書有限公司，初版，台北，2001。

7. 李硯群，零售商策略合作下之供應鏈存貨管理模式，碩士論文，國立台北科技大學生產系統工程與管理研究所，2001。

8. 林宏澤與林清泉編著，系統模擬，初版，台北，高立圖書有限公司，1991。

9. 施勵行與賴義芳，跨國綠色供應鏈管理的型態及策略出探，永續性產品與產業管理研討會，台南成功大學，2003。

10. 張金哲，EEE 指令對產業的影響，經濟部綠色電子資訊季刊，第二期，14-15，2001。

二、英文部分

1. Cooper, M. C. and M. E. Lisa, "Characteristics of Supply Chain Management and Implication for Purchasing and Logistics Strategy", The International Journal of Logistics Management, Vol.4, No.2, pp.16, 1993.

2. Fleischmann, M., H. R. Krikke, R. Dekker, and S. P. Flapper, "A Characterization of Logistics Networks for Product Recovery," Omega, Vol.28, No.6, pp.653-666, 2000.

3. Fleischmann, M., M. Jacqueline, M. Bloemhof-Ruwaard, R. Dekker, E. Vander Laan, J. Van Nunen and L. Van Wassenhove, "Quantitative Models for Reverse Logistics：A Review," European Journal of Operation Research, Vol.103, No.1, pp.1-17, 1997.

4. Goggin, K. and J. Browne, "Towards a Taxonomy of Resource Recovery from End-of-Life Products," Computers in Industry, Vol.42, No.2, pp.171-191, 2000. 39. Goggin, K., E. Reay and J. Browne, "Modelling End-of-Life Product Recovery Chains-a Case Study," Production Planning and Control, Vol.11, No.2, pp.187-196, 2000.

5. Guide Jr., V. Jayaraman, and J. D. Linton, " Building Contingency Planning for Closed-Loop Supply Chains with Product Recovery," Journal of Operations Management, Vol.21, No.3, pp259-279, 2003.

6. Guide Jr., V. D. R., V. Jayaraman, R. Srivastava and W. C. Benton, "Supply-Chain Management for Recoverable Manufacturing System," Interfaces, Vol.30, No.3, pp.125-142, 2000.

7. Guide Jr., V. D. R. and R. Srecastava, "An Evaluation of Order Release Strategies in a Remanufacturing Environment," Computer Operations Research, Vol.24, No.1, pp.37-47, 1997.

8. Guide Jr., V. D. R., M. E. Kraus and R. Srivastava, "Scheduling Policies for Remanufacturing," International Journal Production Economics, Vol.48, No.2, pp.187-204, 1997.

9. Kalakota, R. and A. Whinston, Frontiers of Electronic Commerce, 1997.

10. Law, A. M. and Kelton, D., Simulation Modeling and Analysis, New York：McGraw-Hill, 1991.

11. Liu, Z. F. and Liu, X. P., Wang, S. W., Liu, G.F., "Recycling Strategy and a Recyclability Assessment Model Based on an Artificial Neural Network," Journal of Materials Processing Technology, Vol.129, 500-506, 2002.

12. Namit, K. and J. Chen, "Solutions of the (Q,r)Inventory Model for Gamma Lead-Time Demand," International Journal of Physical Distribution & Logistics Management, Vol.29, No.2, pp.138-151, 1999.

13. Rice, F., "Who Scores Best on the Environment？" Fortune, July 26, pp.59-60, 1993.

14. Richard, M., "Quantifying the Bullwhip Effect in Supply Chain," Journal of Operations Management, Vol.15, No.2, p.89-100, 1997.

15. Steven, G.. C., "Integrating the Supply Chain," International Journal of Physical Distribution and Materials Management, Vol.102, No.2, pp.3-8, (1989).

16. Stock, J. R., Annual Conference Proceedings, Council of Logistics Management, 1998.

17. U. S. Environmental Protection Agency, Report to Congress on Resource Recover, April 1973. See also Phoenix Quarterly, Institute of Scrap and Iron, Fall 1980,P.10.

18. Van der Laan, E., and M. Slomon, "Production Planning and Inventory Control with Remanufacturing and Disposal," European Journal of Operation Research, Vol.102, No.2, pp.264-278, 1997.

19. Van der Laan, E., R. Dekker, M. Salomon, and A. Ridder, "An (s, Q) Inventory Model with Remanufacturing and Disposal," International Journal Production Economics, Vol.46, No.2, pp.339-350, 1996.

20. Wu, H. J. and Dunn, S., "Environmentally Responsible Logistics Systems," International Journal of Physical Distribution & Logistics management, Vol.25,

● 供應鏈中的設計鏈管理

第一節　設計鏈管理

目前，大多數的企業已經從昔日純粹的設計與製造，轉變為與外部協力廠商密切合作，各個企業專注於各自的核心能力，其餘的部分便透過外包與協同合作來完成，也就因為彼此間的分工愈來愈細，彼此間溝通的機會與頻率顯著增加，因此對於提升回應速度與互動品質的需求亦顯得刻不容緩，以最低成本規劃「設計鏈管理」(Design Chain Managemmenl, DC)的研究重點，所謂的「設計鏈管理」，係泛指一切管理供應端至顧客端中間的所有管理之活動內容。

本章首先說明設計管理，著重於協同產品設計的概念。其次探討研究發展與技術取得來源、新產品開發管理。並舉出幾個設計鏈管理個案，作為討論。

一、設計鏈

設計鏈是藉由協同流程，以協同設計技術來達成縮短開發時程、設計參與提前與提升整體設計之價值。其目的在於加快產品上市的時間、創新的產品、提升顧客滿意（符合顧客價值）。產業設計鏈管理包括了設計管理、研發管理、科技管理與經濟效益評估的許多面向，例如：協同設計的管理、限制為基礎的設計資源規劃、動態設計鏈的鏈結分析、設計資料的整合、程序簡化與專案管理、新產品開發管理、核心技術的發展趨勢、科技鑑價與創新管理、設計鏈間之互動模式、數位技術於設計之應用、設計鏈經濟效益分析等。

設計鏈主要範疇如圖 13-1、單位間之互動方式如圖 13-2。

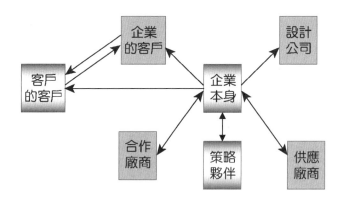

圖 13-1　設計鏈主要範疇

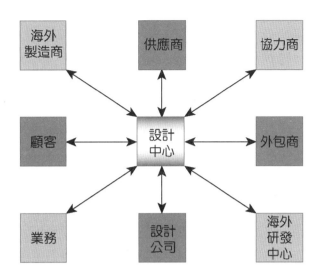

圖 13-2　設計鏈單位間之互動方式

　　協同設計的機制包括協同新商品企劃、同步工程創新設計、協同研發管理、快速技術支援／售後服務、IT 系統整合，因此可達到下列三個目的：

1. 產品資訊整合。
2. 程序整合。
3. 專案整合。

　　設計合作夥伴之間或製造廠商與顧客之間，為了要合作設計或快速、正確地了解顧客對產品的需求，最好的辦法就是在線上讓對方來協同參與設計，或與對方共同分享產品設計的資訊。產品設計相關的規格文件、工程繪圖、圖解式圖表，透過支援協同商務的技術，雙方共同來腦力激盪、討論、分享、補強或修改，例如：來自美國、日本、歐洲的不同設計團隊，就透過網際網路協同設計賽車的電腦遊戲軟體；或美國電腦公司透過網際網路將系統開發規格傳至俄羅斯與印度，利用當地便宜的電腦專家來進行討論及設計軟體。好處在於可跨越時空的隔絕，與全球最合適的夥伴在線上即時快速地討論及合作；或製造商由於及早與顧客分享需求的資訊，而能設計出最滿足顧客需求的產品。

　　許多研究指出，產品成本中將近 80%是投入在產品設計的階段中，而協同產品商務(Collaborative Product Commerce, CPC)是網路應用工具所賦予製造業者的協同合作能力，則可以協助打破組織部門、合作團隊間與地理位置的藩籬，有效地管理與監督各小組間的互動關係與相關的產品資訊，進而降低產品研發的成本支出，並提供更有效的設計鏈管理。製造業的管理階層需要產品協同商務來幫助企業體回應商業市場壓力。協同產品商務是一種全新的軟體和服務，它藉由網

際網路的技術把產品設計、工程、資源搜尋、業務、行銷、人事、現場服務以及客戶服務等，緊密地聯繫在一起，形成一個環球知識網，以降低彼此內外部交易之間的相關成本。

在 1990 年代之前，維持供應商合作夥伴關係，建立客戶移轉訂單衍生成本的方式，為品質的自主檢驗認證，尤其與日本客戶間之往來，必須先取得自主檢驗之認證後，方可正式交貨。之後品質成為取得訂單之必要因素，供應鏈微妙之夥伴關係的維繫，漸漸被資訊科技所取代，供應鏈間藉由資訊科技相同的作業平台之連結，產生了新的合作關係。邁入 21 世紀後，企業間的競爭模式，轉為供應鏈與供應鏈的競爭，因而供應鏈的協同作業模式，完全地將供應鏈之依存關係緊密結合，而協同產品設計則完全的被運用在供應鏈合作關係基礎之建立。

設計鏈管理之管理意涵上包括創新(innovation)、協同合作(coordination)及控制(control)，其重點分述如下：

1. 創新

知識的外引、內造，進而整合，此外，企業推動產業協同設計電子化，以客戶需求導向，推動與國際客戶協同設計合作，重塑夥伴關係，強化研發設計能力。以技術創新之產品為標的，發展協同設計平台。以「提早投入設計」營運模式，減少設計變更次數，降低產品開發成本，發揮體系綜效。

2. 協同合作

供應商的早期參與可以將「供應商的能力整合於製造商的供應鏈中。供應商必須參與產品設計的過程才能使其特殊的製造與製程能力得以發揮，使個別零組件之製造成本與設計時間得以減少。

3. 控制

在整體製造成本與從設計到上市的時間上得以減少，也能減少未來在供應鏈作業上的問題。

近年來企業從傳統製造代工，轉型至設計代工或創造自有品牌的過程中，協同產品開發模式下的設計鏈管理才是決定公司經營成敗的關鍵。因為國內廠商多以生產製造為主，欠缺產品開發前端的運作經驗，加上產品形態與其開發活動的差異，使得不同產業中協同產品開發之進行方式也大相逕庭。企業在導入協同產品開發時所需要的運作流程、工作重點、管理模式與資訊技術，大多數公司均缺乏可供參考的方法論或模式分類，因而增加推廣困難及失敗的可能性。因此，包

括近年來為物流而設計、為製造而設為作業而設計(designforoperatIons, DFO)、為裝配而設計、為拆卸而設計等，均是為了達成控制成本、縮減前置時間、降低庫存的目的。

二、協同產品設計之作業類型

應如何透過設計鏈管理，達成降低產品成本及提高產品獲利率的目標？依據過去相關研究與實際個案觀察得知，企業間可藉由協同產品設計、協同產品開發與建構協同知識庫三種作業的方式，以達到上述目標。對於協同產品設計之分類，說明如下：

(一) 同時間同地點，例如：OEM 客戶，會指派研發工程師，於產品研發的期間進駐中心廠共同設計及排除問題。

(二) 不同時間不同地點，例如：分別在印度及美國，不同時區之兩個軟體研發中心，當位於印度的研發人員休息時，則由美國的研發人員接續印度研發人員未完成的工作，如此周而復始，當美國的研發人員休息時，位於印度的研發人員又接續美國研發人員未完成的工作，此模式稱為「日不落協同研發模式」。

(三) 同時間不同地點，例如：同一研發作業，同時分由二人以上完成，某企業之研發工程師 A，與兩家廠商之工程師 B 及 C，同時檢討機構設計圖之內容， A、B、C 三位工程師，可藉由資訊科技的協同作業平台，同時修改機構設計圖，同時間不同地點之協同作業表示意圖及標註意見，待三人皆認可此設計圖無誤後，再由工程師存檔到資訊系統伺服器之資料庫中。

協同產品開發，可提供方便客戶、加值供應商、與製造商之間共用資訊的架構；定期正式的設計審核，提供即時且互動式的產品開發作業，並可連結到專案管理的架構與報表系統；以視覺表現來顯示測試結果及產品設計的變更，則可以加速解決那些會增加產品開發成本及時間的問題。協同產品開發包含了從企業內部到橫跨數個企業，整個產品開發流程的設計與導入，及其對整個組織的影響。

企業建構協同知識庫則能擁有以下的利益：

1. 加速知識轉移：協同知識庫是創造、分享與應用知識很有效率的工具。

2. 靈活及生產力：較容易取得工作上相關知識，員工通常較具生產力、能更快地做出較好的決策，因為其無須浪費大量時間搜尋，故有更多時間去應用這些知識。

3. 創造力：當一群擁有熱情、能自我激發且思想互異的人為了完成共同目標而在一起時，創造力會因此而被強化。
4. 資產最佳化：協同知識庫幫助企業降低尋找、組織與利用知識的成本，協助員工更有效率地把工作做好。

三、協同設計參考模式

　　PRTM 和 AMR 以及超過 65 家的企業於 1996 年共同成立了供應鏈協會 (Supply Chain Co, SCC)。SCC 提出的標準供應鏈模式為 SCOR Model(Supply Chain Operations Reference Model)。良好的產品設計需要有一套完善的產品開發流程來支持，SCC 乃於 2004 年提出設計鏈模式 DCOR Model(Design Chain Operations Reference Model)，透過流程觀點、績效評估觀點和業界實施最佳方案來建立供應鏈架構工具。

　　DCOR 模型明確定義了產品流程所有階段的專案活動，目的在於協助相關流程分析與促進產品開發成員溝通，並提供建立設計鏈的基本規範(Supply Chain Council, 2006)。其三個構面如下所述：

（一）流程觀點

　　透過五大設計流程，並以階層式的方式制定各流程下的基本要素、定義出各管理流程間的關係，作為設計鏈建模時的標準格式。

（二）績效評估觀點

　　將作業性績效(operational performance)加以量化，透過企業現況的績效指標，使企業更能了解目前的表現優異程度。

（三）最佳方案觀點

　　經由清楚定義出設計鏈標準流程後，DCOR 會建議幾個業界的最佳範例，以供企業建模之後，能引伸出改善方案的參考。新近 DCORM 是由中衛發展中心針對協同設計應用模式：營運模式、流程模式與作業模式設計之應用模式架構，說明應用模式展開之步驟與應用方法，其中包括：設計鏈形態分析、流程模式分析與作業模式運用三個主要階段。

 第二節　研究發展與技術取得來源

一、技術取得來源

　　企業在競爭激烈的環境中，為取得競爭優勢，無不極力開發、引進新技術。然而，企業進行新技術的開發時，往往受制於有限的資源與開發時間，而提高了研發部門技術開發之困難度；因此，公司除藉由內部研發獲得新技術之外，更須由外引進技術，才能有效提升公司之技術層次。

　　企業取得新技術的來源有很多種，企業制定之技術取得決策，如同「自製或外購」的考量。技術來源可分為內部來源與外部來源兩類，所謂內部來源是指「企業藉由研發部門獨自發展所需技術」；而外部來源則指「其他非自行研發之技術取得方式」，包括：與外部研究機構簽訂技術發展合約、購併技術公司、技術授權等。有學者將技術取得來源分為類，如表 13-1 所示，各類技術來源也代表不同之技術取得方式。另有學者將技術取得方式分為 8 種，包括：內部自行研發、購併技術公司、合資研發、委託研究、技術授權、購買技術、聘用技術顧問、非契約方式…等。

表 13-1　技術取得來源與方式

技術取得來源	技術取得方式
自製	自行研發、招募研發人員
外購	購買技術、購併公司
自製和外購	共同研發、合資
自製以外購	購買技術以供自行研發

資料來源：陳文章，2001

　　企業在面對如此眾多的技術取得方案時，應考慮哪些條件與因素，以決定適合之技術取得決策呢？企業技術取得決策如同自製或外購決策，不同之技術取得方式會形成自製或外購的光譜連續帶決策，內部自行研發與非契約方式，分別為光譜連續帶的兩端。而影響技術取得方式之因素也有 13 種，包括：廠商近九成皆進行內部研發，且近半數廠商認為自行研發為十項技術取得方式中最重要的一項。當光電廠商技術能力愈高時，將愈傾向採取自行研發來取得技術。在對創新績效之影響部分上，發現決定技術創新績效之因素並非技術來源，而是技術能力。當廠商技術能力愈高時，其在技術、市場與整體績效表現也愈好。

表 13-2　技術取得方式與影響因素關係表

	公司相對地位	技術取得急迫性	技術取得承諾度	技術生命週期	技術類型	技術來源之可獲性	管理風險規避傾向	公司的技術開發力
內部自行研發								
購併技術公司								
合資開發								
委託研究								
技術支援								
購買技術								
聘請技術顧問								
出契約方式	低	高	低	晚期	一般	高	高	低

資料來源：賴士葆、陳松柏、謝龍發, 2004

二、研究發展之特性

研究發展的工作異於企業的其他機能，具有五項特質：

（一）研究發展是企業變遷的新動力

企業的其他機能，例如：生產、行銷…等，都是為了從現有的市場地位上追求最大利潤，研究發展則是由新產品的市場地位上尋求利潤的新來源。

（二）研究發展不能重複

其他的企業機能是設法使其作業能夠不斷重複，以致生產力能夠達到最大。

（三）研究發展的生產力則難以度量

第一點由於研究發展的成果必須經由生產、分配、促銷等步驟後才能充分發揮，所以可能會因為生產、分配、促銷等活動失敗使得研究發展的成果遞延或模糊，由此可見一個創新活動的成功必須統合企業的其他機能，效果才會顯現。第二點研究發展活動產生的效益包括技術、專業知識的累積或是商譽、形象的建立，這些效益都是屬於無形的效果故難以量化。

（四）研究發展常有時間遞延效果

從投入資源到獲得實質效益之間有一段時間差距，一般原因包括投入研發到研發成功之間有落差、研發成功到商品化之間有落差，以及商品化到上市之間有落差。

（五）研究發展具有不確定性

　　包括技術的不確定，也就是說投入研發不能確定是否能夠成功；商品化的不確定性，指新技術不必然能夠應用成為商品；以及經濟效益的不確定，產品上市之後不一定能獲得預期的報酬。

三、研發績效評估系統

　　關於研發績效的評估方式，許多學者以「系統」觀點，分析研發投入與產出的關係和過程，並以此作為研發績效評估模式。將企業研發活動視為運行於整體組織中之系統，藉由投入、處理和產出等程序來進行研發績效評估活動。研發績效評估系統包含 5 個階段，如圖 13-3 所示：

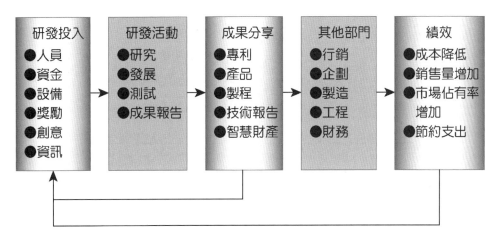

圖 13-3　研發績效評估系統

1. **投入**：指研發系統接收和處理之「原物料」，包括：人員、資訊、創意、設備、廠房、資金等。投入之數量和種類必須反應行銷、製造、工程…等其他部門之需求。

2. **處理**：指研發部門本身，可將投入轉化成產出。包括：撰寫研發計畫書、進行實驗、檢驗假說、報告結果等。

3. **產出**：包括：專利、新產品、新製程、出版品、事實真相、原則或知識等。

4. **接受系統**：指使用研發產出的「消費者」，包括：行銷、規劃、製造、工程、營運等部門。此外，接收系統也包括外部的使用者，例如：學術公會…等。

5. **效果**：指接收系統將產出轉化為對組織有價值之成果，包括：成本降低、銷售的增加、產品的改良及節約支出…等。

6. **過程內之衡量及回饋**：在處理系統中，研發部門針對本身進行衡量及資訊回饋。衡量項目包括：研究報告數目、年度預算、研究報告所需之草圖或是專案經理對研究報告初稿之評論……等。

7. **產出之衡量及回饋**：該項目通常由組織內之品質控制部門進行評估。研發產出通常也藉由外部來源，例如：期刊社論委員會、專利機關等和內部來源，例如：研發、管理、工程、製造……等進行評估。產出之主要評估指標有：產量、品質和成本。

8. **效果之衡量及回饋**：藉由效果之衡量與回饋，可評價研發技能附加於組織之真實價值。

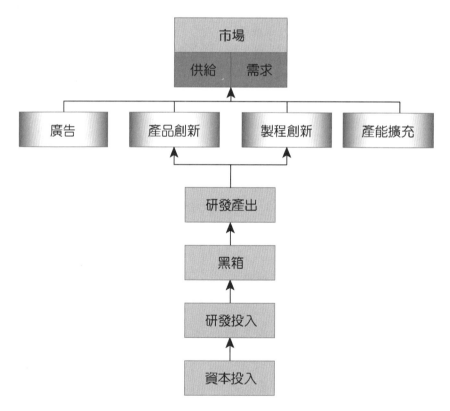

圖 13-4　研究發展的投入與產出之間的關係

　　研發投入與產出之關係流程，如圖 8-4 所示。研發與企業在廣告、產能擴充之投資是類似的行為，同樣可改變競爭優勢或市場之供需形態，因此研究發展之投資應與其他投資決策經歷同樣嚴謹的決策過程。而研發投入再經由「黑箱」之運作，得到研發產出甚至產品與製程之創新，之後再於市場上接受考驗，而新產品或新製程在市場中獲得利潤之後，管理者也會依據所得狀況決定在研發活動上資本投入之比例。

四、研發績效評估系統關聯性研究

　　以系統觀點探討研發活動由投入至績效產出間各元素之因果循環關係，有必要針對研發績效評估系統中各元素之關聯性做一深入探討。

（一）研發資源與資源配置

　　研發活動是一種投入與產出的過程。研發資源為整體研發活動之投入要素，企業若沒投入充裕及良好品質之研發資源，並進行「合適之資源配置」，將無法有效推動研發活動之進行，其重要性不可言喻。我們可由兩部分探討：

1. 研發資源

　　研發資源為公司進行研究發展活動，有助於研發成果所需之各項資源投入要素。研發活動所需資源種類繁多，可分為研發人力、經費、設備、資訊和獎勵五類。由於研發經費和人力這兩變數較易衡量，因此大部分學者在探討企業研發資源投入之議題時，多以這兩者作為研發資源投入之變數，其中以研發經費為衡量變數之研究最多。

2. 研發資源配置

　　研發資源配置可定義為「某一活動階段所投入之資源與整體投入資源之比例」。有學者以系統動態學探討製藥產業研發資源配置之議題，將研發資源配置分為三個決策階層：

　　(1) 決定研發部門進行研發活動之預算總數。

　　(2) 將研發部門所得到之研發預算再分配至各研發活動階段。

　　(3) 決定各階段之資源配置後，進行各階段之研發決策，例如：在應用階段哪些專案應該持續進行？哪些專案應該終止？或是應該加入哪些新專案？

　　在進行資源分配的考量時，最容易引起爭議的項目大多還是環繞在經費上。對於一個企業而言，研發經費的分配最常見的兩個問題，為：1.研發經費之投入須佔總年度營收比重多少？2.總公司之研發部門分配研發經費予各事業部之研發單位。

公司每年研發經費預算之決定方式可歸納為下列五項：

(1) 依據公司去年度營業額之固定比例，此法是實務上較常採用之方法。

(2) 以公司去年度營業淨利之固定比率。

(3) 依過去年度之研發水準，加入通貨膨脹之調整以及新增加投資專案之經費等。

(4) 參考比較同業競爭者之研發預算，做為公司研發支出預算之依據。

(5) 估計研發部門該年度所有專案計畫所需之費用，加總後成為公司當年度之研發預算。

（二）研發投入與成果之關聯性

美國的研發發現，研發投入變動的確會影響專利數量的申請；當公司規模大於某個水準時，專利及研發間會有一個正向相關。利用專利分析可以觀察企業或國家間技術競爭力的強弱，由於專利具有保護技術的能力，所以在專利說明書當中透露出非常多訊息，將這些資訊進行分析後，可以有系統的分析企業與其他競爭者之間的地位。專利情報對企業營運的影響甚大，專利活動也會隨著技術生命週期的不同，呈現 S 型的發展軌跡。此技術生命週期以研發經費累積量或時間為橫軸，專利權數累積量或技術績效為縱軸，來衡量技術發展趨勢，其將會遵守如圖 13-5 的 S 型演化，一般稱之為技術擴散過程。

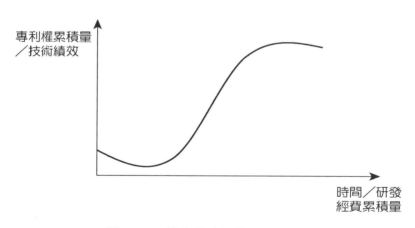

圖 13-5　技術生命週期 S 型曲線

台灣上、中、下游之電腦相關產業廠商，中游廠商擁有專利的比例逐漸提升，且於 2000 年突然大幅度提升；上游廠商也在 2007 年的比例上倍增；此外，台灣電腦相關上游廠商的研發支出存量對於當期專利權數有顯著的正向影響，但中游廠商的研發支出存量雖與當期專利權數有正向關係，但不顯著。原因在於中游廠

商為了及早成為進口商的代工夥伴並量產，技術來源大部分是外購得來的，關鍵技術仍仰賴進口商，研發的目的多數僅是用來改良製程、提升良品率，並非以獲得專利為目的；再加上研發投入到產出過程有時間遞延效果，最快約 2 年，最慢甚至到 9 年以上。2002 年至 2003 年上市上櫃公司之電子業與非電子業，有研究檢視專利權、研發支出和企業績效間的遞延關係，結果則發現，各年度企業擁有的專利權數與研發投入皆具有關聯性，且研發支出在投入當年即反映在專利權數目上。

（三）研發成果與企業績效之關聯性

專利權對企業績效的確有遞延效果之存在，並依產業別而不同。若當年增加 1 件專利權數，可使電子製造業 2 年後的資產報酬率上升約 3.56%；以整體製造業來看，遞延效果更長。以台灣新竹科學園區半導體產業的廠商為對象，分析國內廠商研發支出、專利數與市場價值的關係，在專利數存量對廠商市場價值的影響方面，發現廠商自身的專利數存量對廠商市場價值都有顯著的正向影響，顯示專利數存量愈多，對廠商的市場價值愈有提升的助力；並顯示專利數存量對市場價值的影響力，大於研發支出存量對市場價值之影響力。

（四）研發愈投入與企業績效之關聯性

有學者以延伸性的 Cobb-Douglas 生產函數驗證台灣資訊電子產業所投入的研發活動對經營績效之影響。證實公司的研發密度與營收及銷貨成本均呈現負相關，顯示研發活動對公司營收的績效方面增加不大。但研究中發現一個有趣的現象，研發活動與營業額之間似乎存在一個門檻，當研發費用超過一定的金額後，研發活動與營收之間將會出現正相關。對銷貨收入之影響方面，研發活動有助於電子資訊產業降低銷貨收入。以英國貿易及工業部資料庫所提供之 2013 年全球高研發投入（研發支出總額 3 億美元以上）之 1000 家公司為研究對象，以實證性研究探討「研發投入程度」與「公司經營績效」之關聯性，研究結果發現，研發投入程度愈高之公司，其經營績效愈佳，此外，經營績效愈佳之公司，會有更高之研發投入程度。

為了解我國平面顯示器產業研發投入對企業績效的影響，學者以實證性研究檢驗兩者之關聯性。研究發現，台灣平面顯示器產業研發投入對企業績效有顯著的相關性，但卻沒有產生正相關。其可能原因為，國內從 1983 才開始進入平面顯示器產業成長期，有大量資本資金及研發的投入。在此之前，產業原始技術來

內產業自行研發的成果尚未表現在績效。不過，由於全球平面顯示器產業仍未成熟，各國無不大力投入以取得領先地位，而我國已佔有優勢，相信未來研發之投入必能顯現在企業績效表現上。

透過對國內電腦相關廠商專利與財務資料的蒐集與判讀，分析其上游與中游廠商之研發投入對於經營績效之影響。研究發現，上游與中游廠商的研發支出存量對於股東權益報酬率均為正向關係，但是僅上游廠商有顯著的影響，中游廠商的研發支出存量對於股東權益報酬率(ROE)無顯著的影響。原因在於，由於產品製造需要穩定性極佳的技術與設備，從 2003 年進口商開始大量技轉給廠商，而中游廠商為追求製造過程的高品質，以符合進口商的高標準，紛紛採進口商技術、材料與生產設備，初期對於研發投入並不重視，直到近幾年才開始重視研發投入，因此研發投入的效果尚未產生作用，對於經營績效的影響不顯著。另外，由於中游廠商欲提高本土化零組件的比例，以降低生產成本，若上游廠商的產品符合新世代的需求，中游廠商將樂意採購，所以，上游廠商無不積極研發，增加訂單，提升廠商的經營績效。

（五）企業績效與研發投入之關聯性

當全球景氣惡化時，企業獲利降低，具有產出不確定性之研發投入卻可能成為企業削減成本的優先目標，然而也有公司仍於此時維持其研發投入免於受到影響。有研究將樣本公司績效表現分為低、中、高 3 群，個別探討這 3 群公司短、中期研發投資情形。最後研究發現，中期高績效表現之公司其在研發投入程度上顯著優於其他績效群之公司；但短期績效卻與研發投入程度出現「U 型」關係，即高績效與低績效公司，在短期皆有較高之研發投入程度。

（六）企業經營績效指標

我國產、官、學界相當重視研究發展活動與科技發展政策的推展，其基本想法為產業升級和經濟成長是研究發展活動的結果。國內外已有不少文獻探討研發活動對企業經營績效之互動關係，而衡量經營績效的種類繁多。在此針對評估研發活動所採用之企業績效指標進行分類與探討。

學者較常使用之企業績效變數分為三類，其分別為：財務績效、生產力和市場評價。

台灣在過去 40 年創造了經濟奇蹟，當時經濟成長的主要動力在於密集之勞動生產力及資本投入，然而近年由於台灣教育水準提高，加上大陸、東南亞等開發中國家之興起，台灣加工製造廠商紛紛外移，台灣企業之勞力、資本優勢不復

存在。面對如此競爭激烈的環境，台灣企業若想在國際舞台上佔有一席之地，必須將經營重心置於產業技術的發展上，藉由不斷的研發創新，獲得差異化優勢。目前，我國已愈來愈重視技術研發之發展，無論產業科技、數位化能力皆不輸先進國家。

科技研發的投入與新技術之普及，將促使科技與創新知識之累積，進而提升產業競爭力並驅動國家經濟成長。因此，科技資源之投入、應用與產出之衡量成為當今科技管理重要之議題。企業的技術發展投資與其他企業投資行為，例如：廣告、產能擴充是類似的，它們皆能改變企業之經營績效和競爭優勢。因此，企業在技術發展上的投資決策也應與其他投資活動經歷同樣嚴謹的過程。目前，國內外已有許多學者進行技術發展行為與企業／供應鏈績效間關聯性研究，但多為實證性研究、統計分析，係由靜態、切割成片段的觀點來進行探討，這雖幫助我們更完善的思考每個細節，但分割卻使我們忽略各要素間整體互動關係，以及所形成的複雜現象，而掉入見樹不見林的陷阱中。企業之研發投資活動，從投入到產出最後為企業帶來績效之過程，必須經過許多環節，也易受其他技術取得投資決策之影響。而研發能力與企業績效之產生將對研發資源投入產生「回饋效果」，再加上市場供需循環所產生之價格波動，將直接影響企業之營收，並透過績效對投入的回饋效果，進而影響研發資源之配置狀態。

台灣目前的產業經營形態已漸漸由過去的高勞力密集度轉為高技術密集度，許多新興的高科技產業在政府之大力協助下不斷竄起。2002 年行政院提出「挑戰 2003 國家發展重點計畫」中，將「兩兆雙星」產業列為國家發展重點。其中「兩兆」為平面顯示器和半導體產業，預期兩產業在 3 年後能個別創造超越一兆元台幣之產值，並希望未來台灣能成為全球第一大薄膜液晶顯示器供應國和全球第三大半導體供應國。而「雙星」則是數位和生物科技產業，政府希望台灣建立良好之科技創新與應用環境為資本，整合亞太與全球科技創新資源，使其成為全球明星產業。

在「兩兆雙星」產業中，又以平面顯示器產業最為看好。我國自 1983 年開始平面顯示器產業之發展，至今不到 20 年之歷史，但目前已與日本、韓國成為全球平面顯示器前三大國。其中又以 TF-LCD 產業最受注目，根據胡甲地的調查報告，2004 年台灣 TFT-LCD 產值高達 131 億美元，總產能並已於 2003 年超越日本成為全球第二大 TFT-LCD 生產國。目前該產業仍處於成長階段，未來仍有更多發展空間，是台灣最具成長潛力之產業。

　　由於 TFT-LCD 產業屬成長中之高科技產業，目前是最須投入大量研發資金，發展新興技術與產品之產業形態。然目前國內大多數 TFT-LCD 廠商技術獲得方式多藉由國外之技術移轉，較少自行研發，這容易使得國內在新一代顯示器技術落後於其他國家，而失去先佔優勢。因此，TFT-LCD 產業必須重視研發活動之投資，但自行研發須投入大量資金，且須經過 2~3 年之時間才能見其成效，再加上該產業目前面臨研發人才缺乏之窘境，無法大力提升研發能力。因此，如何在外購技術與自行研發間取得平衡，為企業獲取最佳利潤，是管理者須正視的議題。

 **第三節　新產品的開發管理**

一、新產品技術研發

　　所謂的新產品開發，是經由創意思考之新穎性獲得現有產品所沒有的樣式、功能，其可分列如後：(1)機能、品質的新穎性；(2)研究、技術、生產方法的新穎性；(3)服務提供的新穎性。

　　新產品開發在企業中是技術資產進行革新及累積的角色，其可經由技術革新之實現，而使得企業競爭優勢獲得確保及維持。若根據產品對公司及市場的新穎程度來做分類，可區分成以下六大項：

1. 全新產品：創造一全新市場的新產品。
2. 新產品線：使公司能首次進入某現有市場的新產品。
3. 強化現有產品線：補充公司現有產品線的新產品。
4. 現有產品的改良更新：提供改進性能或較大認知價值及取代現有產品的新產品。
5. 重新定位：將現有產品重新定位，導入至新市場或新市場區隔。
6. 降低成本：提供性能相同但成本較低的新產品。

　　此外，以產品規劃之觀點，可將產品開發專案區分為下列四種類型：

1.**新產品平台**：專注於新的、共通的平台，以創造一個全新的產品族。此新產品族將滿足已熟悉的市場與產品種類。

2. **衍生型產品**：此是既有產品平台的延伸，其擴充既有的產品平台，使其可以一個或更多的產品來滿足已熟悉的市場。

3. **改良型產品**：此類專案可視為既有產品的漸進性改善，其只增加或修正既有產品的特性，是為了要讓這些產品線能保持流行且具競爭力。

4. **全新產品**：此涉及完全不同的新產品或生產技術，並尋求滿足全新且不熟悉的市場。此類專案的風險較大。

　　對於新產品開發過程，是企業用來構思和設計，使得產品商品化的一連串步驟或活動。

　　工業新產品的理想開發流程模型應具有下列條件：

1. **足夠具體**：必須足夠具體，且詳細到足以成為管理者的行動綱領，但其不會過於複雜以致阻礙到其使用。

2. **市場導向**：須能將市場研究和行銷規劃建構於整個流程當中。

3. **促進溝通**：須涵蓋各種專門知識且可以促進關鍵開發群組的內部溝通。

4. **評估風險**：須能確認高的新產品失敗率和風險，且於整個流程中建立即時的評估點和釋放點。

　　根據上述條件，Cooper(1983)將開發流程劃分為七個階段，其分別為：

1. 產品構想

　　根據市場需求或技術、科學發展等趨勢，提出產品構想，而此初步的產品構想必須通過審核，否則便予以放棄。

2. 初期評估

　　針對先前提出的產品構想進行初期評估，及收集相關產品資訊並同時進行市場與科技評估，以確認此產品構想之技術可行性與資源需求狀況。

3. 概念設計

　　此階段為進行市場研究，以確認在市場中所需求的產品特性，藉以定義產品形態與目標。最後針對已形成的產品概念進行評估，以決定新產品開發企劃是否該繼續進行。

4. 產品發展

根據產品概念來做發展，於步驟中形成原型，並同時進行市場規劃，融合概念階段之市場選擇、產品策略與產品定位形成的市場整體規劃，並決定產品的價格、流通、廣告與銷售服務等策略。最後將產品雛型與市場規劃的結果進行發展評估，以決定開發案的持續與否。

5. 產品測試

針對產品設計與使用性能作測試，於公司內部進行產品雛形測試，找出是否有設計上的缺失；另外由客戶試用產品來檢查產品性能是否有缺陷，並須經測試評估後才能進行下一階段工作。

6. 工程測試

進行量產前的最後驗證。針對市場規劃做最後的修正與調整，且對產品市場佔有率與預期售價做最後的評估；同時據此來對生產設備及生產方式做最後的調整，並依此結果進行商品化前的分析評估。

7. 量產上市

將產品進行全面性的量產與整體規劃的市場實現，產品上市後根據事前設定之控制基準指標，包括市場佔有率、銷售量、單位生產成本等因素，來評估量測新產品開發之成敗。

此模型具有階段性架構之特性，其是以循序漸進的步驟來進行，以避免產品開發失敗，造成相關已投入資源之浪費。

開發專案亦可分為先驅層面和現行層面兩個層面。所謂的先驅層面指的是概念開發、系統層級設計等；而現行層面所指的則為開發後部流程，即詳細設計及產品原型構成的部分。此種分割方式，使其可針對產品開發流程而非僅研究各別專案，此外並可針對多專案開發環境進行探討。

二、新產品開發的資源配置及與供應商之間的關係

在新產品開發活動中，如要獲致有效的資源分配，則必須依照開發方針及目的，來對開發活動進行評價與分析。在新產品開發中所需要的基本資源約有下列幾種：研究與技術人員等人力資源、開發費用等資金、新產品開發所須之資訊、研究開發所需之設備及資材等。在新產品開發的過程中，起始階段的成本通常較後期階段低很多，因為起始階段通常屬於觀念層次。

利用系統動態學的觀點，針對多專案管理的開發系統，有研究建構資源分配的動態模型。將開發專案分為兩個層面：先驅層面和現行層面，再根據開發週期之演進，決定其資源之分配狀態；此處所指的資源，是以工程師之工時來做為分配指標。

由於現代經營環境的不變，使得企業競爭方式也不斷地改變。也因此，若只針對企業內部的作業流程做改變並無法順應潮流，做到快速回應，提升企業自我競爭能力。在供應鏈的觀念逐漸被發展出來的同時，企業對於其交易夥伴的協同合作關係亦同時引起重視。然而，在產業垂直整合的範圍擴大下，企業供應鏈中上下游合作夥伴的數目也跟著大幅增加，以往那種點對點的管理方式也因而變得太過於複雜而難以管理；此外，在不同的合作夥伴間，必須分別運用不同的資訊傳遞管道所造成之成本問題，也因此逐漸浮現。

在新產品開發中，一個成功的供應商涉入，對於製造者可有效地降低產品成本，並改善產品品質，減少產品開發費用，且可以加速產品推出時間。在新產品的發展程序中，供應商涉入之決策考量有以下四種：價錢、公司本身內部能力、非核心技術之需求、核心能力之提升。而對於供應商的選擇標準，學者提出了許多考量要點，其中以品質、交期與過去績效為主要的前三大考量。

在供應商的涉入程度中，有學者以兩個構面來衡量不同的供應商涉入模式，此兩個構面分別是供應商涉入新產品開發的時間與供應商間之競爭程度。

圖 13-6　供應商涉入組合

Wynstra & Pierick(2000)更提出了供應商涉入組合模式，來提供對於面對供應商涉入決策時，可作為設定優先順序的依據。此供應商組合是利用兩個構面來進行區分的，如圖 13-6，此兩個構面分別為：

1. 供應商所擔負的開發責任的程度
2. 產品開發的風險程度。

此研究也加入資訊處理方式來說明此四種供應商涉入模式的不同。以下將就四種供應商涉入模式加以說明：

1. 策略開發

由於供應商的涉入是在「開發風險高以及供應商所負的責任較高」的情況之下，雙方在產品開發的初期便感到風險與不確定性的存在。因此雙方面經常利用非書面的方式溝通，而且溝通次數相當頻繁，採取雙向互動式的溝通方式，溝通的內容相當多元化，包含技術以及商業資訊。

2. 關鍵開發

供應商的涉入是在「開發風險高但供應商所負的責任較低」的情況之下，因此，大部分是由製造商來主導雙方的溝通，溝通方向是以製造商所發起之單向溝通為主，而雙方的合作主要注重資訊的獲得，溝通的內容多以市場資訊為主。

3. 常規開發

供應商的涉入是在「開發風險程度低但供應商所負的責任較高」的情況之下，所以大部分是由供應商方面主導。雙方的溝通方向是以供應商所發起的單向溝通為主，而雙方的合作主要是供應商獨立的開發，溝通的內容多以技術方面為主。

4. 例行開發

供應商的涉入是在「開發風險程度低且供應商所負的責任也較低」的情況之下，溝通的方向大部分是以雙向溝通為主，但與策略開發最大的不同在於，只在有改變時才會通知對方。所以雙方的溝通頻率相當少。

三、不同夥伴關係網路與新產品研發資源配置的系統動態

　　針對國內 TFT-LCD 廠商近幾年之新產品發展狀況,本節分析 TFT-LCD 廠商於新產品開發活動之資源配置情形,並藉由動態系統模型之建構,探討新產品開發資源配置之決策與其所建立的供應商網絡關係其間之影響。可根據動態資源配置結構,引入供應商網絡關係,探討其所衍生之相互關係及影響。因果回饋網路圖 13-7 所示:

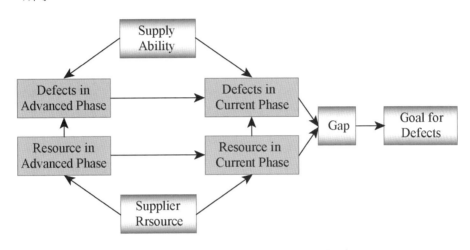

圖 13-7　新產品開發系統的回饋網路

　　在此因果回饋網路中,中間的部分表示了資源分配的過程。開發新產品的最終目標是把達到標準之產品推出市場,因此其具有一個品質目標。當整個開發專案完成時,管理者便會藉由存在於設計中的錯誤來評定此專案之品質。根據和目標差距而產生之缺口,組織會投入更多的資源來執行此專案。當資源增加時,就會導致錯誤率的降低,也因而使得和目標差距之缺口變小。因此在這部分所呈現的為一平衡迴路;此外,投入產品的資源和錯誤率亦為平衡迴路:當投入新產品開發之資源愈多,可使得錯誤率減少;相對地,錯誤率愈少,就可降低其所須投入之資源。而在此新產品開發之因果回饋網路中,供應商之關係亦會影響整個系統中資源配置的過程。在既定之供應商下,若與之建立不同的夥伴關係網絡,不只會對投入於新產品開發之資源有所影響,其對產品之錯誤率亦有所關聯:當供應商連結關係愈強,則系統的可用資源將會隨之提升,而相對於錯誤率而言,則可獲得改善。

　　根據此新產品開發動態資源配置模型,其將新產品開發週期分為兩個層面:先驅層面和現行層面,如圖 13-8,每個層面都具有四個開發的代表流程:流入並待完成之任務、任務測試、待修訂之任務,以及完成之任務。

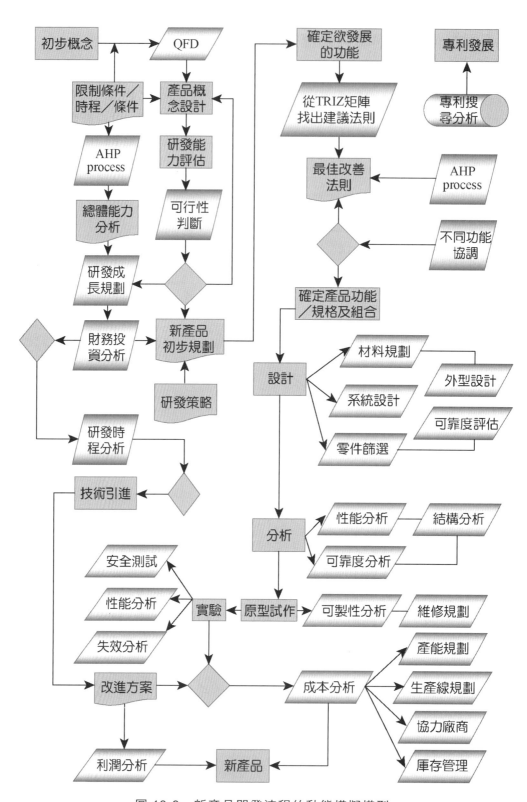

圖 13-8　新產品開發流程的動態模擬模型

　　新產品開發專案每年會以固定的速率流入系統中，再根據其所分配到之資源，決定開發專案中每個環節的流動速率。此外，在此模型中，先驅層面中的任務不論其完成與否，當定義的週期到期時，將會流入現行層面中，亦即其會從先驅層面轉換到其所對應的現行層面中此模擬顯示了一個簡單的多專案開發環境其開發週期假定為 24 個月每 12 個月產品便會完成且推出到市場上在系統中，總會有兩個專案同時在進行，如圖 13-9：

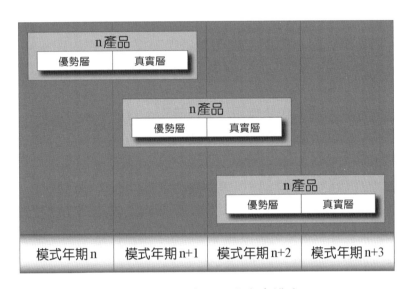

圖 13-9　新產品開發專案排序

　　模型中的決策函數是以工程師的工時作為各個開發工作間的資源來加以分配：

1. 預期完成速率(DCR)是由其工作的形式所決定，亦即現行層面中的新工作和先驅層面中的新工作。因此預期完成速率是由各個層面中需完成之工作除以距離投產日期所剩餘之月份所決定。

2. 當預期完成速率決定後，實際的速率便可被計算出來。在此模型中，現行層面的工作會排在先驅層面的工作前，亦即資源會先分配給現行層面。此假定是由於投入／產出日期為固定，為了能在期限中完成整個開發專案，故其必須將資源投入現行層面以達成開發目標。

　　基於上述定義，現行層面中的實際完成速率(CWR)是由系統最大產能(MDO)和現行層面的預期完成速率(DCR)的最小值所決定。

系統最大產能(MDO)為開發工作所能完成的最大速率，亦即所有的工程師工時（AE 切除以每個任務所須之最少時間(MHT)。

當現行層面中的任務完成後，剩餘的產能將會被分配到現行層面的修訂工作中。在現行層面中，實際的修訂工作速率(ACRR)是由系統的剩餘產能和預期修訂工作速率(DCR)之最小值所決定。

最後能夠分配到先驅層面的產能，是由原本的系統產能因減去現行層面中所耗費的產能決定。

NDC 所指為工程師按照原定的開發過程而完成工作的速率在此分配模式中，現行層面之任務完成速率可能會超過原本的系統產能(NDC)，若產能有剩餘時，才會分配到先驅層面中；因此，除非現行層面的工作速率小於原本的系統開發產能，否則先驅層面的工作將無法完成。若原本的系統開發產能不足以完成所有未完成的現行工作時，則工程師會減少每個任務所需花費的時間，以求達到其所需要的工作速率。

根據上述條件所建立之模型，其基本特性如下：每年固定會有一定量新的開發任務引入系統中，當先驅層面中的工作以一個固定的速率完成時，則完成任務之速率會以線性衰減的方式呈現，如圖 13-10，而少數未完成的任務便會流入現行層面中。此外在修定任務中，亦是具有同樣的趨勢，亦即若先驅層面中的任務若未完成，每年度結束後便會送到對應的現行層面中，繼續修訂。

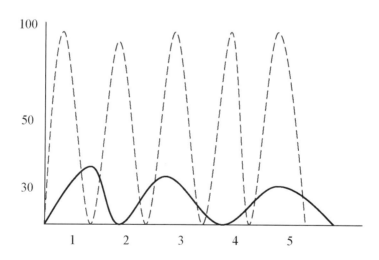

圖 13-10　先驅層面的任務基本特性

根據供應商涉入組合」模式，各別探討其對於整個新產品開發流程之影響，以「可用資源」和「產品品質」作為向面加以區分，如圖 13-11：

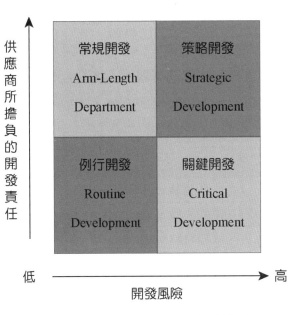

圖 13-11　供應商涉入組合的模型

1. **常規開發**：由於供應商之開發責任大，因此其會投入較多資源，而使得可用資源增加，又開發風險小，因此錯誤率也相對較低。
2. **策略開發**：由於供應商開發責任大，因此其會投入較多資源；又因風險大，因此錯誤率也會相對提高。
3. **例行開發**：此向面中，供應商開發責任小，故其投入資源較少，也因風險小，因此錯誤率亦較小。
4. **關鍵開發**：此向面中，供應商開發責任小，故其投入資源較少，但因產品開發風險較大，因此錯誤率會提高。

　　在此概念下，藉由不同的供應商夥伴關係網絡，致使整個開發專案之資源分配有所差異，並藉此觀察其間之相互影響關係及趨勢。

四、實驗設計與結果

　　係針對下列各種不同之變數加以控制，並藉以探討在不同的環境下，其對於新產品開發之研發資源配置系統所產生之影響：

（一）環境變數

產品投入研發之速率、夥伴關係網絡類型、新產品研發流程架構各類失敗率決策變數、資源配置模式、任務配置方式。

（二）研發績效

資源利用率、完成任務數、產品錯誤率、各層任務流動率。

根據上述不同的變數控制以及預期觀測值，實驗設計整理如表 13-3：

表 13-3　實驗變數及觀測值之實驗設計表

控制變數	觀測值
產品投入研發速率	完成任務數、資源利用率、任務流動率
夥伴關係網路	完成任務數、資源利用率、任務流動率、產品錯誤率
失敗率決策變數	完成任務數、資源利用率、任務流動率
資源配置模式	資源利用率、任務流動率、產品錯誤率
新產品研發流程架構	完成任務數、資源利用率、任務流動率、產品錯誤率

根據動態資源配置結構，若在每年固定投入一定量的任務於開發系統的情況下，則其新產品開發資源配置系統之趨勢如下。在錯誤率方面，圖 13-12 顯示在此模型中，先驅層面內發生錯誤的比率小於現行層面中的錯誤率。

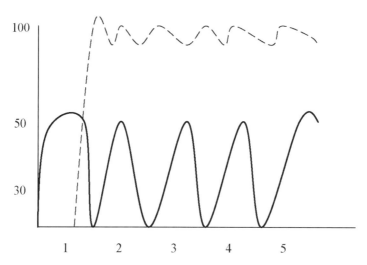

－－ Fraction of Advanced Project Defective

—— Fraction of Current Project Defective

圖 13-12　先驅及現行層面錯誤比率

　　所謂的任務流動量是由層面中未完成之任務(Lasks not Compleled)與修訂任務的流動速率所決定的。在圖 13-13 可看出，先驅層面中的任務流動量比現行層面中要來的多。是由於在模型中，在先驅層面的任務約有一半會流入現行層面中，且現行層面中由於其錯誤發生之機率較高，因此需要進行修訂之任務亦會較多，進而造成此種現象。

　　圖 13-13 為先驅層面及現行層面中資源分配的情形。其資源分配是個別藉由先驅層面及現行層面中的任務流動量，其和總任務流動量之比值所決定的。在此模擬結果中，顯示系統分配給現行層面的資源高於先驅層面，其是由於在現行層面中，產品發生錯誤率較高，增加後續的修訂任務，也因而需要投入較多的開發資源。

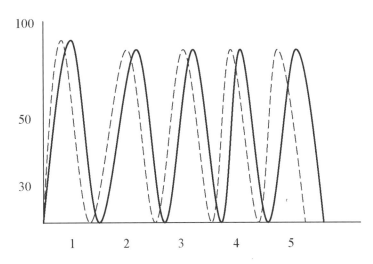

-- Fraction of Advanced Project Defective

— Fraction of Current Project Defective

圖 13-13　先驅及現行層面資源分配趨勢圖

 兩岸冷鏈物流與中央廚房之
發展分析
三陽工業全球化設計鏈協同設計

習題　　　　　　　　　　　　　　　　　　　　　　　　Exercise

一、 電腦產業應如何透過設計鏈管理，來達成降低產品成本及提高產品可獲率的目的？

二、 協同產品設計的作業類型態哪些？

三、 研究發展的特性有哪些？

四、 請說明新產品開發流程的七個階段？

五、 企業取得新技術的來源有哪些？

六、 請說明設計鏈單位間互動的方式？

七、 何謂協同設計參考模式？其內容為何？

八、 何謂研發績效評估系統？請說明。

九、 請說明研究發展的投入與產出之間的關係。

十、 請說明新產品開發專案的排序？

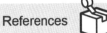

参考文献　　　　　　　　　　　　References

1. Berry, L.L. (1995) "Relationship Marketing of Services-Growing Interest, merging

2. Perspectives" Journal of the Academy of Marketing Science, Vol. 23, No. 4, pp. 236-245

3. Carlisle, J. A. and Parker, R. C. (1989), "Beyond Negotiation： Redeeming Customer-suppliers Relationships", John Wiley & Sons, Chichester.

4. Chuang, W.C., and O'Grady, P.,(2001), Design Object Decomposition in a Product

5. Development Chain, Technical Report, Iowa E-Commerce lab, Iowa city, Iowa.

6. Clark, K. B. And Fujimoto, T. (1991), Product Development Performance, Harvard Business School Press, Boston, MA.

7. Clark, P.A. and Starkey, K. (1988), Organization Transitions and Innovation-design, Pinter, London.

8. Cleetus, J., (2000).Concurrent Engineering and Software Development, Concurrent

9. Engineering Research Center, West,. Chopra, S., Meindl, P. (2001), Supply Chain Management： Strategy, Planning, and Operation, Prentice Hall, Upper Saddle River.

10. NJ. Christopher, M. (1994). The strategy of distribution management. Oxford： Butterworth-Heinemann.

11. Drucker, P. F. (1998). "Management's new paradigms". Forbes, October, 152-177.

12. Durkin, J., Expert System–design and Development, Macmillan public Company, 1994.

13. Ellram, L.M., La Londe, B., Weber, M.M. (1999) "Retail Logistics", International Journal of Physical Distribution and Logistics Management, Vol 29, No 7／8, pp.477-494.

14. Fisher, M.L.1997.What is the right supply chain for your product . Harvard Business Review 75(2), 105-116.

15. Frohlich, M.T., and Westbrook (2002), R., "Demand chain management in manufacture and service： web-base integration, drivers, and performance".

Journal of Operation Management, 20, (6), 729-745.

16. Han, S.Y., Kim, Y. S., Lee, T. Y and Yoon, T,. (2000). "A framework of concept process engineer with agent-base collaboration design strategies and its application on plant layout", Computer and Chemical Engineer, 241673-1679.

17. Jones, T. and Riley, D. (1985), "Using Inventory for Competitive Advantage through Supply Chain Management", International Journal of Physical Distribution and Logistics Management, 5, pp. 16-22.

18. Kopczak, L.R., (1997), "Logistic partnerships and supply chain restructuring： survey results from the US computer industry", Production and Operation Management 6 (3). 226-247.

19. Lambert, D.M., Coope, M.C., and Pagh, J.D., (1998), "Supply chain management： implementation issues and research opportunity", International Journal of logistic Management, 9, (2), 1-19,.

20. Lee, S. Y., and Ng, K.Y.,(1996), "Particle dynamics in storage rings with barrierrf systems".

21. Lee, H. L., Billington, C., (1992), "Managing Supply Chain Inventory ： Pitfalls and Opportunities", Sloan Management Review, spring.

22. Marien, Edward J., (2000), "The Four Supply Chain Enablers.： Supply Chain Management Review", 60-68

23. McGrath, M.E.,(1992), "Product Development： Success through Product and Cycle-Time Excellent", Stoneham, MA： Reed Publishing

14

♀ 供應鏈中的配送管理

第一節　先進物流體系和現代物流的發展趨勢

一、先進物流體系

目前，在物流運作中，存在著多種運行體系，下面將對主要的幾種方式進行介紹。

（一）JIT 及時物流方式

JIT 在生產製造方面的應用相當被重視，它同樣可以應用在物流領域中，它的應用可以使補貨時間更精確，商品流通的速度更快捷，同時也能降低庫存量，加快移庫作業。流通領域的這種「日本化」物流模式對歐美的物流也產生了重要影響，因此，近年來 JIT 不僅作為一種生產方式，而且作為一種物流模式在國際上也得到了較好的應用和推廣。JIT 最初是一種生產方式，其目的是削減庫存，直至實現零庫存，以此來降低成本。這種觀念本身就是物流功能的一種反應，在物流領域，JIT 應用就是要將準確的商品數量按照準確的需求數量，恰到好處地送達到準確的地點，既不多也不少、既不早也不晚，剛好按需要送貨。在多品種、小批量、多批次、短週期的消費需求的壓力下，生產者、供應商及物流營運商、零售商都要調整自己的生產、供應、流通和銷售策略，按 JIT 的要求，從下游的需求市場拉動開始，合理組織和安排生產、供應、流通流程，以最小的存貨水準來實現即時的客戶回應。

（二）物流整合

物流整合(Integrated Logistics)是 20 世紀末最有影響力的物流趨勢之一，它是以物流系統為核心由生產企業、經由物流企業、銷售企業，直至消費者的供應鏈的整體化和系統化的運作方式，是物流業發展的高級和成熟的階段。早在 20 世紀 80 年代，西方發達國家就提出了物流整合的現代理論，並應用和指導其物流發展取得了明顯的效果，使它們的生產商、供應商和銷售商均獲得了顯著的經濟效益。美國十幾年的經濟繁榮期與其重視物流整合、加強供應鏈管理、提高社會生產的物流效率和物流水準是分不開的。物流整合技術將分散的管理連接成環環相扣的供應鏈式管理，將物流過程的各個環節，如運輸、存儲保管、裝卸搬運、流通加工、配送和資訊處理等業務都納入統籌的整合管理。為了促進物流合理化，物流整合透過徹底的分工和資訊的共有與整合，排除了企業間的重複作業，使物流資源得到最佳配置。

　　物流整合分為垂直整合物流、水平整合物流和物流網路整合三個層次。在三種整合物流形式中，目前研究最多、應用最廣泛的是垂直整合物流。垂直整合物流要求企業將提供產品或服務的供應商和用戶都納入管理範圍，將其作為物流管理的一項中心內容。傳統的垂直整合物流關係只是製造商與上游供應商、或與下游分銷商的關係，這只是供應鏈的一部分。供應鏈擴大了原有的物流系統，它延長了傳統垂直整合物流的長度，充分考慮整個物流過程及影響此過程的各種環境因素，它朝著商流、物流、資訊流和資金流等各個方向同時發展，形成了一套相對獨立而完整的體系。垂直整合物流要求企業供應鏈的每個過程實現對物流的管理，要求企業利用自身條件建立和發展與供應商和用戶的合作關係，形成聯合力量，贏得競爭優勢。隨著垂直整合物流的深入發展，對物流研究的範圍不斷擴大，在企業經營集團化和國際化的背景下，人們結合供應鏈與價值鏈，並在此基礎上，形成了比較完整的供應鏈理論。

　　水平整合物流是透過同一行業中多個企業在物流方面的合作來獲得規模經濟效益和物流效率的，不同企業可以用同樣的裝運方式進行不同類型商品的共同運輸，例如：在某一時段內，某幾個企業的物流範圍接近，各自的物流量不充足，同時分別進行物流操作顯然不經濟。於是就出現了一個企業在裝運本企業商品的同時，也裝運其他企業的商品。從企業經濟效益上看，它降低了企業物流成本；從社會效益來看，它減少了社會物流過程的重複勞動。顯然，不同商品的物流過程不僅在空間上是矛盾的，而且在時間上也是有差異的。要解決這些矛盾和差別，必須依靠掌握大量物流需求和物流供應能力資訊的資訊中心。此外，要實現水平整合的另一個重要的條件，就是要有大量的企業參與並且有大量的商品存在物流的需求，企業間的合作才能提高物流效益。當然，產品配送方式的整合和標準等問題也是不能忽視的。

　　網路整合是垂直整合物流與水平整合物流的綜合體。當整合物流每個環節同時又是其他整合物流系統的組成部分時，以物流為聯繫的企業關係就會形成一個網路關係，即物流網路。物流網路整合欲發揮規模經濟作用的條件就是整合、標準化、模組化。實現網路整合首先要有一批優勢物流企業先與生產企業結成共用市場的同盟，然後與中小型物流企業結成市場開拓的同盟，利用相對穩定和完整的行銷體系，幫助生產企業開拓銷售市場。這樣，競爭對手成了同盟軍，物流網路就成為一個生產企業和物流企業多方位、縱橫交叉、互相滲透的協作有效體。而且由於先進資訊技術的應用，網路整合的規模效益就會顯現出來，這也促使了社會分工的深化，「第三方物流」的發展也因此有了動因，整個社會的物流成本會因此大幅度的下降。

（三）共同配送物流

共同配送模式是配送經營企業間為實現整體的配送合理化，以互惠互利為原則，互相提供便利的配送服務的協作型配送模式。凡是對某一地區的配送不是由一個企業獨自完成的，而是由若干個配送企業聯合在一起共同完成的，這種配送就屬於共同配送。共同配送是在配送中心的統一計畫、統一調度下展開的，故協調指揮機構必須有較強的組織能力才能推行這種配送形式。

（四）協同物流

協同物流(Collaborative Logistics)是供應鏈上所有供應鏈成員為了共同的客戶服務目標而協調自身的行動，建立穩定的物流業務合作夥伴關係而採取的一種物流模式。其經營方式是當已有的物流資源難以滿足經營活動的需要時，而與供應商和其他企業，以及相關客戶聯合起來以開展物流服務協作的方式。它要求企業在更廣闊的背景下來考慮自身的物流運作，即不僅要考慮自己的客戶和供應商，而且要考慮到客戶的客戶和供應商的供應商，不僅要致力於降低某項物流的成本，而且要考慮使供應鏈運作的總成本達到最低。2007 年美國物流管理協會年會的主題為「在多變經濟環境中的協作關係」，這次會議開闢了物流運作從傳統物流向協作物流、社會物流轉變的先河。協同物流要求參與物流業務運作的各方必須有高度的管理資訊技術支援，要求協同的各參與方依靠先進的資訊技術進行即時的資訊交流，並運用管理資訊系統的管理功能來共同保證各項物流業務的有效和可靠運作，因此，參與方必須具備較高的管理資訊水準。作為成功採用協同物流的案例，杜拜公司透過協作，把所有的採購專案都搬到了網路之後，每年減少成本 4 億美元，訂單處理時間由 5 天壓縮到 1 天，獲得了明顯的效益。

（五）第三方物流３ＰＬ和第四方物流４ＰＬ

第三方物流 3PL(Third party Logistics)是獨立於物流供需雙方之外的專業物流公司。第三方服務的概念已廣泛存在於貿易領域、商業流通領域、服務領域，第三方物流在國外已形成了一定的規模。據資料顯示，在歐洲，第三方物流約佔成全年 1,290 億歐元物流服務市場的四分之一，其中德國 99%的運輸業務和 50%以上的倉儲業務已交給了第三方物流，在商業領域已從貨物配送發展到店內物流，即零售店將從開門到關門，從清掃店面到補貨上架等原先由商店營業員負責的一系列服務工作，全部交給第三方物流商完成。在美國，大型製造企業使用第三方物流的比例約 69%，未來 3 到 5 年內，美國第三方物流業的收入將以每年15%~20%的速度持續遞增。相比之下，台灣的第三方物流卻發展緩慢。台灣現

有的運輸企業或倉儲企業無論規模有多大，都體現不出應有的規模效應，相反的，這些企業經營效率低下、利潤空間窄小。原因就在於企業都在單兵作戰，無序競爭，不能整合力量，為客戶提供規範的、全程的物流管理和服務。

在國外，正當第三方物流處於迅速發展的時候，又出現了第四方物流 4PL (Fourth party Logistics)的概念，雖然它還處於萌芽階段，但隨著對物流服務要求更全面，進入更深層次，第四方物流必將會有廣闊的發展前景。第四方物流是指整合商們利用分包商來控制和管理客戶的點到點式供應鏈運作，它整合了管理諮詢和第三方物流的能力，不僅能進一步降低即時操作的成本和改變傳統外包中的資產轉換，還透過第三方物流、技術專家和管理顧問之間的聯盟，為客戶提供最佳的供應鏈解決方案，而這種方案僅透過上述聯盟中的任何單獨一方是難以解決的。隨著製造商和零售商日益趨向將物流業務外包，第四方物流服務在經濟發達國家已開始流行。

二、現代物流的發展趨勢

由於全球經濟整合過程日益加快，全世界經濟的進一步增長，全球物流也將出現極大發展的新趨勢。由於全球經濟新秩序正在建立和調整，世界各國以及區域經濟組織都更加重視物流發展對於本國經濟發展、國民生活素質和軍事實力增強的影響。根據國內外物流發展的新情況，業界認為，21 世紀國際物流的發展趨勢可以歸納為資訊化、自動化、網路化、電子化、整合化、共用化、智慧化、柔性化、標準化、社會化和全球化等十一大趨勢。

（一）資訊化

現代社會已經步入了資訊時代，物流的資訊化是整個社會資訊化的必然要求和重要組成部分。物流資訊化表現在：物流資訊的商品化、物流資訊收集的資料庫化和代碼化、物流資訊處理的電子化和電腦化、物流資訊傳遞的標準化和即時化、物流資訊儲存的數位化等。資訊化是現代物流發展的基礎，沒有物流的資訊化，任何先進的技術裝備都無法用於物流領域，資訊技術及電腦技術在物流中的應用將會徹底改變世界物流的面貌，一些新的物流資訊技術在未來的物流中將會得到普遍採用。

資訊化的來臨為人們帶來了一種新的生活方式和工作方式，這些新方式又導致了物流功能的改變。資訊化使得那些在工業社會裡的工業品生產中心、商業貿易中心發揮的主導功能隨著傳統生產功能的轉移而消失，物流不再僅僅傳輸工業產品，同時也在傳輸資訊，各種資訊被聚集在物流中心，經過加工、處理，再傳

播出去。傳統的工業社會物流以物為物件，聚集擴散的是物：資訊社會以資訊為物件，物流中心的聚散功能實際上是對各種資訊的聚集和擴散。總之，資訊社會使物流的功能更強大，並形成一個社會經濟的綜合服務中心。

（二）自動化

物流自動化的基礎是資訊化，核心是機電整合，其外在表現是無人化，效果是省力化。此外，物流自動化的效果還有：擴大物流作業能力、提高勞動生產率、減少物流作業的差錯等。物流自動化的設施非常多，例如：條碼語音／射頻自動辨識系統、自動分揀系統、自動存取系統、自動化立體倉庫、自動導向車、自動定位系統、貨物自動追蹤系統…等。這些設施在已開發國家已經普遍使用於物流作業中。

（三）網路化

網路化是指物流配送系統的組織網路和資訊網路體系。從組織上來講，它是供應鏈成員間的物理聯繫和業務體系，例如：台灣的電腦業在 20 世紀 90 年代開創的「全球運籌式產銷模式」，它是按客戶訂單、採取分散形式組織生產，將全球的製造資源都利用起來，將電腦的所有零組件、元件、晶片外包給世界各地的製造商採取外包的形式去生產，然後透過全球的物流網路將這些零組件、元件、晶片發往同一個物流配送中心進行組裝，由該物流配送中心將組裝的電腦迅速發送給客戶。這種過程需要有高效的物流網路支援。而資訊網路是供應鏈上企業之間的業務運作透過網際網路實現資訊的傳遞和共用，並運用即時化、物流資訊儲存的數位化等。資訊化是現代物流發展的基礎，沒有物流的資訊化，任何先進的技術裝備都無法用於物流領域，資訊技術及電腦技術在物流中的應用將會徹底改變世界物流的面貌，一些新的物流資訊技術在未來的物流中將會得到普遍採用。

（四）整合化

供應鏈物流業務是由多個成員、多個環節組成的，全球化和協同化的物流運作方式要求物流業務中的所有成員和環節在整個流程上的業務運作銜接得更加緊密，因此，必須對這些成員和環節的業務，以及業務處理過程中的資訊進行高度整合，實現供應鏈的整體化和整合化運作，使供應鏈上的物流業務更流暢、產出率更高，回應速度更快，縮短供應鏈的相對長度，使各環節的業務更加接近客戶和客戶的需求。這種整合化的基礎是業務過程的最佳化和管理資訊系統的整合，而二者都需要有完善的資訊系統解決方案透過決策、最佳化、計畫、執行…等方法和功能來予以支持，並使所有成員間各自的軟體系統進行無縫連接，實現系統、資訊、業務、流程和資源的整合。

（五）共用化

供應鏈管理強調鏈上成員的協作和社會整體資源的有效利用，以最合理的、最少的資源儘可能地滿足整體市場的需求。而協作和資源有效利用的實現都是建立在共用的基礎之上的，只有透過資源分享和資訊、技術、知識和業務流程的共用，才能實現社會資源最佳配置和供應鏈物流業務的優勢互補及參與各方的協作共進。

（六）電子化

所謂電子化是指利用網際網路完成商業活動，即電子商務。它同樣也是以資訊化和網路化為基礎的。電子化或電子商務具體表現為：業務流程及其每一步驟都達到電子化、無紙化；所有商務涉及的貨幣實現數位化和電子化；交易商品實現符號化、數位化；業務處理過程實現透明化；交易場所和市場空間實現虛擬化；消費行為實現個性化；企業之間或供應鏈之間實現無邊界化；市場結構實現網路化和全球化…等等。作為電子商務發展關鍵性因素之一的物流，是資訊流和資金流的基礎與載體。全球電子商務的普及將使得跨國物流和跨區域物流更加頻繁，對物流的需求會更加強烈。物流中心不僅要成為資訊聚散中心，而且還會成為管理決策中心、觀念與技術創新中心、市場和消費中心。

（七）智慧化

智慧化是自動化、資訊化的一種高層次應用。物流作業過程涉及大量的運籌和決策，例如：運輸路徑的選擇、運輸工具的排程和調度、庫存水準的確定、補貨策略的選擇、有限資源的調配、自動分揀機的運行、配送策略的選擇等問題都需要進行最佳處理，這些都需要管理者借助最佳化的、智慧型工具和大量的現代物流知識來解決。同時，近年來，專家系統、智慧型商務、機器人…等相關技術在國際上已經有比較成熟的研究成果，並在實際物流作業中得到了較好的應用。因此，物流的智慧化已經成為物流發展的一個新趨勢。

（八）柔性化

柔性化本來是生產領域提出來的，20 世紀 90 年代，生產領域為了進一步滿足消費者的個性化需求，實現多品種、小批量以及靈活易變的生產方式，國際製造業推出柔性製造系統 FMS(Flexible Manufacturing System)，實行柔性化生產；隨後，柔性化作業又擴展到了流通領域，根據供應鏈末端市場的需求組織生產、安排物流活動。物流作業的柔性化是生產領域柔性化的進一步延伸，它可以幫助

物流企業更好地適應消費需求的「多品種、小批量、多批次、短週期」趨勢，靈活地組織和實施物流作業。

（九）標準化

　　標準化技術也是現代物流技術的一個顯著特徵和發展趨勢，同時也是實現現代物流技術的根本保證。貨物的運輸配送、儲存保管、裝卸搬運、分類包裝、流通加工等各個環節中資訊技術的應用，都要求必須有一套科學的作業標準，例如：物流設施、設備及商品包裝的標準化等，只有實現物流系統各個環節的標準化，才能真正實現物流技術的資訊化、自動化、網路化、智慧化…等。

（十）社會化

　　物流的社會化也是今後物流發展的方向，其最明顯的趨勢就是物流業中出現「第三方物流」和「第四方物流」等方式。企業物流合理化的一個重要方面就是物流活動的社會化，物流的社會化一方面是為了滿足社會化要求而形成的，另一方面又為企業的物流活動提供了社會保障。而第三方、第四方物流是隨著物流業發展到一定階段必然出現的產物，在某種意義上，可以說它是物流過程產業化和專業化的一種形式。

（十一）全球化

　　為了實現資源和商品在國際間的高效流動與交換，促進區域經濟的發展和全球資源最佳化配置的要求，物流運作必須要向全球化的方向發展。在全球化趨勢下，物流目標是為國際貿易和跨國經營提供服務，選擇最佳的方式與路徑，以最低的費用和最小的風險，保質、保量、適時地將貨物從某國的供方運到另一國的需方，使各國物流系統相互「接軌」。因它是為跨國經營和對外貿易服務，因而與國內物流系統相比，具有國際性、複雜性和較高的風險性…等特點。

 **第二節　配送的內涵和功能**

一、配送與配送中心

（一）配送的概念

　　配送實質上是由運輸衍生出的功能。所謂配送，是按客戶的訂貨要求，在物流據點進行分貨、配貨作業，並將配好的商品送交收貨人。與運輸相比，配送通

常是在商品集結地的配送中心按照客戶對商品種類、規格、品種搭配、數量、時間、送貨地點等各項要求,進行分揀、配貨、集裝、合裝整車、車輛調度、路線安排的最佳化等一系列工作,再運送給客戶的一種特殊的送貨形式。但它不單是送貨,還包括分貨、配貨、配車…等項工作,有著不同於傳統送貨的現代特徵。從資源配置的角度來看,它是以現代送貨形式實現資源配置的經濟活動;從實物運送形態的角度來看,則是按客戶的訂貨要求,在配送中心進行業務組合,並以最合理的方式送交給客戶的活動。

　　一般來說,配送除了城市之間或者運輸樞紐之間長距離的運送之外,主要面向小範圍、短距離、小批量的運輸,它是物流體系末端的延伸功能,發生在流通與消費的交會處。現以信件投遞過程為例來剖析其整個業務的流程:寫信,裝封,寫地址,貼郵票,投入信箱,開箱取信,送回寄出地郵局,在郵局裡蓋戳、分揀、捆紮送上車、船或飛機,運達寄往地,在郵局裡蓋戳、分揀郵遞人員將信投交收信人。

　　配送必須以發達的商品經濟、現代的運輸工具和經營管理水準為前提。它必須依賴現代資訊技術的作用,使配送系統得以建立和完善,成為一種現代化的行銷方式。大大提高了物流的作用和經濟效益,改進和加快了流通速度,使零售環節實現了低庫存或零庫存,降低了供貨的缺品率。配送的特點是,相對於整個物流系統而言,配送是系統的終端,是直接面對服務物件的部分。配送功能完成的品質及其達到的服務水準,直觀而具體地體現了物流系統對需求的滿足程度。相對於物流系統整體而言,配送更易感受環境的變化,具有更強的隨機性。幾乎在社會生產與生活的所有領域裡,都存在著影響配送的因素。所以,配送需要更強有力的關注與控制,配送業務的運作需要更高的理論和技術水準。

(二)配送中心

　　配送中心是物流體系上的一種多功能、集約化的、專門從事配送工作的物流據點。它匯集了零售領域的訂貨資訊,從供應商處購進商品,進行儲存保管、配貨、分揀、流通加工、資訊處理,按下游客戶的需求配齊商品,以令人滿意的服務,迅速、即時、準確、安全、低成本地進行配送。它具有如下特點:

1. 配送中心主要從事「貨物配備」工作。
2. 配送中心既可自行承擔送貨,也可利用社會運輸企業完成送貨,對於送貨而言,配送中心主要是組織者而不是承擔者。
3. 配送中心是配送活動和銷售、供應等經營活動的結合,是經營的手段,而非單純的物流活動。

4. 配送中心是「現代流通設施」，它以現代裝備為基礎，不但處理物流而且處理商流，是兼有商品流通的設施。

特別要指出的是，配送中心是發展連鎖經營的關鍵體系，實現了物流系統化和規模經濟的有效結合，進貨與銷售之間的協調能力，完善了連鎖經營體系，如圖 14-1 所示：

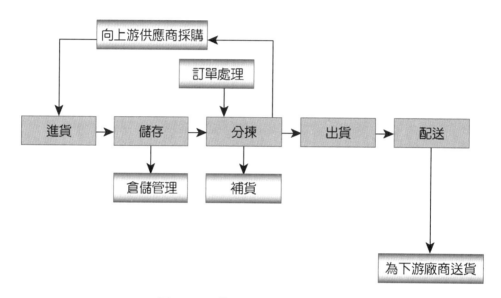

圖 14-1　典型的配送中心體系

二、配送中心的類型

商品配送模式在已開發國家普遍得到重視。為了向流通領域要效益，以美國為代表的西方流通領域中的企業採取了以下措施：

(一) 將老式的倉庫改為配送中心。

(二) 引進資訊化管理網路，對裝卸、搬運、保管實行標準化操作，提高作業效率。

(三) 與連鎖店共同組建配送中心，促進連鎖店效益的增長。配送類型有多種形式，但主要的有以下幾種形式：

1. 專業配送中心

專業配送中心的配送物件、配送技術基本上是屬於某一專業範疇，在某一專業領域有一定綜合性的配送中心，它集合了這一專業的多種物資進行配送，它多數是以製造業為服務物件的配送中心。其特點是產品的需要量比較大，而且品

種、規格和品質等要求相對穩定，有協作配套關係的企業之間常採用這種方式。它又可分為以下三種：

(1) 單品種大批量配送。

製造業企業需要的物資種類繁多，有些物資單獨一個品種或幾個品種即可湊成一個裝卸單元，達到批量標準，這種物資不需要再與其他產品混裝同載。由於配送的物資品種少而數量多，故操作時便於合理安排運輸工具，物流成本比較低，也易於進行計畫管理，並可以獲得較高的經濟效益。

(2) 多品種、少批量配送

其係按照客戶的要求，將所需要的各種物資選好、配齊，少量而多次地運抵客戶指定的地點。由於這種配送作業難度較大，技術要求高，使用的設備複雜，因而操作時要求有嚴格的管理制度和周密的計畫進行協調。它是一種高水準、高標準的配送活動。

(3) 配套型配送

是按照生產廠或建設基地要求，將其所需要的多種物資配備齊全後直接運送到生產廠或建設工地的一種配送形式。通常，生產零配件的企業向總裝廠供應協作件時多採用這種形式配送物資。

專業配送中心基本上是以配送為專業化職能，是不從事經營的服務型配送中心。

2. 柔性配送中心

柔性配送中心在某種程度上是和專業配送中心對立的配送中心，這種配送中心配送的物件和貨物相對專業性不強，配送範圍和貨物種類較為廣泛，缺少固定化和專業性，但它有很大的彈性空間，能隨時回應客戶的需求變化，對客戶要求有很強適應性。它的靈活性是其不需固定供需關係，並不斷向發展配送客戶和改變配送客戶的方向發展。

3. 供應配送中心

供應配送中心是專門為某些客戶組織供應的配送中心，例如：為大型連鎖超市、零件加工廠等。其設施和技術結構是根據配送活動的特點和要求專門設計和設置的，可以進行遠距離和多品種貨物的配送；不僅可以向工業企業配送主要原材料，而且可以承擔向批發商進行補充性貨物配送等。這種形式是完全採用配送中心來進行配送，配送組織需要在自己的配送中心內或自設的儲貨場內儲存各種商品，儲存量比較大，一般存儲種類較多，儲存方式較多，規模也較大。

4. 銷售配送中心

　　銷售配送中心是以銷售經營為目的，以配送為手段的配送中心。服務物件和配送的貨物是以零售店和零售商品為主。銷售配送中心大體有三種類型。第一種是流通企業將其作為本身經營的一種方式，建立配送中心以擴大銷售，全球各地目前擬建的配送中心大多屬於這種類型。第二種是生產企業為把自己的產品直接銷售給消費者的配送中心。第三種是流通企業和生產企業聯合的協作性配送中心。目前，國內外都朝著以銷售配送中心為主的方向發展。

　　沃爾瑪公司在美國某區域的一個配送中心是典型的銷售型配送中心，它是專為沃爾瑪的連鎖店按時提供商品，確保各店穩定經營。該中心的建築面積為 14 萬平方公尺，總投資 14 千萬美元，1,200 多名員工，有 200 輛機車頭、400 節車廂、13 條配送輸送帶，配送場內設有 1,140 個出貨口。中心 24 小時運轉，為 100 家連鎖店配送商品。它設在 100 家連鎖店的中央位置，商圈為 320 公里，服務物件店的平均規模為 1.2 萬平方公尺。中心經營商品達 4 萬種，主要是食品和日用品，通常庫存為 4 千萬美元，旺季為 14 千萬美元，年周轉庫存 24 次。在庫存商品中，暢銷商品和滯銷商品各佔 50%，庫存商品期限超過 180 天為滯銷商品。各連鎖店的庫存量為銷售量 10%左右，配送中心的年銷售額為幾十億美元。

5. 儲存型配送中心

　　儲存型配送中心是以傳統的倉庫為基礎進而延伸至配送的形式，具有很強的儲存功能的配送中心，它利用倉庫的原有設備和設施開展業務活動，例如：位於高雄台糖物流園區所開展的配送活動就是這種配送形式的典型代表。在台灣，目前擬建的配送中心，都採用集中庫存形式，多為儲存型；一般來講，大範圍配送的配送中心，需要有較大庫存，在配貨要求不高的情況下，多為儲存型配送中心。

　　台糖公司溪湖物流中心的配送中心是典型的儲存式配送中心。它的主要任務是接受台灣生活工場的委託業務，為該公司 150 家加盟店負責商品配送。配送中心建築面積為 15,000 平方公尺，經營 10 萬個品種，其中有 5,000 個品種是美國獨立雜貨商聯盟開發的，必須集中配送。在服務物件店經營的商品中，有 70% 左右的商品由該中心集中配送，一般生鮮商品和怕碰撞的商品，例如：瓷器商品、易碎商品…等，從當地廠家直接進貨到店。

6. 流通型配送中心

　　流通型配送中心是僅以暫存或隨進隨出方式進行配貨、送貨的配送中心，它基本上沒有長期儲存功能，多採用目前先進國家廣為流行的接駁作業方式。這種

配送中心的特點是，大量貨物整批進並按一定批量領出，採用大型分貨機，進貨時直接進入分貨機傳送帶，分送到各客戶貨位或直接分送到配送汽車上，貨物在配送中心裡只做少許停留。但有時，這種配送中心本身僅儲存少量商品，其他貨源主要依靠附近的倉庫來補給。

7. 批發配送中心

批發配送中心是上聯生產領域、下接零售領域，業務以進出貨量大為特點的配送中心。在這種配送中心裡，業務部門首先透過電腦獲取眾多零售店的訂貨資訊，並將其匯總、處理；然後即時向生產廠家和儲運方發出要貨指示單；廠家和儲運商再根據進貨單的先後緩急安排配送的先後順序，將分配好的貨物放在待配送口等待運送。配送中心 24 小時運轉，配送半徑一般為 50 公里。配送中心與生產商、零售商協商制訂商品的價格，其主要是依據商品數量與品質、付款週期、配送中心對各大超市配送商品的加價率來定。

美國加州食品配送中心是全美第二大批發配送中心，建築面積 10 萬平方公尺，員工 2,000 人左右，共有全封閉型溫控運輸車 600 多輛，年銷售額達幾十億美元。經營的商品均為食品，有 43,000 多個品種，其中有 98%的商品由該公司組織進貨，另有 2%的商品是該中心開發加工的商品，主要是牛奶、麵包、冰淇淋等新鮮食品。該中心實行會員制。各會員超市因店鋪的規模大小不同、所需商品配送量的不同，而向中心繳交不同的會員費。

8. 加工配送中心

加工配送中心是能使貨物在流轉的同時，於配送中心中得到進一步的加工的配送中心。在物流過程中，許多貨物都需要配送中心的加工，在物流進行的同時實現商品品質的增值。目前這種類型的配送中心在各國尚不多見，但各國沿海地區的開發區和保稅區，可能會針對某些商品開拓此項業務，例如：化工、醫藥等商品實行配送加工作業。

9. 城市配送中心

城市配送中心是以某個城市為配送範圍的配送中心，主要運輸工具是汽車，由於城市範圍一般處於汽車運輸的經濟里程，這種配送中心可直接配送到最終客戶。所以，這種配送中心往往與零售經營相結合，由於運輸距離短，反應能力強，因而從事多品種、少批量、多客戶的配送業務較有優勢。

10. 區域配送中心

區域配送中心以較強的輻射能力和庫存能力，向省（州）、市、全國乃至國際範圍的客戶配送的配送中心，它在運輸上採用了聯運制方式，透過各種運輸工具進行送貨，如汽車、火車、輪船、飛機等，其特點是涵蓋範圍廣、儲存能力強、品種繁多、調節能力強。因此，在物流過程中、發揮了大型「蓄水池的作用」。

三、配送的功能和作用

（一）配送的功能

配送的功能包括採購、儲存、挑選、分揀、流通加工和送貨等。現分述如下。

1.採購

為了滿足供應鏈下游的要貨需求，配送中心必須從眾多的供應商那裡按需要大批量地採購各類商品，以滿足下游客戶所需商品的需求。

2. 儲存

為了保證滿足市場的需求和配貨、流通加工等環節的正常運轉，配送中心必須保持一定的庫存，作為上下游間商品庫存的緩衝，以調節商品的生產與消費、進貨與銷售之間的時間差。倉儲功能降低供應鏈上的庫存總量，減少商品缺貨率，和流動資金的佔用，縮短商品的週轉期。這是配送中心獲取利益的重要手段之一。

3. 挑選

挑選是在品種繁多的倉庫中，根據訂貨單，將所需商品的品種、規格，按要貨量挑選出來，並集中在一起的作業。由於現代化配送中心要求迅速、及時、正確無誤地把訂貨商品送交客戶，故挑選工作在現代物流中佔有重要地位。

4. 分揀

分揀是按照客戶訂單把庫存商品挑選後分別集中待配送的作業。在商品批次很多、批量極零星、客戶要貨時間很緊，而且物流量又很大的情況下，如在連鎖超市的配送任務中，分揀任務十分繁重，成為不可或缺的一個環節。

5. 流通加工

流通加工是物品在從生產領域向消費領域流動的過程中，為了促進銷售、維護產品品質和提高物流效率對物品進行的加工。例如，商品的驗貨、拆包分裝、

開箱拆零和拼箱等過程，都可以轉交給配送中心來完成。它可以直接創造經濟效益。

6. 送貨

送貨是按客戶的訂貨要求，在分貨、配貨等作業完成後，將配好的商品送交客戶的過程。它可即時得到商店的銷售資訊，有利於合理組織貨源，控制最佳庫存，並將銷售和庫存資訊迅速、及時地回饋給製造商，以指導商品生產計畫的安排。

（二）配送的作用

最近一、二十年，配送經營的範圍已經擴大到很多國家和地區。在已開發國家，配送不但廣為流行，而且早已成為企業經營活動的重要組成部分。作為一種物流方式，配送不僅能夠把流通引入專業化、社會化道路，有益於物流作業快速發展，更重要的是，它能以其特有的作業形態和優勢調整流通結構，使物流作業演化為「規模經濟」運動。總括來說，配送有以下幾方面的作用：

1. 準確、可靠的配送活動，提高了供應保證程度，減少生產和流通領域對於庫存的需求，從而降低社會的總庫存。
2. 集中高效的配送活動，可以簡化物流的流程，提高物流系統效率，提高其服務水準。
3. 合理、順暢的配送活動，可以提高車輛和裝載利用率，降低物流成本、節約能源、減少污染，緩解大、中城市的交通運輸狀況。

事實證明，配送將在未來物流業務中扮演極為重要的角色。合理、高效率的配送對於社會能源的節約、緩解城市交通狀況、減少環境污染，都有重要的意義。也就是說，配送透過上述諸方面效果的實現，創造了巨大的社會效益。

四、配送中心的核心技術

配送中心有若干種配送技術，其中難度較大的配送技術是「多品種、少批量、多批次」的配送。因此，這裡只介紹這種配送技術。這種配送有三項基本的技術，即：揀選式技術、分貨式技術和直取式技術。

（一）揀選式技術

揀選式技術又稱摘果式技術，由於操作過程極似人到各個果樹去摘取果子的方式而得此名。它是由負責揀貨的人員或揀貨機器，按提貨單指示巡迴於儲存貨物的各個儲存點，取出所需貨物，並將貨物配齊。配好貨後通知發貨部門，向客

戶發貨。它適用的範圍是客戶數量不大但種類繁多、每種需求數量變化較大、各客戶需求的種類有較大的差別或臨時的緊急需求，以及分貨技術無法操作的大件貨物。在這些情況下，採用揀選式配貨，有助於使配貨準確無誤，有利於簡化工序、提高效率。

（二）分貨式技術

分貨式技術又稱播種式（或播撒式）技術，亦稱貨到人前式技術，由於這種技術的操作過程極似將一袋種子播撒到田中而得此名。它是採取每次集中取出不同客戶所需貨物的策略。首先，將不同客戶所需的貨物匯集在一起，然後，巡迴於各客戶的貨物區域，每到達一個貨位就將該客戶所需的數量分出，每巡迴一次，將若干客戶所需的同種貨物分放完畢。如此反覆進行，最後，將各客戶所需的貨全部配齊，即完成了一輪配貨任務。其適用範圍是客戶數量多且客戶需要的種類有限、每種貨物的需要量不大、各客戶需求種類差別不大，以及客戶有較穩定計畫的需求情況。在這些情況下，採用分貨式作業，可提高配貨速度，節省配貨的勞動消耗，提高效率。

（三）直取式技術

直取式技術配貨是採取人到貨前取貨的策略。它是揀選式配貨的一種特殊形式，當客戶所需種類很少，而每種數量又很大時多採用此種方式。其作業過程是送貨車輛可直接開抵儲存場所裝車，隨時送貨，而不需要設置配貨技術。這種方式實際上是將配貨與送貨技術合為一體，減少了幾道工序。直取式也是一種很重要的揀選和配送方式，在中國使用較廣，尤其是在大宗生產資料配送中廣為採用。

 **第三節　配送模式的分類**

配送業務根據不同的分類方式有不同的類型，下面就介紹幾種主要的分類類型。

一、基於數量和時間差別的配送模式

（一）定量配送模式

定量配送是指在一定的時間範圍內，配送係按照規定的批量配送貨物的一種運行方式。定量配送的最大的特點是配送的貨物數量是固定的，業務也較為穩

定。這種配送方式能夠充分利用某些固定的運輸容器，例如：托盤、集裝箱和車輛…等，根據其裝載量來測算和定量。這些容器具有較大的裝載能力，可以大大提高配送的作業效率。由於這種配送方式對時間的限制不嚴格，因此配送方可以充分利用運輸工具進行合理的調度。同樣，對客戶而言，每次接收貨物的品種、數量基本上固定，易於集中合理安排人力和庫存。但由於送貨的時間不確定，客戶需要備有一定數量的庫存以防缺貨。

（二）定時配送模式

定時配送模式是配送方按照契約中規定的時間為客戶準時、固定地配送貨物。定時配送的時間間隔長短不等，要根據客戶的業務、貨物的需求情況而定，短短僅幾個小時，長的可達幾天，由於配送的時間是固定的，對供需雙方來說，都便於制訂計畫和安排發貨和接貨。但如果客戶突然調整貨物的品種、數量和交貨時間，在變化情況較大時，會給配送方帶來麻煩，也會給配送作業帶來困難。

常見的定時配送有兩種方式，即看板供貨方式和日配方式。看板供貨形式是定時配送中的一種更為精細、準確、水準更高的配送形式，它是 JIT 的一種擴展及其在配送中的應用，也是物資供應與生產同步運作的一種表現。看板供貨要求配送方根據生產節奏和生產程序準時將貨物運送到生產場所。與普通的定時配送相比，它的特點是配送的貨物無需入庫，配送作業需要有較高水準的物流系統和各種先進的物流設備來支撐，配送的服務用戶比較集中，常常是「一對一」地進行配送。日配形式是定時配送中廣泛施行的一種形式。日配的時間要求是接到用戶的訂單後 24 小時內將其所需要的貨物運送到指定的地點。

（三）定量、定時配送模式

定時、定量配送是配送方按照與客戶商定的時間和規定的數量配送貨物的運作方式。這種配送活動是上述兩種活動的綜合，它兼有定時、定量配送兩種方式的優點。定時、定量配送對配送方的要求比較嚴格，作業難度也很大，沒有一定的實力和能力是難以勝任的。由於這種形式的配送計畫性強，準確度高，因此，它只適合於在生產穩定、產品批量較大的用戶中推行。

（四）定時、定路線配送模式

定時、定路線配送類似於公車運行。從形態上看，按照運行時刻表，沿著規定的運行路線進行配送就屬於定時、定路線配送。實施此種配送，用戶須提前提出供貨的數量和品種；並且須按規定的時間在確定的站上接收貨物。在用戶較多而且比較集中的地區，採用這種形式配送，可同時為許多用戶提供服務。據此，

它可以做到充分利用運輸工具有計劃地安排運送及接貨工作。由於定時、定路線配送只適用於消費者集中的地區，並且配送的品種、數量不能太多，因此，它有一定的侷限性。

（五）即時配送模式

即時配送是根據用戶提出的時間要求和供貨數量、品種要求及時地進行配送的形式。即時配送可以滿足用戶的急需，它是一種靈活的配送活動。對於配送方來說，實施即時配送必須有較強的組織能力和應變能力，必須熟悉服務物件的情況。由於即時配送完全是按照用戶的要求運行的，客觀上能促使需求者壓縮自己的庫存，使其貨物的「經常儲備」趨近於零。

二、基於不同管理主體的配送模式

（一）連鎖企業自有的配送模式

這種配送模式的核心是要解決連鎖企業的採購、庫存和配送等問題。通常連鎖企業要對 90%以上的商品選擇中央採購制度,由總部採購或授權的配送中心負責大部分商品的採購,商品的引入與淘汰、價格的制訂與促銷計畫也完全由連鎖企業總部統一規劃實施。各店面的庫存和銷售資訊要及時、準確、分類地匯報到總部，由總部對這些資訊進行分析，以指導以後對商品採購的品種、結構、數量等的決策。採購後的商品質檢、計量、儲運、分揀是在總店的配送環節中進行的，而配送中心的中心庫存和配送能力必須與店鋪的銷售能力相適應,既要保證不出現斷貨，又要盡可能減少各店鋪和中心的庫存。減少庫存不僅是出於財務管理上減少資金積壓的需要，而且也是為了降低配送成本，提高倉庫利用效率。

（二）社會化配送模式

社會化配送模式是客戶充分利用社會化配送的能力和服務,將對所需貨物的採購、挑選、儲存、整理、拆零、再包裝、檢測和貼標籤、拼配、送貨等一系列具體的配送業務交由社會上專業配送中心來完成的配送模式。在這種模式中，從事配送業務的企業，透過與上游建立廣泛的代理或買斷關係，與下游形成較穩定的契約關係，從而將生產、加工企業的商品或資訊進行統一組合、處理後，按客戶訂單的要求,配送到店鋪。這種模式的配送，還表現為在客戶間交流供應資訊，合作從事配送業務，從而起到調劑餘缺的作用。該模式必須是在物流和配送業務達到一定的社會化水準之後，才能實行，它與我們提到的第三方物流、配送服務是分不開的。配送方需要有現代化的物流與配送設施，高階的資訊管理系統來實

行專業化的服務。這種模式的配送也使貨主企業充分享受到靈活性和客製化的服務，而把精力集中到主要業務上去。

（三）共同配送模式

共同配送模式是一些配送經營企業間為實現配送合理化、以互惠互利為原則、互相提供便利的配送服務的協作型配送模式。它是指由若干個配送企業聯合在一起，共同對某一地區的用戶進行配送，而不是由一個企業獨自進行的配送。共同配送是在配送中心的統一計畫和調度下進行的，協調指揮機構必須有較強的組織能力才能推行這種配送形式。由於共同配送是一種協作性的配送活動，可以充分發揮配送企業的整體優勢，合理調配、調度運輸工具和綜合利用物流設施，對於參與協作的配送企業來說，可以藉此擴大銷售通路和開展聯合經營。

共同配送主要採用多家企業聯合設置接貨點和貨物處置場地，交叉利用他方的配送中心和機械設備，集中人力、物力開展配送。它具有如下三種方式：

1. 廠商聯合配送中心

它是生產廠家與批發商或供應商與連鎖總店共同在他們之間進行的共同配送。一是將不同廠家和不同批發商按區域進行共同配送，每個批發商只負責特定區域的商品配送，在這些特定區域除配送自己經營的批發商品外，還負責在這一區域配送其他批發商的商品；在其他區域，別的批發商同時也為他提供同樣服務。二是眾多廠商透過配送中心的共同配送，向眾多的連鎖總店配送商品，每個廠商都要將配送給各連鎖店的商品先送到配送中心，再由配送中心為各連鎖店進行共同配送。

2. 物流企業的配送中心

物流企業的配送中心是指獨立核算的物流公司或配送中心，這類配送中心可能是由專業的物流公司建立的，也可能是由大型的連鎖公司獨資興建或控股的物流子公司興建的。這類公司不僅承擔物流作業，而且往往也兼有採購和批發的職能，實際上是一種配銷中心。當然也有可能只從事物流作業活動。

3. 商業企業的配送中心

它是由批發商、零售商、連鎖公司共同組建的配送中心，向同一地區眾多的零售店鋪進行共同配送。

三、基於不同企業業務關係的配送模式

（一）專業性獨立配送模式

專業性獨立配送是根據產品的性質將其分類，由各專業經銷組織分別、獨立地進行配送。專業性獨立配送的優點是可以充分發揮各專業企業的優勢，便於客戶根據自身利益選擇配送企業，從而有利於形成競爭機制。

目前，在現實流通中的專業性獨立配送主要包括下述幾種產品的配送活動：小雜貨配送，其產品包括小機電產品、軸承、工具、標準件、各種小百貨等；生產資料配送，其中包括金屬材料配送、燃料配送、水泥配送、木材配送、化工產品配送等；食品配送，配送的對象包括保質期較短的生鮮食品和保質期較長的乾鮮果品；服裝配送，配送物件是各種成衣。

（二）綜合配送模式

綜合配送是指將若干種相關的產品匯集在一處，由某一個專業組織進行的配送。綜合配送是對客戶提供比較全面的服務的一種配送形式，它可以使客戶很快備齊所需要的各種物資，從而能減少客戶的進貨負擔。但綜合配送又有一定的侷限性，如性狀差別很大、關聯不密切的產品就不宜綜合在一起，因此難以開展綜合配送。

（三）共同配送

共同配送是指對某一地區的用戶進行配送不是由一個企業獨自完成的，而是由若干個配送企業聯合在一起共同完成的配送。

目前，市場上主要存在著集團企業內自營型配送、單項服務外包型配送、社會化的仲介型配送和共同配送模式 4 種配送模式。其中，企業自營型是目前生產、流通或綜合性集團企業所廣泛採用的一種配送模式。它是由企業集團透過獨立組建配送中心，實現對內部各部門、廠、店的物品供應。這種配送模式中因為揉合了傳統的「自給自足」的「小農意識」，形成了新型的「大而全」、「小而全」，造成了新的資源浪費，但是，就目前來看，它在滿足企業內部生產材料供應、產品分銷、零售店供貨和區域外市場拓展等自身需求方面都發揮了重要作用。較典型的集團企業內自營型配送模式是連鎖企業的配送。大大小小的連鎖公司或集團基本上都是透過組建自己的配送中心，來完成對內部各賣場、商店的統一採購、配送和結算。

　　單項服務外包型配送主要是由具有一定規模的物流設施及專業經驗技能的批發、儲運或其他物流業務經營企業，利用自身業務優勢，承擔其他生產性企業在該區城內市場開拓、產品行銷等開展的純服務性的配送。在這種配送模式中，生產企業租用批發、儲運等企業的倉庫，作為存儲商品的場所，並將其中的一部分改造為辦公場所，設置自己的業務代表機構，配置內部的資訊處理系統。透過這種現場辦公室的決策組織，生產企業在該區域的業務代表控制著資訊處理和決策權，獨立組織行銷、配送業務活動。提供場所的物流業務經營企業，只是在生產企業這種派駐機構的指示下，提供相應的倉儲、運輸、加工和配送服務，收取相對於全部物流利潤中小比率的業務服務費。開展這種模式配送的物流企業，是「腦袋長在別人身上」，對所承攬的配送業務缺乏全面的了解和掌握，無法組織合理高效的配送，在設備、人員上浪費比較大。

四、各種配送模式的優劣分析

　　首先，從總體來看，社會化型配送模式是目前應充分肯定和大力推進的模式，代表著配送發展的一個方向。這不僅僅因為它能以較大的價格優勢和規模效益，發揮降低流通費用，減少對人力、物力、財力的浪費等作用，從而為企業帶來明顯的經濟效益。其主要的意義和價值還體現在這種配送模式有利於專業化、社會化商品配送中心的形成。這種模式的實現還需要不斷探索、改進，才能逐步走向規範化。

　　其次，集團企業內自營型配送模式的實行，儘管因其「大而全」、「小而全」造成了較大程度的浪費，但在目前專業化、社會化配送還沒有廣泛形成，這種被認為「自己的東西使用方便」的配送模式在一定程度上還可使連鎖生產企業在商品和原材料供應上做到了「萬事不求人」。因此，這種配送模式有利於集團企業在某一時段內的發展。但在規模發展到一定程度之後，應加以調整，進行改革。

　　最後，單項服務外包型配送模式是一種僱傭式的配送，它是第三方物流配送形式的初級階段，使第三方物流得到了發展。第三方物流使物流設施設備充分得到了利用，物流企業的收益顯著地增加，這是實行市場經濟以來物流企業一直期望的模式。同時，這種模式的配送也使貨主企業充分享受到了第三方物流模式的靈活性和客製化的服務。

第四節　物流網路和物流作業的設計

一、物流網路和物流作業設計的必要性

　　物流系統是一個由多環節組成的複雜網路，物流系統中的各個子系統透過網路上的節點設施和貨物實體的移動將它們聯繫在一起，各個環節間相互協調，根據總目標的需要適時、適量地調度系統內的基本資源。為了使整個物流系統運作流暢、良好，首先必須對整個物流網路和各個節點、各項作業流程進行設計，使物流網路佈局合理、運作協調。在物流系統中，有不同的物流網路形式。在一個以倉儲和運輸為主的物流系統中，倉庫和運輸線共同組成了物流網路，如何根據供求的實際需要並結合經濟效益等原則，在既定區域內確定倉庫的數目，設定每個倉庫的位置和規模，以及倉庫之間的物流關係等問題，是物流網路設計中的重要問題。其次是對物流作業流程的設計。如何對倉儲存貨、運輸、包裝加工、配送等作業進行設計和最佳化，使整個物流流程內實現高效低耗的運作。最後是對物流管理資訊系統進行設計和最佳化，以實現資訊共用和整合，並利用這些資訊來進行分析、決策，以更好地管理和最佳化物流運作等。如果將物流的實體網路比做人的骨架的話，則後兩項就是人的血與肉，是神經、血管和大腦中樞。

　　物流網路的設計需要對物流作業設施的地點、位置、數量、規模、地域涵蓋程度等因素進行合理規劃，這些因素都會影響到為客戶提供服務的能力和成本，例如：製造工廠、倉庫、碼頭、配送中心以及零售商店等之間的作業條件、分佈狀況等都具有這種影響力。確定每一種設施需要多少數量、地理位置如何，以及各自承擔什麼工作？每一設施如何進行存貨作業和儲備多少存貨？由誰來承擔配送任務？是否需要進行流通加工和包裝業務？採用哪些運輸方式？安排在哪裡對客戶訂單進行交付和是否需要處理逆向物流……等等。這些都是物流配送設計中十分重要的組成部分。下面將以中國神龍公司物流系統的設計與管理和其他物流實例為案例，分別介紹這些環節的設計。

　　在一般企業，在工廠設計階段就產生專項物流技術任務書，將物流技術要求納入整體技術設計規劃，由企業內部的物流管理部門承擔從原材料、零組件的接收、儲存、加工、製造、裝配到成品出廠的業務過程。在生產物流中，實行拉式組織控制和小批量多品種混流生產，向準時化和零庫存挑戰。供應物流、生產物流和銷售物流形成一個有效的企業物流大系統。在物流管理現代化上，運輸、裝卸、倉儲、包裝、廢棄物處理、標準化、資訊管理等方面都採用了各種先進工具和方法。主要有：

(一) 搬運系統機械化和搬運設備成套配置。

(二) 商品車運輸採用零公里（門對門）轎車專運車、鐵路專用車廂和水運裝船。

(三) 包裝和工位器具標準化、通用化、系列化，配以色彩管理。

(四) 倉庫高位立體化，實施托盤化作業。庫位管理實現隨機動態化，提高了庫區利用率，零件出入庫實行電腦管理，條碼辨識。

(五) 實行拉動式多品種混流同步化生產，在整車流和零組件流管理中運用了 MWII 與 JIT 相結合的管理資訊系統。

二、物流網路的設計

　　物流網路的形狀與節點，如倉庫、配送中心、分銷點、店面、月台等的位置和佈局，交道工具的行走路線等的設計，都需要用一系列科學的手段來完成，例如：在確定一個或多個設施的佈局位置時，可以採用了 GIS 技術、分配集合模型、設施定位模型、網路物流模型等計算和類比方法來實現。在物流網點佈局方面，解決尋求最有效的分配貨物路徑問題，例如：將貨物從 N 個倉庫運往 M 個商店，每個商店都有固定的需求量，需要確定由那個倉庫提貨送給那個商店，所耗的運輸代價最小。這就需要用網路物流模型來建模和計算；而分配集合模型可以用來解決確定服務範圍和銷售市場範圍等問題，例如：某一企業要設立 N 個分銷點，要求這些分銷點要涵蓋某一地區，而且要使每個分銷點的顧客數目大致相等；設施定位模型用於確定一個或多個設施的位置，在物流系統中，節點設施和運輸線共同組成了物流網路，如何根據供需的實際需要並結合經濟效益等原則，在既定區域內確定倉庫的數目，每個倉庫的位置和規模，以及倉庫之間的物流關係等問題，運用此模型均能很容易地得到解決。

　　在一個以配送為主要業務的物流體系中，物流網路要以配送設施為中心，呈點狀方式向其他環節輻射、形成一個近似環狀的輻面，即配送涵蓋區域；而在以倉儲和運輸為主的物流系統中，倉庫和運輸線共同組成了物流網路，倉庫處於網路的節點上，節點決定著運輸線路。如何根據供求的實際需要並結合經濟效益等原則，在既定區域內設立多少個倉庫，每個倉庫的位置，每個倉庫的規模，以及倉庫的物流關係等問題，都能在物流網路設計中得到解決，並且可以解決確定服務範圍和銷售市場範圍等問題。如某一公司要設立 X 個分銷點，要求這些分銷點要涵蓋某一地區，而且要使每個分銷點的顧客數目大致相等。

　　網路的設計還要考慮地理和人口因素，例如：在人口方面，美國最大的 50 家大都市市場佔了全國產品銷售總量 55%以上。因此，在全國範圍內進行行銷的

企業必須將物流能力確定在為這些最基本的市場服務上。類似的地理上的差異還存在於材料和產品來源的地點，若是涉及到全球物流時，網路設計問題就會變得更為複雜，也更為重要。

三、儲存作業與存貨的設計

我們知道，庫存可以舒緩生產與銷售之間矛盾的作用。但儲存和保管貨物都必須投入大量的資金去建造倉庫和購置各種設備、配備和耗費大量的人力。如果把存貨量和貨物損失等因素考慮進來，那麼，庫存的資金佔用量就更為可觀。據統計，在生產企業的資金總額中，庫存資金的佔用比例，最高時可達 70%~80%。這顯示，庫存除了能夠調節供求、發揮銜接產需關係的作用以外，還存在著增加費用支出和沖減物流效益的可能性。事實上，由庫存而引發出的倉庫建設、維修、管理和貨物儲存、管理資訊系統和資訊技術投建與維護等費用支出，均不同程度地增加了企業的流動資金佔用量和利息負擔。正因為如此，人們在研究物流問題和進行物流實踐時，很早就提出了使庫存正常化和合理化的要求和建議。只有在合理的限度內，庫存的功能和作用才能得到充分發揮。

既然庫存的功能和作用是在庫存合理的限度內才得以充分發揮的，那麼，在進行對儲存和存貨進行設計時，如何才能使之更加合理？什麼狀態下的庫存才算是合理？庫存合理化的內容和標準又有那些呢？

只有當庫存能夠與生產和流通的發展需要相適應，並且成為生產和流通運行的必要條件而不是累贅時，才稱得上是合理的庫存。從另一個角度，即投入產出比例關係的角度來看，庫存合理化是指以最經濟的方法和手段從事庫存活動，並發揮其作用的一種庫存狀態及其運行趨勢。具體來說，合理化庫存包含著如下內容。

（一）合理設計庫存「硬體」

庫存「硬體」是指各種用於庫存作業的基礎設施和設備。事實證明，物流的基礎設施和設備的數量不足，其技術水準落後或者設備過剩、閒置，都會影響庫存功能作用的有效發揮，不但庫存作業效率低下，而且也不可能對庫存物資進行有效的維護和保養，將會帶來很大損失。因此，「硬體」的配置應以能夠有效地實現庫存職能、滿足生產和消費者需要為基準，做到適當、合理地配置倉儲設施和設備。

（二）最佳化配置庫存「軟體」

　　這裡的「軟體」是指與儲存管理有關的因素，例如：進貨、接收、入庫、盤點、出庫等作業流程的設計和最佳化、管理模式和策略，例如：對進貨的購進和發出的時間、地點，進貨的種類、數量、品質等的管理，以及如何利用資訊技術來使庫存管理合理化和科學化。特別是在綜合性的製造企業，由於存貨種類繁多、數量巨大，管理人員每天往往被大量的單據、帳單所淹沒，資訊處理速度低，且容易出錯，反應遲鈍，更談不上決策的科學性。因此，企業必須引用科學的儲存和存貨管理資訊系統，充分發揮電腦和資訊技術的優勢，達到節省人力、降低勞動強度和提高效率的目的，而且利用資訊系統的預測、進貨、決策和最佳化功能，能夠建立科學的存貨決策模型，制訂出有效的庫存進貨和策略。

（三）存貨設計

　　我們前面把存貨看做「必不可少的邪惡」，因而往往希望把它限制到最小。但是，小的庫存量又會使企業回應下游客戶需求的能力減弱、缺貨風險加大。儲存是企業存放貨物的地方，也是企業的一個「黑洞」。因為互不通氣的競相對外採購，不僅積壓貨款，造成多少零配件放在倉庫裡誰也說不清，而且最後成為無法變現的廢品，慢慢將企業拖向死亡。因此，每種貨物的安全庫存量、存貨總量和採購點的設定、進貨的時間和數量、種類等對企業的整體經營是非常重要的。企業需要一種具有戰略性的企業物流調整方案，以透過對長期的企業存貨業務與市場訊息的觀察分析，找出變動規律，並據此安排下一個時期的原材料進貨方案。

（四）存貨的保管費用和損耗

　　存貨在物流線中停留的時間越短，它的儲存成本就越小。以此原則為出發點，在減少存貨停留時間中最有潛力的環節應該是倉儲，所以，企業購進原材料應立即投入生產，製成品一下生產線應立即發送給客戶，這就保證了存貨以最短的時間完成從原材料到滿足用戶需求的過程，減少了在倉庫中靜態暫存的時間。

　　美國有些集團在物流整合過程中重要的一環就是「革倉庫的命」。該集團在倉儲作業中引進了自動化和資訊化操作，在其巨大的倉儲中心裡，幾乎看不到人在操作，來來往往的是一輛輛無人駕駛的雷射導引車、穿梭車在忙碌運轉，整個中心裡面僅有不到 10 個操作人員。同時採用了物流管理系統來處理日常的業務，這個物流中心負責整個開發區生產基地 10 大類產品的原材料與成品配送任務，因為企業是按訂單生產，原材料的庫存被設計為不到 14 天，製成品在 24 小時內便送往全國的配送中心。在這種複雜的情況下，呆滯物資降低了 90%，倉庫面積減少了 88%，原材料庫存資金周轉天數從 30 天以上降低到不到 10 天。

利用供應鏈資源搭建採購配送網路。主要任務是透過 JIT 採購、JIT 配送。產品下線後再由 JIT 分撥，即快速地送到客戶手中，實現 JIT 訂單加速流。在整合前，各事業部都是自己採購，在物流本部成立後且則實行集團統一採購，直接效果是降低了集團對外採購成本，間接效果是擇優採購帶來了零組件產品品質的整體提高，庫存的減少。其中，零組件倉庫存放面積就減少了 32 萬平方公尺，相當於 43 個足球場面積，每年減少倉庫租賃費 20,800 多萬新台幣。

在 TOYOTA 汽車公司的倉庫裡，倉位的設置根據儲存的貨物不同被劃分為不同的物料庫，例如：氣體瓶庫、油漆化學品庫、備件中心庫、散裝件庫和柴油庫……等特種庫房；在車間外部設有集裝箱貨場、商品車庫、廢料集中地等露天倉庫；在各車間設有自製件庫、外協件庫等。零件存放方式分為地面堆碼存放、小料架存放和高位立體貨架存放 3 種。外協零件庫可存放 1,800 種零件，自製件庫可存放 314 種零件。沖壓、總裝地面庫實現動態管理，堆碼放置，電腦動態追蹤，可以隨機存放各類大體積零件，同時做到先進先出，所有貨物的進出庫處理井井有條，充分利用了庫區面積，實現了科學化的倉庫設計和管理。

高位倉庫選用美國和日本製造的先進高位叉車和高位揀選車完成零件入庫與出庫作業，性能優越，故障率低；配以電腦和條碼管理，作業準時、高效。焊裝高位庫有 14 個巷道，14 列貨架，可存放 2,802 個包裝單元；總裝高位庫有 11 個巷道，22 列貨架，可存放 6,1462 個包裝單元；變速箱高位庫有 4 個巷道，貨架，可存放 1,008 個包裝單元。集裝箱貨場面積 10,000 平方公尺，可同時堆碼存放 420 個標準集裝箱。採用義大利生產製造的集裝箱堆高機完成集裝箱裝卸，作業平穩，安全可靠。商品車庫面積 95,145 平方公尺，可同時存放 4,100 輛商品車。實行電腦庫位管理和條碼辨識，按用戶區域編組發送，提高了工作效率。

四、運輸作業的設計

運輸是物流作業中最直觀的因素之一，無論是原材料、零組件、在製品、裝配件，還是製成品，不管是在生產製造過程中，還是在流通銷售過程中，要想實現增值，都離不開運輸。因此，運輸的主要功能是使實物產品在價值鏈中移動，並實現增值。

長期以來，人們透過資金流調整資源的配置，借助資訊流最佳化資源的配置，最後借助物流實現資源的配置。然而，資源的調配沒有運輸是無法實現的，生產領域中要配齊原材料、零組件、輔、燃料等產品生產的要素，離不開運輸；生產過程中這些要素隨著生產的進行，在各車間、工序間不停地移動，需要運輸；

製成品進入成品庫，以及銷售後出庫、出廠，都要透過運輸功能才能完成。而在流通領域，運輸的作用就更加重要了，因為沒有了運輸就沒有移動，因此也就不存在流通，而移動的載體就是運輸。同時運輸也是使商品實現增值的一種手段，其營運效率和可靠程度直接關係企業的作業方式和效益，例如：所謂「零庫存」的作業管理模式就是以高效可靠的運輸為前提。為此，運輸功能既是對物質實體有用性得以實現的媒介，也是新的價值和某種形式的異地差值的創造過程。

在運輸作業的設計中必須考慮規模經濟和距離經濟這兩項基本原則。規模經濟的特點是隨著裝運規模的增長，使每單位重量的運輸成本下降，即承運一宗貨物有關的固定費用可以由整宗貨物的重量分攤，貨物越重，單位重量的成本就越低；後者的特點是每單位距離的運輸成本隨距離的增加而減少，例如：1,000 公里的一次裝運成本要低於具有同樣重量 500 公里的兩次裝運。特別是當運輸工具裝卸所發生的相對固定費用必須分攤到每單位距離的運費中時，距離越長，單位距離分攤的總費用就越低。因此，在設計運輸方案或營運業務時，這些都是必須考慮的因素，既要滿足客戶的服務期望，又要使裝運的規模和距離最大化。例如：目前貨運汽車空返現象嚴重，空車率高達 37%左右，這就需要最佳化和統籌管理行駛路線和車次的排程，儘量防止出現空返現象，以降低空車率。

在確定作業方案時，還要考慮運輸的一致性。一致性是指在若干裝運中履行某一特定的運次所需的時間與原定時間或與前幾次運輸所需時間的一致性。它是運輸可靠性的反映，是高品質運輸最重要的特性，例如：一項特定的運輸服務第一次用了 2 天，第二次卻用了 6 天，造就出現了不一致性，這種變化會產生嚴重的物流作業問題。不一致性就需要有安全庫存儲備，以防不測；它還會影響買賣雙方承擔的存貨義務和有關風險。據美國的一項研究估算，2005 年以前，美國因為交通延誤導致的經濟損失每年高達到 500 億美元。因此，在運輸功能設計時，需要採用先進的資訊管理技術來控制運輸過程，如利用各種追蹤技術和資訊整合技術來提高運輸的效率和可靠性。

我們再回到 TOYOTA 汽車公司的案例。TOYOTA 汽車公司的運輸系統主要包括外部運輸和內部運輸。廠外運輸主要指供應物流中原材料、外協件、油漆、油料、化學品等物資的運輸以及銷售物流中商品轎車及備件的運輸；廠際運輸指發動機、變速箱、車橋等主要總成由神龍公司襄樊工廠向武漢工廠的運輸；外部運輸主要由社會運輸單位承擔，它按物料供應和運輸條件，根據經濟合理的原則，分別採用鐵路、公路、水路或多式聯運的方式。

公司還採取了對國產下游公司實施 200 公里原則，供應商則超出 200 供貨公里，即被要求在下游公司附近設置中間庫。下游公司由卡車運抵工廠，按到貨先後和緊急程度發通行牌進廠，按牌卸貨，卸貨月台管理有序化進行。進口散裝件採用集裝箱多式聯運的方式進行運輸。透過公路－海運－陸運抵 TOYOTA 公司集裝箱貨場。商品轎車採用鐵路、公路、水路和貨主自提 4 種運輸方式。鐵路運輸選用雙層專運轎車貨架，公路運輸選用雙層運輸車，水運轎車直接開到長江邊的碼頭，交港口裝船運送。

廠內運輸由公司自行承擔，根據技術要求和經濟合理的原則，分別採用無軌運輸和機械化運輸方式。連續運輸採用空中懸掛輸送鏈和地面輸送軌道、埋刮板輸送機。間斷運輸採用牽引車和叉車。為了保證良好的工作環境，廠房內運輸採用電瓶牽引車、電瓶叉車和手動托盤搬運車及電瓶托盤搬運車。廠內設有集中充電間，電瓶車通常不出廠房。車間之間的運輸採用內燃牽引車拖掛帶蓬小車和集裝箱半掛車。工位間的運輸採用帶輪轉運小車。高架立體倉庫作業採用三向高位叉車和高位揀選車。廠內設有車輛維修站，負責所有搬運車輛的維護、維修。

五、配送作業的設計

配送中心實現了物流系統化和規模經濟的有效結合，它透過集中配送的方式，按一定規模集約並大幅度提高其能力，實現多品種、小批量、高周轉的商品運送，從而降低了物流的整體成本，使資源配置實現了大流通方式與大生產方式相協調，從而提高了物流社會化的水準，取得了規模經濟所帶來的規模效益。在構建一個配送中心時，應著重於系統設計，即要求各個環節互相配合，使物流全過程處於一個均衡協調的系統之中。

首先，一個完整的配送中心在內部構造上應具備足夠的場地、庫房和合理的功能分區，這是配送中心完成與其相關的各項物流功能最基本的條件。其功能分區應包括：

(一) 管理區：是配送中心業務洽談、訂單處理、內部行政事務管理和指令發布的場所。

(二) 進貨區：是對購買的貨物進行接收、驗貨及貨物暫停的場所。

(三) 儲存區：是對需要進行安全儲備和暫時不必配送的貨物進行儲存和保管的場所。

(四) 理貨區：是對進貨進行區分，以確定那些貨物需要直接分揀配送、待加工、入庫儲存或退還和簡單處理場所。

(五) 加工區：是進行必要的流通加工，例如：分拆、剪裁、加標籤附件、改包裝等的場所。

(六) 分揀配貨區：是進行發貨前的分揀挑選和按訂單配貨的場所。

(七) 發貨區：是對商品進行檢驗、發貨、待運的場所。

(八) 退貨與廢棄物處理區：是存放殘損、不合格的貨物、或需要重新確認等待處理貨物以及廢棄物處理的場所。

(九) 資訊主控區：是利用管理資訊系統對所有業務進行電腦化處理和監控、對資訊進行整合的場所。

(十) 設備存放及簡易維護區。

　　其次，由於商品的流通過程是隨商品的銷售通路不同而不同，在不同類型的配送中心裡，物流的流程也具有多種形式，因此，對配送不同的商品類型應選擇與之相適應的處理過程。通常，在商品 ABC 分析的基礎上，對經營的商品進行排隊分析，大致可分成三類商品：第一類商品是流通頻率高的暢銷商品；第二類商品是配送中心按照客戶的訂貨單匯總後統一向工廠整箱訂貨，收到貨後，不需儲存，直接進行分揀作業，再配送到零售店；第三類商品，需要一定的保鮮要求，例如：牛奶、麵包、豆腐等，通常是不經過配送中心，直接從生產廠送往零售店。但商品進銷全過程資訊由配送中心處理。

　　再者，是確定配送中心的經營方式和設施。就每個物流過程來看，都要經過一系列的準備過程，將物品和服務透過「配送」送達給需求者。相對於整個物流系統而言，配送是系統的終端，是直接面對服務物件的部分，正是它透過提供令人滿意的配送服務，使漫長的物流過程最終體現了自身的價值，使物流需求者如願以償，物流業務經營者因此獲得了利潤。一般來說，配送經營需要具有規模效益，必須配置很多先進的設施和設備了如興建大型集貨場、加工場，配備各種揀選、運輸和通訊設備…等，在選擇設備時需要根據企業主營的業務、物件來確定以什麼方式經營、選擇那些配送設備。許多設施和設備的技術結構是根據配送活動的特點和要求專門設計和設置的，它們的專業化、代工化程度較高，通用性較強，能適應各類的物流配送。

　　最後，是選擇配送技術。在日益追求物流合理化的今天，生產工序間同樣需要引入合理化的配送運作方式。在生產企業中常採用的有「看板」方式的技術控制技術，實際上它就是配送功能在生產領域的充分發揮，只不過它是一種伴隨資訊傳遞的逆向過程而已。而在流通，特別是對連鎖超市的配送業務中，由於挑選、分揀等業務量較大，配送中心需要根據所配送的商品類型選擇配送中心的技術路線，如採用分貨路線、揀選式路線，還是直取式路線等。

　　此外，採取配送形式時，配送組織需在自設的儲貨場（主體倉庫）內儲存各種商品，並且儲存量比較大。有時，配送組裝本身僅儲存一部分商品，其他貨源主要依靠附近的倉庫來補給。因此，配送中心庫存的設計也必須加以考慮。目前，在美國有 1,800 多家沃爾瑪的商場和 721 個超級大賣場，它們經常為消費者提供一站式的消費服務。沃爾瑪的業務之所以能夠迅速增長，與其在物流運送、配送作業方面節省成本的成績是分不開的。沃爾瑪非常重視它的物流業務，每年的投資約為上千億美元。沃爾瑪在全美有 30 多家不同類型的配送中心，來給這些商店配送貨物，每一個配送中心的平均面積約有 11 萬平方公尺。在這些配送中心，每個月的產品價值超過兩億美元，它們有專門配送某種商品的中心，如服裝、食品以及其他商品，例如：在服裝配送中心，需要根據配送訂單為服裝加釘標籤，然後再根據配送要求為它們配置衣架和其他銷售準備工作，在抵達商店前就已附吊掛牌和衣架，並放在紙箱中，運送到商店後打開紙箱可立即上架，補足賣掉的產品。專門從事副食品、蔬菜和水果等的配送中心，需要對某些食品或果蔬進行加工處理。其目的一是使商品實現增值，二是為了使客戶更方便地消費。還有一些物品也需要在配送中心專門的退貨集中地進行處理，如退回的商品、損壞的商品、返回生產廠商的包裝品等逆向物流通路上的所有物品，先送到這裡，經過分類、處理後，再送到其最終的歸宿地。

　　在沃爾瑪的大型區域配送中心中，一個星期可能要處理 100 多萬箱的貨物，這種配送中心的集貨和配送轉運，是在一天當中進出、在一天當中完成的，因而每種商品都會有一個穩定的庫存。使配送中心可以根據這種穩定的庫存量的增減而進行自動的補送，每一天或者每一週根據以前確定的一些量來為商場提供。為了保證 8,000 多種產品的正常轉運配送，減少出錯，這些配送中心的貨物提取都是採用先進的光電技術進行處理。沃爾瑪降低配送成本的一個方法就是把這種配送成本和供應商夥伴們一起來進行分擔，供應商集中將整批的貨物送到配送中心，要比分散地送到各個商店更省錢，因而節約了成本。

　　沃爾瑪的集中配送中心的佈局都是單層運作的，之所以都是單層，而不是多層，是因為沃爾瑪希望產品能夠流動，希望產品能夠從一個門進而從另一個門流出。如果有電梯或其他物體，就會阻礙流動過程。因此，沃爾瑪所有的這種配送中心都是一個非常巨大的單層結構。沃爾瑪還採用了傳送帶技術，讓這些產品能夠非常有效地進行流動，不需要對其重複處理，例如：某貨物卸載後，透過傳送帶採用無縫流轉的形式一次處理完畢，減少了處理成本。由於沃爾瑪每星期處理100 多萬箱貨物，需要分送到眾多商店去，每個商店的需求各不相同，配送中心

必須自動把產品根據各商店的需要，自動分類放入不同的箱子當中，再被負責每個商店配貨的員工從傳送帶上取走。在傳送帶上有一些信號燈，有紅的、綠的，還有黃的，根據信號燈的提示來確定那些商品應被送往那些商店。

在資訊共用方面，沃爾瑪的補貨系統，在任何時點都可以清楚地了解，某個商店有多少貨物，正在運輸途中有多少貨物，在配送中心有多少貨物……等等。同時，它也使沃爾瑪可以了解，某種商品在每週、每年銷售了多少，以此來預測未來可以售出多少這種商品。由於沃爾瑪在商品資訊的管理上採用了統一的商品貨品代碼 UPC 和先進的掃描技術，沃爾瑪所有的商品都有一個統一的產品代碼，只要對它進行掃描，就可以得到該商品的各種資訊。這樣，系統每天將所需的資訊都傳送到沃爾瑪的世界各地的辦公室中，只要某處有一個人實施了訂單操作，沃爾瑪的採購部門就立即獲得資訊並透過電子方式和供應商進行聯繫。

六、包裝與流通加工作業設計

包裝與流通加工作業對物流系統中的成本和生產率有較大影響。包裝需要花費包裝費用，例如：購買包裝材料、自動化或人工包裝作業的設施設備，以及包裝材料的清理等。包裝通常分為兩類，即消費包裝和工業包裝，前者是一種面向市場、有利於消費的包裝，後者則是適應物流需求，便於分揀、運輸等流程的包裝。

流通加工指延伸到流通領域內的各種形式的加工作業，例如：對流通物件如：鋼材、木材…等，進行剪切、套裁、打孔…等，分裝或摻合散裝性的貨物，組裝元件或器件，給待流轉的貨物貼標籤。又如在服裝的流通過程中，常常需要為服裝加釘商標和標籤，並為其配備吊掛牌和衣架，以使這些附件與服裝一同運送到商店，開啟包裝後可立即上架，進入到銷售環節。流通加工是流通主體為了完善流通服務功能、促進銷售和提高物流效益而開展的一項活動，同時也是一種輔助性的生產作業，它部分地改變了加工物件的物理形態和化學性質。儘管流通加工的深度和範圍有限，但它在流通及再生產運動中起了很大的作用。有些流通中的商品，經過加工以後，由於利用率明顯提高，也相對提高了其價值和使用價值，進而給流通企業帶來了可觀的利潤。因此，流通加工是流通利潤得以形成的重要源泉。下面分別進行討論：

（一）包裝設計

包裝會影響每一項物流活動的成本，例如：庫存盤點要求人工或自動化辨識系統具有較高的準確性，而辨識與商品包裝密切相關，分揀的速度、準確性和效

率也分別受包裝的形狀和操作的簡便程度等的影響；包裝尺寸和密度直接影響到運輸的成本，特別是當運輸貨物的質量、度量是隨外界自然環境影響而變化時，對運輸作業的要求相對更要高些；包裝還影響或決定客製化、個性化服務的品質，如它會影響到配送過程中的產品管制，關係到是否能給予客戶便利和遭重環境規則。由此，包裝一方面增加了產品的價值；另一方面，也增加了供應鏈的長度和複雜性，從而增加了成本。

　　長期以來，包裝設計往往著重在製造和市場行銷方面的要求而忽視了物流的要求，例如：為了吸引消費者，在銷售上多採用大容量和特殊尺寸包裝，但卻不利於物流。在工業包裝上，常採用箱、包、盒、桶等來進行成組化作業以提高操作管理的效率，使零散物品成組化，但如果這些容器的包裝設計沒有充分考慮有效的物流處理，也會使整個物流系統受其影響。因此，要儘量實現包裝標準化。理想的搬運和運輸包裝是一個長、寬、高相等的最大限度裝滿貨物的立方體，但事實上很少採用這樣的包裝。包裝設計應當把物流作業、產品設計、生產製造和市場行銷各方面的要求統籌考慮。

　　包裝設計還要考慮包裝對貨物的保護程度，做到恰到好處地實現所需的保護程度，儘量減少包裝成本。最終的包裝設計是在大量試驗的基礎上確定的，以確保在最低成本前提下，使設計結果達到滿意的結果，這些試驗也可以在裝運過程中進行。目前，包裝設計的方法已經有了較高的科學手段和可靠的測定試驗分析方法。例如，包裝貨物在運行時，利用新型的測試記錄設備可測出其振動的程度和特性；利用電腦系統來模擬包裝貨物在物流過程中的典型環境和活動情況；在實驗室中測定包裝設計和包裝材料對易碎商品相互碰撞的作用……等。

（二）流通加作業設計

　　流通加工完善和強化了流通功能。它表現在：對於生產者，藉助於流通，可以實現其產品的交換價值；對於消費者，藉助於流通加工，則可以滿足個人生活需要和生產需要。因此，流通加工能夠影響和服務消費。事實證明，流通加工，特別是集中化的流通加工是一種低投入、高產出的加工作業，透過簡單的加工就能夠充分實現和增大流通物件的價值。據相關資料介紹，有些商品，如服裝、玩具、紡織品只改變其造形和外包裝就可使該商品的檔次提升數級，僅此就曾把產品的售價提高了 20%。

　　在社會化大量生產條件下，流通加工應被設計成集中作業、連續作業和批量產出的方式。只有採取集約經營和規模經營的方式去組織包括流通加工在內的各

種經濟活動，才能充分利用各種設備、各種物質要素的作用；也只有經濟活動達到了一定的規模，才能獲得較高的產出效果和不斷地提高經濟活動的效益。因此，合理化、高效化的流通加工，不僅要求加工點佈局科學，加工活動本身也須達到一定的規模，還要求人們在組織和開展這項經濟活動的時候，要採用現代化的管理資訊手段和技術，成為應用先進科學技術和使用先進設備的經濟活動。

此外，合理化的流通加工設計還有益於合理運輸。由於流通運動中穿插著加工環節，實際上等於將商品的實物形態移動分割成了兩個階段：商品由生產廠流轉到加工點階段和由加工點運轉給用戶的階段。由於流通加工的作業點一般都設在消費區域，前一個階段的商品運輸距離常常相對大於後一階段的運距，因此在制訂運輸方案和選擇運輸工具時，可在運距較長的物流階段採用火車、輪船……等大型運輸工具，而在運距較短的物流階段可採用汽車、小型專用車輛等運輸工具來運送經過初加工的多規格產品。顯然，這樣做的結果不但可以合理調配運輸工具，而且可以大大提高運輸效率，有益於物流中的運輸活動高效化和合理化。流通加工要想形成一定的規模和呈現出批量性、連續作業狀態，實現合理化的作業過程，客觀上必須滿足以下幾項標準：

1. 加工點選址正確，佈局合理。
2. 加工活動要形成一定的規模。
3. 加工技術先進，加工成本比較低。
4. 採用現代化管理方法和資訊管理手段。

在 TOYOTA 公司，由於物流包裝與工位器具品質和運行的優劣直接影響整車和零組件品質，因而被視為產品技術的組成部分。公司根據汽車零組件的結構特點、生產技術流程和儲運方式，有針對性地採用了通用金屬容器、專用耐久容器、木底托盤、塑膠箱、熱成形墊板、轉運小車等幾大類工位器具。其中，通用容器與專用容器的比例為 8：1。為提高物流容器的社會化利用率，減少零件二次包裝，降低投資和費用負擔，TOYOTA 和供應商共用物流容器。在現場生產中，物流包裝和工位器具實行動態追蹤管理，及時進行清點、清潔和保養維修；並根據使用效果實施改進，納入全面生產維護管理(TPM)體系。

七、裝卸搬運作業設計

裝卸搬運的功能是為儲存和運輸服務，並實現二者的轉換，它是處於儲存與運輸之間的過程。裝卸搬運品質好壞直接影響到物流系統的績效，而在現代物流生產率提高的過程中，裝卸搬運具有極大的潛力。物流系統中的裝卸搬運作業主

要是集中在倉庫、配送中心……等設施方面的服務，包裝不同，裝卸搬運的作業方式也存在差異，如散裝貨物與紙箱的裝卸搬運的差異就較大，紙箱內的貨物因有外包裝，得到了較好的保護，散裝貨物則因無外包裝而需要專門的裝卸搬運設備。

（一）裝卸搬運及其設計標準

　　裝卸搬運作業的設計首先體現在設備的選擇和利用上。裝卸搬運系統可分為機械化系統、半自動化系統、自動化系統和資訊引導系統。在機械化系統中，人與機械設備結合在一起來完成裝卸和搬運作業，這種作業的成本佔總成本的比例較高，目前它是最普遍使用的方式。半自動化系統是分選、搬運作業採用自動化設備，其他作業採用機械化設備。自動化系統由於引入了自動化設備而大幅度減少了操作人員，可以滿足基本裝卸搬運需要，這兩種方式的應用正在快速增長。資訊引導系統是使用電腦系統在最大範圍內控制機械化設備，所需人員最少，使用範圍也較小。

　　近年來，裝卸搬運的設計逐漸有了一些標準，其主要的標準有：
1. 裝卸搬運設備儘量標準化。
2. 應將系統設計成能提供最大的連續性商品流通系統。
3. 儘可能在可移動貨物的裝卸搬運設備上投資，而不是投在固定不動的設備上。
4. 設備應被設計成為可實現最大限度地使用和減少閒置。
5. 選擇設備時，要選取總重與淨載量之比最小的設備。
6. 系統設計要考慮重力流。

　　其次是在作業中如何對作業設備和人員進行有效的作業計畫和安排，使計畫和安排合理，可以提高人力和物力的效率。表 14-1 列出了美國對運輸作業中裝卸情況的調查統計。

表 14-1　美國對運輸作業中裝卸情況的調查統計

卸貨	21%
裝貨	16%
等待卸貨	31%
等待裝貨	43%

由此可知，等待裝貨和卸貨的時間要大於實際的裝卸作業時間，這說明，沒有充分利用好裝卸資源。因此，在設計時必須考慮這一因素，要對裝卸作業做出合理和科學的計畫和安排，充分利用好資源。

（二）搬運作業設計的原則和需要考慮的因素

在考慮貨物搬運成本時，有兩個很重要的基本原則，為距離原則，即距離越短，移動越經濟；為數量原則，即移動的數量越多，每單位移動成本越低。因此，為了設計和改善搬運作業，運作時要考慮 5 個因素，其分述如下：

1. 搬運的對象

它是指搬運物的數量、重量、型態，是要保證在整個作業過程中各點都要能不斷收到正確且適量、完好的貨品，同時要使搬運設備能配合搬運的貨物量，以免徒增設備產能耗費。

2. 搬運的距離

此距離指搬運的位移及長度，搬運的位移包括水平、垂直、傾斜方向的移動，而長度則指位移的大小。良好搬運即是要設法運用最低成本、最有效方法來克服搬運位移、長度，以儘快將物件送到指定的場所。

3. 搬運的空間

貨物、搬運設備都佔用空間，所以在系統規劃時必預留足夠適當的搬運空間，才能達到搬運目的。

4. 搬運的時間

時間的意義包括兩種：搬運過程所耗費時間及完成任務的預期時間。要使這兩項時程控制在規劃之內，就必配合適當的機具及運作方式，才能使物件在適當的時間到達確定的地點。

5. 搬運的手段

針對搬運的物件，要使搬運達到有效的移動，利用有效的空間，掌握有效的時間，都必須要採用適當的搬運手段。而對於手段的運用，應遵循經濟、效率兩大原則，並在其中謀求一平衡點。

八、逆向物流作業設計

　　逆向物流是供應鏈物流中的一個特殊的環節。它與正向物流相比,首先是流向不同,其次,正向物流是按照規定的起點、時間和數量流出的,而逆向物流何時、從何處發出、數量多少都是一個未知數,它可能發自一個閉環供應鏈上的任何一個環節,以及物流流程的任一個作業過程。例如,可能來自供應商、製造商、批發/零售商和客戶;也可能來自採購、倉儲、運輸、包裝、搬運裝卸、配送、流通加工、銷售,甚至會出現在售後服務等環節,其時間和數量也是不確定的,回收的物品經過修整和處理後,也可以回到正向物流中的任何環節,並可重新融入正向物流,其過程如圖 14-2 所示。

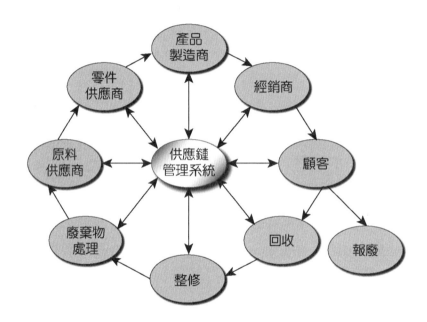

圖 14-2　包括逆向物流的閉環供應鏈

　　逆向物流作為一個業務過程同樣為企業提供了取得持續競爭優勢的機會。在逆向物流上被回收的貨物包括不合格的原材料和組件、生產中的報廢品和殘次製成品、運輸殘損品、庫存殘損品、售出商品的退貨維修與損壞退貨、重複使用的包裝品和過期失效,以及被法律規定限用的產品等。它們的回收處理流程是不同的,有一些需要經過核對總和報批之後才能回收,如殘次品的退貨等,而有些無須這些過程,如包裝品的回收。因此,對不同的回收流程需要根據其性質不同而給出不同的設計方案。但它們有一個共同之處,就是儘量使它們實現再利用。例如,在施樂公司,退貨被分成備件、零組件、替換物和其有競爭性的折價物 4

個部分進行管理，並將「從退貨到再銷售可用性」的時段定義為用來衡量這種資產從退貨到有用狀態所需的週期時間。

對經過檢驗確認是可以回收的貨物，還需經過一系列的處理過程，例如：分類、儲存、運輸、拆卸、清潔、替換、再加工和再組裝等過程，使它們恢復或轉換成可再次使用的產品。然後，它們就可重返市場，進入再銷售過程，直到達客戶手中進行使用。而產品一旦被確認無法再次利用，則需要對其進行報廢處理。報廢處理也要遵循一定的流程規則，為了保護和淨化環境，要將其有計劃地報廢丟棄，如運送到指定地點去進行特殊的處理，或當做垃圾進行填埋或焚燒。

在 TOYOTA 公司，每天都有大量的廢棄物需要處理，這些廢棄物可歸為 8 類：即工廠工業垃圾及生活垃圾、廢包裝件、廢鋼板及廢焊接件、廢機加工件及廢舊工具、廢油料、廢油漆溶劑、工業流體、生活污水及工業廢水。公司在廢物的物流作業中遵循既不污染廠區及環境、又充分利用廢物的回收價值。前 14 類廢棄物包裝分類收集到廢料箱、垃圾小車或廢液罐中，運到廢料集中的地點暫存，由外委承包商定時拖出廠外處理。生活污水及工業廢水透過污水管道或真空吸污車抽吸到塗裝車間污水處理間或發動機超濾中心進行一級處理，然後流入工廠污水處理站進行二級處理，營造清潔無害工廠。

九、資訊處理和整合系統的設計

現代物流區別於傳統物流的兩大最主要的特徵是資訊化和網路化。由於在當前資訊化的社會中，企業、供應鏈乃至社會基本資源的調度都是透過資訊共用來實現的，因此，組織物流活動必須以資訊為基礎。現在，日本、美國以及西歐的一些國家不僅在宏觀上建立了比較完善的物流資訊化管理體系，企業在運作過程中也都能利用資訊化和網路化實現資訊的獲取和共用，協助完成交易。而為了達到這個目的，企業需要有一個由一系列相關的資訊技術組成的物流管理資訊系統，來完成對物流作業各個環節的管理，圖 14-2 是某物流服務企業的結構圖，我們根據該圖來分析一個物流資訊系統的主要功能和如何對其進行設計。

現代化物流更加看重資訊功能，在整個物流過程中都能夠利用資訊技術及時傳遞供需資訊共用，使各環節的作業相互銜接，為客戶透過全程的「門到門」、甚至是「貨架到貨架」的送貨業務，以實現「最後一公里」的高增值服務。在全球化的浪潮中，越來越多的企業加入了跨國經營的行列，企業的資源、技術、生產，以及銷售都是在全球市場上分佈，因此必然要求現代物流服務資訊化和網路化。

　　一個完整的物流資訊系統的內容和功能是非常複雜的，一般是由各個功能與系統模組或相關資訊技術組合而成，例如：在客戶回應部分，為了實現即時回應客戶的需求，為其提供滿意的服務，就需要有客戶關係管理系統來完成這些任務；庫存管理部分為了完成進貨與結算、庫存計畫與處理等任務，需要具有自動訂單處理系統、預測與分析系統、庫存配置與控制系統等模組；供應管理部分為了完成集貨、供應、供應商協同等任務，需要有補貨系統、供應商管理系統、需求和供給管理系統等來實現；運輸部分需要利用 GPS、GIS、運輸計畫與最佳化系統等，來完成對車輛進行排程、運輸追蹤、最佳化行駛路線、對承運商的管理和運費處理等任務；而配送部分需要有自動倉庫管理系統、條碼與掃描系統、自動分揀與配貨系統、自動存取系統和配送計畫系統等來完成整個配送作業；最後，是物流資訊系統的主控與整合系統，它透過網路技術、通訊技術、Internet、電子商務技術和整合技術將上述功能子系統、每一個作業流程和這些流程的業務處理資訊都緊密地整合在一起，使整個物流系統成為一個有效的整體，在它的主控作用下協調地、有序地運行，以完成整體的物流業務，實現高效運轉。

 瀚朝物流，由農產批發市場蔬菜批發商成功轉型為臺灣最佳的食材供應鏈整合商

汽車總裝廠與零組件廠合理佈局

習 題

一、 現代物流的發展趨勢為何？

二、 請說明配送中心的功能與作用？

三、 何謂配送中心的核心技術？其可分哪些？

四、 配送模式的分類有哪些？請說明其間的關係與優劣？

五、 物流網路和物流作業之間的關係為何？

一、中文部分

1. 梁旭程，經濟部工業局，綠色設計聯盟，
   http://proj.moeaidb.gov.tw/gdn/gdnse02co01i0a.asp?gdnaskid=i020104。

2. 郭財吉與陳建廷，綠色供應鏈管理系統，行政院國科會研究計畫報告，NSC90-2218-E-159-003，2002。

3. 陳潤明，綠色產品市場競爭力之發展—電子產業之綠色採購與綠色供應鏈，綠色採購與綠色消費—中小企業風險管理，經濟部工業局工安環保報導，第十六期，2003。

4. 黃詩彥，企業逆物流之探索研究，碩士論文，東吳大學企業管理研究所，2000。

5. 楊昭，製造策略對逆向供應鏈績效之影響，國立成功大學工業管理研究所，碩士論文，2002。

6. 經濟部工業局，綠色設計聯盟，
   http://proj.moeaidb.gov.tw/gdn/gdnse02co01i0a.asp?gdnaskid=i020201。

7. 經濟部工業局，綠色設計聯盟，
   http://proj.moeaidb.gov.tw/gdn/gdnse02co01i0a.asp?gdnaskid=i020103。

8. 經濟部工業局九十二年度專案計畫，再利用法及廢清法相關法規介紹，永續發展與推廣計畫，台北，pp1-35，2003。

9. 蔣洪偉與韓文秀，綠色供應鏈管理—企業經營管理的趨勢，中國人口-資源與環境，第200004期，90-92，2000。

10. 鄭迎飛與趙旭，我國企業的環保戰略選擇—綠色供應鏈管理，上海交通大學安泰管理學院，2002，http://www.cubu.org.cn/forum-huanbao.htm。

11. 顏得，供應鏈存貨管理模式之研究，碩士論文，國立台北大學企業管理研究所，2001。

12. 魏凡峰，逆物流對供應鏈體系成本與時間之影響，國立成功大學工業管理研究所，碩士論文，2002。

13. 蘇雄義，「物流與運籌管理」，華泰文化事業股份有限公司，初版，台北，2000。

二、英文部分

1. Andersson, J. and J. Marklund, "Decentralized Inventory Control in a Two-Level Distribution System", European Journal of Operational Research, Vol.127, No.3, pp.483-506, 2000.

2. Bank, J., Nelson, B. and Coarson, J., Discrete-Event System Simulation, Prentice Hall, 1995.

3. Beamon, B. M., "Designing the Green Supply Chain", Logistics Information Management, Vol.12, No.4, pp.332-342, 1999.

4. Beamon, B. M., "Supply Chain Design and Analysis：Models and Methods", International Journal of Production Economics, Vol.55, No.3, pp.281-294, 1998.

5. Bechtel, C. and J. Jayaram, "Supply Chain Management：A Strategic Perspective", The International Journal of Logistics Management, pp15-34, 1997.

6. Bowersox, D. J., "Logistics Paraerns of Logistical Organization", Journal of Business Logistics, pp65-80, 1987.

7. Carter, C. R. and L. M. Ellram, "Reverse Logistics：A Review of the Literature and Framework for Future Investigation", Journal of Business Logistics, Vol.19, No.1, pp.85-102, 1998.

8. Chiang, W., Fitzsimons, J., Huang, Z. M. and Li, S. X., "A Game-Theoretic Approach to Quantity Discount Problems", Decision Science, Vol.25, pp.153-168, 1993.

9. Christopher, M., Logistics and Supply Chain Management, Pitman Publishing, 1992.

10. Cohen, M., "Replace, Rebuild or Remanufacture", Equipment Management, Vol.16, No.1, pp.22-26, 1988.

11. Abad, P. L., "Supplier Pricing When the Buyer's Annual Requirements are Fixed", Computers Operations Research, Vol.21, pp.21, 155-167, 1994.

MEMO

供應鏈中的資訊科技

　　成功的供應鏈管理，需要許多 IT ／管理系統的支援，本章主要介紹供應鏈管理系統的系統結構，供應鏈管理系統的基本資訊技術、資料倉儲和資料探勘的概念、作用和對供應鏈管理的支援，以及協同商務與協同產品商務的概念和其在供應鏈管理中的作用、商業智慧的內涵與作用、企業應用整合概念及其在供應鏈管理中的應用和對供應鏈管理系統的支援…等等。

第一節　供應鏈管理系統的結構和相關資訊技術

一、供應鏈管理系統的系統結構

　　供應鏈管理系統是一個由多種資訊技術、管理技術和多種設施組成的複雜系統，根據一項調查研究顯示，在接受調查的管理人員中，80%的人認為資訊技術的應用是推進供應鏈管理系統的關鍵，有 87%的企業計畫在當前的基礎上增加資訊技術上的投資，調查還了解到，改進整個供應鏈的資訊精準度、反時性和運行速度。被認為是提高供應鏈績效的心要措施。基於這種考慮，供應鏈管戰略的一個重要內容就是建立一個供應鏈運行的高效資訊支援平台。

　　供應鏈管理涉及到企業內外的許多功能領域，並且受這些領域之間相互溝通與作用的影響，資訊技術是支援供應鏈管理完成這些功能的重要工具。在許多情況下，支援供應鏈業務中不同組成部分的資訊技術是相互獨立並各具特性和差異的，這是因為在過去的年代裡，各種區域性的供應鏈局部要求和企業範圍的整體要求所造成的。因此，在當前的供應鏈管理領域中，需要將這些不同資訊技術和軟硬體系統建構成一個結構合理的體系，支持供應鏈的運行和管理，並且這種結構具有一種易於擴展的、可配置的、易於實現個性化的特點傳統的企業資訊化管理系統是以企業內聯網和 ERP 為核心，當全的供應鏈管理系統在網際網路技術的推動和支援下，已變成建構在電子商務基礎上以 SCM 軟體為核心或以多種資訊技術為輔助的系統結構。在這個構架中，各個元件之間更加緊密地整合，來完成供應鏈管理的目標。圖 15-1 描述了供應鏈管理系統的目標和使之實現的手段。

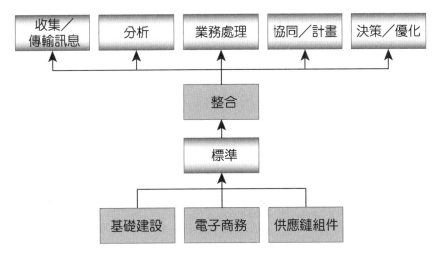

圖 15-1　供應鏈管理的目標和實現手段

　　上圖中的目標就是要利用 SCM 系統的功能去完成供應鏈運行中的任務，而手段是要為 SCM 系統提供必須的支援，只有具備了這些支援，才能完成目標，其作法有：

1. **需要有一系列標準**：即供應鏈標準、資訊技術標準和資料傳輸標準等標準的作用是使整合在一起的設施按照一個規則去工作，它影響著系統的運行效果、實施的成本及可行性。同時，採用一個基於開放標準的 IT 基礎架構對供應鏈也是非常重要的。

2. **電子商務**：它是供應鏈管理系統的一個重要支援部分。

3. **供應鏈組件**：它是完成供應鏈管理和運行的各種功能元件，如 APS、SCP、SRM、CRM、LIS 和 SCS…等。

4. **整合問題**：它是為了達到上述目標而必須將供應鏈上的各種因素集合、連接在一起，使它們能夠發揮功效的技術。

5. **資訊技術基礎**：無論是企業的內部還是外部，資訊技術基礎都是構成系統功能的一個基本組成部分。

二、供應鏈的相關資訊技術基礎

　　在一個供應鏈管理系統中，資訊技術基礎是決定供應鏈成功運行和有效管理的關鍵因素之一。資訊技術基礎包括介面／圖像設施、電腦和其他硬體集群系統、軟體集群系統、資料庫和資料處理系統、網路系統、中間件和通訊系統…等，它們都是實現供應鏈管理目標活動的基礎。

（一）介面／圖像設施

　　介面設施是供應鏈管理系統中各個硬體、軟體設備之間的連接設備和介面。它將系統中常用的電腦主機、伺服器、個人電腦、終端設備、網際網路設備、條碼掃描器和掌上電腦 PDA…等，以及資料庫、資料倉儲、各種應用管理軟體、網路設備和通訊設備等集結起來，發揮其各自的功效，例如：對產品進行監控和跟蹤的自動資料獲取時，常採用條碼識別儀、無線電頻率 RF 標識系統、無線電通訊設備和 GPS 系統等，來識別和跟蹤貨物的標識，這在供應鏈管理中是十分重要的。資料與資訊的圖形顯示是讓系統的使用者能夠更方便地了解系統運行的狀態，例如地理資訊系統 GIS 和三維圖形技術、電子資料表格和其他分析處理系統等，已成為 SCM 系統中的標準零件，人們還常將它們整合起來使用，它們都為供應鏈業務處理提供了有力的支援。

（二）硬體集群系統

　　未來的供應鏈管理環境將發展為複雜的資訊基礎設施，它有多種不同年代的硬體設備，其中數百萬台伺服器和電腦將連接在一起，以保證核心業務不間斷運行處理的能力，因此需要絕對安全可靠，並且具有良好的可擴展性，以適應不斷增多的資訊流量。但將新舊電腦系統互聯並非輕而易舉，需要有一個合理的系統結構。主機、小型機和終端機的連接方式如圖 15-2 所示，這種方案解決了終端機訪問主機或小型機的問題。PC 作為客戶機遇過區域網路(LAN)連接在一起可以共用檔案、電子郵件以及其他應用。這些網路在企業內部又擴展成為廣域網路(WAN)以連接分散在各部門的設備。一種典型的客戶機／伺服器的連接方式如圖 15-3 所示，這種連接允許用戶採用 SQL 訪問資料庫伺服器、交易處理監視器、索引／保密伺服器以及通訊伺服器。在網際網路中，本地 PC 流覽器處理來自伺服器的 HTML 頁面以及 Java 的應用小程式，因此，網際網路本身就是一種客戶／伺服器結構。

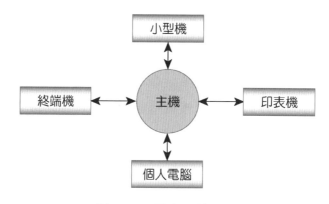

圖 15-2　電腦系統結構

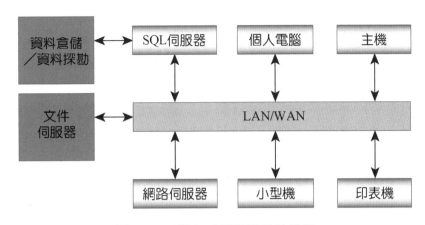

圖 15-3　顧客／伺服器系統結構

（三）通訊系統

　　周邊設備一般可以與單個的企業網路，例如：內部系統 LAN、主機和內部網路或者網際網路連接在一起，而和其他企業的連接一般是為了提高效率或保證安全。未來通訊的主要發展趨勢是無線通訊和通訊的單點聯繫性，這將實現無論何時何地都能進行通訊。目前，先進的通訊方式主要有以下幾種：

1. **電子郵件**：它可以利用網際網路進行相互交流，實現資料的跨越時空傳遞與交流。
2. **EDI**：通過兩個企業間的通訊連接以及某一標準協議，商業夥伴之間可以進行電子交易。
3. **群組**：群組可以通過對資訊和特殊軟體的共同訪問來進行群體工作，可以促進知識在整個企業內的共用。也有其他一些通訊方式，例如：可以通過電子公告板以及在連接檔上直接工作。
4. **位置跟蹤**：位置跟蹤對運輸在途的貨物或運輸工具進行定位。這種技術需要將 GPS 和無線通訊結合起來。
5. **網際網路**：通過 Internet 和 XML 技術實現一種更為簡單、成本低廉的通訊方式。

（四）資料庫

　　資料庫是用來儲存和組織資料的設備。它的類型有：

1. **遺留資料庫**：通常建在一個層級資料庫或網路資料庫的周圍，可以儲存大量的資料和執行一些擴展的功能。

2. **關聯資料庫**：這些資料庫允許儲存相關的資料，這些資料的儲存方式能夠快速利用 SQL 進行標準化的查詢，它可以集中在電腦或伺服器內，也可以位於電腦或者小型機的網路中。

3. **目標資料庫**：目標資料庫可以儲存數字、字元和圖形結構的資料，由於它不具有標準化且維護成本很高，以及圖形和其他的非標準資料需要較大的儲存空間，使用起來也更為複雜，因此，在使用上受到了一定的限制。

4. **資料中心**：資料中心的儲存空間較小，通常用來儲存相對較小的部門資料。

5. **群件資料庫**：群件資料庫是為適應群組功能而設計的，如保存更新的記錄和允許多個用戶訪問等，常應用於遠端辦公以及虛擬企業中。

6. **資料倉儲**：資料倉儲經常與資料探勘聯合起來使用，通過複雜的分析工其對資料進行萃取和提煉。

（五）軟體集群系統

　　軟體集群系統包括各種用於企業管理的軟體系統，如 APS、SCR、CRM、SRM、LIS、SCS、E 化電子商務軟體，以及 CAD、PDM、供應鏈管理系統和支援系統。如何使這些系統順利連接是一個十分重要的問題，它關係到供應鏈是否能快速和流暢地運行，也常常是企業和供應鏈實現整合時的一個非常棘手的問題，常常採用企業應用整合系統 EAI 來完成。

（六）中間件

　　中間件是實施供應鏈系統過程中的重要因素。在很多情況下，計畫工具所需要的資訊以多種形式存在於企業的不同位置，中間件的作用就是用來收集這些資料，並將這些資料整理成各種計畫工具，以便更加易於使用。中間件還能夠幫助企業執行查詢資料庫，並綜合各種資料，為各部門的業務人員提供有用的資訊。

　　總之，未來的系統結構應該滿足供應鏈以及其他業務流程運行過程中的伸縮性和不斷變化的需求，所以，需要供應鏈管理系統具有較高的可配置性，能夠對變化的流程與業務做出快速的轉換。此外，系統還需要有限高的同步性，能夠同時支持內部和外部的通訊，實現供應鏈的協同運作。

 **第二節** 資料倉儲及對供應鏈的支援

一、資料倉儲

（一）資料倉儲的概念

被譽為資料倉儲之父的 W.H.Inmon 將資料倉儲定義為：「資料倉儲是個針對主題的(Subject Oriented)、整合的(Integrate)、相對穩定的(Non-Volatile)和隨時間變化(Time Variant)的資料整合，運用於支援管理決策的工具。」其目的就是解決企業遇到的「企業應用蜘蛛網」現象，並全面支持管理決策。資料倉儲技術，簡單地說，就是將企業內外部的資料進行全面的收集、清洗和整理，去除一些純事務性的資料，將企業資料按主題放置到一個「倉庫」中，然後，在此基礎上建立各種決策支援的資料為企業服務。

資料倉儲中的資料是針對主題整合而成的歷史資料，且不可修改的，其所儲存的資料量非常大，儲存時間長，包括了企業內外部產生的所有有用的資料，一個資料倉儲包含多個處理流程，它們需要不同的技術來支援。首先，需要將批次處理和事務處理資料從資料庫中抽取出來，然後進行整理、清除掉冗餘數據，補充空白和遺漏的地方，並將這些資料整理成格式。最後將它們存入關聯資料庫中供人們使用。企業可利用這些資料和報表工具，包括線上分析處理 OLAP 工具，統計建摸工具、GIS 及資料探勘工具…等對資料進行整理和挖掘。

供應鏈資料倉儲將資料建立在同一個平台上，使相關業務間的成員建立在共同的資料基礎上，通過資料交換和整合技術，依據確定的業務準則，有效地解決供應鏈成員之間多資料源和資料的不一致性問題。並借助於資料探勘技術來建立適合各個成員的資料。供應鏈資料倉儲處理資料是高效的，當資料倉儲接受到最新市場資料後，立刻結合已經整合、匯總的歷史資料，採用多種預測方法，例如：線形迴歸、趨勢線法、時間序列…等，對下游成員的需求進行預測分析，然後資料倉儲將所有市場資料、零售商預測資料和分銷商的歷史資料結合，進行分銷商的供需預測分析，依次類推。為此，即使在對遠離終端客戶的供應商進行預測分析時，市場資料也是完整的，供應商幾乎和零售商同時獲得預測資訊，這使預測的準確率和效率會大大提高。

（二）資料倉儲與資料庫的區別

　　資料倉儲不是資料的簡單堆疊，而是從大量的事務型資料庫中抽取資料，並將其清理、轉換為新的儲存格式。傳統的資料庫技術是以單一資料庫為中心，進行事務處理、批次處理等各種資料處理工作。然而，不同類型的資料有著不同的處理特點，以單一的資料組織方式進行組織的資料庫並不能反映這種差異，特別是滿足不了現代商業企業資料處理多樣化的要求。

　　資料處理一般分為兩種類型。

1. 操作型資料處理

　　也稱為事務處理，是指對資料庫連線的日常操作，主要是為企業的事務處理服務，用於資料庫中的資料處理。

2. 分析型資料處理

　　用於資料倉儲中的資料處理，處理物件是分析型資料，這種資料用於企業管理人員的決策分析。

　　這兩種資料處理的區別見表 15-1 所示：

表 15-1　操作型資料處理與分析型資料處理的區別

操作型資料處理	分析型資料處理
代表細節的、在存取瞬間是準確的，可更新代表過去的資料，不更新，操作需求事先的，操作需求事先可知，對性能要求高，一個時刻操作一個單元、事務驅動，針對應用，一次運算元數量小，可支援日常操作。	代表過去的資料、不更新，操作需求事先不知，對性能要求寬鬆，一個時刻操作一個集合、分析驅動，針對分析，一次運算元數量大，可技管理需求。

表 15-2　資料庫系統和資料倉儲系統結構的組成部分比較

資料庫系統	資料倉儲系統
1. 資料庫：操作型資料增、刪、改的操作頻繁。 2. 資料庫核心：功能強大，對 OLTP 應用。 3. 資料庫工具：以查詢工具為主。	1. 資料倉儲：分析型質料，極少有更新操作。 2. 資料倉儲管理系統：因少有更新操作，因此功能簡單。 3. 資料倉儲工具：以分析工具為主。

　　由於事務處理和分析處理、資料庫與資料倉儲具有很大的區別，人們逐漸認識到，儘管資料庫在事務處理方面的應用獲得了巨大的成功，但它對分析處理的支持一直不能令人滿意，直接運用事務處理環境來支援決策管理是不行的。雖然資料庫中存有大量的日常業務資料，但這些資料無法用於供應鏈決策系統 SCS，即不能對決策提供資料支援，其原因有以下幾點：

1. 在事務處理環境中，資料操作存取頻率高而處理時間短，允許多個用戶按分時方式使用系統資源，這適合於連線事務處理 OLTP 應用，而 SCS 的應用可能需要連續運行幾個小時，需要消耗大量的系統資源。

2. SCS 需要企業內、外部整合的相關資料，且相關資料收集越完整，得到的決策結果就越可靠。而事務處理的資料是分散的和不一致的，資料間形成了錯綜複雜的網狀結構，並且對非結構化的外部資料沒有進行統一管理。這些都導致資料庫的資料缺少整合性，SCS 在使用資料時必須自行整合，對時間和費用的消耗頗大。

3. 無法為 SCS 提供動態性資料，決策使用的資料不能隨資料源的變化而變化，決策者使用的是過時的資料，導致決策不準確。

4. 無法提供歷史資料，資料庫中的資料一般只保存 60~90 天的資料，所以缺少歷史資料，而在決策過程中，歷史資料是相當重要的，如果沒有大量歷史資料為依據，無法進行決策分析。

　　因此，建立在事務處理環境上的資料庫無法為 SCS 提供決策所需的資料。為了進一步支援供應鏈決策管理，就需要有更好、更高功能的資料處理系統來提高分析和決策的效率與有效性。這需要把分析型資料從事務處理環境中提取出來，按照 SCS 處理的需要進行重新組織，建立單獨的分析環境，而 SCS 如果沒有真正意義的資料倉儲的支援，就無法發揮其應有的作用。資料倉儲正是為了建構這種分析環境而出現的一種資料儲存和組織技術。

（三）資料倉儲的特性

　　根據資料倉儲的定義，我們知道資料倉儲中的資料是針對主題整合而成的，歷史資料是不可更新的。歸納起來它有如下 4 個特性：

1. 資料倉儲的資料是針對主題的

　　主題是一個在較高層次上企業資訊系統中的資料平台、歸類並進行分析利用。在邏輯意義上，它對應企業中某一宏觀分析領域所涉及的分析物件，與資料

庫針對應用進行資料組織的特點相對應，資料倉儲中的資料是針對主題進行組織的，針對主題的資料組織方式就是對分析物件的資料做出完整、一致的描述，能完整、統一地刻劃各個分析物件企業所涉及的各項資料，以及資料之間的聯繫。

2. 資料倉儲的資料是集成的

資料倉儲的資料是從原有分散的資料庫中抽取出來的，它與操作型資料有較大的區別。資料倉儲的每一個主題所對應的原資料在原有的分散資料庫中有許多重複和不一致，必然要經過統一與綜合，將其所有的矛盾，例如：欄位的名稱、單位和字長等都進行統一…等資料整合，可以在抽取資料時形成。但更多是在進入資料倉儲以後進行整合而成。

3. 資料倉儲的資料是不可更新的

資料倉儲的資料主要用於企業決策分析，一般只做資料查詢，並不進行修改，其資料反映的是較長時間內歷史資料的內容，是不同時期的資料庫資料集合。因為資料倉儲只進行資料查詢操作，資料倉儲管理系統比資料庫管理系統要簡單得多，免除了完整性保護、併發控制等技術困難；但是，由於資料倉儲的查詢資料量往往很大，所以對資料查詢提出了更高的要求，它要求採用各種複雜的索引技術，並且需要為企業高層管理者提供一個友好的資料查詢介面。

4. 資料倉儲的資料是隨時間不斷變化的

資料倉儲中的資料不可更新是針對應用來說，即在進行分析處理時不對資料進行更新，但資料從進入資料倉儲到被刪除的整個存在週期中，是隨時間的變化而不斷變化的，它需要不斷增加新的資料內容和隨時間變化不斷刪去舊的資料內容，資料的儲存期限較長，一般為 5~10 年，一旦超過了這一期限，過期資料就要被刪除。此外，資料倉儲中的很多綜合資料與時間有關，經常按照時間區別進行綜合或抽樣等分析，因此，資料倉儲的資料特徵都包含時間，以標明資料的歷史時期。

二、資料倉儲對供應鏈管理系統的支援

（一）資料倉儲的建立

資料倉儲的建立是為了滿足資料分析和供應鏈決策支援的需要而建立的一個良好的資料組織和管理環境，需要考慮到諸多因素，如目標、結構、資料內容、技術、功能和應用等。因此，必須有一套有效的方法，將合適的資料模型、合理的技術和準確的應用設計結合起來，才能成功地建立起資料倉儲。建立資料倉儲，要遵守如下的規則。

1. 建立資料倉儲的目標要與企業的經營目標一致，用明確的需求驅動資料倉儲，讓它為實現企業的服務目標。

2. 要創立一個業務驅動型的資訊結構，使資料倉儲的資料與企業需求的目標保持一致。通過模型建立，檢測資料倉儲中包含的資料能否有效支援目標，可以證明其包含的資料是否正確，是否還缺少資料…等等。

3. 設計資料倉儲的總體架構，在這個架構中，資訊是以表格形式按照不同的主題分組保存的，例如：市場訊息包含在一組資料表中，而銷售收入存放在另一組資料表裡，根據這些資訊可以對產品的分類進行獲利分析。

4. 創建一個動態的資料中心，資料中心是應用一套豐富的商業規則對資料倉儲的資訊進行修飾、加工，從而產生一個目標分析結果的處理中心，這些應用程式建立於資料倉儲基礎之上，並隨著商業的變化不斷演進。

5. 建立資料倉儲的原型來提高資料的品質和有效性。針對一些資料的品質不夠完整和全面，原型能協助使用者解釋資料完整性問題，進一步研究如何使用它們，將有用的資料整理出來，預測哪些資料還需要整理，並且制訂出分期實施的計畫。

　　嚴格遵循這些規則和步驟，就能夠建立起一個資料倉儲，資料倉儲在企業的決策支援、獲利分析、知識的獲取和分發方面都有重要的作用。它使決策得以加強和準確，企業發展處於良性狀態，更易於把握潛在商機，並做出快速反應。

（二）資料倉儲的作用

　　資料倉儲的主要作用是對資料進行處理以提高它們的品質，使企業從日常事務處理過程中，記錄的資料能夠用於更高層次的分析和得到更有效的利用，如支援客戶與市場分析、支援企業或供應鏈的獲利分析、支持財務與成本分析、支援供應鏈決策管理等。完成一項資料倉儲的資料使用任務如同完成一個產品從設計到使用的整個週期。表 15-3 描述了這兩個過程的對比：

表 15-3　產品的生產過程與資料倉儲的資料處理過程的對比

	產品的生產製造	資料倉儲的資料處理
目的	為客戶和消費者提供他們所需的產品	為某些分析目標提供它們所需的針對主題的、集成的、相對穩定的和隨時間變化的資料集合
庫存	存貨：維護存貨和過度的存貨會導致效率低下、成本高昂	孤立的資料：孤立的資料就像存貨一樣維護起來成本昂貴，只有將其轉變成能傳遞給用戶使用的知識，這些資料才有用
設計	設計藍圖和原材料對產品進行概念描述和設計，研究和確定需要什麼原材料，哪些原材料能生產出最好的產品？	模型和資料元：對應用目標進行建模描述，研究和確定需要什麼資料，哪些資料更能滿足目標需求，並將這些質料整合成資料元
生產	零件：將這些原材料製成零件產品將零件裝配成產品	主題資料倉儲：將資料元組合成主題資料倉儲
組裝	產品：將這些原料製成零件	資料中心：由主題質料倉儲生成資料中心
銷售	分銷管道：產品經由各種管道（批發、直銷、代銷、零售等）銷售出去	分發途徑：資料通過各種途徑（網際網路、內部網路、報告、電腦程式等）分發出去
產品	完善	產品使用過程：回饋、改進、升級、增強、淘汰

（三）資料倉儲的功能

　　為了解決資料爆炸和資訊支援不足的矛盾，獲得高品質的資料，以支援供應鏈運行和管理，用來完成資料處理工作的資料倉儲的功能應包括：資料建模、資料的抽取、轉換和載入，資料的清洗、融合與集成，資料儲存、管理和查詢，運行、維護等。其中，建模、資料的自動抽取與轉換功能等是目前工業界和學術界關注的主要問題，也將是資料倉儲下一步研究發展的主要方向。

1. 建模功能

　　用以滿足對資料的有效組織和管理，確定和業務分析所需的模型和資料，包括確定合適的主題、相關的純度、屬性和刻度劃分，確定事實表和正確的表結構等。

2. 資料的抽取、轉換和載入功能

　　抽取(Extraction)、轉換(Transformation)和載入(Load)，簡稱 ETL。由於抽取過程將會暴露原系統中資料的品質問題，這些品質嚴重影響著資料倉儲的可信程度，因此，在資料預處理過程中，需要有 ETL 來提高資料的品質，讓資料倉儲

使用真正有效的資料。目前有很多工具可以幫助用戶完成資料的 ETL 工作，但是，還有相當一部分工作要手工編製來完成。

3. 資料的過濾、融合與集成功能

該功能是把分散在企業內外的業務資料集成起來，進行整理，過濾掉冗餘數據，補充空白和遺漏的地方，並將這些資料組織成一致的格式，能適應不同企業或不同的業務流程對匹配和合併功能的要求。

4. 資料儲存管理和查詢功能

用戶的需求可能是只訪問一些預定義的查詢、生成報表等簡單操作，也可能是自定義的複雜查詢，以便直接分析資料倉儲中存放的各種資料。該功能為了滿足用戶的不同查詢需求，提供相應的工具和友好的介面來完成不同的任務。

5. 運行維護功能

資料倉儲在運行中要不斷驗證分析設計是否符合用戶需求，產生出新的分析要求即時回饋，以便立時對系統進行改進，同時還要對資料倉儲中的資料進行維護。

（四）資料倉儲與供應鏈的關聯

在企業資訊化管理中，ERP 或其他的 MIS 系統的管理概念和模式基本上都是基於一種「針對事務處理」的、按順序邏輯來處理事件的管理，為它們完成資料處理和儲存的是資料庫；反過來，資料庫又為日常業務處理過程提供操作型資料。這些管理系統均不能對企業和供應鏈的運行提供決策也對無法預料的時間和變化快速做出反應，而企業必須根據動態多變的需求做出正確的判斷，然後做出決策，這就必須經常地、快速地根據新的決策去改變產品、服務的策略和計畫。有了資料倉儲的資料支援，管理人員可以透過對物件的分析，按照設定的目標去尋找一種最佳的方案，能夠緊跟、甚至超前於市場的需求變化，快速做出正確的決策，並以最快的速度執行這些變化。因此，需要更高層次的管理功能和資料類型來完成企業和供應鏈的新的需求。

在供應鏈管理系統中，先將低層事務處理系統 ERP 或供應鏈執行系統 SCM 等所處理的、存放在資料庫中的操作型資料經過抽取，在資料倉儲中辨別、整理、過濾和集成，轉化為針對主題的分析型資料，再在資料倉儲基礎上建立各種分析；由於供應鏈管理還有一部分資料來自於企業內部其他系統和企業外部，資料倉儲也必須融合其他業務和系統的資訊，然後為 SCM 提供服務。這樣，資料庫與資料倉儲在供應鏈中各司其職，資料庫為底層的事務處理和業務執行提供和儲

存資料，完成日常事務的處理和供應鏈規劃的執行；而資料倉儲則為 SCM 聚合和提供所需的資料，來完成分析、計畫和決策任務。

有了基於這種結構的資料倉儲系統，就可以建立各種商業智慧分析和應用，可以針對企業或供應鏈的各環節、各業務進行分析，如對供應商、客戶、成本、財務、產品和服務等進行交叉多重分析，還可以進行一些高級的資料探勘分析等，來完成供應鏈強化和決策，為企業或供應鏈創造競爭優勢。

（五）資料倉儲對供應鏈的支援

資料倉儲對供應鏈管理的支持主要有以下幾方面：

1. 資料倉儲是供應鏈決策和優化的基礎，為它們提供了資料支援。任何好的決策和優化都需要高品質的資料支援，一個決策和優化的正確程度取決於所使用的資料的準確程度。隨著競爭的加劇，需要在更短的時間內做出準確的決策，這就需要在短時內能夠儘可能地獲得相關資訊。同時，為了使決策更加科學，需要跨越的決策分支也變得越來越大，因此，需要有自動資料分析工具，以幫助減少精確分析大量資料所需的時間；同時，在進行供應鏈的計畫制訂過程中，資料倉儲也對 APS、CSP、LPS 等供應鏈的計畫子系統提供了分析資料。

2. 資料倉儲是 CRM 的基礎，它可用來鞏固客戶資料、檢驗客戶資料，例如：對真假貨的辨別、對信用卡真偽的鑑別…等，為市場盈利和競爭的分析，產品重新配置的分析，利潤核心的發掘以及公共資產的管理等提供高品質的資料。對於零售商來說，資料倉儲有助於確定客戶的資料特徵，例如：人口構成和購買習慣、確定購物方式等；對於製造商，可以利用資料倉儲的資料對自己生產的產品、產品的市場／銷售分佈、使用產品的客戶等諸多主題分析提供高品質的資料，來確定其產品和市場定位、銷售策略；對於銀行來說，資料倉儲有助於確定最有效益的客戶和最忠誠的客戶，對營利和風險進行分析等；對保險公司，可用資料倉儲的資料進行索賠分析，開發新服務的分析、客戶優劣分析和風險分析等；對電信公司，可用資料倉儲的資料來預測客戶消費趨勢和走向，潛在市場容量和商機等。

3. 資料倉儲是產品設計的基礎，資料倉儲可以為產品設計提供產品資料、市場資料和客戶使用資料，使設計人員能夠緊跟市場和客戶的需求與偏好，對產品及其原材料和零件以及其他因素進行設計分析，在儘量降低成本的情況下，為客戶開發出一流的產品和服務。

4. 資料倉儲是企業理財的基礎，它為企業的獲利能力、產品的獲利能力、市場區域的獲利能力…等，以及它們組合的綜合獲利能力分析提供有效資料，以實現企業資源的有效利用和低成本、高產出的運行；而成本分析也將借助它實現深層次地挖潛，進一步地降低成本；它還支持財務業務的資金分析和風險分析，這些都將有利於企業理財。

5. 資料倉儲為生產製造提供了強有力的支援，生產環節可以利用資料倉儲的有效資料來對過去幾年的生產情況、排產進度、技術路線和流水線運行以及產品的品質進行比較和分析，找出是什麼因素能導致生產率提高、成本的下降和品質提高；研究出它們的變化趨勢，以及這些變化趨勢對整個的利潤有什麼效果等；以此改進生產和品質控制過程，提高產量、降低成本。

　　此外，資料倉儲還為 SRM、LIS、HR 系統和這些業務環節提供了支援作用，幫助它們改進業務處理過程和削減成本，提高效率。其實，資料倉儲對供應鏈上的所有環節都具有支援作用，企業或供應鏈只要好好運用資料倉儲，將會獲得意想不到的收益。

 **第三節　資料探勘及其對供應鏈的支援**

一、資料探勘

（一）資料探勘的概念與起源

　　資料探勘指的是從大量的、不完全的、模糊的和隨機的實際應用的資料中，提取隱含在其中、人們事先不知道但又有一定價值的資訊和知識的過程，簡單地說，資料探勘是一種在資料庫或資料倉儲中尋找有價值資訊的過程。它是資料庫中知識發現 KDD(Knowledge Discover Dalabase)的最核心部分。

　　資料探勘時使用的資料有兩種來源，它可以是來自資料倉儲，也可以是直接來自資料庫。所有的資料都需要再次進行選擇，具體的選擇方式與任務有關。挖掘出的資料需進一步的評價才能最終成為有用的資訊，按照評價結果的不同，資料可能需要回饋到不同的階段，重新進行分析和計算。

　　資料探勘是先有了資料夾興起的技術。資料庫在建造時原本並不是設計以供人們挖掘的，它儲存著大量的資料，但要從中去尋找有價值的資料是一件相當困難的事情。然而，市場競爭卻迫使企業從大量的資料中去尋找價值、開發利潤，

這就需要一種新技術幫助企業快速地、方便地從資料中找出那些隱藏模式，並利用這些模式對業務進行預測和分析，以更好地開展業務，例如：在進行新產品的市場前景分析、競爭對手的分析和制訂銷售策略時，人們不得不奔波於企業內各部門和外部相關單位，進行溝通交流、搜集資料，在堆積如山的資料和無數的電腦視窗之間費盡心機尋找。在資訊資源高度豐富的同時，人們也對如何快速有效地整合資源、提取資訊困惑不已。

這種對資料價值的渴望驅動著企業不斷地去借助資訊技術改進對資料的處理和探勘，與此同時，資料庫技術和人工智慧技術也得到了長足的發展，人們將它們與其他技術結合起來，用於從大量資料中發現和探勘資料與知識，經過人們不斷地探索和嘗試，資料探勘技術便誕生了。資料探勘技術可以快速地挖掘、儲存和管理資料，幫助企業更有效地改進資料，找出以前無法探知的隱藏於重要業務資料中的資訊，從中獲取有價值的資訊，並憑藉它們洞察先機，獲取利潤。

（二）資料探勘的作用

資料探勘技術，就是對大量的資料進行精緻加工，從大量的資料中抽取出潛在的、不為人知的、有價值的資訊、模式和趨勢，然後，將它們以視覺化形式和易於理解的方式表達出來，為人們所用。其目的是為了提高預測的精確性、分析與決策的準確性，及時發現意外事件和控制可預見風險，通過競爭情報分析加強對競爭對手的了解，以及時調整競爭戰略。國外許多金融機構都採用了這一技術，它們在開發客戶、降低成本和風險控制方面獲得了顯著的成功，其運用範圍還有下列幾個領域：

1. 在金融領域中，DM 技術應用的價值還在於幫助金融企業分析影響其業務的關鍵因素，將市場和服務分成有意義的群組，挖掘如「平均一個優質／不良客戶能獲利／虧損多少，創新客戶的成本有多少」等資訊，從而幫助企業增加收入、降低成本，使管理決策更加科學，客戶分析更加精確。

2. 在銀行業，通過對客戶償還能力和信用的分類與分析，評出等級，減少放貸的盲目性，以提高資金的使用效率，制訂正確的金融政策；通過對資料的深層挖掘，可發現洗黑錢以及其他的犯罪活動，以採取措施加以防範。

3. 在保險業，採用 DM 可以對索賠資料進行探勘，防止欺詐行為，通過預測何種客戶將購買何種險種來開發新的保險業務；通過探勘客戶消費習性以策劃市場活動和制訂策略。

4. 在零售業，DM 有助於識別和找出客戶人口統計特徵間的聯繫和購買行為，發現顧客購買模式和趨勢，以改進服務品質，提高客戶的滿意程度，減少商業成本，提高利潤。

5. 在醫藥與保健業，採用 DM 找出病人行為特徵，找出各種疾病的成功醫療與預防方法，預測醫生工作量；對藥品和醫療儀器治癒資料的探勘能夠提高治癒率等等。

6. 在物流業，借助 DM 對運輸路徑、物流運行方式等作業資料進行探勘，可以支援 SCS 優化物流網路，在各條路線間制訂合理的運輸與配送計畫和最佳的物流作業方式，為客戶提供及時、可靠和滿意的物流服務。

7. 在電信業，利用 DM 對通話源、通話目標、通話量以及每天使用模式等資訊進行分析和探勘能夠更好地理解商業行為，確定電信模式，捕捉盜用行為，進行異常模式識別，以更好地利用資源和提高服務品質，降低成本和提供盈利。

　　上述只是 DM 應用的典型行業，還有如稅務、能源、房地產、證券、教育、製造業和政府等，DM 幾乎可用於所有的行業。目前，DM 的技術提供商業、研究機構和應用企業正在致力於各種探勘演算法和評價方法的研究，以努力提高各種演算法的性能，擴展資料探勘的應用領域，相信在不久的將來，它會在各行各業開花結果。

二、資料探勘對供應鏈管理的支援

（一）資料探勘的功能

　　資料探勘目前的功能主要有以下幾種：概念描述、關聯分析、分類和預測、聚類、檢測、演變分析。在進行探勘之前首先要明確的探勘任務，比如要進行分類、聚類或尋找關聯規則等，再根據這些任務來對所選擇資料進行預處理，然後再選擇具體的演算法進行探勘，最後要對探勘出來的模式進行評價，刪除其中重複的部分，將最後的結果展現出來。其具體功能如下所述：

1. 概念描述功能

　　它用來明確探勘任務，對探勘任務進行特徵化和區分。即用匯總的、簡潔的和精確的方式描述每個類和概念。例如，對銷售增加 15% 的產品的特徵進行研究。

2. 關聯分析功能

它可用來找出存在於各個條目間的相關性，而對記錄集進行操作。相關性可用某些規律來表示或發現關聯規則，這些規則展示了屬性值頻繁地在給定資料集中一起出現的條件。例如：超市的行銷可以通過對資料的分析得出啤酒與嬰兒尿布在擺放位置與相關銷售的關聯規則，來獲得這兩種商品的銷售關係。

3. 分類和預測功能

它是指對資料進行分類和預測，並通過對資料分類找出描述和區分資料類或概念的模型或函數，並使用模型預測類別，即未知的物件類。預測包含值預測和基於可用資料的分佈趨勢預測，例如：在銷售活動中根據商品的描述特性，如價格、品牌、產地、類型和種類等進行分類，然後，對每一類提供有組織的資料集，進行預測和判斷，其結果可以幫助企業理解它們對銷售活動的影響，以便今後設計更有效的銷售活動。

4. 聚類功能

它能對探勘物件根據最大化類的相似性和最小化類的相似性原則進行聚類或分組，所形成的每個聚類，可以看做是一個物件類，由它可以導出特定的規則。聚類能夠容易地實現分類編制，將觀察到的內容組織成類分層結構，把類似的事件組織、聯繫在一起。

5. 檢測功能

實現對孤立點進行的檢測，資料偏差常會導致探勘出含有錯誤資訊的資料，因此必須在執行資料探勘之前進行檢測和排除。

6. 演變分析功能

資料演變分析描述了某一行為隨時間變化的規律或趨勢，借助該功能，通過對某項業務進行演變可以得到它的發展趨勢，例如：對房地產交易資料的演變分析可以識別整個房地產市場和行情的演變規律，認識和把握這種規律可以幫助企業預測該市場價格的未來走向，對投資和市場開發做出決策。

（二）資料探勘對供應鏈管理的支援

在目前的供應鏈管理系統中幾乎都集合了對計畫、生產、運輸、產品銷售和客戶服務等進行資料探勘的技術，它能夠提供企業智慧的分析結果。特別是在以市場需求拉動的供應鏈終端，是資料探勘技術大有作為的市場，在巨大市場空間和浩瀚的客戶資料中，有著眾多的寶貴資源需要資料探勘去開採和利用。

在以客戶為中心的供應鏈中,客戶關係管理的目的就是提高客戶服務水準和客戶滿意度,開拓和擴大客戶族群。在 CRM 業務中,資料探勘內容涵蓋了客戶需求分析、忠誠度分析和等級評估分析,市場分析、產品和服務銷售分析等。具體包括:

1. 消費習慣和頻度、產品類型、服務和方式、交易歷史記錄、需求變化趨勢等因素分析。
2. 客戶服務持續時間、交易總數、客戶滿意程度、客戶地理位置分佈和消費心理等因素分析。
3. 客戶消費規模和行為、客戶訂單履約情況、客戶信用度等因素分析。
4. 市場佔有率/佔有率、潛在的機會和威脅、合作夥伴等因素分析。
5. 產品/服務銷售、區域市場、管道市場、季節銷售等因素分析。這些都能幫助企業維護好客戶關係,保證企業利潤的持續增長。

在供應鏈決策管理中,資料探勘為 SCS 提供了強有力的資料支援,使 SCS 能夠以任何主題、任意維數、針對任何類型及其組合進行分析,為做出科學的決策提供參考和資料。它的深層次資料探勘和從資料中探測趨勢和模式的功能,為 SCS 提供了鮮明的、具有獨特特徵的決策資料;它的查詢/報表書寫工具可用來生成各類資料表格,也為決策人員提供了直觀的分析環境和輸出方式。這些都支援了 SCS 做出更有價值的商業分析和指導企業發展的戰略決策。

在供應鏈管理的其他環節上,如設計、採購、生產、銷售、物流、財務和人事等,都能夠有效地利用資料探勘技術去完善各個業務流程。借助於資料探勘技術,能夠對產品、材料/零件等各種特性,對供應商的供貨行為、原材料/零件特性、採購契約內容…等,對生產線運行、技術路線安排、生產成本和生產率等因素,對資金流量、成本、獲利能力、風險等財務因素,對運輸方式和路線、物流網路、物流流程和配送安排等業務和因素進行分析,找出提高效率與效能以及減少成本的規律,使各項業務的計畫和流程更加合理,業務間的銜接更加緊密,整個供應鏈的回應速度更快,競爭力更高。

此外,資料探勘對供應鏈還有一個重要的支援,即提供競爭情報的行情和分析,競爭情報除了包括競爭對手的生產經營策略、組織結構體系、重大行銷活動、新產品研發計畫、產品結構等之外,還包括有國際產業經濟動態、國家宏觀經濟政策、產業結構調整方向、區域性優惠發展措施、國家品質評估體系等宏觀政策因素。宏觀經濟環境、市場需求動向和競爭對手情報等資訊資源左右著企業經營決策與宏觀發展規劃,也直接決定企業市場行銷策略的實施,所以,對宏觀資訊資源的整合利用以及競爭情報分析將成為企業級數資料探勘應用的重點。

由上可知，資料探勘在供應鏈管理中的作用就是強力支援以市場和客戶需求，以供應鏈決策為指導，為價值鏈上的各環節進行增值分析，並將分析結果迅速作用於供應鏈上每一個環節，優化環節間業務過程·改善供應鏈的運作，最終實現以客戶終端需求為導向的增值價值。

第四節　供應鏈的協同商務和產品協同商務

一、協同商務

（一）協同商務的概念

協同商務，是指企業內部人員、結合於整個供應鏈的業務夥伴、客戶之間通過 InIernel 與電子商務的協作，以實現整個供應鏈內及跨供應鏈進行的各種業務的合作與作用的共用，通過改變業務經營的模式與方式達到資源最充分利用為目的的業務交互過程。同時，協同商務也發展成為一種先進的資訊技術，能使供應鏈成員在同一個電子商務平台上交換和共用資訊，實現業務流程和資訊系統之間緊密整合，還能幫助企業快速找到滿意的合作夥伴。

協同商務概念從 2000 年初被 Ganner Group 提出以來，一直是企業訊息管理的焦點。協同商務的理論原型源自於 20 世紀 90 年代初虛擬組織理論。當時，在虛擬組織理論的指導下，各個獨立的企業之間建立動態的、跨企業的臨時合作組織，即企業動態聯盟供應鏈來完成某項特定的業務目標。由於經濟整合的加快，企業獲取資源和開拓業務的範圍擴大，同時也面臨著更加激烈的競爭市場，原來單打獨鬥的方式已難以應付這種複雜的經營環境，這都為供應鏈提供了廣闊的發展空間，使得虛擬組織的運行朝著「動態」和「跨企業」這兩個方向發展，迅速發展成為具有協同商務供應鏈的運行方式。

電子商務出現後，Garner Group 曾對電子商務的發展趨勢做出如下預測：「商務應用系統的下一輪發展將是支援「協同商務」。對於那些採用了協同化商務模型和解決方案的企業，其「協同商務」將為它們帶來高營業額和高利潤的回報。這種「協同商務」的發展將會在整個供應鏈，甚至在全球網路供應鏈上全面拓展，並將造就高度靈活、快速反映的虛擬企業，亦將在全球範圍內對原材料的開採、加工、產品設計、生產製造、分銷、運輸、配送、零售、市場及服務等商務模型和商務運作帶來變革。

（二）協同商務的特性

協同商務的主要特性有以下幾種：

1. 協同商務的本質是互補和協同

隨著全球性競爭日益加劇，企業也在不斷地調整自己的經營方式，更加注重長期效益和競爭優勢。為了獲取競爭優勢，就必須將協同商務納入供應鏈管理中，使企業之間、企業各業務單位之間能夠更緊密地合作，實現協同與互補。協同就是促進相互關聯、相互匹配的有效推動力，它整合了供應鏈和企業的實力，使供應鏈整體組合效能大於個體的功效之和，通過成員間的組合實現資源的充分共用，增加企業和供應鏈的競爭優化；而互補則能增強企業的核心競爭力，充分發展自己的關鍵業務，與供應鏈上其他合作夥伴實現資源、技術和業務互補，擴大資源的使用範圍來增加整體效能，在競爭中獲得優勢。

2. 協同商務具有強相關性

任何一個系統都是由各個組成部分構成，它們之間都存在著極強的關聯性。在供應鏈的業務協同運行中，組成和完成商務的各部分、各因素之間也具有這種關聯性，如企業之間，企業的各業務單元間、各業務環節間、各業務處理流程間、各種資源間、各個管理階層間以及各種計畫之間…等等。這些關聯性有內在的、外在的、長期的、短期的，緊密的、鬆散的、積極的和消極的，然而它們都會影響供應鏈的整體效益。因此，必須對它們進行充分研究，合理地解決，使各部門、各因素能夠在一個協同的環境下，充分得到利用，為供應鏈的穩定和高效運行貢獻功效。

3. 實現協同商務必須有資訊技術的支援

ERP 實現了對企業內部的資訊化孤島的整合，繼而出現了企業內部供應鏈，之後跨企業的供應鏈拆除了企業間的圍牆，將一個個企業資訊化孤島整合在一起，這些發展過程與資訊技術都是息息相關的。然而，如何使供應鏈上的業務緊密銜接和快速反應，實現協同運作，還是一個難題，這仍然需要資訊技術的支援。Internet、電子商務、基於 Web 技術的管理資訊系統，以及其他資訊技術的出現，使企業間的整合和協同成為可能，即時可靠的資訊傳遞和先進的連接方式實現了合作夥伴間的資訊共用，業務流程的緊密對接和資訊系統的強力集成，使企業可以更快捷地交流業務資訊，調整各自的計畫和執行過程，實現整個供應鏈的協同運作。因此，如果沒有資訊技術的有力支援，就無法實現協同商務。

4. 協同商務是創建企業持續競爭優勢的根本動力

隨著經濟全球化和電子商務的迅速發展，商務的重點也發生了轉移，從單純關注交易單一個環節向著關注網路環境下的商務主體和商務活動的全過程轉移，而商務活動的全過程要涉及到諸多方面之間的協同運作，即整個供應鏈以及與其相關環節之間的協同。影響企業運作模式和關鍵業務的協同因素有許多，例如：核心競爭能力、資源利用能力、中心業務的調整、業務剝離與外包、業務聯盟的建立和夥伴間的協作等，這些都將決定企業的持續競爭能力。只有做好各個方面的協同，讓企業間、部門間、業務流程間等各項業務能夠緊密銜接，相互協調，才能將單個業務單元、單個企業孤立游離的核心競爭力整合起來，通過貢獻各自獨特的核心競爭力而形成其有強勁競爭優勢的核心競爭鏈，更好地滿足市場的需要，從而獲取更大的利潤。

5. 協同商務具有聚合和集成的特殊目標

協同商務主要是朝著聚合(Aggregation)和集成(Integration)兩個目標發展。聚合是指建立更加廣泛的商業合作夥伴關係，使這些合作夥伴在供應鏈上共同開展業務，共擔風險，共用營利，供應鏈和電子商務平台的運作都具有較高的這種聚合度。集成是指在合作夥伴之間採用更加有效的整合技術使商業過程實現緊密銜接。從供應鏈的業務和資訊集成的角度來看，集成共有五個層次：資料集成D2D(Data to Data)、過程集成 P2P(Process to Process)、應用集成 A2A(Application to Application)、業務集成 B2B(Business to business)和價值集成 V2V(value to Value)。其中，價值集成是集成的最高層次，它被定義為共用相同市場領域的多個企業，透過合作進行商品、服務和資訊的計畫、執行和管理，進而不斷增加客戶可察覺的價值以及僵化價值鏈的效率。

（三）協同商務的作用

在供應鏈上，協同貫穿於所有的環節和所有的業務中，並發揮了下列的作用：

1. 在運作方面，需要一個能夠擁有時間、場所、人員和資訊，來實現協同工作的統合工作環境，協同商務技術能夠充分利用其聚合性與集成性，通過 Internet和其他資訊技術跨越時間和空間來實現資訊互通和共用。突破時空的侷限，來提升人力資源的效用，並增加資訊的價值，這種「協作空間」為供應鏈創造一個溝通上下游關係，其連結了合作夥伴，形成一個即時、友好、方便處理問題和資訊交流的協同環境。

2. 在業務成員間，遵循協同商務合作與互補的原則，可建立起綿密的互補關係以達到業務互補和資源分享，利用資訊技術達到即時地交流資訊，實現雙贏。

3. 在業務鏈裡，對所有的業務，根據其業務間的關聯性，採用協同技術 建立起橫向的協同業務鏈，以實現協同供應、協同製造、協同行銷、協同物流和協同服務等業務，以使這些業務之間銜接更緊密、回應更敏捷，並能實現互動並進的協同連作，來增強供應鏈的競爭實力。

同樣，在企業內部，協同及其作用也是無虞不在，其分別為：

1. 在業務單位之間、越過交叉協同技術來協調它們的目標，統一它們的步伐，使它們與企業的總目標相一致，實現業務和資訊的無縫整合、有效地平衡和利用企業資源。

2. 在企業策略及決策方面，通過縱向協同技術對不同層次和不同時期的決策與計畫進行協調，使它們更科學、更合理、相互間實現協調、互補和促進，以不斷為企業製造持續的競爭優勢。

因此，為了完成上述協同任務，一個完善的電子協作環境至少應該提供以下的關鍵功能：即提供安全可靠，多樣化的資訊環境，包括資料安全、認證、同步通訊、非同步通訊以及多種通訊方式的整合，對業務、流程、應用和價值的整合，提供便於整合的協作工作空間、網路環境和技術的支撐，以充分發揮其他資訊系統的優勢，強化企業的核心價值和競爭力。

協同商務幫助供應鏈和企業實現的目標有：

1. 創造更多的商業機會，改造企業內部和外部的工作流程。
2. 提高整體工作的有效性和效益。
3. 加強供應鏈和企業快速回應能力，快速回應對各種可能的變化和突發事件。
4. 合理的分配資源、降低供應鏈的業務協作成本和企業內部運營成本。
5. 提高供應鏈和企業的產品和服務創新能力，增強其競爭能力。

二、協同產品商務

（一）協同產品商務

協同產品商務 CPC(Collaborative Product Commerce)的概念和起源美國 Aberdeen Group 諮詢公司在 1999 年率先提出了協同產品商務的概念。協同產品商務 CPC 的定義為：「協同產品商務是指一種軟體和服務，它使用 Internet 技術，使每個相關人員在產品的生產週期內互相協同地對產品進行開發、製造和管理，不管這些人員在產品的商業化過程中擔任什麼樣的角色？使用什麼電腦工具？身處的地理位置或處在供應鏈的什麼環節？

　　從定義上看，CPC 是一個涉及產品開發過程、全局協同過程和商業合作過程的解決方案。它利用 Internet 等技術，涵蓋產品開發的整個生產週期，將客戶產品需求與供應商緊密聯繫在一起，將產品從概念設計、計算分析、詳細設計、技術流程設計、加工製造、銷售維護直到產品消失整個生產過期內各階段的相關資料和流程，按照一定的模式進行定義、組織和協同管理，使產品資料和流程在其生產週期內保持一致和共用。CPC 為整個供應鏈提供了暢通無阻的產品資料和經營資料平台，供內部人員、外部合作夥伴和客戶共用產品和管理的資訊流，使分佈在供應鏈上採用不同工具的個體能夠共同完成產品的開發、製造和產品生產週期的管理。它強調資訊技術在產品的生產週期中的利用，從全程供應鏈的角度協同整合整個供應鏈上各節點、各分佈個體、各種系統和各相關資源，進行產品的開發、製造和管理，最終提供客戶最需要的產品和服務。

　　從技術上說，CPC 是企業產品和流程的戰略性資訊源，是企業之間關於產品管理的動態交互協作環境，也是資料和系統集成的框架，它包含以下的理念：
1. 對產品價值鏈的整體優化。
2. 以敏捷的產品創新為目的。
3. 它迅速捕獲市場需求。
4. 以協作為基礎。
5. 以產品設計為中心進行資訊的聚焦。

（二）協同產品商務的發展階段

　　CPC 有以下三個發展階段：

1. 輔助 CAD 的資料管理階段

　　在 PDM 產品資料管理系統出現以前，由於 CAD 在製造業中的廣泛應用，越來越多的設計資料需要花費大量的時間去查找，產生了對電子資料和案件的存儲與查詢進行管理的迫切需求，為此，各 CAD 廠商配台自己的 CAD 軟體推出了第一代的資料管理產品，其目的主要是解決大量電子資料的存儲和管理問題，提供了維護電子圖庫的功能，主要表現形式為各類檔案管理或圖紙管理軟體系統等。

2. 產品資料管理 PDM 階段

　　隨著設計對產品資料的進一步需求，出現了專業化的第二代資料管理 PDM 產品，PDM 新增了許多功能，如對產品生產週期內各種資料的管理，對產品結構與配置的管理，對電子資料的發佈和工程更改的控制，基於成組技術的案件分

類管理與查詢等。同時軟體的整合能力和開放程度也有了較大的提高，少數 PDM 實現了企業級的資訊和過程集成。

3. 協同產品商務階段

CPC 的出現標誌著第三代資料管理產品的誕生。CPC 解決方案是一個完全建立在 Internet 的平台，基於分散式計算框架的聯盟結構，以及建立在 CORBA 和 Java 技術基礎上的革命性產品。它是基於產品主線開展的協同商，其發展過程如表 15-4：

表 15-4　CPC 的發展過程

	20 世紀 80 年代	20 世紀 80 年代	21 世紀
競爭焦點	利潤	市場佔有率	市場規模
產品研發策略	低成本	上市時間	產品創新
產品研發組織	部門制	跨部門團隊	跨企業產品鏈
產品研發平台	CAD／CAE／CAM	企業的產品研發平台	跨企業的產品研發平台
產品研發流程	串列設計流程	並行工程	企業間協作

（三）協同產品商務的功能

一般來說，CPC 在網際網路上實現的主要功能包括：檔案管理、版本管理、流程管理、產品結構管理、掛術協同管理、零件管理、需求管理和研發專案管理……等，同時在它的平台上結合 CAD／CAP／CAM／CAT 和資料會儲等技術以及 SRM 和其他供應鏈管理元件，還可以完成原料的選用、產品建模、產品的主程分析、結構化和非結構化分析、產品決策、視覺化分析，以及所有其他在產品生命週期過程中增加價值的分析等任務。

被授權的 CPC 系統用戶以使用任何一種標準的瀏覽器查看供應鏈管理系統裡的產品資訊，這一系統可對一組分散的異構產品開發資源進行操作。一般這些資源位於各個資料庫或資料倉儲中，並且由相互獨立的系統來管理和維護，其重要特點在於將資料和應用功能的鬆散耦合方式整合為一種不依賴資料通用性，來保證個體間相互協作的統一的資料模型，從而使與產品相關的業務資訊與流程之間的整合變得容易實現。顧客也可以透過網際網路對自己喜歡的產品進行客製化訂製，直接在客戶端輸入客戶的資訊，該資訊就會立即傳遞到 CPC 平台和供應鏈的銷售管理與訂單處理單元。產品資訊經 CPC 處理，經 SCM 完成供需平衡和配置，並組織好原料／元件後，發送生產指令至生產工廠，在 APS 和 SCP 等的管理之下完成產品的組裝生產任務。CPC 的功能與工作原理如圖 15-4 手示：

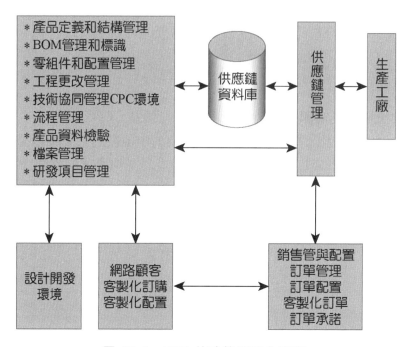

圖 15-4　CPC 的功能和工作原理

　　要想建立滿足 CPC 需要的協同產品研發管理體系，包括針對敏捷協同產品創新的產品策略、組織、績效、流程等各方面，需要加強與外部的聯繫和合作，形成敏捷協同的產品研發網路，該網路也是實現產品價值鏈整合的平台，但是，如果想要達到真正的價值鏈整合，還需要解決企業之間的協同運作，這裡的協同不僅包括人與人之間，而且還包括了人與設施、設施與設施之間的相互溝通。

（四）協同產品商務為企業帶來的效益

　　製造業應用協同產品商務，可以使產品開發突破以往的固有模式。且以跨部門、跨企業的協同工作方式，向企業產品價值鏈上的供應商、製造合作夥伴以及顧客開放產品開發過程，從而讓企業能夠在不同的地點即時地進行產品開發，並對過程中的每一環節進行控制，Internet 和電子商務等技術的發展，更使跨企業的產品研發平台在 CPC 平台上成為可能。企業可以主動地採取大規模定制、全球化 OED 設計外包和 OEM 生產外包等協作策略，能縮短研製週期和提高工作效率，獲得上市時間更短、成本更低和更快的需求反應，更敏捷地滿足顧客不斷變化的需求，同時，CPC 能夠進一步引導供應鏈上的供應廠商提高其產品品質，並使全體成員架構出更好的行銷策略，提高協同工作能力，快速超越其競爭對手，提高產品的競爭能力，獲得戰略利益。

　　如果說 CPC 的潛力是在幫助企業實現一種跨企業、跨平行的協同設計與開發的工作模式，那麼「提高產品設計效率」是 CPC 最明顯的功能表現，Ganter Group 的資料顯示，企業運用 CAD／CAM／CAE 等專業工具來提高產品設計效率在 10%~20% 之間，由此取得的競爭優勢最多只能維持 1 年。企業運用 PDM 等系統可以縮短產品開發週期的 30%，企業由此取得的競爭優勢能持續 2 年半；然而，企業實施 CPC 系統管理帶來的將是戰略性的產品創新，因此取得的競爭優勢能持續近 5 年。事實上，CPC 為企業帶來了相當豐富的效益

　　DELL 公司的 CPC 系統已經擁有約 3,300 家內部用戶、120 家供應商，系統管理了約 250,000 個料件號以及 20,000 份檔案。通過內部及與供應商的協作，工程更改的效率大大提高，工程更改管理的人力節約了 30%，平均工程更改管理時間縮短了 50%。平均每月 DELL 要處理超過屯 4,000 個工程更改指令，涉及超過 20,000 個料件，且「產品資料校測器」每月能捕捉超過 8,500 個錯誤，大幅提高了資料的準確性，且提高了往返修改的效率。

　　HP 公司實施 CPC 的目標量希望通過它來提高設計品質，快速執行工程更改、以及時地糾正設計偏差、使產品應市週期縮短一半，產品的成本降低一半，並通過整合內部多種 PDM 系統建立統一的產品設計平台，在企業與合作夥伴間實施技術狀態管理規範和建立以 CPC 執行方針的跨企業的協同環境之後，獲得了意想不到的收益。以工程更改單為例，過去，HP 每年處理大約 50,000 次，實施 CPC 之後，這個數字減少了約 20%，而且平均完成週期由 34 天減少到 18 天，每項訂單執行的人力成本節約 40%，僅此一項每年為惠普帶來的收益超過 1,400 萬美元。

　　由此可見，CPC 系統在改善供應鍊的產品鏈運作和製造業企業加快產品設計和投入市場方面的潛力是不容置疑的，由此可知，CPC 可以提高企業和整個供應鏈的競爭實力，以獲取更多的效益。

 第五節　商業智慧

一、商業智慧的內涵

（一）商業智慧(Business Intelligence, BI)的概念

商業智慧 BI 是指把企業普通的、分散的各種資料集中在一起，以通過特定的方法進行分析，及時轉換為企業管理者感興趣的資訊或知識，並以各種方式展示出分析的結果，為現存的業務提出新的見解或指出新的商機，其最終的目標是幫助管理者做出更科學的決策和幫助企業獲取更多的利潤。

商業智慧系統的根基是企業各功能運作的基礎基效指標，這些指標來自於供應鏈和企業的各項業務，例如：供應、採購、生產、物流、市場、銷售、服務和財務等業務的執行情況，它們是從供應鏈和企業管理系統中「萃取」出來。

BI 系統的績效資訊架構能根據基礎指標設定企業目標，計算關鍵績效指標 KPIS，並即時對指標資訊進行智慧處理，將處理後的資訊提供給管理人員，進一步分析和做出決策。其分述如下：

從實現的再度來說，BI 是指企業的決策者以企業中的資料倉儲為基礎，經由 OLAP 工具、資料探勘工具等，加上決策規劃人員的專業知識。從資料中獲得有明的資訊，幫助企業獲取利潤。

從應用的角度看，BI 幫助管理人員對商業資料運行 OLAP 和資料探勘，例如：預測韓展趨勢、輔助決策。對顧客進行分類，以挖掘潛在客戶，即時將績效指標與企業目標相比較，再根據差距採取和調整對策……等等。從資料的角度看，BI 使得很多事務性的資料經過抽取、轉換之後存入資料倉儲，在經過聚集、切片或者聚類、分類等操作之後形成有用的資訊、規則，來幫助企業的決策者進行正確的決策。

（二）商業智慧的組成

支援商業智慧和商業智慧系統的三大支柱是資料倉儲、線上分析處理 OLAP 和資料探勘技術。BI 系統的結構和系統中各部分之間的關係，如圖 15-5 所示。從圖中可以看出，資料倉儲是 EI 的基礎，線上分析處理和資料探勘是資料倉儲上的兩個不同目的的資料增值操作。線上分析工具是資料匯集，聚集工具，它提供切片、切塊、下鑽、上捲和旋轉等賀料分析操作，並能簡化資料分析的工作。資料探勘支援知識發現，包括找出隱藏的模式和關聯、構造分析模型，進行分類

和預測，並用視覺化工具提供挖掘結果，資料分析工具和資料探勘工具可以配合使用，資料分析為資料探勘提供預期的探勘物件和目標，以避免探勘的盲目性；因此，資料倉儲、OLAP 和資料探勘技術是企業商業智慧的三大支柱。

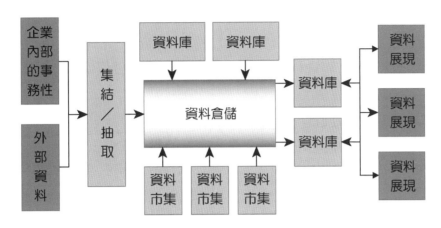

圖 15-5　智慧商務的結構和組成部分

　　人們在談論商業智慧的時候，都會很自然地將它與資料倉儲聯想在一起，但是它們二者的關係是「有資料倉儲不一定有商業智慧，但是如果沒有資料倉儲，商業智慧工具就無法完全發揮其功效。」因此，商業智慧是在資料倉儲基礎上的應用，這是因為「資料庫的事務處理資料是未經過加工和修飾的資料，它是交易資料庫的一項記錄，同時，資料倉儲的資訊是含有一定量商務資訊和意義的資料，它是經過提煉、加工和整合的資料。」資料倉儲的智慧是把資訊提高到一個更高的層次。資料和資訊是無生命的，而智慧對業務的深入分析和見解被更多的人分享後，就會形成一種非常強大的力量。

　　透過資料倉儲，商業智慧系統可擷取並正確載入原始資料，並以 WEB 介面為管理人員提供分析與查詢資訊。當從其他系統載入資訊時，可能需要對資訊進行格式轉換，以合併至單一資料庫，為了支援商業智慧，資料倉儲本身可能要管理大量資料，並具有對複雜資料高效能的查詢功能，資料分析與查詢可應用各種先進技術，例如：即時隨意查詢、多維度矩陣析和假設性問題分析等；除此之外，系統還需要建立安全機制，賦予不同使用者以不同的許可權，獲得不同程度的資訊，隨著電子商務的不斷發展，融合了 OLAP、DW 和 DM 技術的電子智慧中心已經成為商業智慧的標準成分和神經中樞，它可以輔助企業進行商業分析與決策，並且為商業智慧解決方案提供統一的、基於時區的、易於融合、各種資料源和應用系統的介面。

（三）實現商業智慧的業務規則和條件

　　部署 EI 的關鍵是建立靈活的業務規則管理系統，該系統可以形成和發佈各種業務規則，就像一個資訊中繼站，涵蓋與用戶有關的所有活動，提高與客戶的互動性能，透過與顧客的互動，企業可以在計畫執行上與客戶同步，而不僅僅是在資料上與客戶同步。形成和評估規則以及其他智慧行為都包括在這個系統中，由於能夠即時地對變化的資料流程進行管理，系統不用再依賴於批次處理方式產生的資料。

　　下面是這種業務規則管理系統心理滿足的要求：
1. 很高的性能和可伸縮的結構，能支援大容量的事務處理。
2. 在即時環境中進行智慧化處理，而且這個過程只依賴於業務規則所要求的資料。
3. 具有維護簡便的結構，可以很容易的適應資料屬性和業務規則的改變。
4. 可以為分析人員提供簡便的工具，用來創建業務規則並保證其有效性。
5. 能夠從來自不同管道的眾多資料源中總結出現則。
6. 具有較好的利用已有資料儲存、資料倉儲和資料中心的能力。
7. 具有交叉引用和重複使用業務規則的靈活性。
8. 當基礎資料結構發生變化時，能夠簡單地、快速地檢驗已經存在的規則。

　　BI 的業務規則共有五種類型，它們是：
1. **約束型規則**：它用來評估資料價值並進行行為的約束。
2. **仿真型規則**：它用來評估資料價值並發佈例外警告。
3. **計算型規則**：它是在已知資料評估或其他規則推論結果的基礎上，應用公式獲得新的資料評估。
4. **推論型規則**：它是通過測試的條件導出結論。
5. **行動授權規則**：它是在發起活動之而評估資料的價值。

　　規則可以由人來制訂或者從集成分析應用中輸入，由人制訂的業務規則必須確保所有的規則都有效，而且在業務規則使用的資料發生變化時，已有的業務規則仍然必須保持有效。要獲得這種有效性，業務規則庫必須存放在資料庫，它可以被規則觸發引擎並被業務規則的制訂所使用，根據這些規則，通過觸發引擎可以對某項業務流程進行操作。

在銷售過程中典型的即時觸發規則類型有以下 5 種：

1. **簡單觸發規則**：它是使用計數之類的條件來觸發某種用應的規則。

2. **順序觸發規則**：它是使事件必須以特殊的順序發生才引起反應的規則。

3. **人口計算規則**：它是指採用特定的分類、評估和描述技術，通過對客戶的比較獲得客戶價值與特徵的定量評估。例如：A 客戶在高頻率、高價值的零售購物者中排行第×位。

4. **客戶計算規則**：通過對歷史資料的分析，產生對每個客戶進行評估的模型，例如：B 客戶的價值是每年 2 千萬美元。

5. **組合計算規則**：它是用多個規則產生一個新的規則，例如：如果預定的其他事情都已發生，而且客戶在零售購物總額中的佔有率超過 10%，那就觸發某一事件。

然而，BI 的運行要有一定的基礎，企業應用 BI 系統至少應該具備以下三個條件：

1. 用戶的資料積累已達到一定規模

從分析的角度來說，資料量少是無法達到分析的預期結果的，更何況從 BI 的角度來說本身就是要從用戶的歷史資料中分析出潛在的問題，找出商機。台灣在資料積累方面做得比較好的有政府機構、零售業、金融業、大型現代化的製造業、電信業。

2. 用戶面臨激烈的市場競爭

由於競爭激烈，使得用戶對歷史資料的分析發生直接的興趣，這往往是使用 BI 和倉儲的原因，就台灣而言，面臨激烈競爭的行業包括大製造業、零售、電信及金融業……等。

3. 用戶在 IT 方面必須有足夠的的資金

BI 和資料儲系統需要投入比較多的資金，才能建立 BI 和其他相關的系統，達到它的功效，然而，這部分的行業如政府單位、大型製造業、零售業、電信業、金融業等才具有這種資金優勢。

二、商業智慧的功能、作用和應用

（一）商業智慧的管理方式和功能

一般來說，商業智慧採用的是協助管理模式，它主要有下三種形式：

1. 基於目標的管理方式

這種管理方式是商業智慧系統基於企業內部所有業務的資料，以及取自企業外部的相關業務資料，根據企業的多種戰略和策略目標，來分析和計算跨組標的績效指標，並將這些指標與同行業或企業標準相比較，以及對企業戰略和目標進行調整，使企業具有持續發展的競爭優勢。

2. 基於例外的管理方式

這種管理方式是商業智慧系統透過持續地分析和計算各種績效目標，通過監測它們與計畫目標的偏差來對例外事件進行監控和管理，當偏差過大時，系統會立即以各種通訊方式，通知管理人員採取相應的措施加以解決。例外管理可與工作流技術相結合，以實現整個例外處理的自動化。

3. 基於事實的管理方式

無論是目標或例外，背後支持的力量皆來自於企業的事實。維持企業營運 ERP 或其他管理系統，在日常的業務處理之中部累積了無數的事實與資訊，基於事實的管理方式就是將企業目標與例外事實相結合，對日常業務事件進行檢測，以使管理人員得以進一步分析原因或趨勢、查詢並探測相關資訊。

由於市場競爭越來越激烈，企業不能再無視離線資料集成所造成的侷限性和不利因素，必須將其顧客的資料智慧化地融入其操作環境，以協同的方式滿足顧客各個方面的需求，實施 BI 不僅僅是資料的整合，且是真正的關心客戶，使自己轉型為更具競爭優勢的企業；為此，商業智慧系統必須具有如下功能：

1. 預先定義查詢與報告

它是根據業務智慧處理的目的、所需資料的特點以及輸出形式、預先訂定查詢與報告。

2. 查詢和分析

它可以利用 SQL 來獲取查詢和報告的資料，並利用各種分析工具對資料進行分析，例如：以報告或圖形來查看與分析潛在顧客及其業務可能帶來的收益，並通過預先定義好的圖表來進行潛在顧客和業務的傳遞路徑分析。

3. 資料傳輸

它是將資料傳送到企業或供應鏈其他元件中，為其他業務提供資訊，例如：送到 SCS 去支援決策和優化業務，送至 APS 和 SCP 的預測和計畫組件去完成計畫的制訂和優化，以及送到企業運行狀態顯示器，去監視業務過程和提供預警資訊…等等。

此外，商業決策要求決策系統要以最快的速度、最簡便的方式對各個層次的資料進行分析、查詢等各種操作，傳統的方法已經不能為企業帶來新的商機與業務模式，但是 BI 的功能不僅僅是簡單地提取資料，而且可以以經營業績為導向，將資訊從資料中提取出來，並及時地發佈出去，為商務決策以及其他供應鏈業務提供支援和服務。

（二）商業智慧的作用

商業智慧是一種具有智慧及優化功能的管理系統，它打破了以往那些只能針對異常事件做出反應的管理模式之侷限，並具備了一系列新的作用，其分述如下：

1. 它下僅能為企業管理提供資訊分析，還能支援智慧化的資訊處理，幫助企業從簡單的資料處理業務提升到智慧的資訊分析，使管理人員可以按照設定好的目標去尋找一種最佳的方案並迅速執行，如此一來，就可以緊緊跟隨，甚至可達到超前於市場的需求變化，以科學、快速地做出決策，調整和改變原有的計畫，並以最快的速度執行這些變化，例如：業務智慧處理功能能夠對日常業務作智慧化業務過濾和處理，它對所有的業務自動進行識別，將普通業務與異常業務區分開來，把普通業務留給系統按設定好的流程和方法進行正常處理，把過濾出來的異常業務和特例業務進行提升，做為例外處理。在處理特例業務過程中，常用神經網路技術，自學習／適應技術、知識管理和學習曲線等技術，可使異常業務向普通業務轉移，從經驗中學習和獲得知識，以及處理方法，為它們在系統中設置好處理流程和解決方法，將它們轉變為普通業務，交由系統自動完成處理。

2. 在先進的資訊技術為人們提供了廣泛查詢資訊之便利條件的同時。所帶來的巨大訊息量也是人力處理所不能完成的，許多管理者每天都被淹沒在資訊的海洋中。因此，資訊管理系統中必須具有對大量資料的智慧化處理功能，才能協助人們有效地完成各項管理工作。智慧化資料分析功能可以自動對大量資料、資訊進行分析，再對分析的結果做出判斷，對於超出正常值範圍的異常狀況，包括好、壞兩方面做出解釋說明。並對異常狀況進行預測和分析，

判斷它將會對企業的業務產生何種影響？隨之給予建議的應對措施；對內，可以提供對採購、生產、人事和財務等業務的分析功能，這些功能可以進行交叉分析和多維分析，以提高它們的效率；對外，由於外部環境的變化會影響到企業的計畫制訂，變數增加和加速都為企業制訂各種計畫帶來難度、如果缺少有效的工具，就無法實現有效管理和快速回應。

因此，BI 能夠幫助建立對供應商、客戶、競爭對手和市場等的動態分析，不斷地調整原有的計畫，支援企業的管理決策活動；同時，商業智慧也為企業實現整體供應班的協同運作提供了支援和幫助。

（三）商業智慧的應用前景

BI 軟體市場在最近幾年得到迅速增長。從全球範圍來看，據 IDC 預測，在 2010 年前，這個市場將以 27%的年均增長率發展，屆時將會達到 118 億美元。在這個市場中，以終端用戶查詢、報告和 OLAP 工具的應用佔主體，達到 65%，亞太地區 BI 軟體市場將以每年月的速度增長，到 2006 年將達 33 億美元，根據預測，2006 年整個台灣地區 BI 市場的規模將達到 142 億元新台幣，增長率高達 40%，許多企業都希望從它們的 ERP、CRM、SCM 和其他系統中發掘他們的資料資產，因此對 BI 軟體的需求正在急速增加。

目前，BI 應用如下：

1. 在應用方面，BI 目前主要集中在政府、大型製造業、金融、零售和電信等行業，在政府部門中，一些業務如財政、稅務、工商、海關、統計、社會保險等都是開展 BI 應用的重點領域。這是由於，它們一方面掌握和控制著國家的財政命脈；另一方面許多業務直接面對龐大的企業和顧客，牽涉到他們的切身利益，這些政府部門的資訊化開展得較早，資訊積累較完善，又有國家財政的支持，有開展 EI 的必要性，且能獲得良好支持。

2. 在大型製造業，由於產品種類繁多、市場涵蓋面廣、顧客族群大，以及許多企業是跨區、跨國經營的企業，其需要處理的資料量大而複雜，在競爭的壓力下，迫使他們對自己所積累的歷史資料進行智慧處理與分析，讓它們為企業的未來創造出應有的價值，因而對 BI 也會有較大的需求。

3. 在零售業，由於當今的零售業在不斷擴大規模的同時所面臨的競爭也變得更加激烈、許多企業資訊化建設開展得較早，積累了大量的用戶資料，同時是它們面對的是浩瀚的消費者的各種資訊，亟待有智慧化的分析工具對這些資料做進一步的價值探勘，一些開展網路銷售的企業更是如此，採用 BI 來進行

資料升級已經是迫在眉睫的需求，例如：在金融業，銀行、證券和保險業都面臨著越來越激烈的市場競爭，同樣也都具有客戶多、資料量大，通過對資料的處理和分析可以獲得顯著效益等特點，為了擴大和保住客戶，開發新的服務，有著巨大發揮作用的潛力和應用的空間。目前，越來越多的金融企業已認識到了這一點，相信 BI 的應用也會越來越廣。

在電信業，由於每天企業間、個人間交流的資料量現模大且關係複雜，資料價值也極為寶貴，經過日積月累已經有了一個相當大的資料基礎，為了讓這些歷史資料發揮作用、創造商機，急需利用 BI 來提升資料的價值及增強電信企業的競爭力。

此外，BI 還將在各行各業中發揮作用，對資料進行快速和準確的分析，做出更好的商業決策。為企業帶來競爭優勢。商業智慧為一種新的企業資訊化管理系統和工具，他將與其他資訊系統一樣，成為企業保持持續競爭優勢的不可缺少的好幫手。

 **第六節　企業應用與整合**

一、企業應用整合

（一）企業應用整合的概念

1. 企業應用整合理的定義

隨著企業資訊化的不斷發展，企業所用的資訊系統也越來越多，應用的範圍也越來越廣，儘管這些系統關注於不同的領域，但是其相互之間在功能上有相互交叉和連接的地方，必須考慮這些系統的整合問題；因比，必須將這些應用系統整合起來，以實現它們的整體系統運行。

在討論企業應用整合之前，我們先來談談整合的概念。所謂整合，是指將基於資訊技術的資源及應用聚集成一個協同工作的整體，包括功能交互、資訊共用以及資料通訊三個方面的管理與控制，簡單地說，整合主要包含資訊層面和應用層面兩個層面。

企業應用整合 EAI(Enterprise Application Integration)，其又稱企業應用集成，EAI 能夠將業務流程、應用軟體、硬體和標準等連接起來。在一個企業內或

更多的企業系統之間整合，使它們就如同一個個體般的進行業務處理和資訊共用。EAI 可以整合企業內的資訊系統，也能夠整合供應鏈上企業間的資訊系統，例如：B2B 的電子商務。簡單地說，EAI 是企業資訊系統整合的科學方法和技術，其目的就是將企業內部或企業之間的應用彼此連接起來，如圖 15-6 所示：

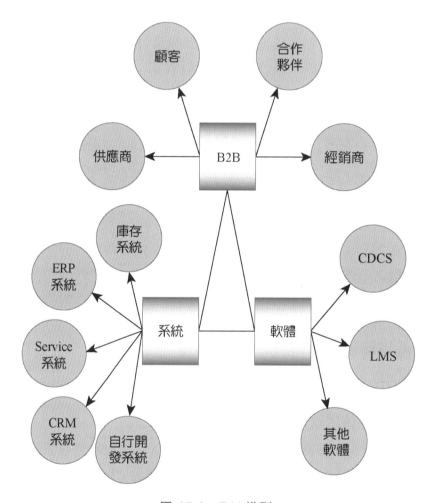

圖 15-6　EAI 模型

（二）企業應用 EAI

　　EAI 的內容很複雜，其涉及到結構、硬體、軟體、平台、資料、流程、應用，以及標準等企業系統在各個層面的應用。

　　整合是指使兩個以上的應用系統中的資料和程式來實現接近即時的集成，例如：在一些 B2B 業務中用來實現 CRM 系流與企業後端應用和 WEB 的整合，建構出能夠充分利用多個業務系統資源的電子商務網站。

　　業務流程將兩個以上的企業或供應鏈上的業務過程緊密地結合在一起,使它們能夠以最短的延時、最快的回應來緊密地銜接。當對業務過程進行集成的時候,企業必須在各種業務系統中定義、授權和管理各種業務資訊的交換,以便改進操作、減少成本和提高回應速度。業務流程整合包括業務管理、進程類比以及綜合業務、流程、組織和進出資訊的工作流,還包括業務處理中每一步都需要的一些工具;同時,將 EAI 與工作流結合,使不同的業務過程能夠形成一個順暢運行的業務流。

　　資料整合是為了完成應用整合和業務過程整合,但是,首先必須解決資料和資料庫的整合,在整合之前,必須先對資料進行標識及編錄,同時,也必須確定資料模型。在經過這個步驟之後,資料才能在資料庫系統中分佈和共用。

　　標準整合是為了實現完全的資料整合,需要在整合二者前選擇資料的標準格式。整合的標準化促成了資訊和業務資料的共用和分佈,構成了企業應用整合的核心,包括:COM、DCOM、CORBA、EDI、JAVA、RMI 和 XML。

　　平台整合是指要為了實現系統的整合,因此,必須完成底層結構、軟體、硬體以及異構網路的特殊需求等的整合,此為 EAI 提供一個可以運行的平台,同時,平台整合需要運行工具來處理一些過程,以保證這些系統進行快速安全的通訊。

(三) EMI 的起源和發展

　　在 20 世紀 60~70 年代期間,企業的應用大多是用來替代重複性勞動的一些簡單設計。當時並據有考慮到企業資料的集成,唯一的目標就是用電腦代替一些孤立的、費時的工作環節;到了 20 世紀 80 年代,有些企業開始意識到應用整合的價值和必要性,之後,就有許多企業也試圖在企業系統整體概念的指導下對已經存在的應用進行重新檢討,以便讓它們整合在一起,然而,這種努力收效甚微。

　　在 20 世紀 90 年代後,ERP 應用的盛行,SCM 和其他應用系統的出現,也要求系統和它們的應用能夠連接在一起,並能支援已經存在的應用和資料,因造就了 EAI 的誕生並發展了起來。

　　EAI 的發展是合乎邏緝的,最初,企業利用伺服器的技術實現了 ERP 的應用,但後來又認識到整合多種業務處理的好處,其他推動 EAI 市場的因素還有各種應用軟體,例如:CRM、CRM、LIS、EC、BI、CPC 以及 WEB 應用整合…等應用的擴展,使得業務資料儲存無規則,常常使得資料不一致,也沒有進行整體管理、分所和探勘,而且沒有制訂統一的標準,以及介面多、外掛系統多…等不良狀況。造成可擴充性差、維護難度大和不利於統一管理…等諸多問題,所以必須以 EAI 來加以解決。

目前，EAI 已發展成為一種產業，現代的企業應用系統，例如：CRM、ERP、CAM、CAD…等，在某種程度上還存在某些自動化孤島現象；同時，Internet 和電子商務的發展對這些自動化孤島提出了集成的要求，EAI 方案正是這種需求的結果，它主要致力於業務過程中應用和應用之間的資料和業務的集成。

二、企業應用整合的應用

（一）EAI 在企業的應用

在 EAI 出現以前，孤島的資訊系統無法提供跨企業、跨部門、跨系統…等等完整的綜合資訊，也無法實現即時的資訊存取和對業務流程的透視，亦即無法實現對顧客、供應商、產品、市場和財務等業務的全面管理。在 EAI 出現之後，一些大型企業開始它的應用，並試圖改善這僅分散、孤立的系統應用，根據 Meta Group(2013)的統計，一家典型的大型企業平均擁有多個應用系統，89%的 IT 預算花在傳統的整合上，通過零星的「點對點」連接，能把眾多的「資訊孤島」聯繫起來，以實現系統之間資訊交換。根據 IDC 的統計，在過去的 10 年裡，全球企業在資訊系統整合上共投資了 35 兆美元，巨大的投資只為了幫忙企業建立整合的資訊系統，並幫助企業進行內、外部業務的處理和管理工作。

具體來說，驅動企業應用整合的動力分別來自於企業的內部和外部，這些推動力主要有：
1. 追求效率扣控制成本。
2. 併購和收購其他企業。
3. Web 應用系統的流行。
4. 電子商務的盛行。
5. 技術的不斷創新。
6. XML 技術的興起。

目前，一些大企業已經漸接受了整合的「企業集成骨幹網」的概念，所謂「企業集成骨幹網」實際上是利用 EAI 建立一個整合、可擴展的應用軟體匯流排結構，如圖 15-7。所有的應用可以在集成匯流排上實現「隨插即用」。隨著企業對「企業集成骨幹網」的需求急劇增加，EAI 已達成為實現企業主要戰略目標的必需手段和捷徑。

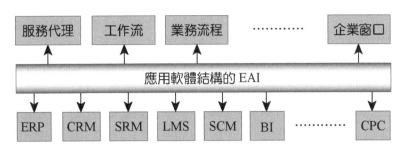

圖 15-7　應用軟體匯流排結構的 EAI

（二）企業資訊系統的集成

　　企業資訊系統的集成，可以從廣度和深度兩個方向進行，因為不同的廣度和深度成所實現的目標量並不同。從企業內部的集成，到企業間的集成，集成的難度和能所得得效益也不同；在集成的廣度和深度兩個方面，來實現集成的難易程度各有不同，從集成的廣度來看，從易到難有下列五類：

1. 部門內部資訊的集成。
2. 部門之間資訊系統的集成。
3. 企業集的資訊系統集成。
4. 供應鏈上有穩定關係的合作夥伴之間的資訊系統集成。
5. 與供應鏈上隨機遇到的合作夥伴之間的資訊系統集成，

　　從集成的深度上來看，從易到難也有以下五種：

1. 資料的集成，其為資料庫／資料倉儲之間的集成，常見的資料庫適配器能夠實現主流的資料庫的集成。
2. 應用系統的集成，常見的企業軟體適配器可以實現 ERP、CRM、SCM 等之間的集成。
3. 業務流程的集成，常見的如同採購、製造和銷售等業務間的集成，以及與其他業務合作夥伴的集成，如同供應商、物流服務商之間的集成。
4. 統一的標準，亦即在不同的資料、不同的應用系統和業務流程之間建立標準及統一格式。
5. 平台的集成，其為不同系統的硬體、系統軟體以及異構網路…等之間的集成。

　　在集成的過程中，作用集成的工具有：電腦語言適配器，例如：ActiveX／COM、CORBD／IDL、Executable、Java、Web／HTML、XML…等；系統適配器，例如：CICS／COBOL、EJB、E-mail、Microsoft Working Platform、MQ Series、MQ…等。

（三）不同層面的企業內應用集成

　　長期以來，企業採取了各種手段來解決企業內部應用集成的問題，例如：大工作量的系統更新，進行 FTP 檔傳送、重新定義關鍵資料……等；之後，企業使用「點對點」的傳統模式將系統連接起來，這種技術提供一種能在主系統和目標系統之間進行資訊共用的能力；但是「點對點」的方式伸縮性較差，在集成新的應用時會比較麻煩，這對於目前電子商務環境下大規模的應用集成情況無法使用；如今，更多的是採用公共基礎架構來共用資訊的技術途徑，其可用於「一對一」、「一對多」、「多對多」的配置環境中共用資訊，如圖 15-8：

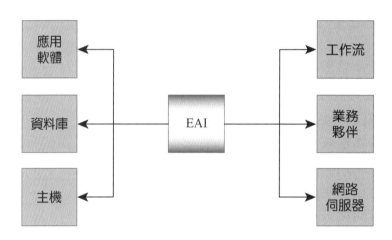

圖 15-8　EAI 的各種應用集成

　　在集成層次中，首先是基礎平台，在企業內實施應用集成時，需要建立統一的企業內部資料圖、統一的資料管理機制和統一的資料交換標準，以保證各系統間資料的一致，以確保企業在進行資料分析和資料探勘時能夠作為提供資料基礎，最終實現大型企業在企業資訊化的可擴展性，並降低整體集成系統的維護難度，以為企業高層進行決策提供技術保障。

　　其次，是業務流程級。企業需要清楚地了解內部業務流程和資料流程量，以及業務過程的重要性，必須清楚業務流程及資料流程向，以及哪些業務過程和資料元素需要集成？這對於應用集成非常重要；因為，從本質上講，企業應用整合就是維持資料正確而自動地流轉，因為不同的 EAI 解決方案，採取整合的技術途徑也不同。

　　再次，是資料級。企業的應用集成必須能夠在不同的應用中流暢、方便地傳送資料，這如同從一個資料庫中抽取資訊，並對這些資訊進行適當的處理，以及在另一個資料庫中進行資料更新。這意味著要從多個資料庫以及上千個資料表格

中抽取資料、傳輸資料和在經過抽取和裝載的資料中進行業務邏輯處理，資料級 EAI 技術的優勢在於實施成本較低，不需要涉及應用本身，無需改變應用源代碼。

最後，是應用介面級。EAI 技術通過對應用的介面進行重新修改，從而提供業務過程和簡單資訊相互訪問的能力一起。

（四）企業應用整合 EAI 的介面選擇標準

為了使 EAI 軟體在較大程度上獨立於它所連接的不同應用程式，並使業務流程處理可以在不改變應用程式的情況下進行靈活地變化和方便地擴展。在對 EAI 進行介面選擇時，除了企業自身的需求外，還需要參考下列五個技術層面的標準：

1. 介面

EAI 軟體通過連接不同應用程式的介面以獲得對這些應用程式的連接，這些介面通過平台的元件模型，並提供說明資訊或共用程式的應用編程介面實現與應用程式的互相操作。

2. 轉換

由於並不是所有的應用程式都能以同樣的方式或相同的格式來存儲資料；因此，多數 EAI 軟體的量可能會將資料轉換為接收應用程式所要求格式的功能；一些軟體也會將使用端視為將一種應用資料格式「映射」到另一種資料格式或將此格式與其他格式協調的工具。

3. 傳輸

資料可以點到點傳送或利用一種「發行／預訂」架構傳送。在「發行／預訂」的架構中，一些應用程式會先告知代理對某種消息感興趣，然後其他應用程式則向這些應用發送這類消息。根據應用程式所處的網路和平台，傳輸可以利用像資料庫驅動程式、元件物件模型或消息傳輸中間件等這類中間件來完成，

4. 服務

消息需要多種服務功能成功地完成任務，這些服務包括下列內容：

(1) 用佇列來保存消息：如果接收消息的應用程式比發送消息的應用程式速度慢，則用佇列保存消息。

(2) 保證交易的完整性：用來保證交易在消息發送前或確認接收前完成。

(3) 消息的優先順序：錯誤處理以及使網路管理工具可以控制資料流程的「掛鉤」。

5. 業務處理過程的支援

許多 EAI 廠商都提供讓用戶利用視覺化工具編制業務流程。在業務流程圖中，用戶可以為每條消息定義規則，這些工具包括智慧路由功能，這種功能可以對消息進行分析，並計算出在業務過程的下一步根據消息應當做什麼？

三、企業應用整合的作用和發展前景

（一）企業應用整合三開的作用

企業在成功的實施企業應用整合後，就可以自動完成關鍵性業務的處理、將應用擴展到更多用戶、刪除系統的冗餘、改進客戶服務水準、提高生產效率和降低成本，這些作用主要表現，可以下列六個方面來做說明：

1. 增強處理操作的透明性

一般來說，管理資訊系統的服務物件的操作介面通常沒有與物件實體分離，對同一個服務物件的不同操作，必須在了解物件內部代碼的前提下才能實現，這就導致了處理操作缺乏透明性，而 EAI 可以使這些操作透明化。

2. 實現工作流與服務物件的靜態鎖定

當業務流程發生了的變化，許多應用系統需要重新對服務物件進行編譯，其中需要大量的重複動作。EAI 可以鎖定服務物件，解決這個問題。

3. 形成基於消息的應用整合機制

EAI 可以在服務物件之間的消息傳遞。遠端進程按需求做管理，資料可靠傳輸和非同步通訊機制方面，為管理系統提供基礎服務設施。

4. 完成服務物件管理

EAI 可以完成對服務物件狀態和分佈物件處理的管理。

5. 增強安全性

EAI 在安全性方面也能起到一定作用，例如：身分認證、應用訪問許可權控制、資料加密等。

6. 形成語義的通用標準

由於應用軟體商都有各自的應用編程介面 API(Application Program Interface)，物件的屬性、類別、關係等缺乏通用標準，不同廠商的軟體應用不能互通、服務物件不能即插即用，而 EAI 作為它們的底層設施，可以改變不同系統在 API 上的差異，其為上層軟體系統的應用提供統一的介面。

在技術上，EAI 也為企業提供了支援作用，其作用參見表 15-5：

表 15-5　EAI 在技術上為企業提供的益處

技術方面	EAI 的功能與支持
可靠性	提供一個堅固的系統運行環境，其具有強大的故障修復能力、系統重新啟動、恢復能力和資料傳輸可靠能力等。
可擴充性	提供動態部署能力及交易方式、應用程式配置和物件服務崁入等。
可管理性	實現有效的管理，內容包括應用伺服器、作業系統進程和線程、資料庫連接及網路對話等。
資料一致性	交易完整性的保障。
應用安全性	包括最終用戶身分的認證、連接的安全認證、應用程式的安全認證、管理介面的訪問許可控制權、資料加密／解密功能和安全事件警示等。

在業務上，EAI 的作用有以下 3 點：

1. 可以通過使企業提高業務流程改革，快速回應客戶需求，改善客戶服務，並加強對顧客的了解，以改善顧客關係，並增加市場佔有率，從而增加收入。

2. EAI 可以通過使企業增加對業務的可視性和全面監控，減少 IT 開銷，並降低經營成本和重複性消耗及降低成本。

3. 實現自動的業務流程管理與監控，通過實施 EAI 可以幫助供應鏈上的企業開展協同商務，在各個層次上達到整合，實現上下游業務間的緊密協作，有一些供應鏈策略管理，例如：CPFR、VMI、DI 等都需要 EAI 的支援。才能即時地攫取和共用下游合作夥伴的業務資訊。

　　EAI 的流程管理工具，還可以讓業務人員使用圖形化介面進行業務流程設計、執行，並且可以監控運行中的業務流程，可以通過評測及優化業務流程的動態優化，從而實現動態的業務流程管理。

（二）企業應用整合 EAI 的前景

　　一些市場研究機構部十分看好未來的 EAI 市場，IDC 認為 EAI 服務市場將會是未來 3-5 年是 IT 行業中增長最快的部分，根據 IDC 的調查表示：「這個市場上的全球的營業收入會從 2006 年的 210 億美元上升到 2010 年的 900 億美元，這意味著綜合年增率(CAGR)超過了 30%。與此相對應，整個 IT 服務產業的同期綜合年增長率預計為 11%，IDC 亦指出，制約 EAI 發展的因素主要有下列幾項：

1. 服務的價格。

2. 人們對 EAI 的認識。

3. 使 B2B 整合的挑戰。

　　當今的企業管理資訊系統已經從以 ERP 為主的應用，轉變成為以供應鏈管理為核心，由 CRM、SRM、LIS、ERP、EC、AI、CPRF…等應用軟體系統構成的商務應用構架，它應該是一種易於擴展、可配置、可實現個性的結構。這種商務應用架構對企業管理資訊系統來說，也將會越來越重要，在這個架構中，如何使各個系統之間的集成更加緊密？是未來企業和供應鏈管理面臨的新課題。

　　一些大型企業通過對應用系統的整合與供應鏈上合作夥伴的整合，大大地增強了整個商務應用架構，以及每個單一應用系統的功效和價值，例如：摩托羅拉公司應用 EAI 後，第一年節約集成費用達 400,000 萬美元，預期在接下來的 2 年共將節省了 1 億美元，公司在與主要行銷商的應用系統進行整合後，通過與他們的電子商務網站完成業務交流和處理，增加了 500 萬美元的收入；再者，美國朗訊公司在與主要的經銷商的應用系統進行整合後，通過與他們的電子商務網站完成業務交流和處理，因此，增加了 500 萬美元的收入；同時，美國花旗銀行在實現 EAI 後，使業務流程更加順暢，使得銀行交易處理時間從原來的 28 天縮短到 4 分鐘。

　　隨著 EAI 市場的成熟，將會出現一些積累了豐富的專業領域知識和經驗的 EAI 供應商…等，不管採用何種技術來實施 EAI，借助於在應用領域知識和過程開發方面的長期投資，它們都將有能力提供具有經濟意義的整合服務。由於 EAI 涉及的不僅僅是整合的技術，它與供應鏈管理中的各項業務、各個應用系統都會發生聯繫；因此，EAI 供應商必須在系統整合和應用整合方面進一步積累知識和經驗，以了解企業和供應鏈管理的實際需求，並通過與應用軟體商的良好協作，充分利用先進的資訊技術，促使它們的 EAI 解決方案更加經濟、更加可靠、更加有能力適應顧客不斷變化的整合應用需求。

個 案分享　供應鏈倉庫 3.0 時代
海爾集團的跨國經營

習 題

一、供應鏈管理系統的系統結構有哪些？

二、供應鏈的資訊技術基礎有哪些？

三、何謂資料倉儲？其與資料庫的區別為何？

四、請說明操作型資料處理與分析型資料處理的區別為何？

五、請說明資料庫系統和資料倉儲系統結構的組成有何不同？

六、請說明資料倉儲如何支援供應鏈管理系統？

七、請說明何謂資料探勘？其如何運作？

八、請說明資料探勘如何支援供應鏈管理的工作？

九、何謂協同商務？其特性為何？其功能為何？

十、何謂商業智慧？其管理方式及功能為何？

參考文獻　　　　　　　　　　　　　　　　　References

一、中文部分

1. 丁惠民(2002)，供應鏈管理解決方案的功能類別與主要應用元件剖析，電子化企業：經理人報告，第 31 期，頁 47-55。

2. 王正忠(2003)，署立醫療院所導入供應鏈管理關鍵成功因素之研究—以中區聯盟醫療院所為例，國立中正大學資訊管理系碩士論文。

3. 王凱、吳心恬、王存國(1997)，跨組織資訊系統建置採用之影響因素探討，1997 年企業管理國際研討會論文集，頁 373-382。

4. 李美文(2002)，解析 SCM 解決方案的市場現況與未來發展趨勢，電子化企業：經理人報告，第 31 期，頁 40-46。

5. 李保成(1996)，台灣地區企業採用網際網路之決策因素研究，國立中央大學資訊管理研究所碩士論文。

6. 何雍慶(1990)，實用行銷管理，台北：華泰書局。

7. 林文仲(2000)，我國人造纖維紡織業導入供應鏈管理關鍵成功因素之研究，國立台北科技大學商業自動化與管理研究所未出版碩士論文。

8. 林立千、張雅富(2001)，供應鏈管理之資訊系統架構探討，物流技術與戰略，第 21，頁 66-72。

9. 林東清(2002)，資訊管理 e 化企業的核心競爭能力，台北：智勝文化。

10. 林得水(2002)，台灣飼料業導入供應鏈管理關鍵成功因素之研究，私立逢甲大學工業工程研究所碩士論文。

11. 袁國榮(1997)，以供應鏈管理模式分析產業競爭優勢-以紡織業為例，國立交通大學科技管理研究所碩士論文。

12. 徐健評(2000)，企業導入供應鍊管理系統之研究，國立台灣大學國際企業研究所碩士論文。

13. 郭錦川(2002)，企業推動供應鏈管理的策略思考—專訪 ARC 遠擎管理顧問公司郭浩明顧問，電子化企業：經理人報告，第 31 期，頁 56-63。

14. 曾煥釗(2003)，供應鏈管理的 Q & A，http://www.answer.com.tw

15. 經濟部商業司(2002)，圖書業 XML 標準文件，http://www.ec.org.tw

16. 劉欽宏(1991)，影響企業採用新科技關鍵因素之研究，國立政治大學企業管理研究所未出版碩士論文。

17. 謝育倫(2001)，企業導入供應鏈管理軟體系統之研究─以台灣筆記型電腦製造廠為例，國立交通大學工業工程與管理系碩士論文。

18. 魏志強(2002)，圖書出版業 e 面貌，http://www.ec.org.tw

19. 藍仁昌(1999)，SCM 點燃電子商務新動力，資訊與電腦，第 229 期，頁 73-78。

20. 蘇雄義 譯(2003)，David Simchi-Levi, Philip Kaminsky, Edith Simchi-Levi 著，供應鏈之設計與管理，台北：麥格羅・希爾。(原文著出版年：2000 年)。

二、英文部分

1. G. Premkumar, K. Ramamurthy, and S. Nilakanta (1994), Implementation of Electronic Data Interchange, Journal of Management Information System, 11(2), pp.157-186.

2. H. Gatignon, and T. S. Robertson, (1998), Technology Diffusion： An Empirical Test of Competitive Effects, Journal of Marketing, 53, pp.35-49.

3. Iacovou, L. Charalambos, Benbasat, Izak, Dexter, S. Albert (1995), Electronic data interchange and small organizations： Adoption and impact of technology, MIS Quarterly, 19(4), pp. 465-485.

4. J. F. Rockart (1979), Chief Executives Define Their Own Data Needs, Harvard Business Review, 65(8), 81-93.

5. J. F. Rockart (1982), The Changing Role of The Information Systems Executive： A Critical Success Factors Perspective, Sloan Management Review, 24, pp. 3-13.

6. James Y. L. Thong (1999), An Integrated Model of Information Systems Adoption in Small Business, Journal of Management Information Systems, 15(4), pp. 187-214.

7. King, R. William, Teo, S. H. Thompson (1996), Key dimensions of facilitators and inhibitors for the strategic use of information technology, Journal of Management Information Systems, 12(4), pp. 35-53.

8. L. H. Harrington (1997), Supply Chain Integration From The Inside, Transportation & Distribution, 38(3), pp. 35-38.

9. Lee Pender (2001), The 5 Keys to Supply Chain Success, http://www.cio.com.au

10. Suprateek Sarker (2000), Toward A Methodology For Managing Information Systems Implementation：A Social Constructivist Perspective, Informing Science, 3(4), pp. 195-205.

11. W. Ossadnik, O. Lange (1999), AHP-Based Evaluation of AHP-Software, European Journal of Operational Research, 118(12), pp. 578-588.

Chapter
16

◉ 供應鏈的訂價與收益管理

Supply Chain Management

🎲 第一節　收益管理在供應鏈中所扮演的角色

　　每樣產品和每個單位的產能可以同時在大量及現貨市場被販賣,例如:一家倉庫的所有人必須決定是否出租整座倉庫給願意簽長期租賃合約的客戶?或留存部分倉庫以作為現貨市場之用;同時,長期的簽約較有保障,但是其利益比現貨市場的價格還更低,因此,收益管理對於供應鏈中每個資產的所有人來說是一有力的工具;同時,對於有季節性需求或對於不同的前置時間願意支付不同的價格來使用產能時,任何產能形式的所有人均可以使用收益管理。倘若區隔的顧客要在最後一刻使用產能且願意支付高價,以及有一區隔的客戶其願意儘早承諾以較低價收費時收益管理會有效率的。

　　收益管理對任何容易損壞的存貨所有人來說是很重要的,縱然這樣的分解式定價機制現在已經開始廣泛的被用在許多其他的產業,但是大部分成功使用收益管理被運用到旅遊、醫療產業,以及航空、汽車出租及飯店…等。以下,我們就來探討收益管理效率性的多種情況,以及在每個案例中在科技方面的使用。

🎲 第二節　多重顧客區隔的收益管理

　　典型的多重顧客區隔市場的例子為航空產業,因為其商務旅客大都願意為特定的行程來支付較高的費用,以符合其行程的安排,同時,休閒型的旅客往往願意調整其行程來利用比較低的交運費用。在供應鏈中有許多類似的例子。

　　理論上,差別定價的做法可增加企業的總利潤,然而,在實務上必須處理兩個非常重要的議題。第一是,公司要如何在兩個市場區隔上差異化?並且如何建為了兩個市場間的差異化?此時,企業必須藉由確認產品或服務的定義來設立標準,以達到不同區隔的價值,例如:商務旅客若在最後一刻才要訂機位,並且要求其需求的特定期間;另一方面,對於休閒旅客都要預先訂位,並且調整其期間,因此,商務旅客的計畫也容易受到改變的,所以,預先訂位、預先訂宿,及低價格區隔收取改變的方式以區別出休閒旅客和商務旅客,這是相當有效的做法,例:台灣高鐵公司 2008 年 11 月 1 日起,推出橘色票價表與藍線票價表,就是希望能夠增加其交通離峰時段的載客率,以吸引消費者前來搭乘,此舉,定能吸收許多考慮搭乘台鐵或國道路運的旅客,因為在相近的價格中,能夠節省更多時間,這是不可替代的優先考量。

　　對一家運輸提供者而言，市場區隔可以依照顧客需求便願意事先通知，以及願意為產能支付多少的費用予以差異化？相似的區隔也一樣發生在供應鏈的生產和相關存貨的資產上。對於能夠區分的多重區隔市場，必須解決下列問題：

1. 對每個區隔市場的定價為何？
2. 如何把有限的產能分配給所有區隔市場？

一、對多重區隔市場的訂價

　　對於多重區隔市場的訂價，首先，必須考慮簡單的情境，例如：公司是否有明確的準則可劃分不同的顧客區隔？同時，公司可以以運送的預先通知為基礎來劃分區隔？再者，公司是否希望確認每一區隔的適當價格。考慮一個產品或具有其他供應鏈功能的供應商，可分為 k 個區隔市場，其可將區隔市場假定為：

$$di = Ai - BiPi$$

　　若供應商的單位生產成本是 c，必須決定對每個區隔的收費是 Pi 區隔市場 i 的需求結果。在供應商的目標是利潤最大化的情況下，此價格問題可以用下列方程式來做表示：

$$Max \sum_{i=1}^{k} (pi - c)(Ai - BiPi)$$

　　如果沒有產能限制，問題依照區隔後的市場來做區隔，對於區隔市場 i，供應商希望得到利潤最大化的方程式為：

$$(pi - c)(Ai - BiPi)$$

　　區隔 i 的最佳化價格可由下列方式程得到：

$$Pi = \frac{Ai}{2Bi} + \frac{c}{2}$$

　　若產能的限制是 Q，其最佳化的價格可由下列方式程來求得其解：

$$Max \sum_{i=1}^{k} (pi - c)(Ai - BiPi)$$

其限制條件為：

$$\sum_{i=1}^{k} (Ai - BiPi) \leq Q$$

$$Ai - BiPi \geq 0 \, for \, i = 1, ..., k$$

上述的方法論有二個實務上不太可能做到的重要假設，第一個假設是，在價格公布後，高價格區隔的顧客不會有人決定往低價區隔移動；換句話說如果我們假設運用前置時間來做市場區隔的效果很完美，但是在實務上不太可能是如此；第二個假設是，一旦價格確定，顧客的需求是可預測的，然而實務上，需求永遠具有不確定性。

Talluri & Van Ryzin(2007)詳盡的討論了數個營收管理模式以因應不確定性的問題；此外，也舉出幾個模式來說明價格公布後顧客決定採取的策略和行動。

1. 不確定下市場區隔的產能分配

在大部分差別訂價上，來自付費較低的區隔其需求發生比來自付費較高的區隔來得較早，供應商可能對於願意事先承諾的購買者收取比對於最後時刻才下單者收取較低的費用。因此，為了有放使用收益管理，即時、低價位的買方存在著充分的需求的使用其所有的可用產能，供應商對承諾低價位購買者必須限制其產能量；此時，問題就產生了，到底要預留多少產能給低價位市場區隔？若是需求可以被預測的話，其答案將會是比較簡單；只是，在實務上，需求都是不確定的，並且企業必須把不確定性也納入考量。

供應商對於製造產能最基本的取捨在於低價買方以承諾訂購或等待高價買方後來的到來。在這情況下有兩種風險：一是浪費和價格下跌。所謂的浪費的產生，是指高價位的買方儲存太多的產能，而高價格的區隔市場並沒有真正實現這麼多的需求；價格下跌發生時，在高區隔價位的買方卻無法購買，因為產能已經承諾給低價位買方。供應商應該決定要保留給高價位買方的產能，或以最小化浪費和價格下跌的期望成本來執行；同時，低價位買方的訂單應該與等待高價位買方所期待的收益相比較，因為如果等待高價位買方所期待的收益比低價位買方的收益低時，則低價位訂單是應該被接受的。

當供應商同時面對兩種區隔型態的顧客類型時，再將上列所提及的兩種取捨的情況以公式來表達，以 P_L 來代表低價位的消費區隔。假設高價位區隔市場的期望需求是以常態分配呈現，其平均數為 D_H，變異數為 σ_H。假設高價位區隔市場儲存 C_H 的產能，從儲存更多產能的期望邊際收益為 $R_H(C_H)$。其計算式為：

$$R_H(C_H) = 機率（高價位區隔需求 > C_H）\times P_H$$

高價位市場區隔保留數量的選取應使高價位區格的期望邊際收益與低價位市場區隔的期望收益相等，亦即 $R_H(C_H) = P_L$。換言之，為高價位市場區隔所儲存的數量 C_H 為：

$$機率（高價位區隔需求 > C_H）= P_L / P_H$$

假設高價位的區隔市場的期望需求量以常態分配呈現，其平均數為 D_H，而變異數為 σ_H，可以得到的儲存數量為：

$$C_H = F^{-1}(1 - P_L / P_H, D_H, \sigma_H) = NORMINV(1 - P_L / P_H, D_H, \sigma_H)$$

假如有兩個以上的顧客區隔群時，可以根據相同的理論來取得一組相互關連的保留量。數量 C_1 保留給最高價位區隔應該以最高價位區隔市場的期望邊際收益等於次高價位區隔市場的期望邊際收益。數量 C_2 保留給兩個最高價位區隔應該讓次高價位區隔市場的期望邊際收益等於第三高價位區隔市場的期望邊際收益，除了最低價位市場區隔外，此順序性方法可以用於取得一組相互關連的保留量。

不同訂價的使用是一個重要的觀察點，其可以增加高價位區隔的資產可利用性，因為顧客願意為高價位資產支付更多的的價格，因此，產能可為其儲存；因此，收益管理的有效利用可增加企業利潤，並且改善更有價值顧客區隔群的服務。

理想上，對每個區隔群顧客的預測需求應該依每次顧客的訂單來做調整，而且重新計算新的保留數量，不過，實務上這樣的程序執行是有困難的。在比較務實的作法用上，在需求預測或預測精確度兩者之一有明顯改變一段時間過後，再修正預測和保留數量是比較好的做法。

其他的差異化訂價法就是在不同的目標區隔市場中，創造不同的目標產品樣式，例如：出版商對暢銷作者的新書以精裝本裝訂，並以較高的價格出售，再者，同樣的書在以後可能會以平裝本出版，並以較低的價格出售，因為這兩種版本是用來對想要在一出版越早看的書的消費顧客群收取比較高的費用，而且，同樣的基本的產品可以透過不同的包裝和不同的服務來產生不同的產品型式，又例如：汽車製造商根據選擇的提供，將最受歡迎的車種提供高、中、低三種版本來做訂價，此種政策使得他們對相同的核心產品，在不同的區隔群中收取差別的價格，

又例如：隱形眼鏡的製造商對於所銷售的隱形眼鏡分別有一週、雙週、半年的產品。在此例中，同樣的產品在不同的服務保證型式可以用來收取不同的價格。

當面對服務多重顧客區隔而要成功的運用收益管理時，必須有效的遵循下列的作法：

1. 根據每個區隔所分配到的價值來訂定產品的價格。
2. 對每個區隔制定不同的價格。
3. 對每個區隔水準做預測。

目前，鐵路運輸和卡車貨運公司並沒有效地把收益管理應用在多重區隔的市場上，相對地，航空公司對收益管理的應用比較有效，而鐵路公司最大的障礙在於缺乏排程訓練。在缺乏排程訓練下，很難去區隔出高價位和低價位的市場區隔，為利用收益管理的機會，供應鏈運輸資產的擁有者必須提供某些排程的服務以作為區隔高價位相低價位區隔市場的機制，若沒有排程的服務，可能很難區隔願意事先承諾相和及時使用服務的顧客。

若供應商以一個固定的資產來服務多重的顧客區隔群時，其可以對每個區隔群收取不一樣的價格以改善其收益，其必須有一些控制價格的標準，讓高價位的顧客群願意支付比較高的費用，而不是支付較低的費用。保留給高價位市場區隔的資產數量應該依據可以讓高價位區隔的期望邊際收益與低價位市場區隔的期望收益相等。

 第三節　**具有時效性資產的收益管理**

任何會隨時間經過而失去價值的資產不可說是具時放性的，例如：水果、蔬菜和藥物……等，顯然都是具時效性的產品，包括電腦和行動電話……等，會隨著新產品的問世而失去價值的產品；同時，高度流行性的衣服也不具時效性的產品，因為一旦過了流行季節之後，就很難以原價來銷售。具時效性的資產也包括製造、配送和儲存產能的型式，若沒有善加利用將造成浪費，過期無使用的產能是沒有任何價值的，因此，所有沒有利用的產能等同於消失的產能。

DELL 公司在銷售個人電腦時也運用收益管理方法，將一年分成兩個銷售週期，一旦銷售組織為下一銷售週期做預測，作業要確保零組件及生產產能的可用性；在此時點，對於下一個銷售週期的存貨和產能資產的投資是固定的，以後，業務人員可藉由調整價格和產品可用性嘗試從可用的資產獲取最大的收益。

在具時效性資產使用收益管理的案例上，例如：在航空產業使用過量預約訂位機制，一旦飛機起飛後，飛機的機位便失去了其價值，因此，許多顧客經常訂位後，卻不前來搭乘，為了最大化期望的收益，航空公司會銷售更多的預定座位。

在具時放性資產使用收益管理上的策略上有二：

1. 隨著時間調整價格以最大化收益。
2. 將資產超量銷售以平衡取消的顧客量。

一、動態定價

對於能清楚的因為時間而失去其價值的流行性商品，採用隨著時間而改變其價格的作法是適合的，例如：冬天所設計的衣服在四月時便失去其價值，對於一個在 10 月購買 100 件夾克的零售商而言，其訂價的策略可以有很多選擇性，它可以在一開始時，以較高的價格來做販售，這樣的策略可能會導致在銷售開始時銷售量極少，因為過高的價格，在這個季節之後會有滯銷的夾克，其對顧客的價值也較低；另一個選擇是在開始以比較低的價格來做銷售，其在販賣的初期，銷售量會很高；但是，因為較低的價格，可以將銷售量拉抬，以使得在日後可以減少滯銷的商品數量，這樣的取捨決定了零售商的利益。為了有效率的將具有時放性的產品隨時間而訂定其價格，資產的擁有者必須能夠依時間的經過來衡量其價值，以有效地預測出價格對消費者需求的影響。有效的隨著時間差別價格將會因為顧客願意以原價購買，而增加產品可利用性水準，並且可為零雷商增加總利潤。

簡單的動態訂價的方法，情況是在季節開始時，賣方有單一產品指定數量 Q，假設賣方將銷售季節區分為八個時段，並且能夠預測每個時段的需求曲線。此處的重要假設是，顧客對訂價的反應是可預測的，而且顧客不會以行為改變來回應預期的價格改變，因此，為了簡化問題，我們假設時段 i 的價格是 P_i，而時段 i 的需求 d_i 是：

$$d_i = A_i - B_i P_i$$

此為線性需求曲線，但是一般狀況的需求曲線卻未必是線性。零售商希望隨著時間改變價格，以將它從季節開始時所擁有的 Q 單位所能獲取的利潤最大化，於是零售商所面對的動態訂價問題可以下列方程式表示：

$$Max \sum_{i=1}^{k} P_i(A_i - B_i P_i)$$

其限制條件為：

$$\sum_{i=1}^{k}(A_i - B_i P_i) \leq 0$$

$$A_i - B_i P_i \geq 0 \quad \text{for} \quad i = 1,\dots,k$$

但是，現實情況往往更為複雜，因為動態價格問題由於需求的不可測，而且顧客如果預期未來價格將隨時間而下降，則可能就會採取延後購買的策略；所以，如果顧客的價格敏感度在季節期間會改變，則動態訂價會是增加利潤的強大工具，這對流行性商品而言通常是實際狀況的表現，因為顧客在產品銷售旺季早期對價格較不敏感，越接近旺季對價格就會越敏感。

二、超量預約

在顧客可以取消其訂單，且資產的價值可能在截止期限後明顯失去其價值時，對可用資產採用超量預約和超量銷售的策略是很適當的，例如：航空座位、應節商品的銷售，或是供應商的製造產能，其可用資產的量都是有一定的量，允許顧客取消其訂單，並且資產會在超過一特定日期後失去其價值；此時，倘若取消和退貨比可以被準確預測，那麼超量預約的水準便可容易地決定，但在實務上，取消和退貨率是能預測的。

在超量預約時，基本的取捨考量在於過度的取消會造成產能或庫存的浪費和太少的取消可能會有產能或庫存短缺，造成需要較多的備用。產能浪費的成本就是其產能可以被用來生產而產生利潤，產能短缺的損失成本在於必須備用的資源的降低造成利潤的減少。當決定做超量預約時，其目標藉由最小化浪費產能和產能短缺成本來取得最大化供應鏈的利潤。

我們可以將用來設定資產的超額預約量以公式的形式表示。p 為每個單位資產銷售的價格，而 c 為每個單位資產的生產或製造成本。在資產短缺時，b 為使用每個備用單位資產的成本。因此，浪費產能的邊際成本為 $C_w = P - C$，短缺產能的邊際成本為 $C_w = B - C$，最佳化超額預定水準的取捨和最佳化季節性項目服務週期的取捨相似。以 C^* 為最佳化超額預定的水準，而 S^* 為最小於或等於 O^* 的取消機率，最佳化的超額預約量可依下式獲得：

$$S^* = \text{機率}(\text{取消} \leq 0^*) = \frac{C_w}{C_w + C_s}$$

假設取消的分配為預約水準的函數為 μ_c 和標準差 σ_c 的常態分配，最佳的超額預約量可以下式來獲得：

$$O^* = F^{-1}(s^*, \mu_c, \sigma_c) = NORMINV(s^*, \mu_c, \sigma_c)$$

假設取消的分配為預約水準的函數，其平均數為 $\mu(L+O)$，標準差為 $\sigma(L+0)$，其最佳的超額預約量可以下式獲得：

$$O = F^{-1}(s^*, \mu(L+), \sigma(L+O))$$
$$= NORMINV(S^*, \mu(l+O), \sigma(L+O))$$

我們可以了解，當每單位的利潤增加時，其最佳化的超額預約量也會隨著提升，同時，當取代性資產的成本上升時，最佳化的超額預定量將會隨之降低，我們可以觀察到當超額預約的使用會減少顧客流失的數量，並增加對資產的可用性，更能提升資產擁有者的收益。

超額預約已在航空、鐵路訂位和旅館業作為策略的運用，然而，其並沒有使用在一些供應鏈的情境上，包括生產、倉儲和配送的產能。第三方倉儲沒有理由出租給多重的顧客，其所銷售出的空間不應該超過其可提供服務的倉儲空間；若所有的顧客都使用倉庫的話，那麼一個預備的空間將會被使用，在所有其他的案例中，可用的倉儲產能可讓對空間有需求者使用，若有更多的顧客使用可用的倉儲空間時，超額預約量將會為倉儲提升更多的收益。

在訂單取消發生及資產是具時效性情況下，超額預約和超額銷售對供應鏈資產是一個很有價值的策略因為超額預約的水準是因為產生太多的訂單而取消，且導致資產未使用的浪費成本，以及過少的訂單取消，或因為所承諾的產能大於其所能提供的產能，而必須提供備份的產能。

 ## 第四節　季節性需求的收益管理

季節性高峰點的產生對供應鏈來說是個相當普遍的現象，許多在美國的零售商其年度銷售之明顯的比率是在 12 月裡達成。Amazon 網路書店就是這樣的情況，因為季節性的高峰點的關係，在 Amazon 網路書店有一個很明顯對增加提貨、包裝和配送產能的需求。由於短期產能的需求昂貴，且可能減少 Amazon 網路書店的利潤，亦即對非尖峰的的打折是一個對於需求量從尖峰點轉變到非尖峰

峰很有效的方法。Amazon 網路書店一般對 11 月份的訂單提供一個中運費的優待，這樣價格的折扣鼓勵一些顧客改變 12 月的訂單需求到 11 月，因此降低了它的尖峰點，並使其可獲得更高的利潤，同時，提供這樣的降價策略可使顧客更有意願提前下訂單。

面對季節性的尖峰，有效的收益管理策略就是對尖峰期間收取比較高的價格，同時，對於非尖峰期間收取比較低的價格，會使需求從尖峰移至離峰期的需求改變，這樣的結果是有利的，假設在離峰所給的折扣甚於尖峰成本的減少以及在離峰期間增加收益的抵消，企業亦可使用訂價方法來處理季節性的尖峰，例如：台灣高鐵根據一週的某一天或一年的某段時間來實施差別定價，這樣的差別訂價策略很成功的各行各業被使用。

面對季節性尖峰需求時，對供應鏈中任何生產和配送產能的擁有者，提供在離峰期間的折扣是一個有效的收益管理策略。這個策略為資產擁有者增加了利潤，降低某部方顧客所需支付的價格，並且因為在離峰期間的折扣，帶來一些潛在的新顧客群。

第五節　大量與現貨顧客的收益管理

大部分的公司都面對因為折扣而進行大量購買的顧客群，以及以高價位單一單位或小量的購買者，考量供應鏈中一個倉儲產能所有人，倉儲的產能可能以大量承租給大型公司或是小部分給一些大公司以作為其緊急需要或是直接給小公司承租。一般而言，大公司以折扣承租到大量的空間時，倉儲的所有人面對不同構面的取捨也會產生影響，例如：倉儲空間的所有人可以提供承租大量空間的買方較多的折扣或為高價位需求儲存多一些空間，但是，此類需求其需要小量倉儲空間，此需求也可能會發生或不會發生的。

在大部分的案例中，供應鏈資產的擁有者較偏好滿足大量銷售的需求，當產能有剩餘時才會試著來服務小型的顧客，相反地，有些公司僅以對 MRO 產品有緊急需求的作用為其目標顧客群，他們拒絕了任何尋求折扣的大量購買者。使用這樣的策略，能使企業獲利，因為以這兩種極端情況為目標是很敏感的策略，因為，其可使得企業將其連作的焦點放在服務大量區隔或是現貨的市場；然而，對其他企業而言，服務兩種區隔的混合策略是適合的，在此種情況下，企業必須決定多少比率的資產要以大量來販賣，並且必須決定多少比率的資產必須為現貨市場做儲存，這種基本的取捨和一個企業鎖定兩個區隔市場的案例很相近。

　　企業必須決定為現貨市場保留多少資產的量？現貨市場的資產保留量應使現貨市場的期望邊際收益等於大量銷售的現有收益，而且，保留的數量會受到現貨市場扣大量銷售的利潤所影響，以及現貨市場需求分配的影響，如果考量以現貨市場當做是價格比較高的區隔市場，那麼大量購買的買方其價格是比較低的。在供應鏈中，製造、倉儲和配送的每個採購者必須制定相似的決策，以一家公司為尋找其全球化的運輸運作為例，第一種選擇是和一家運輸公司簽訂長期契約，另一種選擇是選擇在現貨市場中購買需要的運送產能。長期大量的契約訂定有較低價的優勢；但是，一旦產能沒有充分利用時便會造成浪費；同時，現貨市場有高價格的缺點，但卻有不會因為產能沒有充分利用而被浪費的優點，所以，當要簽約決定長期大量運送量的契約時，買方必須做慎重的考慮。

　　已知現貨市場的價格和買方對資產的需求的不確定性，使用決策樹的方法應該可以被用來評估決定要簽定的長期契約量，例如：已知現貨市場的價格，但在需求量不知道的情況下，大量契約量可以以公式評估。以 C_R 代表大量的比率、C_S 代表現貨市場的資產價格，以 Q^* 表示以大量購買的最佳資產數量，P^* 表示對資產的需求不會超過 Q^* 數量的機率，其他大量購買的每單位邊際成本是 C_B，在沒有大量購買且在現貨市場中購買的邊際單位成本是 $(1-p^*)C_S$。倘若最佳的資產購買量是以大量購買作為選擇的話，那麼大量購買的邊際成本等於在現貨市場中所購買的邊際成本 $C_R = (1-p^*)C_S$。因此，P^* 的最佳值可以下式求得：

$$p^* = \frac{C_S - C_B}{C_S}$$

　　假設需求為常態分配，其平均數為 μ 和標準差為 σ。大量採構的最佳訂購量 Q^* 為：

$$Q^* = F^{-1}(P^*, \mu, \sigma) = NORMINV(P^*, \mu, \sigma)$$

　　由此可知，若現貨市場的價格上升或大量購買的價格下跌時，大量銷售市場的數量使會降低。

 **第六節　資訊科技在訂價及收益管理中的角色**

　　在訂價和收益管理上應用資訊科技已有相當長久的時間，但是，整體上和供

應鏈管體並不相關，這個領域的軟體廠商主要是係由航空產業所發展出來，因此，通常並非主要的供應鏈軟體廠商所使用的軟體，不過，其亦影響了其他相關領域的產業，例如：旅遊業、航空業及零售業。

旅遊業首創的時效性資產定價，是收益管理軟體的起源，甚至可以回溯到 1980 年代，航空公司為了增進獲利能力而運用複雜的收益管理，當時，各家航空公司自行發展自己的收益管理系統，例如：美國航空公司的子公司 Sabre，現在是收益管理方面的領導者之一。

資訊科技在 PRM 的第二個影響領域是零售業的定價，這個領域的領導者運用這項科技把產品的價格訂定在零售階層的超商、雜貨店和藥妝連鎖，這些業者要處理的訂價問題，包括產品平時的訂價及促銷時期的訂價。PRM 系統也對流行商品，特別是服裝業有重要的影響，這個領域的挑戰主要圍繞在流行款式和季節改變時，做到如何將商品做價格調整，其目標在於以不同的價格，來達到產品的銷售量提升，並能獲利，且不至於因為降價大多而造成虧損。

資訊系統在訂價和收益管理上的最大難題，是將 PRM 的決定與公司其他領域和系統相連結，訂價通常是在公司界限比較明確的部分中決定，以使訂價軟體比較容易設定，然而，如果訂價系統未能和庫存、配銷以及生產系統整合，也可能引發問題，其常見的問題是在軟體的設定上，以設定減價期能帶來大量的需求，如果因為訂價系統未和庫存管理系統協調而造成存貨不足，將導致顧客的不滿意度提升，這種協調性不足可能造成相當大的損害，並會削弱 PRM 的優點。

許多主流的供應鏈軟體商已經藉由內部發展或外部獲得，並嘗試加入 PRM 市場的競爭，如同供應鏈軟體所有區隔市場的情形，大型業者終會贏得該領域並成為主要力量，不過，就現階段而言，小型業者仍然做得相當不錯。

第七節　收益管理實務

在收益管理的工作上，要注意下列幾點：

一、小心評估市場

收益管理的第一步就是確認服務區隔市場的顧客和其需求。其目的是要瞭解顧客要買什麼？以及相對我們可銷售那些產品有哪些？例如：航空公司若只想到

銷售飛機座位，便不會使用收益管理；因此，當航空公司在銷售機位時，必須考慮到在最後時間點的訂票的能力、調整航程計畫的能力及安排便利的航程的能力。唯有在做收益管理時，這些考量點才會一一浮現。

在確定市場的需求後，收集正確和完整有關所提供的產品、價格、競爭者以及最重要的顧客行為，這些相關資料是非常關鍵的，因為消費者行為的資訊是相當重要的資產，這是由於其可以幫助確定消費者偏好；最後，適當瞭解消費者偏好和不同策略對消費者行為的定量影響是實行收益管理成功的重要核心。

二、量化收益管理的利益

在專案開始實施時，量化收益管理的預期收益是關鍵的。理想上，歷史資科和顧客偏好的選擇模式可以透過模擬的方法來計算收益管理的收益。這樣的結果是以明確收益管理來達到收益目標，同時，收益目標必須要讓所有相關的人都信服，再者，收益管理的成果應該和預期的利益做比較。

三、執行預測的程序

預測功能是任何收益管理系統的基礎，為使超額預約有任何成功的程度，航空公司必須要能夠預測取消的模式。透過預測，可以得到一個準確的估計值。在預測上，其包含估計需求，同時也歸納用於預測本身的期望誤差，由此可知，估計值和期望誤差兩者對收益管理而言都是重要的輸入值。

當所有行為都具有基本的特性時，一般而言要預測一個總體的水準是很困難的，例如：對一家航空公司其擁有 100 種票價等級，當其發現一種票價等級已經銷售完時，要預測每種票價等級的需求及消費者行為是有困難的。

因此，確保收益管理策略在一整合充分可以有效預測的水準下被規劃很重要的。最後，當一個新的資訊變成可用時，可以重新預測以瞭解收益管理的策略對現在來說是否適當，一般而言，預測的頻率將係依市場活動數量而定，理想上，在每個交易過後，都應對預測和收益管理的決定做評估。

四、應用最佳化方法制定收益管理決策

最佳化的主要目標，是使用顧客行為的預測來制定收益管理策略，其是最有效的一種預測方法，例如：旅館使用超額預約來決定收益管理及對於旅館對超額預定量的水準。太高的超額預約水準將會導致過多的空間成本；太低的超額預約量將會導致空房和收益的損失，由此可知，最佳化的方法允許界定可以最大化收益的超額預約量。

五、同時考慮銷售和營運兩者

　　銷售人員必須瞭解收益管理的策略，才能夠和銷售步調一致。假如銷售力持續促使客戶邁向最高價時期，企業提供離峰折扣是沒有意義的，因為銷售力必須分辨尖峰時間真正需要供應鏈資產的顧客，以及那些改變其訂單到離鋒時刻以獲取利益的顧客兩者的不同。這樣的方法增加對企業的利潤，同時滿足客戶，但是，在運作上必須正確地瞭解收益管理策略的潛在結果，並且知道實際產生的結果，例如：使用超額預約的航空公司的運作必須是當次班機已客滿時，對已訂位的乘客做出其他彈性機位的安排。

六、瞭解並通知顧客

　　若收益管理是被簡略地呈現出一種最大化利潤的機制時，顧客將對收益管理有負面的知覺，這樣的知覺會降低顧客長期的忠誠度，因此，企業必須建構其收益管理的計畫，其作法是在增加收益的同時，也對最高價購買的顧客重視的某個構面提升服務，由此可知，要適當的執行收品管理的策略必須達成兩種結果。對公司而言，傳達資訊給最有價值的顧客是很重要的，這也是因為顧客行為模式的改變可能會破壞任何收益管理機制的潛在收益。

七、整合供應規劃與收益管理

　　縱然供應規劃所討論的收益管理主題在各自領域各有其價值，整合它們更能顯著地產生更多價值，在此時不但要單獨地使用收益管理，而且更要在供應端和決策端做整合，例如：在應用收益管理後，以及製造商若發覺生產前置時間設施提供了大都分的利潤，其應該瞭解，並加入更多短前置時間產能，以瞭解及依據供應、需求和訂價間的互動能帶來更具效率的結果。

混戰時代的快遞業，如何創新發展

法國家樂福超市店面選址

習 題

一、 零售商在同種方式能利用收益管理機會？

二、 對製造商而言，何種收益管理機會是其可用的？

三、 對車輛運輸公司而言，何種收益管理機會是其可用的？

四、 對倉庫擁有者而言，何種收益管理機會是其可用的？

五、 當人們上班時，自助餐的需求於週末較高，何種收益管理技巧可以使用在此種行業上？

六、 一座高爾夫球場如何使用收益管理以提升其財務績效？

參考文獻 References

1. Abad, P.L. (1996), Optimal pricing and lot-sizing under conditions of perishability and partial backordering, Management Science, Vol. 42, No. 8, 1093-1104.

2. Bitran, G.R., and Mondschein, S.V. (1993), Pricing perishable products：an application to the retail industry, Working Paper #3592-93, Massachusetts Institute of Technology, Cambridge, MA.

3. Bitran, G.R., and Mondschein, S.V. (1997), Periodic pricing of seasonal products in retailing, Management Science, Vol. 43, No. 1, 64-79.

4. Bitran, G.R., Caldentey, R.and Mondschein, S.V. (1998), Coordinating clearance markdown sales of seasonal products in retail chains, Operations Research, Vol. 46, No. 5, 609-324.

5. Belobaba, P.P. (1987), Airline yield management：an overview of seat inventory control, Transportation Science, Vol. 21, No. 2, 63-73.

6. Brynjolfsson, E., and Smith, M.D. (2000), Frictionless commerce？A comparison of internet and conventional retailers, Management Science, Vol. 46, No. 4, 563-585.

7. Burnetas, A.N., and Smith, C.E. (2000), Adaptive ordering and pricing for perishable products, Operations Research, Vol. 48, No. 3, 436-443.

8. Cheung, K.L. (1998), An continuous review inventory model with a time discount, IIE Transaction, Vol 30, 747-757

9. Eliashberg, J., and Steinberg, R. (1993), Marketing-production joint decision-making, in Handbooks in Operations Research and Management Science, Marketing Vol. 5, J. Eliashberg and G.L. Lillien (eds.), Elsevier Science Publishers B.V.

10. Federgruen, A., and Heching, A. (1999), Combined pricing and inventory control under uncertainty, Operations Research, Vol. 47, No. 3, 454-475.

11. Feldman, J.M. (1990), Fares：to raise or not to raise, Air Transportation World, Vol. 27, No. 6, 58-59.

12. Feng, Y., and Gallego, G. (1995), Optimal starting times for end-of-season sales and optimal stopping times for promotional fares, Management Science, Vol. 41, No. 8, 1371-1391.

13. Feng, Y., and Gallego, G. (2000), Perishable asset revenue management with Markovian time dependent demand intensities, Management Science, Vol. 46, No. 7, 941-956.

14. Feng, Y., and Xiao, B. (1999), Maximizing revenues of perishable assets with a risk factor, Operations Research, Vol. 47, No. 2, 337-341.

15. Feng, Y., and Xiao, B. (2000a), A continuous-time yield management model with multiple prices and reversible price changes, Management Science, Vol. 46, No. 5, 644-657.

16. Feng, Y., and Xiao, B. (2000b), Optimal Policies of yield management with multiple

MEMO

供應鏈中的產能管理

　　傳統的產能決策模型，以總生產利潤或其他之目標式做為評估標準，將生產任務分配給各廠區生產。這種模式對於高競爭力的供需市場來說顯得不切實際，因為在供應鏈系統環境中，各群體間以利潤中心為導向，獨立決策，無須中央支配群體之行動。因此，本章以「供應鏈之產能管理」為主旨，探討以協商為基礎之跨廠產能供需架構，提供更經濟的方式使得資源的供需雙方能夠各取所需，互蒙其利。

　　本章所探討的供應鏈包含下列兩點特色：

一、資金密集

　　意指產能之價格昂貴，資金敏感度極高，動輒百萬以上之資金規劃問題，例如：半導體封裝、測試業。

二、技術密集

　　意指不同技術之產出率不盡相同，通常價格昂貴之產能的產出率比較高，相對地，價格便宜之產能的處理效能較低。因此，在考量價格與技術因素兩相權衡下，同時滿足客戶訂單需求，作出經濟的決策，就顯得格外重要。本章提出一個方法，解決資金與技術密集之半導體製造與測試廠跨廠區資源組態規劃問題，尋找最經濟有效之適當的決策去買賣機器設備，以滿足所有訂單之需求。

 **第一節　產能規劃的基礎概念**

一、產能規劃的意義與目標

　　所謂產能，係指在特定時距內產品或服務生產系統之潛能。產能決策之重要性在於產能是產出的上限，而且產能是生產成本之主要因素(Stevenson, 1999)。產能規劃包括長期與短期的考量。長期考量與產能整體水準有關，而短期考量與產能需求的變動（季節變動、隨機變動、不規則變動）有關。產能規劃主要是針對現場的生產資源，例如：人力或設備資源，加以規劃以符合產出需求。產能規劃如有缺陷則會直接影響生產活動，過高的產能顯然是資源的浪費，是所有企業極力避免的現象；而若產能過低則會影響交貨日程，降低競爭力而將商機拱手讓人。產能規劃時，身為管理者必須要能認知產能規劃的目標時以及定義產能規劃優劣的衡量指標。從產能規劃的角度來看，常用的管理目標包含：

1. 降低成本和提升利潤。
2. 提升顧客服務水準。
3. 降低存貨投資水準。
4. 降低生產速率改變率。
5. 降低人力水準改變率。
6. 提升機器設備使用水準。

二、產能策略

　　產能決策與產能策略是有很大差別的，對前者而言可能指的是某一產能擴充的資本預算決定；而後者則是從長遠的眼光來依序作出產能決策（賴鑫奎，2000）。一般所謂產能規劃指的是組織所面臨的特定產能決策而已；產能策略則是用較宏觀的角度來決定中長程的產能決定形態。

　　產能策略須在下列對長期市場、科技與競爭行為的假設與預測下作出：
1. 主要市場需求的預估成長率與變化。
2. 建造及營運不同規模工廠的成本。
3. 產業生態之走向與企業因應之對策。
4. 競爭者的可能對抗行動。
5. 生產資源市場之中長期走勢。

　　產能策略乃公司製造策略的主要成分，它包含了公司經營理念與政策方向。我們可以從公司一連串對產能所作的決策，來看出公司實際的長期產能策略為何？以高科技產業而言，由於產品的汰舊換新速度快，故其產能擴張的幅度及更新的速度，也遠比傳統的石化、食品與紡織等產業來得大且快。高科技的資訊電子業中，由於營運策略的改變，雖然公司業績大幅成長，卻可能反向調整產能，例如：IBM、HP、Compaq 等大公司因採用「全球運籌管理」的策略，將產品外包至台灣電腦大廠生產，故其產能逐年降低。又如同半導體的整合元件廠，為了營運效率的考量，加上投資 8 吋以上晶圓廠的投資額太大，因此專注掌握設計與通路兩個層級，而將產能釋出給晶圓代工廠。有些產業，例如：包含傳統的石化工業及高科技的 DRAM 半導體業，由於連續式的製程所要求的基本建廠規模大，因此也限制了產能策略的自由度，以及勞力密集或低資本投入的產業，例如：鞋業、陶瓷藝品業、洋傘業…等，其產能調整的成本較低，故策略的自由度較大；雖然如此，勞力密集產業的產能可透過人力的增減來靈活調整其產能。

　　不論高科技或傳統產業，產能的調整或多或少皆有其僵固性。若企業沒有妥善規劃產能策略及配套措施，就可能產生高加班支出、高外包費用、訂單接不下、引來競爭者、管理失序等產能不足的問題；或者產生高閒置產能、呆人、呆料、高折舊費用比率…等產能過剩的問題。

　　當企業的產能嚴重不足時，除了製造成本快速上升外，更造成服務水準的下降以及客戶的流失。我們試以下列例子來說明這類問題的嚴重性。例如在 1997 年中，台灣的印刷電路板業普遍透過外包產能來因應第三季的傳統旺季。卻發現外包廠商的產能也嚴重不足，只好被迫大幅提高外包價格來搶產能。結果有的廠商雖然營收創了新高，卻出現了赤字，又如日本的富士半導體公司為離散半導體蕭基(schonttky)整流器(主要應用在電腦之電源供應器)的領導廠商，雖然在 1995 年時預見半導體之缺貨，但一直無法在代工策略上定案，以及菲律賓建廠的延遲，因此產能嚴重不足。除了客戶流失外，也造成市場需求的缺口，引進了數家新競爭者的加入。當富士半導體菲律賓廠完成時，不少原有的客戶已難回籠，競爭版圖也已改寫。競爭過多的後遺症，可以台灣鋼鐵業為例，2004 至 2005 年鋼鐵業不斷擴充新廠，其產能擴充的速度超越了市場成長的速度，產能普遍過剩，折舊壓力成為各公司最大的財務負擔。不但盈餘大幅衰退或虧損，也影響了上市公司的股價，對股東而言是雙重的打擊。

　　以策略的層面而言，產能乃公司的核心能力之一。一方面產能是企業獲利的重要因素之一，另一方面則是總體製造能力的體現；當公司的產能策略正確，且各單位也能配合建立能力，則公司的獲利必佳；否則產能策略是「一刀二刃」，雖不能使產能落後，但若過多的設備投資，卻可能導致公司倒閉。尤其是靠借款投資設備，在產能利用率不高時，則來自利息的負擔及償還資金的壓迫，會使經營發生困難。由於顧慮此種問題，日本有名的重整企業家大山梅雄即主張以現金投資設備，且最好預付貨款以便廉價購買設備。

三、發展產能方案

　　產能規劃之決策必須作長期與短期的考慮。長期考慮與整個產能水準有關，例如：產能大小。而短期考慮因素涉及季節性、隨機性與不規則性的需求變動。長期產能的需要性是由需求預測所決定的，然後把這些預測轉換成產能需求。當認清趨勢之後，基本議題就是：

(一) 世事總難永久持續，此趨勢又能維持多久？

(二) 趨勢的斜率。

倘若有循環變動，則宜將討論重點放在：

(一) 既然循環很規則，循環長度大約多久？

(二) 循環的幅度（即，離差）。

　　短期產能需要與循環變動、趨勢之相關較少，而與季節變動、其他變動相關較大。這些離差特別重要，因為它們有時對系統滿足需求的能力產生最嚴厲的限制，然而有時會導致產能閒置。在產能方案擬定時，除了要考慮一般因素外，亦即，尋找可能方案，非定量因素……等，還要考慮與產能方案有關的特殊因素，列示如下：

（一）把彈性設計於系統之中

　　許多產能決策的長期特性與長期預測所帶來的風險，提供設計彈性系統之潛在利益。其他彈性設計的考慮因素涉及設備佈置、廠址、設備選擇、生產計畫、日程安排與存貨政策…等。

（二）對產能改變從事大方向的研究

　　在擬定產能方案時，研究如何將系統各部分相連在一起是很重要的，例如：在決定增加汽車旅館房間數的同時，應該考量到停車場、娛樂、食物與房間清理需求的增加。

（三）準備處理大量增減的產能

　　產能的增減通常是大量而不是緩慢的，因此很難使期望產能與可實現的產能趨於一致。另外，產能需求不平均會造成某些問題，例如：在氣候很好時，公共汽車交通量也隨著天氣好而增加。結果，此種系統必須在低利用率與超利用率間作一選擇。增加公共汽車或地下電車的確可以降低高需求時段的交通負荷，但是這會擴大產能過剩的問題與增加系統的營運成本。又，台灣高鐵開始營運，立即造成台鐵短時間 40%乘客產能需求下降亦為一例。

（四）平滑產能的需求

　　產品與服務需求不平均之問題，可以追溯至各種不同原因。某些時候，系統有超負荷的傾向，而某些時候它有負荷不足的傾向。可能解決的方法是認清有互補需求形態的產品或服務，當都使用相同的資源，但需求的時間不相同時，可使整個產能需求保持相當穩定，例如：雪撬與水撬。另外處理變動的可能策略包括轉包、加班、使用存貨來吸收需求波動。

（五）找出最佳的生產水準

生產單位一般單位產出成本都有理想或最佳的作業水準。在理想水準，該生產單位之單位成本最低；較大或較小的產出率都會使單位成本變高。

四、外包與供應商管理

自製或外購通常取決於可能產能、相對專業性、品質考量、成本、需求的數量與穩定度等因素。外包可以使規劃人員獲得短暫的產能，惟較難控制產出且可能產生較高的成本和品質問題；若採用外包方案，則組織可能考慮與另其他組織簽訂契約，以規律的供應部分貨品或服務。相對地，在產能過剩的時期，組織可以承包來自其他組織的工作。

學者將外包方案分類成三種不同之委外類型關係，包括市場關係、中間關係、合夥關係（許世洲，2003）。市場關係是指更換承包商不需額外消耗成本，其作業內容簡單，成本也較為低廉，轉換容易且易被取代。合夥關係是必須發展長期互惠關係，而與同一承包商持續不斷發展互惠關係，所以雙方互動關係會過於頻繁，其成本也最高，故委外關係的建立甚為重要。此類委外適用於作業期間較長的開發專案。而中間關係指介於市場關係與合夥關係之間，其成本高於市場關係，作業內容也較為複雜。

供應商選擇和評估的流程如下：
1. 認清選擇供應商的需求。
2. 定義委外關鍵資源的需求。
3. 決定委外策略。
4. 定義潛在供應商的來源。
5. 限定供應商。
6. 決定評估和選擇供應商的方法。
7. 選擇供應商。

關於評估供應商的重要因子，包括管理能力、員工能力、成本、品質、設計和技術能力、環境相關法規、財務狀況、達交率、資訊系統能力、採購策略和長期關係。應透過供應商提供的資料或組成跨部門的評估小組，來評估供應商的能力，以找出符合公司委外策略的供應商。

 **第二節　設備投資與產能管理**

　　以下分別就應用面，包括：投資決策、研發投入與資源配置、產能規劃與工具面，包括智慧型代理人生產系統、柔性解與基因演算法、系統動態模擬、模糊推論系統，其分述如下：

一、投資決策

　　長期投資決策包含內外經營環境分析與預測、投資可行性分析、市場可行性、技術與生產可行性、經濟可行性、政治可行性、環保可行性、財務可行性、與管理可行性。

　　資本投資乃公司從事於一項固定資產，例如：廠房、土地、機器設備、人力水準、研發投入等長期投資，期使公司能在未來獲取一連串的預期收益通常以現金流入量來估計。

　　資本投資決策的特性包括：

1. 所需資金相當龐大。
2. 投資的效益。
3. 年限頗長。
4. 資本限額。
5. 所需相關資料具有相當的不確定性。

　　高科技公司的投資與財務風險，可分為市場風險、匯率風險、波動性風險、流動性風險、信用風險與殘值風險…等。對電腦產業產業而言，由於其有資本密集、技術密集、資產無形、產品生命週期短、市場需求變動高等特性，因此在投資決策上更為重要。

　　有學者以財務投資的角度整理出決策流程：

1. 建立目標。
2. 發展策略。
3. 尋找投資機會。
4. 列出投資方案。
5. 投資決策。
6. 財務決策。
7. 執行並監控。

　　投資決策模型可分為考量風險和不考量風險二類。傳統投資決策方法以資本預算中的淨現值法、歸本期限法與內部報酬率法評估投資方案的現值，利用現值的高低做決策。在不確定的環境中，較難預測長時間的現金流量，傳統投資決策方法運用受到相當大的限制。投資決策新而有效之方法陸續為學者所開發。由限制理論發展突破高科技產業市場限制的方法(Passand Ronen, 1999)，建議投資前進行有效的財務風險與投資效益評估相當重要。此外，模擬模式運用於投資管理由來已久，模擬方法在考量風險變異情況下，提供一個良好的觀點以比較所有投資方案。模擬方法為了解不確定性的最佳方法，可以讓評估者了解其假設的影響有多大。

二、研發投入與資源配置

　　研發活動是一種投入與產出的過程。研發資源為整體研發活動之投入要素，企業若沒投入充裕及良好品質之研發資源，將無法有效推動研發活動之進行，其重要性不言可喻。

　　關於研發資源配置之相關文獻，可由其定義、種類與資源配置三部分探討。研發資源為公司進行研究發展活動，有助於研發成果所需之各項資源投入要素。研發資源可分為五類，包括研發人力、經費、設備、資訊和獎勵。

　　研發資源的產業研究對象以製造業與資訊電子產業為主。有一些研究以我國製造業為對象，探討新產品發展過程之資源配置與績效之關係，以經費為其資源投入。學者以研發費用作為研發投入之主要變數，探討台灣資訊電子產業研發活動與公司經營績效之關聯。其對研發費用之定義為，公司為研究新產品或新技術、改進生產技術、改進提供勞務技術及改善製程所支出之費用（吳佳穎，2001）。研究發展活動對於企業經營績效的影響是必須仔細監測的。部分研究發現，研發發展影響營業收入，卻對利潤沒有明顯的影響。有學者探討台灣上市公司研究發展費用率與經營績效之當期效果，與電子業與非電子業是否有遞延效果以及其遞延效果是在第幾年產生（黃雅苓，1999）。

　　資源配置為某一活動階段所投入之資源相對整體投入資源的比例。在進行資源分配的考量時，最容易引起爭議的項目大多還是環繞在經費上。對於一個企業而言，研發經費的分配最常見的兩個問題為：一是研發經費之投入須占總年度營收比重多少？二是總公司之研發部門應如何分配研發經費予各事業部之研發單位？關於第 1 點，必須評估公司產業特性，再予決定研發經費之比重：至於第 2 點，依據實務調查建議，總公司研發經費可保留總研發預算的 40%~60%，剩餘則分配到各事業部的研發部門。

三、產能規劃

　　學者對於高科技產業資源規劃相關研究有顯著貢獻。許多探討高科技產業中雙階多重資源的規劃問題、替代性機器設備產能規劃、使用模擬模型來降低高科技晶圓廠中製造之週期時間、採用模擬方式探討並改善「需求不確定」的環境中之「高科技產業產能擴充」課題……等。

　　數學規劃最常用於資源規劃問題，例如：以線性規劃與混合整數規劃法解決物料規劃與資源分派問題。發展一個隨機性整數規劃模型以解決資源規劃與設備採購問題(Swminathan，2000)。探討高科技產業中之產能擴充問題，以增加設備產出率與和使用率為目標，將現有資源分派至訂單中。探討有限資金限制下，測試廠產能擴充與資源配置模型(Wangand Hou，2003)。產能規劃領域中對於設備之技術經濟取捨，是另一個重要方向。有學者以混合整數線性規劃模型以解決此一問題(Agopalan，1994)。

　　製造廠間如何以自主性協調與協商進行產能調度，漸漸成為重要研究議題。有學者以產能交易架構與方法以解決短期波動造成的產能失衡問題，以競標方式利用拍賣解決各廠之間瓶頸機具的產能短缺問題。有學者以使用網路為基礎的拍賣方式銷售產能以發展夥伴關係。其方法中包括拍賣控制單元、溝通單元、交易處理單元、產能規劃單元與資訊資料庫。產能管理者因此得以於網際網路中與客戶自主協商(Chang，2001)。有學者以代理人訂單交換系統為基礎，發展出產能調整方法。產能需求端根據產能供應商名單評估機會成本並取得產能。這個系統根據訂單中之製程、交期與其他需求資訊，自動進行新進訂單交換(Humg，2002)。生產規劃中的資源取得決策往往與資源分派高度相關，且其計算多具NP-Hard 複雜度。一些重要的因子，明顯的影響了電腦產業中之資源規劃與分派決策，例如：生產利潤的再應用、存貨政策、資金的時間價值資源殘值、技術能力衰退、多重資源之關係與產品價值遞減…等，卻鮮能於模型中一併考量。此外，除採購方式外，其他資源之取得方式也未完整考慮。電腦相關產業產業中存缺貨水準將有助於平衡生產與需求，然而上述提及之訂單生產方式之產能規劃模型，並未同時考慮存貨生產。國內學者仍積極探討此一電腦產業產能相關研究。

四、智慧型代理人生產系統

　　工業發展迄今，許多生產系統已然成為龐然大物，而使傳統的生產系統管理出現了許多足以使製造體致命的瑕疵，例如：未具即時性、缺乏彈性、軟體與系統設計與修改過於複雜等，智慧型代理人與分散式的精神因此被引進生產系統，

生產系統之實體或邏輯元件以代理人(agent)或自主元(holon)方式呈現。一個智慧型代理人必須有感知環境，並能了解環境改變的意義，再依照本身對環境的認知與個體或群體的目標，經由致動功能做出適當的反應，進而影響環境狀態。在工作過程中，智慧型代理人亦可能需要與其他智慧型代理人交換訊息，協調合作，甚至彼此協商(negotiation)以維護各自目標之達成（亦可視為各自之利益）。若以多個智慧型代理人組成一系統，經由分工、充分合作、密切協調，可完成較複雜的工作。

分散式生產環境下之通訊與協作十分重要。為因應多階段製程工件需求下，同時存在多工件、多部平行機的生產系統排程問題，有學者發展了一個分散式敢發解(Wang，1997)。分散式企業活動環境下使用智慧型代理人的研究愈來愈多。卡內基美隆大 SB(The Robolics Institule, School of Computer Sciencein C legie-MellonUnversity)執行一個名為 PERSUADER 計畫，此計畫案發展出一套透過協商或調解以解決衝突問題的智慧型電腦輔助系統架構，這個架構結合人工智慧與決策推理技術，提供一群待解決問題的衝突解決以及協商支援功能。PERSUADER 是一個一般化的協商模型，其中包含了多代理人以及多協商議題，此模型奠基於 Case-Case-Base Reasoning 與 Multi-Attribute Utility Theory 麻省理工學院(Software Agents Group, Media Laboratory in Massa chusetts Institute of Technology)執行一個計畫，發展電子商務與實體商務間的代理人交易系統，買方與賣方代理人分別代表個別的消息靈通的顧客與參與協商的零售商，代理人間進行一對一的多參數協商，雙方於對等的立場上謀求達成交易，使顧客願意出價購買，此系統將於無線移動式設備上運作(Morrisetal，2001)。

五、柔性解與基因演算法

柔性求解方式已成功的應用於解決 NP-hard 組合最佳化問題。數學規劃模型乃使用於產能規劃之精確方法，但由於問題之複雜性，往往需耗費大量時間。另一方面，柔性計算(soft computing)為基礎之方法則展現求解時間與求解品質取捨下優良之產能規劃結果。

以最常見的基因演算法(genetic algonthm)為例，有學者發表基因演算法以解決多旗下多階產能平衡問題。將基因演算法套用於多產品生產環境中。利用基因演算法將資源分派至訂單中以增加機器設備利用與輸出率(Tiwari and Vidyanh，2000)。使用基因演算法於資金限制下，進行半導體測試廠測試設備產能分派與擴張。據多資源限制與多階產品結構特性，以基因演算法進行排程(Pongcharoen，2004)。

　　除了基因演算法外，螞蟻演算法(ant algorithm)與模擬退火法(Simulated annealing)等柔性計算亦常被使用。Bard(1999)應用等候線模型與模擬退火法定位半導體製造廠的製造設施產能擴張。Merkle(2002)使用以群體為基礎的螞蟻演算法兩種費洛蒙評估方式以解決排程中資源限制問題。

六、系統動態模擬

　　系統動態學(system dynamics)是 1956 年由美國學者 Jay W. Fomester 等人於麻省理工學院、史隆管理學院所發展出來的科學。利用動態及因果回饋的方式，將所關注的問題放回系統中思考，用所建構的模式藉由電腦經模擬真實的狀況，且經由對組織內部資訊回饋過程的分析，來顯示出組織、企業系統結構、政策和時間延滯對組織或企業系統的成長和穩定產生何種程度的影響？

　　系統動態學所處理之問題特性包含項：動態、回饋、非線性、環環相扣、滯延與高階複雜性。這套理論發展源於四項基礎理論：

1. 資訊回饋控制理論。
2. 決策制定過程。
3. 系統分析的實驗方法。
4. 電腦模擬技術。

　　系統動態模型是環境觀察企業投資策略與資源規劃的有效方法，例如：以系統動態學探藥產業，研發預算和資源配置，對不同階段之研發活動以及產出之影響。以系統動態模型來探討我系統之運作機制、流程及與環境之互動關係，藉由模擬過去 30 年之歷史發展，進而模擬出未來 30 年可能之武器系統發展趨勢，以進行政策分析，並提出改善方案（詹秋貴，2000）。以系統動態學探討研發人力政策對公司內部研發人力分配的影響，進而找出企業的最適研發人力策略。並探討研發人力的延滯對產品擴散的影響，以及研發經費投入政策對該公司產品的創新擴散能力之影響（李庭閣，1993）。

　　目前，在美國較為廣泛被用來解決系統動態學問題的電腦套裝軟體有：Vensim、Stella 與 Powersim。

七、模糊推論系統

　　利用模糊推論引擎來建構模，可使生產知識之發現更有彈性，運用此一技術可遂行投資策略、資源規劃與產能分派知識之發掘。有研究提出一個方法，從數值及語法資訊中去發掘模糊規則庫，其係以模糊邏輯控制器構成知識庫系統。經由找出適當的資料庫，運用基因演算法簡單的產生規則庫。

　　國內在模糊規則推論系統之相關研究，例如：網路與模糊理論在生產管理上之應用、模糊推理規則及模糊隸屬函數之機器學習、以類神經網路驗證及評估模糊知識庫系統…等。

　　綜言之，國內電腦相關產業的投資策略與資源規劃的相關研究，雖尚為萌芽階段，但經許多研究者近年的努力，已具相當成果。未來應就電腦相關產業的投資策略、資源規劃與產能分派問題，結合智慧型代理人等應用技術，期此一研究更形完整與實用。

 **第三節　跨廠產能的研究方法**

　　採用智慧型代理人架構建立電腦相關產業設備／技術投資與資源分派之最適化決策系統，可使系統更具彈性。智慧型代理人架構具有獨立決策制定之能力，智慧型代理人之間可藉由通訊協定交換訊息。許多大型生產系統之製造單元在地理位置上均分處多處，甚至如供應鏈系統中上下游廠商之情況，非但地理位置上分處多處，其命令系統亦不盡相同，生產資訊分屬各代理人所管轄。就此而言，以智慧型代理人為基礎之投資與資源分派，對需求變化的反應、重新組態之能力與規劃之反應力，均相當優越。

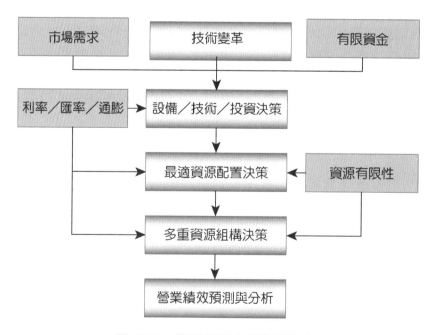

圖 17-1　電腦相關產業設備投資

　　本節將以智慧型代理人技術為核心工具，審視電腦產業之設備／技術投資與資源分低之最適化決策（如圖 17-1）；在智慧型代理人研究架構之下，建立其設備／技術投資決策之確定性與隨機最佳化數學模型，並設計對應之求解演算方法架構如圖 17-2：

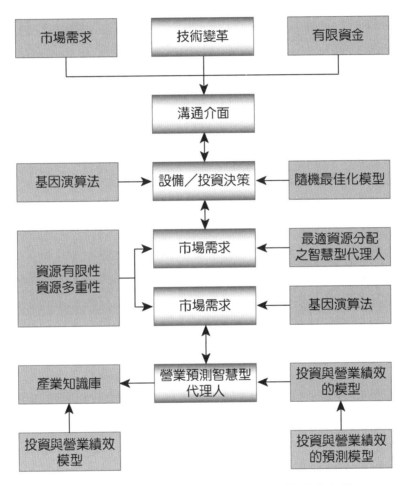

圖 17-2　以智慧型代理人技術所發展的研究架構

　　採用隨機最佳化數學模型發展設備／技術投資之決策模型，可反應避險環境、有限性與併行性三項問題特性要求下之投資決策需要，問題亦可清楚以數學結構定義出來；此外，採用確定性最佳化數學模型發展多重資源配置與組構之決策模型，可充分反應出有限性與併行性問題特性要求下之多重資源配置決策需要。鑑於問題的高複雜度，發展柔性求解之近似方法，其中以發展基因演算法求解最具時效性與可行性。

　　智慧型代理人協商模型可用於發展多廠區與多資源配置。協商式多廠設備資源配置模型不使用傳統集中式決策，而是讓各廠在考量多重資源限制的產能下，以具體且主動的管理，使得各廠不再被動承接訂單配額，以期創造企業整體績效的提升。以系統動態模擬模型，分析電腦產業廠商特性與其進行重大投資所進行的評估流程，並建立評估投資模型，從設備／技術投資績效的角度，運用模擬方法來評估哪些參數較為敏感？系統動態模擬方法在考量風險變異情況下，可提供一個良好的觀點以比較所有投資方案。利用模糊推論模型來建構設備／技術投資與多廠區與多資源配置之企業營運模糊化規則，可使知識之發現更有彈性。

　　在模型建立與求解程序之發展分別敘述如下：

1. 發展以智慧型代理人技術所發展之具體研究架構。
2. 發展避險要求下設備／技術投資決策之隨機最佳化數學模型。
3. 發展資源配置決策之確定性最佳化數學模型。
4. 評估問題複雜度與發展近似求解方法。
5. 發展協商式資源配置模型。
6. 發展設備／技術投入與營業績效之系統動態模擬模型。
7. 發展設備／技術投入與營業績效關係之問卷量表，並進行相關資料處理，其如下所述：
   (1) 電腦相關產業初級與次級資料收集。
   (2) 產業個案實證觀察、應用與成效分析。
8. 萃取最適設備／技術投資與產能分派決策之企業知識。
   (1) 發展以諸項設備／技術投入為輸入因子之營業績效類神經預測模型。
   (2) 以模擬類神經模型萃取最適設備／技術投資與產能分派決策之企業知識。

　　以下謹就(一)智慧型代理人架構之設計；(二)設備／技術投資；(三)資源配置與組構；(四)投資與營業績效評估；(五)萃取最適設備／技術投資與產能分派決策之企業知識五個主要重點，進一步闡述：

（一）智慧型代理人架構之設計

　　採用智慧型代理人架構，可依功能性分為電腦產業設備／技術投資決策智慧型代理之決策智慧型代理人、最適資源配置之多重資源組識決策智慧型代理人與營業預測智慧型代理人，在單一代理人內部結構方面，又可分為「溝通機制」及「思考評判機制」兩部分。

在「溝通機制」方面，由於代理人具有人機介面，因此，可自環境輸／輸入環境變數；此外，在分散的環境中，代理人只須取得系統中局部的資訊，經由有效的協調機制，即回獲行有效的解。接著，再深入探討與運用以議價為基礎之協調機制，並於代理人功能中引入折衷機制，代理人可藉以聯繫外部環境與其上下游代理人。

在「思考評判機制」方面，代理人分別具備隨機最佳化、確定性最佳化模型、協商式最適資源配置決策之確定性最佳化模型、協商式多重資源組構決策之確定性最佳化模型、基因演算法，以建立電腦產業設備／技術投資與資源分派之最適化決策系統。

智慧型代理人決策系統繼承分散式系統的優點，因代理人可動態生成與重組，以執行設備／技術投資與資源分派的最適化決策；因此，能夠產生具有比中央集權決策系統更高的重用性與重組彈性。在系統設計階段，只需針對單一代理人進行設計，可大幅降低系統設計的複雜度，減少研發時間，達到最適化決策系統低成本、快速成形之目的。

（二）設備／技術投資

1. 研究方法

電腦產業產業設備及技術投資之決策，應探討於市場需求、技術變革與有限環境下，擬定長期設備／技術投資之最佳規劃。具體言之，有限的資源產能、多樣製程技術、不同製程技術層級上的差異、有限投資資金限制、產品生命週期、資金時間價值、生產線技術更替速度快、存貨風險大、需求變異大……等因素，求取多種之設備取得與處分方案與多種之技術研發方案之最適決策又根據以下特性，可建構企業設備／技術決策隨機最佳化模型：

1. 預測長期產能規劃期間，製程技術能力可造成之邊際利益。
2. 預測市場對於電腦產業之不同技術能力需求。
3. 有限資金下，電腦產業產業技術取得營運策略。
4. 評估製程中各類設備之理論利用率與輸出率。
5. 電腦產業於投資技術／設備可能造成之風險。
6. 電腦產業製程建置與撤出成本。
7. 電腦產業製程中現有製程技術與市場技術需求關係。

設備技術投資隨機規劃模型應以產業營運策略角度進行技術／設備投資，以達成不確定性環境下之市場營運策略，並以達成最大獲益為技術／設備投資決策

與最小風險為最終目標。傳統中隨機性最佳化模型的實做方式有兩種：一為根據變數發展適合之分配，並以抽樣產生市場需求，二為訂定其不同機率的可能需求。

2. 設備／技術規劃目標函式

設備／技術投資規劃之目的應以企業營運利益為主軸，同時考量規劃期末之盈餘表現」與「期末技術衰退剩餘之殘值」總和；此外，於不確定模型中可將風險性造成的投資損失也列入成本，以使投資決策者得以於盈餘／風險之間進行取捨。

3. 限制式

在限制式的內容中，包含下列五個限制式：

(1) 技術能力與市場需求的平衡限制式：規劃技術研發與設備取得應考量長期市場的需求，並使投資／需求之間能夠達到平衡。

(2) 技術能力與技術需求落差對決策影響限制式：製程能力過剩時，應考量技術投資浪費所造成的成本；同時，製程能力不足，將會造成顧客流失、服務品質下降、運輸次數頻繁、存貨增加…等額外的成本。

(3) 主要技術能力與固有技術能力的平衡限制式：規劃期間內，除了要針對關鍵性的技術能力行投資外，仍需考量固有的技術水準以迎合市場的需求。

(4) 製程技術／設備取得的產策略限制式：根據現有技術能力與預估的技術需求來考量公司政策，以提出採購、結盟、調度與設備汰換……等企業的策略規劃，進而對提出有效的策略，諸如：自製、策略聯盟、合資、租用、共享、撤出…等。

(5) 有限資金限制式：技術／設備的投資與規劃應不得超出營運預算。藉由上市或資全市場來取得資金後，應同時考量新技術帶來的利益、投資的機會成本、風險評估以制定決策。

4. 設備／技術投資規劃之求解

由於使用精確的求解方式於此技術能力／設備投資規劃隨機最佳化模型問題中，需要相當大的計算時間。使用隨機性基因演算法求解時須考量下列議題：

(1) 染色體設計：染色體結構對於隨機性基因演算法於求解技術能力／設備投資規劃問題極為重要。染色體結構應能有效對應至規劃模型中之主要決策變數。

(2) 基因演算法修復機制：傳統之基因演算法多以發展懲罰值為基礎的搜尋方式尋求最佳解。然而本計畫模型中由於須同時考量眾多限制式，於染色體

交配或過程中突變過程中易產生不可行解，使用傳統搜尋方式將造成計算能力之浪費。可利用染色體修復技術提升可行解機率，以降低不可行解的染色體計算。

(3) 基因演算法之基因操作因子：為使發展之柔性演算法具備優異的求解效率，研究中可根據染色體結構與特性選擇適當之操作因子，以使發展之隨機性柔性解法於搜尋解答過程中更具多樣與豐富性。

(4) 基因演算法需求不確定之表示方式：隨機性柔性求解演算法除具備上述設計考量外，尚須支援隨機性模型中的抽樣與評估程序。為反映不確定環境所帶來之投資決策風險，可將隨機性抽樣程序納入傳統演算法中。

　　柔性解以基因演算法為核心，依主要決策變數設計染色體結構，可用來解決電腦產業產業中技術／設備投資決策。

（三）資源配置與紐構之研究

　　由於電腦產業廠內具有非等效資源，不同機器設備由於生產能力之差異，所生產之產品與生產速度不盡相同，不同機器設備生產不同產品之操作，成本也有所差異。針對電腦產業廠，須定義出關鍵資源，亦即各型設備、人力、研發投入…等，以進行源配置決策。考量多重資源之取得方案、資源組態與訂單生產之限制，將所需資源分派至已承諾之訂單中。電腦產業廠內於最佳多重資源環境下之資源組構與配置規劃模型，於規劃週期內，須找出最適多重資源配置與組構方案，計算出最適關鍵性物料的採購與存貨計畫，以提升廠內機器設備生產效益並取得最大營業利潤。

　　可依據下列特性建構－確定性數學規劃模型：

(1) 資源配置與組構規劃中，承諾顧客之訂單單位邊際利潤。

(2) 多重資源需求與配合訂單生產所需之資源組態。

(3) 主機器設備調整方案。

(4) 機器設備淘汰特性與時間價值。

(5) 各類機器設備／人員之理論利用率與理論輸出率。

(6) 生產已承諾訂單之存缺貨政策。

(7) 各機器設備取得方案之成本。

(8) 機器設備與承諾之訂單之生產可行性。

1. 資源配置與組構確定性模型的電腦產業廠營運目標函式

　　電腦產業廠內部多重資源投資組合規劃之目標，應將「規劃期末之機器設備資產殘值與訂單獲利」實現之累積金額加總，並使獲利最大化。

2. 限制式

　　在限制式方面，可分下列五類：

(1) 存貨政策與訂單滿足之平衡限制式：廠內規劃之生產量將與各期間內各種允諾訂單達成平衡。無法即時滿足訂單則產生延遲交貨，提早生產則產生倉儲成本；此外，機器設備數量之調節將有助於即時出貨，但亦會產生機器設備取得成本。

(2) 在資源與承諾訂單之平衡限制式：電腦產業廠內由於具備多種資源，資源與已承諾訂單之間需考量機器設備生產能力限制。

(3) 機器設備與人員之協調限制式：各期間內各類型主要資源與其同時需求性之輔助資源，例如：操作人員。然由，在部分機器設備需特定能力之操作人員，為反映此一限制，限制式應清楚表達同一時間內資源之間的可行組構關係。

(4) 資源取得方案與資金平衡限制式：中、短期之資源變動決策將依不同資源取得方案產生變動成本，資源取得應考量該資源取得方案與存缺貨方式何者較具利益。

(5) 有限資金之平衡限制式：各期營收利益將根據資源數增減、累積營收之利息、存缺貨成本、該期出貨之營業收入而產生增減變化。

　　在發展資源配置與組構模型架構上，需判斷何種資源與人員取得方案最符合承諾訂單之利益？此一決策係以達成資源組態最佳配置與工廠營收最大化為決策目標。

3. 資源配置與組構之求解

　　此一資源配置與組構問題，若使用最佳求解方式需要極多的計算時間；此外，同時考量電腦產業廠中機器設備、人員之取得與配置、存缺貨情形與多重資源後，更大大增加了大型實務問題的計算複雜度，因此使用柔性求解方式有其必要性。雖然柔性解為基礎的求解研究能較具效率的解決「資源分派與人員／機器設備組構」問題，但是不良的演算法設計將導致計算能力的浪費。針對上述模型宣發展基因演算法以提升求解速度。

在使用基因演算法時，必須考量下列議題：

(1) 染色體設計：染色體結構對於使用基因演算法求解多重資源配置與組構規劃最佳化問題極為重要。此一規劃中之主要決策變數，都應包含於染色體結構中。

(2) 基因演算法之修復機構：由於須同時支援許多限制式，於基因操作過程中利用染色體交配與突變易產生不可行解。於此狀況下，須發展以懲罰值為基礎的基因演算法，並修復基因，限制不可行解的發生。

(3) 基因演算法之基因操作：為了使發展之基因演算法具備優異的求解效率，必須根據染色體結構／特性採用不同的交配與突變方式，使發展之基因演算法於搜尋解答過程中更具多樣與豐富性。

4. 發展協商式資源配置模型

電腦產業最適資源配置之「多重資源組構決策智慧型代理人」在訂單資訊、可用資源限制與有限資金分配下，進行資源配置與多重資源組構決策，並下達可接受之訂單組合、以週為單位做切割，明述批量與交期時間，俾使未來在生產排程作業使用。

建構一個多資源限制環境下之協商模型，可透過自主性協商決定資源配置。代理人之間，以集團對集團的方式進行協商，過程中互相不須知道對方所擁有的籌碼及協商底線，雙方分別透過代理人針對議題進行協商。對另一方提出提議值，並接收對方的反提議值。

「協商決策函式」的協商機制與折衷機制，使代理人可依據電腦產業長期投資策略結果，遂行中期之多資源衝突下之資源配置。在不同系統參數之下亦有不同的反應。為評估協商之績效表現，可以使用柏拉圖最佳化曲線做為衡量標準。探討在資訊分散情況下，代理人透過協商機制所獲得之協議與最佳解之差距。議價與折衷協商包含了協商戰略、協商戰術及多方協商函式等三個層次，而戰術層次包含了時間相依、資源相依及行為相依等三類戰術，而所有戰術皆是以多方協商函式為基礎進行協商。

（四）投資與營業績效評估之研究方法

在投資與營業績效評估之研究方法，其包含下列研究主題：

1. 觀察台灣電腦相關產的設備／投資與技術研發行為，以了解該產業的設備／投資與技術研模式。
2. 探討資源配置與企業績效之因果回饋關係。

3. 分析電腦之面板產業實務個案，歸納其如何有效運用資金，以提供各種研發活動最佳之資源配適比例，提升企業績效。

4. 探討該產業設備投資與技術研發活動與企業整體營運活動之 What-If 互動情形，以提供台灣面板產業進行研發投資時之參考依據。

　　有關產業研發活動與企業整體營運活動之 What-If 互動情形可以運用系統動態模擬進行之。為研究了解與分析電腦產業廠商特性與其進行重大投資所進行的評估流程，並建立評估投資模型，可使用系統動態模擬，從設備／技術投資績效的角度，進行參數敏感度分析。在考量風險變異情況下，比較所有投資方案。

（五）設備／技術投入與營業績效之關係的研究方法

　　利用模糊理論來建構模糊規則，可使生產知識更有彈性，並可運用此一技術於投資策略、資源規劃與產能分派知識之發掘。在龐大、複雜的電腦產業設備／技術投資與資源分派資料庫中，隱含許多高利用價值的資訊，傳統係以統計技術進行分類與歸納以萃取這些有用的資訊，並已獲得相當之成果。惟其中仍潛藏許多隱晦卻有用之企業訊息與作業經驗，應可運用智慧型之模糊學習技術加以萃取出來，就增強智慧代理人對劇變的生產環境之反應與企業知識管理而言，所萃取出之潛藏的電腦產業企業設備技術投資與資源分派規則尤顯重要。針對電腦產業企業中龐大的投資與資源分派相關資料，利用模糊類神經架構，可建構具有模糊性質的知識探勘系統（即模糊規則庫系統），並解決傳統數位知識系統無法表示模糊特性的缺點。

　　建議的研究方向如下：

1. 發展一個模糊知識學習與產生架構，可由龐大的設備／技術投資與資源分派資料庫中歸納出有效的設備／技術投入與營業績效關係的模糊知識規則。

2. 將此模糊知識產生學習與架構，運用於電腦產業個案企業，解決其所面臨之多資源、有限資金環境下之設備／技術投資與資源分派決策。

　　模糊知識規則之產生流程如下所述：

1. 收集相關資料庫的設備／技術投資與資源分派而言，主要包含需求資料庫、設備／技術投資方法資料庫、資源選擇資料庫、市場利潤資金資料庫及產能分派資料庫，量大且隱含雜訊為其特徵。

2. 萃取出重要之屬性及因果關係。

3. 利用模糊類神經網精練規則、界定模糊歸屬函數，並進行區域間隔微調。

4. 規則建立後，以驗證其正確性。

5. 輸出模糊規則庫。

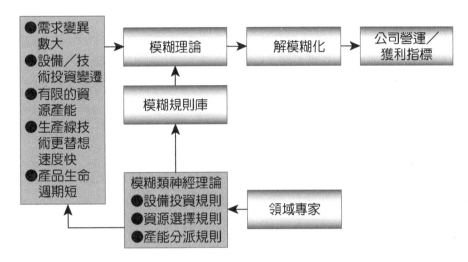

圖 17-3　設備／技術投入與營業績效之關係的模糊知識架構

 第四節　跨廠區資源的代理人模型

　　Stone(2000)對代理人(Agent)的定義是一個擁有目標、行動、知識且存在於環境中的實體。一般而言，代理人可分為固定代理人與行動代理人兩種。若代理人固定於一個地方，沒有透過網路進行遷移的行為，則稱此種代理人為靜態代理人(Stationary Agent)。

　　行動代理人(Mobile Agent)則是具有高度的傳輸能力，可在異質網路及系統之間移動，且多行動代理人於行動商務之效能模型——以線上議價為例可以跟其他代理人溝通與合作。

　　Jennings(1998)對多代理人系統定義為：「多代理人系統是由數個代理人透過溝通、協調與競爭方式來解決單一問題的系統所組成」。多代理人互動機制，可以依據功能分為下列幾類：

一、協調整合(Coordination)

　　代理人需在有限資源的環境中協調整合其自身行為，以符合自身利益或群體目標。相關的文獻有 Mintzberg(1979) 協調整合的三個基本程序：

(一) 相互調整(Mutual Adjustment)

(二) 直接監督(Direct Supervision)

(三) 標準化(Standardization)

　　基於上述程序，多個代理人經由資源分享來達成共同目標，過程中包括資訊的交換及行為的調整，而透過合作建立關係後，產生代表控制權，代理人需聽從具有控制權的代理人。

二、合作(Cooperation)

　　Conteetal(1991)的論文中，認為代理人的合作可視為對共同目標(Common Goal)的調整，合作分散地解決問題(Cooperative Distributed Problem Solving)。由於各代理人皆無足夠能力或資源來獨立解決問題，因此透過彼此的合作機制，將問題分解成數個任務(Task)　，再個別加以完成。

三、交涉協商(Negotiation)

　　在分散式人工智慧的研究中，交涉協商的過程乃為整合多代理人的行為。許多研究探討的交涉協商機制是為模擬人類組織的社群行為。其中運用在多代理人系統的交涉協商機制中，最具影響力的機制是合約網路協定(Contract Net Protocol)。此機制由 Smith(1980) 提出，源自於人類企業組織中的外包工程招標程序。

　　其模擬企業的招標程序，透過多代理人的合作協商模式來解決問題與衝突的發生。在此機制上，多代理人透過合約訊息的公佈，針對共同的目標進行資源與行為的整合，包括扮演管理者角色的代理人之子任務(Subtask)分派、各代理人間的訊息溝通、各參與競標代理人的競標評估模式與競爭合作模式的形成等皆是合約網路協定中的重要議題。

　　一般而言，多代理人的優勢在於可分享共同資源，並行地處理問題，達到共同的目標，且當單一代理人無足夠的能力或資源來解決問題時，其可將問題分為數個任務，再加以完成。而多代理人的缺點為當代理人數目太多，將耗費許多的代理人的溝通及傳輸時間，且增加網路的負載。所以如何產生一個效能優良的多代理人系統，幫助使用者快速地處理資料，將是相當重要的研究議題。本論文假設的多代理人系統是屬於合作型，系統將需搜尋議價之商務網站分配給多個代理人平行處理，縮短總等待時間。

　　代理人(Agent)是一個可以充當使用者助理或幫手的電腦程式[19]。它通常會被賦予下列幾項特性：提供服務的能力、支援決策、具有自主性、可委派工作、具交談能力、具合作性、以及解決衝突的能力等等[15]。另外 Maes 也說明了代理人的運作方式，是由使用者分派一個任務給代理人當代表，而不是命令代理人去執行完成某一個任務。這就如同現實世界中的職務代理人一樣，只是它會一直活動於網際網路上，可以在既定的規則與授權範圍內，沒有時間與空間的限制下，幫助其委託人進行資訊搜集整理過濾、線上交易、會議協調、行程的安排等工作。以下描述研究代理人的分類：

一、界面代理人

　　傳統的界面代理人(Interface Agent)主要的工作在接收使用者的設定和查詢，並將查詢的結果回傳給使用者，主要的工作包含有：

(一) 蒐集使用者資訊來啟始服務。

(二) 呈現相關的資訊給使用者，而這些資訊可能包含了結果和說明。

(三) 在解決問題時，對使用者要求一些額外的資訊。

(四) 在必要的情況下會要求使用者確認。

　　界面代理人不會很明確的從使用者身上獲得命令，它會一直監視使用者的任何動作，並且對使用者的螢幕上所看見的物件做變化，雖然不是一對一的輪流和使用者交談，但是它可以觀察使用者的許多動作，經過一段時間代理人也有可能會發出一系列的回饋行動。這樣一個代理人剛好可以適合我們用來監督學生的學習狀況，並視情況給予學生適合的幫助。

二、學習代理人

　　麻省理工學院多媒體實驗室的軟體代理人研究小組在學習代理人(Learning Agent)的研究，主要是提出透過觀察使用者和透過 MBR 理論來學習使用者行為。這個理論是為每一個使用者所產生新的活動，例如：點選的超連結，停滯的時間等，重新加權計算後再比較過去使用者活動所加權計算出來的值之間的差異，並儲存於記憶體中。另外，再根據過去同類型的使用者中所採取的行動計算出目前的使用者也會有同樣行動的把握度，再來決定要提供給目前的使用者的行動建議。

　　但是，其實這樣的學習方法有幾點缺點：(1)缺少和使用者之間的溝通，使用者要瞭解和信任這個代理人是有困難的。(2)MBR 的學習非常的慢，因為它必需要去搜尋以前大量舊有的使用者資料並加以計算。而學習代理人最重要的是能夠自動的觀察學生和其他一般相同類型的學生，並為個別的學生形成個別的學生

模式。其這樣的設計裡最主要的目的是要讓學生和系統之間能夠建立一個信賴的關係。

三、多重代理人

　　一個多重代理人的架構又稱為分散式代理人，它是來自於分散式系統的概念，強調各代理人的獨立性還有它們合作的特性，所以多重理人系統亦常被稱為是一個結合許多單獨代理人的系統，形成的一種離散式人工智慧系統。現今，我們希望代理人處理的事務越來越多，細節也越來越複雜，可是單獨的一個代理人卻常受限於其所擁有的知識和不足的計算資源，而沒有辦法處理我們所交辦的事務，而為了解決這個問題，可以用數個代理人，分工合作的去解決問題，這就是一個多重代理人系統。多重代理人系統中的每個代理人可以當成各個獨立的物件，但是它與物件最大的差別在於代理人具備有自主性、溝通連絡和推理的能力，和彼此之間沒有繼承的關係。

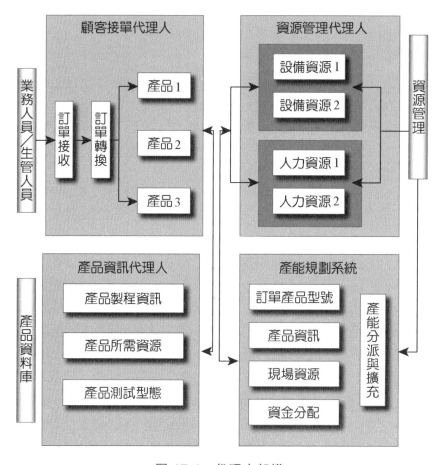

圖 17-4　代理人架構

　　跨廠區資源的代理人模型，可將代理人機制建構在半導體測試廠跨廠與內部資源與產品資訊和訂單資訊的關係，代理人架構如圖 17-4。在此架構下分為四個代理人模組，分別為客戶接單、產品資訊、現場資源管理、產能規劃。

　　客戶接單代理人模組藉由顧客所提供之資訊與公司內部產品資料，將訂單展開成各產品型號之需求量與產品所需之測試機器設備和預定之交期。產品資訊代理人為連接廠內產品資訊與製程資訊資料庫，提供相關產品型號之測試形態、測試流程與所需測試資源，以供現場資源管理代理人與產能規劃模組代理人使用。現場資源代理人則管理在半導體測試廠內部之，測試資源與「人力資源」之狀態與供給量，並且須要在有限資金分配下，考慮產能的擴充問題。產能規劃模組則是在訂單資訊、可用資源限制與有限資金分配下，進行產能規劃與分配決策，並且及時回應顧客與現場排程系統可接受之訂單組合與批量與交期時間和所需擴充的測試機器設備型號。

個案分享 結合產地直銷將健康宅配到家—
COOP東都生活協同組合・新座冷鏈物流中心

全球網路供應鏈—燈塔製鞋

習 題　　　　　　　　　　　　　　　　　　　　　　　　Exercise

一、 工業供應鏈之產能問題為何？

二、 何謂產能規劃？產能需求之決定因素為何？如何發展產能方案？

三、 IC 測試業迥異於其他半導體製造產業，其產能之特性為何？

四、 試述 IC 測試廠資源分派之整體決策架構。

五、 半導體測試流程所需多種資源為何？

六、 試述供應鏈中訂單接單評估模式。

七、 試述供應鏈中多資源產能分派模式。

八、 科技產業供應鏈設備投資與產能管理探討之主題為何？

九、 跨廠產能之研究方法為何？

十、 何謂代理人？其可分為哪些？又其各別功能為何？

參考文獻　　　　　　　　　　　　　　　References

一、中文部分

1. 吳佳穎，(2001)，台灣資訊電子產業研究發展活動與公司經營績效之研究，國立交通大學科技管理研究所博士論文。

2. 邱俊智，(2001)，有限產能下之投料模式建構與應用之研究－以半導體測試為例，中原大學工業工程研究所碩士論文。

3. 蕭如嵐，(2004)，產業群聚與廠商競爭行為之分析－以台灣大型 TFT-LCD 產業為例，國立東華大學國際經濟研究所碩士論文

4. 黃雅苓，(1999)，研究發展支出與經營績效關係及其費用之探討－以台灣上市公司之電子業與非電子業為例，國立政治大學會計學研究所碩士論文。

5. 許世洲，(2003)，IC 設計公司的外包產能規劃，國立交通大學工業工程與管理學研究所博士論文。

6. 袁明鑑，(2003)，TFT-LCD 產業多廠區訂單規劃與排程，行政院國家科學委員會補助專題研究成果報告。

7. 詹秋貴，(2000)，我國主要武器系統發展的政策探討，國立交通大學經管管理研究所博士論文。

8. 劉常勇，(2007)，光碟機產業之競爭策略研究－以及對我國業者之建議，http://cm.nsysu.edu.tw/cyliu。

9. 盧明宏，(2002)，以限制滿足規劃法解決多資源產能分派問題，中原大學工業工程研究所碩士論文。

二、英文部分

1. Chang C. X.(2001),《電子產能拍賣系統及植基於該系統的拍賣方法》。

2. Hillier, F.S. and Lieberman G. J. (2006), "Introduction to Operations Research", 7th Edition, McGraw-Hill.

3. Lumby, S. and Jones, C.(2004). "Investment Appraisal and Financial decisions", 7th Edition. International Thomson Business Press.

4. Pass, S. and Ronen, B,(2005), "Management by Market Constraint in the Hi-Tech Industry", International Journal of Production Research. P.713-724

5. Rajagopalan S.(1994), "Capacity Expansion with Alternative Technologh Choices", European Journal of Operational Research, PP.392-402

6. Swamiinathan, J.M. (2005), "Tool Capacity Planning for Semiconductor Fabrication Facilities under Demand Uncertainty", European Journal of Operational Research, 120, P.545-558

7. Wang K.J. and Hou T.C.(2003), "Modeling and Resolving the Joint and Limited Budget in Semiconductor Testing Industry", International Journal of Production Research, 41(14),P.3217-3235

8. Zenios, S. A. (2003), "Financial Optimization", Cambridge University Press.

全球化供應鏈管理

第一節　全球化供應鏈的概念與模式

　　在經濟全球化、市場國際化、生產製造一體化的環境下，資源也將實現在全球範圍內更有效地調配，國際上更多的企業會進入台灣市場，同時越來越多的台灣企業也會走向世界，使得原材料、半／產成品，以及服務、技術、知識等資源在全球範圍內流通，從而要求供應鏈管理進入全球化供應鏈管理的新階段。全球化供應鏈的結構，無論是本土供應商或是海外／本土生產製造商到多個／本土配送中心，再到全球市場需求所在地及客戶這種全球網路供應鏈的運作模式都是一樣，它存在的問題，有全球市場問題、受當地政治和經濟因素影響的問題、風險問題、供應鏈網路結構問題、跨國運輸過程的合理規劃問題、全球範圍交貨跟蹤與監控問題、方案設計和最佳化問題…等。

一、全球化供應鏈的概念

　　全球化供應鏈又稱全球網路供應鏈。在這種供應鏈體系中，供應鏈的成員遍及全球、生產資料的獲得、產品生產的組織、貨物的流動和銷售、資訊的獲取都是在全球範圍內進行和實現的。在這種全球化供應鏈中，企業的形態和邊界將發生根本的變化，甚至是國與國之間的邊界概念也產生了巨大的變化，這種區域的界限在全球化供應鏈上的業務經營中將被逐漸淡化。在一個理想的、真正意義的全球性供應鏈中，從投入產出到流通消費的整個供應鏈流程就像不受國界的限制一樣，然而全球性供應鏈的價值實現就在於利用了這種國與國之間的邊界。國際化供應鏈的運作是按照國際分工協作的原則，利用國際化供應鏈網路，實現資源在全球範圍內的合理分配、流動和優化配置，促進全球經濟的進一步的發展。

　　在全球經濟一體化的環境下，企業要參與世界經濟範圍內的經營和競爭，就必須在全球範圍內尋找生存和發展的機會。在國際市場的驅動力、技術的驅動力、全球成本的驅動力以及政治和經濟的強力驅動下，使得有能力實現海外業務的企業迅速向國際化經營轉變。因此，在全球範圍內對原材料、零件和產品的配置已成為企業國際化進程中獲得競爭優勢的一種重要經營手段，全球資源配置已經使許多產品是由哪國製造的概念，變得越來越無法界定，例如：美國通用汽車公司的汽車 Pontiac Le Mans 已經不能再簡單定義是由美國製造的產品，因為它的設計來自於德國，發動機、車軸、電路板等零件是在日本生產的，其他一些零組件是由新加坡和台灣地區提供的，組裝是在韓國完成的、資料處理是在愛爾蘭和巴貝多進行的，市場行銷和廣告服務是由西班牙提供的，而只有像行銷研究、

金融、法律和保險這樣的業務才是在美國本土進行的，在美國本土發生的業務大約只佔總成本的 40%。因此，原來由一個國家進行開發、設計、製造出的產品，現在完全可以利用國際化的供應鏈網路、先進的通訊技術、迅捷的交通運輸，由分佈在世界各地的能實現成本最低、利潤最大的企業來完成。

　　目前，這種發展趨勢有增無減、而且愈演愈烈。來自美國的統計資料顯示，從 20 世紀 80 年代起，超過一半的美國企業在海外投資，且數目和投資額都在不斷地增加；美國企業 1／5 的產品是在海外生產的，美國企業 1／4 的進口是海外子公司與美國母公司之間的貿易。根據統計，目前跨國公司已控制著全球生產總值的 50%以上、國際貿易的 60%以上和國際投資的 90%。跨國公司正在由各國子公司獨立經營的階段，向圍繞公司總部戰略，協同經營整合發展，這些都對國際化供應鏈的管理和應用提出了更高的要求。因此，這些都顯示全球網路供應鏈對全球化企業的經營運作具有越來越重要地位和作用。隨著台灣加入 WTO，對外開放的步伐將進一步加快。一方面，國外的商品和服務將更容易擠入台灣市場，另一方面，大型國際企業將增加對台灣的投資，進一步搶佔台灣市場佔有率。這將使台灣商品和服務市場出現更加激烈的競爭，使台灣企業面臨更加嚴峻的挑戰，這將迫使企業必須積極實施國際化發展戰略，在更廣闊的空間參與國際經濟競爭，去尋求新的生存發展空間，獲取短缺資源和市場佔有率，例如：台灣一些集團發展跨國經營就是在台灣市場競爭日益激烈、價格戰在家電領域中頻繁發生的背景下進行的，台灣市場生存空間的緊縮是集團走出去的內在要求。

二、國際化供應鏈的模式

　　最初，全球化供應鏈在初期主要有三種模式。一是國際行銷與配送模式。這種模式是企業的採購和生產以國內為主，但有一部分配送系統與市場是在海外，面向海外業務；二是國際採購模式。這種模式是企業的原材料與零組件由海外供應商提供，最終的產品裝配是在國內完成，部分產品裝配完成後再運回到海外市場；三是離岸加工模式，這種模式是產品生產的整個過程一般都在海外的某一地區完成，成品最終運回到國內倉庫進行銷售與配送。這是在初期採取的初始模式。

　　然而，由於全球經濟一體化的快速推進，及國際貿易組織的擴張，以及網際網路技術的發展使採購和銷售在全球範圍內進行，國際化供應鏈及管理已從這些初始的模式逐漸發展到今天跨國集團的設計、採購、生產、配送和銷售、服務…等業務遍及全球較為高級的全球化供應鏈的運作和管理模式，例如：DELL、Motorola、IBM、TOYOTA……等跨國企業，就已逐漸形成了各具特點的高級全球化供應鏈網路的運作管理模式。

在許多方面，全球性供應鏈的管理與本土化供應鏈管理的原理基本是一致的，只是涉及了海外的國際業務，地域涵蓋更廣泛。然而，正是由於包含了跨國業務，使得它的運作方式也更為複雜，同時也存在著更多的風險和挑戰，會受到多國家、多城市之間的地域、語言、貨幣、時差、文化、政治等因素的影響，例如：國際運輸方面可能遇到地域方面的限制，訂單和再訂貨可能遇到配額的限制，匯率變動及貨幣的不同也會影響支付的運作…等等。目前，台灣已跨入 WTO 的大門，國際貿易和跨國經營都面臨著巨大商機和嚴峻挑戰，為了使台灣在世界經濟格局中佔據有利的地位，提高台灣跨國公司的競爭能力和成本優勢，開展和加強國際化供應鏈管理的研究和應用，就具有極為重要的意義。

第二節　全球化供應鏈管理

一、全球化供應鏈管理的概念

全球化供應鏈管理是應用供應鏈管理的基本理念、模式、工具和手段…等對全球網路供應鏈的經營運作進行控制和管理。在形式上，它是供應鏈管理功能的一種擴展和延伸，它的基本原理與前面介紹的供應鏈管理的原理相同，只是管理物件更加複雜、管理範圍更加寬廣，以及管理模式更加多樣化。

如果說全球化供應鏈是全球經濟一體化的必然產物，那麼全球化供應鏈管理就是企業、乃至整個社會實施全球化戰略的必然要求。全球化的經營使供應鏈運作的範圍擴大，在初期有可能引起成本增大，效率降低，組織的細化和分散，也會使管理的難度加大，使企業間、特別是異國企業間的溝通交流非常困難，協同運作更是難上加難。然而，運用全球網路供應鏈管理的理念和模式、利用它的解決方案軟體系統和其他資訊技術作為手段和工具，特別是藉由網際網路的低成本、高效能的資訊傳輸平台，消除了資訊交流和共用的障礙，加強了企業間的業務交流和協作，集成了它們間的業務流程，加速了業務處理速度才和對市場和客戶需求的回應速度，提高了企業和整個供應鏈的管理效率。因此，可以說，全球化供應鏈管理是國際企業間資源集成的橋樑。它使全球資源隨著市場的需求可以實現動態組合，以適應不斷變化的客戶需求和服務，實現企業間多形式的合作，使它們更其有聯合優勢，並從全方位的角度考慮資源的整合。

　　每天，在全球範圍內要發生數以億計的交易，而每一筆交易都是供應鏈上發生的事件，當前，供應鏈上環環相扣的業務從對市場和客戶的需求分析、對資源進行供給管理、對新產品的研究開發、對策略資源的獲取、產品的加工製造、分銷和出售、一直到訂單的履行交貨和運輸配送等，都必須納入全球化供應鏈管理的範圍之內。可想而知，經營需要做出決策，流程需要進行優化，其業務處理事件之多，資訊量之大，管理的難度要比對一般供應鏈的管理更複雜、也困難的多。因此，必須利用先進的資訊技術，利用全球化供應鏈的管理軟體系統和其他先進的資訊技術，對資訊進行精確、可靠和快速的採集與傳送，才能有效地處理好這些複雜的事務。今天，網際網路和電子商務技術提供了一個對全球化供應鏈上的資訊交流和處理的強有力手段，使供應鏈成員間通過網際網路進行資訊共用和交流，在電子商務平台上來實現企業業務之間的協同運作，合理調配供應鏈上的資源，加速存貨與資金的流動，提升了供應鏈運轉效率和競爭力。因此，這些新技術的出現為全球化供應鏈管理提供了巨大的支援和保證。

　　全球化供應鏈管理的優點包括：加快供應鏈的資產流動速度，減少資產佔用成本和產品的總成本；透過線上交易，並使客戶更快獲得他們所需的產品，提高客戶滿意度；縮短從設計到生產的週期，提高市場佔有率；根據市場需求靈活地設計、改進和淘汰產品；在保證產品品質的前提下，將部分業務外包給專業服務商，集中力量作好主管業務。美國 Cisco 公司在實施全球化供應鏈管理之後，每年直接節省成本約 7,500 萬美元。現在，Cisco 產品訂貨的 80%通過網際網路進行，每天的交易額達到 2,500 萬美元。Cisco 將其產品的 55%外包給合作夥伴進行生產和交付，供應商將產品直接發給客戶，從訂貨、生產到發貨都無需 Cisco 參與，這種擴展的供應鏈運作方式直接增加了公司的淨銷售收入。

二、全球化供應鏈管理的主要功能和特點

　　從全球化供應鏈的基本業務流程可以簡要地說明其主要業務過程和全球化供應鏈管理的主要功能和特點。

（一）需求和供給管理

　　首先，要根據市場和客戶的各種商業資訊，進行預測和需求分析就能清楚地了解和掌握市場動向，做到「心中有數」，從而合理地制訂需求計畫，去配備所需的資源，然後對這些資源在充分考慮到「資源約束」的基礎上制訂供給計畫，將手中的資源與所了解、掌握的需求進行配置，以快速回應和滿足這些需求，例如：沃爾瑪曾經利用網際網路技術來提高銷售預測的準確性，通過季節市場趨

勢……等因素對庫存需求做出預報。其結果顯示，在使用預測功能期間，商品週期時間從 12 週減少到了 6 週，隨後，沃爾瑪將它的經驗與寶僑公司共同分享並應用於業務實踐，直接根據由個別商店售出的商品來履行訂單，這樣通過與各個商店相互協同，縮短了從訂貨到交貨的週期時間，達到從幾周減至幾天，又如，Heineken 啤酒分銷商利用與荷蘭啤酒製造商相連接的網際網路系統，在自己的 Web 網頁中輸入實際的消耗資料來補充訂單，然後，這種交互作用的計畫系統產生一個基於供應鏈末端實際消耗量拉動的時段訂單，而不是預測的需求；接下來，經銷商能夠根據當地的情況和市場變化修改計畫。這些修改過的計畫對啤酒生產商也是非常有用的，他們可以根據這些計畫即時地調整其釀造計畫和供應計畫。透過這種方法，可以將提前期從傳統的 10-12 過減至 4-6 週。

　　一般情況下，需求管理還需要根據地區的需求預測與相應的產品制訂整體的促銷戰略與銷售計畫。為了實現供應鏈的一體化管理，需求管理在一定程度上應具有集中化的特徵，同時，需求分析可以是基於地區、產品或是地區與產品的組合，這些以地區為基礎的分析可為需求管理提供更多的市場訊息。由於它是在全球範圍內的業務，制訂供給計畫時則更需要考慮資源的約束因素，與一般的供應鏈管理相比，此時的需求和供給管理分析要考慮更多的全球性因素，分析過程和制訂計畫的難度也會更大。又由於這些因素的變化更加敏感，需要及時進行修正，反覆進行重排計畫。

（二）新產品研發

　　由於產品的銷售和使用是遍及全球的，因此在研發的開始，就必須為產品進行定位，使其具有國際化和能適應不同的主打市場的特性，以滿足那些地區客戶的使用和消費需求；產品的設計還應具有便於修改、便於客製化的特性，以易於在不同的地點進行生產。在設計的同時還需要注意兩點；一是要考慮設計和生產地區供應商的資源，儘量選擇那些同樣具有海外業務的供應商，並把他們的技術、知識和能力融入自己的研發過程，縮短研發週期，共同推出適應市場和客戶的好產品；二是在研發的同時就要考慮全球市場的產品投放和推廣問題，進行相關的市場分析、制訂推廣戰略、準備因應的行銷策略，儘快將產品推向市場，並不斷對新品設計過程提出回饋意見，例如：Cisco 公司引入新產品的實驗證明，在原型構建階段，最費時間與財力的就是要耗費大量人力來收集和發佈資訊，而利用網路化供應鏈管理，Cisco 將產品資料資訊的收集過程自動化，從而使所需時間從一天縮短 15 分鐘；產品的標準化檢測實現自動化後，該測試過程就全部由供應商根據 Cisco 提供的測試原理和方法來完成，使得產品品質問題可以在源頭就被檢出，保證了品質，節約了成本。

（三）採購

　　網際網路和電子商務技術的出現為全球採購創造了一個前所未有的空間，它縮短了買賣雙方的時間和空間的距離，為他們架起了一座快捷方便的資訊交流橋樑，使買方能在全球範圍內尋找更多更好的策略資源為己所用，將分散在各地的生產需求匯集在一起，進行集中採購以節約費用，並能夠通過全球化供應鏈網路與供應商進行協同運作，準時獲得所需貨物；賣方也同樣可以通過網路與其客戶實現協同運作，及時了解和掌握客戶的需求、供貨和缺貨資訊，按時將貨物遞交到客戶手中。Cisco 的動態補給業務就是一個很好的例子，它在實現網路化供應鏈管理以前，由於缺少即時的需求和供應資訊，常常導致時間延誤和差錯。為了保證二者之間的平衡，庫存的數量和花費都超出了公司可接受的限度。為此，Cisco 引入了基於全球網路的動態補給協調和管理模式，使市場需求資訊準確而迅速地送到全球的每一個合作生產廠商，並允許合作廠商通過網路即時追蹤 Cisco 的存貨數量，及時補貨。

（四）生產

　　在生產上對分佈在不同地區的眾多生產工廠進行統一集成和協調，使它們能作為一個整體來運作，這不是一件容易的事。要做到這一點，首先，需要根據市場需求對供應鏈上過剩的和不足的生產能力進行戰略性的調整和優化配置，以充分發揮其效益；其次，要根據訂單情況對這些工廠做出集中的生產計畫，以為全球化的集中採購提供準確的需求資訊；再次，在一個複雜的供應鏈上，各個工廠間可能是互為供應方，必須使它們的業務能夠緊密銜接，才能實現高效低耗地生產。這就必須要運用全球化供應鏈管理協同的功能和工具來對這些業務進行有效地擴展和管理。香港 Li & Fung 公司是全球供應鏈管理中著名的創新者，它地處香港，為全球約 26 個國家的 350 個經銷商生產各種服裝。在「生產製造」方面，它並沒有一個完全屬於自己的工廠和生產工人，但它在全球擁有 7,500 個生產服裝所需要的各種類型的生產工廠，例如：毛線生產、織染、縫紉…等，並與它們保持非常密切的業務關係。該公司最重要的核心能力之一，就是它在長期的經營過程中所掌握的、對所有供應廠家的製造資源進行統一集成和協調的技術，例如：在接受了歐洲某零售商的服裝訂單後，可能選用韓國製造的紗料，在台灣進行紡織和染色，在日本工廠訂購適當數量的拉鏈和鈕扣，而拉鏈的原料則大部分是在台灣製造的。考慮到生產定額和勞動力資源，它在泰國的 5 個工廠完成所有服裝的加工，5 週以後，10,000 件服裝全部達抵歐洲，如同出自一家工廠。在這個過程中，Li & Fung 甚至還幫助該客戶分析市場消費者的需要，對服裝的設計

提出建議，以最好地服務滿足其需求。訂貨者從自身的利益出發，常常是先提前 10 週訂貨，但很多因素如顏色或式樣卻無法確定，常常是在交貨期前 5 週才通知衣服的顏色，而式樣甚至在前 3 週才能知道。面對這些高要求的訂單，Li & Fung 公司正是依靠其供應鏈管理的集成協調技術，在短短的時間內就向客戶交付了令他們滿意的商品和服務。

（五）訂單履行

訂單履行包括配送、運輸和對交貨的監控，以及交貨過程中的例外事件處理。為了使各個地區的客戶可以從全球供應鏈上方便地拿到所需產品，就像從本地供應鏈上訂貨一樣，為了確保每一個訂單、每一筆交易都能按時、按質、按量地交送到全球的客戶手中，必須利用全球性供應鏈的集中式訂單履行方式，整合自己和外包服務商的資源，與客戶進行密切地交流和溝通，並對整個契約履行過程進行即時監控，及時處理好例外事件，防止由於訂單的履行不周而引起損失客戶的現象，例如：Cisco 公司為了及時供貨，採取了在全球範圍內由合作生產廠商直接為客戶供貨的方式。以前，所有的供貨都是直接從 Cisco 運送給客戶，首先要將產品從生產廠商運付 Cisco，然後再由 Cisco 交送客戶，其中每個過程需要將近 3 天的時間。從 1997 年開始，Cisco 在美國率先展開了實現全球直接供貨的第一步，與佔 Cisco 供貨總量 45%的幾個合作生產廠商開展了供應鏈上資訊共用的協同運作，由這些廠商按照 Cisco 發出的交付指令直接發貨給客戶；這樣，既加快了交貨的進程，又節約了交貨成本。

成功地實現全球化供應鏈管理的關鍵因素有 4 個。一是即時的全球化可視性，這種可視性必須是橫跨整個供應鏈並其有前瞻性，它使供應鏈上的每一個成員都能夠洞察整個鏈上可能發生的事情，以便及早做出計畫；二是資源的合理利用性，它是對資源的供應和來源進行優化配置，合理地實現社會分工和資源整合，降低整個供應鏈的總運作成本；三是上下游間企業的協同性，它可以使所有供應鏈成員共用業務資訊，例如：預測資訊、POS 資料、業務計畫、庫存和物流資訊……等，使他們的業務活動量像樂隊隊員按照樂譜演奏那樣，將延誤和不協調程度降到最低；四是快速回應性，它要求供應鏈上所有成員針對市場和客戶多變的需求，及時抓住機會，推出新產品和滿意的服務，搶先佔領市場。這 4 個因素是缺一不可的，只有運用好這 4 個關鍵因素，取得綜合效益，才能使產品和服務快速通過供應鏈，為企業、為整個社會快速、低耗和高效地創造財富。

第三節　全球供應鏈的網路結構

一、全球供應鏈網路系統的概念

　　全球供應鏈網路系統是指由多個在海內外的供應鏈成員「節點」和它們之間的「連線」所構成的物理網路，以及與它們的業務伴隨的資訊流網路和資金流網路組成的有效系統。這些物理節點可以是全球供應鏈上的企業，企業的工廠和物流設施，例如：各種倉庫，港口、配送中心，商店…等，也可以是為這些企業提供資訊和金融服務的服務商，例如：銀行、諮詢機構、仲介服務商……等。而國際貿易、國際外包業務、跨國集團的全球範圍內經營等業務都是通過在這些節點上的運作完成的，伴隨著這些業務的物流、商流、資金流和資訊流等也是通過從這些節點的進入、暫存和發出而實現的。

　　網路節點的結構決定了整個全球網結構的複雜程度和業務運作的順暢程度。節點間的連線代表著上述各種「流」的流通途徑。首先是物流，這些連線代表了實體貨物的實際流向，連接了全球收發貨節點間的運輸，例如：各種運輸工具的運輸路線等，同時它們也是供應鏈上存貨移動軌跡的物化形式。

　　各節點表示了存貨流動暫時的停滯，其目的是為了使其更有效的移動。一般說來，商流與物流是同形的，是物流中的一部分，即只有交易出現、商品的所有權發生轉移時，商流才伴隨物流出現。商流與物流的方向、數量是一致的，但時間卻可能不一致，特別是在國際貿易中，物流往往是接續在商流之後的；然而，沒有物流的服務作用，一般情況下，商流活動都會退化為一紙空言；其次是資金流，我們說資金流是商流的價值體現，它伴隨著物流和商流的流入或流出某一節點，而節點之間的連線即代表著資金的轉移；最後，資訊流則是物流、商流和資金流一切業務處理過程中發生變化的表述和資訊的流動，網路的節點就是各種物流資訊匯集及處理之處，如國際訂貨單處理、貨物的跨國發貨處理，中央資料庫對資料的存儲和處理等。連線代表著資訊的通路，發送和接收，它的載體包括電話、傳真、EDI、電子郵件、網際網路…等。

二、建立和完善全球網路供應鏈

　　首先，在規劃網路內的設施數量、地點及規模時，必須要根據市場和客戶的需求、自己的資源和能力以及可使用的供應商與合作夥伴的資源，來進行總體規劃。同時，由於涉及到海外運輸業，還需考慮到各個國家、地區的政策法規、人文狀況、經濟環境、當地的資源配置和基礎設施…等情況。

其次，要根據供應鏈下游市場和客戶的需求逐層向上確定網路結構中每一層貨物的進出總量，每一個節點的供應範圍和數量，例如：生產數量、存儲數量、加工數量和配送數量…等；確定節點間的運輸工具與方式、運輸路線、數量和規模……等；還需要注意各層次間的資源調配、能力配置和業務流程間的有效銜接，例如：為了保證供應鏈上的全球物流暢通，可以考慮分段聯運制的運輸方式，充分發揮每一區域的地理優勢，節約成本；或為了節省基礎建設的投資，儘量利用供應商、中間商、合作夥伴和服務商甚至是客戶的倉庫資源，並使這些資源和能力配合協調；或避免在供應鏈上出現某一層倉庫儲存過多、過長導致供應鏈不均衡的狀態…等。

在構建和完善物理網路的同時，也要構建完善的資訊網路，利用先進的資訊技術實現資訊的集成和共用，以及各項業務流程的集成和整合，為供應鏈上的各項業務服務。特別是要充分利用網際網路和電子商務技術在國際業務中的運用，縮短時間和空間的距離，加強交流、減少成本，實現供應鏈上下游間的協同運作。網路規劃要考慮現代資訊技術、生產技術和物流技術的發展，使整個網路其有伸縮性和持續發展性，以備將來的擴張和擴建。

在台灣，國際貿易正在飛速發展，國際物流體系和網路也正在積極構建。一是為了促進我國外向型經濟的進一步發展，擴大國際貿易，增強商品在國際市場上的競爭力，使我國更多的企業能夠走出國門參與全球市場的競爭，也必須注重構建和完善自己的國際化供應鏈網路。二是為了充分利用網路資源和能力，加快進出口商品的流通速度，更加合理地在全球範圍內配置和利用原材料資源、生產資源、技術資源、知識資源和資訊資源。三是健全高效、通暢的國際物流體系，實現國際物流合理化和國際貿易擴大化。

台灣的經濟成長高度仰賴對外貿易，因此推動我國融入區域經濟整合，成為我國當前重要的對外經貿政策。WTO 杜哈回合談判的延宕，使得各國轉而與貿易夥伴簽署自由貿易協定或加入區域經濟整合，以協助業者爭取有利的貿易條件。

目前亞太地區最主要的兩個區域經濟整合分別為「跨太平洋夥伴協議」(TPP, Trans-Pacific Partnership) 及「區域全面經濟夥伴協定」(RCEP, Regional Comprehensive Economic Partnership)，TPP 及 RCEP 完成談判後，經濟規模分別可達 27.25 兆美元及 21 兆美元，占全球生產總值約為 38% 及 29%。該二協定亦被視為達成亞太自由貿易區(FTAAP, Free Trade Area of the Asia Pacific)的重要途徑。依據我國財政部統計資料，102 年我國與 TPP 及 RCEP 成員的雙邊貿易額分別達 1,981 億美元及 3,251 億美元，占貿易總額約 34.4%及 56.5%，我國與 TPP 及 RCEP 的雙邊經貿關係相當密切，我國若能加入 TPP 及 RCEP，等於同時與數

個重要貿易夥伴簽署自由貿易協定，可避免被排除在亞太區域經濟整合趨勢之外。

政府體認到我國加入區域經濟整合的必要性及急迫性，行政院於 101 年即已決定積極推動洽簽自由貿易協定及經濟合作協定(FTA/ECA)，將「國際經貿策略小組」召集人提升為行政院院長，並陸續核定「推動洽簽 ECA 經貿自由化工作綱領」及「推動洽簽 FTA/ECA 路徑圖」，作為推動 FTA/ECA 之上位準則，以「多元接觸、逐一洽簽」為原則來推動，該策略圖將加入 TPP 及 RCEP 列為重點工作，期能於 2020 年洽簽完成之 FTA/ECA 達我國貿易總值 60%。我國與同為 TPP 及 RCEP 成員之紐西蘭及新加坡分別簽署之「臺紐經濟合作協定」及「臺星經濟夥伴協定」均已生效實施，充分展現我國經貿自由化之決心。

RCEP 致力於 2015 年前完成談判，而 TPP 各成員也一再表示盼於 103 年底前作出重大突破，為加速我國推動加入 TPP/RCEP 工作，行政院於「國際經貿策略小組」下專設「TPP/RCEP 專案小組」，密集會商整合跨部會資源，並核定我國推動加入 TPP/RCEP 工作計畫，以「國內經貿自由化」及「對外爭取支持」為兩大工作主軸，要求相關部會擬定具企圖心之推案計畫，掌握 TPP 及 RCEP 可能要求的開放內容，全面啟動檢討機制，檢視現行法規政策與重要國際協定間的落差。目前各部會已初步盤點未來加入 TPP/RCEP 所需處理的問題，將依盤點結果深入檢討規劃因應策略及配套方案，未來正式加入 TPP 及 RCEP 談判後，所需處理之議題亦將動態調整。上述工作同時透過行政院「產學諮詢會」機制，向產官學界代表請益及溝通，期盼政府的因應規劃與調整措施能夠更符合產業界的期待。

鑒於 TPP 及 RCEP 對接受新成員加入均採共識決方式，我國除加速經貿體制調整外，爭取 TPP/RCEP 成員國之支持亦為工作重點。103 年 2 月經濟部與外交部共同舉辦研習會，召回我國駐地大使及經濟參事返國共同研商對外遊說工作策略，經濟部亦派員前往 TPP/RCEP 成員國表達我國參與區域經濟整合之意願，未來政府將持續運用 APEC、WTO、雙邊會議場域及高層訪問團等向 TPP/RCEP 成員國爭取支持，持續深化雙邊關係，妥慎處理 TPP/RCEP 成員國的關切議題。此外，將委託國外智庫進行必要之經濟分析及掌握談判進展，作為我國推案之參考。

經濟部將持續追蹤 TPP/RCEP 談判進度，目前 TPP 及 RCEP 成員國仍分別致力於 103 年及 2015 年底前完成談判，在完成談判前暫不接受新成員加入，爰最樂觀預期我國有可能於 105 年底或 106 年於現有 TPP/RCEP 成員國完成談判及國內批准程序後申請加入 TPP/RCEP。因此在正式申請加入前，所有推動工作均將積極持續進行。

　　政府為建構多元及順暢之溝通管道，行政部門將續依循「經濟合作協定（議）談判諮詢及溝通作業要點」，對於我國對外洽簽經濟合作協定（議）之過程適度予以透明化，各部會在執行相關準備工作時，將切實並有效說明政策方向，俾使各界充分瞭解政府推動經貿自由化之既定立場，致力消除民眾對部分特殊議題之誤解。

 **第四節　全球化供應鏈運行中存在的問題**

　　在前一部分，我們已經介紹過全球化供應鏈和全球化供應鏈管理及其特點、功能和優點，我們也曾提及全球化供應鏈的設計、運作和管理都將受到不同國家、不同地區的文化、政治、法律、地域、市場等因素的影響。因此，供應鏈的設計者和管理者在做決策和控制管理過程中都必須考慮這些因素。下面將對這些問題進行討論。

一、文化因素

　　文化因素對企業的海外業務、企業整體目標和整個供應鏈的業務都有較大的影響，它包括：信仰、價值觀、習俗、語言…等內容。所有這些因素在全球供應鏈的每一個環節中都起著重要的作用，例如：商業交流、交易的協商與契約簽定，消費的習慣與習性，品牌的樹立和市場的開拓…等等。在具體操作中，常常出現意想不到的失誤，例如：在商務檔案字面上的翻譯是正確的，但意思卻是錯誤的；商標和品牌的翻譯與當地的習俗和信仰相牴觸；在商務洽談中，由於某一個錯誤的手勢、不恰當的用詞而損失了一份寶貴的契約…等。同時，不同的地域對某些事情的特殊價值觀也存在著很大的差異，例如：美國企業家非常重視「高效率」，而對其他方面不太重視，日本卻十分注重技術，另一些國家的製造商卻把時間價值看得更重要，將遲延交貨看做是一個很嚴重的問題。因此，在跨國運作時，要充分尊重當地的文化和習俗。

二、政治和法律因素

　　在不同的國家和地區，其政策和法律各有不同。每個國家都有自己的稅收、進出口、海關、環保和對本國傳統工業的保護…等政策。全球化供應鏈的運作遍及世界，必然要涉及到不同的政策和法律制度，因此在不同的國家和地區開展供應鏈業務活動時，必須了解和利用當地的政策法規，按照它們來制訂相應的經營

戰略和策略，應付和處理在業務中遇到問題和可能發生的糾紛。一旦在涉及相互間利益協調問題或糾紛時，首先要本著友好協商的原則，界定相互間的利益劃分、協商處理，或有理有據地通過合適的機構加以解決，確保供應鏈的正常運行。

另外，各國政府為了扶植本國企業的發展，解決本國就業問題，紛紛制訂各種政策，保護自己的企業。在不同市場上，特別是在政府採購市場中，政策的因素對跨國交易的成功與否具有很大的影響，例如：在美國，其國防部在產品採購中，有 50%是向美國公司購買的。美國政府每年家電的採購額也非常大，但在採購時規定了一條非常嚴格的標準，就是不管產品是那個國家的那種品牌，必須是在美國本土生產製造的，因而只有到當地投資生產的企業，才有資格進行投標，台灣的一些集團正是採取了準確的應對策略，憑藉其產品是在美國生產製造的優勢而在美國的政府採購中一舉得標，獲得了大額訂單。

三、經濟因素

經濟因素影響供應鏈的全球化趨勢甚鉅，同時也影響了全球化供應鏈的管理和運作。這些因素包括金融，例如：貨幣，匯率、利率波動，當地的通貨膨脹率或通貨緊縮率、股市波動……等、地區性貿易協議、稅收、進出口配額和勞動力的成本費用等，又例如：波動的匯率會影響產品的價格和利潤；一個新簽訂的地區性貿易協議會促使某些企業選擇進入該地區，特別是在自由貿易區內，無論是進口原材料還是直接在區域內生產，都會比在其他國家或地區方便易行，許多企業還將產成品直接運到某一貿易區，以逃避對「貨物」的徵稅。需要強調的是，儘管一般認為，匯率會對以其他外匯標注的資產與負債的美元價值產生影響，但對於年營業利潤，前面所談到的運作方向，亦即直接到貿易國及自由貿易區投資設廠…等的影響要大得多。運作方向反映出在短時期內國家之間匯率的變化並不一定反映出國家之間的相對通貨膨脹率。這樣，經過較短的時期，地區運作以美元計算就會或多或少變得較貴。因而，運作方向不僅僅是一個公司的全球性供應鏈的結果，更是整個競爭的全球性供應鏈的結果，也就是說，競爭者的相對成本越低，該公司的市場價值越會被低估。

同樣，不同的貿易保護措施會對全球性的供應鏈產生影響。關稅與配額會影響產品的進口，也會導致公司考慮在出口國或地區投資設廠。許多貿易保護政策會影響供應鏈的結構，例如：在印度，政府對貿易保護得很厲害，外國的產成品難以直接進入印度市場，但對於國外的企業進入印度本土開辦工廠卻大力支持。因此，許多國際性的企業多繞過這一貿易壁壘，通過到印度來料加工、出口零件或半成品到印度組裝…等方式開拓印度市場。因此，企業在進行全球化經營時，要充分注意和考慮這些因素，揚長避短，利用一切有利因素經營好自己的業務。

四、市場因素

　　國際市場驅動力來自海外競爭者的壓力與海外消費者提供的機遇,但同時,擴展海外市場也會遇到一定市場阻力和困難。前面我們討論過,企業在研製產品時應盡可能生產一種「通用的」國際性產品,即可以適合或稍加修改就可以適應不同的市場需求。然而,在消費者極為注重個性化消費的今天,那些國際性產品是難以受到他們青睞的。對於不同的國家和地區消費者,他們更喜歡符合他們口味和習性的地區性產品。地區性的產品具有不同區域性的特點和特性,常常需要專門和特殊的設計與製造。例如:2008 年本田雅閣公司推出了兩種基本的車體模型,一種是針對歐洲與日本市場設計的小型車體模型,另一種是針對美國市場的較大型的車體模型。同時,在國際市場出售產品,沒有品牌的商品也很難打開市場,更不要說佔領市場,正如人們所說;「有品牌就有市場,有市場就有規模生產」。因此,當企業的新產品進入一個國家或地區時,首先要創立一個知名品牌,生產品質好、樣式新、最有創新的產品,加以本地化的行銷手法進行推廣,引起顧客的注意,並將這種注意發展為「品牌忠誠」,這是企業在全球市場中的致勝之道;其次是要建立一個運作良好的本地化行銷網路,因而許多企業在進行跨國供應鏈經營時多採取合資方式,它可以直接佔有被兼併企業的原有市場,並利用其銷售網路擴大市場佔有率。

五、基礎設施因素

　　一個國家的基礎設施也是運作和管理全球化供應鏈的基礎。這裡的基礎設施是指高速公路系統、港口、鐵路運輸與交通設施、先進的物流技術,具有一定規模的生產製造基地和先進的製造技術…等,它們的好壞都會促進或制約供應鏈的運行。在不同的國家,基礎設施的差異性會很大,這種差異體現在;道路和橋樑的規模和效能、交通規則和交通擁擠程度、運輸工具的優劣、生產規模和技術的先進程度等。在一些經濟發達國家如美國、西歐和日本的供應鏈基礎設施非常完善,對全球化的供應鏈運作具有強有力的促進和支持作用;而在新興或發展的國家,例如:台灣、巴西、東盟諸國、一些東歐國家中,供應鏈的基礎設施往往發展不太完善,國內生產總值偏低,製造技術和物流技術尚未達到一定的先進水準,對供應鏈管理和運作的重視程度不足。另外,一些國家對基礎設施的投資和重視也主要集中在出口業務的管道上,缺乏全方位的戰略優勢。現在,這些國家已經開始認識到這些問題,正在大力發展和投資這方面的建設。在那些欠開發的和落後的國家裡,由於這些基礎設施一般都很不健全和發達,還較難支持全球化的供應鏈運作。

六、人力資源因素

許多企業在進入海外市場時，常常採取低成本策略去選擇勞動力的成本費用低的國家和地區。但是，我們發現在那些非技術工人成本偏低的區域，往往缺乏一流的技術和管理人員。在大部分的已開發國家，除了文化差異外，技術與管理人才普遍適用性強，例如：一位日本的物流管理人員在美國工作時，在業務操作上會覺得得心應手，感覺和在日本時沒有什麼兩樣，但非技術工人在這些國家則成本相對較貴。在發展中的國家，例如：巴西、台灣、印度…等，雖然技術與管理人才適用性不很強，有時需要努力尋找方可找到，但這些國家的非技術勞動力成本相對較低，在國際市場上其有競爭力。同時，這些國家的教育水準一般較高，完全可以通過培訓的方式去培養所需的管理和技術人才。因此，這些發展國家常常是跨國經營者的首選物件，這也是全球化供應鏈運作蓬勃發展潛力最大的區域。而在一些未開發的國家，儘管可以發現一些具有適當技術水準的工作人員，但很難找到受過專業技術培訓的專業人才和熟悉現代管理技術的管理人員，因而開展全球化的供應鏈業務就較為困難，需要投入大量的培訓成本。

七、資訊資源因素

從前面章節的討論中可知，資訊資源對供應鏈、特別是對全球化供應鏈的管理和運作都有極為重要的影響。在現代社會中，供應鏈的管理和運作如果沒有資訊技術的支援，就像一個人沒有眼、口、耳，甚至沒有了大腦和中樞神經一樣。因此，企業在開展全球化的業務時，必須重點考慮造一因素。資訊資源包括電腦技術、通訊技術、資訊管理技術、自動化技術、網際網路和電子商務技術等。在這些資訊技術的支援下，供應鏈上的成員能夠共用資源，緊密協作，共同拓展業務。然而，在不同的國家和地區，資訊資源的可利用性、資訊技術水準的高低和應用程度是大不相同的。在經濟發達國家裡，各個國家的電腦技術的應用水準、發展速度基本相似，例如：管理資訊系統軟體在美國、德國和英國的應用環境和水準基本相同，一樣適用，它們都有著堅實與良好的基礎和廣泛的應用，是成功管理和運作供應鏈的可靠保證，在一些已開發國家中，雖然資訊支援系統已有了一定的基礎，但在應用的廣度和深度上還無法與已開發國家相比，不足以有效地應用先進的資訊系統管理來替代人工作業。但是，這些國家正在努力解決和完善這些問題，例如：台灣已將企業資訊化管理作為提升企業競爭力的核心能力加以重視，正在加緊建設資訊化基礎平台，例如：網際網路的架設、ERP、CRM、電子商務等管理資訊系統的應用和推廣，這些努力都將使台灣加快進入先進資訊化水準國家的行列。目前，越來越多的國家來台灣投資建廠，這也會促進台灣的資訊化建設和應用的進程，促進台灣供應鏈管理水準的提高。

 第五節　全球供應鏈的風險問題

一、供應鏈風險的種類和起因

　　供應鏈是環環相拉的緊密閉合鏈，任何一個環節出問題，都會使這條連續的鏈斷裂開，影響整個供應鏈的正常運作。因此，供應鏈管理者必須密切關注供應鏈風險，能夠及時發現它們並作出補救。

　　供應鏈的風險首先是由「天災」造成的，即不可抗力的自然風險，例如：地震、火災、颱風和暴風雨雪等來自大自然的破壞。飛利浦公司的大火就是因為暴風雨中的雷電引起電壓增高，陡然升高的電壓產生電火花點燃了車間的大火。又如在颱風期間，港口城市常常遇到貨輪因不能進港、物料不能上岸，而無法進行裝配生產的麻煩。人類目前普遍面臨著環境惡化的挑戰，天災爆發的頻率也越來越高，作為一種不可抗拒力，它將成為供應鏈的致命殺手；其次是「人禍」引起的，相對於天災而言，人為因素更加複雜多變。其中包括政治風險，如由於業務所在國家的政局動盪，例如：罷工、戰爭…等原因對供應鏈造成的損害；經濟風險，如匯率風險和利率風險，主要指從事國際物流必然要發生的資金流動，因而產生匯率風險和利率風險；技術風險，如獨家供應商問題、IT 技術的缺陷問題和資訊傳遞方面的問題等；另外還有其他不可預見的因素，小的因素，例如：交通事故，海關堵塞，停水停電……等都會制約供應鏈作用的發揮和正常運作。上述風險在供應鏈上各環節的作用見圖 18-1：

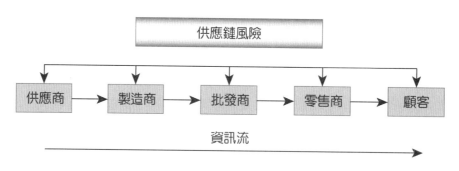

圖 18-1　供應鏈風險的作用

　　對於政治經濟方面的風險，最為重要的表現是產業政策的規定和經濟的波動，例如：某一國家或地區在其產業政策轉型時會對某些供應鏈或它的環節造成影響，可能會出現某些原材料短缺或產品成本上升，甚至某些環節受損使供應鏈發生中斷，例如：波動的匯率會影響產品價格與利潤。在某一特定地區、特定價

格下的生產、倉儲、配送與銷售等相對成本的改變，會對利潤產生很大的影響，甚至由利潤豐厚變為全面虧損。

Sony Ericsson 公司在火災後中斷了產品生產的例子，正好說明了選擇獨家供應商會對供應鏈的運作造成了極大的風險隱憂。企業常常為了實現降低成本的短期利益而忽視了規避風險的長期利益，使供應鏈上出現獨家供應商，在這種經營環境下，一旦該獨家供應商出現什麼風險問題，或是發生關係破裂而惡意中斷供應，都會給整個供應鏈帶來重大的損失。正如 Sony Ericsson 案例所示，採取獨家供應商政策存在著巨大的風險隱憂，一個環節出現問題，整個鏈條就會崩解。

供應鏈上的成員之間資訊傳遞的不對稱、不流暢和扭曲也會導致風險發生。當供應鏈規模日益擴大，結構日趨繁複時，供應鏈上發生資訊錯誤的機會也隨之增多。網路傳輸速度，伺服器的穩定性，軟體設計中的缺陷，越來越猖狂的病毒作祟，都會嚴重地干擾供應鏈的正常運行，例如：台灣一家著名的通訊製造企業曾因內部網路中斷，造成近兩個小時的癱瘓狀態，使企業損失巨大。為了確保供應鏈上資訊傳遞的正確和可靠，企業必須採取一定的措施使它的資訊系統規避這類風險。國內外供應鏈管理的實踐證明，能否加強對供應鏈運行中風險的認識和防範，是關係到供應鏈能否安全、正常運轉的大問題。

二、風險抵禦策略

Bruce Kogut 認為，在全球性的供應鏈運作中，常用來解決供應鏈的風險的抵禦戰略有 3 種，即：「冒險策略、抵消策略，以及柔性策略」。

(一) 冒險策略

冒險策略是企業策略的成功與否僅以某一假設條件的發生為基礎，如果該假設在現實中難以實現，則企業的這一策略必然失敗。採用這種策略的決策者往往屬於「風險偏好型」(Risk-Love)，他們不顧可能發生的危險，堅持執行某些決策活動，一旦成功就會伴隨著高收益，但同時也要承擔高風險，例如：在 20 世紀 70 年代至 80 年代，日本汽車製造商紛紛將生產基地設在日本本土，他們認為儘管本國的勞動力成本比較高，但匯率、生產力和投資方面的有利條件足以彌補勞動力的較高成本。這種策略在一定時期十分有效，然而，當市場出現了新的變化，例如：勞動力成本居高不下、匯率持續上揚時，製造商就會受到巨大損失，不得不轉而在海外設廠。當然，如果沒有出現這些不利因素，日本廠家的投機型策略將會成功，因為在海外設廠不僅費時，而且需要大量的投入。

（二）抵消策略

抵消策略又稱風險規避策略。它是能夠保證供應鏈上任意一部分的損失都能夠被鏈上其他部分的盈餘所彌補的策略。採用這種策略的決策者往往屬於「風險厭惡型」(Risk-Averse)。這種決策者比較保守，儘量避免可能的風險發生。他們寧願獲取確定的收益，而不願去獲取那種伴隨有高風險、但卻是高回報的收益，例如：Volkswagen 在美國、巴西、墨西哥和德國等地都有製造廠，這些地區也是大眾產品的主要銷售地。由於不同的宏觀經濟條件，一些地區的製造廠盈利較高而另一些則較低，這樣，就分散和平衡了風險。抵消策略的結果是總有一些地區的經營獲利，而另一些虧損。

（三）柔性策略

柔性策略是能夠應用於不同場合，充分利用不同條件下有利因素的一種供應鏈風險抵禦策略。採用這種策略的決策者往往屬於「風險中性型」(Risk-Neutral)。他們既不冒險也不保守，而是介於風險愛好型與風險厭惡型之間。一般而言，採取柔性策略的供應鏈在不同國家裡有多家供應商和多餘的運營能力，工廠的設計也具有較大的流動性，一旦由於某種因素破壞了原有的運營環境，而不得不遷移的話，可以將轉移成本控制到最小。這種策略抵禦風險的能力相對較強。

三、供應鏈風險的防範

為了保證供應鏈的穩定和正常運行，企業必須針對供應鏈運行的環境、成員之間的合作關係…等，分析和找出可能存在的任何風險，並對各種風險及其特徵及時分析，採取不同的防範策略，保證供應鏈運行狀況時刻處於有效的監控狀態，防止風險的發生。並針對潛伏的天災人禍制訂相應的應對措施，一旦有災難發生，儘量使損失限制在最小的範圍內。常用的幾種防範方法如下：

（一）採取柔性化防範策略

柔性化策略是消除由外界環境不確定性引起變動因素的一種重要手段，供應鏈合作中存在需求和供應方面的不確定性，這是客觀存在的規律。如果企業或供應鏈的成員、特別是主要成員採用這種策略，則可以將有不確定因素引起的風險限制到最小。首先，是可以實現設施轉移。在設計供應鏈結構時，如果採用了柔性化策略，就可以很容易地轉移供應鏈的設施，例如：工廠、配送中心…等，在低轉移成本的情況下充分利用各地區特有的變化趨勢和不同優勢遮罩風險。其次，是產品的轉移。由於柔性化策略使生產工廠分佈在世界各地，可以根據生產

環境將某些成本高、收益低的產品生產轉移到環境好的工廠去。同理，也可以根據產品在市場上受歡迎的程度來對產品的生產地點進行調整，轉移風險，以獲取最佳的效益；再次，是市場轉移。柔性化策略下的供應鏈運作由於其設施分佈範圍廣、涉及多個地區與市場，可以獲得廣泛的市場訊息，能及時預測市場變化，發現新的商機，這就是通常所講的「東方不亮西方亮」，常常可以在某些風險到來之前就將經營中心轉移到無風險或小風險的區域市場中去。

（二）與供應鏈成員建立策略合作夥伴關係

為了確保供應鏈中供應管道或產品供應的穩定,企業需要努力與供應商結成策略夥伴關係，建立一種信任、合作、開放性交流的供應鏈長期關係，加強與他們之間的資訊流和共用，實現利益共用、風險同擔。為了預防風險，企業還需要發展多種供應方式，多地域的供應管道，加強對供應商的供貨情況進行追蹤與評估，一旦發現某個供應商或供應管道出現問題，應及時調整供應鏈策略，以防範可能發生的風險。

（三）制訂應急措施和備選方案

供應鏈是多環節,多通道的複雜的系統,它的風險防範和應急工作也是一項複雜的工作過程，必須從多方面、多層次上加以考慮。在平時，企業就需要預先制訂處理突發事件的對策和緊急處理辦法，對於一些偶發但破壞性大的風險，可預先制訂應變措施，避免臨渴掘井，手忙腳亂，減少乃至避免災難給供應鏈及其成員帶來嚴重後果。這樣，在預警系統做出警告後，企業可以對突發事件的發生有所準備，通過預先制訂的方法和步驟來化解風險和減少突發事件造成的損失。

同時，企業不能單單依靠某一個供應商、或過分依賴某些材料或零件，這些做法都存在著風險隱憂，一旦某一環節出現問題，勢必影響整個供應鏈的正常運行。因此，企業要時刻居安思危，在供應和運輸等業務中要保有後備方案，並與這些後備供應商和承運商建立正式的合作機制,防範風險於未然，否則會像 Sony Ericsson 公司一樣，眼睜睜地看著失去市場和客戶，損失慘重。

（四）防範資訊風險

防範資訊風險，需要企業間建立多種資訊傳遞管道，實現供應鏈成員間的即時資訊交流和共用。由於全球化的供應鏈網路結構以及鏈上成員間的業務關係變得越來越複雜，這就要求支援資訊傳遞的電腦系統、網路基礎設施和通訊手段，能確保供應鏈上的資料完整、可靠、安全和快速地傳遞，並得到處理；需要有高可靠性能的供應鏈管理資訊系統來加強各成員間資訊的交流與共用,消除資訊的失真，優化決策的過程，從而降低不確定性因素的干擾，達到降低風險的目的。

（五）採用外包策略打散風險

正如 Sony Ericsson 公司在火災後將生產業務交與外包商，同時將可能發生的風險也分散開來一樣，採用業務外包的方式可以降低委託方的經營風險。但這種風險並不是從根本上消除了，而是原封不動地轉移給了外包商，使外包商的風險程度因此而相應增加，他們同樣需要去規避這些風險。

（六）加強日常風險管理

為了減少風險的發生，企業必須在日常業務中加強對風險的防範，並持之以恆。要建立有效的風險防範體系，就必須建立一整套預警評價指標系統，將可能會發生的風險因素都放到該體系中去，採用預定的方法和手段對它們進行監控。在風險發生之前，預警系統能夠及時、可靠地發出預警信號。在日常業務運作過程中，如果預警系統中的某項指標偏離正常水準並超過特定的「臨界值」時，發出預警信號，通知企業按照預先制訂好的防範措施對事件進行處理和補救。

 **第六節　跨國物流與運輸**

一、國際物流的內涵和特點

國際物流是指在全球範圍內進行、涉及多個國家、多個地區的物流業務運作。它在全球化供應鏈運作和管理中佔有極為重要的地位，這是因為國際化的採購、生產、分銷……等業務，都需要有不同的實物產品在全球範圍內跨國家、跨地區移動。而跨國物流的總目標就是為國際貿易和跨國經營服務，選擇最佳的交通工具、運輸方式與路徑，以最低的費用和最小的風險，保質、保量、準時地將貨物從某國或某地區的供方運送到另一國或地區的需方。快捷和準確的物流能夠使供應鏈的回應速度更快、效率更高，但不同物流運作方式也會影響供應鏈中庫存水準和設施位置的決策。

國際化物流的業務環節與前面介紹的本土化物流的功能和原理基本相似，也具有儲存、運輸、搬運、包裝、流通加工、配送、資訊處理…等環節，但由於它是國與國之間的業務，涉及到進、出口問題，因而又多了一個海關檢驗環節。又由於國際貿易需要涉及到再分銷業務，在流通加工前後需要整理和再包裝過程，它們與國際配送一起為海外行銷業務提供服務和支援。

與一國之內的物流業務相較，國際物流作業具有國際性、複雜性和風險性…等特點，它也會受到地域差異、社會制度、自然環境、經營管理理念和方法，以及文化政治……等因素的影響，特別是地理特徵因素對國際物流的影響更大。為了使國際化物流業務更加順暢，各國間的物流作業和系統需要相互「接軌」。國際物流跨越不同的國家和地區，越洋跨海，運輸距離長，運輸方式多樣，這就需要合理選擇運輸路線和運輸方式，儘量縮短運輸距離，縮短貨物在途時間，加速貨物的周轉並降低物流成本。

二、國際物流的作業環節

國際物流作業是由商品的儲存、包裝、運輸、檢驗、流通加工和其前後的整理、再包裝國際配送和資訊管理等環節組成。其中，儲存、運輸、配送和資訊管理環節是物流系統的主要組成部分。國際物流通過商品的儲存、運輸和配送等環節，在資訊管理減少的支援下，實現其自身的時間和空間效益，滿足全球化供應鏈運作上的貿易活動和跨國經營的要求。

（一）存儲環節

國際物流的商品儲存功能與普通物流的存儲功能基本相似，但它的運作地點主要集中在各國的保稅區和保稅倉庫裡，因而要涉及到各國和地區的保稅政策與保稅倉庫的建設問題。保稅倉庫是國際物流中一種特殊的、經海關批准專門用於存放保稅貨物的倉庫。它必須具備專門儲存、堆放貨物的安全設施。

保稅倉庫的出現，為國際物流的海關倉儲提供了既經濟又便利的條件。國際貿易和跨國經營中的商品從生產國的工廠或集中倉庫運送到附近的裝運港口，有時還需要在港口臨時存儲一段時間，然後再裝運出口。在抵達目的地港口後，貨物仍有可能在倉庫中存儲，到需要的時候再送交到流通環節或直接客戶的手中。然而，這並不意味著存儲就結束了，如果貨物沒有被全部立即使用，仍需在客戶或流通環節的倉庫中儲存。因此，可以看出存儲業務頻繁發生在物流作業中。從物流角度看，應儘量減少貨物的儲存時間、儲存數量，加速貨物和資金周轉，實現國際物流的高效率運轉。

（二）運輸環節

運輸是把供應鏈中的庫存從一點移到另一點，作用是將商品使用價值進行空間移動。物流系統依靠運輸作業克服商品生產地和需要地的空間距離，創造了商品的空間效益。跨國運輸是國際物流作業的核心，國際貿易和國際化經營都是通

過跨國運輸將貨物由賣方轉移給買方。跨國運輸可以採取多種模式與途徑的組合形式，它具有地域廣闊、交通工具和方式種類繁多、路線長、手續繁雜、風險性大、時間性強等特點。對於在國際貿易和國際化經營的貨物，運輸費用在價格中佔有很大比例，因而企業需要優化運輸策略、模式和過程，降低運輸成本。國際運輸的優化和管理主要包括運輸策略選擇、運輸模式的選擇、運輸路徑的選擇和安排、運輸單據的處理，以及投保等，它們對供應鏈的回應速度和運營效率都有很大影響。

運輸策略選擇主要是在運送指定貨物的成本和貨物運輸的速度之間做出選擇，即再造各種運輸模式和不同的運輸數量之間選擇。這主要取決於企業採取何種競爭策略。運輸的競爭策略又是為企業的經營策略服務的，是根據客戶的需求而定的，例如：某個客戶瞄準的是快速回應業務，這就需要運輸服務商提供快速運送、同時也願為這種快速回應做一些額外支出，那麼企業就可以利用快速運輸，選擇快速回應需要的策略；反之，如果企業的競爭策略定位於以考慮價格為主的客戶，則可以利用效率運輸策略來降低成本。當然，企業也可以同時利用庫存和運輸來增加供應鏈的回應和效率，這時的最佳決策通常意味著在兩者之間找到正確的平衡點。運輸模式包括運輸工具和方式，選擇運輸模式是把貨物從供應鏈網路中的一個地點移到另一個地點所採用的方式，它有 6 種可供選擇的基本方式。

1. 空中運輸

它是實物運輸中最快捷的方式，適合於緊急貨物的運輸，貨損貨差很少，但價格也最昂貴，在重量上很受限制。

2. 鐵路運輸

它適用於大批量貨物的運輸，常擔負中長距離幹線運輸任務，網路涵蓋面較大和計劃性較強，速度和價格都適中，長途貨運費用較低，運輸能力較大且不大受天氣影響。缺點是不靈活、不機動。

3. 卡車運輸

適合於運送靈活性的貨物，速度較快而又不太昂貴，可以實現門對門運輸，集散速度較快且靈活機動，適合城內配送，但由於運輸能力較小，成本相對較高，不宜長途運輸。

4. 輪船運輸

它是最慢的運輸方式,長途運輸的費用很低,是海外大量運輸最經濟的選擇。

5. 管道運輸

主要用於傳輸石油和煤氣,用途服務範圍窄。

6. 電子運輸

它所傳送的「貨物」都是以電子形式存在的,例如:音樂,影像、文件檔案資料等產品,是最新的「運輸」方式,它是通過 Internet 傳送的,傳送速度之快、費用之經濟是其他方式無法可比的。

運輸路徑的選擇是對運輸貨物所經過的途徑和供應鏈網路節點進行的選擇,企業在網路設計階段就需要對整個結構進行優化,在具體選擇運輸路線時,也需要對成本和速度這兩個因素進行考慮,從中選擇出最適合自己的方案。

(三)流通加工與包裝

由於國際業務的特點,許多貨物都需要在流通場所中進行加工,並在加工前後進行整理和再包裝。這些業務大多是在保稅倉庫中完成的。在國際貿易中,有些商品為了節約運輸成本,都是採取大包裝或整包裝進行運輸的,抵達目的地後需要分拆、整理後再包裝之後才能進入市場。據業界統計,一種商品的包裝對消費者的購買影響是非常大的,有 63% 的消費者就是根據商品的包裝進行採購的。在跨國業務中,由於地域和文化的差異,在產品進入新市場時,消費者首先是透過包裝來認識商品的,它反映了一個國家的綜合科技文化水準;另外,國際運輸需要經過較長的路途,可能要經由多種運輸工具和方式,包裝的品質好壞都會影響到商品的品質和損害程度。因此,包裝在國際業務中是十分重要的。國際貿易和國際物流業務都對商品的加工和包裝有各種特殊要求,例如:必按照國際的要求在品質、尺寸、體積、規格、批量、標識等方面與國際規則一致,實行標準化作業。近年來,更制訂出許多環保標準,推行綠色商口。

(四)商品檢驗

跨國貿易和經營需要將貨物或商品從一國運往它國,一般來說,在進出海關時必須經過商品檢驗後方可放行。通過商品檢驗,確定交貨品質、數量和包裝條件是否符合契約規定。因此,商品檢驗是國際物流中的重要環節。

根據國際貿易慣例，商品檢驗既可以在出口國進行，也可以在進口國進行。此外，還有在出口國檢驗之後，在進口國仍要複驗，即商品或貨物在裝船前進行檢驗，在到達目的港口後，買方有權對它們進行複檢。在國際貿易中，從事商品檢驗的機構很多，包括賣方或製造廠商的檢驗機構、買方或使用方的檢驗機構、國家設立的商品檢驗機構、民間設立的公證機構和行業協會附設的檢驗機構。商品檢驗可以按生產國的標準進行，也可以按買賣雙方協商同意的標準進行，或按國際標準或國際習慣進行。檢驗的方法、手段和儀器、器具與試劑也必須按照國際的慣例。此外，商品檢驗單還是國際貿易中議付貨款的憑據之一，檢驗環節在某種程度上也可以在國際業務中產生減少風險的作用。

（五）國際化配送

從前面的內容中我們知道，配送可以實現物流系統化和規模經濟的有效結合，它透過集中配送的方式，按一定規模集約並大幅度提高其能力，實現多品種、小批量、高周轉的商品運送，從而降低了物流的整體成本，使資源最終配置這一環節以大流通與大生產方式相協調，從而提高了流通社會化的水準，實現了規模經濟所帶來的規模效益。為了減少國際物流的成本，在出口時，企業多採用就地就近收購、加工、包裝、檢驗、直接出口的物流策略，將貨物在配送中心裡「化零為整」進行「集」配，再按一定的方式運往出口目的地，這又叫「集配」過程。同理，在進口國裡，通過在配送中心裡將大宗進口貨物「化整為零」，按「越庫中轉配送」的方式，或是經過加工包裝後，運送到不同的需方地點，這是「散」配的過程。因此，配送環節在國際物流業務中，實現了貨物的集散功能。配送環節可以縮短進出口貨物的在途積壓，實現商品的增值，節省時間和成本，加速商品和資金的周轉。

（六）國際物流資訊化管理

國際物流涉及的地域寬、業務範圍廣，需要處理和傳遞大量的國際物流和商流的資訊，必須有一個功能完善的綜合物流管理資訊系統，才能實現高速度、低成本和高效益的國際貿易和跨國經營。國際物流資訊處理具有訊息量多，傳輸量大、交換頻繁、時間性強…等特點，需要有安全、可靠和高速的傳送基礎設施。以前，國際貿易中主要採用 EDI 傳送方式，使國際業務實現了無紙化；現今，網際網路和電子商務為全球資訊傳遞提供了更快捷、更方便和更經濟的手段，使全球化供應鏈上的成員之間能夠更及時地了解和掌握全球範圍內的資源資訊和市場需求資訊，與供應鏈上的其他成員實現資訊交流和共用，更好地開展物流業務。在物流管理系統中，其他先進的資訊技術如 GIS、GPS、條碼、物流管理軟

體系統等，可以幫助物流運作實現決策科學化、存儲自動化、採購電子化、配送過程無紙化、運輸智慧化等目標，來減少整個供應鏈上的庫存量，合理安排運輸區域和路線，提高車輛的利用率，加快倉儲和配送環節中貨物的處理速度，減輕作業強度，降低差錯率，提供效率、節約成本，增加盈利，為全球化供應鏈的運作提供更好、更強和更多的服務與支援。

 臺灣倉儲貨運業發展前景與
產業趨勢

全球運籌個案

習 題　　　　　　　　　　　　　　　　　　　　　　Exercise

一、 何謂全球化供應鏈？

二、 何謂國際化供應鏈的模式？

三、 全球化供應鏈管理的主要功能和特點？

四、 何謂全球供應鏈的網路結構？

五、 全球化供應鏈運行中存在的問題？

六、 全球供應鏈的風險問題有哪些？

七、 何謂全球化的跨國物流與運輸？

八、 跨國物流與運輸工具有哪些？

參考文獻

References

一、中文部分

1　李富民、李麗華、陳瑞斌，2000，個人化議價代理程式於電子市場之應用，第十一屆全國資訊管理學術研討會。

2. 李富民、洪瑞文，2001，智慧型供應鏈管理系統，第二屆電子化企業經營管理理論暨實務研討會，第 155-165 頁。

3. 陳麗玉，1999，全球化供應鏈管理績效評估與探討，碩士論文，政治大學資訊管理系。

4. 梁定澎，1997，資訊管理方法總論，資訊管理學報，第四卷，第一期，第 1-6 頁。

5. 梁定澎，1997，決策支援系統，松崗電腦圖書。

二、英文部分

1. H.R. Choi, H.S. Kim, Y.J. Park, K.H. Kim, M.H. Joo, and H.S. Sohn, "A Sales Agent for Part Manufacturers：VMSA", Decision Support Systems, Vol. 28, pp. 333-346, 2000.

2. P. Faratin, C. Sierra, and N.R. Jennings, "Negotiation Decision Functions for Autonomous Agents", Robotics and Autonomous Systems, Vol. 24, pp. 159-182, 1998.

3. M.S. Fox, M. Barbuceanu, and R. Teigen, "Agent-Oriented Supply-Chain Management", Inter-national Journal of Flexible Manufacturing Systems, Vol. 12, pp. 165-188, 2000.

4. M.R. Genesereth and S.P. Ketchpel, "Software Agents", Communications of the ACM", Vol. 37, pp. 48-53, 1994.

5. B. Kim, "Theory and Methodology：Coordinating an Innovation in Supply Chain Management", European Journal of Operational Research, Vol. 123, pp. 568-584, 2000.

6. Q. Li, S. Zhang, C. Wang, and G. Song, "Multi-Agent-Based Coordination in Supply Chain Management", Proceedings of the 3rd World Congress on Intelligent Control and Automation, pp. 1931-1934, 2000.

7. T.P. Liang and J.S. Huang, "A Framework for Apply-ing Intelligent Agents to Support Electronic Trading", Decision Support Systems, Vol. 28, pp. 305-318, 2000.

8. B. Liautaud and M. Hammond, e-Business Intelligence：Turning Information into Knowledge into Profit, McGraw-Hill, pp. 244-245, 2000.

9. P. Maes, R.H. Guttman, and A.G. Moukas, "Agents That Buy and Sell," Communications of the ACM", Vol. 42, pp. 81-91, 1999.

10. M. Perry, A.S. Sohal, and P. Rumpf, "Quick Response Supply Chain Alliances in the Australian Textiles, Clothing and Footwear Industry", International Jour-nal of Production Economics, Vol. 62, pp. 119-132, 1999.

11. M. Rogers, M. Bruen, and L.Y. Maystre, ELECTRE and Decision Support：Methods and Applications in Engineering and Infrastructure Investment, Kluwer Academic, 2000.

12. G. Stefansson, "Business-to-business Data Sharing： A Source for Integration of Suuply Chains", Interna-tional Journal of Production Economics, Vol. 75, pp. 135-146, 2002.

13. K. Sycara and D. Zeng, "Dynamic Supply Chain Structuring for Electronic Commerce Among Agents", Intelligent Information Agents：Cooperative, Rational and Adaptive Information Gathering on the Internet, Matthias Klusch, ed., Springer Verlag, 1999.

14. Z. Tianzhi and J. Yihui, "Modeling Supply Chain Based on Multi-Agent System", Proceedings of the 3rd World Congress on Intelligent Control and Auto-mation, pp. 268-271, 2000.

15. E. Turban, J. Lee, D. King, and H. M. Chung, Elec-tronic Commerce：A Managerial Perspective, Prentice Hall, 1999.

16. S.K. Yung and C.C. Yang, "Intelligent Multi-Agents for Supply Chain Management", IEEE SMC'99 Con-ference Proceedings, pp. 528-533, 1999.

17. Michigan Internet AuctionBot, homepage, http://auction2.eecs.umich.edu/(07/03/2002)

18. The CASBA project, homepage, http://www.casba-market.org/(07/03/2002)

掃描下載 103~108 年歷屆考題

附錄一　自由貿易港區之發展　　　Appendix

　　2003 年制訂「自由貿易港區設置管理條例」後，有 7 個自由貿易港區被核准設立並開始營運。基隆港自由貿易港區及高雄港自由貿易港區的順利運作，吸引多家知名跨國企業的頻頻探詢，陸續有台北港、台中港，以及桃園航空自由貿易港區／貨運園區、蘇澳港、安平港等 5 個自由貿易港區核准啟用，傾力為台灣在全球生產運籌鏈中找尋新的定位。

一、自由貿易港區

　　為發展全球運籌管理經營模式，積極推動貿易自由化及國際化，提升國家競爭力並促進經濟發展，特制訂自由貿易港區設置管理條例，於 2003 年 7 月 23 日公布施行，另為提升自由港區營運自由度，降低營運成本及提高效能，於 2009 年提出條例修正案，並於同年 7 月 8 日修正公布。目前經行政院核准並已開始營運之自由貿易港共計有六海港一空港，包括基隆港自由貿易港區、台北港自由貿易港區、桃園航空自由貿易港區、台中港自由貿易港區及高雄港自由貿易港區、蘇澳港自由貿易港區及安平港自由貿易港區。

　　目前全世界有 600 多個自由貿易區，或類似經貿特區，鄰近的新加坡、香港、大陸、日本、韓國和菲律賓等國，都有自由貿易港或類似的貿易經濟特區，且這些特區皆成為主導國際間貿易之樞紐及集散、交易中心。在這些強敵環伺之下，台灣海港自由貿易港區，憑藉著眾多優勢與特色，依舊在亞太區域擁有一席之地，成為亞太地區的新焦點。

　　台灣以獨特的地理優勢、強大的運輸能力、快捷的通關效率、強大的製造實力及完善的 B2B 基礎建設，加強整合商流、物流、金流與資訊流等供應鏈管理，使企業在產品的供應、下單、運輸、銷售等跨國經貿活動上，都能快捷地完成。

　　台商目前已經在世界各國建立生產基地，就廠商的規模而言，台灣成為其企業全球營運中心已經儼然成形。自由貿易港區結合我國製造能力將可以相輔相成，產生我國自由貿易港區特有的競爭優勢，同時應用資訊通訊科技及工具加強貨物流動資訊的實質掌握，再應用走動管理、風險管理等技巧達到營運便利及安全控管兼顧的效果。

表 1-1　亞洲地區自由貿易港區比較

功能／地區	設置目的	營利事業稅率	營運方式	產業引進	通關方式	商品流通	優惠措施	招商方式
台灣	發展全球運籌管理經營模式提升國家競爭力	17%	民營、單一窗口	進出口、轉口貿易，亦可從事儲存、標示、拆櫃、重新包裝、組裝、測試、分類及深層加工製造	通報	港區內自由流通、廠商自主管理	具優惠措施	專責單位負責，合作招商
新加坡	成為物流中心	17%	民營、單一窗口	主要為轉口	通關申報	自由進出、自主管理、轉口、重新包裝、貼標籤、組裝	具優惠措施	專責單位負責
韓國	成為國際物流中心基地	22%	中央或地方政府、單一窗口	保管、銷售、單純加工、產品維修、國際物流	通關申報	自由進出、自主管理、轉口、重新包裝、貼標籤、直接加工、展示、再出口	租稅減免及投資獎勵措施	無
中國大陸	成為東亞商品集散和物資分發中心	25%	地方政府	加工、製造及國際貿易	通關申報	自主管理、保稅、貼標籤、組裝	包括全國一致性及地方自訂優惠	無
日本（沖繩）	成為日本南方國際交流流據點	30%	地方政府	加工、製造、轉口及倉諮	通關申報	自由進出、保稅、重新包裝、貼標籤、組裝	稅賦優惠、補助金、低利融資及開發地區優惠	無
菲律賓	成為亞太物流中心基地	無	中央機關、單一窗口	進出口及轉口	通關申報	自由進出、自主管理、保稅、重新包裝、貼標籤、組裝	具優惠措施	無

注：上表根據經建會「我國自由貿易港區港區規劃及相關國家作法研析」再行整理

（一）營運面

　　允許自由港區事業可從事貿易、倉儲、物流、貨櫃（物）之集散、轉口、轉運、承攬運送、報關服務、組裝、重整、包裝、修理、裝配、加工、製造、檢驗、測試、展覽或技術服務共 19 種多樣態業務，另業者可以分公司、辦事處或營運部門等型態進駐港區營運，增加了業者競爭力。

（二）效率面

　　為加速貨物進出自由港區之流通，政府減低貨物流通時之行政管制，對於貨物控管、電腦連線通關及帳務處理等作業，均由自由港區事業以自主管理方式進行，形成了低度行政管制及高度自主管理模式。當國外貨物進儲自由港區、自由港區貨物輸往國外或轉運至其他自由港區時，通關模式原則採免審查免檢驗方式進行；與國內課稅區及保稅區間之貨物流通採行按月彙報制度，以提高流通效率。另為便利外籍商務人士於自由港區內從事相

關活動，外籍商務人士得經自由港區事業代向自由港區管理機關申請，辦理「選擇性落地簽證」，以簡化其入境作業。

（三）成本面

　　自由港區事業僱用外國勞工核配比例提高至 40%。對於租稅優惠則提供國外運入自由港區之貨物、機器設備，免徵關稅、貨物稅、營業稅、推廣貿易服務費及商港服務費等相關稅費；為符合供應鏈運作需求，國內課稅區或保稅區銷售與自由港區事業供營運之貨物、機器設備或勞務適用營業稅零稅率。另外國營利事業自行申設或委託自由港區事業於自由港區內從事貨物儲存與簡易加工，並將該外國營利事業之貨物售與國內、外客戶者，其所得免徵營利事業所得稅。

（四）服務面

　　為積極推動自由貿易港區，由交通部成立「自由貿易港區跨部會推動小組」負責審議自由貿易港區發展政策及劃設案件，並協商跨部會事項；另各自由港區管理機關則成立「自由貿易港區工作小組」，除提供類似單一窗口之行政服務外，並負責協調處理該自由港區相關業務。

二、七大港區各具功能特色

（一）基隆港自由貿易港區

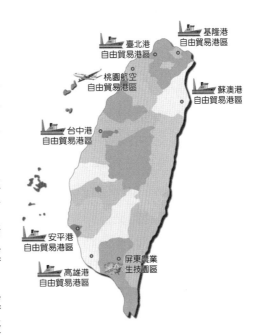

基隆港自由貿易港區之開發範圍從基隆港東岸 6 至 22 碼頭以及自西岸 7 至 33 碼頭，開發者為基隆港務局。總開發面積為 71.16 公頃。

基隆港擁有大台北都會區之消費腹地及鄰近台灣地區重要政經工商業中心，並有汐止、南港、內湖等科學園區與大武崙、瑞芳、六堵工業區等產業支撐，可提供船舶運送業、國際物流業、倉儲業、大型批發商、跨國營運進出口貿易商等以港口作為營運基地，並利用臺灣海港自由貿易港區之優勢，進行企業一條鞭的轉運、配銷、重整、多國拆併櫃、簡易加工、深層加工等生產與貿易活動，節省物流時間，以大幅提升營運效率。基隆港較適宜進駐的產業有倉儲、物流、組裝、重整、包裝、簡單加工、承攬運送、轉口、轉運等，部分產業並已產生群聚效應。

優勢條件：1.直接連接國道一及三號高速公路；2.東西岸皆各有聯內道路便利區內交通；3.鄰近北部政經與消費中心，擁有全台 52%貨源；4.港區鄰近擁有貨櫃集散站與三大工業區；5.擁有足夠倉棧設施因應各類貨物作業需要；6.建置車道辨識管理系統，自動化管制門哨；7.已實施貨櫃（物）動態系統掌握貨櫃（物）即時資料，並備有現場作業監控系統 CCTV。

（二）高雄港自由貿易港區

高雄港自由貿易港區之開發範圍係從第 1 至第 5 貨櫃中心及中島區 30 至 39 號碼頭區域，開發者為高雄港務局。總開發面積為 415 公頃。高雄港務局已洽高雄市政府有償撥用南星計畫土地，配合政府新能源政策，規劃引進新能源產業進駐；另外引進鑽油平台組裝作業，結合國內產業製造及自由貿易港區物流加值，是自由貿易港區最典型的委外加工作業模式；高雄港位居台灣南部，臨近台灣農漁牧產地，港口又具有最先進多溫層冷凍物流倉儲設備，加上農漁牧產品列入 ECFA 早收清單，未來農漁牧產品物流快遞作業也是高雄港重點之一。

　　高雄港自由貿易港區東距小港國際機場 3 公里,各貨櫃中心聯外道路均鄰接省道台 17 線、中山高、國道 10 號、國道 3 號等,串成便捷之交通網。高雄港鄰近之區域包括大台南、大高雄、屏東縣等產業園區。在毗鄰高雄市的部分,包括經濟部加工出口區、南部科學工業園區、陽明好好物流中心、內陸貨櫃集散站等;鄰近之產業聚落包括:以中油公司為中心的石化業、台灣造船公司的造船業、加工出口區之高雄、楠梓、成功、高雄航空貨運、臨廣、高雄軟體科技及屏東等 7 個園區,以及南部科學工業園區之半導體、光電及生物科技等產業聚落。

　　優勢條件:1.棧埠作業民營化,作業效率高、成本低、服務品質佳;2.擴大重整、加工等附加價值作業功能;3.毗鄰土地遼闊,可相互合作、發揮乘數效應;4.各貨櫃中心距高速公路 2 公里;距小港國際機場 3 公里,交通便捷;5.設置自動化門禁管制系統與關貿網路公司櫃動庫系統結合,透過資訊平台辦理電子資料傳輸作業,縮短車輛進出站時間,加速轉運作業時效,免除轉口櫃人工押運作業。

(三)台中港自由貿易港區

　　台中港自由貿易港區之開發範圍包括 1 號至 18 號碼頭、20A 至 46 號碼頭、西 1 至西 7 碼頭、港埠產業發展專業區 82.55 公頃,以及石化工業專業區 9.2 公頃,開發者為台中港務分公司(原台中港務局),總開發面積 627.75 公頃。

　　台中港地處台灣南北交通的中心,有快速道路連接清泉崗國際機場,有利海空聯運;更位於上海到香港航線的中點,與大陸東南沿海各港呈輻射狀等距展開,在兩岸直航具有最佳的優勢。

　　台中港自由貿易港區鄰近加工出口區中港園區、台中港關連工業區、彰濱工業區、中科園區、台中工業區、機械科技工業園區、潭子加工出口區等,可產生區域群聚效應,提供貨主儲存貨物、重新組裝、簡單加工,作為分裝配送中心、製造加工再出口及物流中心,以提高貨物附加價值。在結合自由貿易港區各項優勢後,將有助台中港區內業者從「國內物流」升級為「國際物流」,使港口「碼頭裝卸」、「貨物儲轉」、「生產加工」三大機能結合成為一體。

　　優勢條件:1.港區範圍遼闊,具發展製造加工再出口及物流中心之潛力;2.聯外公路系統完善;3.兩岸通航最佳港口;4.鄰近多處工業區與加工出口區;5.港埠作業民營化;6.港埠管理資訊化。

（四）台北港自由貿易港區

台北港自由港區現有之營運面積為 93.7 公頃，包含東碼頭區 79 公頃，以及北碼頭區貨櫃儲運中心北 3 至北 6 碼頭後線部分場地 14.7 公頃。台北港整體規劃陸域面積達 1038 公頃，未來將配合新生地填築作業之完成，例如：南碼頭區及離岸倉儲物流區，逐步擴大自由港區營運範圍。

台北港擁有廣大的腹地，港區範圍約為基隆港的 5 倍，目前主要營運型態為汽車物流中心與石油、化學油品之重要供應鏈節點，未來將闢建大型貨櫃中心、散雜貨中心、油品儲運中心、提供離岸物流倉儲區、親水遊憩區、遊樂船停泊區、物流中心等港埠多元開發。

台北港自由貿易港區接近大台北都會區，貨源充沛，又與土城、五股、林口、樹林等工業區毗鄰，距桃園國際機場僅 23 公里，海空聯運便捷。

優勢條件：1.腹地廣大、港池水深足夠；2.接近大台北都會區，貨源充沛；3.採企業化、資訊化、自動化經營理念；4.鄰近桃園國際機場，海空聯運便捷。

（五）桃園航空自由貿易港區

適合高附加價值零組件及 IT 關連產業進駐，具整合航空貨運、物流加值、運籌、倉辦等功能，主要有航空貨運站、倉辦大樓、加值園區、物流中心及運籌中心等區域；總面積 34.85 公頃，目前第一期營運面積 13.73 公頃。

尚可招商土地：第一期加值園區招商總面積為 82,985 平方公尺（25,103 坪），尚可出租 58,475 平方公尺（17,689 坪）。

第 2 期預定 104 年 1 月 1 日提出港區貨棧興建及營運計畫，第 3 期預定 107 年 12 月 31 日前完成港區全部設施之投資興建。

（六）蘇澳港自由貿易港區

蘇澳港自由貿易港區於 2010 年 9 月 13 日經交通部許可營運，正式成為台灣第 6 個自由貿易港區，其營運範圍為管制區內第 1 至第 13 號碼頭及其後線倉棧設施，包括一般堆置場三處、貨櫃堆置場一處、第一物流專區及第二物流專區等，面積總計 71.5 公頃。

蘇澳港自由貿易港區業已積極招商引進綠能產業近 25 億元之投資，未來除引進國際物流中心與相關綠能產業進駐外，將結合區外各型專區，並與鄰近利澤、龍德工業區互相串連支援，以委外加工方式串接供應鏈，透過蘇澳港之國際運輸功能活化蘭陽地區之產業群聚效應。

優勢條件：1.引進綠能產業，形成產業聚落；2.鄰近龍德、利澤兩大工業區及宜蘭科學園區；3.近北部都會區，40分鐘即可到達；4.直接由台2及國道5號與北部地區聯接，台9及蘇花改與花東地區相連，交通便利。

（七）安平港自由貿易港區

安平港自由貿易港區於2013年8月20日獲行政院同意申請設置，正式成為台灣第7個自由貿易港區，其營運範圍為管制區內包含工業區碼頭（1至7號碼頭）、五期重劃區（8至12號碼頭，其中10至12號碼頭尚未興建）及四鯤鯓碼頭區（22至31號碼頭，24至26號碼頭尚未興建）等區域，總面積約72.1公頃。

安平港自由貿易港區，除擴大我國六海一空自由貿易港區之營運規模及發展空間，提供航商、物流業者更具永續性經營環境之外，並可結合鄰近各工業區、農業生產基地及科學園區深層加工與製造功能，將可實踐「前店後廠」運作模式構想，以創造廠商製造、倉儲、物流、轉口、轉運、簡易加工、委外加工、通關等之一貫作業優勢，並縮短供貨時間、節省運輸成本。

安平港可利用聯外道路～省道台17線公路及台86東西向快速道路，連結安平港附近工業區、科學園區、農業生技園區（車程時間在1小時以內），及國道1號和國道3號，交通運輸條件及區位相當優越，可快速服務區內物流、商業之需求且能大量處理海運貨物，完全滿足亟需經營自由貿易港區業務之潛在業者需求。

優勢條件：1.可由省道台17線公路轉台86東西向快速道路與國道1號及國道3號車接，交通便利；2.鄰近台南各工業區車程時間在1小時以內抵達；3.鄰近台南機場，海空聯運便捷；4.設置自動化門禁管制系統與關貿網路公司櫃動庫系統結合，透過資訊平台辦理電子資料傳輸作業，縮短車輛進出站時間，加速轉運作業時效。

三、七大港區之租金與相關成本

七大港區之租費各有不同，僅海港之基隆港、台北港、蘇澳港、台中港、高雄港、安平港等六個自由貿易港區有地租與管理費。桃園航空自由貿易港區僅有倉庫出租，因而無地租。

表 2　七大港區租費差異表

單位：新台幣／平方公尺／月

自由 12121 貿易港區	土地租金（NT$M2,月）	倉庫租金（NT$M2,月）	管理費	備註
基隆港自由貿易港區	約 50~70（西 11、西 33、東 20）	約 70~110（西 7-1、西 16-4F、東 14-2F）	管理費以土地租金及設施租金總和之 15% 為底價	1. 土地租金=承租面積 x 區段值 x 租金率 2. 管理費採競標方式辦理 3. 採浮動制：參考行政院主計總處公布之營造或躉售物價年總指數漲跌幅逐年調整，每年原則以 3%為限
台北港自由貿易港區	約 21.25	NA	約為：10 元/ m²/月	
蘇澳港自由貿易港區	約 30	NA	管理費以土地租金及設施租金總和之 15%為底價	
台中港自由貿易港區	約 12.5	NA	管理費依承租土地面積按每年每平方公尺新臺幣 73.42 元繳納，自開始營運日起計繳，並自 102 年起日起按「臺灣地區躉售物價年總指數」漲跌幅逐年調整，漲跌幅調整每年以 2%為限。	無
高雄港自由貿易港區	約 6.25~16.88	11 元至 81 元	土地租金+倉庫租金 10%或為招標標的（採競標方式辦理）	無
安平港自由貿易港區	25~46.6	NA	每公頃每月 100 萬元（競標標的不得低於 300 萬元）	無

注 1. 資料來源：臺灣海港自由貿易港區網站。
注 2. 關於桃園航空自由貿易港區的更多資訊請參閱遠雄自由貿易港區網站。

附錄二　兩岸物流　　　　　　Appendix

—— 海運定期航線

世界物流地圖

一、台灣物流產業發展趨勢

（一）台灣物流企業發展歷程

　　國內物流趨勢以食品業製造商為開端，藉由投資建立下游零售通路體系，同時也設立完整的物流配送系統。接著又有由商品代理商、運輸業者等向下與向上兩端整合而成立的物流業，以及擁有完整銷售通路的經銷商或量販業向上整合之物流業等。

　　以上眾多不同型態的物流業者可以透過下列形式進行區分：

1. **依提供物流配送對象區分**：封閉性／開放性。

2. **依物流公司發展型態區分**：製造型／批發代理型／零售型／直銷及通信販賣型／宅配型／生鮮處理型／區域型／前端型。

3. **依產品性質區分**：3C 產品／日用品／冷藏品。

4. **依產業規模區分**：以億元為單位，依資本額區分。

5. **依業者發展背景區分**：倉儲保管／運輸配送／貨物承攬／專業物流／貿易代理／快遞。

（二）台灣物流業運營型態及轉型趨勢

1. **第三方物流**：當全球運籌進入供應鏈對供應鏈的競爭紀元，各企業大多策重在發揮一己核心優勢的領域，而傾向於把有關運輸、倉儲、報關甚至組裝、發貨等物流功能，外包給專業的物流服務提供者。由於這些 LSP 公司是買賣供需以外的第三者，其提供的專業物流服務型態就被稱作第三方物流(3PL)。

2. **第四方物流**：企業把其在全球供應鏈上有關物流、金流、商流、資訊流的管理與技術服務，統籌外包給一個可以提供一站式整合服務(single-point-of-contact integrated service)的提供者。這種多元整合的服務不是單獨一個 3PL 能力所及，必須結合 3PL（一個或多個）與管理顧問及科技諮詢甚至金融服務等公司，而整合這個服務聯盟的主導者就是所謂的 4PL，台灣廠商將生產基地移往中國大陸之後，產銷運籌隨著兩岸布局而趨於複雜。

台灣廠商在大陸的布局以製造分工為主，著眼於成本的降低及供應鏈的整合，在運籌上傾向由台灣統籌接單、大陸負責生產及出貨之分工型態。台灣仍掌握主要價值活動，包括研發設計、採購、高階產品試產、運籌及管理等功能。

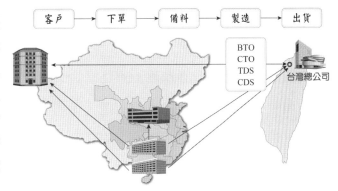

（三）台灣何時開始推動運籌發展，其背景為何？

1. 民國 82 年 7 月 1 日，政府公布實施「振興經濟方案」，將「發展台灣成為亞太營運中心」，列為經濟發展的長期目標。

2. 同年 8 月並成立專案小組負責推動（期間並委託麥肯錫顧問公司進行規劃評估）。

3. 84 年 1 月 5 日，行政院院會通過經建會所提亞太營運中心計畫，至此，發展台灣成為亞太營運中心乃正式成為政府未來的施政重心。

（四）台灣開始推動運籌發展，其原因為何？

1. 在企業因應全球化的趨勢下，跨國企業隨之興起，而一般跨國企業在區域經濟整合的發展潮流中，為求有效掌握該地區資源，加強其間的資源配置與管理，多積極尋找適當地點作為該區域內之營運總部。

2. 任何國家能在此種趨勢中掌握先機，塑造良好經濟環境，不僅能為本國企業奠定良好的競爭基石，亦能吸引廣大跨國企業以該國為營運中心，而創造無限商機。此亦即我國政府積極發展台灣成為亞太營運中心之緣由。

（五）政府對運籌中心的推動結果

　　歸納相關文獻及天下雜誌、工商時報對外商所作的調查結果等看法，我國要成為亞太營運中心，有下列明顯劣勢：

1. 政府對資金、人員、財貨的流通等，尚存在許多管制與規範，未能達到自由化的程度。

2. 公共設施或有落後（如電信通訊設備）、或有趨近飽合（如交通運輸）的情形。

3. 政府機關的行政效率不彰。

4. 法規不合時宜，政策缺乏一貫性。

5. 有關稅賦過高，尤以複式稅制遭人詬病，政治、法令無法整合。

　　84 年政府推動的「亞太營運中心」計畫中，將台灣發展為區域性甚至是全球性的物流中心，是重點方向之一。其中六大營運中心中的海運中心與空運中心，即在增加台灣的物流能力。但在 93 年(2004)檢討此一政策時，因 10 年來政策的延宕，台灣已經無法成為亞太物流中心。

（六）新政府對運籌中心的態度　　　如何？有何具體的政策？

　　民國 97 年(2008)新政府上台馬政府愛台12建設與中國大陸2008年12 月底所提「十大產業調整振興規劃」做比較：

1. **愛台 12 大建設～物流政策**：高雄自由貿易及生態港（577 億元）：(1)高雄洲際貨櫃中心建設；(2)建設港區生態園區並設立海洋科技文化中心；(3)改造旗津為高雄國際級海洋遊樂區；(4)哈瑪星、鼓山、苓雅等舊港區之改造計畫；(5)擴建倉儲物流及加工增值專區。

2. **台中亞太海空運籌中心**（500 億元）
   (1) 建設台中港、台中機場、中科、彰濱間運輸網路，以發揮亞太海空運籌中心功能。

(2) 中部國際機場擴建及新建航空貨運站。

(3) 設立物流專業區及加工增值專區。

新建公共設施工程計畫，完善台中港物流專業區，吸引國內外倉儲物流及加工廠商進駐，增加就業機會，發揮自由貿易港區相乘效應，提升臺中港營運量，活絡港區產業經濟活動。

3. **桃園航空城**（670 億元）

(1) 自由貿易港區（機場東側）：設置保稅倉庫、交易中心、物通中心等，並引入活動貨物運輸（自動化）倉儲業、貨運承攬業、報關業、快遞業、加工、製造、配銷、發貨、支援通路流通公證及時加值型產業與自由貿易等。

(2) 機場專用區（機場北側）：包含現有機場（1223 公頃），設置第三跑道及第三航廈，引入地勤業、航空貨運倉儲業、飛機修護保養業、機場內客運及停車租賃業、空廚業管理辦公室等。

(3) 航空產業區（機場南側）：設置航空訓練中心，並引入航空相關產業之維修保養服務、航太科技製造、航空訓練產業、航空物流及服務產業。

(4) 經貿展覽園區（機場西南側）。

(5) 機場相容產業區。

(6) 濱海遊憩區（機場北側）。

(7) 精緻農業發展區（機場西側）。

(8) 生活機能區（機場周邊）。

（七）台灣物流企業發展趨勢

1. **專業分工已成趨勢**：外包再外包、異地備援主機、訂單處理、流通加工、包材採購、配送。

2. **客製化服務是主要經營模式**：代收貨款、客戶支援（銷售分析、庫存預測）、供應商庫存管理(VMI)。

3. **物流產業群聚桃園**

4. **消費性產品(FMCG)物流中心**：大型且集中。

(1) 外商：IDS（中法興）、ID（英和亞太）、DKSH（大昌華嘉）、MAERSK（馬士基）、SHENKER（信可）、Watsons（屈臣氏）、Welcome（頂好）、COSTCO（2010）、Amway（安麗）、Melaluka（美樂家）、Kao（花王）。

(2) 台灣：世聯、昭安、東源、中保、立益、佰士達、中華僑泰（2009 年 12 月被 DKSH 收購）、百及、特力屋、東川。

5. **封閉型物流中心轉型做第三方物流**：伸鴻（捷盟、3M、A-SO）、捷盟（7-11、TOYOTA 零件中心）、台灣高鐵（收回）、購物台、雅芳、神腦、東森、來來。

6. 第三方物流中心向上開闢服務項目（承攬、報關），向下整合資源（靠行車隊）。

7. **專業的第三方物流相繼成立**：(1)產品別：3C、菸酒、（流通）FMCG、化學品、科學園區原材料、汽車整備及零件、網購及電視購物、農漁類及副產品。(2)國際型：自由貿易港區（保稅）、國際物流中心（保稅）。

8. **跨國物流企業購併及併購**：大者恆大，磁吸效應。

9. **跨國併購**：BAX/SHENKER、DHL/Exel/Danzas/AEI/Dotuch Post、Uti／百及、DHL／中外運、FedEx／大田、DKSH／中華僑泰（2009）。

10. **供應商管理發貨（越庫）中心**：關鍵性零組件及原材料（鄰近製造基地）龜山、竹科、南科世聯、科學城、ups、中保。

二、中國大陸物流產業發展趨勢

（一）中國政府因應 2009 金融危機訂出物流政策，輔佐中國經濟度過難關

1. 2008 年 9 月發生全球性的金融海嘯後，大陸受到歐、美國家對外需求急凍，使得出口嚴重下滑，外銷訂單大幅滑落。

2. 國際外需市場無法立即恢復的情形下，大陸唯有透過內需市場的提振，才能有效緩和經濟成長減速。

3. 2008 年 11 月提出高達 4 兆人民幣的擴大內需政策。

4. 2008 年 12 月底提出「十大產業調整振興規劃」，計劃在 2009~2011 年實施。

（二）十大振興產業

　　鋼鐵、汽車、船舶、石化、紡織、輕工、有色金屬、裝備製造、電子資訊、物流業。

（三）物流業發展若干計畫

1. 積極擴大物流市場需求，加快企業併購重組，培育大型現代物流企業。

2. 推動能源、礦產、汽車、農產品、醫藥等重點領域物流發展，加快發展國際物流和保稅物流。

3. 加強物流基礎設施建設，提高物流標準化程度和資訊化水準。

（四）物流園區布局的規劃

共劃分七大物流區：1.北京、天津為中心的華北物流區；2.沈陽、大連為中心的東北區；3.青島為中心的山東半島區；4.長江三角區；5.珠江三角區；6.廈門為中心的東南沿海區；7.武漢、鄭州為中心的中部物流區。

（五）兩岸之間物流政策差異化

1. 中國物流政策與產業對接及國家發展對接。

2. 企業可依此政策發展，由地方政府主導開發。

3. 地方政府開發地產，收入大部分歸地方所有，不需上繳中央。

4. 台灣物流政策著重於硬體設備、道路設施增建及改善。

5. 企業不知如何著手及與地方政府合作。

（六）兩岸直航帶動物流業快速成長

1. 民進黨執政時於 2003 年 8 月 15 日公布官方「兩岸『直航』之影響評估」。

2. 海運「直航」方面，可節省約一半的運輸時間及每年新台幣 8 至 12 億元運輸成本。

3. 在空運「直航」方面，可節省旅客旅行時間 860 萬小時及新台幣約 132 億元。

4. 貨物運輸時間 26 萬噸小時及成本約新台幣 8.1 億元。

5. 對個別企業而言，因海空運「直航」可節省運輸成本估計約 15%~30%成。

6. 海運貨物運輸成本節省 14.56%。

7. 人員往返兩岸的貨幣成本節省 27.12%。

8. 兩岸直航的時間節省：桃園到上海只需 67 分鐘，桃園到北京只要 2 小時 30 分鐘，桃園到廈門只需 1 小時。

表 3　兩岸貨運包機執行情形

日期	中國籍航空公司			大陸籍航空公司			合計		
	最大載貨噸數 A	實際載貨噸數 B	裝載率 C=B/A	最大載貨噸數 D	實際載貨噸數 E	裝載率 F=E/D	最大載貨噸數 G=A+D	實際載貨噸數 H=B+E	裝載率 I=H/G
第 1~4 週 (91.12.15~98.1.11)	3,040	1,265	41.6%	1,892	905	47.8%	4,932	2,170	44%
第 5~8 週 (98.1.12~28)	1,080	624	57.8%	1,024	546	53.3%	2,104	1,170	55.6%
第 9~12 週 (98.2.9~3.8)	2,720	1,668	61.3%	1,876	1,305	69.2%	4,596	2,973	64.7%
第 13~16 週 (98.3.9~4.5)	2,800	1,940	69.3%	2,044	1,499	73.3%	4,844	3,439	71.0%
第 17~20 週 (98.4.6~5.3)	2,800	2,015	72.0%	1,884	1,469	78.0%	4,684	3,484	74.4%
第 21~24 週 (98.5.4~5.31)	3,000	2,097	69.9%	1,884	1,294	68.7%	4,884	3,391	69.4%
第 25~28 週 (98.6.1~6.28)	3,000	2,221	74.0%	2,360	1,784	75.6%	5,360	4,005	74.7%
第 29~32 週 (98.6.29~7.26)	2,556	2,067	80.9%	2,008	1,176	85.5%	4,546	3,783	82.9%
合計	20,996	13,897	66.2%	14,972	10,518	70.3%	35,968	24,415	67.9%

（七）兩岸物流產業的交流

1. 2009 年 5 月 18 日，6 月 18 日海峽物流論壇及博覽會已在福州及廈門開辦完成，吸引台灣廠商 500 多家前往試探市場。

2. 福建地區積極主動先行先試，進一步深化兩岸在航運、物流與供應鏈、物流金融與電子商務等方面的交流與合作，加強兩岸物流人才培養，加快兩岸物流技術資訊化和服務標準化對接。

3. 七大物流園區的開發及合作將是台灣物流業者的機會。

（八）合作之風險及效益評估

　　2009 年 1 月份中國國家發展和改革委員會、商務部有關人士在發布《中國物流發展報告》時透露：

1. 目前倉儲、配送業等物流企業營業稅的稅率為 5%以上。

2. 倉儲企業毛利率已經降到 3%至 5%。

3. 運輸企業只有 1%至 3%。

4. 通關及運輸訊息不透明、不及時、品質低落。

5. 車輛超載、低價搶單無嚴格規範。

三、兩岸物流產業合作營運模式

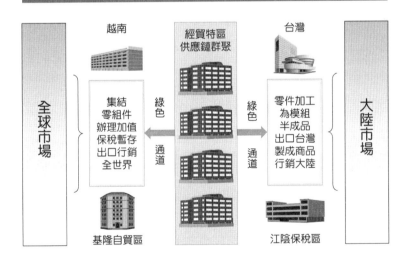

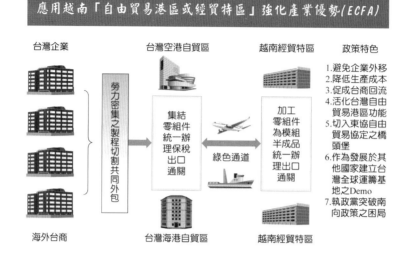

四、結論

(一) 兩岸物流產業合作有利基嗎?

1. 趨勢大師大前研一先生針對台灣在全球經濟與兩岸市場合作所言:台灣只剩 1 年時間掌握大陸市場,必須找到新的重點與創新的發展模式,才能爭取屬於自己的利基市場(Niche Market)。

2. 大陸內需市場是全球各大企業發展主要標的。

3. 復旦大學物流研究院院長朱道立博士說:「台灣整理物流服務水平領先大陸 8~10 年」。

4. 企業物流鮮少外包→潛在市場→利基市場

　　國美電器、蘇寧電器、七匹狼服飾、康師傅物流服務都是直營。

5. 台北市進出口商業同業公會為協助大陸台商度過金融海嘯危機,所進行之「協助台商拓展大陸市場及解決經營問題」問卷調查,發現台商所遇到的前幾名問題分別為:

(1) 爭取大陸擴大內需商機(11%)。　　(2) 建立通路(11%)。

(3) 提供法規、市場資訊(9%)。　　(4) 開拓二線或內陸市場(8%)。

(5) 市調(7%)。　　(6) 建立品牌(6%)。

(7) 信用風險(6%)。　　(8) 提供貿易商機資料庫(5%)。

(9) 大陸法規限制或障礙(5%)。　　(10) 維護智財權(5%)。

(11) 提供通關等諮詢服務(5%)。　　(12) 融資(4%)。

(13) 轉型升級輔導(4%)。　　　　　　(14) 匯款問題(4%)。

(15) 設立物流中心(3%)。　　　　　　(16) 經營管理輔導或診斷(3%)。

(17) 調解貿易糾紛(3%)。　　　　　　(18) 輔導各產業專業貿易商(3%)。

（二）創新物流運營模式

1. 經貿物流園區→東莞台商協會。

2. 大麥克商品流通中心→台灣全球運籌發展協會、外貿協會、中衛發展中心、資策會、中國生產力中心、台商張老師、紡拓會、金屬中心。

（三）目的

以物流運籌協助台商、台資企業發展商流，開拓兩岸內需市場。

 屆試題解析 　111 年公務人員高等考試三級考試試題

◎ 類科：航運行政

◎ 科目：物流運籌管理

一、請說明：

（一）物流(Logistics Flow)、金流(Cash Flow)與資訊流(Information Flow)的意涵及差異。（15 分）

（二）何謂物流委外管理？（10 分）

解答

（一）物流(Logistics Flow)、金流(Cash Flow)與資訊流(Information Flow)的意涵及差異分別討論如下：

（二）物流(Logistics Flow)包含運輸、保管、包裝、流通加工、配送、資訊等功能，將原材料、半成品、成品及相關資訊物流(Logisitcs)，物流中的「物」是指物質世界中同時具備實體物質特點和可以進行物理性位移的物質。「流」是指物理性運動，這種運動就是以地球為參照系統，相對於地球而發生的物理性運動，稱之為「位移」，流的範圍可以是地理性的大範圍，也可以是在同一地域、同一環境中的小範圍位移。「物」和「流」的組合，就是一種實體物質的物理性運動，基於經濟利益和實物交換目的，而產生互相聯繫的誘因。物流的基本目的是為了滿足客戶的需要，以最適當的成本，最適當的服務與效益，通過運輸、裝卸、搬由商品的供應端送到商品的消費端所進行的計劃、實施和管理的加值服務過程。

（三）資訊流(Information Flow)，又稱為情報流，為物流服務的子系統之一，其角色屬整體作業的神經系統。企業物流活動狀況需要及時收集商流和物流之間要經常互通訊息，各種物流功能要相互銜接，這些都要靠物流訊息功能來完成。物流訊息功能是由於物流管理活動的需要而產生的，其功能是保證作業子系統的各種功能協調一致地發揮作用，創造協調效用採用的技術包含如條碼應用、生產計劃修正、銷售資料統計、問卷統計。在進行交易的過程中，企業需注意維繫資訊暢通，以有效控管其電子商務正常運作，包括商品資訊、資訊提供、促銷活動、行銷決策等。

（四）金流(Money Flow)，在物流各階段完成各項交易後皆牽涉到資金移轉的過程，包括收付款、金融機構轉帳、信用查詢等等。金流應包括資金移轉與資金移轉之相關訊息，如付款指示明細、進帳通知明細等。交易的媒介有塑膠貨幣、信用卡等，新興支付模式的使用。

（五）物流委外管理(outsourcing)係將物流作業交由專業化的第三方物流(3PL)廠商執行物流運作，本身則專注於核心能力的運作，透過專業物流商的協助，達到顧客期待所需的物流作業需求。此外常與委外容易混淆的關念為物流共同化，其目的是不同企業，因各別的物流作業量較低，但其物流作業模式相同或是作業對象相同，故將其物流作業共同委外給同一個物流廠商，經由作業量上的規模提高，及供應商或是顧客需求的管理，達到整體物流成本降低的作法：但當不同企業經由共同化的過程，將物流量提高至經濟規模量後，亦可考慮自營或是委由第三方物流廠商來執行。

二、存貨管理水準的高低直接影響整個供應鏈是否可以達到其預期目標。試述在供應鏈管理中維持合理存貨的原因有那些？何謂價格折扣模式(Price-Break Models)？(25 分)

解答

（一）物流系統控制整個供應鏈的產品及材料的移動與儲存，存貨管理水準的高低將直接影響整個供應鏈是否可以達到其預期目標。在供應鏈管理中維持合理的存貨原因如下：

1. 使企業達到規模經濟

　　不論是在採購、運輸和製造方面，達到規模經濟才能降低原物料或是產品的單位成本。

2. 調節供需均衡

　　季節性供需的不均衡必須藉由庫存加以調節，例如：聖誕節、復活節、情人節的相關產品需求量暴增，必須以事先庫存的數量來供應市場需求。

3. 專業化製造

　　存貨的運用能幫助企業內部生產不同專業產品。例如惠而浦(Whirlpool)公司與其專業工廠共同設立一共用倉庫，降低其生產成本。

　　企業如有良好的存貨管理機制，則具有：(1)可滿足顧客的需求；(2)降低訂購成本；(3)減少缺貨成本；(4)提升生產作業的穩定與彈性及(5)提供原物料價格波動時的緩衝。

　　但是如果存貨管理不良，也會產生下列缺點：(1)增加持有成本；(2)無法因應需求波動所產生的缺貨現象；(3)造成對於顧客服務水準的下降與訂單流失；(4)生產線面臨斷料的風險。

（二）　價格折扣模式重點在不同訂購量有不同的價格變化。在決定產品的最佳訂購量時，我們可以簡單地求出在每一價格和價格改變點的經濟訂購量。因為不是所有計算所得的經濟訂購量，對於企業目前的生產規模都是必須，可能會造成存貨成本過高的問題，因此廠商要同時考量在各別訂購量下，價格上可否有調整的空間，以抵消前述增加的成本。將每個經濟訂購量和價格折扣訂購量的總成本分階段，導出最需考慮實際價格折扣的問題，大量購買的價格折扣常比按經濟訂購量固定採購價格為具有經濟性且有較高效益。因此價格折扣模式的應用，在使用時必須小心

（三）　謹慎地估計，過多的訂購的產品數量可能帶來的產品過期以及存貨成本的問題。

三、　請說明自由貿易港區(Free Trade Zone, FTZ)及自由經濟區(Free Economic Zone, FEZ)的差異。臺灣目前有幾個自由貿易港區及其特色？（25 分）

解答

（一）　自由貿易港區之設置

　　「自由貿易港區設置管理條例」於民國 92 年 7 月 23 日公布施行，至 101 年底，經交通部核准並開始營運的自由貿易港區(以下簡稱自由港區)包括基隆港、臺北港、蘇澳港、臺中港、高雄港及安平港等 6 處海港及桃園空港 1 處，自由港區之主管機關亦於 98 年由經建會轉移至交通部。然因自由港區營運涉及包括關務、關稅等諸多財政部業務，且為使自由港區業務能進一步推展，故諸多關務法令待進一步朝自由化目標修訂。

（二）　自由港區可從事之事業

　　依據「自由貿易港區設置管理條例」第 3 條，自由港區指經行政院核定，於國際航空站、國際港口管制區域內；或毗鄰地區劃設管制範圍；或與國際航空

站、國際港口管制區域間，能運用科技設施進行周延之貨況追蹤系統，並經行政院核定設置管制區域進行國內外商務活動之區域。至於毗鄰區域範圍則包括：

1. 與國際航空站、國際港口管制區域土地相連接寬度達 30 公尺以上。

2. 土地與國際航空站、國際港口管制區域間有道路、水路分隔，仍可形成管制區域。

3. 土地與國際航空站、國際港口管制區域間得闢設長度 1 公里以內之專屬道路。

（三）自由港區營運現況

　　自由港區事業：經核准在自由港區內從事貿易、倉儲、物流、貨櫃（物）之集散、轉口、轉運、承攬運送、報關服務、組裝、重整、包裝、修理、裝配、加工、製造、檢驗、測試、展覽或技術服務之事業。自由港區事業以外之事業：指金融、裝卸、餐飲、旅館、商業會議、交通轉運，及其他前款以外經核准在自由港區營運之事業。近年來隨著交通部積極推動自由港區業務朝多元化發展，在營運量與值方面逐年呈穩定成長趨勢，且附加價值率（生產毛額／生產總額）亦逐年提昇，充份顯示自由港區業務推動成效。

（四）自由港區類型

　　自由港區自 96 年開始營運以來貿易量與貿易值持續成長，貿易量至民國 101 年已突破 1000 萬公噸，各港營運量以臺中港之油品儲轉量最多，約占總營運量之 90.1％，其次則為臺北港汽車零件營運約占 3.7％。貿易值至民國 101 年已達新臺幣 3,899 億元，各港貿易值以臺中港最多，約占總營運值之 74.5％，其次則為臺北港約占 14.5％，高雄港則約占 7.7％。至民國 101 年底，自由港區各港營運家數共 75 家。

　　進出口貨物在港區裝卸、搬移、堆存、轉運及加工均無須繳納關稅者，依關稅干涉程度不同，分成：

1. 自由港市；除貨物免稅外，且准許市民居住，消費使用外國免稅貨物。

2. 自由港區：禁止人民在區內居住生活，只准貨物在此堆放、儲存、展覽、製造、加工、再輸出等，在美國稱為國際貿易區。

（五）自由經濟區的設置

　　臺灣目前欲執行的為自由經濟示範區分二階段施行，目前通過為第一階段推動計畫，突破現有法規框架，由管理機關修訂了 13 項行政法規即可推動，主要包括：放寬外國專業人士來臺工作及短期進出限制、放寬自由港區業者委外加工之關務限制、放寬農業及非都市土地使用之限制等，第一階段主要是以現在的自由貿易港區為核心，升級為自由經濟示範區，透過「前店後廠」、委外加工模式，串連科學園區、加工區及工業區等，連結及整合產業價值鏈，做物流、創新研發等更好的加值服務。

　　至於第二階段自由經濟示範區特別條例（草案），待立法通過後即可正式啟動，與第一階段不同在於法規的鬆綁，像放寬國外白領專業人士工作限制、農工原料及貨品免稅自由輸出入限制、開放市場並放寬投資限制、便捷土地取得並提供租金優惠，以及建置高效率的單一窗口服務等等政策，甚至將來示範區可以由中央規劃或地方申請設置。

　　目前自由經濟示範區是以高附加價值的高端服務業為主，促進服務業發展的製造業為輔，優先以金融服務、教育創新、智慧物流、國際健康、農業加值為重點發展。總觀自由經濟示範區開創了經濟的新模式，邁向自由化、國際化及前瞻性，有助於業者進駐投資，不僅可以加速人流、物流、金流的自由流通，而且開放了臺灣的市場與國際接軌，對於業者、廠商甚至到國家都有實質的幫助，創造更多的經濟效益，並邁向最終目標－臺灣自由經貿島。

（六）自由貿易港區的特色

1. 基隆港：

   (1) 自由貿易港區範圍：基隆港東岸 6 至 22 號碼頭後線以及自西岸 7 至 9 及 11 至 33 號碼頭後線。總開發面積為 71.16 公頃。

   (2) 適合產業：輕薄短小產業零組件進儲、加工、再出口、消費品加值配銷、多國貨櫃物加值集併業務。

   (3) 周邊產業：鄰近六堵科技園區、大武崙工業區及瑞芳工業區，重點產業以電器電子業、塑膠製品業、運輸貨運業，機械設備製造業、金屬製品製造業、飲料及食品製造業、化學材料製造業、橡膠製品製造業等為主。

(4) 港區優勢：直接連接國道一及三號高速公路、東西岸皆各有聯內道路便利區內交通、鄰近北部政經與消費中心，進出口貨源充足、港區鄰近擁有貨櫃集散站與三大工業區。

2. 臺北港：

(1) 自由貿易港區範圍：東碼頭區、北碼頭區貨櫃儲運中心北 3 至北 6 碼頭後線部分場地及物流倉儲區、南碼頭，共計 158.2 公頃。

(2) 適合產業：汽車物流、海運快遞、海空聯運、多國貨物集併櫃業務、農產品運銷、醫療器材產業、智慧物流及其他加值型產業。

(3) 周邊產業：鄰近五股、土城、林口、龜山、大園、觀音、新竹等工業區或科學園區，各園區重點產業有所不同。以土城為例，包含金屬製造業、電子零組件製造業、電腦產品製造業等；以林口為例，包含機械設備製造業、金屬製品製造業；以新竹為例，則包含電子零組件製造業、金屬製品製造業及機械設備製造業等。

(4) 港區優勢：腹地廣大、港池水深足夠、接近大臺北都會區貨源充沛、鄰近桃園國際機場，海空聯運便捷。

3. 蘇澳港：

(1) 第 1 至第 9 號碼頭及其後線倉棧設施，面積總計 57.5 公頃。

(2) 適合產業：吸引國際物流產業、綠能產業。

(3) 周邊產業：水泥、鋼鐵、金屬製品製造、機械設備製造等產業。

(4) 港區優勢：引進綠能產業，形成產業聚落、鄰近龍德、利澤兩大工業區及宜蘭科學園區、近北部都會區、40 分鐘即可到達直接由臺 2 及國道 5 號與北部地區連接，臺 9 及蘇花改與花東地區相連，交通便利。

4. 高雄港：

(1) 自由貿易港區範圍：第 1 至第 5 貨櫃中心、中島商港區 30 至 39 號碼頭區域、前鎮商港區第 2 貨櫃中心後方土地、洲際一期後線與後方 A5 區土地、南星計畫區等，總開發面積為 520.42 公頃。

(2) 適合產業：倉儲、物流、非鐵金屬、多國貨櫃物加值集併業務、鋼鐵、金屬製品、機械、模具等產業進駐。

(3) 周邊產業：鋼鐵製造業、造船業、石化產業、塑化產業、農漁業、冷凍倉儲、螺絲製造、金屬製造業、機械製造、電子零組件製造業等。

(4) 港區優勢：兩岸直航、貨物往來便捷、航線密集、轉運便利、鄰近工業區、加工出口區及科學園區、連接高速公路、鄰近小港機場。

5. 安平港：

(1) 工業區碼頭 1 至 7 號碼頭、五期重劃區 8 至 12 號碼頭及四鯤鯓碼頭區 13 至 20 號碼頭等區域，總面積約 72.1 公頃。

(2) 適合產業：物流倉儲及國際物流等產業進駐。

(3) 周邊產業：農漁業、製造業、食品加工業、觀光旅遊業、國際醫療業、生物科技業、電子零組件製造業等。

(4) 港區優勢：接連結國道 1 號及 3 號、連結省道臺 17 線及臺 86 東西向快速道路，交通便利、鄰近工業區、科學園區及農業生技園區、鄰近臺南機場。

6. 臺中港：

(1) 自由貿易港區範圍：1 號至 18 號碼頭、20A 至 46 號碼頭、西 1-西 9 碼頭暨後線及西 10 碼頭後線部分土地、港埠產業發展專業區，總開發面積 657.32 公頃。

(2) 適合產業：機密機械基礎工業、3C 產業、綠能產業、自行車業上下游供應鏈、汽車零件組裝、加工、檢驗、測試及兩岸石化原料、油品儲轉。

(3) 周邊產業：自行車、精密機械、車輛零組件、五金、綠能及織襪產業。

(4) 港區優勢：港區土地遼闊、聯外交通便利、鄰近工業區、加工出口區及中部科學園區。

7. 桃園空港：

(1) 自由貿易港區範圍：位於桃園機場北側，面積為 34.85 公頃，透過一專屬機坪聯絡專用道與桃園國際機場貨機停機坪銜接，視為機場空側 (Airside)延伸，提供地勤動力機具拖曳貨物之交通動線，成為機場作業範圍的管制區，有助整合製程作業與航空貨運作業機能，吸引跨國企業設置運籌基地。

(2) 適合產業：桃園航空自由貿易港區進駐廠業別以電子產業為主。目前進駐產業包括電子製造及服務業（包括數位消費性電子、面板產品、記憶體模組、晶圓通路商、電子零組件、半導體設備及通信、通訊、網路等）、國際物流業、醫療產品業、美容化妝品業、自行車組裝業等。

(3) 港區優勢：利用台灣高技術之製造產業，提供高附加價值產品加工價值服務、利用台灣資通訊技術優勢，發展成為消費性電子產品之區域售後維修中心、發展低溫（冷鏈）物。

四、從疫情封城、缺櫃塞港，以及俄烏戰爭西方國家對俄羅斯實施的制裁等緊張局勢，全球供應鏈問題似乎將進一步惡化，建立具有韌性的供應鏈，將可能是永續的全球經濟新常態。試述何謂韌性供應鏈 5R 特性？何謂數位轉型？以及產業運籌的數位轉型與提升供應鏈韌性的關係。（25 分）

解答

（一）韌性供應鏈 5R 特性

　　世界經濟論壇 (WEF) 提出「韌性供應鏈」應具有 5R 的特性 (5R: Robustness、Redundancy、Resourcefulness、Response、Recovery)，指的是企業在面對已知或未知的風險衝擊時，有足夠的反應能力與因應對策，能夠在有限的資源下即時調度，讓衝擊影響最小，維持企業不間斷的營運，並且有快速復原的能力。

　　企業為了分散製造版圖，降低風險，通常會採取雙邊策略。其一為了成本考量，會往製造成本更低的國家去做生產布局；另一方面，企業也會選擇到目標市場設廠生產，朝高附加價值的產業轉型，讓產品出貨速度更快、更有彈性。當製造業從中國為中心轉變為走向世界找尋更合適的生產基地，並非將設備轉移即可，而是需要將整體供應鏈與產業聚落重新佈置，其中更包含全球物流、原物料供應以及人員流動。當全球供應鏈加速重組，亦會連帶影響研發、生產計劃、物流與設備管理的流程再造，而產業運籌的數位轉型亦時提升供應鏈韌性的關鍵力量源。

（二）數位轉型

　　數位轉型係指透過數位化科技，改變企業的經營型態，基本的作法包含將企業的文件和紙本資料電子化、導入線上管理系統。大致可循序漸進分為數位化、數位優化及最後的數位轉型。其工分三個階段：

1. 數位化(Digitization)

　　準備數位轉型的工具數位化為數位轉型的基礎，為進行數位轉型第一階段，主要著重導入數位工具降低企業的營運成本，如將紙本資料線上化管理，或是導入顧客關係管理系統，這些方法或是技術應用都可稱為數位化的應用，其概念為透過科技來減少人力、資源的耗費。

2. 數位優化(Digital Optimization)

　　數位優化，為數位化的第二階段，企業引進技術工具後若不加以使用，便會造成資源上的浪費，故數位優化可視為進一步熟悉、應用科技的工具，用以提升營運整體的效能，實際使用顧客關係管理系統實務上強化公司顧客體驗的作為、用以提高客戶滿意度，目前大多數企業都處於這個階段。

3. 數位轉型(Digital Transformation)

　　數位轉型為鼓勵企業在熟悉科技工具之後，能以客戶為核心，從經營思維、銷售策略全面整合數位化工具，進一步創造新的商業模式、改變組織和文化，更有機會開發新產品或打入新市場。

（三）產業運籌的數位轉型與提升供應鏈韌性的關係：

　　產業可經由數位轉型增加本身於傳統作業需要耗費大量實體資源及勞力的現象，提升工作上的正確性及即時性。面對未知多變的外在環境的威脅可更有效及迅速的回應，企業經由數位轉型，配合先進科技的應用，可在未受到進一步的災害前可事先預防，如損害已經造成則可有效的控管其程度。

 **屆試題解析**　　110 年公務人員高等考試三級考試試題

◎ **類科：**航運行政

◎ **科目：**物流運籌管理

一、消費者的購物方式或者稱通路，一般可分為親赴實體商店(PhysicalStore)交易，或者以電子商務(E-Commerce)的管道訂購，再透過宅配取得商品。請試由消費者的角度分析其選擇購物方式的因素，另外再由零售業者的角度，分析不同通路完成交易的成本與效益。(20分)

解答

　　消費者選擇實體商店的因素包含商品的有形性、實體品質及設施、可靠性、人與人的互動及同理心等因素具有高度品牌識別及更廣大的顧客基礎。此外選擇以電子商務(E- Commerce)的管道訂購的因素為購物具有效率、有效的網互動設計、快速的客服回應、資訊透明、購物沒有壓力、安全性等因素。其優勢在於優點在於便捷性高，且不需要一直跑外面的店面去做比較，只需要在網路上瀏覽即可，24 小時均可購物及不需要出門，此外產品種類齊全並可購買國際性商品，商品價格透明，容易比價，產品可試用，不滿意可退貨並通常有提供產品付款常提供分期付款的服務。

　　由零售業者的角度而評不同通路的使用成本效益上，實體通路在店面的陳列便是最好的店內廣告，原因在於實際體驗的運用效果，為網路銷售無法辦到的購物體驗。在不同地區於實體店面使用的銷售促進方式亦會不同。電子商務(E-Commerce)的管道的好處在於，可較容易地掌握消費者的動向，現今如何擁有直接的消費者是相當重要的。由於在其他管道上，需要付出許多額外的預算給通路來進行銷售，若能夠建立起直接的消費關係，可將更多的產品相關訊息給推播給消費者，減少中間各層級的剝削，進而降低流通成本的負擔。業者開店成本低，沒有屯積貨物的風險並可以節省人力不需聘專人管理。

二、存貨管理相關的決策一般可以區分為兩大類，確定性(Deterministic)存貨管理問題及隨機性(Stochastic)存貨管理問題，請說明兩類存貨管理問題的本質，以及關聯的決策與考量因素。（30分）

解答

確定性(Deterministic)存貨管理問題及隨機性(Stochastic)存貨管理問題，兩者之間主要在於對於貨品取得的掌握性是否固定分為：

（一）補貨前置時間為零

EOQ 的衡量須在需求量已知且確定、補貨的前置時間固定、沒有考量到缺貨及數量折扣的情況下進行，最適經濟訂購量衡量必須符合下列各項假設：

1. 總成本只考慮持有成本與訂購成本，不考慮缺貨成本與顧客滿意度問題。

2. 年需求量、持有成本與訂購成本等參數皆為已經且固定的數值。

3. 只考慮一項物料的計算，不考慮各種物料之間的交互關係。

4. 物料訂購採用一次訂購與補足的方式，物料用畢之後剛好補足，故最大庫存等於訂購量。

5. 定義補貨的前置時間為零，故不需要設定安全庫存，因此最低庫存可為零。

6. 物料的耗用率固定，且最大庫存等於訂購量、最小庫存等於零，因此平均庫存量為訂購量的二分之一。

7. 沒有任何購買折扣條件，也不會產生任何倉庫空間不足的問題。

上述假設條件在現實情況下不容易做到，例如，需求量的求得就是相當困難的任務，尤其越是競爭的產業，需求的變化量更是巨大且難以預估。再則，如果讓安全庫存降至零時再進行補貨，那會造成在補貨期間面臨嚴重的缺貨風險。當訂購量增加時，年度持有成本亦隨之增加，因為訂購數量越多，持有存貨便越多。其次，就年度訂購成本而言，當每次訂購量增加，則訂購成本便會隨訂購次數減少而降低。持有成本與訂購成本間，呈現反向的關係，當只考量此兩項成本時，兩項成本加總則為全年總成本。兩項成本函數的交叉點，函數的斜率為 0 時，全年總成本為最低。

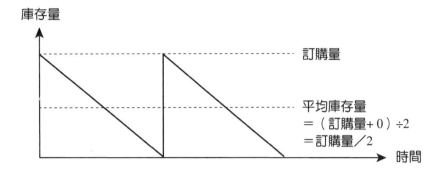

（二）補貨前置時間不為零

　　前述 EOQ 模型中定義補貨前置時間為零，不符合一般實務作業狀況，故進行下述修正：

1. 定義一個予穩定的補貨率 A，以及一個穩定的耗用率 B，但補貨率 A 必須大於耗用率 B，以確保物料不匱乏。

2. 補貨前置時間可用訂購量除上補貨速率，亦即 Q/A 來表示。

3. 最大庫存量可用補貨率與耗用率之差額再乘上補貨前置時間，亦即 (A－B)×Q/A 來表示。然則最小庫存量仍維持為零。

　　綜合上述，平均庫存量可用(A－B)×Q/2A 來表示：

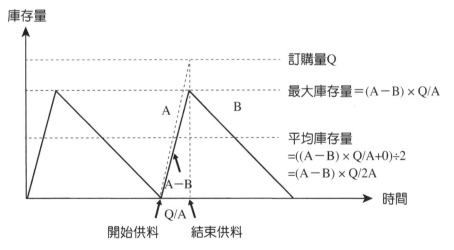

三、請問物流系統設計(Logistics System Design)的目標為何？通常需要納入那些決策？又受到那些限制？並請以兩個不同的產品為例，說明產品特性對於物流系統的設計有顯著的影響。（25 分）

解答

（一）物流系統的特性

1. 整合跨度大

　　包含地理範圍以及時間範圍的整合。在全球化的趨勢下，跨越不同國家與地區的物流整合已為常態，除了管理難度增加外，對即時資訊取得的依賴度與重視度也大幅增加。

2. 動態性強

　　因時空的整合範圍大，使得管控整體時間的變動性亦隨之放大，因此物流系統亟需掌握即時資訊以進行應變。

3. 複雜度高

　　因時空的整合範圍大，使得管控整體時間的變動性亦隨之放大，因此物流系統亟需掌握即時資訊以進行應變。

（二）物流系統功能

1. 包裝(package)

2. 裝卸搬運(material handling)

3. 運輸(transportation)

4. 儲存保管(storage)

5. 流通加工(value added processing)

6. 配送(delivery/distribution)

7. 物流資訊(information)

（三）物流網路的構成

1. 節點

　　用於儲存、處理、販賣商品的處所點。例如：工廠的原料倉、成品倉、物流中心、維修中心、賣場。

2. 連線

　　用於儲存、處理、販賣商品的連結。

3. 網路

　　物流系統中各節點與連線所形成的物流活動。

（四）　物流系統流動分析

1. 對稱型

　　進貨物流與出貨物流的重要性相等同，亦即進貨與出貨是一種合理的平衡流動。

2. 偏進貨型

　　企業的進貨物流系統非常複雜但出貨物流系統較為簡單，例如：汽車製造廠。

3. 偏出貨型

　　企業的進貨物流系統非常簡單但出貨物流系統較為複雜，例如：玻璃用品工廠，進貨原料相對單純但成品種類與大小卻很多元。

4. 逆向系統

　　逆向物流的企業，將物流以反方向操作。

四、 在新冠肺炎(COVID-19)疫情爆發之後，國際航運的運費高漲，請說明造成此現象的原因，以及對全球物流運籌管理之影響。另外，請由航運業者及製造業者的角度，針對新冠肺炎疫情，試述物流運籌管理相關的短期與長期因應做法。（25分）

解答

　　主要原因為疫情影響，本來應該造櫃的船公司暫停計畫，但於 2020 年下半年市場現況反轉後，新櫃量遠遠跟不上需求；另外因疫情導致許多港口的人力管制工作人員不足，加上各港口基礎建設並非常都十分完善，導致卸櫃速度幾乎都放緩，而歐美等地客戶積極拉貨，但當地倉儲空間有限又成為另外一個缺櫃原因，大型零售業者的倉儲有限，就導致貨櫃無法從貨櫃場清貨堆積在貨櫃場、貨櫃場滿載就導致船舶無法卸貨，停在近港海邊等待，如

此一整個惡性循環，形成了所謂「缺櫃」與「塞港」現象，進而造成航運價格高漲的現象。

在國際物流影響方面現有國際物流樞紐和供應網路面臨容納能力和可用性的限制，代表即使企業已取得相關物資，仍無法有效的取得，因這些項目被困在某處而無法移動當多個產業同時遭遇材料被困在某處時，欲尋找替代運輸路徑和方式將變得更為不易。

短期供應鏈業者應該為受疫情影響的供應鏈體系，制定具體風險監測和應對計畫，並且將制定該計畫置於實施首位，同時確保計畫的資訊透明化，以快速掌握全貌。第二，將欠缺完善醫療體系國家的供應商，列為高風險權重分配的對象。並在評估消費者支出的變化後，確保物料庫存可移動到可取得區域，不受物流網路因疫情中斷影響。最後則是與公司共同審查合約內容，了解無法如期交貨會產生的財務損失，同時與人力部門合作，提供受疫情影響地區員工協助，並重新評估移動政策。

中期則為疫情發生後半年，對此階段的風險管理方案，需聚焦供需關係平衡，必要時增加緩衝庫存量，因應無法預測的物流和材料波動性。其次，評估並開發多家供應商，來確保原料的供應力。第三與內部利益關係人和關鍵供應商合作，建立統一的風險管理方法，來監控潛在材料和生產力短缺的狀況，並做好相對應的準備。

最後，長期的定義則為半年以上的做法。第一，當企業風險應對能力無法緩解任何中斷狀況時，應該優先處理具風險的物資以降低風險。另外審查新產品導入的流程，找尋或開發可替代的材料來源，以及可替代的產品或材料物流路線，進而讓價值鏈多樣化，同時，分析新產品的上市後，數量、品質與市場變化等因素可能會帶來的連鎖影響。

歷 屆試題解析　　109 年公務人員高等考試三級考試試題

◎ 類科：航運行政

◎ 科目：物流運籌管理

一、世界銀行自 2007 年起，每兩年會發布物流績效指標(Logistics Performance Index)，對世界經濟體進行排名。請問該指標是由那些面向來衡量？（25 分）

解答

　　一個國家的通關效率、貿易運輸基礎建設、國際貨運安排、物流服務、國際貨運追蹤能力、及時性等，都會影響整體國際物流的服務能力。

　　臺灣推動國際物流服務業行動計畫之推動成果逐漸顯現，在世界銀行 2012 年 5 月公布物流績效指標(Logistics Performance Index, LPI)評比中，臺灣名列全球第 19 名；這是臺灣繼世界銀行評比 2007 年名列第 21 名、2010 年第 20 名之後（世界銀行每 2 年調查一次），再次在跨國物流調查中名次逐步攀升。

　　在 21 世紀供應鏈競爭的時代，國際物流能力已是國家產業競爭的重要支柱，東亞國家在此領域尤為積極追趕並漸次超前。由世界銀行 2012 年的評比來看，新加坡物流能力蟬聯全球第 1，香港名列全球第 2，日本名列全球第 8，至於臺灣(19)、韓國(21)及中國大陸(26)，分別推升 1~2 名。此顯示東亞國家在國際物流運籌之競爭仍在逐漸升溫。各國透過國際物流能力，以培植跨國產業供應鏈之策略，已成為經濟競爭力的主要戰場之一。

　　擔任國際物流服務發展協調機關的經建會表示，基於國際物流之發展策略意涵，經建會在 2010 年偕同財政部、經濟部及交通部等物流主政機關，共同研擬「國際物流服務業發展行動計畫」，針對通關效率、基礎設施、物流服務、跨境合作，分別研擬相關發展之提振措施。經建會並依據世界銀行 2010 年物流評比結果，提出「通關效率」、「基礎設施」及「物流服務」3 項排名於 2 年內各提升 2 名之目標，以加速推動該行動計畫之落實。

　　世界銀行 2012 年公布的結果顯示，臺灣 LPI 總排名前進 1 名，在全球受評的 155 個國家中，屬於國際物流能力之前段班。世銀由各分項檢視臺灣之物流表現，在「通關效率」、「物流服務」及「基礎設施」方面，臺灣分別

進步 3 名、2 名及 1 名,整體尚符合「國際物流服務業發展行動計畫」之原設定目標;至於在物流的「及時性」評比,臺灣大幅前進 16 名,名列全球第 14,原因是在進出口前置時間與貨櫃費用、通關文件數、清關時間及查驗機率等方面,均有明顯的改善,因而帶動行動計畫推動之綜合成效。

從本次評比退步項目來檢視,臺灣在「國際貨運安排」及「國際貨運追蹤能力」方面分別下滑 6 名及 9 名,列為全球第 16 及 21 名。此 2 項目本屬臺灣民間國際貨運業者最能掌握之強項,之前未列在行動計畫中列入管考;至於在本次評比中,何以國際貨運能力受到全球其他物流業者之降評而名次退落,經建會表示將請相關主管機關與民間業者進行檢討及研商,以作為後續政策上調整改進之依據。

經建會針對本次評比表示,相關主政機關,將從兩大面向繼續推動國際物流發展。在國內方面,政府機關將於近日物流服務業發展會議中,檢討世界銀行 LPI 排名及相關報告,並請交通部、財政部及經濟部等各相關部會研擬強化對策,以調整「國際物流服務業發展行動計畫」之執行細目。另在對外國際合作方面,臺灣將積極參與 APEC「供應鏈連結行動計畫」,透過國際合作與檢視,共同排除亞太區域物流之八大瓶頸,結合民間業界及公協會的力量,積極強化關務、運輸、貿易等國際合作,以期在國際共同行動中,促進臺灣與各國跨境連結合作,繼續提升國際物流運籌的基礎實力。

二、 美中貿易戰效應,我國的自由貿易港區再度成為焦點。請問我國自由貿易港區吸引廠商進駐的利基為何?(25 分)

解答

自由貿易港區:限設在臨近港口、國際機場或特定區域,在此貿易區內,貨物可以自由進出,向海關通報免通關手續,其運輸、儲存、包裝、分類、製造加工等均可自由經營,貨物在報關進口前,儲存保稅貨物之倉儲場所,免繳關稅。

(一) 我國自由貿易港區之設置

「自由貿易港區設置管理條例」於民國 92 年 7 月 23 日公布施行,至 101 年底,經交通部核准並開始營運的自由貿易港區(以下簡稱自由港區)。包括基隆港、臺北港、蘇澳港、臺中港、高雄港等 5 處(不含空港,以下統計資料均僅含海港部分),自由港區之主管機關亦於 98 年由經建會轉移至交通部。

（二）　自由港區定義及業務範疇

　　依據「自由貿易港區設置管理條例」第 3 條，自由港區指經行政院核定，於國際航空站、國際港口管制區域內；或毗鄰地區劃設管制範圍；或與國際航空站、國際港口管制區域間，能運用科技設施進行周延之貨況追蹤系統，並經行政院核定設置管制區域進行國內外商務活動之區域。至於毗鄰區域範圍則包括：①與國際航空站、國際港口管制區域土地相連接寬度達 30 公尺以上；②土地與國際航空站、國際港口管制區域間有道路、水路分隔，仍可形成管制區域；③土地與國際航空站、國際港口管制區域間得關設長度 1 公里以內之專屬道路。自由港區可從事之事業包括：①自由港區事業：經核准在自由港區內從事貿易、倉儲、物流、貨櫃（物）之集散、轉口、轉運、承攬運送、報關服務、組裝、重整、包裝、修理、裝配、加工、製造、檢驗、測試、展覽或技術服務之事業。②自由港區事業以外之事業：指金融、裝卸、餐飲、旅館、商業會議、交通轉運，及其他前款以外經核准在自由港區營運之事業。

（三）　自由貿易港區的利基

1.　境內關外作業區域

　　「境內」指的是在法律上，仍將自由貿易港區視為國境之內，原則上臺灣的法律都必須適用；「關外」指的是人、貨進出這個區域，並不需要通過海關，也沒有關稅的問題，是關稅領域以外的經貿特區，可以不受輸出入作業規定、稽徵特別規定等的限制，但是一旦離開這個區域進入國內就需要通關、繳納關稅。臺灣海港自由貿易港區就是以「境內關外」觀念，結合海空港功能與供應鏈管理需求，強化企業競爭優勢。

2.　保稅運輸與國內加工能量的聯繫

　　保稅貨物進口、出口或轉運其他保稅區域或口岸，為維持該等貨物之保稅狀況，避免流入課稅區，其運送應由經海關核准登記之保稅車輛承運，此種運送方式稱為「保稅運輸」。海關管理保稅運貨工具辦法，保稅運送工具有下列三種：①保稅卡車；②保稅貨箱；③駁船。

3.　進口加工外銷原料稅捐擔保記帳制度

　　保稅制度之種類，依其性質有保稅區域、保稅運輸及類似保稅制度所構成。保稅區域可區分屬貿易性質及生產製造性質保稅區域，凡未經加工純為

買賣貿易行為者,例如:保稅倉庫、物流中心、免稅商店。生產製造加工者,例如:加工出口區、科學工業園區、農業科技園區、保稅工廠等。自由貿易港區屬二者兼顧,能作貿易,也可作深層加工等。

三、 面對新冠肺炎(COVID-19)疫情,全球供應鏈的風險管理成為焦點。何謂供應鏈的復原力(Supply Chain Resiliency)?請問要如何打造供應鏈的復原能力?(25分)

解答

(一) 供應鏈的復原能力指從供應鏈的觀點出發,復原能力則為「對非預期的中斷作出回應並使供應鏈網絡恢復正常營運的能力,並有機會形成一種競爭優勢,甚至成為企業成功的核心能力,目前的供應鏈危機,當會造成供應體修的失能當受到無法預期外部疫情衝擊時,公司應該實施風險管理原則,而且至少要涵蓋到供應鏈中的一級與二級供應商。對於二級以下的供應商,至少要理解會有什麼風險。有些情形下,公司無法為特定零件或材料找到多種來源。例如,一家供應商可能具備獨特的智慧財產;有時數量不足,沒有必要分成兩種來源;或是根本沒有多種來源。這些情形下,公司必須用新資料來源與新方法,來補足傳統的採購實務,以了解並降低要承擔的風險。企業必須具備有監測與繪製供應資訊地圖的能力。投入資源,全天候監測全球供應商。使用人工智慧與自然語言處理之類的新科技,讓公司做得到大範圍監測供應商,而且隨時都能進行。如通用汽車(GM)公司,花費多年繪製大範圍的供應鏈資訊地圖。繪製地圖時,過程需要供應商參與,以了解他們的全球據點與契約商,以及了解哪些零件來自或者會經過這些據點。如果供應中斷,在這方面投入資源的公司將會受益,因為他們能在數分鐘或數小時內進行三角測量,預測供應鏈在未來數日、數週、數月可能會受到什麼影響。如果公司能預先知道中斷發生的地點,以及什麼產品會受影響,就有前置時間能立即執行迴避與緩解策略,例如,提供替代品折扣以調整需求、買進全部存貨、在備用據點預留產能、控制存貨分配等。採用此種方式主動採取行動,必須付出代價。例如,若要有多個採購來源,就需要有多個位於不同國家的合格供應商與據點。但這種成本通常是可以抵銷的,做法是減少分配給較高成本供應商與國家的業務比率。能夠迅速在供應商、工廠與國家之間調整生產作業所帶來的優勢,往往能產生豐富

的投資報酬，足以證實投入這些成本相當合理。過去十年來，繪製供應鏈地圖與監測供應商的成本已經下降。如今，這些投資很容易就能透過節省費用來抵銷，包括降低對存貨、人工操作流程與人力的依賴而節省費用；儘管有些事情每隔幾週就會出錯，但這個迅速、反應快、敏捷的供應鏈仍能持續運作，不致於在疫情爆發時發生斷鏈的危機。

（二）打造供應鏈的復原能力上，係指運用供應鏈的韌性，來自於以下四項領域的「超前佈署」，企業必須專注於以下目標，建立全面透明的數位供應鏈：

1. 終端客戶體驗：掌握市場的需求訊號與消費脈動，逆向思考流程的改善方向。

2. 面對衝擊的應變力：保持靈活彈性，即時因應外部的挑戰、市場的顛覆者。

3. 全面的透明化：看的見，才能管的著，結合從研發到售後服務，從上游原料到下游經銷的完整資訊流。

4. 智慧化調度產能資源：逐步落實 5G 與 IIoT，將 AI 帶入生產的執行端、計畫端與管理端。

四、區塊鏈(Blockchain)是一種新興的技術概念，已經應用在物流及供應鏈管理領域。請問何謂區塊鏈？請舉例說明區塊鏈技術在物流產業的應用。（25分）

解答

（一）區塊鏈

　　區塊鏈藉由密碼學串接並保護內容的串連文字記錄。每一個區塊包含了前一個區塊的加密雜湊、相應時間戳記以及交易資料，這樣的設計使得區塊內容具有難以篡改的特性。區塊鏈有幾個最重要的特色，主要即為中心化，為強調區塊鏈的共享性，讓使用者可以不依靠額外的管理機構和硬體設施、讓它不需要中心機制，因此每一個區塊鏈上的資料都分別儲存在不同的雲端上，核算和儲存都是分散式的，每個節點都需要自我驗證、傳遞和管理，這個去中心化是區塊鏈最突出也是最核心的本質特色。在去中心化的前提之上，每個運算節點的運作方式就會透過「工作量證明機制(Proof of Work，

POW)」來進行，也就是誰先花費最少的時間，透過各自的運算資源來算出答案並得到認可它就成立，如此一來就可以實現多方共同維護，讓交易可以被驗證。

區塊鏈的關鍵元素有：

1. 分散式分類帳技術

所有網路參與者都可以存取分散式分類帳，以及其不可變的交易記錄。使用此共用分類帳，交易只要記錄一次，這消除了傳統商業網路常見的作業複製。

2. 記錄是不可變的

在交易記錄至共用分類帳之後，沒有任何參與者能夠變更或竄改交易。如果交易記錄包含錯誤，則必須新增交易以更正錯誤，之後這兩筆交易都會呈現。

3. 智慧型合約

為了加快交易速度，在區塊鏈上會儲存一個規則集（稱為智慧型合約）並自動執行。智慧型合約可定義公司債轉讓的條件，包括要支付的旅遊保險條款以及其他更多。

區塊鏈網路的類型有：

1. 公用區塊鏈網路

公用區塊鏈是任何人都可以加入和參與的區塊鏈，例如比特幣。缺點可能包括需要龐大的運算能力、鮮少甚或沒有交易隱私，還有安全性薄弱。這些都是企業區塊鏈使用案例的重要考量。

2. 私密區塊鏈網路

類似於大眾區塊鏈網路的私密區塊鏈網路，是一種去中心化的點對點網路，最大的不同是有一個組織在控管網路。該組織控制誰可以參與網路、執行共識協定，以及維護共用分類帳。視使用案例而定，這可以大幅提升參與者之間的信任和信心。私密區塊鏈可以在公司防火牆後面執行，甚至可在內部部署中代管。

3. 許可制區塊鏈網路

　　設立私密區塊鏈的企業，一般都會設置許可制區塊鏈網路。須注意的是，公用區塊鏈網路也可以採用許可制。這會限制誰可以參與網路，而且僅在特定交易中。參與者需要取得邀請或權限才能加入。

4. 聯盟區塊鏈

　　可由多個組織一起分擔維護區塊鏈的責任。這些預先選擇的組織將決定誰可以送出交易或存取資料。聯盟區塊鏈很適合所有參與者都需要獲得許可且共同分擔區塊鏈責任的企業。

（二）區塊鏈技術在物流產業的應用

　　區塊鏈在現實世界中的應用場景已數不勝數，這種革命性的技術正影響著全球的每一個行業，並將改寫商業規則。全球物流與供應鏈每年都在呈指數增長，區塊鏈將改變此行業的格局，許多物流與供應鏈企業已開始看到區塊鏈的優勢，它可以防止欺詐，消除不準確，提高數據安全性和透明度，提高效率和減少開支。彙整區塊鏈目前在物流與供應鏈的應用領域與好處如下：

1. 全球最大的零售商沃爾瑪(Walmart)希望提升食品體系透明度，增強消費者信任，尋求有效的食品追溯解決方案，沃爾瑪與 IBM 合作來記錄每一個供應商的每一筆交易環節，全程數位元化追蹤食品供應鏈。首先是保障在中國大陸市場的豬肉供應鏈安全，該方案可及時將豬肉的農場來源、批號、工廠和加工資料、到期日、存儲溫度以及運輸細節等每一個流程的資訊都記載在區塊鏈資料庫上，可隨時查看豬肉的每一筆交易的過程，全程追蹤來保障食品安全，未來將要擴展到其他食品的供應鏈追蹤上。

2. 法國超市巨頭家樂福(Carrefour)也啟動了下一階段的區塊鏈計畫，顧客可以用智慧手機掃描店內商品的二維碼來追溯來源，例如：顯示牛奶的收集和包裝時間、地點、奶牛場的 GPS 座標，甚至奶牛在不同季節的餵養方式。家樂福正準備將逾 1.2 萬家門店轉化為分散式帳本的系統，此服務使銷售額出現了增長。

3. 雀巢(Nestle)通過與 OpenSC 的合作，來增加供應鏈的透明度。OpenSC 是一個創新的區塊鏈平臺，允許消費者追蹤食品溯源到農場源頭。OpenSC 是由澳大利亞世界自然基金會和波士頓諮詢集團共同創立，可以讓任何人在任何地方訪問可獨立驗證的永續發展和供應鏈資料。雀巢最初的試點將追蹤牛

奶從新西蘭的農場、生產商、到中東的工廠和倉庫，雀巢希望消費者在終端選擇產品時能做出明智的決定，選擇負責任的產品。

這些企業追蹤供應鏈上的一個產品有什麼用？回到十年前美國爆發的大腸桿菌疫情，當時菠菜感染了大腸桿菌，傳播了疾病，如果以後再發生類似事件，就很容易識別出受感染的批次，而不需要銷毀所有的庫存，因為時間對於處理此類事件和限制損害至關重要。

國家圖書館出版品預行編目資料

供應鏈管理/張簡復中編著. -- 三版. -- 新北市：新文京
開發出版股份有限公司, 2022.08
面；　公分

ISBN　978-986-430-858-3（平裝）

1. CST：供應鏈管理

494.5　　　　　　　　　　　　　　　　　111011637

供應鏈管理（第三版）　　　　　　　　　（書號：H167e3）

編 著 者	張簡復中
出 版 者	新文京開發出版股份有限公司
地　　址	新北市中和區中山路二段 362 號 9 樓
電　　話	(02) 2244-8188（代表號）
Ｆ Ａ Ｘ	(02) 2244-8189
郵　　撥	1958730-2
初　　版	西元 2009 年 01 月 20 日
二　　版	西元 2015 年 02 月 01 日
三　　版	西元 2022 年 08 月 20 日

New Wun Ching Developmental Publishing Co., Ltd.
New Age · New Choice · The Best Selected Educational Publications — NEW WCDP

新文京開發出版股份有限公司

NEW
WCDP

新世紀‧新視野‧新文京 — 精選教科書‧考試用書‧專業參考書